高职高专"十二五"规划教材

工 程 力 学

（土建类）

（第2版）

主　编　张美元
副主编　闫雪莲　徐宏广　杨　光

黄 河 水 利 出 版 社
·郑 州·

内 容 提 要

工程力学是土木建筑类各专业的一门十分重要的技术基础课程，主要阐述该课程的重要基础理论知识和对受力物体及结构进行受力与变形分析的基础方法。本书共分为力学基础(第1、2、3章)、杆件承载能力计算(第4、5、6、7章)、杆件结构受力分析(第8、9、10章)三部分。每章由学习内容、学习要求及学习重点提示、知识讲授、学习指导、复习思考题、习题等组成。

本教材适用于高职院校的水利水电、工业与民用建筑、给排水、市政工程、道路桥涵等土建类专业和近土建类专业的工程力学课程的教学，也可作为各土建类工程技术人员的参考用书。

图书在版编目（CIP）数据

工程力学：土建类/张美元主编. —2版. —郑州：黄河水利出版社，2010.9 （2023.9 重印）
高职高专“十二五”规划教材
ISBN 978-7-80734-854-2

Ⅰ.①工… Ⅱ.①张… Ⅲ.①工程力学-高等学校：技术学校-教材 Ⅳ.①TB12

中国版本图书馆CIP数据核字（2010）第124790号

策划组稿：杨雯惠 电话：0371-66020903 E-mail：yangwenhui923@163.com

出 版 社：黄河水利出版社
地址：河南省郑州市顺河路黄委会综合楼14层 邮政编码：450003
发行单位：黄河水利出版社
发行部电话:0371-66026940、66020550、66028024、66022620(传真)
E-mail:hhslcbs@126.com
承印单位:河南承创印务有限公司
开本:787 mm×1 092 mm 1/16
印张:22.5
字数:520千字
版次:2007年9月第1版 2010年9月第2版
印次:2023年9月第9次印刷

定价:43.00元

再版前言

本书是根据高职高专水利水电工程和工业与民用建筑工程等专业的专业教学计划及工程力学教学大纲的基本要求,结合我国高职教育特点和对高等职业技术人才的培养目标要求而编写的。

本书第1版采取淡化理论的系统性,强调专业技术基础知识的实用性,将过去共几十章的工程力学教材内容,经精减、淡化、综合归类后,缩编成10章。第1版在多个院校近十个专业中经过连续三届学生的力学课程教学实践,收到良好的教学效果,得到使用者的高度评价。为体现高等职业技术教育的新特点,按照培养符合我国国情的高等级实用型工程技术人才的基本要求,本书在第1版的基础上,根据不同专业培养要求和学习知识的渐进性以及不同专业对力学知识应用需求的特殊性,对第1版中的内容配置做了必要的修改和补充。对于理论知识,着重强调其结论和应用。一般公式不推导,注重从实用出发,培养学生分析和解决实际问题的能力。

本书内容简练,叙述通俗,例题典型且更加贴近工程实际,利于教师教学和学生自学。

本书编写分工如下:第1、3章由长春工程学院闫雪莲编写;第4、6章及第2、9章分别由湖北水利水电职业技术学院徐宏广、杨光编写;第7章及附录由郑州黄河工程有限公司吕军奇编写;湖北水利水电职业技术学院张美元编写其余各章及全书各章的学习指导,并负责全书统稿。

本书在编写过程中得到了相关院校领导和同行们的大力支持,在此,向关心和支持本教材建设的领导及同行表示诚挚的谢意。

由于编者水平所限,书中难免存在错漏和欠妥之处,诚请各位同行和广大读者批评指正,以便日后对本教材再作修改,使之不断完善。

编　者

2010年5月

主要符号表(Main symbol table)

$\boldsymbol{F}$——广义集中力(Generalized concentrated force)

$\boldsymbol{W}$——物体的自重(Object dead weight)

q——广义分布力(Generalized distributed force)

m——广义外力偶矩,剪切构件中的剪切面个数(The generalized external force moment of couple, cuts in component's shear plane integer)

F_K——临界荷载(Critical load)

P——传输功率(Transmission power)

$\overline{\boldsymbol{F}}$——广义单位力(Generalized unit force)

$\boldsymbol{F}_{\mathrm{R}}$——力系的合力,接触面全反力(System of forces joint effort, contact face entire reaction)

M_{R}——合力偶矩(With joint forces moment of couple)

$\boldsymbol{F}_{\mathrm{T}}$——柔性体约束反力(Flexible body constraint reaction)

$\boldsymbol{F}_{\mathrm{N}}$——光滑面约束力、杆件轴力(Smooth surface binding force, member axle strength)

$\boldsymbol{R}$——支座反力,半径(Reaction of support, radius)

$\boldsymbol{F}_{\mathrm{R}x}$、$\boldsymbol{F}_{\mathrm{R}y}$——支座反力在 x、y 方向的分量($\boldsymbol{F}_{\mathrm{R}x}$, $\boldsymbol{F}_{\mathrm{R}y}$ reaction of support in x, y direction component)

$\boldsymbol{F}_{\mathrm{f}}$—— 滑动摩擦力(Glide friction force)

$\boldsymbol{X}$——广义的多余未知力(Generalized unnecessary unknown strength)

$\boldsymbol{F}_{\mathrm{Q}}$——剪力(截面上的切向内力)(Shearing force (on section tangential endogenic force))

M——弯矩(弯曲构件横截面上的内力偶矩)(Bending moment (in curving component lateral section endogenic force moment of couple))

M_n——扭矩(扭转构件横截面上的内力偶矩)(Torque (in reverse component lateral section endogenic force moment of couple))

σ———正应力(法向应力)(Normal stress (normal stress))

σ_s——屈服极限(Yield strength)

σ_b——强度极限(Ultimate strength)

τ——切应力(切向应力)(Shear stress (tangential stress))

τ_b——剪切强度极限(Shearing strength limit)

F_{cr}、σ_{cr}——压杆的临界力、临界应力(Strut bracing's critical force, critical stress)

$[\sigma]$——许用正应力(Permits with the normal stress)

$[\tau]$——许用切应力(Permits with the shear stress)

K——任意截面或某指定点的位置,安全系数(Random section or some office of destination position, safety coefficient)

f——梁的挠度,静摩擦系数(Liang's amount of deflection, coefficient of friction of rest)

$[f]$——许可挠度(Permits the amount of deflection)

$[\theta]$——许可单位长度转角(Permits the unit length corner)

θ—— 角度,单位长度扭转角(Angle, unit length angle of torsion)

φ——角度,扭转角,角位移,截面法线倾斜角(Angle, angle of torsion, angular displacement, section normal angle of bank)

α—— 角度,材料的线膨胀系数,圆管(筒)的内径与外径之比(Angle, material linear expansion coefficient, circular pipe (tube) inside diameter and the outer diameter ratio of)

γ——角度,切应变(剪应变),材料的容重(Angle, shear strain (shearing strain), material bulk specific gravity)

ε——纵向线应变(Longitudinal linear strain)

ε'——横向线应变(Crosswise linear strain)

μ——泊松系数,压杆的长度系数,力矩分配系数(Poisson's modulus, strut bracing's coefficient of length, moment distribution coefficient)

Δ—— 广义位移,微小间距(Generalized displacement, small spacing)

Δ_H、Δ_V——水平线位移、竖向线位移(Horizontal linear displacement, vertical linear displacement)

δ——单位力作用下的位移,伸长率(Under unit action of force displacement, elongation ratio)

C——支座位移,截面形心位置,物体的重心或形心位置(Support displacement, section centroid position, object center of gravity or centroid position)

O——坐标原点,转动中心(矩心)、力系的简化中心位置,虚铰位置(Origin of coordinates, pivoting point (center of moment), system of forces simplification central place, imaginary hinge position)

l——杆件长度(纵向尺寸)(Member length (longitudinal size))

h——截面高度(Section altitude)

b——截面宽度(Section width)

e——偏心距(Eccentricity)

d——直径,力臂、力偶臂长度,工字钢和槽钢的腹板厚度(Diameter, arm of force, arm of couple length, I - steel and channel steel web plate thickness)

A——平面(截面)面积(Plane (section) area)

ω——弯矩图面积(Bending - moment diagram area)

S_y、S_z——截面对 y、z 轴的静面矩(面积矩)(Section to y, z axis static surface moment (surface product - moment))

E——拉压弹性模量(Pulls presses the elasticity coefficient)

G——剪切弹性模量(Ehear elasticity)

I_p、ρ——极惯性矩、极半径或惯性半径(Polar moment of inertia, polar radius or radius of gyration)

I_{xy}——惯性积(Products of inertia)

I_y、I_z——截面对中性轴 y、z 的主惯性矩(Section to neutral axis y, z principal moment of inertia)

W_y、W_z——对中性轴 y、z 的抗弯截面模量(To neutral axis y, z anti-curved section modulus)

t——温度,板的厚度(Temperature, board thickness)

n——转速(r/min),物件(连接件)个数(Rotational speed (r/min), thing (bridge piece) integer)

目　录

第 1 章　绪　论

本章主要阐述了工程力学的研究对象和主要任务，简要介绍了变形固体的基本假设和杆件变形的基本形式。

学习本章的基本要求是：

(1) 了解建筑物、结构、构件三者的含义及其相互关系，明确工程力学课程的研究对象。

(2) 了解杆件和杆件结构的强度、刚度、稳定性的含义，明确工程力学的主要任务。

(3) 了解变形固体和基本假设及杆件变形的基本形式，以及每种变形的受力与主要变形特征。

1.1　工程力学的研究对象和主要任务

在土木工程的桥、涵、闸、坝、房屋等各种**建筑物中承受荷载且起骨架作用的部分，称为结构**。例如在图 1-1 ~ 图 1-4 所示建筑物中承受荷载并起骨架作用的部分，都称为该建筑物的结构。

工程结构中的任何一个基本部件都称为构件。板、梁、柱(墩)是土木工程结构中最常见的构件。工程结构构件的基本类型有三种：杆件(长度远大于横向尺寸，如图 1-5 中(a)、(b)、(c))；板和壳(厚度远小于长度和宽度，如图 1-5 中(d)、(e))；块体(三个方向的尺寸相差不大，如图 1-5 中(f))。

图 1-1　广州广电大厦

图 1-2　上海东方明珠

图 1-3　某河口的水位控制闸

图 1-4　松花江公路大桥

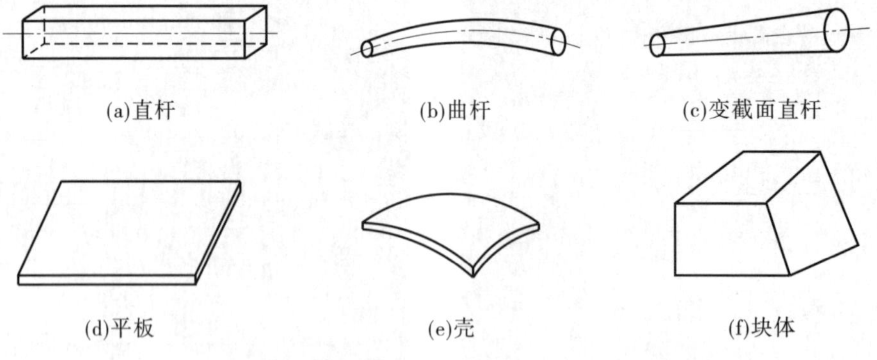

图 1-5　构件的基本类型

在建筑物中由杆件构成骨架的结构，称为杆件结构。例如图 1-1 ~ 图 1-4 中各种建筑物的结构，都是杆件结构。**工程力学研究的主要对象是杆件和平面杆件结构。**

结构中的每个构件在外力作用下都会产生内力和变形，当这种内力和变形达到或超过某一限度（即构件或结构的承载能力）时，构件及结构就会丧失工作能力甚至破坏。工程力学中将作用于结构或构件上的主动力称为荷载。结构或构件对荷载的承受能力（简

称为承载能力),体现在该结构或构件的强度、刚度、稳定性三个方面。其中:

强度主要反映结构或构件在确定的外力作用下,不至于发生断裂、破碎或产生过大塑性变形的能力。

刚度反映结构或构件对外因作用产生变形的抵抗能力。

稳定性主要指轴向受压杆件在外力作用下,保持其原有直线平衡状态的能力。

工程力学的主要任务是研究杆件与杆件结构在荷载作用下的平衡条件和承载能力,即研究和解决杆件与杆件结构的强度、刚度及稳定性问题。但本课程主要是提供解决这些问题的基本理论知识和方法。要使问题得到真正解决,还需要学习和掌握相关的专业理论知识并具有一定实践经验。

1.2 变形固体的基本假设

如前所述,工程力学主要研究和解决工程结构或构件的强度、刚度和稳定性问题。构件和由构件组成的结构在外力(或温度变化等其他因素)作用下都会产生变形。工程力学中将这种构件称为**变形固体**。

实际工程中,工程结构或构件所使用的材料是多种多样的,各种材料的物质结构和物理性能也各不相同。我们在研究结构和构件时,不可能将对其有影响的所有因素都考虑进去,考虑的因素越多,就会使所研究的问题越复杂,甚至无法找到正确的答案。忽略那些对所研究的问题影响很小的次要因素,不仅便于问题的研究,而且不会影响工程计算的精度。为此,我们对工程构件及其所使用的材料提出了以下三个基本假设。

1.2.1 均匀性、连续性假设

均匀性假设 假设组成构件的固体分子或晶粒排列整齐、分布均匀且无杂质。符合这一假设的材料称为均质材料。工程中将金属或合金材料、混凝土、砖、石、橡胶、塑料等常用的建筑材料,都视为均质材料。

连续性假设 假设组成构件的固体分子或晶粒排列紧密而无间隙。从宏观上讲,是指构件中没有任何的裂隙或破损。

1.2.2 各向同性假设

假设构件各个方向的物理力学性质相同。在实际工程中,除木材、竹材,以及一些复合材料属于各向异性材料外,其他如钢、铁、铜、铝、合金材料、混凝土、砖、石材、工程塑料等大多数建筑材料,都视为各向同性材料。即认为,由这些各向同性材料所构成的构件,其各个方向上承受外力和抵抗变形的能力都相同。

1.2.3 小变形假设

假设构件的变形量与构件的原始尺寸相比十分微小。对于建筑工程所要求的必须处于弹性变形范围的工程构件或结构而言,这种假设是与实际相符合的。

在工程力学中所研究的构件和所使用的材料均被认为符合以上假设。

1.3 杆件变形的基本形式

尽管实际工程结构及构件的受力情况和变形状态多种多样，但就其基本变形而言，无外乎图 1-6 所示的四种形式。

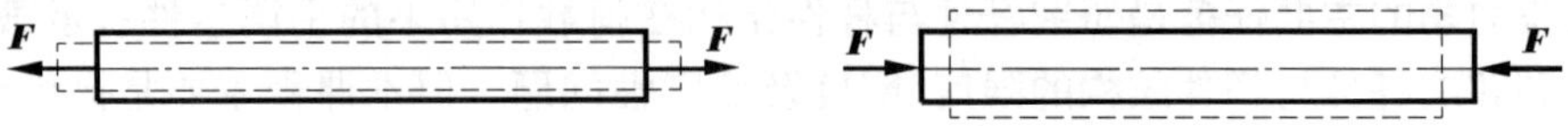

(a)轴向拉伸和压缩

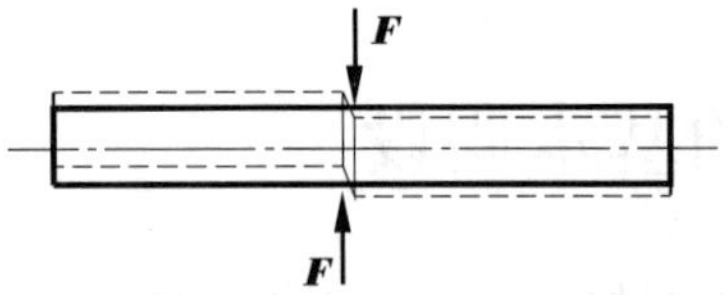

(b)剪切

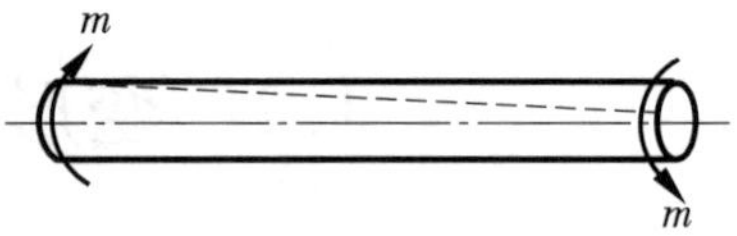

(c)扭转

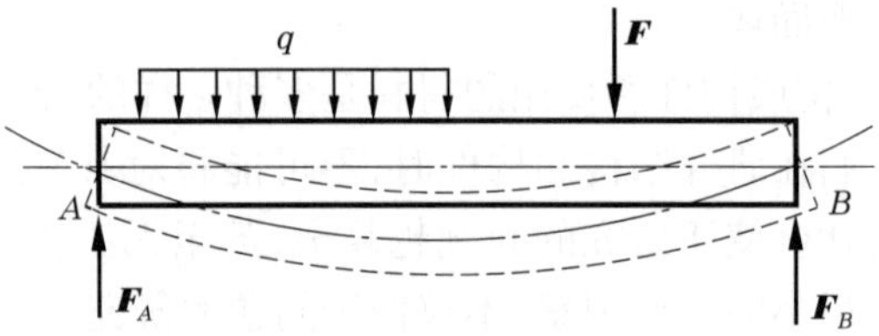

(d)弯曲

图 1-6　杆件变形的基本形式

1.3.1　轴向拉伸或压缩

当杆件受到与杆轴线重合的拉力或压力作用时，杆件的纵向会产生伸长或缩短的变形（见图 1-6(a)），这种变形形式称为轴向拉伸或压缩。

1.3.2　剪切

当杆件受到一对大小相等、方向相反、作用线平行但相距很近的外力作用时，会使这二力作用线之间的截面产生相对错动（见图 1-6(b)），这种变形形式称为剪切。

1.3.3　扭转

当杆件受到一对大小相等、转向相反、作用面平行的外力偶作用时，会使此二力偶作用面间的横截面产生绕杆轴线的相对转动（见图 1-6(c)），这种变形形式称为扭转。

1.3.4　弯曲

当杆件受到与杆轴线垂直的集中力或分布力作用时，杆件的轴线及与该轴线平行的任意一根纤维都会发生弯曲（见图 1-6(d)），这种变形形式称为弯曲。

实际工程中的受力杆件除可能产生上述四种基本变形形式外，还有可能产生以上任意两种或几种基本变形形式组合而形成的组合变形形式,例如弯压(拉)组合变形、弯扭组合变形、斜弯曲、偏心压缩等。

学习指导

1. 杆件和杆件结构的承载能力

工程力学的研究对象是杆件和杆件结构。

杆件是指长度远远大于横向尺寸的杆件。轴线是直线的杆件称为直杆,轴线是曲线的杆件称为曲杆。

杆件结构是指由杆件(或杆件系统)与基础相联而构成。杆件结构有多种形式,常见的杆件结构有梁、刚架、桁架、拱等基本形式,以及由基本形式结构组成的组合结构。最简单的杆件结构是由一根杆件与支座联结而成的结构,如单跨梁。

工程力学的任务是研究杆件或杆件结构自身的承载能力。而对于结构的基础,其承载能力将在有关的专业课程中研究。因此,工程力学中所讲述的承载能力,主要是指杆件承受外力的能力。这种能力具体体现在强度、刚度和稳定性三个方面。

强度反映杆件抵抗破坏的能力。强度问题就是当杆件受外力后,会不会产生断裂、破碎等问题。

刚度反映杆件抵抗变形的能力。刚度问题就是杆件受力后产生的变形会不会超出允许范围的问题。因为当杆件变形超过允许范围时,虽然结构不至于破坏,但却不能正常使用,即同样失去了承载能力。

稳定性反映轴向压杆保持原有直线平衡状态的能力。研究证明,对于细而长的轴向压杆,其承载能力突出地反映在稳定性问题上。如果稳定性满足要求,则该杆件的强度和刚度都会满足要求。当然,某些不是轴向压缩的杆件也会存在稳定性问题,只是本教材不对它进行讨论而已。

杆件的强度、刚度和稳定性,不仅与作用于杆件上的外力有关,还与杆件的几何尺寸、横截面形状、杆件材料的性质等因素密切相关。关于这一点,读者在学习时要注意。

2. 变形固体的三个假设

实际物体的物理性质是比较复杂的,当我们分析物体的受力和变形时,如果把所有影响的因素都考虑进来,不仅会使问题变得非常复杂,而且可能得不出正确的结论。其实,在分析问题时只要抓住主要的影响因素,就可使分析结果满足计算精度要求,而且还可以使分析过程和解决问题的表达形式十分简捷。基于此点,工程力学对变形固体材料作出了三点假设,即均匀连续性假设、各向同性假设和小变形假设。

3. 杆件的四种基本变形

实际工程结构中的杆件在外力或其他各种因素作用下的变形形式有很多种,但经分析表明,无论杆件的变形形式如何复杂,其基本的变形形式只有四种,即轴向拉伸或压缩、剪切、扭转、弯曲。其他任何变形形式都是这四种基本形式的不同组合。

轴向拉伸或压缩:轴向即杆件的轴线方向,拉或压是指沿杆件的轴线方向作用的拉力或压力,伸和缩是指杆件的变形为轴向的伸长或缩短。

剪切:是指杆件(或构件)受一对等值、反向、作用线平行但相距很近的外力作用时,杆件位于此二力作用线之间横截面会产生沿各自作用力方向平行错动的变形或破坏。工程中的剪切构件主要是结构或机构中的连接件,如铆钉、螺栓、销钉等物件。

扭转:杆件受到与横截面平行且绕杆件的轴线转动的外力偶作用时,杆件在外力偶作用面之间的各横截面均绕杆件轴线产生相对转动。工程中的扭转杆件主要是机械(机器)的传动轴。

弯曲:当杆件受到与杆轴线垂直的外力作用时,杆件的轴线会由原来的直线变为曲线(称为曲轴线)。这时,杆件轴线一侧的纤维相对伸长,另一侧的纤维则相对缩短。弯曲变形是工程结构中梁和刚架的主要变形形式。

复习思考题

1. 工程力学的学科性质是什么?
2. 何谓结构?何谓杆件结构?
3. 杆件的几何特征是什么?
4. 强度、刚度、稳定性分别反映了杆件哪个(或哪些)方面的能力?
5. 假设工程材料符合均匀连续性、各向同性和小变形的目的是什么?
6. 作用于四种基本变形杆件上的外力各有什么特征?

第2章　工程力学基本知识

工程力学基本知识所述及的内容，是对杆件进行强度、刚度、稳定性计算及对杆件结构进行受力分析所必须具备的最基本的知识。很好地理解和掌握这些基本知识，对于后续各章的学习十分重要。

本章基本内容包括：

(1)基础知识：杆件和杆件结构的计算简图。

(2)重要概念：力的相关概念，投影、力矩、力偶的概念，约束的概念。

(3)基本公理：二力平衡公理、加减平衡力系公理、力的平行四边形法则、力的作用与反作用公理。

(4)重要定理：合力投影定理、合力矩定理。

(5)物体的受力分析与受力图。

本章的学习重点，一是力的投影计算和力矩的计算，二是物体的受力图。画物体的受力图是本章的难点。

学习本章的基本要求是：

(1)充分理解计算简图在物体和结构受力与变形分析中的重要地位及作用。

(2)充分理解和掌握上述重要概念，熟练掌握力的投影和力对点之矩的计算方法。

(3)弄清四个公理的含义和各自的适用条件。

(4)弄清两个定理及其表达式的意义，熟练掌握合力的投影和合力矩的计算，会对墙体进行抗倾覆稳定性校核。

(5)弄清并熟练掌握常见约束的功能及约束力特征。

(6)熟练掌握作物体受力图的方法和要点，高度重视作物体受力图。

2.1　杆件和杆件结构的计算简图

2.1.1　计算简图的概念与选取原则

我们知道，任何物体在力的作用下都会产生运动，如果它没有产生运动，必定是与它接触的其他物体制约了它的运动。在土木工程力学中涉及的受力对象主要是杆件和由杆件组成的结构。我们对受力对象进行受力与变形分析时，首先要建立该受力对象的力学模型，然后根据该受力对象的几何特性及所受各力之间的关系，对其进行受力分析和承载能力的计算。

工程力学中，将**反映杆件和杆件结构几何特征、约束与受力状态的力学模型，称为该杆件和杆件结构的计算简图**。就是说，工程力学及实际工程中对杆件和杆件结构所进行的受力分析与变形分析，都是在其计算简图上进行的。因此，选取正确的计算简图，是确保杆件和杆件结构受力分析、变形分析与承载能力计算结果正确的首要条件。

选取计算简图的基本原则是：

(1)如实反映杆件和杆件结构的受力特征及变形特征。

(2)尽可能使计算简便。

下面以杆件结构为例，说明计算简图的形成过程。

2.1.2 计算简图的形成

实际的工程结构都是空间结构，但在土建工程中，大量的空间杆件结构可以简化为平面杆件结构来计算。所谓平面杆件结构，是指组成该结构的所有杆件的轴线均在同一个坐标平面内。例如图 2-1(a)所示输水渡槽，就其整体而言是一个空间结构，而其槽身纵向、横向及支架，均可视为平面杆件结构。

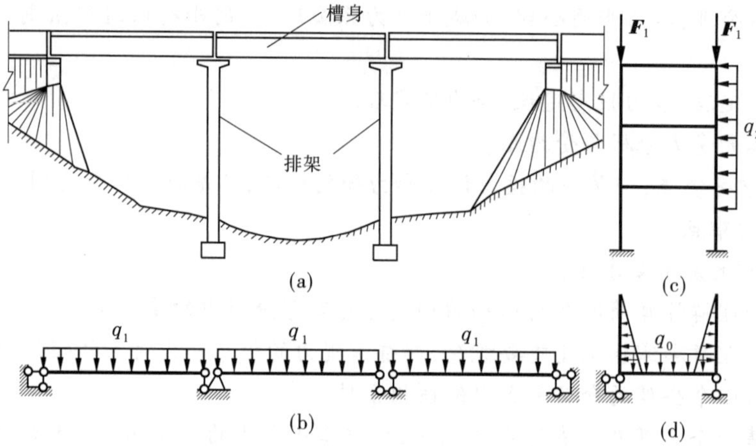

图 2-1

工程力学的主要研究对象是平面杆件结构。要形成结构的计算简图，通常要对结构进行杆件、约束、荷载三个方面的简化。

2.1.2.1 杆件的简化

杆件的简化，即是以杆件的轴线来替代杆件。如图 2-1 所示渡槽槽身和底板、排架中的梁和柱，图 2-1 中被结点联结的杆件等，均可以其轴线替代之。

2.1.2.2 约束的简化

1)约束的概念

在力学中，将**限制物体运动的装置，称为该物体的约束**。约束也是物体，它总是对我们所研究的受力对象起着限制其运动的作用，因而称其为约束。约束对物体的运动起着阻碍作用，因而约束必定对被约束物体作用了阻止其运动的力，我们将**约束对被约束物体所作用的力，称为约束力**。约束力的作用位置是约束与被约束物体的接触处。约束力的方向总是与被约束物体有运动趋势的方向相反。当约束是结构物与其基础间的联结时，则称此约束为支座。有些教材中将支座约束力称为支座反力。

2)常见约束的名称、功能及约束力

实际工程中,约束的类型很多,但常见约束可分为柔性体约束、光滑接触面约束、链杆约束、可动铰支座约束、铰链约束、固定铰支座约束、固定端约束等类型。下面分别介绍这几种约束对受力物体的约束功能、简图形式及约束力特征。熟悉这几种约束的形式,掌握这些约束的功能和约束力作用特征,对于学习本课程及后续专业课程十分重要。

(1)柔性体约束。

所谓柔性体,通俗地讲,就是质地柔软,易于改变几何形状的固体。工程力学中所述及的柔性体,主要是绳索(包括斜拉桥的钢拉索)、链条、皮带等极易改变形状的物体。柔性体对物体的约束作用,是限制物体沿该约束的中心线方向离开约束,或者说,它总是拉着被约束物体。因而,柔性体约束的约束力是作用在被约束物体上的拉力,用 $\boldsymbol{F}_{\mathrm{T}}$ 表示。例如图 2-2 中重为 $\boldsymbol{W}$ 的物体,在绳索约束下处于静止状态,$\boldsymbol{F}_{\mathrm{T}A}$、$\boldsymbol{F}_{\mathrm{T}B}$分别是绳索对物体的约束力。

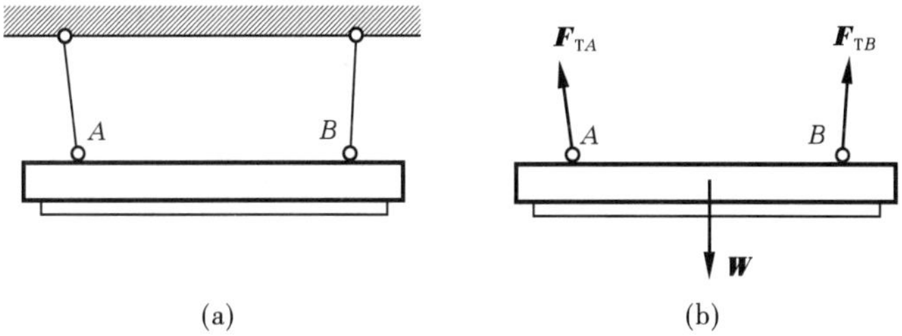

图 2-2

(2)光滑接触面约束。

当相互接触物体的接触面相对光滑(不计滑动摩擦作用)时,该接触面称为光滑接触面(例如坚硬的地面、路面、墙面等)。光滑接触面对物体的约束作用是阻止物体沿接触面法线向光滑接触面内部移动。光滑接触面约束的约束力,是沿接触面法线作用于物体上的压力,用 $\boldsymbol{F}_{\mathrm{N}}$ 表示。例如图 2-3 所示球体和杆件 AB 所受到的约束力,即光滑接触面约束力。

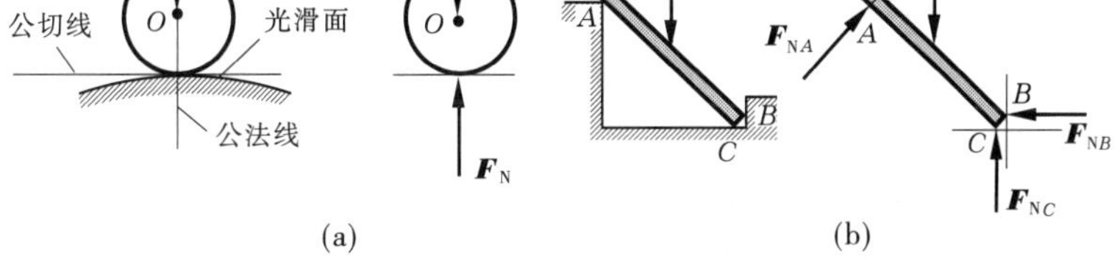

图 2-3

(3)铰及固定铰支座约束。

当相互联系的物体间因受到某种构造的约束而不能产生相对移动(只能绕该构造的

中心相对转动)时,这种构造就称为**铰**。例如曲柄连杆机构中曲柄与连杆的链接构造,人体各种关节构造等。图 2-4(a)所示为某桁架结构的结点构造,由于结点处的各杆端只是使用铆钉或螺栓连接,在使用过程中难免出现微小相对转动的情况,因此常将此构造简化为铰,该结点称为**铰结点**。

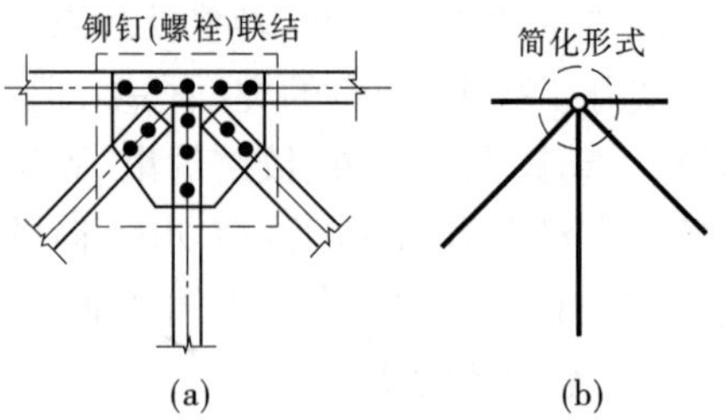

图 2-4

在力学中,**铰对物体的约束力用两个作用线相互垂直(方向可设定)的集中力分量来表示**。如图 2-5 中铰 A 对杆 2 约束力为 $\boldsymbol{F}_{Ax}$、$\boldsymbol{F}_{Ay}$,对杆 1 约束力为 $\boldsymbol{F}'_{Ax}$、$\boldsymbol{F}'_{Ay}$。

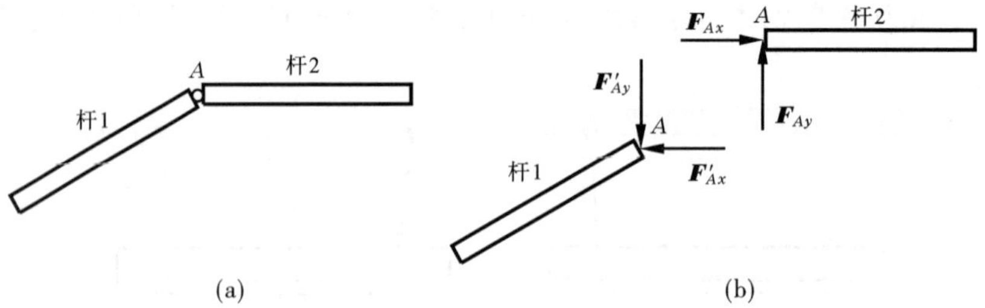

图 2-5

固定铰支座是在物体与其基础之间起联结作用的一种构造。这种构造对物体的约束作用与铰约束并无大的区别,物体可绕铰心转动,而基础部分是相对于地球不动的。

固定铰支座的约束力用作用线相互垂直(方向可设定)的两个集中力分量来表示。例如图 2-6(a)中木杆被螺栓固定于墙体上,但螺栓并不能限制杆件的微小转动,只能使得杆件不能作离开螺栓的移动,因而墙体包括螺栓对杆件的约束视为固定铰支座约束,固定铰支座的简图形式及其对杆件的约束力如图 2-6(b)、(c)所示。

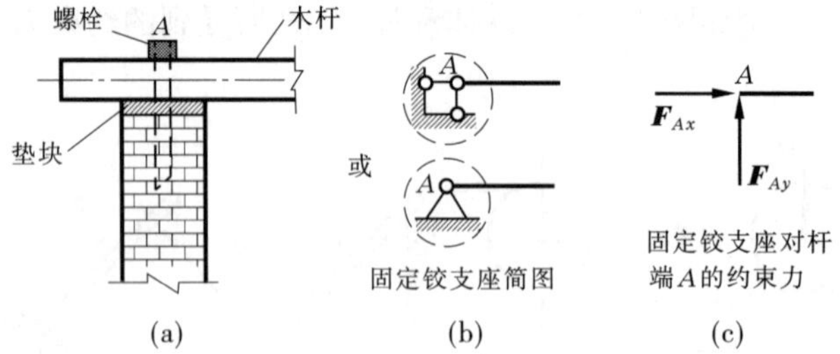

图 2-6

(4)链杆及可动铰支座约束。

链杆是两端与铰联结、不计自重且只在两端各受一力作用的杆件。链杆对物体的约束作用,是限制物体沿链杆两端铰心连线方向移动。因此,**链杆对物体的约束力是沿该链杆两端铰心连线方向**。例如图 2-7 中简易构架上的 CD 杆,就是限制 AB 杆沿 C、D 连线方向移动的链杆。

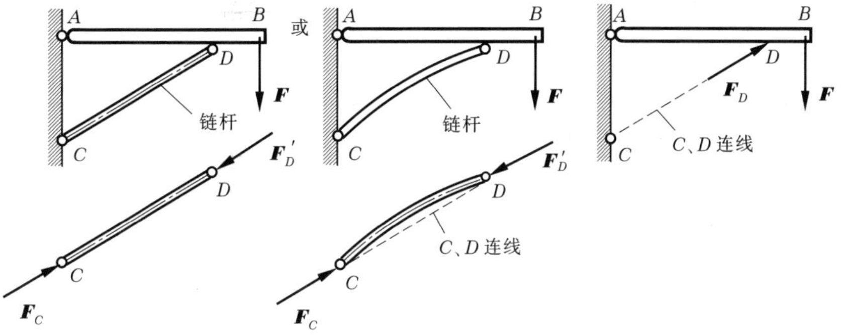

图 2-7

可动铰支座也是在物体与其基础之间起联结作用的一种构造。但这种约束只能限制物体沿基础支承面法线方向的移动。因此,**可动铰支座的约束力沿基础支承面法线方向作用**。如图 2-8 所示。

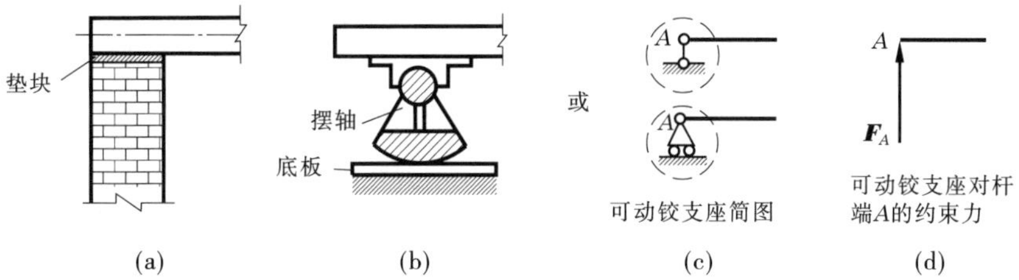

图 2-8

(5)刚结点与固定端约束。

当被结点联结的杆端在结点处不能作任何的相对运动(包括移动和转动)时,则此结点称为刚结点。如图 2-9(a)所示某钢筋混凝土结构的梁柱结合处,由于梁和柱的钢筋相互穿插布置,与混凝土交凝后即成为不可能产生任何几何形态变化的刚结点,其简图形式如图 2-9(b)所示。

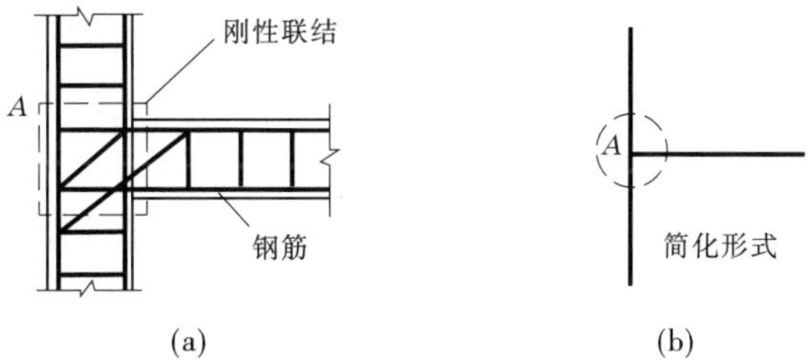

图 2-9

当杆件的一端与基础之间采用刚性联结而不能产生任何运动时,则该杆端称为固定端,此时基础对杆端的约束称为固定端约束。例如图 2-10(a)所示的阳台挑梁,由于其左

端 A 与墙体固定联结而不能产生任何的运动,梁的 A 端即为固定端。固定端约束的简图及其约束力分别如图 2-10(b)、(c)所示。

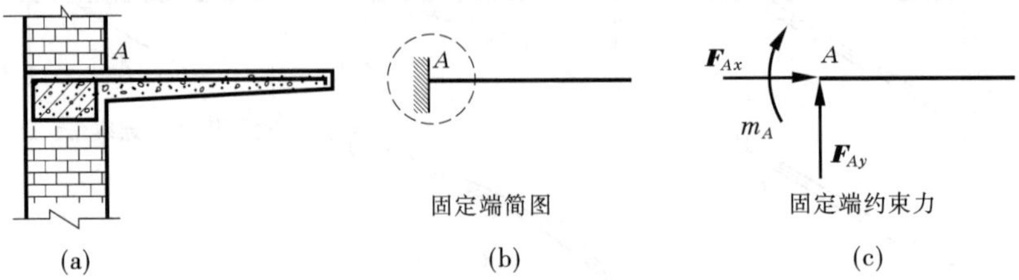

图 2-10

此外,在工程中常见到如图 2-11(a)所示直立杆件与基础联结的情形。当填料为混凝土时,基础对杆下端的约束为固定端约束。若填料是沥青麻丝等有一定柔性的物质,则基础对杆下端的约束应视为固定铰支座约束。它们的简图形式如图 2-11(b)所示。

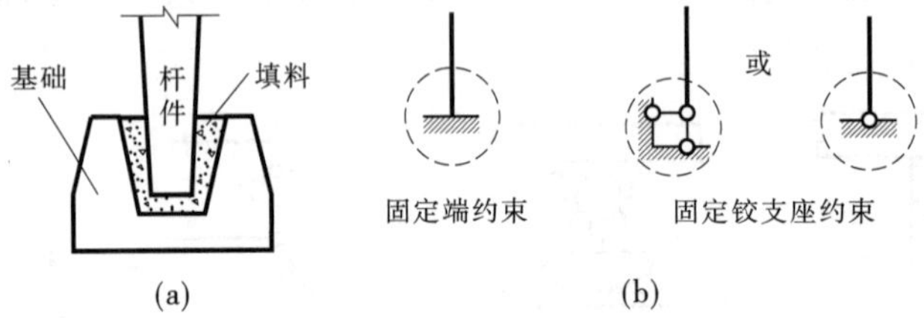

图 2-11

在空间受力条件下,仅固定的球铰支座和固定端支座约束的功能、简图形式及约束力特征与上述支座有些不同:固定的球铰支座,它限制了物体沿空间坐标系中三个坐标轴方向的移动,因而支座约束力有 $\boldsymbol{F}_x$、$\boldsymbol{F}_y$、$\boldsymbol{F}_z$ 三个分量。固定端支座,它不仅限制了物体的移动,而且还限制了物体的任何转动,因此其约束力中共有三个约束力分量 $\boldsymbol{F}_x$、$\boldsymbol{F}_y$、$\boldsymbol{F}_z$ 和三个约束力偶分量 m_x、m_y、m_z。

2.1.2.3　荷载的简化

正确确定作用于杆件和结构上的荷载,是形成计算简图至关重要的环节。不仅要正确判定荷载类型,还要求荷载估值不出现过大偏差。若荷载估值过大,会增加工程预算;若荷载估值过小,则不能保障结构的使用安全。通常情况下,要参照有关规范来确定荷载,对于特殊结构或作用于结构上的特殊荷载,还要通过实验的方法加以验证。工程中常见的荷载类型,按其作用时间的久暂、荷载的作用性质和荷载的作用范围分为以下六类。

(1)按作用时间的久暂,可分为恒载和活荷载。

恒载是大小、方向、作用位置均不发生变化的荷载。例如结构的自重、固定设备的压力等。**活荷载则是指作用时间短暂或作用位置不固定的荷载**。例如人群、车轮、风、雪的压力等。

(2)按荷载的作用性质,可分为静力荷载和动力荷载。

当施加于结构上的荷载不发生剧烈变化时,则该荷载称为静力荷载。其中,大小、方向和作用位置均不发生变化的荷载称为静力恒载;大小和方向不变,作用位置会发生改变的荷载称为静力移动荷载。例如结构的自重属于恒载,而在路面上行驶的车辆的车轮对路面的压力属于静力移动荷载。

动力荷载则是指突然施加于结构上,会使结构产生振动或发生较大惯性力的荷载。例如动力机械的振动、爆炸的冲击、地震等荷载都是动力荷载。

工程力学中主要研究静力荷载对结构的作用。

(3)按荷载的作用范围,可分为集中荷载和分布荷载。

集中荷载是指其分布面积(或相互接触物体的接触面)远小于物体表面的荷载。集中荷载通常用大写英文字母 $\boldsymbol{F}$、$\boldsymbol{W}$ 等表示,其单位为牛(N)或千牛(kN)。在计算简图上将集中荷载的微小作用面视为一个点。

分布荷载是指连续不断地作用于结构或结构上某一区域的荷载。分布荷载通常用小写英文字母 q 表示。在结构的计算简图上,通常将分布荷载简化为沿杆件长度分布的线分布荷载(将面荷载作用宽度取为 1 m),且当此分布荷载的大小沿分布长度不变时,称为均匀分布荷载,否则称为非均匀分布荷载。分布荷载的单位为牛/米(N/m)或千牛/米(kN/m)。如图 2-1 所示结构,渡槽自重、槽内水压力、槽外风压力等均简化为分布荷载,槽身对排架的压力简化为集中荷载。

此外,温度改变、结构的支座移动、构造误差等因素,也可能使结构产生内力和变形。因此,对某些结构而言,这些因素也相当于作用于结构上的特殊荷载。

【例 2-1】　为图 2-12(a)所示装配式单层简易厂房的某平面单元选取计算简图。

解:装配式单层厂房是由若干个横向平面单元用多种纵向构件联结起来的空间结构。由于其各个横向平面单元的几何特征、受力特征均相同,且作用于结构上的荷载通常是沿纵向均匀分布,故沿纵向作用于结构上的荷载可通过纵向联结构件分配或传递到每个平面结构上。若不考虑该空间结构的整体作用效果,我们可以将此空间结构简化为若干个独立的平面结构来分析和计算。

(1)杆件的简化。结构中的立柱(包括牛腿)上、下段截面不同,用粗细不同的两段直线表示;屋架的平面刚度较大,可简化为一抗拉刚度为无穷大的直杆表示。

(2)约束的简化。屋架与柱顶之间通常用螺栓联结或焊接,可简化为铰结点。立柱下端与杯形基础之间的联结按刚性联结考虑,简化为固定端约束。

(3)荷载的简化。在不计结构中各杆件自重的情况下,作用于结构上的荷载有两种:一种是作用于吊车大梁上的荷载通过吊车纵梁的牛腿支撑而反作用于牛腿上的压力。因纵梁与牛腿之间的接触面很小,可将此压力视为集中力,用 F_1、F_2 表示。另一种是作用于屋架侧面的风压力。其屋面上的风压力可简化为作用于柱顶的一个水平集中力,用 F_3 表示;而立柱受到的水平风压力可按平面单元宽度简化为沿高度均匀分布的线荷载,用 q 表示。该装配式单层简易厂房的某平面单元的结构计算简图如图 2-12(b)所示。

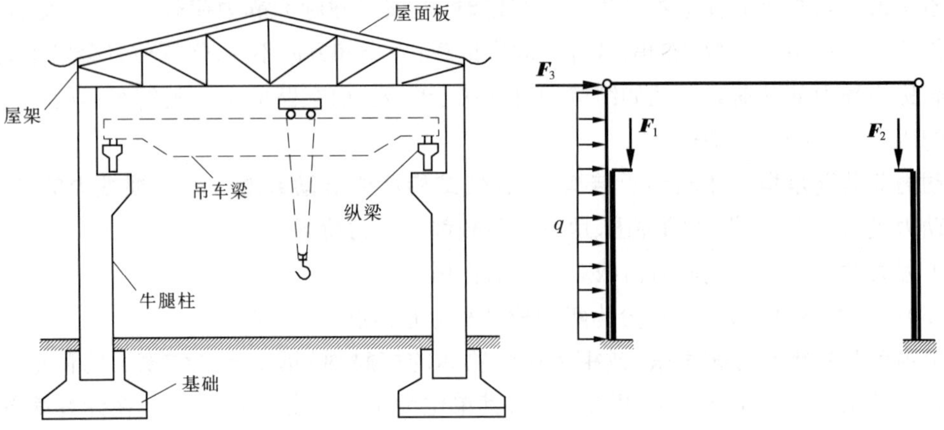

图 2-12

2.2　力的相关概念

2.2.1　力对物体的作用效应

力是相互接触物体之间相互的机械作用,产生这种作用的途径有两种:一种是通过物体间的直接接触而产生的,例如图 2-13(a)所示置于平面上的重物 A,当它与地面接触时,就对地面产生了压力 $\boldsymbol{F}_N'$;与此同时,地面给了重物 A 一个支承力 $\boldsymbol{F}_N$,如图 2-13(b)所示。再例如机车对车厢的拉力,物体之间的压力、摩擦力和黏结力等。另一种是通过"场"产生的,例如地球的引力场使物体产生重力,电场对电荷产生吸引力或排斥力等。

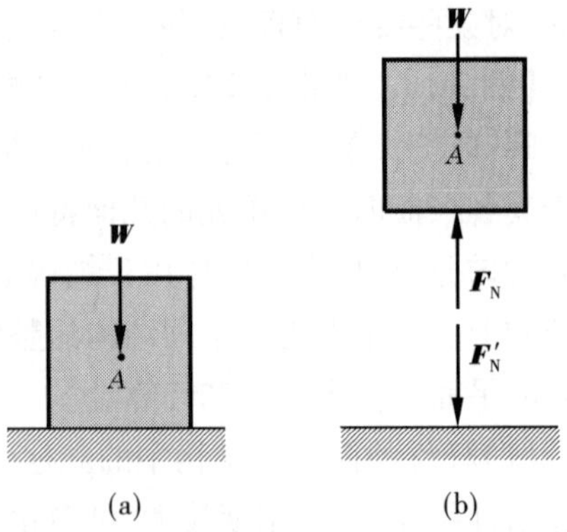

图 2-13

物体在力的作用下会产生运动和变形。这里所说的运动(包括物体的平动和转动)是力对物体作用的外效应,而变形则是力对物体作用的内效应。

2.2.2　力的三要素及力的表示方法

力对物体的作用效应取决于力的大小、方向、作用位置。这个作用位置也就是两个物体间的接触面,当两物体间的接触面相对于物体表面显得十分微小时,则可将这个接触面视为一个点,作用于该点上的力,称为集中力,因而将**集中力的大小、方向、作用点称为该集中力的三要素**。

由于力是具有大小和方向的量,故**力是矢量**。在工程力学的文字表述中,用黑体的大写英文字母表示力矢量,例如 $\boldsymbol{F}$、$\boldsymbol{W}$、$\boldsymbol{F}_N$、$\boldsymbol{F}_N'$等,而非黑体的大写英文字母只表示力的大小，如 F、W、F_N、F'_N 只表示力矢量 $\boldsymbol{F}$、$\boldsymbol{W}$、$\boldsymbol{F}_N$、$\boldsymbol{F}'_N$ 的大小。在如图 2-14 所示物体的受力图上，用一有向线段来表示力矢量 $\boldsymbol{F}$：线段 AB 的长度（A、B 两点间的距离）表示力 $\boldsymbol{F}$ 的大小；线段 AB 的起点 A 或终点 B 表示力 $\boldsymbol{F}$ 的作用点；线段 AB 与水平面（线）之间的夹角 α 表示力 $\boldsymbol{F}$ 的作用线方位，箭头表示力 $\boldsymbol{F}$ 的指向。图中直线 KL 称为力 $\boldsymbol{F}$ 的作用线。

由于力对物体的作用效应决定于力的三个要素，故两个力矢量大小相等、方向相同，并不表示这两个力等效。如图 2-15 所示的两个相互平行的力 $\boldsymbol{F}_1$ 和 $\boldsymbol{F}_2$，即使 $F_1 = F_2$，也会因 $\boldsymbol{F}_1$ 和 $\boldsymbol{F}_2$ 的作用点不同而使得 $\boldsymbol{F}_1$ 和 $\boldsymbol{F}_2$ 对物体的作用效应不同，即 $\boldsymbol{F}_1 \neq \boldsymbol{F}_2$。

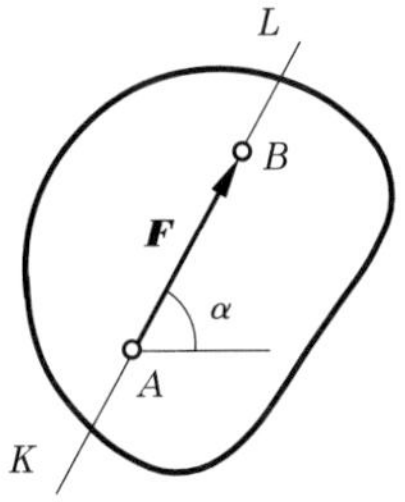

图 2-14

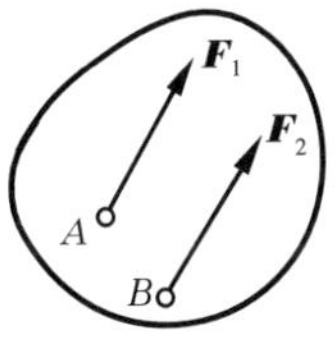

图 2-15

2.2.3　力系、合力与分力

作用于同一物体或物体系上的一组力称为力系。如图 2-16(a) 所示物体上所作用的两个共点力是一个力系，作用于图 2-17 所示物体上的若干个力也是一个力系。

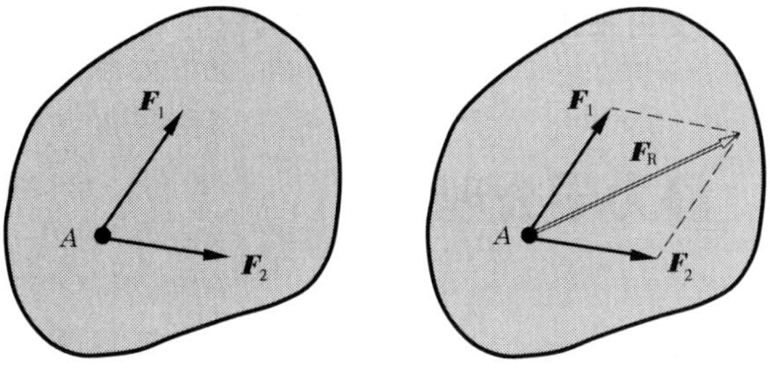

(a)　(b)

图 2-16

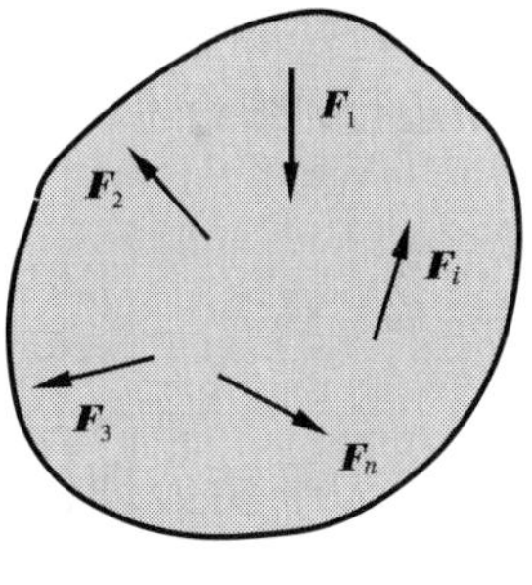

图 2-17

如果某力对物体的作用效应与一个力系相同，则该力称为与其等效之力系的**合力**，即**力系的合力就是力系的等效力**。如图 2-16(a) 所示力系，可由力的平行四边形法则求出它的合力 $\boldsymbol{F}_R$，$\boldsymbol{F}_R$ 是 $\boldsymbol{F}_1$ 和 $\boldsymbol{F}_2$ 的合力，也是 $\boldsymbol{F}_1$ 和 $\boldsymbol{F}_2$ 的等效力。**力系中的各力都是该力系合力的分力**。如图 2-16(b) 中 $\boldsymbol{F}_1$ 和 $\boldsymbol{F}_2$ 是 $\boldsymbol{F}_R$ 的分力。如果图 2-17 所示力系有合力 $\boldsymbol{F}_R$，则 $\boldsymbol{F}_1$、$\boldsymbol{F}_2$、$\boldsymbol{F}_3$、$\boldsymbol{F}_i$ 和 $\boldsymbol{F}_n$ 都是 $\boldsymbol{F}_R$ 的分力。**力系合力是力系中各分力的矢量和**，即

$$\boldsymbol{F}_R = \boldsymbol{F}_1 + \boldsymbol{F}_2 + \boldsymbol{F}_3 + \cdots + \boldsymbol{F}_n = \sum \boldsymbol{F} \tag{2-1}$$

式(2-1)表明了力系合力与其分力之间的关系。

在中学物理中，我们已经会用力的平行四边形法则和力三角形法则将两个共点力合成为一个仍作用于该点的合力，当然也能用平行四边形法则和力三角形法则将一个力分

解为两个分力。但要使分力得到唯一解，就必须符合一定的条件。例如已知两分力的方向，求其大小（如图 2-18（a）所示）；或已知一分力的大小和方向，求另一分力的大小和方向（如图 2-18（b）所示）。

工程力学中常将力作正交分解（即两个分力的作用线相互垂直），如图 2-18（c）所示。

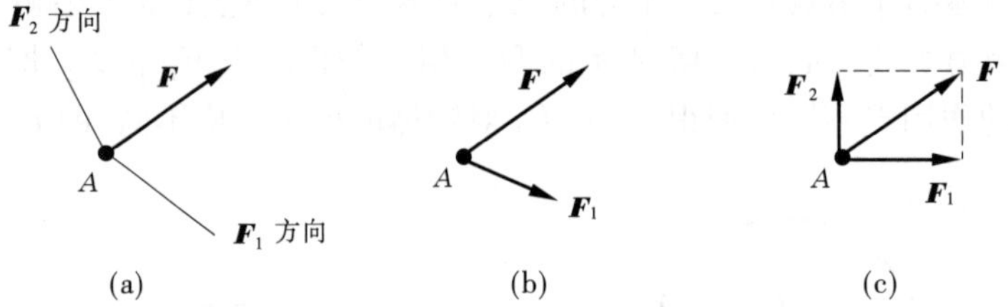

图 2-18

2.2.4　平衡力系与力系的平衡条件

物体处于静止或作匀速直线运动的状态，称为平衡状态。**作用于物体并使物体处于平衡状态的力系，称为平衡力系**。处于平衡状态物体上所作用的力系必定是平衡力系，或者说，受平衡力系作用的物体一定处于平衡状态。

力系的平衡条件，是指作用在处于平衡状态物体上的力系所应满足的条件。满足平衡条件的力系是平衡力系。运用力系的平衡条件解决受力系作用的杆件和杆件结构的平衡问题，是本课程的学习重点之一。关于作用在物体上的力系类型及其所应满足的平衡条件，以及如何应用力系的平衡条件解决受力系作用的杆件和杆件结构的平衡问题，将在第 3 章中进行详细论述。

2.3　静力学公理

2.3.1　二力平衡公理（二力平衡条件）

公理一　作用于同一刚体上的两个力使得刚体处于平衡状态的充分与必要条件是：这两个力大小相等、方向相反，且作用在同一条直线上。

此公理说明，刚体受二力作用而处于平衡状态时，此二力必定等值、反向、共线。或者说，若作用于刚体上的两个力等值、反向、共线，则该刚体一定处于平衡状态。但须注意，对于变形体，二力等值、反向、共线只是其平衡的必要条件。例如图 2-19（a）所示的柔索受到一对等值、反向、共线的拉力作用时处于平衡状态，但若柔索如图 2-19（b）所示受到两个等值、反向、共线的压力作用时，柔索就会因其原有位置和几何形状发生改变而失去平衡。因此，二力平衡公理只适用于刚体。刚体是不产生任何变形的固体。

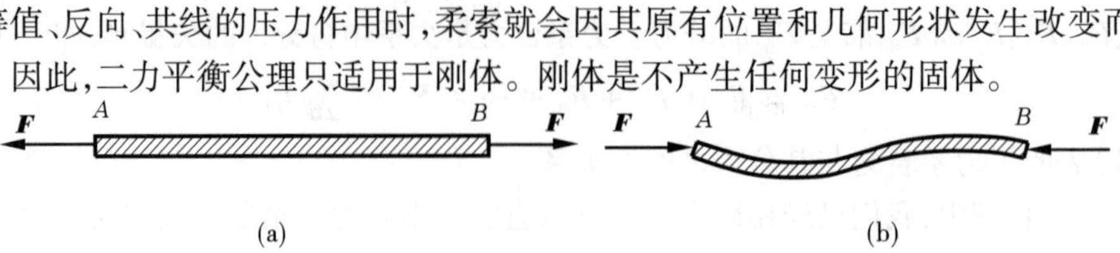

图 2-19

只受两个力作用而处于平衡状态的构件,称为二力构件。在力学中,若某二力构件是杆件,且在此杆件上作用的两个力是分别作用在杆件的两端,则称此杆件为二力杆。如果该二力杆的两端与铰连接,则此二力杆为链杆。在工程力学的受力分析中,二力杆和链杆**都不计自重**。例如图 2-20 所示结构中的 *AC* 杆和图 2-21 中的每根杆件均为二力杆,也都是链杆。二力杆是直杆,在结构中起约束作用的链杆可以是直杆,也可以是不考虑变形的曲杆或折杆。

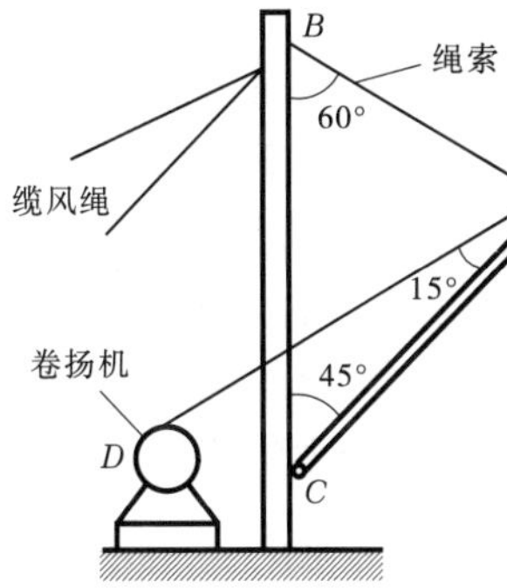

图 2-20

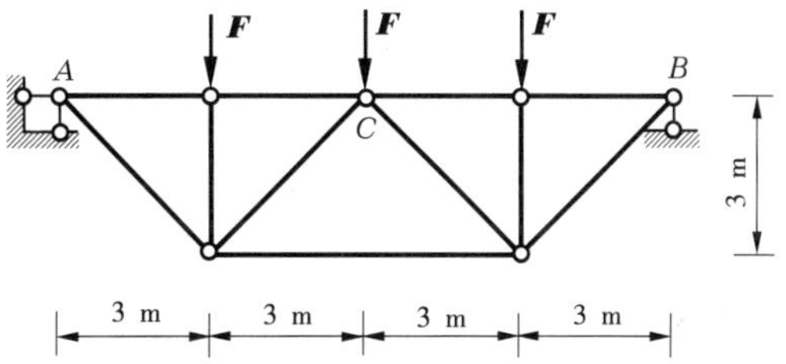

图 2-21

2.3.2　加减平衡力系公理

公理二　在刚体上增加或减少平衡力系,不会改变该刚体的原有状态。

此公理表明,不管刚体原来处于何种状态,在该刚体上增加或减少平衡力系后,该刚体的原有状态都不会发生改变。例如图 2-22(a)所示刚体在 **F** 作用下会产生向右的移动,当我们在这刚体上加入如图 2-22(b)所示的一对平衡力 **F′**和 **F″**后,该刚体的移动状态并不因这对平衡力的加入而改变。

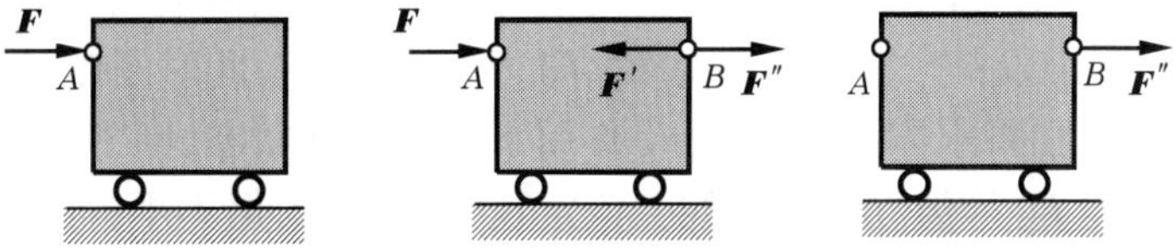

图 2-22

推论 1　力的可传性

在图 2-22(b)所示刚体上,如果令力 $F = F' = F''$,则 **F′**和 **F** 也是一对平衡力,减去这对平衡力后,刚体的受力情况如图 2-22(c)所示。由公理二可知,此时该刚体仍保持原有状态。但由图 2-22(c)可见,此时作用于刚体的力不是 **F**,而是力 **F″**。即相当于力 **F** 沿着它的作用线从 *A* 点移动到了 *B* 点。由此表明,作用于刚体上的力沿其作用线移动位置时,不会改变它对该刚体的作用效应。这是作用于刚体上的力的又一重要性质,称为力的可传性。这一性质说明作用于刚体上的力是一个滑移矢量,其三要素为大小、方向、作用线。

由于变形体受不同的力系作用时,其变形状况也不同,因此加减平衡力系公理及力的可传性,不适合变形体。

2.3.3 力的平行四边形法则

公理三 作用于物体上同一点的两个力的合力,可由以此二力为邻边构成的平行四边形的对角线来表示。

这就是我们在中学物理中学习过的,求两个共点力合力的平行四边形法则。例如图 2-23(a)所示作用于物体 A 点上的两个力 $\boldsymbol{F}_1$ 和 $\boldsymbol{F}_2$,其合力 $\boldsymbol{F}_R$ 如图 2-23(b)所示。

如果我们将力的平行四边形中的分力 $\boldsymbol{F}_2$ 平移到其平行边上并与另一分力 $\boldsymbol{F}_1$ 相连接,则得到如图 2-23(c)所示或如图 2-23(d)所示的由分力 $\boldsymbol{F}_1$、$\boldsymbol{F}_2$ 和合力 $\boldsymbol{F}_R$ 构成的三角形,这个**由力矢量构成的三角形,称为力三角形**。在由分力和其合力构成的力三角形中,两个分力应首尾相接,而合力是从一分力的起点连接并指向另一分力的终点。这种**由作力三角形来确定两个共点力合力的方法,称为力三角形法则**。

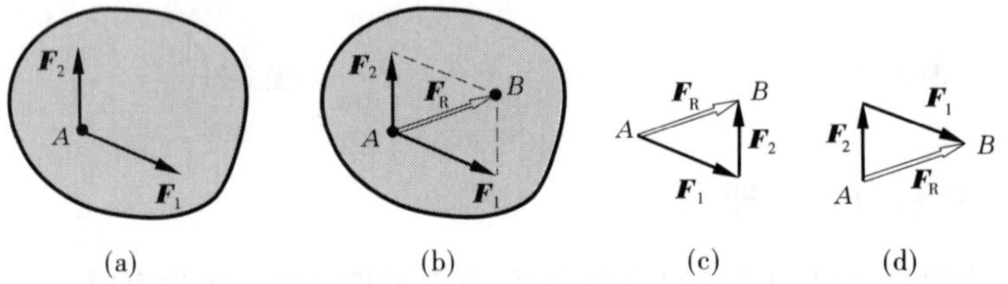

图 2-23

推论 2 三力平衡条件

三力平衡条件 作用于刚体上同平面内的三个互不平行的力,使该刚体处于平衡状态的必要与充分条件,是这三个力中任意二力的合力与第三个力等值、反向、共线。

如图 2-24(a)所示,在刚体的同一平面内受力 $\boldsymbol{F}_1$、$\boldsymbol{F}_2$、$\boldsymbol{F}_3$ 作用。根据力的可传性,先将力 $\boldsymbol{F}_1$、$\boldsymbol{F}_2$ 沿其作用线移至交点 O,成为 $\boldsymbol{F}_1'$、$\boldsymbol{F}_2'$,合成为力 $\boldsymbol{F}$,此时刚体只受 $\boldsymbol{F}$、$\boldsymbol{F}_3$ 作用,如图 2-24(b)所示。如果刚体在 $\boldsymbol{F}_1$、$\boldsymbol{F}_2$、$\boldsymbol{F}_3$ 作用下处于平衡状态,则 $\boldsymbol{F}$ 和 $\boldsymbol{F}_3$ 必须满足二力平衡条件,即 $\boldsymbol{F}$ 与 $\boldsymbol{F}_3$ 等值、反向、共线。该定理表明,共面但不平行的三力若平衡,则此三力的作用线必须汇交于同一点,如图 2-24(c)所示。

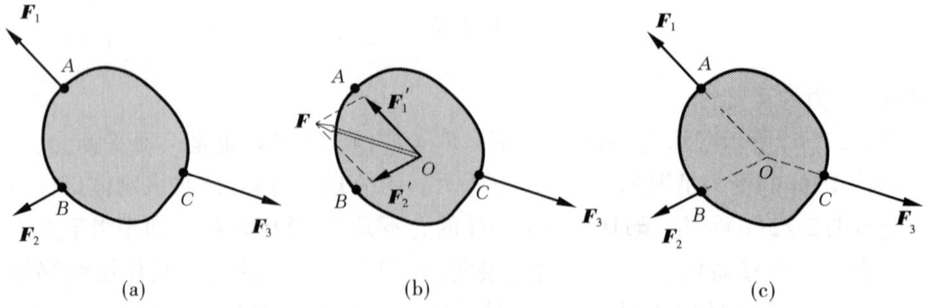

图 2-24

2.3.4 作用与反作用公理(牛顿第三定律)

公理四　两个物体间的相互作用力分别作用在这两个物体上,且它们等值、反向、共线。

此公理阐明了两个物体间相互作用力的基本性质:

(1)二力等值、反向、共线,但不具有平衡关系。

(2)作用力与反作用力分别作用于两个不同的物体上,且同时存在同时消失。在本教材中,将作用力以 $\boldsymbol{F}_i$ 表示,反作用力用 $\boldsymbol{F}'_i$表示,以此表明作用力与反作用力之间的联系与区别。

在学习以上四个公理时,要注意它们各自的适用条件,特别是要注意公理一和公理四所阐述的两个力之间关系的根本区别。

例如图 2-25(a)所示结构,其杆 AB 和杆 BC 的受力情况如图 2-25(b)所示。在图 2-25(b)中,作用于 BC 杆上的两个力 $\boldsymbol{F}_C$ 和 $\boldsymbol{F}'_B$是平衡关系,而在铰 B 处杆 AB 与杆 BC 间的相互作用力 $\boldsymbol{F}'_B$ 和 $\boldsymbol{F}_B$ 是作用与反作用关系。

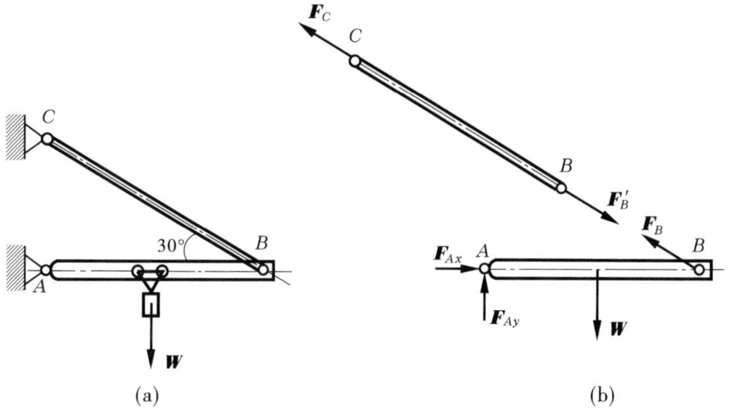

图 2-25

2.4 力在坐标轴上的投影

2.4.1 力在坐标轴上的投影

在工程制图学中已讲述过投影的概念,例如物体的三个视图,就是物体分别在空间坐标系中三个坐标平面上的投影。

力是矢量,**力在坐标轴上的投影是代数量**。在力的投影中,力的大小以线段长度表示,力的方向用“±”表示。例如在图 2-26 所示平面直角坐标系 Oxy 的坐标平面内有一力矢量 $\boldsymbol{F}$,其大小为 AB 两点间的距离,其方位角为 α,则 $\boldsymbol{F}$ 在 x、y 坐标轴上的投影分别为 F_x 和 F_y,由几何关系显然有

$$\left.\begin{aligned} F_x &= \pm F\cos\alpha \\ F_y &= \pm F\sin\alpha \end{aligned}\right\} \tag{2-2}$$

式(2-2)就是力在坐标轴上投影的代数表达式。式中 α 为力作用线与 x 轴之间所夹的锐角(即 $0\leqslant\alpha\leqslant90°$),其"±"取法是:当力沿坐标轴方向分解时的分力方向与相应坐标轴的正向一致时,则力在该坐标轴上的投影取"+"号,反之取"-"号。例如图 2-27 中力 F_{1x}为负值,F_{1y}为正值。

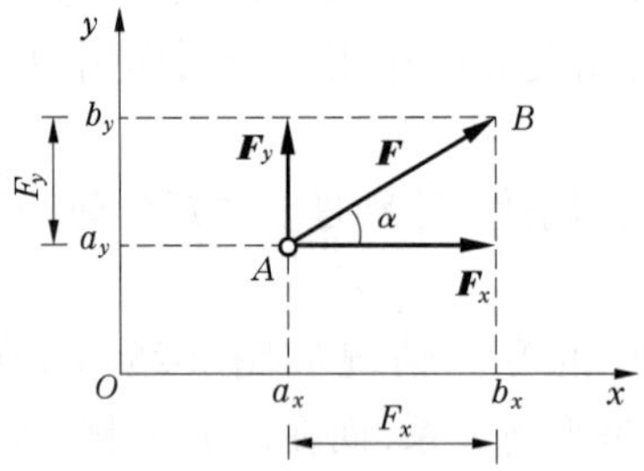

图 2-26

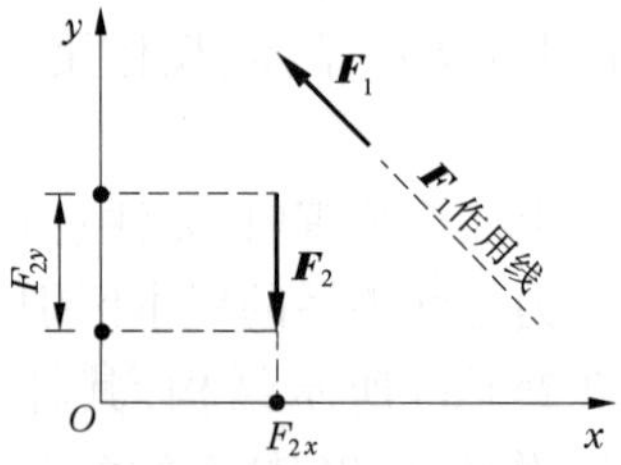

图 2-27

由式(2-2)及图 2-27 可见,力在坐标轴上投影的特性是:

(1)当力与投影轴平行时,力在该轴上的投影等于该力的大小;

(2)当力与投影轴垂直时,则力在此轴上的投影为零;

(3)力沿其作用线移动时,其投影不变。

【例 2-2】 分别计算图 2-28 所示坐标平面内各力在两个坐标轴上的投影。

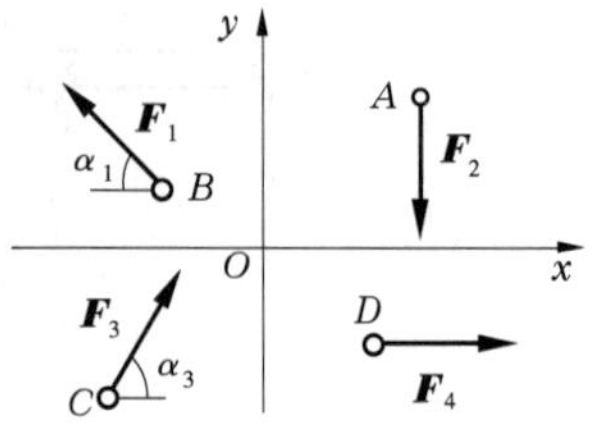

图 2-28

解:由式(2-2)分别计算各力在两坐标轴上的投影:

$F_{1x} = -F_1\cos\alpha_1$,　　$F_{1y} = F_1\sin\alpha_1$

$F_{2x} = 0$,　　$F_{2y} = -F_2$

$F_{3x} = F_3\cos\alpha_3$,　　$F_{3y} = F_3\sin\alpha_3$

$F_{4x} = F_4$,　　$F_{4y} = 0$

2.4.2　合力投影定理

定理　平面力系的合力 F_R 在某坐标轴上的投影,等于力系中各分力在该坐标轴上投影的代数和。即

$$\left.\begin{aligned} F_{Rx} &= F_{1x} + F_{2x} + \cdots + F_{nx} = \sum F_{ix} \\ F_{Ry} &= F_{1y} + F_{2y} + \cdots + F_{ny} = \sum F_{iy} \end{aligned}\right\} \tag{2-3}$$

式(2-3)为合力投影定理的表达式。该定理阐明了力系合力的投影与其各分力投影之间的关系。利用这种关系,我们可以通过计算力系合力的投影来解决力系合力的求解问题。具体解决方法详见第 3 章。

2.5　力对点之矩

2.5.1　力矩的概念

当物体受到力的作用时,物体的运动可能是移动或转动,也可能是既移动又转动。这里且不说力对物体的移动效应,只讨论力对物体的转动效应。我们来考察图 2-29 所示用扳手转动螺母的情形。

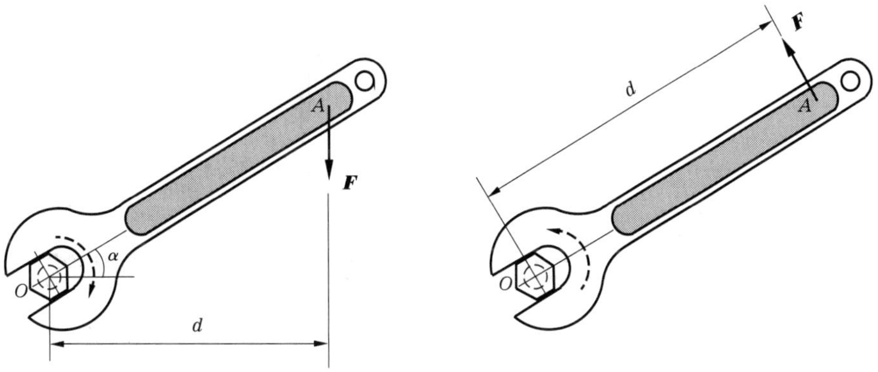

图 2-29

当在扳手上的 A 点施加力 $\boldsymbol{F}$ 时,扳手就会连同螺母一起绕螺母的中心点 O 转动。并且,当力 $\boldsymbol{F}$ 的作用方向发生改变时,扳手连同螺母的转动方向也发生改变。由杠杆原理知,力 $\boldsymbol{F}$ 使物体绕某定点 O 的转动效应,与力 $\boldsymbol{F}$ 的大小和力作用线到 O 点的垂直距离 d 成正比。在力学中,将**量度力使物体绕某点转动效应的物理量,称为力对点之矩,简称为力矩**。力矩的表达式为

$$M_O(\boldsymbol{F}) = \pm F \cdot d \tag{2-4}$$

式(2-4)表明,力矩的大小是力 $\boldsymbol{F}$ 的大小和力 $\boldsymbol{F}$ 作用线到转动中心点 O 之间垂直距离 d 的乘积,其中 d 称为**力臂**,转动中心点 O 称为**矩心**。与物体转动方向相关的力矩的正负号取法为:当力使物体绕 O 点逆时针方向转动时,其力矩取“+”号;当力使物体绕 O 点顺时针方向转动时,其力矩取“-”号。图 2-29(a)中力 $\boldsymbol{F}$ 对 O 点之矩为负,图 2-29(b)中力 $\boldsymbol{F}$ 对 O 点之矩为正。

力矩不仅与力 $\boldsymbol{F}$ 的大小和方向有关,还与矩心 O 的位置有关。也就是说,力的改变或矩心位置的改变都会导致力矩的变化。此外,力矩还有如下基本特征:

(1)当力的作用线通过矩心时,该力矩等于零。

(2)力在刚体上沿其作用线移动时,其力矩不变。

2.5.2　合力矩定理

定理　平面力系合力对该平面内任意一点的力矩，等于该力系中各分力对同一点之矩的代数和。即

$$M_O(\boldsymbol{F}_R) = M_O(\boldsymbol{F}_1) + M_O(\boldsymbol{F}_2) + \cdots + M_O(\boldsymbol{F}_n) = \sum M_O(\boldsymbol{F}_i) \tag{2-5}$$

证明：计算图 2-30 所示 L 形杆件上力 $\boldsymbol{F}$ 对固定端 A 点的力矩。

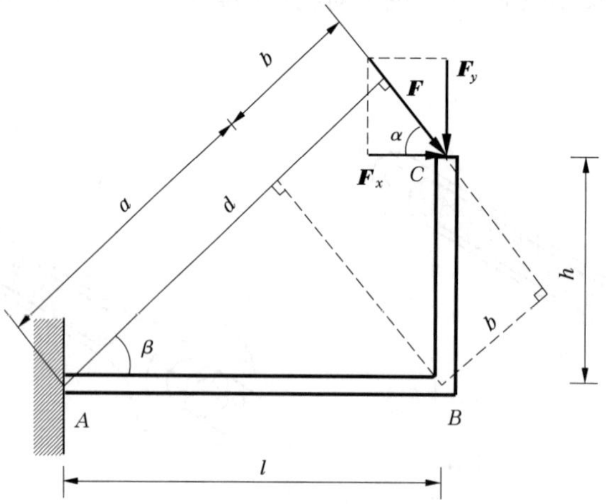

图 2-30

根据力矩的定义，力 $\boldsymbol{F}$ 对 A 点的力矩为

$$M_A(\boldsymbol{F}) = -F \cdot d$$

由几何关系知，式中 $d = a + b = l\sin\alpha + h\cos\alpha$，故

$$M_A(\boldsymbol{F}) = -Fd = -F(h\cos\alpha + l\sin\alpha) \tag{a}$$

若将力 $\boldsymbol{F}$ 分解为如图 2-30 所示的两个相互垂直的分力 $\boldsymbol{F}_x$ 和 $\boldsymbol{F}_y$，则此二分力对 A 点的力矩的代数和为

$$M_A(\boldsymbol{F}_x) + M_A(\boldsymbol{F}_y) = -F_x h - F_y l = -F(h\cos\alpha + l\sin\alpha) \tag{b}$$

由式(a)、式(b)有

$$M_A(\boldsymbol{F}) = M_A(\boldsymbol{F}_x) + M_A(\boldsymbol{F}_y)$$

定理得证。

2.5.3　墙体的抗倾覆稳定性校核

在土建工程中，像挡土墙、拦河坝等墙体建筑物，通常需要校核其抗倾覆和抗滑动稳定性。其中抗滑动稳定性问题将在第 3 章第 3.5 节中进行讨论。下面以挡土墙为例，说明墙体的抗倾覆稳定性校核问题。

墙体的抗倾覆稳定条件为：抗倾力矩必须大于倾覆力矩。即

$$M_{抗} > M_{倾} \tag{2-6}$$

【例 2-3】　挡土墙如图 2-31 所示。已知墙体重 $W_1 = 70$ kN，$W_2 = 140$ kN，墙后土压力

$F=80$ kN。试问该挡土墙是否会绕 A 点向左倾倒?

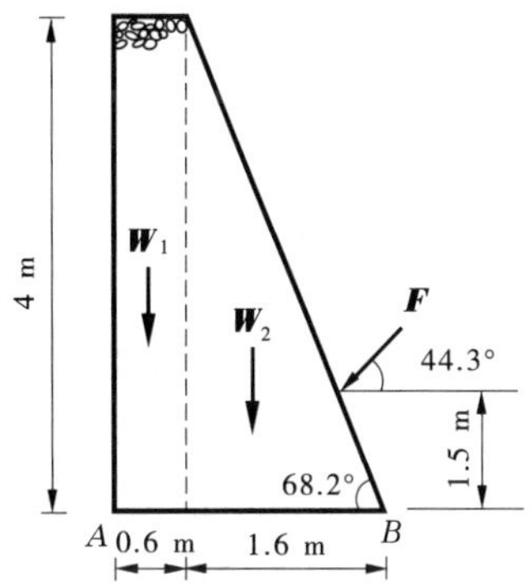

图 2-31

解:(1)墙体的抗倾覆稳定性分析。

挡土墙受自身重力和墙后土压力的共同作用,其中重力和土压力的竖向分力对 A 点的力矩代数和是使墙体稳定的抗倾力矩 $M_{抗}$,而墙后土压力的水平分力对 A 点之矩是促使墙体向左倾倒的倾覆力矩 $M_{倾}$,要确认该墙体是否会绕 A 点向左倾倒,就要看墙体是否满足式(2-6)。

(2)墙体的抗倾覆稳定性校核。

计算倾覆力矩和抗倾力矩:

$$M_{倾}=F\cos 44.3°\times 1.5=80\times 0.716\times 1.5=85.88(\text{kN}\cdot\text{m})$$

$$M_{抗}=W_1\times 0.3+W_2\times(0.6+1.6/3)+F\sin 44.3°\times(2.2-1.5\cot 68.2°)$$
$$=70\times 0.3+140\times 1.13+80\times 0.698\times 1.6$$
$$=268.54(\text{kN}\cdot\text{m})$$

因 $M_{抗}>M_{倾}$,故墙体不会绕 A 点向左倾倒。

【例 2-4】　求图 2-32(a)所示杆 AB 上平行力系的合力及其作用位置。

解:对于平行力系,由于它的合力作用线必定与各分力的作用线平行,故其合力的大小等于各分力的代数和,其作用位置可由合力矩定理确定。设合力 $\boldsymbol{F}_R$ 向下为正,其作用线距 A 点的距离为 d_R,如图 2-32(b)所示。则

$$F_R=\sum F=12-18+4+6=4(\text{kN})$$

由

$$M_A(\boldsymbol{F}_R)=\sum M_A(\boldsymbol{F})$$

有

$$F_R\times d_R=4\times 6+6\times 8-18\times 3=72-54=18(\text{kN}\cdot\text{m})$$

解得

$$d_R=\frac{18}{F_R}=\frac{18}{4}=4.5(\text{m})$$

即合力 $\boldsymbol{F}_R$ 作用在距 A 点 4.5 m 处。

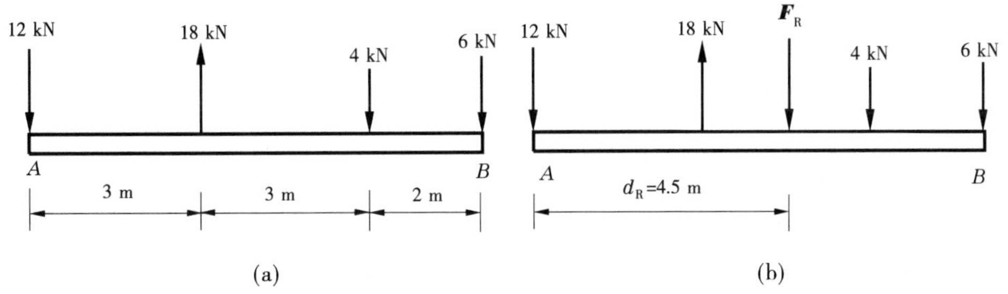

图 2-32

2.6 力　偶

2.6.1 力偶的概念

在日常的生产、生活及实际工程中，经常会有物体在力系作用下只发生转动的情形。例如在水利工程中，如图 2-33(a)用螺杆启闭小型平面闸门或如图 2-33(b)用绞盘起吊物体时，工作人员在绞杠 AB 上施加两个等值、反向、作用线平行的水平力 $\boldsymbol{F}$ 和 $\boldsymbol{F}'$，绞杠 AB 在这对力的作用下绕螺杆轴线转动。在力学中，将**大小相等、方向相反但不共线的一对共面的平行力，称为一个力偶，用($\boldsymbol{F}$, $\boldsymbol{F}'$)表示**。力偶中二力作用线之间的垂直距离 d 称为力偶臂。力偶只能使它所作用的物体产生转动。力偶对物体的转动效应取决于力偶的三要素，即力偶的大小、转向、作用平面。

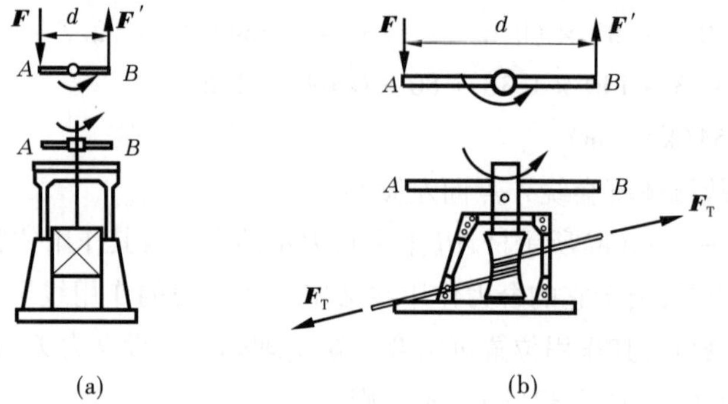

图 2-33

2.6.2 力偶矩

描述力偶对物体转动效应的物理量，称为力偶矩，用 m 表示。力偶矩的表达式为

$$m = \pm F \cdot d \tag{2-7}$$

式中“±”表示力偶的转向，并规定逆时针方向转动时取“+”号，反之取“-”号。

式(2-7)表明，力偶矩的大小等于力偶中一力的大小与力偶臂的乘积。力偶矩的单位与力矩相同。在物体的受力图中，力偶可以用如图 2-34(a)所示一对等值、反向、平行而不共线的力表示，也可以用如图 2-34(b)所示带箭头的弧线表示。

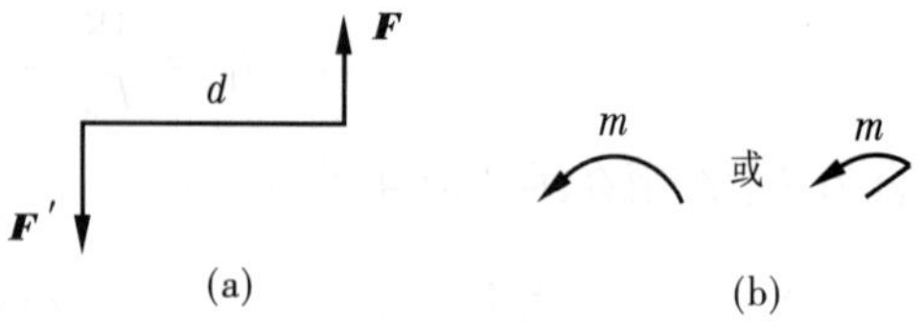

图 2-34

2.6.3 力偶矩与功率、转速之间的关系

在实际工程中，作用于物体上的外力偶矩，通常需要由传递转矩的动力机械轴的转速和所传输的功率来换算。根据传动轴每分钟所传递的功与外力偶矩所做的功相等的条件，可以换算得到功率 P、转速 n 与力偶矩 m 之间的关系为

当 P 以千瓦(kW)为单位时

$$m = 9\,550\frac{P}{n}\quad(\mathrm{N\cdot m})\tag{2-8}$$

当 P 以马力为单位时

$$m = 7\,024\frac{P}{n}\quad(\mathrm{N\cdot m})\tag{2-9}$$

2.6.4　力偶的主要特性

力偶有以下两个主要特性：

(1)力偶对其作用平面内任意一点的矩，都等于其力偶矩。

(2)力偶对任意坐标轴的投影都等于零。

以上性质可从例 2-5 中得到证明。

性质 1 表明力偶矩与矩心的位置无关，这也是力偶矩与力矩的区别所在。性质 2 则说明力偶没有合力，即不能用一个力来替代一个力偶对物体的作用。在平衡问题中，受力偶系作用的物体，只能用力偶来平衡。

【例 2-5】　如图 2-35 所示平面直角坐标系中，杆件 AB 上受力偶($\boldsymbol{F}$, $\boldsymbol{F}'$)作用，求其对 x、y 轴的投影和对坐标原点 O 的力矩。

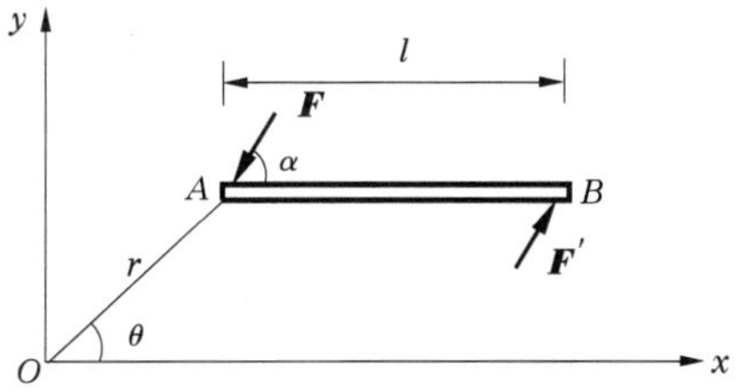

图 2-35

解：(1)计算力偶对 x、y 轴的投影：

$$\sum F_x = F'\cos\alpha - F\cos\alpha = F(\cos\alpha - \cos\alpha) = 0$$

$$\sum F_y = F'\sin\alpha - F\sin\alpha = F(\sin\alpha - \sin\alpha) = 0$$

(2)计算力偶对 O 点的力矩：

$$\begin{aligned}M_O(\boldsymbol{F},\boldsymbol{F}') &= F\cos\alpha\cdot r\sin\theta - F\sin\alpha\cdot r\cos\theta - F'\cos\alpha\cdot r\sin\theta + F'\sin\alpha(l + r\cos\theta)\\ &= F'l\sin\alpha\end{aligned}$$

由图 2-35 知，力偶($\boldsymbol{F}$,$\boldsymbol{F}'$)的力偶矩为 $m = Fl\sin\alpha$，因而有

$$m = M_O(\boldsymbol{F},\boldsymbol{F}')$$

2.7　受力图

自然界中任何物体都会受到力的作用。作用于物体上的力有两种类型：一是**主动作用于物体并促使物体产生运动和变形的力，称为主动力**，工程力学中将**主动力称为荷载**。另一种是阻止物体运动的力，即本章 2.1 节所述的**约束力**。在物体或物体系的受力分析

和变形分析中，必须首先画出能够真实反映物体或物体系受力情况的图形，这个**反映物体或物体系受力情况的图形，称为该物体或物体系的受力图**。绘制物体或物体系的受力图，是工程力学最基本也是最重要的内容之一。

2.7.1　单个物体的受力图

这里所说的单个物体，除与之联系的约束外，可以是一个独立物体，也可以是由若干个物体所组成的物体系统中的某个物体。作单个物体受力图的基本过程是：

（1）确定研究对象，取脱离体（即将需要作受力图的那个物体从与它有联系的约束或物体系统中脱离开来）。

（2）在脱离体上画出它所受到的全部主动力（包括其他物体对它的作用力）。

（3）在脱离体上画出与它相联系的各个约束的约束力。

这种受到主动力和约束力共同作用的物体受力图形，就是该物体的受力图。下面举例说明物体受力图的画法。

【例 2-6】　如图 2-36（a）所示，绳索 *AB* 上悬挂一重为 $\boldsymbol{W}$ 的球体。试作球体的受力图。

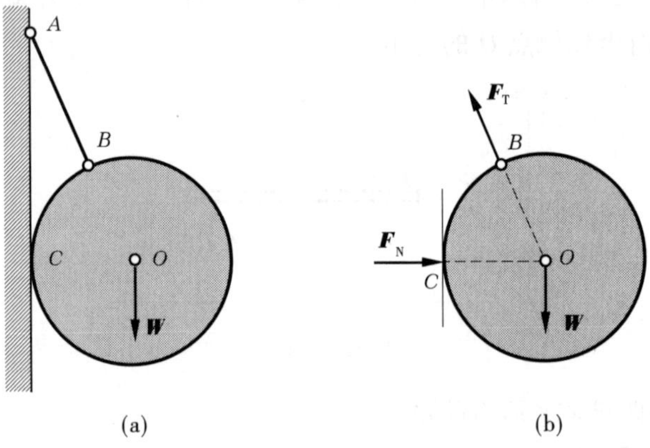

图 2-36

解：对于图 2-36（a）所示球体，它所受到的主动力只有它的自重 $\boldsymbol{W}$，而球体受到的约束力有两个：一个是悬挂球体的绳索对球体的拉力 $\boldsymbol{F}_{\mathrm{T}}$，另一个是直立墙面对球体的水平约束力 $\boldsymbol{F}_{\mathrm{N}}$。因此，以球体为研究对象并取其为脱离体，在球体上画出主动力 $\boldsymbol{W}$、约束力 $\boldsymbol{F}_{\mathrm{T}}$ 和 $\boldsymbol{F}_{\mathrm{N}}$ 后，就得到了如图 2-36（b）所示的受力图，即球体的受力图。

注意，对于受柔性体和光滑面约束作用的球体或圆柱体，其约束力的作用线必定通过该球体或圆柱体的形心。根据三力平衡条件亦可知，图 2-36 所示球体所受三力的作用线应汇交于球心。

【例 2-7】　作图 2-37（a）所示简支梁 *AB* 的受力图。

解：对于图 2-37（a）所示简支梁上的受力杆件 *AB*，它受到的主动力是集中力 $\boldsymbol{F}$ 和分布力 q。*AB* 杆的约束有两个，一个是固定铰支座 *A*，另一个是可动铰支座 *B*。因此，作受力图的过程为：

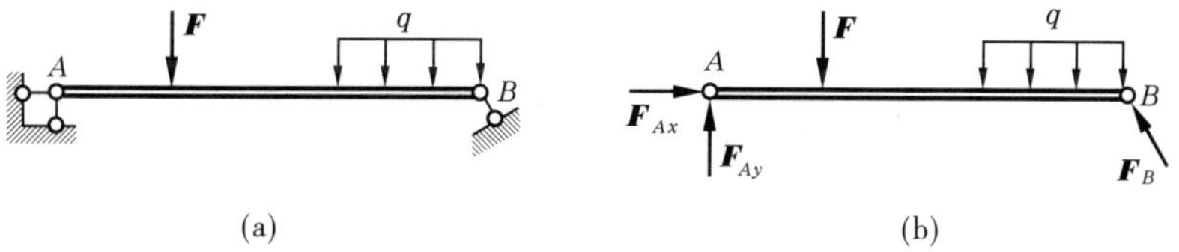

图 2-37

(1)取杆 AB 为脱离体；

(2)在杆 AB 上画出主动力 $\boldsymbol{F}$ 和 q；

(3)在杆 AB 的 A 端画上固定铰支座的约束力分量 $\boldsymbol{F}_{Ax}$ 和 $\boldsymbol{F}_{Ay}$，在杆 AB 的 B 端画上可动铰支座的约束力 $\boldsymbol{F}_B$($\boldsymbol{F}_B$ 作用线应垂直于支承面且过铰心)。

在杆 AB 上画出主动力和约束力后所形成的简支梁的受力图如图 2-37(b)所示。

2.7.2　物体系的受力图

物体系是若干个物体通过铰、链杆等中间约束(或其他方式)的联结而构成的物体系统。对于物体系，通常要求既要作出整个物体系的受力图，又要作出物体系中某个、某几个或每个物体的受力图。作物体系整体受力图或物体系中单个物体受力图的过程与上述作单个物体受力图的过程基本相同，只是须注意如下两点：

(1)作物体系整体受力图时，不能画出物体系内部约束的相互作用力。因为只有当物体脱离约束时，该约束对物体所作用的力才能在受力图中显示出来。

(2)作物体系中单个物体的受力图时，被物体系内约束所联系的物体之间的相互作用力，应符合作用与反作用关系。

【例 2-8】　作图 2-38(a)所示构架整体、杆 AB、杆 CD 的受力图。

解：图 2-38(a)所示构架(物体系)的外部约束是固定铰支座 A、D，内约束是在杆 AB 和杆 CD 中间起联结作用的铰 C。

(1)作构架整体的受力图。**作物体系整体受力图时，只须解除系统的外部约束。**因此，以杆 AB、CD 及铰 C 一起作为研究对象，并取其为脱离体；先在脱离体上画出它所受到的主动力 $\boldsymbol{F}$ 和 q；再在脱离体上画出其所有外部约束的约束力：固定铰支座 A 的约束力为 $\boldsymbol{F}_{Ax}$、$\boldsymbol{F}_{Ay}$；杆 CD 是一根链杆，故铰 D 的约束力是沿链杆 CD 两端铰心连线方向的 $\boldsymbol{F}_D$。整体受力图如图 2-38(b)所示。

(2)作杆 AB 的受力图。杆 AB 受到两种约束：一个是固定铰支座 A，另一个是链杆 CD。因此，以杆 AB 为研究对象并取其为脱离体，在杆 AB 上画出主动力 $\boldsymbol{F}$ 和 q，固定铰支座约束力分量 $\boldsymbol{F}_{Ax}$、$\boldsymbol{F}_{Ay}$(应与整体受力图上一致)，链杆约束力 $\boldsymbol{F}_C$(它和作用于链杆上的 $\boldsymbol{F}'_C$ 是作用与反作用关系)。杆 AB 的受力图如图 2-38(c)所示。

(3)作链杆 CD 的受力图。链杆 CD 上受到的力，是一对等值、反向、共线的平衡力 $\boldsymbol{F}_D$ 和 $\boldsymbol{F}'_C$。其中 $\boldsymbol{F}_D$ 与图 2-38(b)中相同，$\boldsymbol{F}'_C$ 是杆 AB 通过铰 C 对杆 CD 的压力。链杆 CD 的受力图如图 2-38(d)所示。

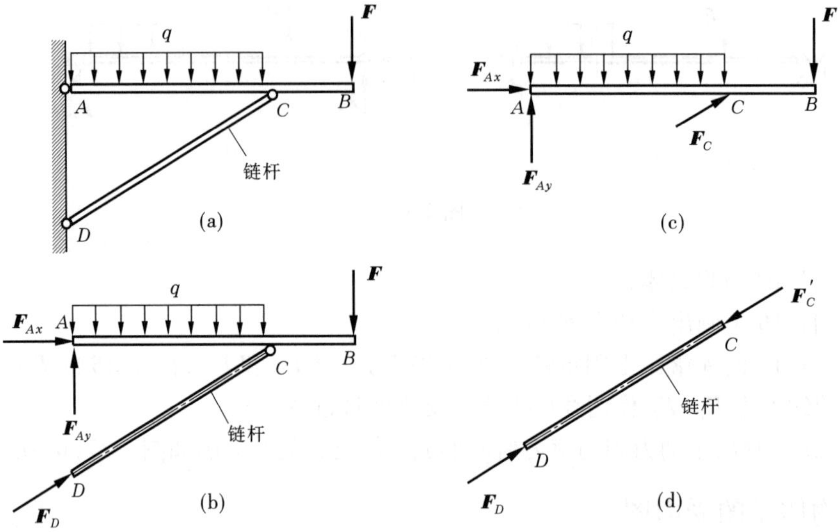

图 2-38

【例 2-9】 作图 2-39(a)所示两跨静定梁整体和杆 AB、杆 BC 的受力图。

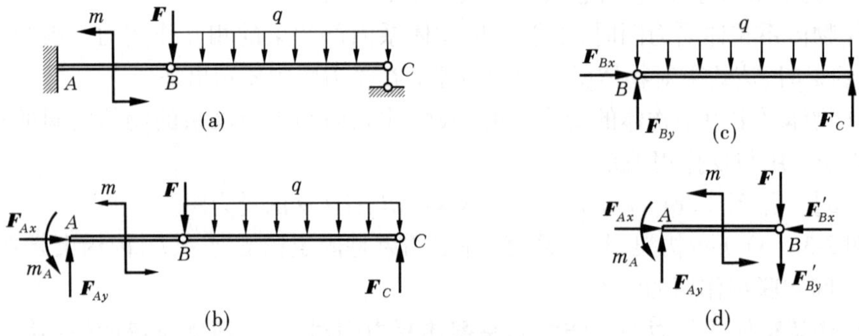

图 2-39

解:(1)作两跨静定梁整体的受力图。取杆件 AB、BC 连同铰 B 为脱离体,在脱离体上按主动力原有的方向和作用位置画出主动力 m、q、$\boldsymbol{F}$,再在杆端 C 处画出可动铰支座的约束力 $\boldsymbol{F}_C$,在杆端 A 处画出固定端约束力 $\boldsymbol{F}_{Ax}$、$\boldsymbol{F}_{Ay}$、m_A,便得到如图 2-39(b)所示的整体受力图。

(2)作杆 AB 和杆 BC 受力图。按力的作用与传递关系,可先取杆 BC 为脱离体,作出它的受力图如图 2-39(c)所示。后取杆 AB 为脱离体,作出它的受力图如图 2-39(d)所示。在这两个分离体的受力图中,与整体同约束处应有相同约束力,杆 AB 和杆 BC 之间的铰 B 约束处的约束力应符合作用与反作用关系。

【例 2-10】 重为 $\boldsymbol{W}$ 的均质圆柱体 O,由不计自重的杆 AB 及绳 BC 和墙稳定在图 2-40(a)所示位置。铰 A 和接触点 D、E 的摩擦不计。试分别画出圆柱体 O 和杆 AB 的受力图。

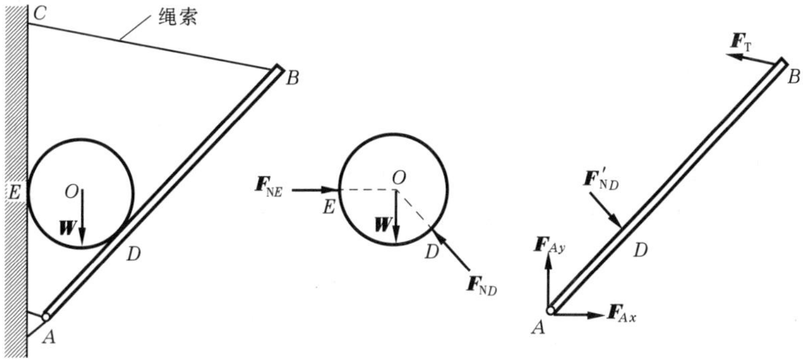

(a)　(b)　(c)

图 2-40

解:在图 2-40(a)中,圆柱以墙和杆 AB 为约束,而铰 A 和绳索 BC 仅是杆 AB 的约束,故作受力分析时应先以受主动力 $\boldsymbol{W}$ 作用的圆柱体 O 为研究对象,再以杆 AB 为研究对象,并分别作出它们的受力图。

(1)以圆柱体 O 为研究对象,画其受力图。在圆柱体 O 上作用的主动力为重力 $\boldsymbol{W}$,约束力分别是杆 AB 的 D 点处和墙的 E 点处对圆柱 O 的约束力 $\boldsymbol{F}_{ND}$及 $\boldsymbol{F}_{NE}$。由于圆柱体圆周与墙和杆 AB 均为光滑接触,所以 $\boldsymbol{F}_{ND}$及 $\boldsymbol{F}_{NE}$都沿接触处的公法线方向并指向圆心 O,其受力图如图 2-40(b)所示。

(2)取杆 AB 为研究对象,作出它的受力图。杆 AB 的受力情况是:在 D 点处受到圆柱体对它的压力 $\boldsymbol{F}'_{ND}$,且 $\boldsymbol{F}'_{ND}$与 $\boldsymbol{F}_{ND}$为作用与反作用关系;在 B 点处受到绳索 BC 沿着 BC 连线方向的拉力 $\boldsymbol{F}_T$ 作用;在 A 点处受到固定铰支座约束,其约束力用两个相互垂直的分量 $\boldsymbol{F}_{Ax}$、$\boldsymbol{F}_{Ay}$表示。杆 AB 的受力图如图 2-40(c)所示。

【例 2-11】　如图 2-41(a)所示物体系,由杆 ADB 与杆 CD 与定滑轮 B 铰接组成,重为 $\boldsymbol{W}$ 的重物用绳子挂在定滑轮上。若不计二杆的自重,并略去定滑轮、绳子的重量及各处摩擦,试分别画出结构的整体、重物、定滑轮、杆 ADB 及杆 CD 的受力图。

解:(1)作物体系整体的受力图。作结构或物体系整体受力图时,只须解除其外部约束,画出结构或物体系所受到的主动力(荷载)和外部约束的约束力。对于图 2-41(a)所示结构,它所受到的主动力(荷载)是重物的重力 $\boldsymbol{W}$,约束力分别为绳索 EF 的拉力 $\boldsymbol{F}_{T2}$和固定铰支座的约束力分量 $\boldsymbol{F}_{Ax}$、$\boldsymbol{F}_{Ay}$。图 2-41(a)所示物体系整体的受力图如图 2-41(b)所示。

(2)分别画各分离体的受力图。

作物体系中各分离体受力图时,一般应从直接承受荷载作用的物体开始,按力的传递顺序依次选取研究对象,分别作出各物体的受力图。

重物:作用于重物 H 上的主动力即为其重力 $\boldsymbol{W}$,约束力是绳索 GH 的拉力 $\boldsymbol{F}_{T1}$,受力图如图 2-41(c)所示。

定滑轮:作用于定滑轮上的主动力是绳索 GH 的拉力 $\boldsymbol{F}'_{T1}$,$\boldsymbol{F}'_{T1}$与 $\boldsymbol{F}_{T1}$是作用与反作用关系;约束力分别为绳索 EF 的拉力 $\boldsymbol{F}_{T2}$、铰 B 的约束力分量 $\boldsymbol{F}_{Bx}$和 $\boldsymbol{F}_{By}$。定滑轮的受力图如图 2-41(d)所示。

杆 ADB:它所受到的主动力是定滑轮作用于铰 B 上的力 $\boldsymbol{F}'_{Bx}$、$\boldsymbol{F}'_{By}$,它们与 $\boldsymbol{F}_{Bx}$ 和 $\boldsymbol{F}_{By}$ 是作用与反作用关系;约束力分别为固定铰支座 A 的两个约束力分量 $\boldsymbol{F}_{Ax}$、$\boldsymbol{F}_{Ay}$,二力杆 CD 的约束力 $\boldsymbol{F}_D$。杆 ADB 的受力图如图 2-41(e)所示。

杆 CD:由于杆 CD 两端为铰接且自重不计,中间又未受任何外力作用,故为二力杆。杆 CD 的 D 端所受的力 $\boldsymbol{F}'_D$ 是杆 ADB 通过铰 D 对它的作用力,与 $\boldsymbol{F}_D$ 是作用与反作用关系,可视为主动力;其 C 端是铰支座的约束力 $\boldsymbol{F}_C$,$\boldsymbol{F}_C$ 与 $\boldsymbol{F}'_D$ 是二力平衡关系。杆 CD 的受力图如图 2-41(f)所示。

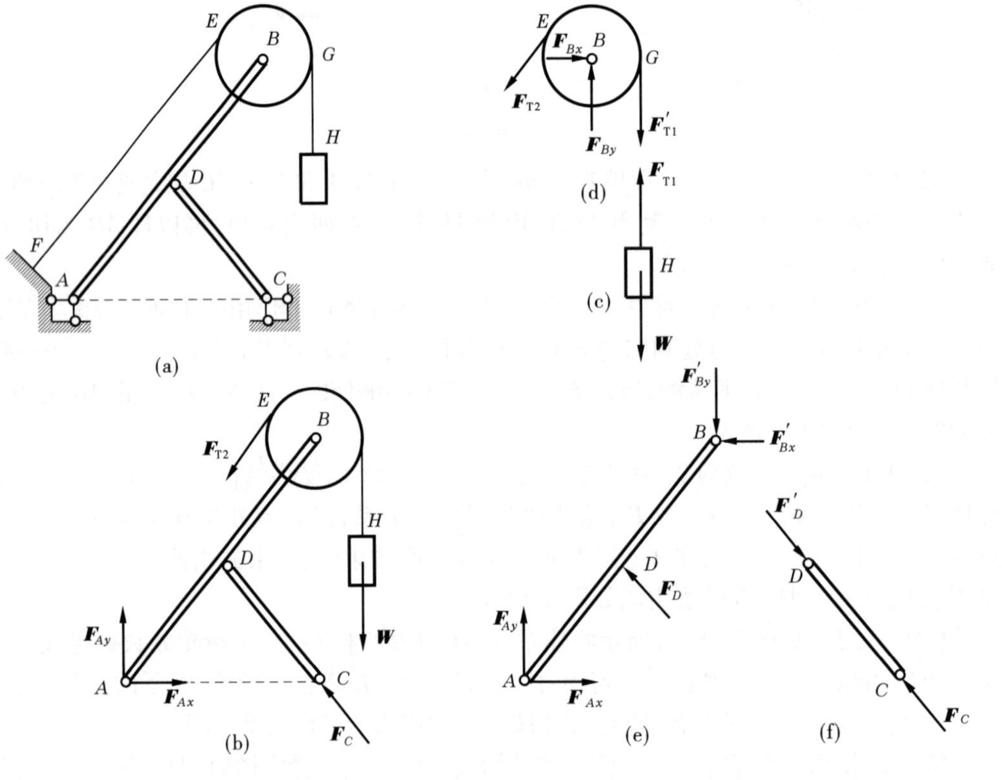

图 2-41

学习指导

1. 结构计算简图中的约束与支座

约束是阻止物体运动的装置,是相对于受力分析的对象(即研究对象)的其他物体。约束对被约束物体所作用的力,称为约束力,其方向始终与被约束物体在外力作用下的可能运动方向相反,故又称约束力为约束反力,或简称为反力。约束力的作用点是约束与被约束物体的接触点。

结点是结构中杆件与杆件之间的联结点。当被结点所联结的杆件之间可以做相对转动(哪怕是微小的转动)时,该结点即为铰结点;当被结点所联结的杆件之间不能做任何相对运动时，则该结点称为刚结点。**支座是结构与基础之间的联结**。结构中支座的基本形式有固定端支座（简称固定端）、固定铰支座、可动铰支座三种。其中：

当结构被固结于基础时，则被固结的杆端简化为固定端。固定端的支座约束力一般用两个相互垂直的约束力分量和一个约束力偶表示。

当结构与基础联结后，允许在联结处有相对转动（即使是极微小的转动），则将该联结称为固定铰支座。固定铰支座的约束力一般用两个相互垂直的约束力分量表示。

当结构与基础联结后，允许在联结处有微小的相对转动和沿某一方向有微小的移动，则将该联结称为可动铰支座。可动铰支座只有一个沿支承面法线方向且过铰心的约束力。

2. 力、力系、力系的平衡条件

力是物体间相互的机械作用。这种作用是产生力的原因，物体的运动或变形，是力作用的结果。力是有大小和方向的量，故力是矢量，力在物体上的作用位置是力的作用点。对于不同形式的力有不同的单位和量纲。

作用于物体上的若干个力称为力系，其合力就是该力系的等效力，力系中的各力称为力系的分力。

当物体受力系作用而处于平衡状态时，则该力系称为平衡力系。使得所作用物体处于平衡状态的力系必须满足的条件，称为该力系的平衡条件。平衡条件的数学表达式，称为平衡方程式。

3. 力的投影、力矩与力偶

力在坐标轴上的投影是代数量。用式(2-2)计算力的投影时，投影表达式中投影角限定为力作用线与投影轴所夹的锐角。因此，力在某轴上投影的正负号取决于力沿投影轴分解时的分力方向：当分力方向与投影轴正向一致时，该投影取正号，反之取负号。

力系合力在两个坐标轴上的投影，由合力投影定理计算，合力投影定理表明：**力系合力在某坐标轴上的投影，等于力系中各分力对同一坐标轴投影的代数和**。

力矩是量度力对物体转动效应的物理量。在平面内，它是一个代数量，其表达式中的“±”表示力使物体转动的方向：当力 $\boldsymbol{F}$ 使物体绕“矩心 O”逆时针方向转动时，该力矩取“+”，反之取“-”。“力臂 d”是力 $\boldsymbol{F}$ 的作用线与“矩心 O”之间的垂直距离。

需要注意的是，在判定力矩的正负号时，由于我们所研究的物体处于静止平衡状态，所以并不能见到物体的转动，故所谓物体的转动方向实际上是物体有转动趋势的方向。

力系对物体的转动效应可用该力系合力矩来量度，即**力系合力对某点的矩，等于该力系中各分力对同一点力矩的代数和**。当我们在计算力矩的过程中遇到某力的臂长未直接给出或不易确定时，就可以将该力进行垂直分解，然后用求合力矩的办法来求取该力的矩。

力对物体的作用，一般说来，既产生平动效应，又产生转动效应，前者可用力在轴上的投影来量度，后者则用力对点的矩来量度。合力投影定理从平动效应方面揭示了合力与分力之间的等效关系，而合力矩定理则从转动效应方面揭示了合力与分力之间的等效关系。

力偶是由两个等值、反向、不共线的力所组成的特殊力系。力偶仅使物体产生转动，并用力偶矩来量度力偶对物体的转动效应。组成力偶的二力在任一轴上投影的代数和为零,因而力偶没有合力。组成力偶的二力对任一点的力矩之和为一常量,其值等于该力偶的力偶矩。

4. 静力学公理的应用问题

二力平衡公理、加减平衡力系公理、力的可传性原理,以及三力平衡定理,均只适用于讨论力对物体作用的外效应问题。当讨论力对物体作用的内效应时,力在物体上的任何改变,都会引起该物体内力和形状的变化。

在对物体系进行受力分析、对杆件或杆件结构进行内力和应力分析时,经常应用到力的作用与反作用关系。两接触物体间的相互作用力是物体系的内力,作用于被截杆件两部分截面间的相互作用力是杆件的内力。内力是成对出现的,每对内力间的关系是作用与反作用关系。

5. 物体的受力图

受力图是反映物体或物体系承受外力作用状况的图形。作受力图的一般步骤为:

(1)确定研究对象并取此研究对象为脱离体。就是将要画其受力图(对它进行受力分析)的那个物体或物体系单独画出来。

(2)在该脱离体上画出它受到的全部主动力(即荷载)。

(3)在它与所受各约束的接触处,按约束类型及相应的约束力特征画出约束力。

当在物体上画出了它所受到的全部主动力和约束力并分别冠以相应的不同名称后,便得到了该物体的受力图。画受力图中的每个力时,都必须注意力的三要素。作用于物体上的力不能多画、少画或错画。

物体系的受力图分为物体系整体受力图和分离体受力图两种。作物体系整体受力图时,只画物体系受到的外力。物体系各物体间的相互作用力是系统的内力,不能画出来。物体系中分离体受力图的画法与单个物体受力图的画法基本相同,只是要注意分离体上以外力形式出现的内约束力间的作用与反作用关系。

习　题

2-1　分别计算图 2-42 所示坐标系中各力在 x、y 轴上的投影。

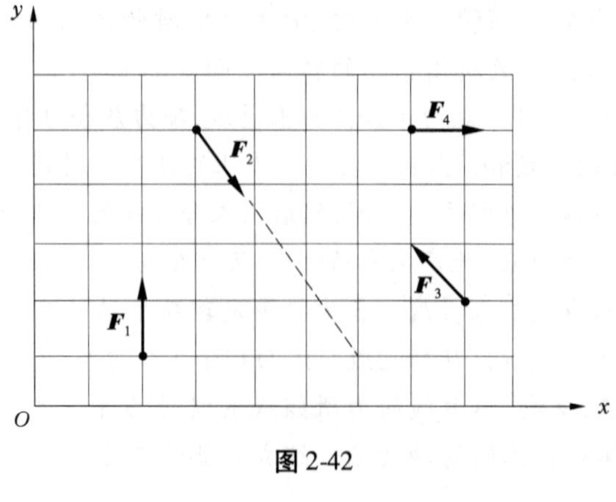

图 2-42

2-2　分别计算图 2-43 所示物体上所受各力对 x、y 轴投影的代数和。

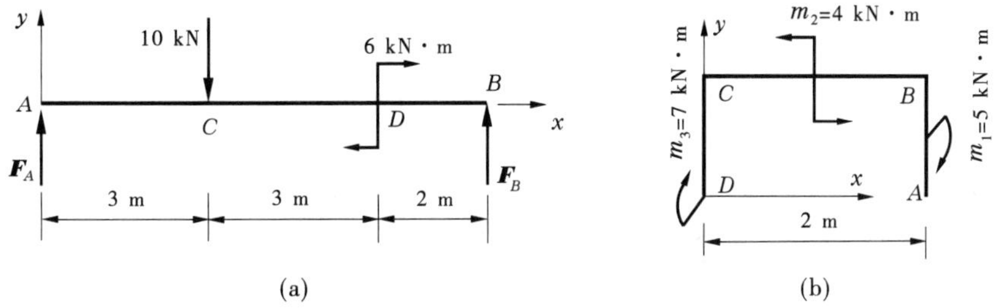

图 2-43

2-3　分别计算图 2-44 中力 $\boldsymbol{F}$ 对点 O 的矩。

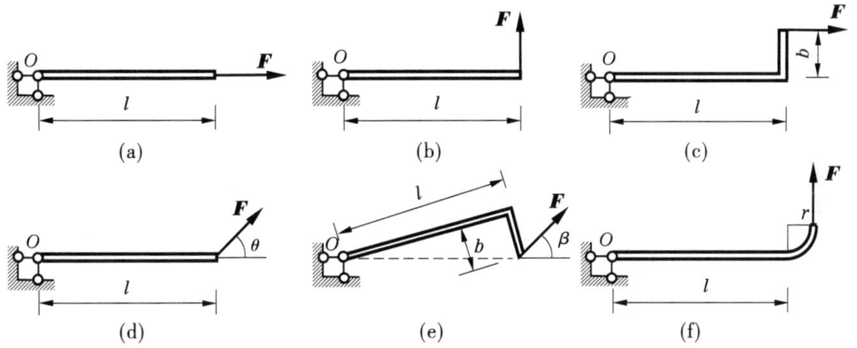

图 2-44

2-4　分别计算图 2-43(a)和图 2-43(b)中各力对 A 点和 B 点力矩的代数和。

2-5　画出图 2-45 中物体或构件的受力图。未画重力的物体的重量均不计，所有接触处均为光滑接触。

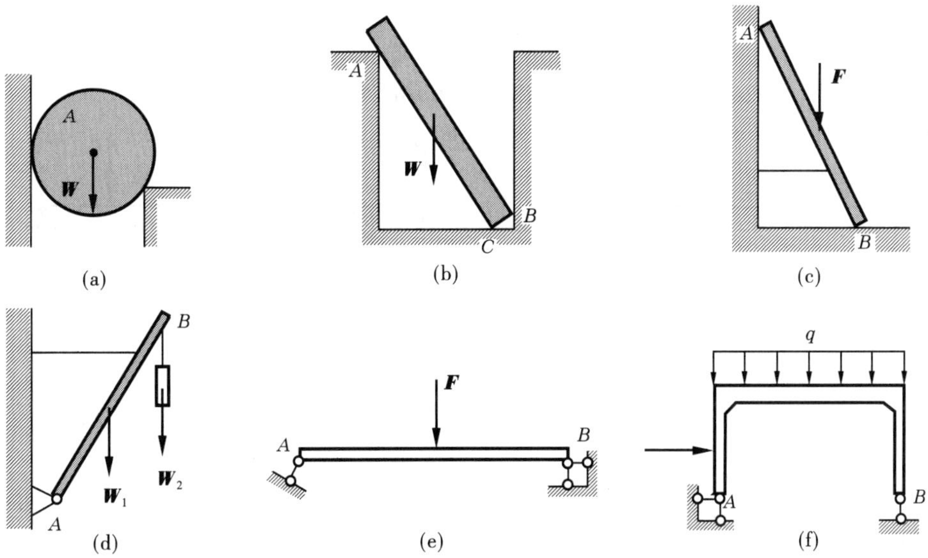

图 2-45

2-6　作图 2-46 所示物体系整体、物体系内各物体的受力图。

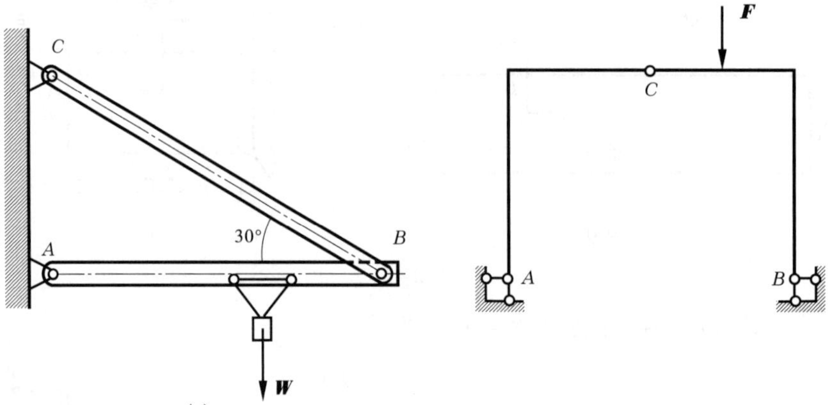

(a)　　(b)

图 2-46

2-7　画出图 2-47 各物体系中每个标注字符的物体的受力图及物体系整体的受力图。未画重力的物体的重量均不计，所有接触处均为光滑接触。

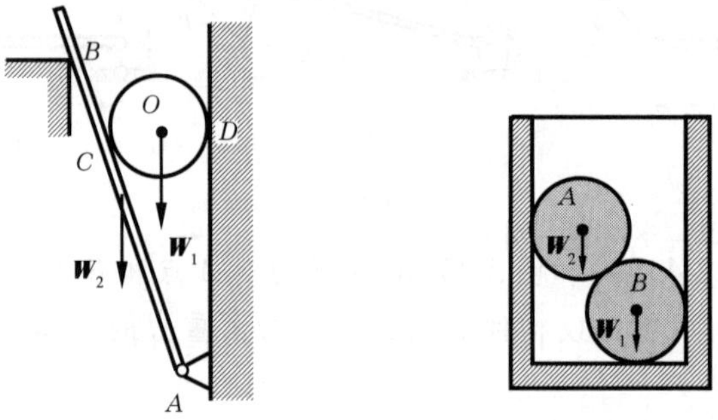

(a)　　(b)

图 2-47

2-8　分别作图 2-48 所示物体系整体，杆 AB、BC 的受力图。

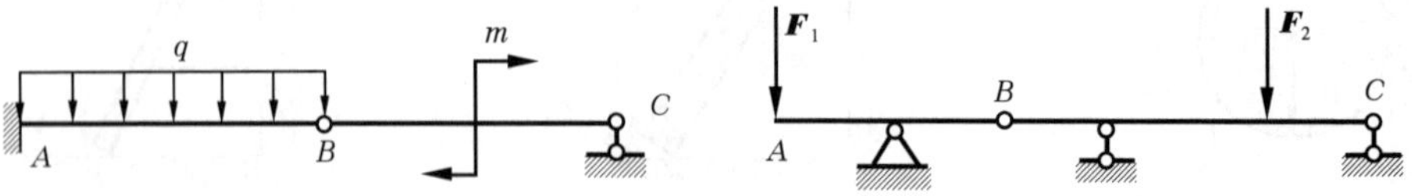

(a)　　(b)

图 2-48

部分习题参考答案

2-1　$\begin{cases} F_{1x}=0 \\ F_{1y}=F_1 \end{cases}$；$\begin{cases} F_{2x}=0.6F_2 \\ F_{2y}=-0.8F_2 \end{cases}$；$\begin{cases} F_{3x}=-\dfrac{\sqrt{2}}{2}F_3 \\ F_{3y}=\dfrac{\sqrt{2}}{2}F_3 \end{cases}$；$\begin{cases} F_{4x}=F_4 \\ F_{4y}=0 \end{cases}$

2-2　(a) $\sum F_x = 0$，　$\sum F_y = F_A + F_B - 10$；　(b) $\sum F_x = 0$，　$\sum F_y = 0$

2-3　(a) 0；　(b) Fl；　(c) $-Fb$；　(d) $Fl\sin\theta$；　(e) $F\sqrt{l^2 + b^2}\sin\beta$；
(f) $F(l + r)$

2-4　(a) $\begin{cases} \sum M_A = F_B \times 8 - 6 - 10 \times 3 = 8F_B - 36 \\ \sum M_B = -F_A \times 8 + 10 \times 5 - 6 = 44 - 8F_A \end{cases}$

(b) $\begin{cases} \sum M_A = -m_1 + m_2 - m_3 = -8(\text{kN} \cdot \text{m}) \\ \sum M_B = -m_1 + m_2 - m_3 = -8(\text{kN} \cdot \text{m}) \end{cases}$

复习思考题

2-1　说明下列式子的意义和区别：

(1) $\boldsymbol{F}_1 = \boldsymbol{F}_2$；　(2) $F_1 = F_2$；　(3) 力 $\boldsymbol{F}_1$ 等效于力 $\boldsymbol{F}_2$。

2-2　二力平衡条件、作用与反作用定律、力偶，都涉及到大小相等、方向相反的两个力，试比较它们的异同？

2-3　为什么说二力平衡公理、加减平衡力系公理和力的可传性都只能适用于刚体？

2-4　合力是否一定比分力大？

2-5　试分别画出图 2-49 所示力 $\boldsymbol{F}$ 在给定条件下的两个分力：

(1) 对图 2-49(a) 求两个正交分力。

(2) 求按图 2-49(b) 方向分解的两个分力。

(3) 对图 2-49(c) 求另一分力 $\boldsymbol{F}_1$。

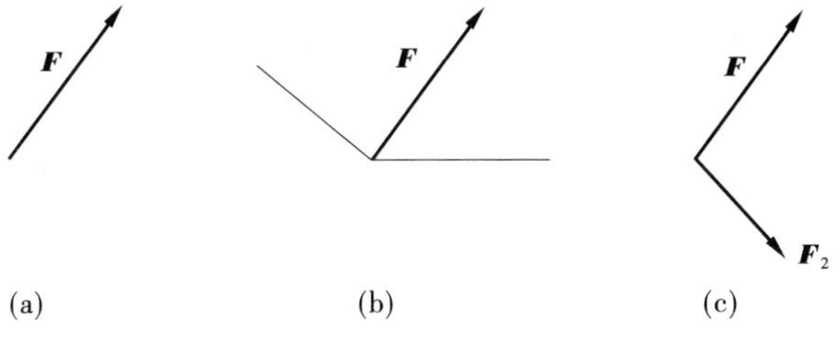

图 2-49

2-6　三力汇交于一点，但不共面，这三个力能平衡吗？

2-7　试区别 $\boldsymbol{F}_R = \boldsymbol{F}_1 + \boldsymbol{F}_2$ 和 $F_R = F_1 + F_2$ 两个等式代表的意义。

2-8　力沿坐标轴方向的分力与该力在同一坐标轴上的投影有何区别？

2-9　力和力偶都能够使得物体发生转动，为什么不能用力替代力偶的作用？

2-10　力矩和力偶矩具有相同的表达式、相同的单位及正负号规定，它们的主要区别是什么？

2-11　在常见的约束中，哪些约束的约束力的指向可以假定？哪些约束的约束力的指向不能假定？

2-12 如果物体上没有主动力(荷载),它是否存在约束力?

2-13 图 2-50 和图 2-51 中各物体的受力图是否正确?请改正其中的错误。

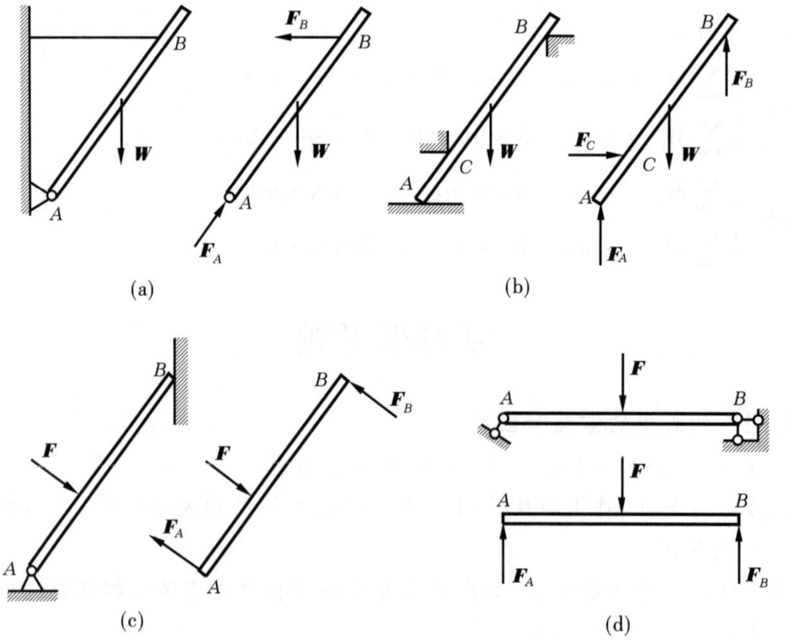

图 2-50

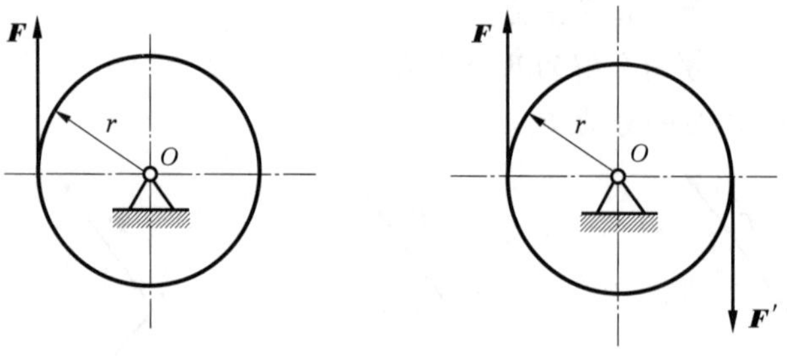

图 2-51

第 3 章　力系的合成与平衡

力系的合成与平衡问题，是工程中需要解决的最基本和最重要的问题之一，也是学习本课程后续各章的重要基础。

本章的基本内容是平面力系的合成与平衡问题、考虑滑动摩擦时物体的平衡问题、物体重心及平面图形形心，以及截面的几何性质等。对于空间力系问题只作简单介绍。

本章的学习重点是平面汇交力系和平面一般力系的合成与平衡计算，难点是力系平衡方程式的建立和考虑摩擦时物体平衡问题的求解。

学习本章的基本要求是：

(1)熟练掌握力系合力的表示和计算方法；

(2)弄清平面力系平衡条件及平衡方程式的意义，熟练掌握投影方程和力矩方程的建立方法；

(3)熟练掌握运用力系的平衡条件，解决平面力系平衡问题；

(4)了解摩擦的概念，掌握考虑滑动摩擦物体平衡问题的解法，熟练掌握对物体进行抗滑稳定性校核；

(5)掌握力在空间坐标轴上的投影和力对轴之矩的计算方法，了解空间力系平衡问题的解法。

(6)弄清物体重心与形心的概念，掌握平面图形形心位置的确定方法，掌握截面面积矩和惯性矩的计算方法。

3.1　概　述

3.1.1　力系的类型

作用在同一物体或物体系上的一组力，称为力系。根据力系中各力作用线在空间的位置关系，可对力系作如下分类：

(1)按力系中各力的作用线是否在同一平面内，可将力系分为空间力系和平面力系。各力的作用线不全在同一平面内的力系，称为空间力系，如图 3-1(a)所示；各力的作用线都在同一平面内的力系，称为平面力系，如图 3-1(b)所示。

(2)按力系中各力的作用线是否平行或相交，将力系分为汇交力系、平行力系和一般力系三种类型。其中：

各力的作用线汇交于同一点的力系，称为汇交力系；各力的作用线相互平行的力系，称为平行力系；当力系中各力的作用线既不完全平行又不汇交于同一点时，则称为一般力系。

空间力系和平面力系中都包括汇交力系、平行力系和一般力系。此外，还有一个特殊的力系——力偶系。

由于大多数空间结构的设计和计算问题可简化为平面问题来处理，故本章主要讨论平面力系的合成和平衡问题。

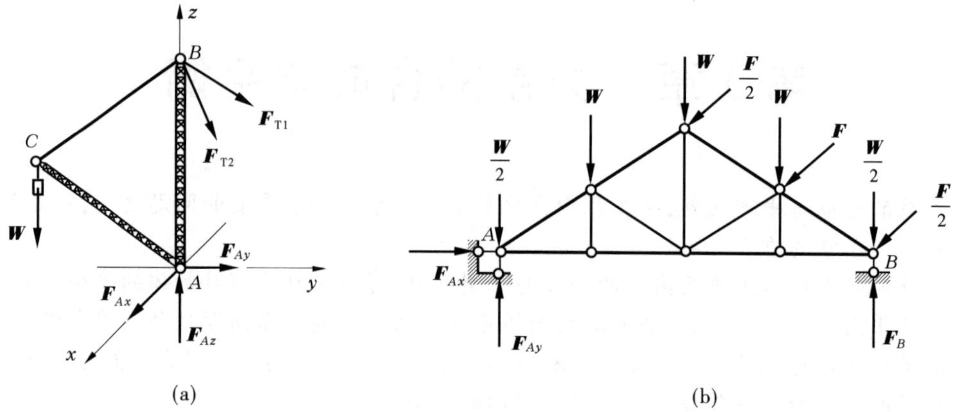

图 3-1

3.1.2　力系的合成与力系的平衡

力系的合成,就是求力系的合力,**力系的合力就是力系的等效力**。力系的平衡,是通过对力系合成结果的分析,建立作用在处于平衡状态物体或物体系上的力系所必须满足的条件,并根据此条件来解决力系作用下物体或物体系的平衡问题。

力系合成和平衡问题的解法有两种:一种是几何法,另一种是解析法。

本章主要讨论用解析法求平面力系的合力和解决平面力系的平衡问题,对空间力系的平衡问题只作简单介绍。

3.2　平面汇交力系的合成与平衡

平面汇交力系是指各力的作用线位于同一平面内并且汇交于同一点的力系。如图 3-2(a)所示建筑工地起吊钢筋混凝土梁时,作用于梁上的力有梁的重力 $\boldsymbol{W}$、绳索对梁的拉力 $\boldsymbol{F}_{TA}$和 $\boldsymbol{F}_{TB}$,如图 3-2(b)所示。这三个力的作用线都在同一个直立平面内且汇交于 C 点,故该力系是一个平面汇交力系。

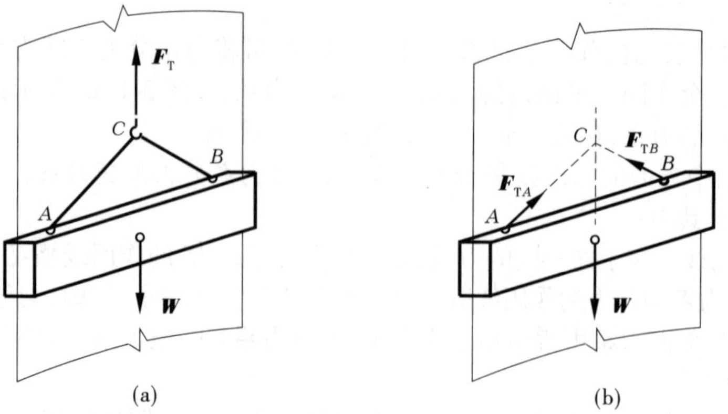

图 3-2

3.2.1　平面汇交力系的合成与平衡的几何法

3.2.1.1　平面汇交力系的合成

在物理中我们已经会用平行四边形法则或力三角形法则求两个共点力的合力。当物体受到如图3-3(a)所示由$\boldsymbol{F}_1,\boldsymbol{F}_2,\boldsymbol{F}_3,\cdots,\boldsymbol{F}_n$所组成的平面汇交力系作用时,可以连续采用力三角形法得到如图3-3(b)所示的几何图形:先将$\boldsymbol{F}_1$、$\boldsymbol{F}_2$合成为$\boldsymbol{F}_{R1}$,再将$\boldsymbol{F}_{R1}$、$\boldsymbol{F}_3$合成为$\boldsymbol{F}_{R2}$,如此类推,最后得到整个力系的合力$\boldsymbol{F}_R$。当省去中间过程后,得到的几何图形如图3-3(c)所示。这是一个**由力系中各分力和合力所构成的多边形,称为力多边形**。由图3-3(c)显然可得

$$\boldsymbol{F}_R=\boldsymbol{F}_1+\boldsymbol{F}_2+\boldsymbol{F}_3+\cdots+\boldsymbol{F}_n=\sum\boldsymbol{F}\tag{3-1}$$

式(3-1)表明:**平面汇交力系的合力等于力系中各分力的矢量和,合力的作用线通过各分力的汇交点**。由几何法求汇交力系合力时,力多边形的矢序规则是:各分力首尾相接构成一个有缺口的多边形,合力$\boldsymbol{F}_R$是从第一个分力的起点连接并指向最后一个分力的终点,构成这个多边形的封闭边。可以证明,力系合力的大小和方向与作力多边形时各分力的先后顺序无关。

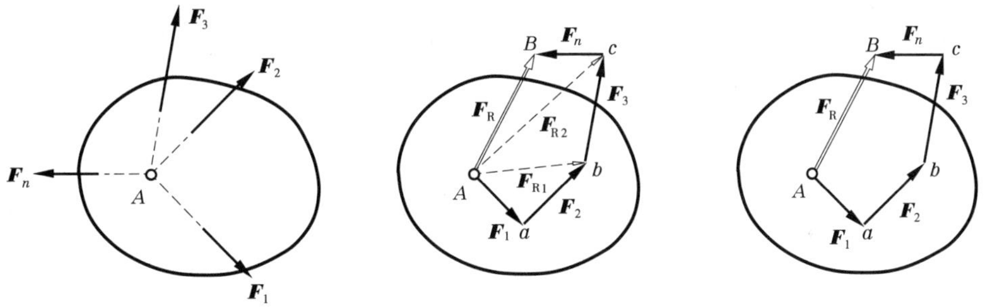

图3-3

3.2.1.2　平面汇交力系平衡的几何法条件

平面汇交力系的合成结果,是作用线通过力系汇交点的一个合力。如果力系平衡,则力系的合力必定等于零,即由各分力构成的力多边形必定自行封闭(没有缺口)。因此,**平面汇交力系平衡的几何条件是:该力系的力多边形自行封闭**。其矢量表达式为

$$\sum\boldsymbol{F}=0\tag{3-2}$$

用几何法解平面汇交力系的平衡问题时,要求运用作图工具并按一定的比例先画出力多边形中已知力的各边,后画未知力的边,构成封闭的力多边形,再按作力多边形时相同的比例在力多边形中量取未知力的大小。

【例3-1】　如图3-4(a)所示的压路碾磙,自重$W=20$ kN,半径$R=0.6$ m,障碍物高$h=0.08$ m,碾磙中心O作用一水平拉力$\boldsymbol{F}$。试求:

(1)当水平拉力$\boldsymbol{F}$为何值时,才能将碾磙拉过障碍物;

(2)将碾磙拉过障碍物时拉力$\boldsymbol{F}_{min}$的大小和方向。

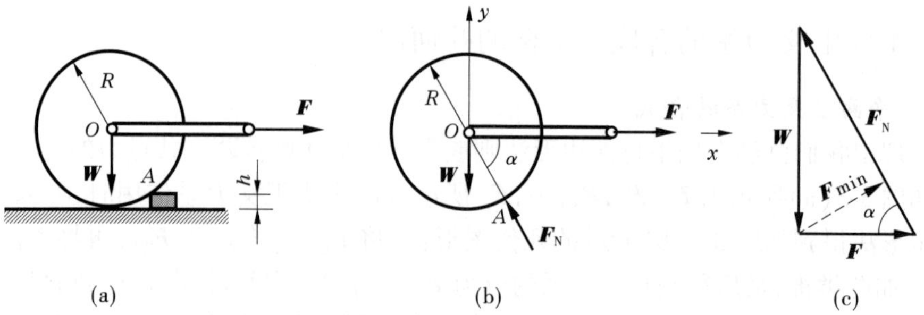

图 3-4

解:(1)选碾磙为研究对象,作其受力图如图 3-4(b)所示。其中,当碾磙处于将要绕 A 点滚动的临界状态时,地面对碾磙的约束力为零。在此受力图中,由重力 $\boldsymbol{W}$、A 点约束力 $\boldsymbol{F}_N$ 和水平拉力 $\boldsymbol{F}$ 构成平面汇交力系。图中

$$\sin\alpha = \frac{R-h}{R} = 0.867$$

故

$$\alpha \approx 60°$$

(2)选定力比例尺,画力三角形。先画已知力 $\boldsymbol{W}$ 的边,再按受力图中力 $\boldsymbol{F}$ 和 $\boldsymbol{F}_N$ 的实际方向画出未知力的边,它们分别过已知力 $\boldsymbol{W}$ 的起点和终点,构成封闭的力三角形,如图 3-4(c)所示。按作力三角形的同一比例,从力三角形中量取 $\boldsymbol{F}$ 和 $\boldsymbol{F}_N$ 的作用线段长度得

$$F = 12\ \text{kN},\quad F_N = 23\ \text{kN}$$

(3)求将碾磙拉过障碍物时,拉力 $\boldsymbol{F}_{min}$ 的大小和方向。

由图 3-4(c)可见,当 $\boldsymbol{F}$ 与 $\boldsymbol{F}_N$ 的作用线相互垂直时,拉动碾磙所需的拉力最小,即

$$F_{min} = W\cos\alpha = 20\cos60° = 20 \times 0.5 = 10(\text{kN})$$

用几何法解题的最大优势是各力之间的关系一目了然,不足之处是存在误差。

3.2.2 平面汇交力系合成与平衡的解析法

3.2.2.1 力系的合成

当物体上受到平面汇交力系 $\boldsymbol{F}_1, \boldsymbol{F}_2, \cdots, \boldsymbol{F}_n$ 作用时,该力系的合力 $\boldsymbol{F}_R$ 的大小和方位角由式(3-3)、式(3-4)确定:

$$F_R = \sqrt{(\sum F_x)^2 + (\sum F_y)^2} \tag{3-3}$$

$$\alpha = \arctan\left|\frac{F_y}{F_x}\right| \tag{3-4}$$

合力矢量在力系中的象限位置由投影 F_{Rx} 和 F_{Ry} 的正负号来判定。

【例 3-2】 计算图 3-5(a)所示滑杆套筒拉环上 O 点所受平面汇交力系的合力。已知各力大小分别为 $F_1 = 10$ kN, $F_2 = 30$ kN, $F_3 = 25$ kN。

解:(1)建立如图 3-5(b)所示坐标系,计算合力在 x、y 坐标轴上的投影:

$$F_{Rx} = F_{1x} + F_{2x} + F_{3x} = F_1\cos90° + F_2\cos30° + F_3\cos45°$$
$$= 10 \times 0 + 30 \times 0.866 + 25 \times 0.707 = 43.66(\text{kN})$$

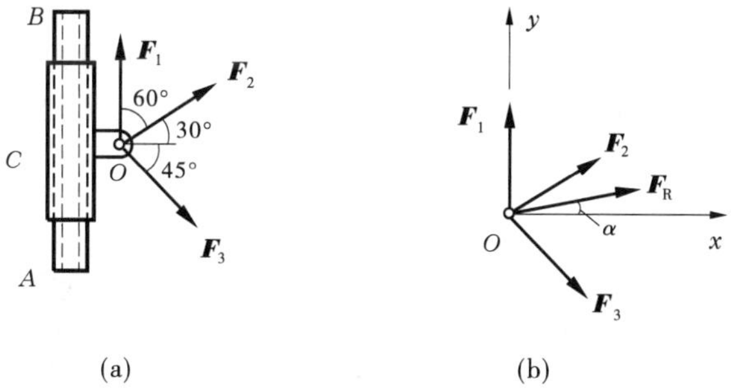

图 3-5

$$F_{Ry} = F_{1y} + F_{2y} + F_{3y} = F_1\sin 90° + F_2\sin 30° - F_3\sin 45°$$
$$= 10 \times 1 + 30 \times 0.5 - 25 \times 0.707 = 7.33(\text{kN})$$

(2)求合力：

合力的大小

$$F_R = \sqrt{F_{Rx}^2 + F_{Ry}^2} = \sqrt{43.66^2 + 7.33^2} = 44.27(\text{kN})$$

合力的方位角

$$\alpha = \arctan\left|\frac{F_{Ry}}{F_{Rx}}\right| = \arctan\left|\frac{7.33}{43.66}\right| = 9.53°$$

由于 F_{Rx}、F_{Ry} 均为正，故 $\boldsymbol{F}_R$ 在第一象限内，其作用位置如图 3-5(b)所示。

3.2.2.2　平面汇交力系平衡的解析条件

平面汇交力系平衡的条件是力系的合力等于零。即

$$F_R = \sqrt{(\sum F_x)^2 + (\sum F_y)^2} = 0 \tag{3-5}$$

要使式(3-5)得到满足，则必须

$$\left.\begin{aligned}\sum F_x = 0\\ \sum F_y = 0\end{aligned}\right\} \tag{3-6}$$

式(3-6)称为平面汇交力系的平衡方程式。该式表明：**平面汇交力系平衡的解析条件是，力系中各力在两个任选坐标轴上投影的代数和都等于零。**该式中的两个方程是相互独立的，可以用来求解只有两个未知量的平面汇交力系平衡问题。

用解析条件解平面汇交力系平衡问题的一般步骤为：

(1)作出物体的受力图；

(2)建立平面直角坐标系，列出力系的平衡方程式；

(3)解方程，求出未知力。

一般情况下，受力图中的未知量是约束力。在几种常见约束的约束力中，除柔性约束的约束力和光滑面约束的约束力的方向不能假设外，其他约束的约束力方向通常是可以假设的。如果求出的约束力为负值，则表明该约束力的实际方向与受力图中的假设方向相反。

坐标系本来是可以任意选择的，但为了计算方便，多采用平面直角坐标系，且尽可能使其中一根坐标轴与某个未知力的作用线垂直，这样可以避免解联立方程。

【例 3-3】 用解析法解例 3-1。

解:(1)作碾磙的受力图如图 3-6(b)所示:作用于碾磙上的力除重力 $\boldsymbol{W}$、水平拉力 $\boldsymbol{F}$ 外,还有物块对碾磙的反作用力 $\boldsymbol{F}_N$(作用于 A 点的光滑面约束力),此时地面对碾磙的约束力为零。

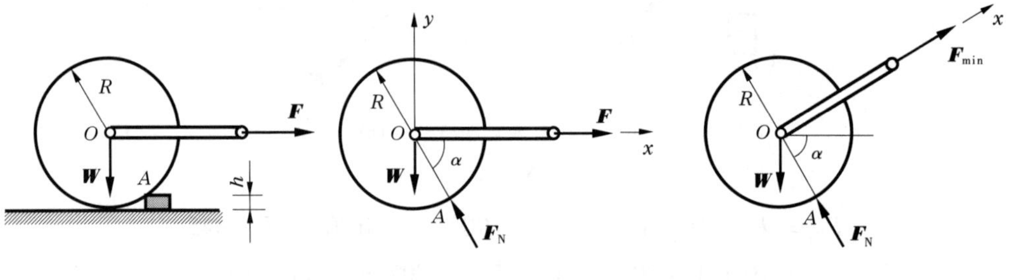

图 3-6

(2)建立如图 3-6(b)所示的平面直角坐标系,列平衡方程式如下:

$$\sum F_x = 0, \quad -F_N\cos\alpha + F = 0 \tag{a}$$

$$\sum F_y = 0, \quad F_N\sin\alpha - W = 0 \tag{b}$$

(3)解方程求未知力。

由式(a)、式(b)两式解得

$$F = W\cot\alpha = 20\cot 60° = 20 \times 0.577 = 11.54(\text{kN})$$

即将碾磙拉过物块时所需水平力 $\boldsymbol{F}$ 的大小为 11.54 kN。

由图 3-6(b)显然可见,只有当 $\alpha = 60°$(受力图如图 3-6(c)所示)时 $F = F_{min}$,因而由

$$\sum F_x = 0, \quad F_{min} - W\cos\alpha = 0$$

解得

$$F_{min} = W\cos 60° = 20 \times 0.5 = 10(\text{kN})$$

【例 3-4】 桅杆式起重装置如图 3-7(a)所示。设杆 BC 处于固定的铅直状态,吊臂杆 AC 的 A 端由绳索 AB 拴于杆 BC 的 B 点处。若被匀速起吊的物体重 $W = 20$ kN,试求绳索 AB 和吊臂杆 AC 所受的力。计算时不计滑轮轴的摩擦,也不考虑吊臂杆和绳索的自重。

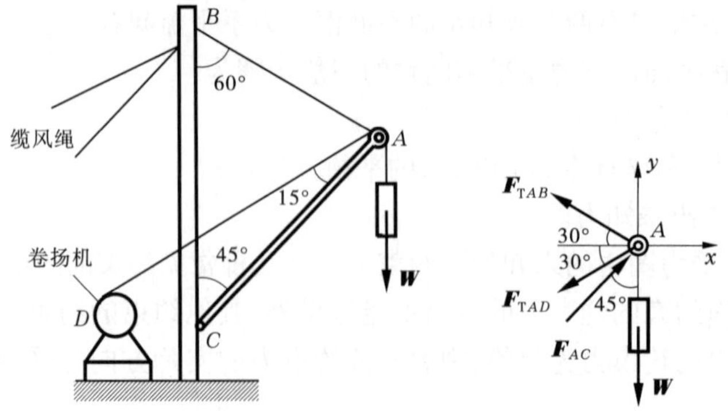

图 3-7

解:(1)吊臂杆为二力杆,通过滑轮 A 的各绳索拉力和杆 AC 所受力的作用线都通过滑轮 A(视滑轮 A 为光滑铰,不计滑轮的尺寸大小,各力的作用线都通过铰心),故取滑轮 A 连同重物为研究对象,作用于 A 处的力系为平面汇交力系,其受力图如图 3-7(b)所示,其中绳索 AD 的拉力 $\boldsymbol{F}_{TAD}$ 的大小等于该绳索所拉起的物重 W。

(2)建立如图 3-7(b)所示坐标系,列平衡方程式:

$$\sum F_x = 0,\quad F_{AC}\sin45° - F_{TAD}\cos30° - F_{TAB}\cos30° = 0 \qquad (a)$$

$$\sum F_y = 0,\quad F_{AC}\cos45° + F_{TAB}\sin30° - F_{TAD}\sin30° - W = 0 \qquad (b)$$

(3)将 $F_{TAD} = W = 20$ kN 代入式(a)、式(b),联立解得

$$F_{TAB} = 9.28\ \text{kN(拉力)},\quad F_{AC} = 35.86\ \text{kN(压力)}$$

【例 3-5】　求图 3-8(a)所示简支梁 AB 的支座约束力。

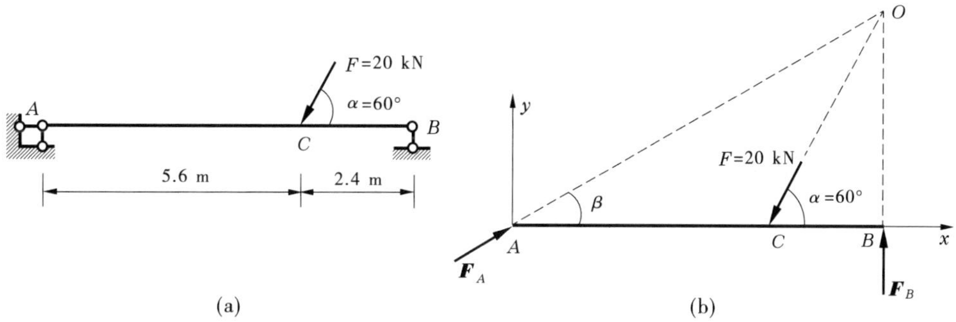

图 3-8

解:(1)作梁 AB 的受力图如图 3-8(b)所示。其中,作用于梁 AB 上的主动力为集中荷载 $\boldsymbol{F}$;约束力分别为可动铰支座约束力 $\boldsymbol{F}_B$(沿铅直方向),且 $\boldsymbol{F}_B$ 与集中荷载 $\boldsymbol{F}$ 的作用线相交于 O 点;固定铰支座约束力为 $\boldsymbol{F}_A$,按三力平衡定理,$\boldsymbol{F}_A$ 的作用线也应通过 O 点。

由图 3-8(b)可见,作用于梁 AB 上的力系是由力 $\boldsymbol{F}$、$\boldsymbol{F}_A$、$\boldsymbol{F}_B$ 组成的平面汇交力系。由图中几何关系可得 $\boldsymbol{F}_A$ 作用线与梁轴线 AB 之间的夹角 β 的函数值:

因

$$\overline{OB} = \tan\beta \times 8 = \tan\alpha \times 2.4$$

即

$$\tan\beta = \frac{2.4}{8}\tan\alpha = 0.3 \times \sqrt{3}$$

由此得到

$$\cos\beta = 0.887,\quad \sin\beta = 0.461$$

(2)建立如图 3-8(b)所示坐标系,列平衡方程式:

由

$$\sum F_x = 0,\quad F_A\cos\beta - F\cos\alpha = 0$$

解得 A 支座约束力为

$$F_A = \frac{\cos\alpha}{\cos\beta}F = \frac{0.5}{0.887} \times 20 = 11.27(\text{kN})$$

由

$$\sum F_y = 0,\quad F_A \sin\beta - F\sin\alpha + F_B = 0$$

解得 B 支座约束力为

$$F_B = F\sin\alpha - F_A\sin\beta = 20 \times 0.866 - 11.27 \times 0.461 = 12.12(\mathrm{kN})$$

3.3　平面力偶系的合成与平衡

当在物体或物体系的同一平面内受到若干个力偶共同作用时，我们将这**作用于物体或物体系同一平面内的若干个力偶，称为平面力偶系**。由于这种力偶系的作用情况在土木工程中并不多见，所以并不对它进行详细讨论，本节只简要说明它的合成与平衡计算的方法。

3.3.1　平面力偶系的合成

对于图 3-9(a)所示由力偶 m_1、m_2 构成的平面力偶系，可按力偶的性质将其转换成图 3-9(b)所示作用形式。其中

$$F_1 = F'_1 = \frac{m_1}{d},\quad F_2 = F'_2 = \frac{m_2}{d}$$

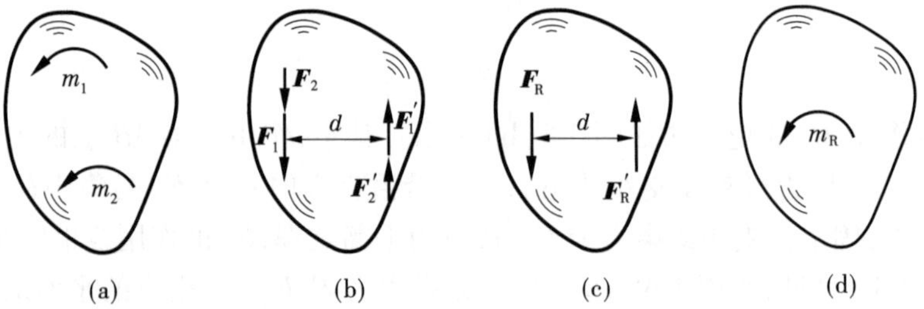

图 3-9

将 $\boldsymbol{F}_1$ 和 $\boldsymbol{F}_2$ 合成为 $\boldsymbol{F}_{\mathrm{R}}$，$\boldsymbol{F}'_1$、$\boldsymbol{F}'_2$ 合成为 $\boldsymbol{F}'_{\mathrm{R}}$，如图 3-9(c)所示。由于 $\boldsymbol{F}_{\mathrm{R}}$ 和 $\boldsymbol{F}'_{\mathrm{R}}$ 等值、反向且作用线平行而不重合，故合力 $\boldsymbol{F}_{\mathrm{R}}$ 和 $\boldsymbol{F}'_{\mathrm{R}}$ 构成一个如图 3-9(d)所示的仍作用于 m_1、m_2 所在平面内的一个合力偶 m_{R}。显然

$$m_{\mathrm{R}} = F_{\mathrm{R}} \cdot d = (F_1 + F_2) \cdot d = m_1 + m_2$$

若物体或物体系同平面内作用有 n 个力偶，则这 n 个力偶的合力偶矩为

$$m_{\mathrm{R}} = m_1 + m_2 + \cdots + m_n = \sum m_i \tag{3-7}$$

式(3-7)表明，**平面力偶系的合成结果，为一个仍作用于该力偶系同平面内的合力偶，其合力偶矩等于该力偶系中各分力偶矩的代数和**。

3.3.2　平面力偶系的平衡

由于平面力偶系的合成结果为一个合力偶，故**平面力偶系的平衡条件是该力偶系的合力偶矩等于零**。即

$$\sum m_i = 0 \tag{3-8}$$

式(3-8)称为平面力偶系的平衡方程式。此方程式可以用来解决只有一个未知力偶的平面力偶系平衡问题。下面举例说明其应用。

【例 3-6】　图 3-10(a)所示为多轴(头)钻床在水平工件上同时由 4 个钻头沿同一方向钻 4 个孔,每个钻头的主切削力在水平面内构成一个力偶,这 4 个力偶位于工件的同一平面内。为了不让工件在钻孔时发生转动,分别在工件 A 端和 B 端各开一个槽,并用圆柱销将其固定于工作台上。若 4 个力偶的力偶矩均为 50 N · m,求圆柱销对工件的约束力。

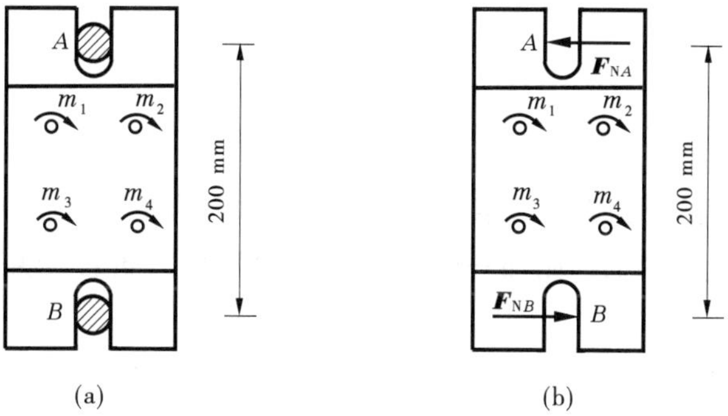

图 3-10

解:(1)作工件的受力图。由于圆柱销与工件间的接触面为光滑面,故圆柱销对工件的约束力是与各主动力偶共面并分别作用于 A、B 点的光滑面约束力 $\boldsymbol{F}_{NA}$ 和 $\boldsymbol{F}_{NB}$,工件的受力图如图 3-10(b)所示。

(2)根据力偶系的平衡条件,由约束力 $\boldsymbol{F}_{NA}$ 和 $\boldsymbol{F}_{NB}$ 组成一个约束力偶并与 4 个主动力偶构成一个平衡的平面力偶系。该力偶系的平衡方程式为

$$\sum m_i = 0, \quad -4m_1 + F_{NA} \times 0.2 = 0$$

解得

$$F_{NA} = 1\ 000\ \text{N}$$

由力偶性质知

$$F_{NB} = F_{NA} = 1\ 000\ \text{N}$$

3.4　平面一般力系的合成与平衡

当平面力系中各力的作用线既不完全平行又不汇交于同一点时,则该力系称为平面一般力系。例如作用在图 3-11 所示三铰拱和简支刚架上的力系均为平面一般力系。

平面一般力系的合成,是应用力的平移定理对平面一般力系进行简化来完成的。当力系的主矢和主矩都等于零时,表明该力系是一个平衡力系,从而得到力系的平衡条件,并由此得出平面一般力系的平衡方程式。平面一般力系的平衡计算,就是利用力系的平衡条件列出力系的平衡方程式并解出未知力的过程。平面一般力系的平衡计算是工程力学的重点之一。

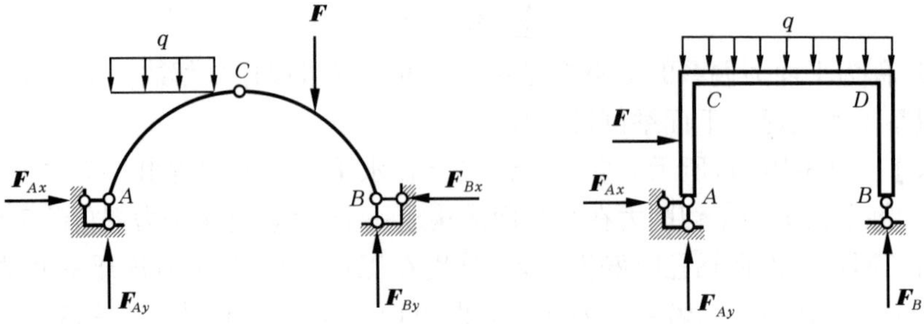

(a)　　(b)

图 3-11

3.4.1　力的平移定理

定理　作用于刚体上的力可以平行移动到这刚体上的任意一点 O，但必须同时在力作用线和 O 点所决定的平面内附加一个力偶，且这个附加力偶的力偶矩等于原力对 O 点的矩。

证明：设图 3-12(a)所示刚体上的 A 点作用一力 $\boldsymbol{F}$，根据加减平衡力系公理，在这刚体的 O 点处增加一对与原力 $\boldsymbol{F}$ 大小相等且作用线平行的平衡力 $\boldsymbol{F}'$ 和 $\boldsymbol{F}''$，如图 3-12(b)所示，并不改变原力 $\boldsymbol{F}$ 对该刚体的作用效应。由图 3-12(b)可见，因 $\boldsymbol{F}$ 和 $\boldsymbol{F}''$ 等值、反向且作用线不重合，故此二力构成一个力偶，显然这力偶的力偶矩为

$$m_O = F \cdot d$$

于是力系 $\boldsymbol{F}$、$\boldsymbol{F}'$、$\boldsymbol{F}''$ 与力系 $\boldsymbol{F}'$、m_O 等效。因此，表明力 $\boldsymbol{F}$ 可以从 A 点平行移动到 O 点，但必须附加一个力偶，且该附加力偶的力偶矩等于原力 $\boldsymbol{F}$ 对 O 点之矩。

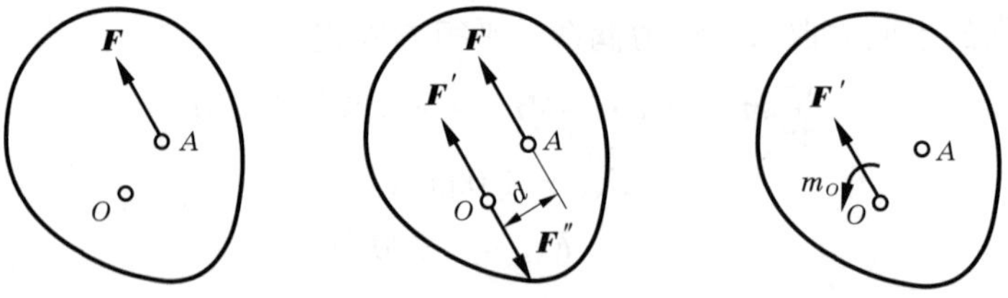

(a)　　(b)　　(c)

图 3-12

力的平移定理揭示了力对刚体作用效应的实质，它是对平面一般力系进行简化的重要理论依据。这里需要特别注意的是，**附加力偶矩是一个与简化中心位置有关的力矩**，即

$$m_O = M_O(\boldsymbol{F}) = \pm F \cdot d \tag{3-9}$$

3.4.2　平面一般力系的合成

有如图 3-13(a)所示平面一般力系，现求此力系的合成结果。

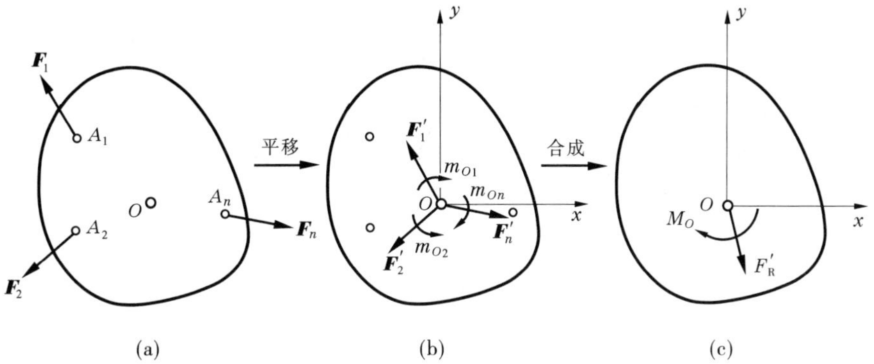

图 3-13

3.4.2.1 将力系向一点简化

应用力的平移定理将力系中各力向力系作用平面内一点 O(称为简化中心)进行简化。将力系中各力向 O 点平移后得到如图 3-13(b)所示的一个平面汇交力系和一个附加的平面力偶系。

3.4.2.2 力系合成

运用平面汇交力系和平面力偶系的合成方法分别对图 3-13(b)所示力系进行合成。平面汇交力系的合成结果为一个作用于简化中心 O 点的合力 $\boldsymbol{F}'_R$,称为**原力系的主矢**,附加的平面力偶系的合成结果为一个附加合力偶矩 M_O,称为**原力系的主矩**,如图 3-13(c)所示。显而易见,主矢的大小和方向与简化中心点 O 的位置无关,而主矩则与简化中心点 O 的位置有关。

主矢是力系中各力的矢量和,其大小和方位角由下式得到:

$$\left.\begin{aligned} F'_R &= \sqrt{(\sum F_x)^2 + (\sum F_y)^2} \\ \alpha &= \arctan\left|\frac{\sum F_y}{\sum F_x}\right| \end{aligned}\right\} \tag{3-10}$$

主矩等于力系各力对简化中心 O 点之矩的代数和,即

$$M_O = m_{O1} + m_{O2} + \cdots + m_{On} = \sum M_O(\boldsymbol{F}) \tag{3-11}$$

3.4.2.3 合成结果的讨论

以上简化结果并不是力系合成的最终结果,最终结果应该是表 3-1 中四种情形之一。

表 3-1　平面一般力系的合成结果

简化结果	合成的最终结果
$F'_R \neq 0, M_O \neq 0$	可按力的平移定理的逆过程,将主矢和主矩合成为一个合力 $\boldsymbol{F}_R$,如图 3-14 所示。$\boldsymbol{F}_R$ 的作用点到简化中心的距离为 $d = M_O/F'_R$
$F'_R \neq 0, M_O = 0$	说明该力系与一个力等效。此时主矢即为力系的合力,即 $\boldsymbol{F}_R = \boldsymbol{F}'_R$
$F'_R = 0, M_O \neq 0$	说明该力系与一个力偶等效。此时主矩与简化中心位置无关
$F'_R = 0, M_O = 0$	表明该力系是一个平衡力系

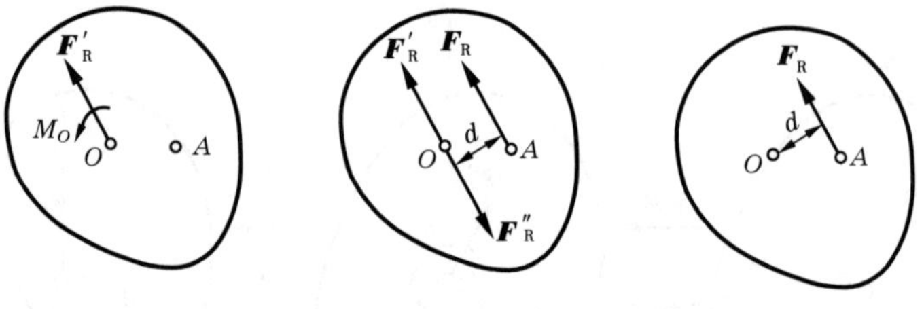

(a) (b) (c)

图 3-14

【例 3-7】 求图 3-15 所示杆 *AB* 上线性分布荷载的合力及其作用位置。

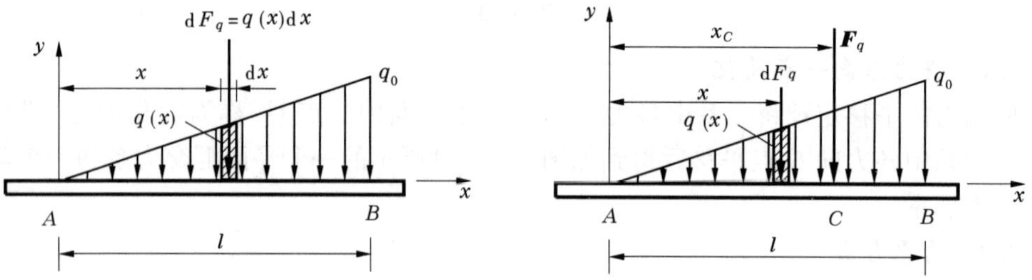

(a) (b)

图 3-15

解:建立如图 3-15 所示的坐标系,分布荷载作用段内任意点的分布荷载集度为

$$q(x) = \frac{q_0}{l}x$$

如图 3-15(a)所示,微段 d*x* 上分布荷载的合力为

$$\mathrm{d}F_q = q(x)\mathrm{d}x = \frac{q_0}{l}x\mathrm{d}x$$

(1)合力 $\boldsymbol{F}_q$ 的大小为

$$F_q = \int_0^l \mathrm{d}F_q = \int_0^l q_0 \frac{x}{l}\mathrm{d}x = \frac{q_0 l}{2}$$

(2)如图 3-15(b)所示,分布荷载合力 $\boldsymbol{F}_q$ 的作用位置由合力矩定理求得

$$M_O(\boldsymbol{F}) = x_C \cdot F_q = \int_0^l x\mathrm{d}F_q = \int_0^l \frac{q_0}{l}x \cdot x \cdot \mathrm{d}x = \frac{q_0 l^2}{3}$$

故

$$x_C = \frac{q_0 l^2}{3F_q} = \frac{2q_0 l^2}{3q_0 l} = \frac{2l}{3}$$

以上计算结果表明:**线性分布荷载合力的大小,等于该荷载分布图的面积(三角形面积),合力的方向与分布荷载的方向一致,合力的作用点位置距荷载集度为零处的距离是荷载分布长度的 2/3。**

【例 3-8】 将图 3-16(a)所示重力式挡土墙所受各力向墙底前趾 *A* 点简化,若主矢和主矩都不等于零,则求出合成的最终结果。已知各力的大小分别为 $W_1 = 70$ kN, $W_2 = 140$ kN,$F = 80$ kN。

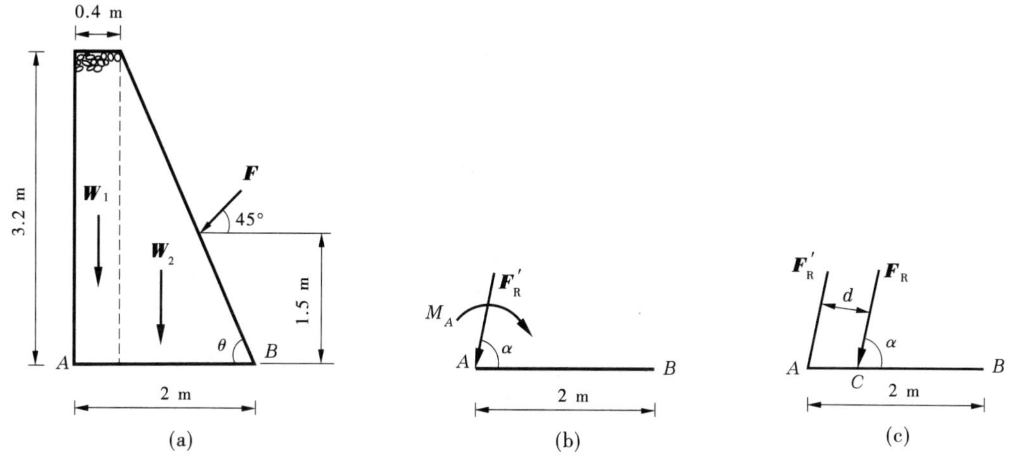

图 3-16

解：(1)求主矢在 x、y 轴上的投影：

$$F'_{Rx} = -F\cos45° = -80 \times 0.707 = -56.56(\text{kN})$$

$$F'_{Ry} = -F\sin45° - W_1 - W_2 = -80 \times 0.707 - 70 - 140 = -266.56(\text{kN})$$

(2)求主矢的大小和主矢的方位角：

主矢的大小

$$F'_R = \sqrt{(-56.56)^2 + (-266.56)^2} = 272.5(\text{kN})$$

主矢的方位角

$$\alpha = \arctan\left|\frac{\sum F_y}{\sum F_x}\right| = \arctan\left|\frac{-266.56}{-56.56}\right| = 78.02°$$

(3)求主矩：

$$\begin{aligned} M_A &= \sum M_A(\boldsymbol{F}) \\ &= -W_1 \times 0.2 - W_2 \times \left(0.4 + \frac{1.6}{3}\right) + F\left[1.5\cos45° - \left(2 - 1.5 \times \frac{1.6}{3.2}\right)\sin45°\right] \\ &= -70 \times 0.2 - 140 \times 0.93 + 80 \times 0.707 \times (1.5 - 1.25) \\ &= -130.06(\text{kN}\cdot\text{m})(\text{顺时针转向}) \end{aligned}$$

各力向 A 点的简化结果如图 3-16(b)所示。

(4)求合成的最终结果(因主矢和主矩均不为零)：

主矢和主矩的合成结果为一个作用于 C 点的合力 $\boldsymbol{F}_R$，且 $F_R = F'_R$，如图 3-16(c)所示。$\boldsymbol{F}_R$ 与 $\boldsymbol{F}'_R$ 作用线之间的垂直距离为

$$d = \frac{|M_A|}{F'_R} = 0.477(\text{m})$$

3.4.3　平面一般力系的平衡

3.4.3.1　平面一般力系的平衡条件

平面一般力系平衡的必要与充分条件是力系的主矢和对任意一点的主矩都等于零。

即

$$\left.\begin{aligned} F'_R &= \sqrt{(\sum F_x)^2 + (\sum F_y)^2} = 0 \\ M_O &= \sum M_O(\boldsymbol{F}) = 0 \end{aligned}\right\} \tag{3-12}$$

3.4.3.2 平面一般力系的平衡方程式

平面一般力系的平衡方程式已列于表3-2中。

表3-2　平面力系的平衡方程形式

基本形式	二力矩式	三力矩式
$\left.\begin{aligned}\sum F_x &= 0\\ \sum F_y &= 0\\ \sum M_O(\boldsymbol{F}) &= 0\end{aligned}\right\}$ (3-13) 此式由式(3-12)直接得到	$\left.\begin{aligned}\sum F_x &= 0\\ \sum M_A(\boldsymbol{F}) &= 0\\ \sum M_B(\boldsymbol{F}) &= 0\end{aligned}\right\}$ (3-14) 应用条件：投影轴 x 不能与 A、B 两点的连线垂直	$\left.\begin{aligned}\sum M_A(\boldsymbol{F}) &= 0\\ \sum M_B(\boldsymbol{F}) &= 0\\ \sum M_C(\boldsymbol{F}) &= 0\end{aligned}\right\}$ (3-15) 应用条件：A、B、C 三点不能在同一条直线上

平面一般力系平衡方程基本形式的意义为：**力系中各力在任意坐标轴上投影的代数和等于零，力系中各力对力系作用平面内任意一点力矩的代数和等于零**。前者是投影方程，后者为力矩方程。

平面一般力系平衡方程的这3种不同形式，实际应用时可根据不同情况选用其中的一种形式作解题之需。任何一种方程形式中的3个方程都是相互独立的，列方程时无先后顺序之分。应当注意的是，任何一个受平面一般力系作用的物体都能且只能列出3个独立的平衡方程式，可解出3个未知量。任何第4个方程都是不独立的，但它可以作为检验计算结果之用。

【例3-9】　求图3-17(a)所示简易摇臂吊车梁 AB 的约束力。已知梁的自重为 $W_1 = 5$ kN，作用于梁 AB 的中点，起吊物重 $W_2 = 18$ kN。

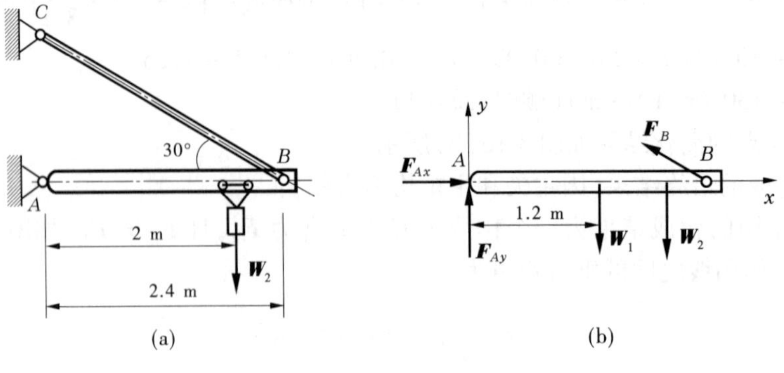

图3-17

解：(1)以梁 AB 为研究对象进行受力分析并作受力图。作用于梁 AB 上的主动力是作用在梁中点的梁自重 $\boldsymbol{W}_1$ 和起吊物重 $\boldsymbol{W}_2$，约束力分别为链杆 BC 的约束力 $\boldsymbol{F}_B$ 和铰支座

A 的约束力 $\boldsymbol{F}_{Ax}$、$\boldsymbol{F}_{Ay}$，梁的受力图如图 3-17(b)所示。

(2)建立如图 3-17(b)所示的坐标系，列平衡方程式。

由图 3-17(b)可见，梁 AB 所受力系是平面一般力系，这里先采用基本形式的方程求解 3 个约束力，然后再列出第 4 个式子加以验证。

$$\sum M_A(\boldsymbol{F}) = 0,\quad F_B\sin30° \times 2.4 - W_1 \times 1.2 - W_2 \times 2 = 0 \tag{a}$$

$$\sum F_x = 0,\quad F_{Ax} - F_B\cos30° = 0 \tag{b}$$

$$\sum F_y = 0,\quad F_{Ay} + F_B\sin30° - W_1 - W_2 = 0 \tag{c}$$

(3)解方程求出各约束力。

由以上各式依次解得

$$F_B = 35\ \text{kN},\quad F_{Ax} = 30.3\ \text{kN},\quad F_{Ay} = 5.5\ \text{kN}$$

以铰 B 为力矩中心，列式校核：

$$\sum M_B(\boldsymbol{F}) = W_2 \times 0.4 + W_1 \times 1.2 - F_{Ay} \times 2.4$$
$$= 18 \times 0.4 + 5 \times 1.2 - 5.5 \times 2.4 = 0$$

校核结果表明符合力矩平衡条件，即原计算结果正确无误。

【例 3-10】　计算图 3-18(a)所示梁的支座约束力。

解：(1)作梁的受力图如图 3-18(b)所示。

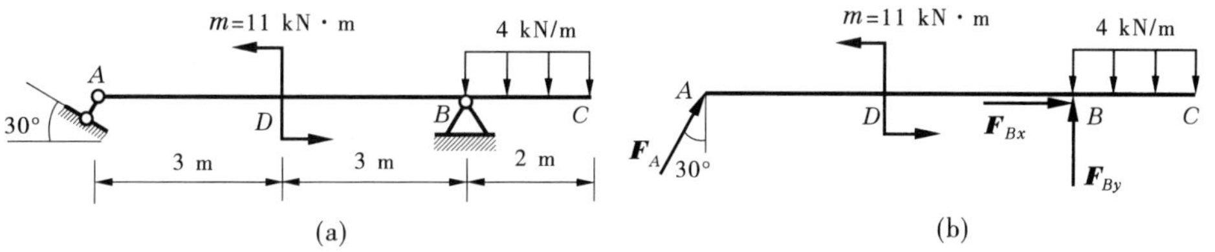

图 3-18

(2)在默认坐标系下建立平衡方程式并求出各支座约束力。

由

$$\sum M_A(\boldsymbol{F}) = 0,\quad F_{By} \times 6 + m - 4 \times 2 \times 7 = 0$$

解得

$$F_{By} = \frac{4 \times 2 \times 7 - 11}{6} = 7.5(\text{kN})$$

由

$$\sum F_y = 0,\quad F_A\cos30° + F_{By} - 4 \times 2 = 0$$

$$\sum F_x = 0,\quad F_{Bx} + F_A\sin30° = 0$$

解得

$$F_A = 0.58\ \text{kN},\quad F_{Bx} = -0.29\ \text{kN}(\text{实际方向向左})$$

【**例 3-11**】 计算图 3-19(a)所示悬臂梁的支座约束力。

解:(1)作梁的受力图如图 3-19(b)所示。梁端 A 为固定端,故支座约束力为两个相互垂直的约束力和一个约束力偶。

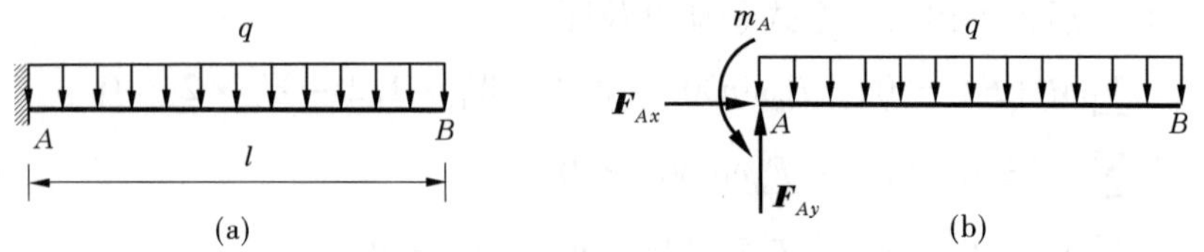

图 3-19

(2)采用默认坐标系(x 轴向右为正,y 轴向上为正,坐标原点为梁的左端 A 点)列方程并求出约束力:

由 $$\sum F_x = 0,\quad 得\ F_{Ax} = 0$$

由

$$\sum F_y = 0,\quad F_{Ay} - ql = 0$$

$$\sum M_A(\boldsymbol{F}) = 0,\quad m_A - ql \times \frac{l}{2} = 0$$

解得

$$F_{Ay} = ql,\quad m_A = \frac{ql^2}{2}$$

【**例 3-12**】 计算图 3-20(a)所示简支刚架的支座约束力。已知 $F = 8$ kN,$q = 3$ kN/m。

解:(1)作刚架的受力图如图 3-20(b)所示。

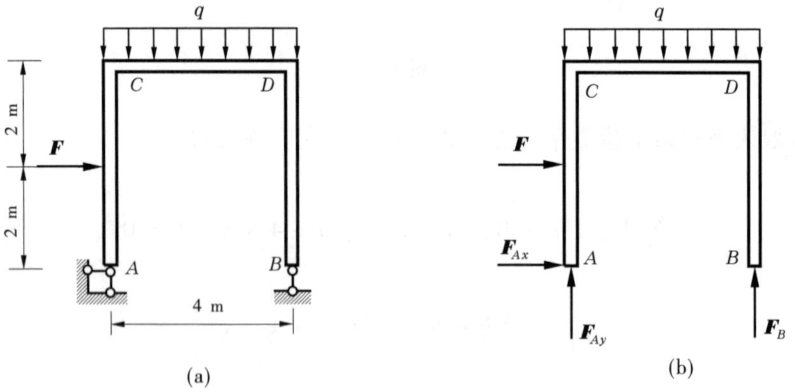

图 3-20

(2)在默认坐标系下列平衡方程式并解出各支座约束力。

由

$$\sum F_x = 0,\quad F_{Ax} + F = 0$$

解得

$$F_{Ax} = -F = -8\ \text{kN}(实际方向与受力图中该力的假定方向相反)$$

由

$$\sum M_A(\boldsymbol{F}) = 0,\quad F_B \times 4 - F \times 2 - q \times 4 \times 2 = 0$$

$$\sum F_y = 0,\quad F_B + F_{Ay} - q \times 4 = 0$$

解得

$$F_B = 10\ \text{kN},\quad F_{Ay} = 3 \times 4 - 10 = 2(\text{kN})$$

【例 3-13】 某水闸的弧形闸门的计算简图如图 3-21(a)所示。已知闸门自重 $W=50$ kN,作用于闸门板上的水压力为 $F_P=120$ kN,其作用线通过铰 A。试求闸门开启时钢丝绳的拉力 $\boldsymbol{F}_{\mathrm{T}}$ 的大小,以及此时铰支座 A 的约束力。

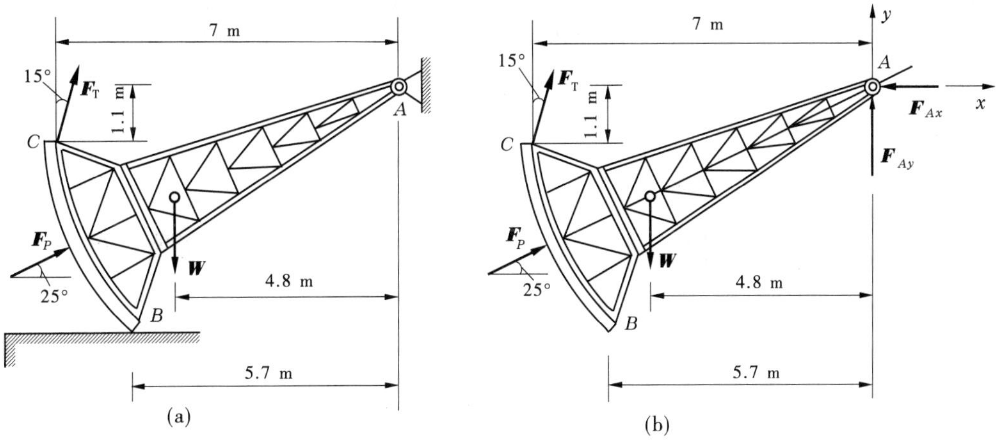

图 3-21

解:(1)闸门的支座为固定铰支座约束,考虑闸门处于开启的临界状态时,闸底板对闸门的约束力为零,闸门的受力图如图 3-21(b)所示。作用于闸门上的力系为平面一般力系。

(2)建立如图 3-21(b)所示坐标系,列平衡方程求解未知力。

为避免解联立方程,先以铰 A 为矩心列力矩平衡方程,求出 $\boldsymbol{F}_{\mathrm{T}}$ 的大小,再建立投影方程求 A 支座约束力 $\boldsymbol{F}_{Ax}$、$\boldsymbol{F}_{Ay}$。

由

$$\sum M_A = 0,\quad F_{\mathrm{T}}\sin 15° \times 1.1 - F_{\mathrm{T}}\cos 15° \times 7 + W \times 4.8 = 0$$

解得

$$F_{\mathrm{T}} = \frac{W \times 4.8}{7 \times \cos 15° - 1.1\sin 15°} = \frac{50 \times 4.8}{7 \times 0.966 - 1.1 \times 0.259} = 37.05(\text{kN})$$

由

$$\sum F_x = 0,\quad F_{\mathrm{T}}\sin 15° + F_P\cos 25° - F_{Ax} = 0$$

$$\begin{aligned} F_{Ax} &= F_{\mathrm{T}}\sin 15° + F_P\cos 25° \\ &= 37.05 \times 0.259 + 120 \times 0.906 = 118.32(\text{kN}) \end{aligned}$$

由

$$\sum F_y = 0, \quad F_{Ay} + F_T\cos15° + F_P\sin25° - W = 0$$

解得

$$F_{Ay} = W - (F_T\cos15° + F_P\sin25°)$$
$$= 50 - (37.05 \times 0.966 + 120 \times 0.423) = -36.55(\text{kN})$$

$\boldsymbol{F}_{Ay}$的实际方向与受力图中的假定方向相反。

3.4.4　平面平行力系的合成与平衡

平面特殊力系有汇交力系、力偶系、平行力系等三种形式。在第 3.2、第 3.3 节中已对前两种形式的力系进行过讨论，这里就平面平行力系平衡问题的解法作简要说明。

所谓平面平行力系，是指同平面内各力的作用线都相互平行的力系，如图 3-22(a)所示。对于平面平行力系，其合成结果必定是与各力作用线平行的主矢和一个位于力系作用平面内的主矩，如图 3-22(b)所示。

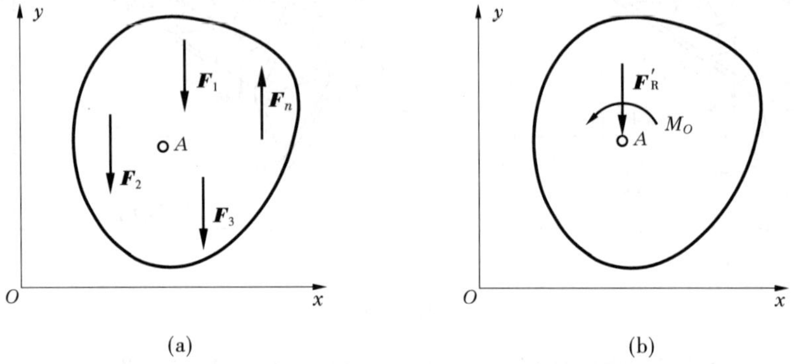

图 3-22

选取如图 3-22 所示坐标系（y 轴与各力作用线平行），则平面平行力系主矢和主矩为

$$\left.\begin{aligned} F'_R &= \sum F_y = \sum F \\ M_O &= \sum M_O(\boldsymbol{F}) \end{aligned}\right\} \tag{3-16}$$

由力系的平衡条件及式(3-16)可得平面平行力系的平衡方程式为

基本形式
$$\left.\begin{aligned} \sum F_y &= 0 \\ \sum M_O(\boldsymbol{F}) &= 0 \end{aligned}\right\} \tag{3-17}$$

二力矩式
$$\left.\begin{aligned} \sum M_A(\boldsymbol{F}) &= 0 \\ \sum M_B(\boldsymbol{F}) &= 0 \end{aligned}\right\} \tag{3-18}$$

式(3-18)的使用条件是 A、B 两点的连线不能与各力的作用线平行。

平面平行力系的两个方程是相互独立的，可用于求解只有两个未知量的平衡问题。

【例 3-14】　塔式起重机如图 3-23(a)所示。机身自重 $W = 300$ kN，最大起重量 $W_1 = 180$ kN，平衡重 $W_2 = 300$ kN。试求满载和空载时轨道 A、B 的约束力，并确定在使用过程中机身是否会翻倒。

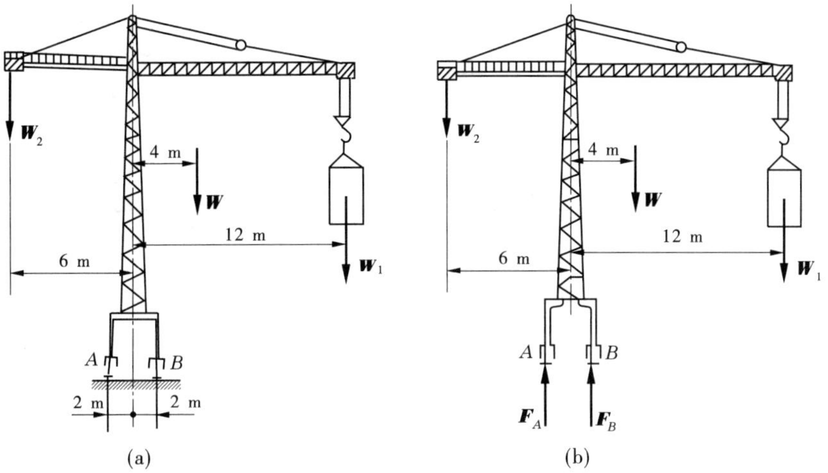

图 3-23

解:(1)以起重机为研究对象,其受力图如图 3-23(b)所示。

(2)建立平衡方程式。

$$\sum M_A(\boldsymbol{F}) = 0,\quad F_B \times 4 + W_2 \times (6-2) - W \times (4+2) - W_1 \times (12+2) = 0$$

$$\sum F_y = 0,\quad F_A + F_B - W - W_1 - W_2 = 0$$

联立解得

$$\begin{cases} F_A = 2W_2 - 2.5W_1 - 0.5W & \text{(a)} \\ F_B = 1.5W + 3.5W_1 - W_2 & \text{(b)} \end{cases}$$

(3)计算满载和空载时的约束力。

满载时,将 $W_1 = 180$ kN、$W = 300$ kN、$W_2 = 300$kN 代入式(a)、式(b)得

$$F_A = 0,\quad F_B = 780\ \text{kN}$$

空载时,将 $W_1 = 0$、$W = 300$ kN、$W_2 = 300$ kN 代入式(a)、式(b)得

$$F_A = 450\ \text{kN},\quad F_B = 150\ \text{kN}$$

由以上计算结果可知,无论是满载还是空载,机身均不会翻倒。但其中因满载时 $F_A = 0$,机身属于极限平衡状态,若起重量稍有增加,机身就会向右翻倒。

3.4.5　物体系的平衡计算

前面所讨论的是单个物体的平衡计算,但实际工程中常常会遇到几个物体通过内约束联系在一起构成的物体系的平衡问题,如图 3-24(a)所示的两跨静定梁,它是由梁 AC 和梁 CD 通过铰 C 连接并支撑于支座 A、B、D 上而构成的物体系。

研究物体系的平衡问题时,不仅要计算支座约束力,有时还需要计算物体系内各物体之间的相互作用力。在物体系平衡问题中,我们常将荷载和物体系的外约束力,称为物体系的外力,而将物体系各物体之间在内约束处的相互作用力,即内约束力,称为物体系的内力。例如图 3-24 中,荷载 $\boldsymbol{F}$、q 和支座约束力 $\boldsymbol{F}_{Ax}$、$\boldsymbol{F}_{Ay}$、$\boldsymbol{F}_B$、$\boldsymbol{F}_D$ 都是物体系的外力,而 $\boldsymbol{F}_{Cx}$、$\boldsymbol{F}_{Cy}$和 $\boldsymbol{F}'_{Cx}$、$\boldsymbol{F}'_{Cy}$则是物体系的内力。物体系内力只有在物体系被分离或解除了物体系

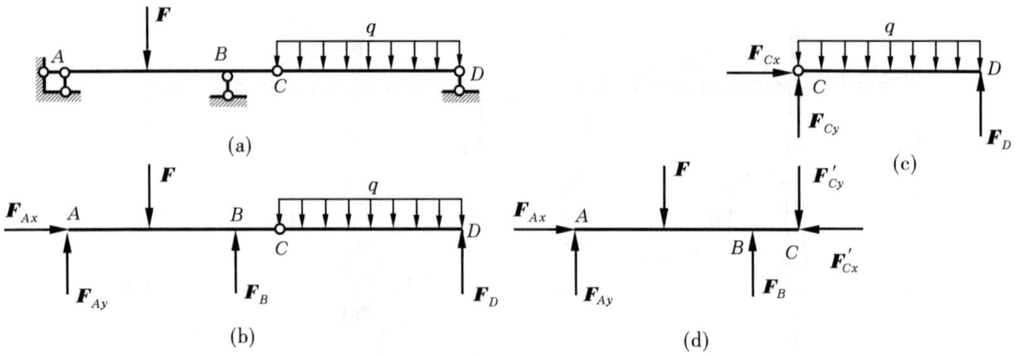

图 3-24

内约束时才能以外力的形式出现在分离体的受力图上。这一点可从图 3-24 中清楚地看出来。

求解物体系的平衡问题时,要根据物体系的类型来确定选择研究对象和进行平衡计算的先后顺序。从保持平衡或稳定的角度看,物体系一般有以下两种基本类型。

3.4.5.1　主从型

“**主**”是指物体系的主体部分或基本部分,“**从**”是指物体系的从属部分。例如图 3-24(a)所示的两跨静定梁,其主体部分(或称为基本部分)是 *AC*,从属部分(或称为附属部分)是 *CD*。*AC* 部分不仅能够独立承受荷载并保持平衡或稳定,还要作为 *CD* 部分的支撑而维持 *CD* 部分的平衡或稳定。而 *CD* 部分必须依赖 *AC* 部分作为支撑才能承担荷载并保持平衡或稳定。

对于主从型物体系的平衡计算,恰当的方法是先以从属部分为研究对象并作出受力图(见图 3-24(c)),应用平衡条件解出未知力,然后再以主体部分(或物系整体)为研究对象,作受力图(见图 3-24(d))并求出它的未知力。

3.4.5.2　互助型

所谓“**互助**”,是指物体系各部分之间的关系为相互依赖,相互利用,存亡与共,缺一不可。例如图 3-25(a)所示三铰刚架,它由 *AC*、*BC* 两部分构成,其整体受力图和各部分的受力图分别如图 3-25(b)、(c)所示。显然它们中的任何一部分对于另一部分都起着支撑作用,这两部分没有主次之分。

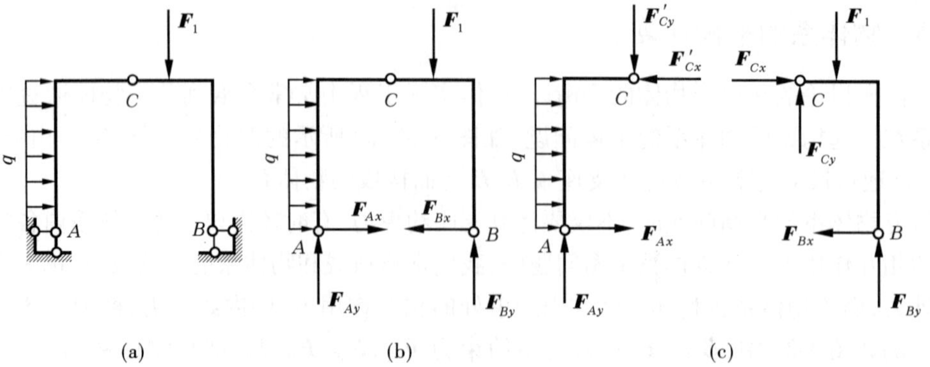

图 3-25

对于互助型的物体系，其平衡计算的恰当方法是先以整体为研究对象求出部分未知力，再以物体系中某一部分为研究对象求出余下的未知力。

【例 3-15】　求图 3-26(a)所示人字梯 A、B 处的约束力和绳 DE 的拉力。

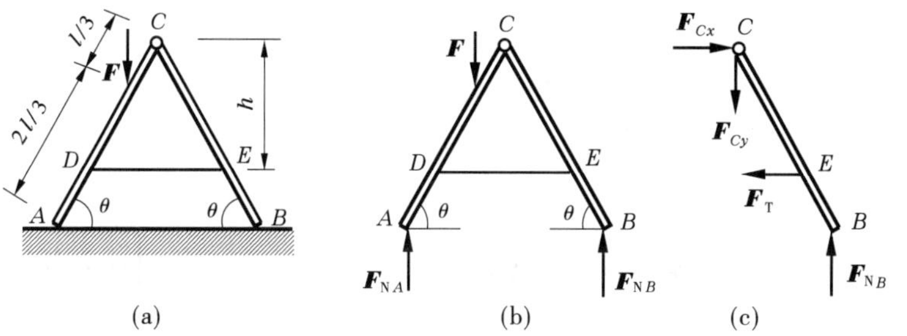

图 3-26

解：人字梯属于互助型物体系，宜用“先整体，后局部”的方法解决平衡问题。

(1)以人字梯整体为研究对象，作受力图如图 3-26(b)所示，建立平衡方程求出 A、B 两处光滑面的约束力。由

$$\sum M_A(\boldsymbol{F}) = 0,\quad F_{NB} \times 2l\cos\theta - F\cos\theta \times 2l/3 = 0$$

$$\sum F_y = 0,\quad F_{NA} + F_{NB} - F = 0$$

解得

$$F_{NB} = \frac{F}{3},\quad F_{NA} = \frac{2F}{3}$$

(2)以 BC 部分为研究对象，作受力图如图 3-26(c)所示，建立平衡方程求绳子拉力 $\boldsymbol{F}_T$。

由

$$\sum M_C(\boldsymbol{F}) = 0,\quad F_{NB} \times l\cos\theta - F_T \times h = 0$$

解得

$$F_T = \frac{Fl\cos\theta}{3h}$$

【例 3-16】　求图 3-27(a)所示两跨静定梁的支座约束力。

解：图 3-27(a)所示梁是以 AC 为主体部分、CD 为从属部分的受平面平行力系作用的主从型物体系，整体受力图如图 3-27(b)所示。受力分析时宜“先从后主”。

(1)先以梁 CD 为研究对象，作受力图如图 3-27(c)所示，列平衡方程求其约束力。

由

$$\sum M_C(\boldsymbol{F}) = 0,\quad F_D \times 3 - q \times 3 \times 1.5 = 0$$

$$\sum F_y = 0,\quad F_C + F_D - q \times 3 = 0$$

解得

$$F_D = 3\ \text{kN},\quad F_C = 3\ \text{kN}$$

(2)以梁 AC 为研究对象，作受力图如图 3-27(d)所示，列平衡方程求其约束力。

由

$$\sum M_A(\boldsymbol{F}) = 0,\quad F_B \times 4 - F_C' \times 5 - F \times 2 = 0$$

$$\sum F_y = 0,\quad F_A + F_B - F - F_C' = 0$$

解得

$$F_B = 11.25\ \text{kN},\quad F_A = 6.75\ \text{kN}$$

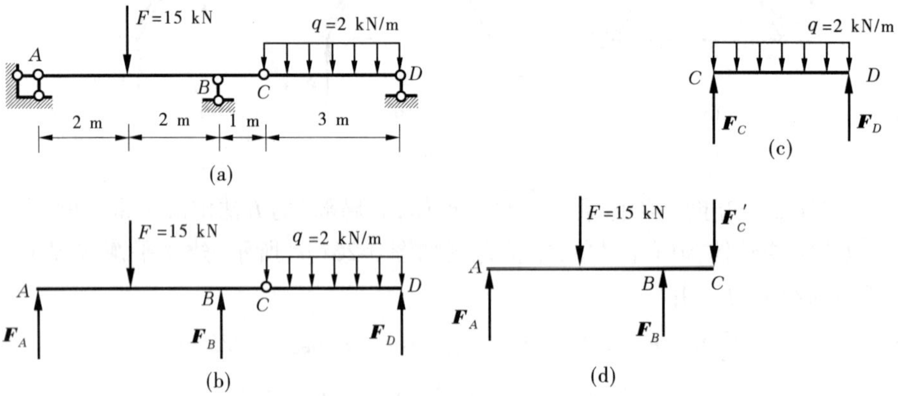

图 3-27

对于梁 AC 的约束力计算也可以图 3-27(b)所示整体受力图的平衡条件来计算。

综上所述,平面一般力系平衡问题的解题步骤可概括为三步:

(1)确定研究对象,取其为脱离体并作它的受力图;

(2)建立坐标系(一般可免去)并列出平衡方程式;

(3)解方程求出未知量(通常是约束力)。

物体系平衡问题的解法与单个物体平衡问题的解法并无实质性的区别,只是解物体系平衡问题时须注意计算顺序而已。

3.5　考虑滑动摩擦时物体的平衡问题

3.5.1　摩擦的概念

在前面对物体进行受力分析时,我们都假定两物体间的接触面是绝对光滑的,但实际上并不存在绝对光滑的接触面。两个物体的接触面之间总会有摩擦,至于什么情况下考虑摩擦,什么情况下不考虑摩擦,要视摩擦对所考虑问题的影响程度来决定。例如土木建筑工程中挡土墙、重力坝等建筑物需要依靠它与基础之间的摩擦来抵抗其滑动,摩擦在墙体(或坝体)的平衡问题中起着十分重要的作用。

两个相互接触物体之间的相对运动(或相对运动趋势),有相对滑动和相对滚动两种形式,因而两个物体接触面之间的摩擦也分为**滑动摩擦和滚动摩擦**两种形式。本教材只讨论简单的滑动摩擦问题。

3.5.2　滑动摩擦力与摩擦定律

在两个产生相对滑动或存在相对滑动趋势物体的接触面上，存在一种阻碍其相对滑动的力，称为**滑动摩擦力**，简称**摩擦力**。根据物体是否产生相对滑动，摩擦力也有静滑动摩擦力和动滑动摩擦力之分。

3.5.2.1　静滑动摩擦力

图 3-28(a)所示水平地面上放一物体，物体自重为 $\boldsymbol{W}$，水平推力为 $\boldsymbol{F}$。物体在主动力 $\boldsymbol{W}$、$\boldsymbol{F}$ 的共同作用下，在它与地表的接触面上会产生法向约束力 $\boldsymbol{F}_N$ 和与 $\boldsymbol{F}$ 方向相反的滑动摩擦力 $\boldsymbol{F}_f$，此时物体会处于图 3-28(b)、(c)、(d)三种不同的状态之一：

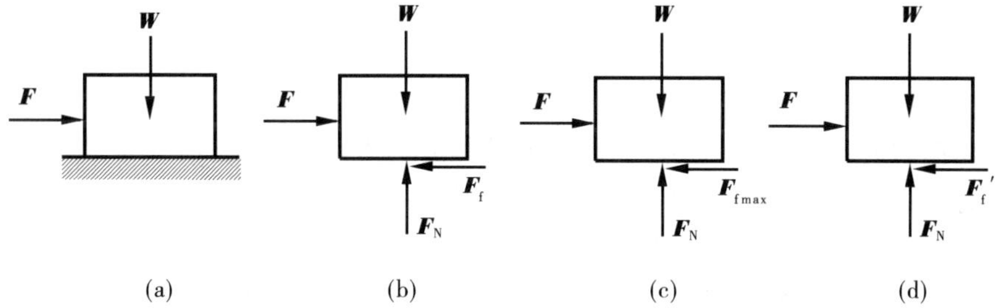

图 3-28

(1)当 $F < F_f$ 时，物体处于静止平衡状态，受力图如图 3-27(b)所示；

(2)当 $F = F_f = F_{fmax}$ 时，物体处于临界平衡(或极限平衡)状态，受力图如图 3-28(c)所示；

(3)当 $F \geqslant F_f = F_f'$ 时，物体则处于滑动状态，受力图如图 3-28(d)所示。

由此可见，静摩擦力 F_f 的大小是随着主滑力 $\boldsymbol{F}$ 的改变而变化的，其变化范围为

$$0 \leqslant F_f \leqslant F_{fmax} \tag{3-19}$$

式中，F_{fmax} 称为最大静摩擦力。

试验证明，**最大静摩擦力与物体有相对滑动趋势的方向相反，其大小与两个相互接触物体间的正压力(或称为法向约束力)$\boldsymbol{F}_N$ 的大小成正比**，即

$$F_{fmax} = fF_N \tag{3-20}$$

式(3-20)称为**静摩擦定律**(库仑定律)。式中 f 是与两个相互接触物体的材料、表面粗糙程度、温度、湿度等因素有关的常数，称为**静滑动摩擦系数**，简称为静摩擦系数。现将几种常用材料 f 的参考值列入表 3-3 中，供使用时查阅。

表 3-3　几种常用材料的静摩擦系数

材 料	f 值	材 料	f 值
钢与钢	0.1～0.2	木与土	0.3～0.7
木与木	0.3～0.6	混凝土与土	0.3～0.4
木与混凝土	0.5～0.6	混凝土与砖	0.7～0.8
木与石料	0.4～0.6	混凝土与岩石	0.5～0.8
砖与砖	0.5～0.7	浆砌石与石灰岩	0.5～0.7
砖与石	0.5～0.7	胶木与水磨石	0.3～0.4

3.5.2.2　动滑动摩擦力

当物体沿支承面滑动时，摩擦仍然起着阻碍滑动的作用，此时的摩擦力称为动滑动摩擦力（或称为动摩擦力），用 $\boldsymbol{F}_f'$ 表示。试验还证明，动滑动摩擦力与物体的滑动方向相反，其大小与两个相互接触物体间的正压力（或称为法向约束力）F_N 成正比，即

$$F'_f = f'F_N \tag{3-21}$$

这就是动滑动摩擦定律的表达式。式中 f' 称为动滑动摩擦系数，其大小除与两个相互接触物体的材料、表面粗糙程度、温度、湿度等因素有关外，还与物体的运动速度有关，f' 略小于 f。当不考虑速度变化对 f 的影响时，可近似取 $f'=f$。

3.5.3　考虑摩擦时物体平衡问题的解法

考虑摩擦时物体的平衡问题与不考虑摩擦时相比，其解题方法没有什么不同，只是考虑摩擦时在物体的接触面上存在摩擦力。

由于摩擦力的方向总是与物体有相对滑动趋势的方向相反，它的大小又在一定的范围内变化，因此解决其平衡问题时，要按两类情况来考察：

(1) 物体处于临界平衡状态，$F_{fmax}=fF_N$；

(2) 物体处于静止状态，此时摩擦力在一定范围内变化，即 $0 \leqslant F_f \leqslant F_{fmax}$。

当物体处于不同状态时，应采用不同的分析方法。下面分别举例说明处于这两种情况下物体平衡问题的解法。

【例 3-17】　如图 3-29(a) 所示的梯子长 $AB=l$，重 $W_1=100$ N，靠在光滑的墙壁上。梯脚与地面间的摩擦系数为 $f=0.4$。问当梯子与地面间的夹角 θ 为多大时，重为 $W_2=700$ N 的人才能爬到梯顶而梯子不滑倒？

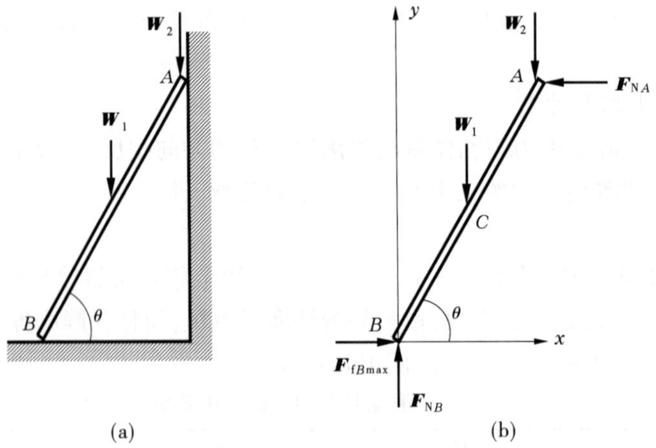

图 3-29

解：对于图 3-29 所示梯子来说，显然是梯子与地面间的夹角越小，就越容易向左滑动。依题意，是求使梯子不滑倒时的最小倾角 $\theta=\theta_{min}$，这是一个考虑梯子处于临界平衡状态时的平衡问题。

(1) 作梯子受力图如图 3-29(b) 所示。

(2)建立如图 3-29(b)所示坐标系,列方程并写出静摩擦定律表达式

$$\sum F_x = 0,\quad F_{fB\max} - F_{NA} = 0$$

$$\sum F_y = 0,\quad F_{NB} - W_1 - W_2 = 0$$

$$\sum M_B(\boldsymbol{F}) = 0,\quad F_{NA} \times l\sin\theta - W_1\cos\theta \cdot \frac{l}{2} - W_2 l\cos\theta = 0$$

$$F_{fB\max} = f F_{NB}$$

(3)联解以上各式,求得 $\theta = \theta_{\min} = 66.89°$,即当 $\theta \geqslant 66.89°$时,梯子不会滑倒。

3.5.4　墙体的抗滑稳定性校核

墙体的抗滑稳定性校核,就是判断诸如挡土墙、重力坝等主要依靠其与基础面之间的摩擦力来维持稳定的物体是否会滑动的问题。例 3-18 就是墙体的抗滑稳定性校核的实例。

作用于墙体上并促使墙体滑动的力,称为主滑力,用 F_h 表示,墙体的最大静摩擦力为 $F_{f\max}$,则当

$$F_h \leqslant F_{f\max} \tag{3-22}$$

时墙体不会滑动。

式(3-22)就是墙体是否会滑动或具有抗滑稳定性的判别式。

【例 3-18】　重力式挡土墙如图 3-30(a)所示。已知作用于挡土墙上各力的大小分别为 $W_1 = 800$ kN, $W_2 = 1\,400$ kN ,$F = 900$ kN,$\boldsymbol{F}$ 作用线与水平面所成的夹角 $\alpha = 40°$,墙体与基础间的摩擦系数为 $f = 0.4$。试问此挡土墙是否会滑动?

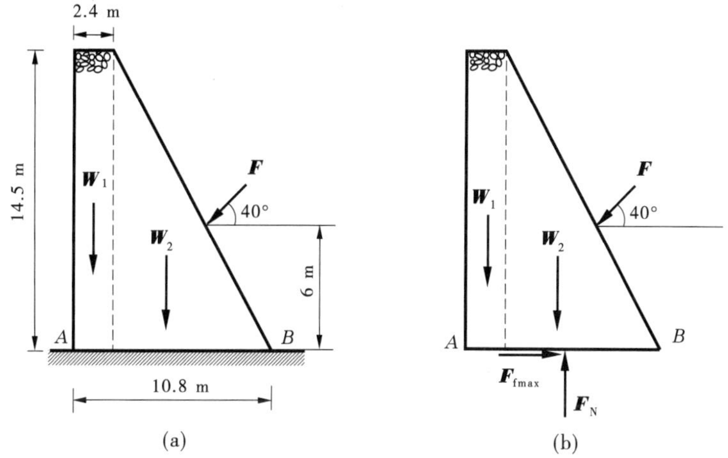

图 3-30

解:图示墙体若滑动,只会在墙体后土压力 $\boldsymbol{F}$ 的水平分力作用下向左滑动,因而促使墙体滑动的力(即主滑力 $\boldsymbol{F}_h$)是 $\boldsymbol{F}$ 的水平分力,而阻止墙体滑动的力是墙体与基础间的摩擦力(称之为阻滑力或抗滑力)$\boldsymbol{F}_{f\max}$,只有当摩擦力大于主滑力时,墙体才不会滑动。这显然属于第二类问题。

(1)作墙体的受力图如图3-30(b)所示。

(2)计算主滑力 $\boldsymbol{F}_{\mathrm{h}}$ 和最大静摩擦力 $\boldsymbol{F}_{\mathrm{fmax}}$ 的大小

$$F_{\mathrm{h}} = F\cos\alpha = 900 \times \cos 40° = 900 \times 0.766 = 689.4(\mathrm{kN})$$

由

$$\sum F_y = 0, \quad F_{\mathrm{N}} - W_1 - W_2 - F\sin\alpha = 0$$

解得

$$F_{\mathrm{N}} = 800 + 1\,400 + 900\sin 40° = 2\,200 + 900 \times 0.643 = 2\,778.7(\mathrm{kN})$$

由摩擦定律有

$$F_{\mathrm{fmax}} = fF_{\mathrm{N}} = 0.4 \times 2\,778.7 = 1\,111.48(\mathrm{kN})$$

(3)判别墙体的抗滑稳定性:

因 $F_{\mathrm{h}} < F_{\mathrm{fmax}}$,故墙体不会滑动。

此问题也可以先分别由平衡条件和库仑定律计算出 $\boldsymbol{F}_{\mathrm{f}}$ 与 $\boldsymbol{F}_{\mathrm{fmax}}$ 的大小,然后对它们进行比较,看其是否符合式(3-19),若符合则不滑动,若不符合则会滑动。

3.6 空间力系简介

3.6.1 力在空间坐标轴上的投影

力在空间直角坐标轴上的投影有两种求法:一种是在已知空间力矢量与三个坐标轴间夹角的条件下,直接计算投影的方法,称为直接投影法;另一种是在已知空间力矢量与铅直坐标轴 z 的夹角(或与平面的夹角)的情况下,通过先求力向 z 轴的投影和在 xy 平面内的分力,再将此分力分别向 x、y 轴投影,这种方法称为二次投影法或间接投影法。

3.6.1.1 力在坐标轴上的直接投影

设力 $\boldsymbol{F}$ 作用在如图3-31(a)所示空间直角坐标系内,已知力 $\boldsymbol{F}$ 的作用线与三个坐标轴之间的夹角分别为 α、β、γ,则该力在 x、y、z 三个坐标轴上的投影分别为

$$\left.\begin{aligned} F_x &= \overline{Oa} = \pm F\cos\alpha \\ F_y &= \overline{Ob} = \pm F\cos\beta \\ F_z &= \overline{Oc} = \pm F\cos\gamma \end{aligned}\right\} \tag{3-23}$$

式中"±"取法:当力 $\boldsymbol{F}$ 沿坐标轴方向分解时分力的方向与坐标轴正向相同,则力在该轴上的投影取"+"号,反之取"-"号。

3.6.1.2 力向坐标轴的间接投影

设力 $\boldsymbol{F}$ 作用在如图3-31(b)、(c)所示空间直角坐标系内,已知力 $\boldsymbol{F}$ 的作用线与坐标轴 z 的夹角为 γ,则该力在坐标轴 z 上的投影和向 xy 平面上的投影分别为

$$\left.\begin{aligned} F_z &= \overline{Oc} = \pm F\cos\gamma \\ F_{xy} &= F\sin\gamma \end{aligned}\right\} \tag{a}$$

力 $\boldsymbol{F}$ 在平面上的投影 $\boldsymbol{F}_{xy}$ 是矢量。设 $\boldsymbol{F}_{xy}$ 作用线与 x 轴的夹角为 θ,则 $\boldsymbol{F}_{xy}$ 在 x、y 轴上

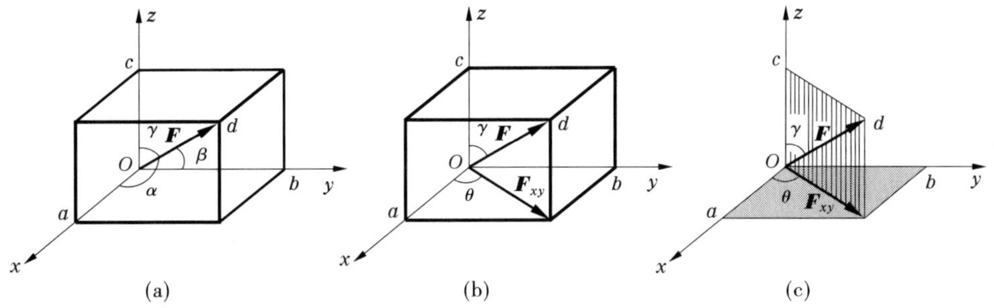

图 3-31

的投影分别为

$$\left.\begin{aligned} F_x &= \overline{Oa} = \pm F_{xy}\cos\theta \\ F_y &= \overline{Ob} = \pm F_{xy}\sin\theta \end{aligned}\right\} \qquad \text{(b)}$$

由式(a)、式(b)可得力 $\boldsymbol{F}$ 在三个坐标轴上的投影分别为

$$\left.\begin{aligned} F_x &= \pm F\sin\gamma\cos\theta \\ F_y &= \pm F\sin\gamma\sin\theta \\ F_z &= \pm F\cos\gamma \end{aligned}\right\} \qquad (3\text{-}24)$$

3.6.2　力对轴之矩

在平面力系中讨论过力对点之矩。实际上，平面内力对点之矩，就是空间内力对通过某点的轴之矩。现在来分析如图 3-32 所示管钳上作用力 $\boldsymbol{F}$ 的矩。对 Oxz 平面而言，力 $\boldsymbol{F}$ 使管钳连同圆柱体绕圆柱轴线上的 O 点转动，因此是力对 O 点之矩。而在空间，实际上管钳是使圆柱体绕其轴线（y 轴）转动，即力 $\boldsymbol{F}$ 对 y 轴之矩。因此，力对点之矩和力对轴之矩是相对于平面或空间而言的。这里所说的“轴”，是指空间坐标系的坐标轴。下面给出力对轴之矩的表达式，并说明正负号的取法。

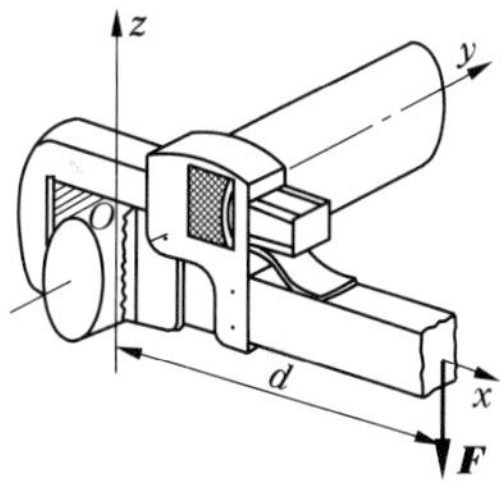

图 3-32

在图 3-33 所示空间直角坐标系中 A 点作用一集中力 $\boldsymbol{F}$，该力在 x、y、z 轴方向的分量分别为 $\boldsymbol{F}_x$、$\boldsymbol{F}_y$、$\boldsymbol{F}_z$，由合力矩定理可得 $\boldsymbol{F}$ 对三个坐标轴的矩分别为

$$\left.\begin{aligned} M_x &= F_z y - F_y z \\ M_y &= F_x z - F_z x \\ M_z &= F_y x - F_x y \end{aligned}\right\} \qquad (3\text{-}25)$$

式中，F_x、F_y、F_z 分别为力 $\boldsymbol{F}$ 在坐标轴上的投影，x、y、z 为力 $\boldsymbol{F}$ 作用点的坐标。

式(3-25)中每项投影的正负号均按右手螺旋法则来确定：

以右手四指的弯曲方向表示力对轴之矩的转向，则当大拇指的指向与相应坐标轴正向一致时，该力对轴之矩取正号，反之取负号。例如图 3-34 中所示各力对轴之矩 M_x、M_y、M_z 均为正号方向。

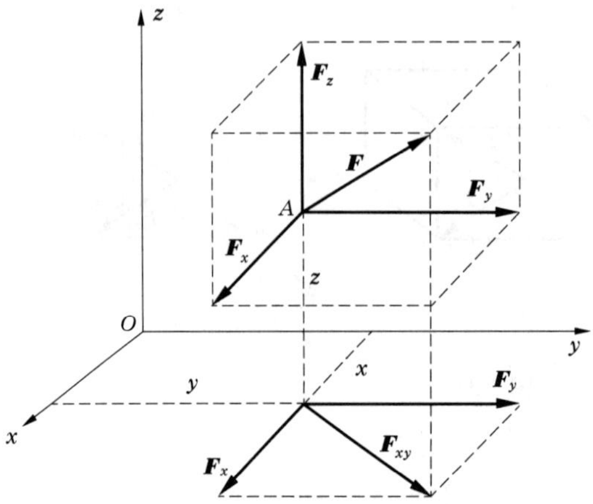

图 3-33

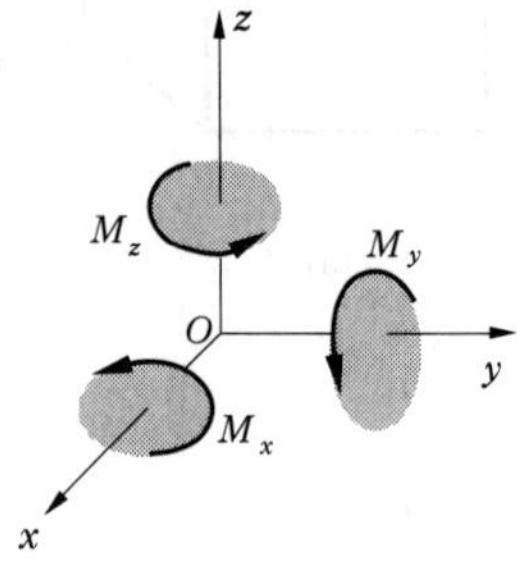

图 3-34

【**例 3-19**】 计算图 3-35 中所示力 $\boldsymbol{F}$ 在各坐标轴上的投影及对各坐标轴之矩。

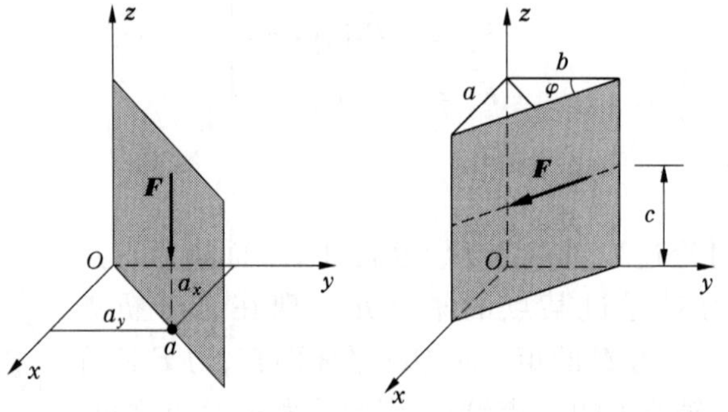

(a)　　(b)

图 3-35

解:(1)计算图 3-35(a)中力 $\boldsymbol{F}$ 在三个坐标轴上的投影和对三个坐标轴之矩

$$\text{力的投影}\begin{cases}F_x=0\\F_y=0\\F_z=-F\end{cases},\quad \text{力对轴之矩}\begin{cases}M_x=-Fa_y\\M_y=Fa_x\\M_z=0\end{cases}$$

(2)计算图 3-35(b)中力 $\boldsymbol{F}$ 在三个坐标轴上的投影和对三个坐标轴之矩

$$\text{力的投影}\begin{cases}F_x=F\sin\varphi\\F_y=-F\cos\varphi,\\F_z=0\end{cases}\quad \text{力对轴之矩}\begin{cases}M_x=F\cos\varphi\cdot c\\M_y=F\sin\varphi\cdot c\\M_z=-F\sin\varphi\cdot b\end{cases}$$

力对轴之矩的特性与力对点之矩相同:当力作用线与某坐标轴相交时或与某坐标轴平行时,该力对该轴之矩为零;当力沿作用线移动时,力矩不变。

3.6.3 空间力系的平衡条件与平衡方程式

空间力系的平衡条件是:各力在三个坐标轴上投影的代数和都等于零,各力对三个坐

标轴之矩的代数和也分别等于零。

空间力系的平衡方程式分别为：

汇交力系

$$\left.\begin{aligned}\sum F_x &= 0\\ \sum F_y &= 0\\ \sum F_z &= 0\end{aligned}\right\}\tag{3-26}$$

平行力系

$$\left.\begin{aligned}\sum F_z &= 0\\ \sum M_x &= 0\\ \sum M_y &= 0\end{aligned}\right\}\tag{3-27}$$

一般力系

$$\left.\begin{aligned}\sum F_x = 0,\quad \sum F_y = 0,\quad \sum F_z = 0\\ \sum M_x = 0,\quad \sum M_y = 0,\quad \sum M_z = 0\end{aligned}\right\}\tag{3-28}$$

【例 3-20】　图 3-36(a)所示桅杆式起重机正在起吊重为 $W = 20$ kN 的重物。立柱 AB 与转臂 AC 在 A 处与基础以球铰链联结，几何尺寸如图 3-36(a)中所示。若不计各杆的自重，试求 A 支座约束力及缆绳 BE 和 BD 的拉力。

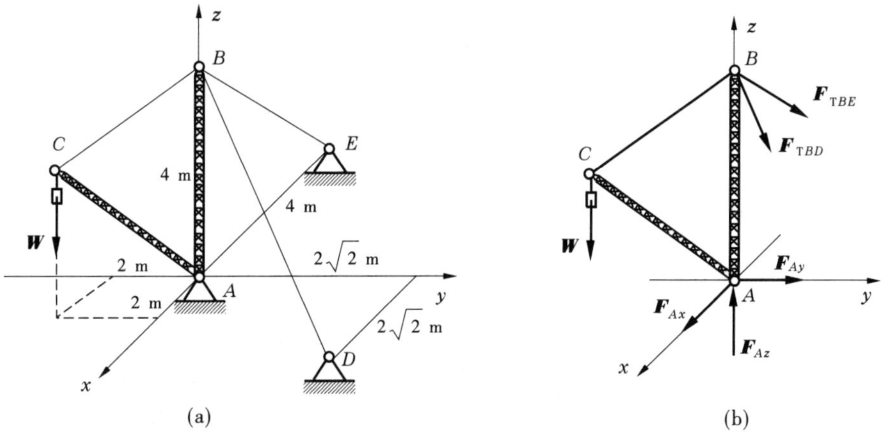

图 3-36

解：(1)以起重机为研究对象，作受力图，并取几何尺寸的基准线为 x、y、z，坐标轴如图 3-36(b)所示。

(2)列平衡方程式并求解。

由

$$\sum M_x = 0,\quad 2W - F_{TBD}\cos^2 45° \times 4 = 0$$

$$\sum M_y = 0,\quad 2W - F_{TBE}\cos 45° \times 4 + F_{TBD}\cos^2 45° \times 4 = 0$$

$$\sum F_y = 0,\quad F_{Ay} + F_{TBD}\sin^2 45° = 0$$

$$\sum F_x = 0,\quad F_{Ax} - F_{TBE}\cos 45° + F_{TBD}\sin 45°\cos 45° = 0$$

$$\sum F_z = 0, \quad F_{Az} - W - F_{TBE}\sin 45° - F_{TBD}\cos 45° = 0$$

依次解得

$$F_{TBD} = W = 20\ \text{kN}, \quad F_{TBE} = 28.28\ \text{kN}$$

$$F_{Ay} = -\frac{1}{2}F_{TBD} = -10\ \text{kN}$$

$$F_{Ax} = 10\ \text{kN}, \quad F_{Az} = 54.14\ \text{kN}$$

【例 3-21】 图 3-37(a)所示 L 形折杆 ABC 由球铰 A 和钢索 BD、BE 和 CF 维持于水平位置,作用于 G 点的铅垂力 $W=5$ kN。不计钢索的重量,试求球铰 A 的约束力和每根钢索的拉力。

解:(1)选折杆 ABC 为研究对象,画出受力图如图 3-37(b)所示。

(2)建立空间坐标系,列平衡方程式并解出未知力。

已知折杆在空间一般力系作用下处于平衡状态,因此可列出力系对任意轴的力矩平衡方程,这些方程只要能解出未知量,则一定是独立的。下面,先由几何关系求出 α 的函数值,再用式(3-28)来求解受力图中各未知力。由图中几何关系可得:

$$\sin\alpha = \frac{1.25}{\sqrt{3^2 + 1.25^2}} = 0.384$$

$$\cos\alpha = \frac{3}{\sqrt{3^2 + 1.25^2}} = 0.923$$

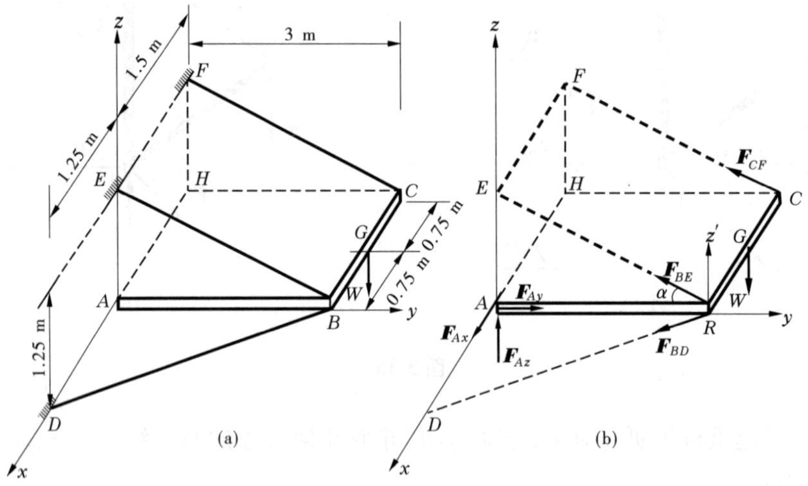

图 3-37

分别列力矩方程,求解未知力:

由

$$\sum M_y = 0, \quad -W \times 0.75 + F_{CF}\sin\alpha \times 1.5 = 0, \Rightarrow F_{CF} = 6.51\ \text{kN}$$

$$\sum M_x = 0, \quad F_{BE}\sin\alpha \times 3 + F_{CF}\sin\alpha \times 3 - W \times 3 = 0, \Rightarrow F_{BE} = 6.51\ \text{kN}$$

$$\sum M_z = 0,\quad F_{CF}\cos\alpha \times 1.5 - F_{BD}\sin\alpha \times 3 = 0, \Rightarrow F_{BD} = 7.82\ \text{kN}$$

$$\sum F_x = 0,\quad F_{Ax} + F_{BD}\sin\alpha = 0, \Rightarrow F_{Ax} = -3\ \text{kN}$$

$$\sum F_y = 0,\quad F_{Ay} - (F_{BD} + F_{BE} + F_{CF})\cos\alpha = 0, \Rightarrow F_{Ay} = 19.24\ \text{kN}$$

$$\sum F_z = 0,\quad F_{Az} - W + (F_{CF} + F_{BE})\sin\alpha = 0, \Rightarrow F_{Az} = 0$$

为了确保计算结果的正确性,需要进行计算结果的校核。

$$\sum M_x = F_{BE}\sin\alpha \times 3 + F_{CF}\sin\alpha \times 3 - W \times 3 = (2 \times 6.51 \times 0.384 - 5) \times 3 \approx 0$$

说明以上计算结果是正确的。至于校核式中的一点点误差,是由三角函数值的进位造成的。请读者用其他方法计算本例的各约束力。

3.7　物体重心与截面的几何性质

力学中对物体进行受力分析时,常常需要知道物体的重心或形心位置。匀质物体的重心和形心位置只与物体的几何形状和尺寸有关。关于物体的重心和形心位置问题,在中学物理中已有介绍,本节着重讨论与截面几何形状和尺寸相关的几何量计算方法。

3.7.1　物体的重心和形心

3.7.1.1　物体重心与形心的概念

地球上的一切物体都会受到地心引力的作用。在地表附近的有限空间内,这种引力是一个与物体所处的方位无关的常数。我们将地球对物体的这种引力称为物体的重力。如果把物体看做是由无数个质点所组成的,则每个质点都会受到一个数值极小的重力的作用。这样,整个物体的重力即是各质点重力的合力。可以证明,不管物体处于何种位置或自然状态中,它的重力作用线始终通过一个确定的点,即重力在物体中的作用点,这个点就称为该物体的重心。如果我们将物体视为不计质量的几何形体,则这个几何形体必然有一个中心,例如球体的中心称为球心。

物体的重心是物体重力的作用点(物理中心),**物体的形心是物体的几何中心**。对于均质物体,其重心与形心在同一个位置。

3.7.1.2　重心与形心的坐标公式

设如图 3-38 所示物体的体积为 V,重力为 $\boldsymbol{W}$,该重力在物体内的作用点,即为该物体的重心 C 点,重心 C 在给定坐标系下的坐标分别为 x_C、y_C、z_C。为了确定重心 C,在物体内任取一微分体积 $\mathrm{d}V$,该微分体的重力为 $\mathrm{d}W$,$\mathrm{d}W$ 的作用点在给定坐标系下的位置坐标为 x、y、z,则该物体的重心坐标可由式(3-29)得到。

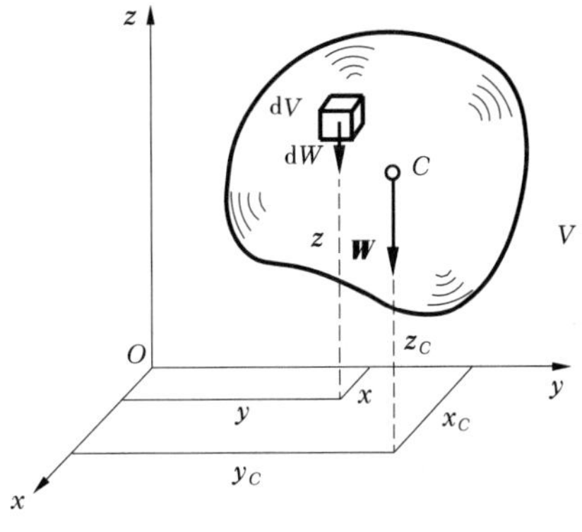

图 3-38

物体重心坐标公式

$$\left.\begin{aligned} x_C &= \frac{\int_V x\mathrm{d}W}{\int_V \mathrm{d}W} \\ y_C &= \frac{\int_V y\mathrm{d}W}{\int_V \mathrm{d}W} \\ z_C &= \frac{\int_V z\mathrm{d}W}{\int_V \mathrm{d}W} \end{aligned}\right\} \tag{3-29}$$

若物体是均质的,其单位体积的重量称为比重或容重,用 γ 表示,则 $W = \gamma V$,$\mathrm{d}W = \gamma\mathrm{d}V$,将这种关系代入式(3-29)并消去 γ 后,便得到均质物体的形心坐标公式(3-30)。

均质物体的形心坐标公式

$$\left.\begin{aligned} x_C &= \frac{\int_V x\mathrm{d}V}{V} \\ y_C &= \frac{\int_V y\mathrm{d}V}{V} \\ z_C &= \frac{\int_V z\mathrm{d}V}{V} \end{aligned}\right\} \tag{3-30}$$

当均质物体由 n 个部分组成时,则该物体的重心(或形心)坐标由公式(3-31)计算。

组合均质物体的形心坐标公式

$$\left.\begin{aligned} x_C &= \frac{\sum \Delta V_i \cdot x_i}{V} \\ y_C &= \frac{\sum \Delta V_i \cdot y_i}{V} \\ z_C &= \frac{\sum \Delta V_i \cdot z_i}{V} \end{aligned}\right\} \tag{3-31}$$

式(3-31)中,ΔV_i 为第 i 个物体的体积,x_i、y_i、z_i 分别为第 i 个物体在整体坐标系下的形心坐标。

对于如图 3-39 所示的等厚均质板,可将 Oxy 坐标平面作为该板对称面,则该板的重心或形心的 z 坐标即等于零。因此,对于等厚的均质平板,可按确定平面图形形心的方法来确定其重心位置。由于对等厚均质平板来说,其体积与面积成正比,故可分别以 A 和 $\mathrm{d}A$ 替代式(3-30)中的 V 和 $\mathrm{d}V$,由此得到等厚均质板形心坐标公式

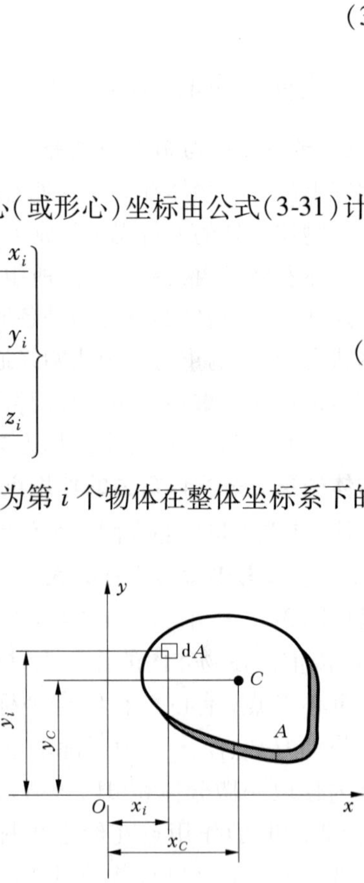

图 3-39

$$\left.\begin{aligned} x_C &= \frac{\int_A x\mathrm{d}A}{A} \\ y_C &= \frac{\int_A y\mathrm{d}A}{A} \end{aligned}\right\} \tag{3-32}$$

由式(3-32)可知,等厚均质平板的形心坐标只与板的几何形状和尺寸有关,而与板的厚度无关。因此,式(3-32)就是平面图形的形心坐标公式。

对于组合平面图形的形心坐标的计算,只要将组合图形分割成几个简单图形(如三角形、圆形、半圆形、矩形等),其形心坐标的计算公式为

$$\left.\begin{aligned} x_C &= \frac{\sum A_i \cdot x_i}{A} \\ y_C &= \frac{\sum A_i \cdot y_i}{A} \end{aligned}\right\} \tag{3-33}$$

这种求形心坐标的方法,称为面积分割法。

【例 3-22】　计算图 3-40(a)所示平面图形的形心坐标。图中长度单位为 mm。

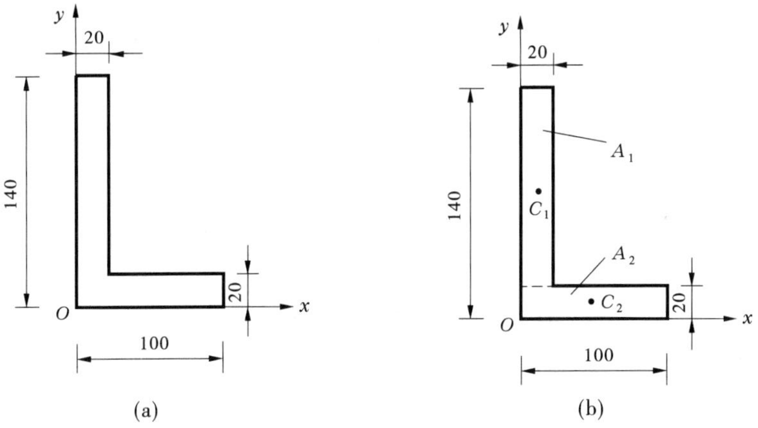

图 3-40

解:这是由两个矩形组成的 L 形截面,其形心坐标可采用面积分割法计算。

(1)将面积分割成如图 3-40(b)所示的 A_1 和 A_2 两个矩形,其面积及其在给定坐标系下的形心坐标分别为

$$A_1 = 120 \times 20 = 2\ 400(\text{mm}^2),\quad x_1 = 10\ \text{mm},\quad y_1 = 80\ \text{mm}$$

$$A_2 = 100 \times 20 = 2\ 000(\text{mm}^2),\quad x_2 = 50\ \text{mm},\quad y_2 = 10\ \text{mm}$$

(2)由式(3-33)计算 L 形截面的形心坐标

$$x_C = \frac{\sum A_i \cdot x_i}{A} = \frac{A_1 x_1 + A_2 x_2}{A_1 + A_2} = \frac{2\ 400 \times 10 + 2\ 000 \times 50}{2\ 400 + 2\ 000} = 28.18(\text{mm})$$

$$y_C = \frac{\sum A_i \cdot y_i}{A} = \frac{A_1 y_1 + A_2 y_2}{A_1 + A_2} = \frac{2\ 400 \times 80 + 2\ 000 \times 10}{2\ 400 + 2\ 000} = 48.18(\text{mm})$$

【例 3-23】 计算图 3-41(a)所示平面图形的形心坐标。图中长度单位为 cm。

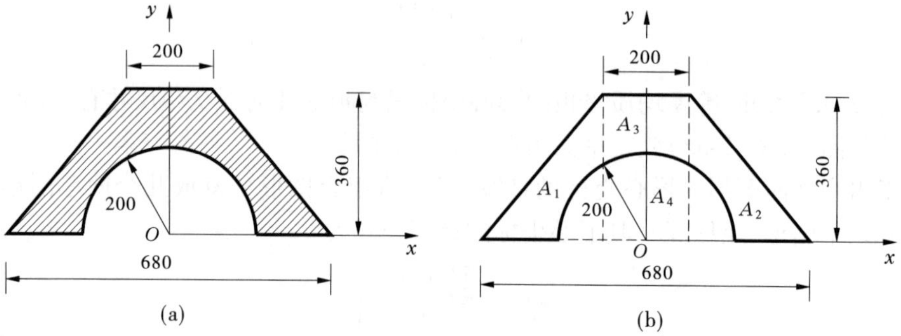

图 3-41

解:这是一个涵洞截面。为了计算该截面的形心坐标,可将其改变为由一个梯形(实的部分)减去一个半圆(虚的部分)组成的组合截面来处理,如图 3-41(b)所示。这种处理方法称为负面积法。

(1)将梯形分为三块(A_1、A_2 为直角三角形,A_3 为矩形),虚半圆 A_4 的面积为负值。分别计算 A_1、A_2、A_3、A_4 的面积和形心坐标 y:

$$A_1 = A_2 = \frac{1}{2} \times 360 \times \frac{680 - 200}{2} = 43\ 200(\text{cm}^2), \quad y_1 = y_2 = 120\ \text{cm}$$

$$A_3 = 200 \times 360 = 72\ 000(\text{cm}^2), \quad y_3 = 180\ \text{cm}$$

$$A_4 = -\frac{\pi R^2}{2} = -\frac{3.14 \times 200^2}{2} = -62\ 800(\text{cm}^2), \quad y_4 = \frac{4R}{3\pi} = \frac{4 \times 200}{3 \times 3.14} = 84.93(\text{cm})$$

(2)由式(3-33)计算整个图形相对于给定坐标系的形心坐标:

$$y_C = \frac{\sum A_i \cdot y_i}{A} = \frac{A_1 y_1 + A_2 y_2 + A_3 y_3 + A_4 y_4}{A_1 + A_2 + A_3 + A_4}$$

$$= \frac{2 \times (43\ 200 \times 120) + 72\ 000 \times 180 - 62\ 800 \times 84.93}{2 \times 43\ 200 + 72\ 000 - 62\ 800} = 188.23(\text{cm})$$

负面积法在计算曲边平面图形的形心坐标中应用广泛,要很好地掌握此方法。

3.7.2 截面的几何性质

3.7.2.1 截面的面积矩

1)面积矩的定义

定义:截面面积 A 与该截面形心到某坐标系 z 轴和 y 轴间距离的乘积,称为该截面对 z 轴和 y 轴的面积矩,用“S_z”和“S_y”表示。

$$\left.\begin{aligned} S_z &= \int_A y \mathrm{d}A \\ S_y &= \int_A z \mathrm{d}A \end{aligned}\right\} \tag{3-34}$$

由式(3-34)可知,面积矩是针对某一指定坐标轴的几何量(它也是一个代数量),同一截面对于不同的坐标轴有不同的面积矩,且其值可能为正,可能为负,也可能为零。可以证明,任何一个平面图形(或截平面)对其形心主轴的面积矩都等于零。面积矩的量纲为[长度]^3。

2)面积矩与形心坐标间的关系

将平面图形的形心坐标公式改写为

$$\left.\begin{aligned} y_C &= \frac{S_z}{A} \\ z_C &= \frac{S_y}{A} \end{aligned}\right\} \tag{3-35}$$

由式(3-35)可知面积矩与形心的关系为

$$\left.\begin{aligned} S_z &= Ay_C \\ S_y &= Az_C \end{aligned}\right\} \tag{3-36}$$

3)组合截面的面积矩

由式(3-36)可得组合截面的面积矩公式为

$$\left.\begin{aligned} S_z &= \sum S_{zi} = \sum A_i y_{Ci} \\ S_y &= \sum S_{yi} = \sum A_i z_{Ci} \end{aligned}\right\} \tag{3-37}$$

3.7.2.2　截面的惯性矩

1)极惯性矩

如图 3-42 所示,平面图形中微分面积 dA 与 dA 到坐标原点 O 的距离 ρ^2 之乘积的积分,称为图形对 O 点的极惯性矩,用 I_p 表示,即

$$I_p = \int_A \rho^2 \mathrm{d}A \tag{3-38}$$

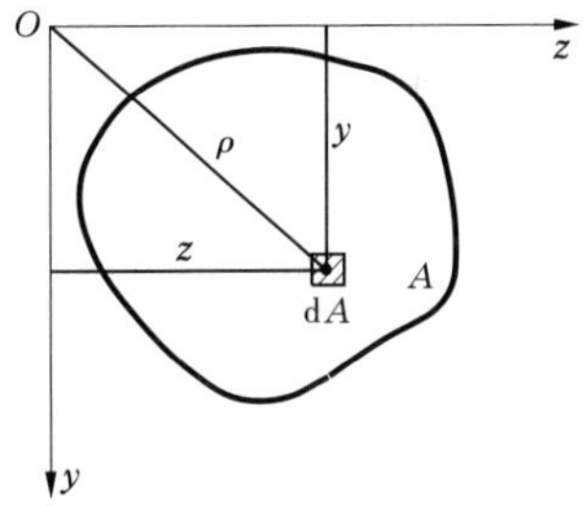

图 3-42

2)惯性矩(轴惯性矩)

如图 3-42 所示,**平面图形中微分面积** dA **与其到坐标轴** y **和** z **距离的平方之乘积的积分,称为该图形对** y、z **轴的惯性矩**,用 I_y 和 I_z 表示,即

$$\left.\begin{aligned} I_y &= \int_A z^2 \mathrm{d}A \\ I_z &= \int_A y^2 \mathrm{d}A \end{aligned}\right\} \tag{3-39}$$

极惯性矩和轴惯性矩的单位均为长度的四次方。

对于工程中常见的截面,其主要的几何性质如表 3-4 所示。而对于型钢,其截面几何性质见附录。

表 3-4　常见截面的几何性质

序号	截面形状及其形心位置 C	截面面积 A 截面对中性轴的惯性矩 I	截面的惯性半径 i
1	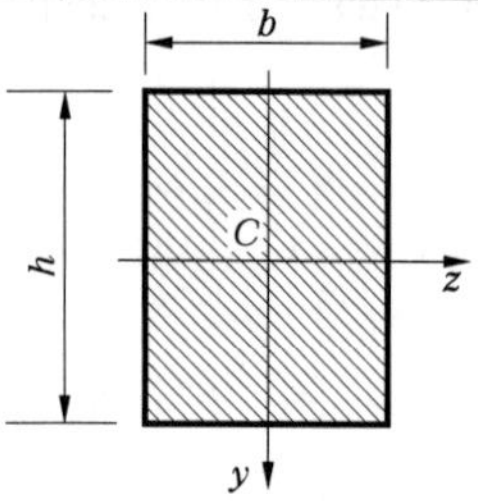	$A = bh$ $I_z = \frac{bh^3}{12}$ $I_y = \frac{hb^3}{12}$	$i_z = \frac{\sqrt{3}}{6}h$ $i_y = \frac{\sqrt{3}}{6}b$
2	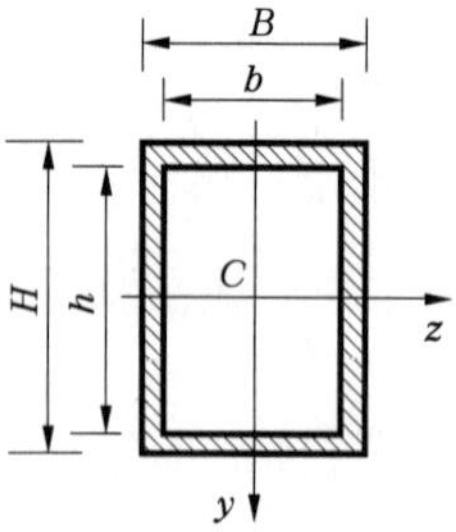	$A = BH - bh$ $I_z = \frac{BH^3 - bh^3}{12}$ $I_z = \frac{HB^3 - hb^3}{12}$	$i_z = \sqrt{\frac{BH^3 - bh^3}{12(BH - bh)}}$ $i_y = \sqrt{\frac{HB^3 - hb^3}{12(BH - bh)}}$
3	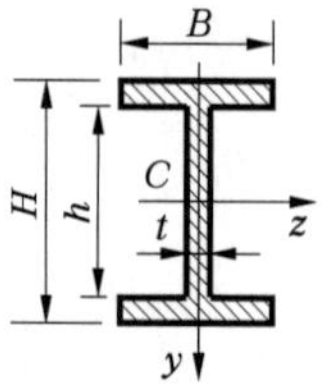	$A = BH - Bh + th$ $I_z = \frac{BH^3 - Bh^3 + th^3}{12}$ $I_y = \frac{HB^3 - hB^3 + ht^3}{12}$	$i_z = \sqrt{\frac{BH^3 - Bh^3 + th^3}{12(BH - Bh + th)}}$ $i_y = \sqrt{\frac{HB^3 - hB^3 + ht^3}{12(BH - Bh + th)}}$
4	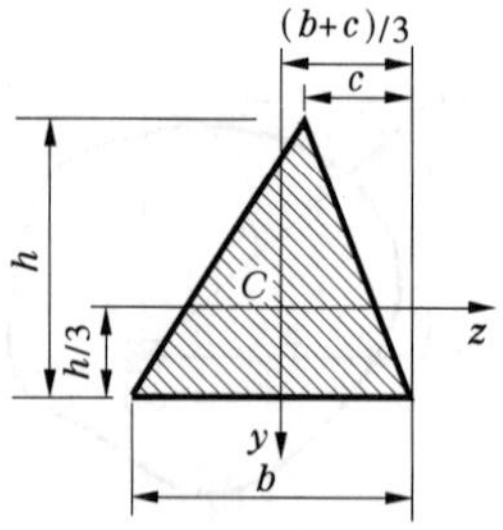	$A = bh/2$ $I_z = \frac{bh^3}{36}$ $I_y = \frac{bh}{36}(b^2 - bc + c^2)$	$i_z = \frac{\sqrt{2}}{6}h$ $i_y = \sqrt{\frac{b^2 - bc + c^2}{18}}$
5	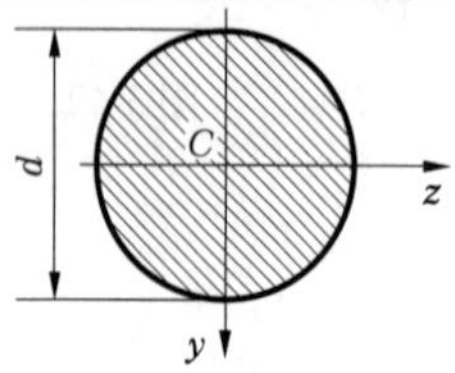	$A = \pi d^2/2$ $I_z = I_y = \frac{\pi d^4}{64}$	$i_z = i_y = \frac{d}{4}$
6	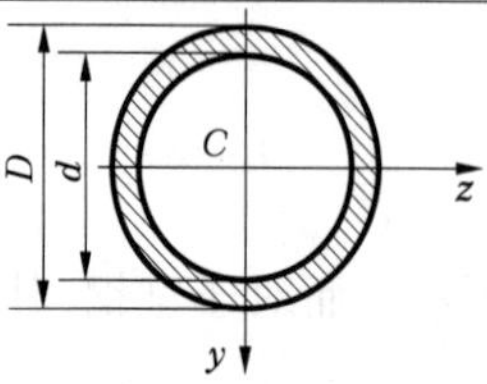	$A = \pi(D^2 - d^2)/4$ $I_z = I_y = \frac{\pi}{64}(D^4 - d^4)$	$i_z = i_y = \frac{\sqrt{D^2 + d^2}}{4}$

续表 3-4

序号	截面形状及其形心位置 C	截面面积 A 截面对中性轴的惯性矩 I	截面的惯性半径 i
7	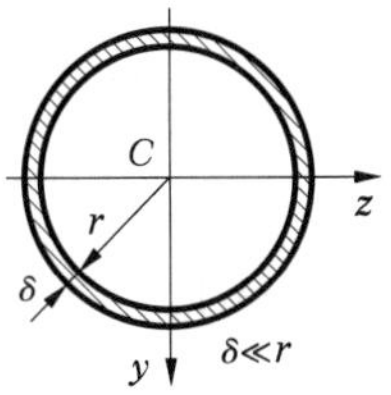	$A=\pi r\delta$ $I_z=I_y=\pi r^3\delta$	$i_z=i_y=\dfrac{r}{\sqrt{2}}$
8	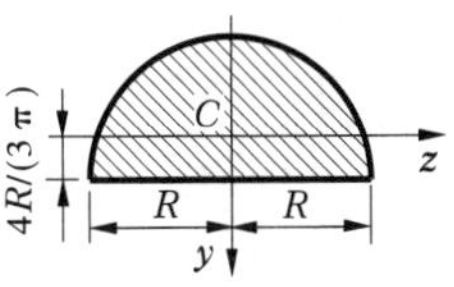	$A=\pi R^2/2$ $I_z=R^4\left(\dfrac{\pi}{8}-\dfrac{8}{9\pi}\right)$ $I_y=\dfrac{\pi R^4}{8}$	$i_z=\dfrac{R}{6\pi}\sqrt{9\pi^2-64}$ $i_y=\dfrac{R}{2}$

3）极惯性矩与轴惯性矩间的关系

对于如图 3-42 所示具有一对正交坐标轴的平面图形，其轴惯性矩与其对原点的极惯性矩存在以下关系

$$I_p = I_z + I_y \tag{3-40}$$

4）惯性矩的平行移轴公式

设过平面图形形心的坐标轴为 y_C、z_C，它和与之平行的另一对坐标轴 y、z 间的距离分别为 b 和 a，如图 3-43 所示。由图 3-43 可知，$y=y_C+a$，$z=z_C+b$，则

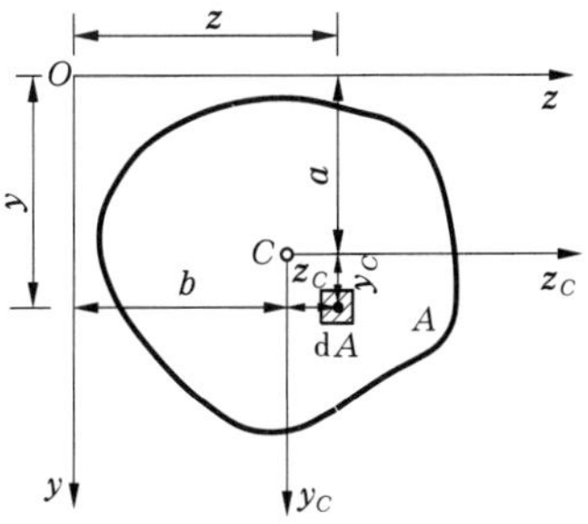

图 3-43

$$I_z = \int_A y^2 \mathrm{d}A = \int_A (y_C + a)^2 \cdot \mathrm{d}A$$

$$= \int_A y_C^2 \mathrm{d}A + 2a\int_A y_C \mathrm{d}A + a^2\int_A \mathrm{d}A = I_{zC} + 2aS_{zC} + a^2 A$$

上式中因 $S_{zC}=0$（平面图形对形心轴的面积矩等于零），故有

$$I_z = I_{zC} + a^2 A,\quad I_y = I_{yC} + b^2 A \tag{3-41}$$

5）组合截面的惯性矩

组合截面对某轴的惯性矩，等于该组合截面中各简单图形对该轴的惯性矩之和，即

$$\left.\begin{aligned} I_z &= \sum I_{zi} \\ I_y &= \sum I_{yi} \end{aligned}\right\} \tag{3-42}$$

由式（3-42）计算组合图形对指定坐标轴的惯性矩时，先将组合图形分成若干个简单图形，由式（3-41）计算出每个简单图形对指定坐标轴的惯性矩，再由式（3-42）计算该组合图形对指定坐标轴的惯性矩。热轧型钢（如角钢、工字钢、槽钢等）的面积、面积矩和惯性矩，均可从附录中查得。

【例 3-24】 对于图 3-44(a)所示 T 形截面,计算:

(1)对形心轴 z 的惯性矩。

(2)z 轴以上面积(或 z 轴以下面积)对 z 轴的面积矩,图中单位为 mm。

解:(1)计算截面的形心坐标,以便确定形心轴的位置。

将图 3-44(a)所示 T 形图形划分为图 3-44(b)所示的两个矩形,Oyz'坐标系下,形心 C 的坐标为

$$y_C = \frac{200 \times 40 \times 20 + 200 \times 60 \times 140}{200 \times 40 + 200 \times 60} = 92(\text{mm})$$

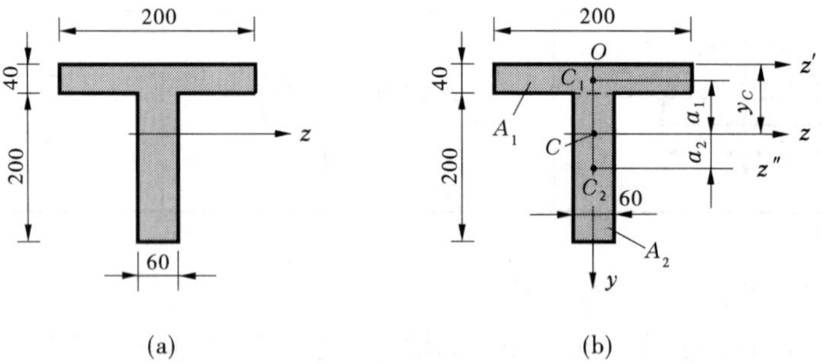

图 3-44

(2)计算截面对形心轴 z 的惯性矩。

为了计算该截面对 z 轴的惯性矩,仍将图形分解为如图 3-44(b)所示的两块,它们的面积及其形心到 z 轴的距离分别为

$A_1 = 200 \times 40 = 8\ 000(\text{mm}^2)$, $a_1 = y_C - 20 = 92 - 20 = 72(\text{mm})$

$A_2 = 200 \times 60 = 12\ 000(\text{mm}^2)$, $a_2 = 240 - y_C - 200/2 = 240 - 92 - 100 = 48(\text{mm})$

由式(3-42)有

$$I_z = I_{z1} + I_{z2} = \frac{b_1 h_1^3}{12} + a_1^2 A_1 + \frac{b_2 h_2^3}{12} + a_2^2 A_2$$

计算得到

$$I_z = \frac{200 \times 40^3}{12} + 72^2 \times 8\ 000 + \frac{60 \times 200^3}{12} + 48^2 \times 12\ 000 = 110.187 \times 10^6(\text{mm}^4)$$

(3)计算 z 轴以下面积对形心轴 z 的面积矩

$$S_z = 60 \times (240 - 92) \times (240 - 92)/2 = 65.7 \times 10^4(\text{mm}^3)$$

【例 3-25】 计算图 3-45 所示截面中阴影面积对形心轴 z 的惯性矩。图中长度单位为 cm。

解:图 3-45(a)为关于 z 轴对称的图形,此图形对 z 轴惯性矩的计算有两种方法:其一是将它视为三个矩形的组合,其二是将它视为由一个大的矩形减去一个小的矩形所形成的图形(见图 3-45(b))。此处按第二种方法来计算该图形的惯性矩,通常称这种方法为负面积法。

大矩形:$b_1 = 60$ cm, $h_1 = 100$ cm; 小矩形(虚面积):$b_2 = 40$ cm , $h_2 = 60$ cm。

按式(3-42)有

$$I_z = I_{z1} - I_{z2} = \frac{b_1 h_1^3}{12} - \frac{b_2 h_2^3}{12} = \frac{60 \times 100^3}{12} - \frac{40 \times 60^3}{12} = 428 \times 10^4 (\mathrm{cm}^4)$$

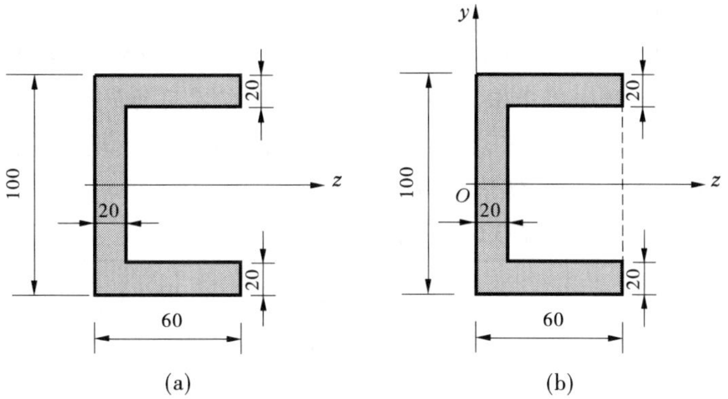

图 3-45

负面积法非常适合于计算某些特殊形状的图形（特别是具有空洞的几何图形）的形心位置、面积矩、惯性矩等几何量。

学习指导

1. 力系的合成

按照力系中各力作用线在空间的相对位置，工程力学中将力系分为空间力系和平面力系两大类。在空间力系和平面力系中，汇交力系、平行力系及力偶系，都是一般力系的特殊情形。力系的合成，就是求力系的合力。力系的合力就是该力系的等效力。

平面力系合成的基本理论是：合力投影定理、合力矩定理、力的平移定理。平面力系的合成结果如表 3-5 所示。

表 3-5　平面力系的合成结果

平面力系类型	简化结果	合成的最后结果
汇交力系	$F_R = \sqrt{(\sum F_x)^2 + (\sum F_y)^2}$ $\alpha = \arctan\left\|\dfrac{\sum F_y}{\sum F_x}\right\|$	合力 $\boldsymbol{F}_R$ 作用于各分力的汇交点，其所在象限位置由 $\sum F_x$、$\sum F_y$ 的正负号来确定
平行力系	$F'_R = \sum F$ $M_O = \sum M_O(\boldsymbol{F})$	合成的最后结果为一个与原力系平行的合力 $\boldsymbol{F}_R$，其作用点与简化中心的距离为 $d = \dfrac{\|M_O\|}{\sum F}$
一般力系	$F'_R = \sqrt{(\sum F_x)^2 + (\sum F_y)^2}$ $M_O = \sum M_O(\boldsymbol{F})$	合成的最后结果为一个合力 $\boldsymbol{F}_R$，其作用点与简化中心的距离为 $d = \dfrac{\|M_O\|}{\sum F'_R}$

2. 平面力系的平衡条件与平衡方程式

就总体而言,合力为零是力系平衡的必要与充分条件。这里所说的合力是广义力。如汇交力系、平行力系和一般力系的平衡条件均为合力(合成的最终结果)等于零,力偶系的平衡条件则是合力偶矩等于零。由于不同的力系有不同的简化结果,因而也有各自不同的平衡条件,根据平衡条件可以得到平衡方程的不同形式。现将不同类型平面力系的平衡方程形式列入表3-6中,供学习和比较。

表3-6　平面力系的平衡方程式

力系类型	平衡条件	平衡方程式	说　明
汇交力系	$F_R=0$	$\sum F_x=0,\sum F_y=0$	
平行力系	$F'_R=0,\quad M_O=0$	$\sum F=0,\quad \sum M_O=0 \quad (1)$ 或 $\sum M_A=0,\quad \sum M_B=0 \quad (2)$	(2)中A、B两点的连线不能与力的作用线平行
力偶系	$M_R=0$	$\sum M=0$	
一般力系	$F'_R=0,\quad M_O=0$	$\sum F_x=0,\ \sum F_y=0,\ \sum M_O=0 \quad (1)$ 或 $\sum F_x=0,\sum M_A=0,\sum M_B=0 \quad (2)$ 或 $\sum M_A=0,\sum M_B=0,\sum M_C=0 \quad (3)$	(2)中x不与A、B连线垂直;(3)中A、B、C三点不在同一直线上

表3-6中,每种力系的平衡方程式中各方程之间都是相互独立的,每组方程的方程个数即为该力系可求解的未知量(力)个数。

3. 力系的平衡问题的解

物体的平衡问题,主要是计算杆件或杆件结构在荷载作用下的约束力。

单个物体平衡问题求解的步骤一般为:

(1)作出物体的受力图;

(2)根据受力图上力系的类型,建立坐标系并写出平衡方程式;

(3)解方程,求出未知力(也可以是其他未知量)。

为了避免解联立方程,尽量使所建立的方程中所含的未知力个数最少,最好是使一个方程中只含一个未知力。如果一个方程只含一个未知力,则以上第(2)、(3)两步可合为一步。

减少方程中未知力个数的措施是:

(1)在建立坐标系时,应尽量使得坐标轴与某未知力垂直,使得该未知力在与之垂直的坐标轴上的投影等于零,从而减少投影方程中的未知力个数。

(2)在选择矩心时,应尽量将矩心选在未知力作用线的交点上,使得某些(或某个)未知力对该矩心的力矩为零,从而减少力矩方程中的未知力个数。

对于物体系的平衡问题,解题的关键在于选择合适的研究对象,或取整体,或取部分,或取单个物体。研究对象到底应怎样选取,必须根据题意进行具体分析。物体系一般都由几部分组成(至少有两个部分),为了尽量减少方程的联立或数值回代,建议读者根据物体系的不同特征,按不同的顺序选择研究对象:

(1)若物体系中各物体间的关系是主从关系(可以是一主多从,或一从二主),则应先取"从属部分"为研究对象,后以"主体部分"或整体为研究对象。

(2)若物体系中各物体间是相互依赖关系,则应先取物体系整体为研究对象,再取其中的单个物体为研究对象。

4. 考虑滑动摩擦时物体平衡问题的解法

对于考虑摩擦时物体的平衡问题,也是用平衡条件来解决,只是在受力分析时必须考虑摩擦力及其方向,而大小由平衡条件来确定。在考虑摩擦时物体的平衡问题中,通常只对物体处于临界平衡状态的进行分析,且要将摩擦定律作为求解时的补充方程。需要注意的是:

(1)最大摩擦力的方向应与相对滑动趋势的方向相反,而不能任意假设;

(2)由于静摩擦力在$0\leqslant F_{\mathrm{f}}\leqslant F_{\mathrm{fmax}}$范围内,故物体的平衡位置或所受的主动力也有一个范围。

5. 物体重心及截面的几何性质

物体重心是物体受地心引力作用所产生的重力在物体内的作用点。物体的形心则是该物体的几何中心。对于匀质物体,其重心和形心重合于物体内的同一点。

正确地计算出物体的重力,确定工程结构中各物体的重心或形心位置,是对该物体或物体系进行受力和变形分析的重要环节。

确定平面图形形心位置,就是计算该图形的形心在一定坐标系中的坐标。简单平面图形的形心坐标可以用积分法、几何法或实验法来确定。组合平面图形的形心坐标须采用公式来确定。当采用负面积法计算形心坐标时,负面积应以负号代入公式。

面积矩是指截面上某部分面积对该截面上某一坐标轴的矩,即将这部分面积乘以该面积的形心到某坐标轴的距离。面积矩是代数量,其单位是长度的三次方。特别指出的是,平面图形对通过该图形形心轴的面积矩等于零。截面的惯性矩有两种:一种是截面对某点(如截面的形心)的极惯性矩,另一种是截面对某轴(如通过截面形心的轴)的惯性矩。惯性矩的单位是长度的四次方。

在计算面积矩和轴惯性矩时,要注意是哪部分面积对截面上哪个轴的矩。对于面积矩还要注意正负号。对于组合截面,在计算轴惯性矩时,需要先将截面分割成若干个简单截面,利用惯性矩的平行移轴公式分别计算出每个简单截面对指定轴的惯性矩,再按照组合截面惯性矩计算公式,计算出该组合截面对指定轴的惯性矩。

习　题

3-1　求图 3-46 所示坐标系中平面汇交力系的合力。图中方格用于确定各力的方位角 α。

3-2　铆接薄板的孔心 A、B 和 C 处各受一力作用，如图 3-47 所示。$F_1 = 100$ N、$F_2 = 50$ N、$F_3 = 50$ N。用解析法求此三力的合力。

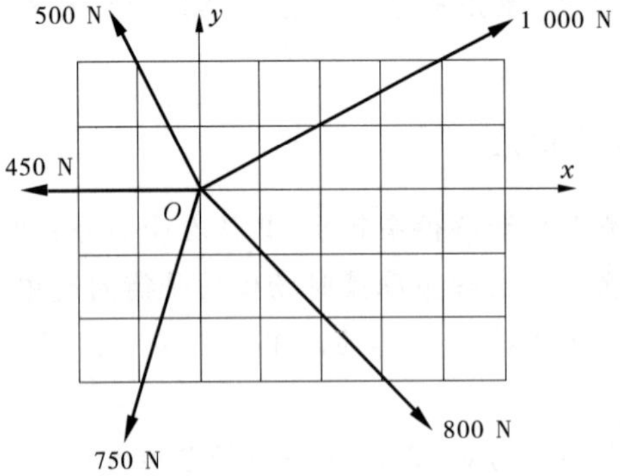

图 3-46

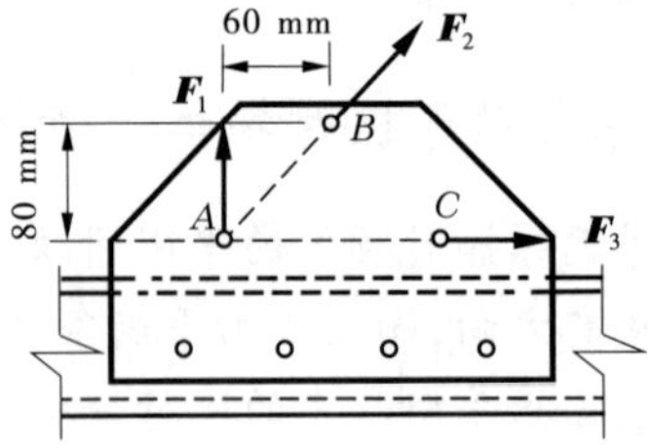

图 3-47

3-3　如图 3-48 所示，固定在墙壁上的圆环受三条绳索的拉力作用，三力的大小分别为 $F_1 = 2\,000$ N，$F_2 = 2\,500$ N，$F_3 = 1\,500$ N。用解析法求此三力的合力。

3-4　电动机重 $W = 5$ kN，放在水平梁 AC 的中央，如图 3-49 所示。梁的 A 端以铰链固定，另一端以撑杆 BC 支持，撑杆与水平面的交角为 30°。若忽略梁和撑杆的自重，求撑杆 BC 及铰支座 A 所受的力。

3-5　AC 和 BC 两杆用铰 C 连接，两杆的另一端分别铰支在墙上，如图 3-50 所示。在铰 C 处悬挂重 $W = 10$ kN 的物体。已知 $AB = AC = 2$ m，$BC = 1$ m。如杆重不计，求两杆所受的力。

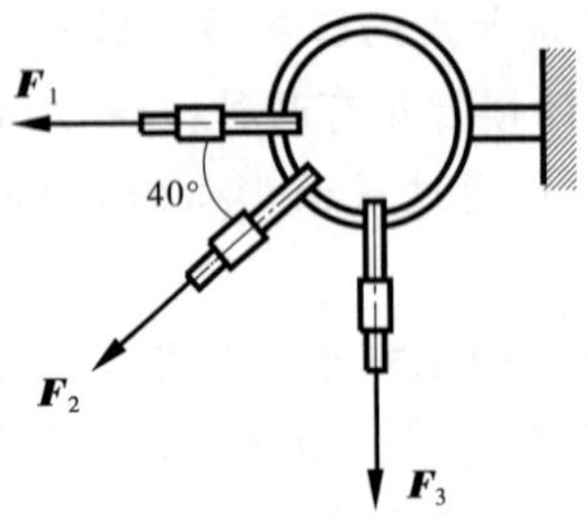

图 3-48

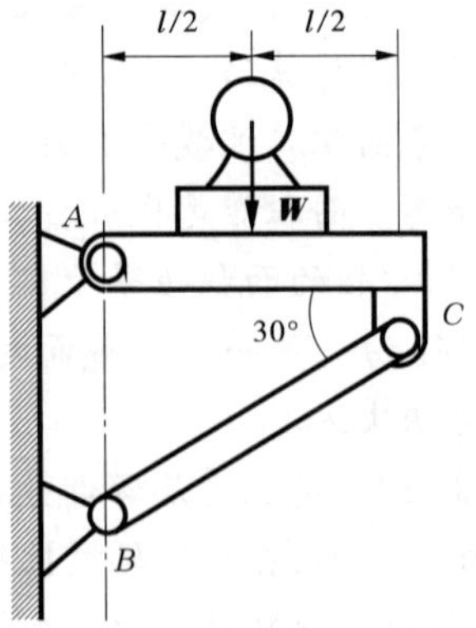

图 3-49

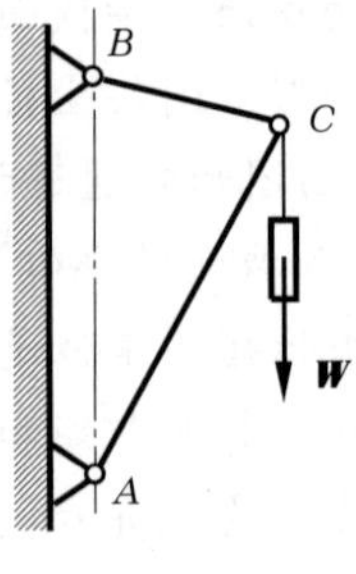

图 3-50

3-6　已知梁 AB 上作用一力偶，力偶矩为 m，梁长为 l，梁重不计。求在图 3-51(a)、(b) 两种情况下，支座 A 和支座 B 的约束力。

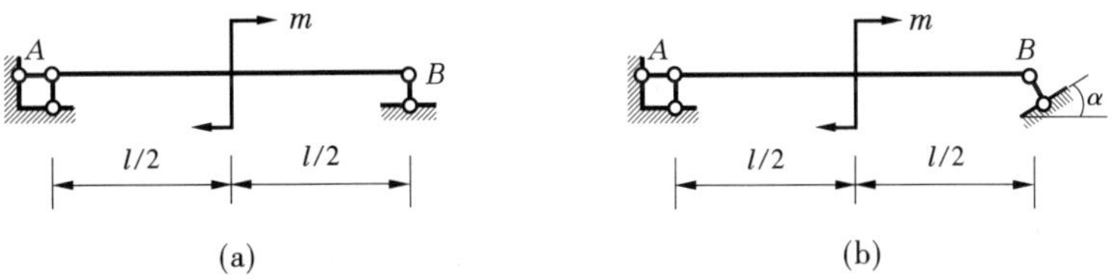

图 3-51

3-7　对于图 3-52 所示力系，已知 $F_1=150$ N，$F_2=200$ N，$F_3=300$ N，$F=F'=200$ N。求力系向点 O 的简化结果，并求力系合力的大小及其与原点 O 的距离 d。图中长度单位为 mm。

3-8　某桥墩顶部受到两边桥梁传来的铅直压力 $F_1=1\ 940$ kN，$F_2=800$ kN，水平力 $F_3=193$ kN，桥墩重量 $W=5\ 280$ kN，风压力的合力 $F=140$ kN。各力作用线位置如图 3-53 所示。试求这些力向基底截面中心 O 的简化结果；如能简化为一合力，求出其合力作用线的位置。

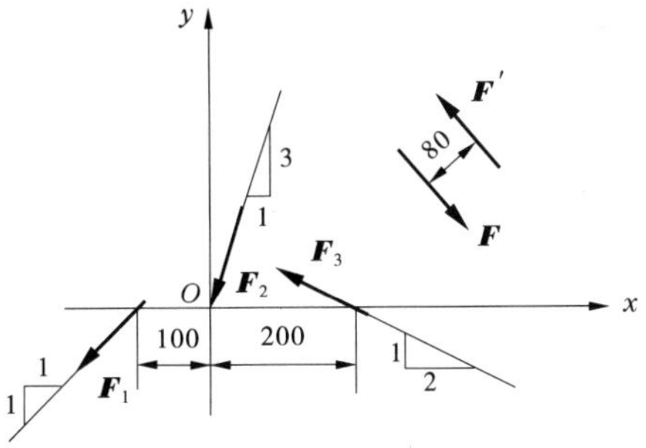

图 3-52

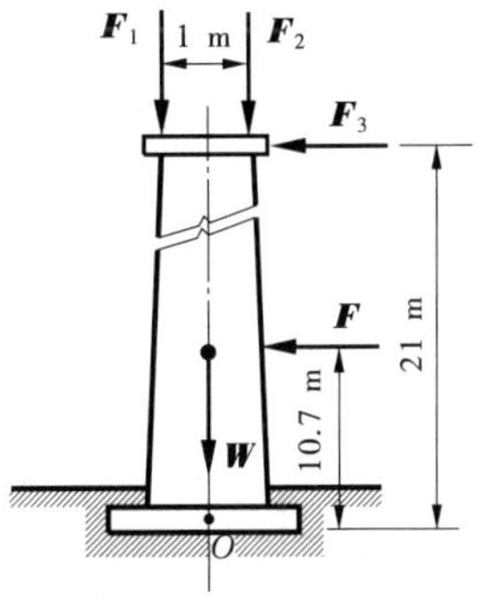

图 3-53

3-9　图 3-54 所示窗外阳台的水平梁承受大小为 q 的均布荷载作用。水平梁的外伸端受到集中荷载 $\boldsymbol{F}$ 的作用。柱的轴线到墙的距离为 l。求梁根部处的约束力。

3-10　在图 3-55 所示刚架中，已知 $q=3$ kN/m，$F=6\sqrt{2}$ kN，不计刚架自重。求固定端 A 的约束力。

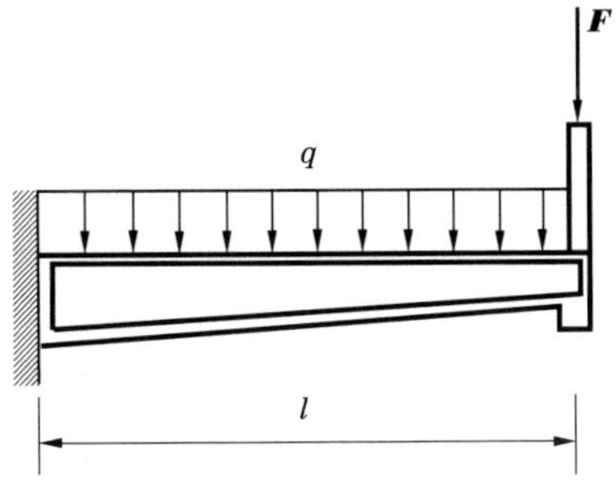

图 3-54

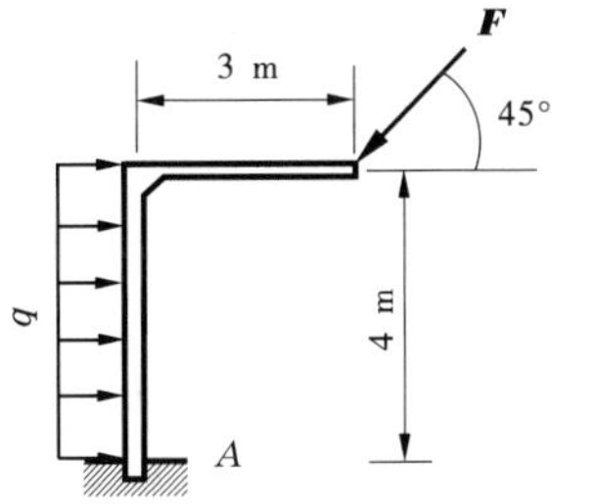

图 3-55

3-11　不计自重水平梁的支承和荷载如图 3-56 所示。已知力 $\boldsymbol{F}$、力偶矩为 m 的力偶和强度为 q 的均布载荷。求支座 A 和支座 B 的约束力。

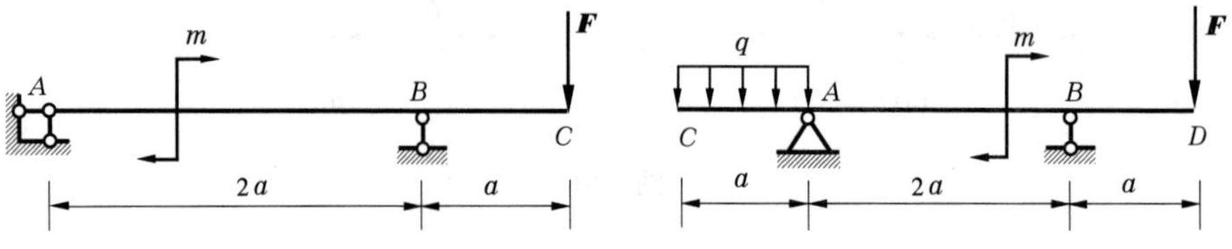

(a)　　　　(b)

图 3-56

3-12　如图 3-57 所示，在均质梁 AB 上铺设起重机轨道。起重机重 50 kN，其重心在 C 点处，重物的重量为 $W=10$ kN，梁重 30 kN。尺寸如图 3-57 所示。求当起重机的伸臂和梁 AB 在同一铅直面内时，支座 A 和支座 B 的约束力。

3-13　图 3-58 为一拔桩装置。在木桩的 A 点系上一绳，将绳的另一端固定在点 C，在绳的 B 处系另一绳 BE，E 端固定。然后在绳的点 D 处用力下拉，并使绳的 BD 段水平、AB 段铅直，DE 段与水平线、CB 段与铅直线成 $\theta=0.1$ rad（当 θ 很小时，$\tan\theta\approx\theta$）。如向下的拉力 $F=800$ N，求绳 AB 对桩的拉力。

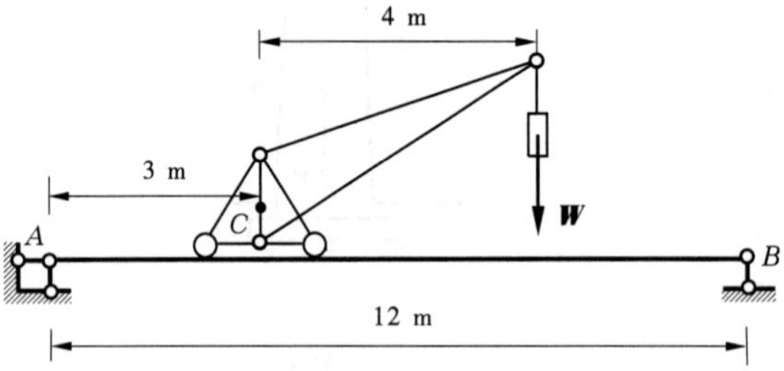

图 3-57

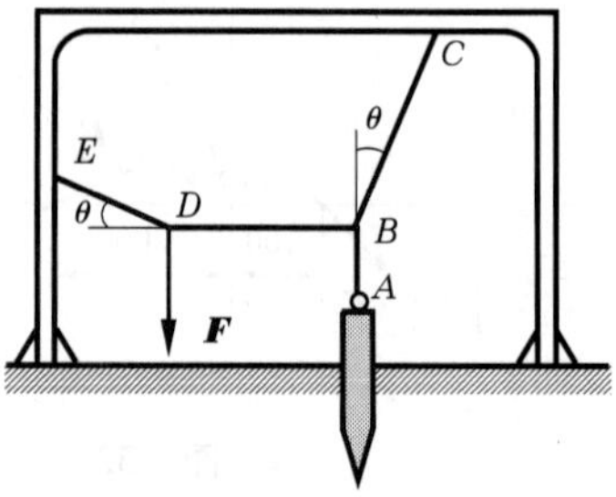

图 3-58

3-14　求图 3-59 所示静定的两跨梁的支座约束力。

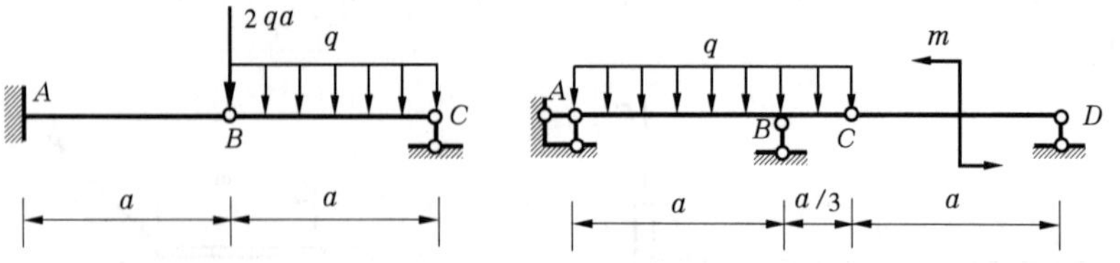

(a)　　　　(b)

图 3-59

3-15　如图 3-60 所示梯子放在光滑的水平面上，如不计梯重，求绳的拉力 $\boldsymbol{F}_T$。

3-16　在图 3-61 所示构架中，斜杆 BD 为不计自重的二力杆，其他各杆单位长度的重量为 30 N/m，荷载 $W=1\,000$ N，A 处为固定端，B、C、D 处为铰链。求固定端 A 的约束力和杆 BD 所受的力。

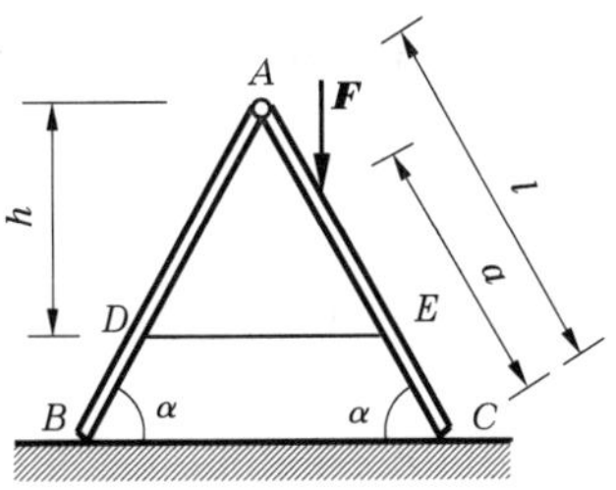

图 3-60

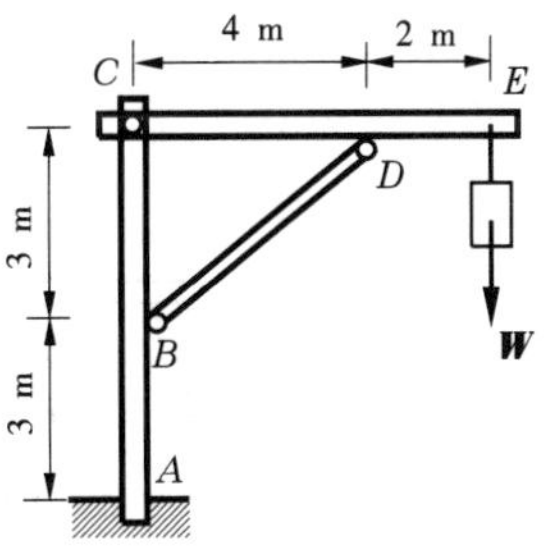

图 3-61

3-17　如图 3-62 所示，已知一重为 $W=100$ N 的物块放在水平面上，其摩擦系数 $f=0.3$。当作用在物块上的水平推力 $\boldsymbol{F}$ 的大小分别为 10 N、20 N、40 N 时，试分析在这三种情形下，物块是否平衡？摩擦力各等于多少？

3-18　图 3-63 所示物块重 $W=100$ N，斜面倾角 $\alpha=30°$，物块与斜面间的摩擦系数 $f=0.38$。求物块与斜面之间的摩擦力。并问，此时物块在斜面上是静止还是下滑？

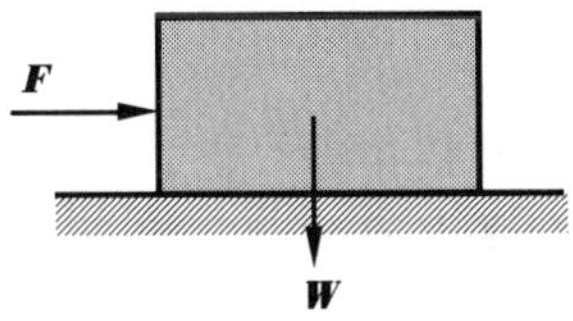

图 3-62

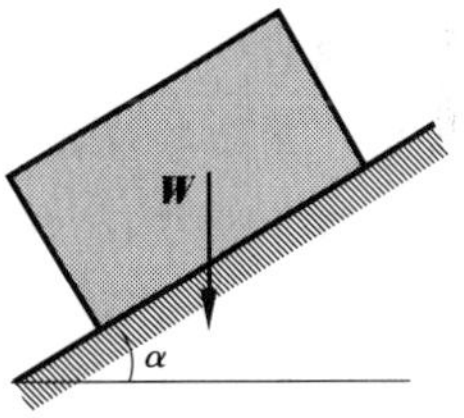

图 3-63

3-19　混凝土料斗简易升降装置如图 3-64 所示。混凝土和料斗共重 25 kN，料斗与滑道间的静滑动和动滑动摩擦系数为 0.3。

(1) 若绳子拉力分别为 22 kN 与 25 kN，料斗处于静止状态，求料斗与滑道间的摩擦力；

(2) 求料斗匀速上升和匀速下降时绳子的拉力。

3-20　重为 500 N 的鼓轮放在如图 3-65 所示的墙角里。已知鼓轮与水平地板 A 间的摩擦系数为 0.25，假定铅直墙壁 B 是绝对光滑的，鼓轮上的绳索下端挂着重物。设半径 $R=200$ mm，$r=100$ mm，求平衡时重物 C 的最大重量。

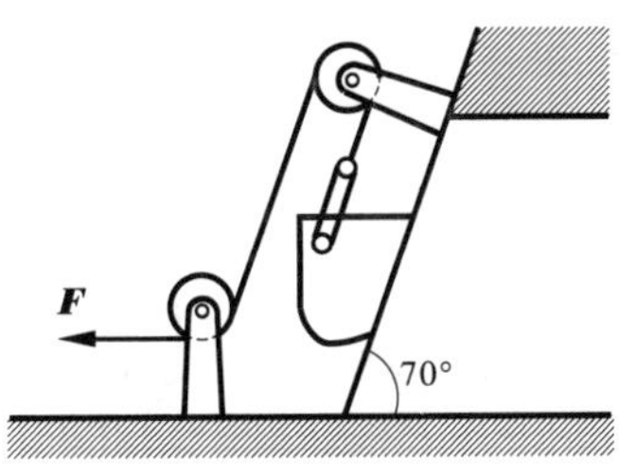

图 3-64

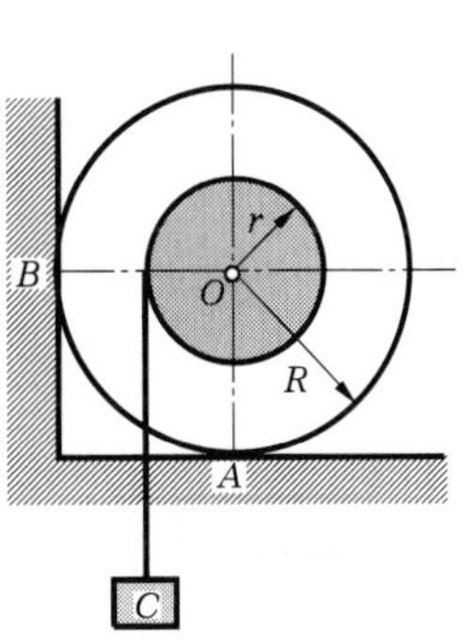

图 3-65

3-21　在闸块制动器的两个杠杆上，分别作用有大小相等的力 $\boldsymbol{F}_1$ 和 $\boldsymbol{F}_2$，设力偶矩 $m=160\ \text{N}\cdot\text{m}$，摩擦系数为0.2，尺寸如图3-66所示。试问 $\boldsymbol{F}_1$、$\boldsymbol{F}_2$ 应为多大，方能使受到力偶作用的轴处于静止状态？

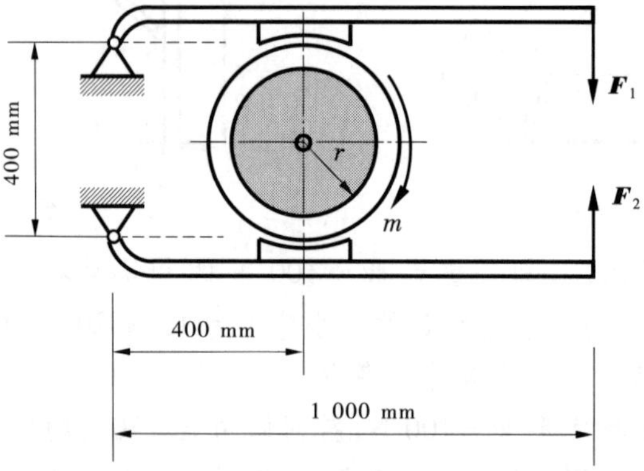

图3-66

3-22　在图3-67所示力系中，$F_1=100\ \text{N}$，$F_2=300\ \text{N}$，$F_3=200\ \text{N}$。试计算各力在 x、y、z 轴上的投影。图中长度单位为mm。

3-23　挂物架如图3-68所示，三杆的重量不计，用球铰链接于 O 点，平面 BOC 是水平面，且 $OB=OC$，如图所示平面角 $\angle A=\angle B=\angle C=45°$。若在 O 点挂一重为1 000 N的重物，求三杆所受的力。

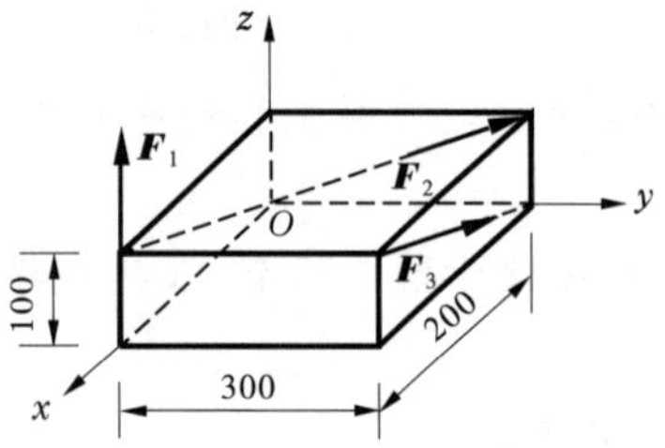

图3-67

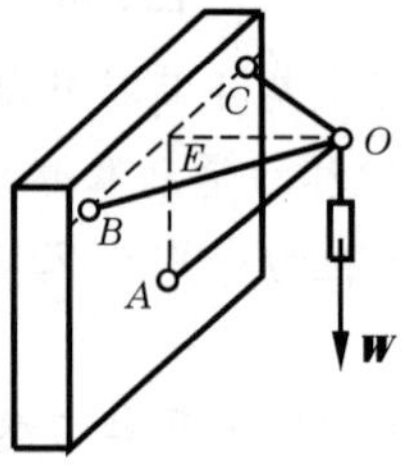

图3-68

3-24　如图3-69所示，求各平面图形的形心位置（图中长度单位为cm）。对于图3-69(b)、(c)，计算时可取一坐标轴与图形的对称轴重合。

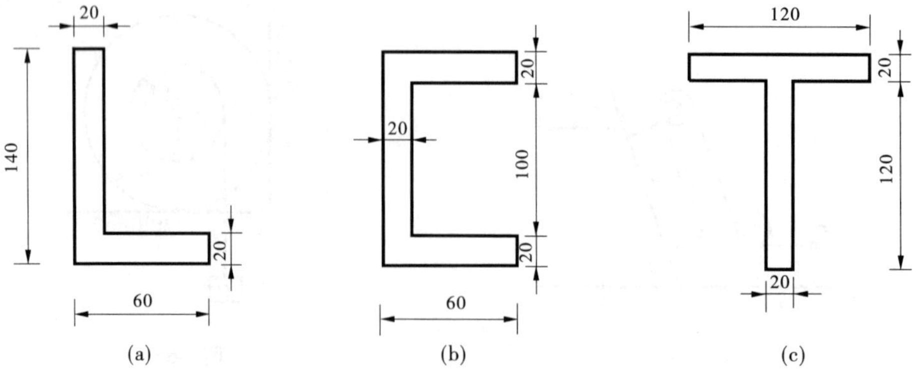

图3-69

3-25　试确定图 3-70 所示某闸墩横截面的形心位置(图中长度单位为 cm)。计算时可取一坐标轴与图形的对称轴重合。

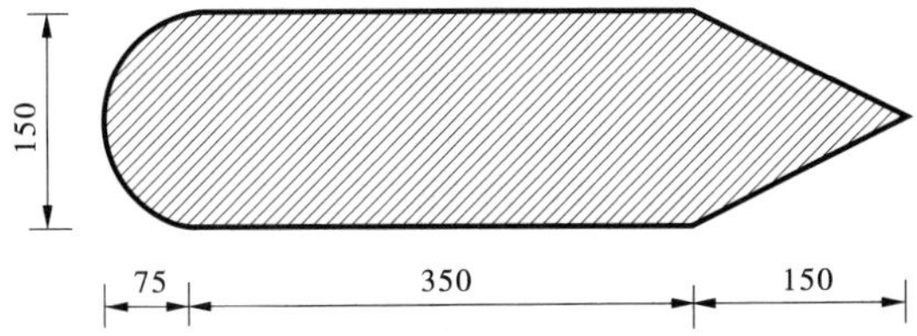

图 3-70

3-26　计算图 3-71 所示矩形截面 n—n 直线以下和 n—n 直线以上面积对形心轴 z 的面积矩。其中 n—n 直线到中性轴的距离为 25 cm,图中长度单位为 cm。

3-27　计算图 3-72 所示 T 形截面对形心轴 z 的惯性矩。图中长度单位为 cm。

3-28　计算图 3-73 所示圆环形截面对形心轴 z 的惯性矩。图中长度单位为 cm。

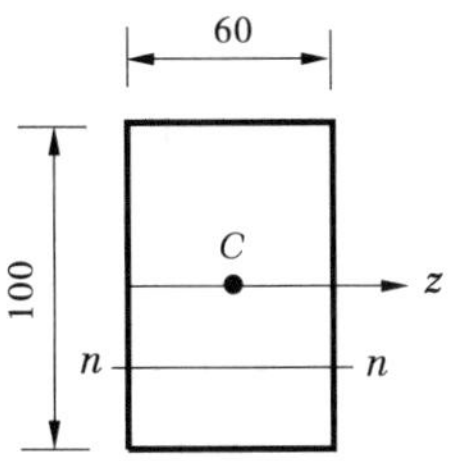

图 3-71

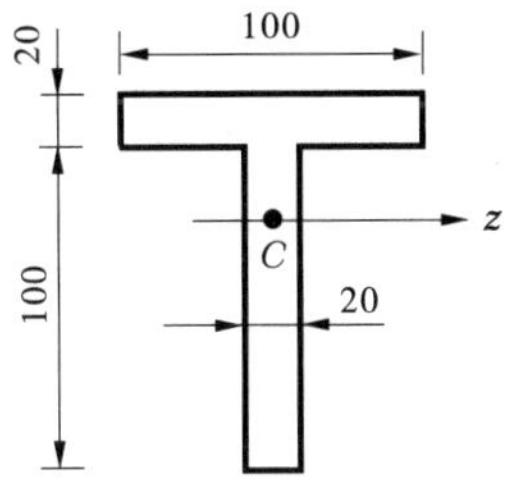

图 3-72

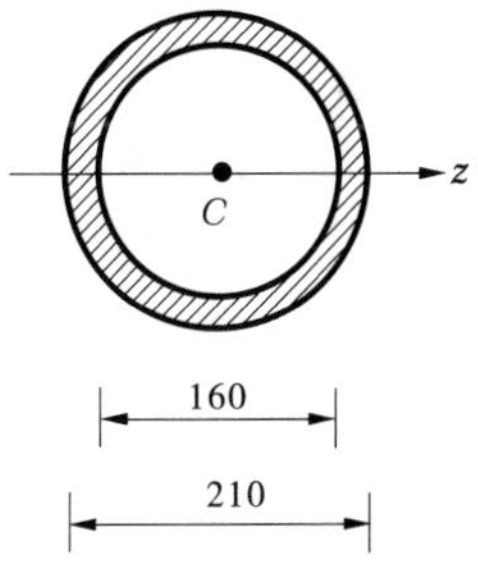

图 3-73

部分习题参考答案

3-1　$F_R = 669.41$ kN,　$\alpha = 34.865° = 34°51'54''$(第四象限)。

3-2　$F_R = 161.25$ N,　$\alpha = 60°15'18''$(第一象限)。

3-3　$F_R = 4\ 998.38$ N,　$\alpha = 38°26'26''$(第三象限)。

3-4　$F_{CB} = 5$ kN,　$F_A = 5$ kN。

3-5　$F_{CB} = 5$ kN(拉力),　$F_{CA} = 10$ kN(压力)。

3-6　(a)$F_A = \dfrac{m}{l}(\downarrow)$,　$F_B = \dfrac{m}{l}(\uparrow)$;

(b)$F_A = \dfrac{m}{l\cos\alpha}$(右下斜向),　$F_B = \dfrac{m}{l\cos\alpha}$(左上斜向)。

3-7　$F_R = F'_R = 466.4$ N,　$\alpha = 20°17'32''$,　$M_O = 53.43$ N·m,合力 $\boldsymbol{F}_R$ 在 x 轴上的作用点位于坐标原点左侧且距坐标原点 O 的距离为 $x = 0.33$ m。

3-8　$F'_R = 8\ 027$ kN,　$\alpha = 87°37'20''$,位于第三象限内,$M_O = 6\ 121$ kN·m,力系的合力作用线与简化中心 O 的距离为 $d = 0.763$ m。

3-9　$F_A = F + ql(\uparrow)$,　$m_A = Fl + \dfrac{ql^2}{2}$(逆时针转向)。

3-10　$F_{Ax}=6\ \text{kN}(\leftarrow)$，　$F_{Ay}=6\ \text{kN}(\uparrow)$，　$m_A=18\ \text{kN}\cdot\text{m}$(逆时针转向)。

3-11　(a)$\begin{cases}F_A=\dfrac{F}{2}+\dfrac{m}{2a}(\downarrow)\\ F_B=1.5F+\dfrac{m}{2a}(\uparrow)\end{cases}$；　(b)$\begin{cases}F_A=-0.5F+1.25qa-\dfrac{m}{2a}(\text{假定}\uparrow)\\ F_B=1.5F-0.25qa+\dfrac{m}{2a}(\text{假定}\uparrow)\end{cases}$。

3-12　$F_A=56.67\ \text{kN}(\uparrow)$，　$F_B=33.33\ \text{kN}(\uparrow)$。

3-13　绳子对桩的拉力为 80 kN。

3-14　(a)$F_C=0.5qa(\uparrow)$，　$F_{Ax}=0$，　$F_{Ay}=2.5qa(\uparrow)$，　$m_A=2.5qa^2$(逆时针转向)；

(b)$F_A=\dfrac{4}{9a}\left(qa^2-\dfrac{3}{4}m\right)(\uparrow)$，　$F_B=\dfrac{4}{9a}(3m+2qa^2)(\uparrow)$，　$F_D=\dfrac{m}{a}(\downarrow)$。

3-15　$F_T=\dfrac{aF}{2h}\cos\alpha$。

3-16　$F_{Ax}=0$，　$F_{Ay}=1\ 360\ \text{N}$，　$m_A=6\ 540\ \text{N}\cdot\text{m}$(逆时针转向)，　$F_{DB}=2\ 725\ \text{N}$(压力)。

3-17　$\begin{cases}\text{当 } F=10\ \text{kN、}F=20\ \text{kN 时物块处于静止平衡状态,摩擦力分别为 10 N、20 N。}\\ \text{当 } F=40\ \text{N 时,物块已滑动,摩擦力为 30 N。}\end{cases}$

3-18　$F_f=32.9$ N,物块下滑。

3-19　(1)绳子的拉力分别为 22 kN、25 kN 时,料斗与滑道间的摩擦力分别为 1.49 N、1.51 N。

(2)上升时 $F=26.01$ kN,下降时 $F=20.92$ kN。

3-20　$W_{max}=500$ N。

3-21　$F_1=F_2\geqslant 800$ N。

3-22　$F_{1z}=100$ N，　$F_{2x}=-166.41$ N，　$F_{2y}=249.62$ N，　$F_{3x}=-178.89$ N，$F_{3z}=-89.44$ N。

3-23　$F_{OA}=1\ 414$ N(压力)，　$F_{OB}=F_{OC}=707$ N(拉力)。

3-24　(a)$x_C=16.67$ cm, $y_C=56.67$ cm；　(b)$x_C=20.91$ cm, $y_C=70$ cm；(c)$x_C=0$, $y_C=45$ cm。

3-25　$x_C=259.71$ cm(距左端),$y_C=0$。

3-26　$S_z=56\ 250\ \text{mm}^3$。

3-27　$I_z=533.333\ 3\times10^4\ \text{cm}^4$。

3-28　$I_z=6\ 326.36\times10^4\ \text{cm}^4$。

复习思考题

3-1　用几何法求平面汇交力系合力时,如何确定合力的大小和方向?

3-2　用几何法求平面汇交力系合力时,合力的大小和方向是否与力多边形中各分力的先后顺序有关?

3-3　用解析法求平面汇交力系的合力时，其合力的大小和方向是否会因所选坐标系的不同而不同呢？

3-4　指出图 3-74 所示各力三角形中的合力。

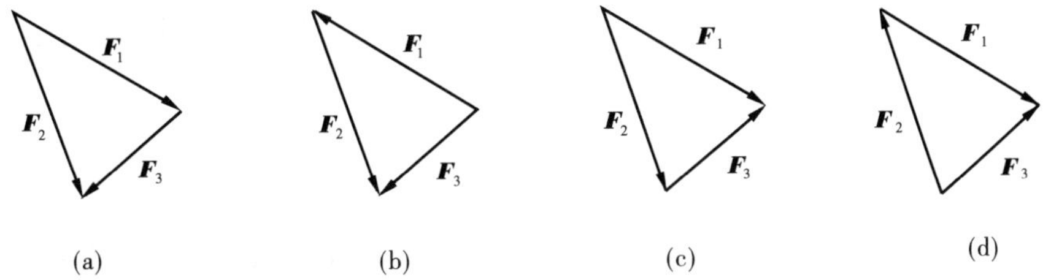

图 3-74

3-5　能否用两个矩方程 $\sum M_A(F)=0$ 与 $\sum M_B(F)=0$，求解平面汇交力系的平衡问题？为确保合力 $F_R=0$，矩心 A、B 与汇交点 O 之间有何限制条件？能否用一个投影方程 $\sum F_x=0$ 及一个矩方程 $\sum M_A(F)=0$，求解平面汇交力系的平衡问题？

3-6　图 3-75(a) 与图 3-75(b) 所示梁中的力偶矩相等，两梁的支座约束力是否相等？

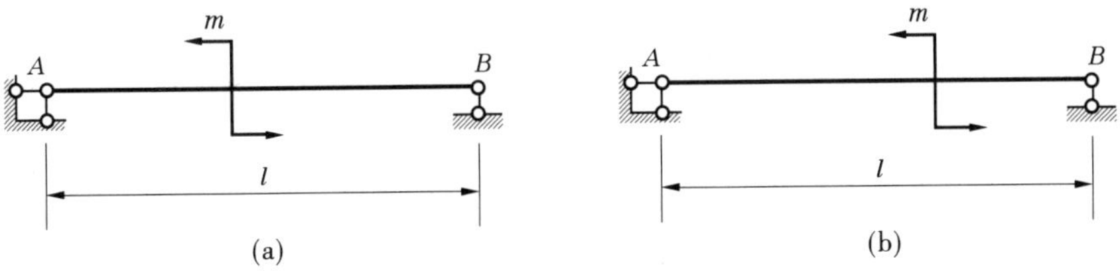

图 3-75

3-7　某平面力系向 A、B 两点简化的主矩皆为零，此力系简化的最终结果可能是一力吗？可能是一个力偶吗？可能平衡吗？

3-8　平面汇交力系向汇交点以外一点简化，其结果可能是一个力吗？可能是一个力偶吗？可能是一个力和一个力偶吗？

3-9　力系如图 3-76 所示，且 $F_1=F_2=F_3=F_4$。问力系向点 A 和点 B 简化的结果是什么？两者的简化结果是否相同？

3-10　在简化一已知平面一般力系时，选取不同的简化中心，其主矢和主矩是否相同？力系简化的最后结果是否相同？

3-11　对于由 n 个物体组成的物体系，是否可以列出 $3n$ 个独立的平衡方程？

3-12　计算主从型和互助型物体系的约束力与计算单个物体的约束力有何区别？

3-13　静摩擦力与最大静摩擦力有何区别和联系？

3-14　重为 W 的物块放置在粗糙的水平面上，如图 3-77 所示，要使物块沿水平面向右滑动，可采用图 3-77(a) 和图 3-77(b) 所示两种施力方式，试问在这两种方式中，哪种方式省力？

3-15　为什么力在坐标轴上的投影是代数量，而力向平面投影则是矢量？

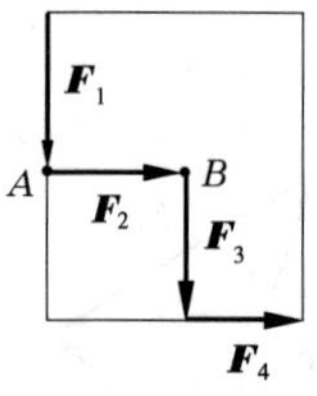

图 3-76

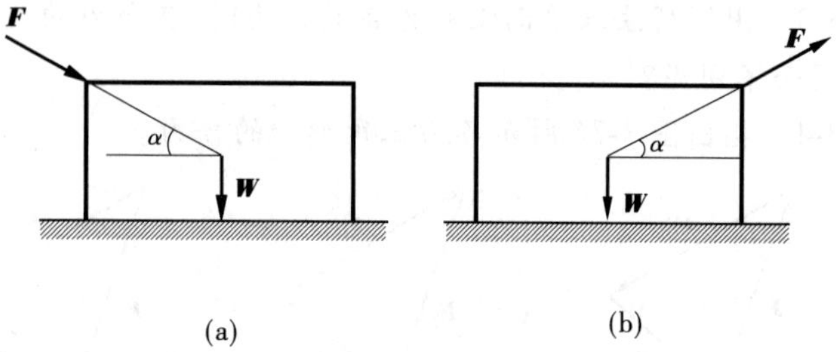

图 3-77

3-16　物体重心或形心在物体中的位置是否与该物体在坐标系中的位置有关？

3-17　物体重心或形心坐标是否与该物体在坐标系中的位置有关？

3-18　什么情况下物体的重心和形心是重合的？

第 4 章　等截面直杆的内力分析

工程力学的任务是研究和解决杆件和杆件结构的强度、刚度和稳定性问题，而杆件和杆件结构的强度、刚度和稳定性都与杆件的内力密切相关。计算杆件的内力并画出杆件的内力图是工程力学重点之一，它对后续各章的学习具有极大的影响。

本章的基本内容由两部分组成：一是轴向拉压杆、扭转圆轴、平面弯曲梁受静力恒载作用时的内力计算及内力图的绘制；二是简支梁在静力移动荷载作用下支座约束力、内力影响线和弯矩包络图的绘制问题，以及最不利荷载作用位置和绝对最大弯矩及其截面位置的确定问题。

本章的重点是梁的内力计算和内力图绘制，难点是最不利荷载位置的确定。

学习本章的基本要求是：

(1) 充分理解内力的概念，弄清轴向拉压杆、扭转轴、平面弯曲梁等杆件的外力特征和内力的类型。

(2) 弄清并掌握用截面法揭示和计算杆件横截面内力的要领。

(3) 熟练掌握用简捷法计算杆件指定横截面的内力及建立任意截面的内力方程式。

(4) 熟练掌握杆件内力图的绘制方法，特别是用简捷法作梁的内力图，以及确定危险截面的位置。

(5) 弄清移动荷载作用时，简支梁约束力与指定截面内力的变化规律，会绘制约束力影响线和内力影响线。

(6) 掌握移动荷载最不利位置的确定方法，特别是要会判别荷载系列中的临界力。

(7) 掌握简支梁弯矩包络图的绘制方法，会计算简支梁的绝对最大弯矩。

4.1　概　述

4.1.1　内力的概念

任何杆件，当它没有受到外力作用时，杆件内部各质点分子间就已存在着相互作用力，正是由于这种相互作用力的存在，才使得杆件具有固定的几何形状。当杆件受到外力作用而发生变形时，原来存在于杆件内质点分子间的相互作用力就会发生变化，将这种**由于外因（如荷载、温度改变、支座的移动等）的作用而引起的杆件内质点分子间相互作用力的改变量，称为杆件的内力。**

内力是由外力引起的，且随着外力的增大而增大，当内力达到或超过杆件的承载能力时，杆件就会丧失工作能力或被破坏。内力是与变形同时产生的，但它又有力图抵抗变形、保持杆件形状的特性。

4.1.2　杆件横截面上内力的名称

当杆件受到不同外力作用时，杆件中的内力也是各不相同的。若外力一定，内力也随之可定。如图 4-1(a)所示受空间一般力系作用时，杆件中任意截面 k—k 上各点的内力也处于任意分布状态，如图 4-1(b)所示。若将 k—k 横截面上的这些处于任意分布状态的内力按空间一般力系的合成方法进行合成(集合)，则可以得到如图 4-1(c)所示沿坐标轴方向的三个内力分量 $\boldsymbol{F}_{\mathrm{N}}$、$\boldsymbol{F}_{\mathrm{Q}y}$、$\boldsymbol{F}_{\mathrm{Q}z}$ 和绕坐标轴旋转的三个内力矩分量 M_n、M_y、M_z。其中：

$\boldsymbol{F}_{\mathrm{N}}$——横截面上的法向(杆件轴线方向)内力，称为**轴力**；

M_n——作用面与横截面重合的内力偶矩，称为**扭矩**；

$\boldsymbol{F}_{\mathrm{Q}}$——(即 $\boldsymbol{F}_{\mathrm{Q}y}$、$\boldsymbol{F}_{\mathrm{Q}z}$)横截面上的切向(垂直于杆轴线方向)内力，称为**剪力**；

M——(即 M_y、M_z)绕横截面形心主轴(y 轴和 z 轴)转动的内力偶矩，称为**弯矩**。

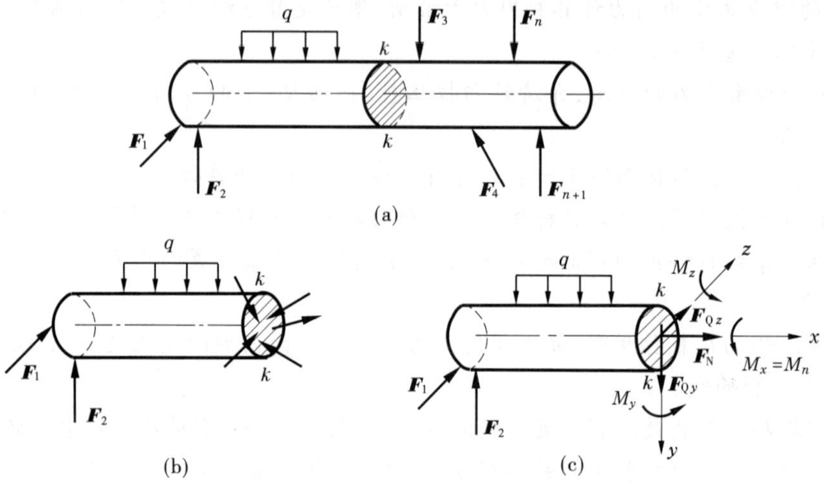

图 4-1

需要指出的是，上述这些内力分量和内力矩分量，并不是杆件中的实际内力，而是由于外力的作用而引起并作用于截面上的“附加内力”。即“附加内力”中并不包括杆件质点分子间固有的相互作用力。**工程力学中，将杆件中由于外因的作用而引起的“附加内力”，称为杆件的内力。**

4.1.3　杆件横截面上内力的计算方法

杆件横截面上内力的计算方法有两种：一种是截面法，另一种是简捷法。

4.1.3.1　截面法

所谓截面法，即用一个假想的平面，沿垂直于杆轴线方向将杆件一分为二，取其中一部分为脱离体，并作出这部分的受力图，再由静力平衡条件求出截面上未知内力的方法。**用截面法计算杆件内力的步骤可归纳为：“取”、“画”、“平”。**

例如欲求图 4-2(a)所示受平面平衡力系作用的杆件中 n—n 截面的内力，用一个假想的平面在 n—n 截面处沿与杆件轴线垂直方向将杆件切分成Ⅰ、Ⅱ两部分，选取第Ⅰ部分(或者第Ⅱ部分)为研究对象,并作出此部分的受力图如图 4-2(b)所示。由于受力图中杆件 $n—n$ 截面上的未知内力应与该部分杆件上的外力构成一个平面平衡力系,而外力 $\boldsymbol{F}$ 是轴向力,因此 $n—n$ 截面上的内力也必定是一个轴向力,即轴力 $\boldsymbol{F}_N$。列平衡方程 $\sum F_x = 0, F_N - F = 0$,得到 $F_N = F$。如果以第 Ⅱ 部分为研究对象,显然可以得到$F'_N = F$,这说明 Ⅰ、Ⅱ 杆段在 $n—n$ 截面上作用的内力 $\boldsymbol{F}_N$、$\boldsymbol{F}'_N$ 是作用与反作用关系。

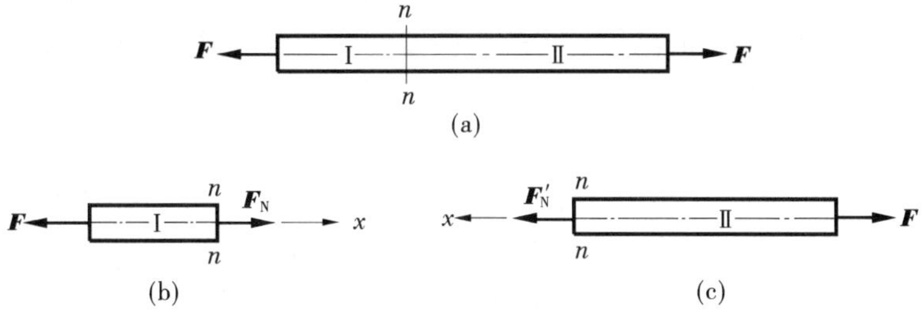

图 4-2

由此例可知,用**截面法计算截面上的内力时,其脱离体受力图中,截面上未知内力的类型与此受力图上所作用的外力密切相关,且脱离体受力图中截面上的未知内力,与此受力图上所作用的外力构成平衡力系。此力系中的未知力(内力)的大小和实际方向由该力系的平衡条件决定。**

4.1.3.2　简捷法

所谓简捷法,就是直接根据外力作用情况来计算指定截面(或控制截面)内力值及建立内力方程的方法。用简捷法计算内力是本章的重点之一,后面将陆续加以介绍。

4.1.3.3　杆件横截面位置的表示方法

在计算杆件的内力时,必须明确所计算的是哪个横截面上的什么内力,即要把内力的名称及其截面所在位置清楚地表示出来。常见的表示截面位置的方法有三种:

第一种是直接在杆件上画出截面位置并给以相应的名称。如图 4-3 中的截面 1—1、2—2。

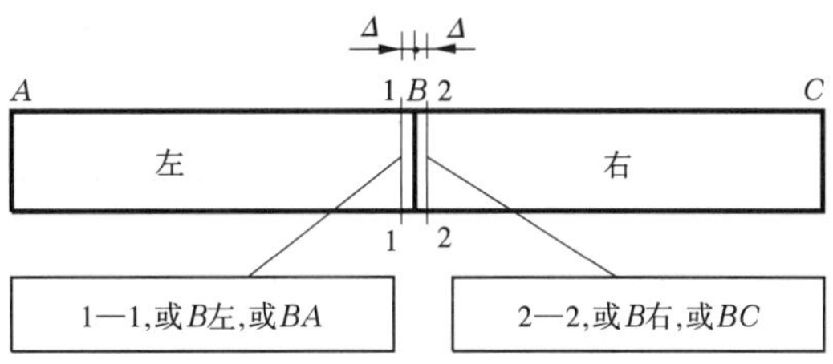

图 4-3　截面位置表示方法

第二种是当计算梁上某点 B(一般为集中荷载作用点)的左侧截面或右侧截面上的内力时,通常可将 B 点左侧的截面叫做 B 左,B 点右侧截面称为 B 右。在图 4-3 中截面 1—1称为 B 左,截面 2—2 称为 B 右,并且截面 1—1 与 B 点及截面 2—2 与 B 点之间的距离 Δ 是一个微量,即 $\Delta \to 0$。计算中将 1—1、2—2 两截面间的距离 2Δ 视为 0。

第三种是以截面在杆段中的相对位置来定义截面名称。例如图 4-3 中 1—1、2—2 截面可分别表示为 BA、BC。即以两个脚标表示截面所在的杆段,其中第一个脚标表示截面在杆段上的相对位置。

4.1.4 杆件的内力方程与内力图

一般情况下,杆件任意截面上的内力是随着横截面位置的改变而变化的,即横截面上的内力是横截面位置变量 x 的函数。将**表示横截面内力与横截面位置变量 x 间函数关系的表达式,即内力函数关系式,称为内力方程**。平面力系作用下杆件横截面内力方程的基本形式为

轴力方程	扭矩方程	剪力方程	弯矩方程
$F_N = F_N(x)$	$M_n = M_n(x)$	$F_Q = F_Q(x)$	$M = M(x)$

其中 $F_N(x)$、$M_n(x)$、$F_Q(x)$、$M(x)$分别代表任意横截面的位置坐标 x 所在截面相应的轴力函数、扭矩函数、剪力函数和弯矩函数。这种被称为内力方程的内力函数表达式,可以用截面法得到,也可以用简捷法来建立。本教材将简捷法作为计算内力和建立内力方程的主要方法,而截面法主要用于揭示杆件横截面内力并为简捷法的使用提供依据。

杆件的内力图是表示整个杆件(或结构)各截面内力变化规律的图形。不同基本变形杆件中有不同的内力,当然内力图的种类也会不同。

内力图绘制的基本方法是**函数法**,即根据截面内力与截面位置间函数关系的内力方程来绘制内力图。对于弯曲变形杆件,其内力图的绘制方法除函数法外,还有叠加法和由内力与外力之间的微分关系来作图的**简捷法**。

无论用什么方法绘制内力图,都需要先建立规定的内力图坐标系。上述四种内力的内力图坐标系规定如图 4-4 所示:以杆件轴线为基线(长度与杆长相同),以杆件左端点为坐标原点,以 x 为横坐标(向右为正方向),以内力为纵坐标($\boldsymbol{F}_N$、$\boldsymbol{F}_Q$、M_n 向上为正方向,M 向下为正方向)。

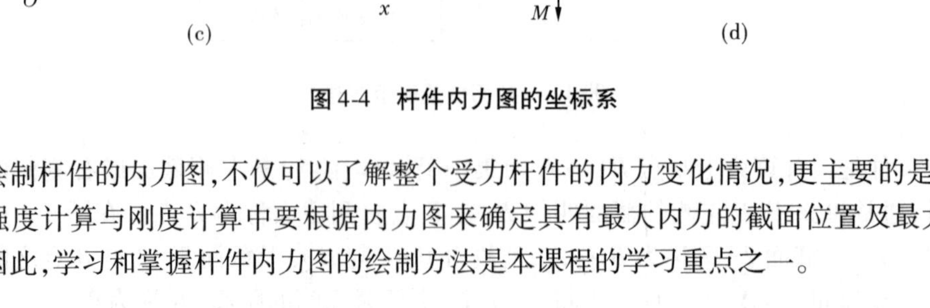

图 4-4 杆件内力图的坐标系

绘制杆件的内力图,不仅可以了解整个受力杆件的内力变化情况,更主要的是,在杆件的强度计算与刚度计算中要根据内力图来确定具有最大内力的截面位置及最大内力值。因此,学习和掌握杆件内力图的绘制方法是本课程的学习重点之一。

4.2　轴向拉压杆的内力与内力图

4.2.1　轴向拉压杆的外力与变形特征

轴向拉压杆是指只受轴向拉力或轴向压力作用的直杆。轴向拉压杆的纵向变形是沿轴线方向的伸长或缩短,而横向只会产生收缩或膨胀。如图 4-5 所示。

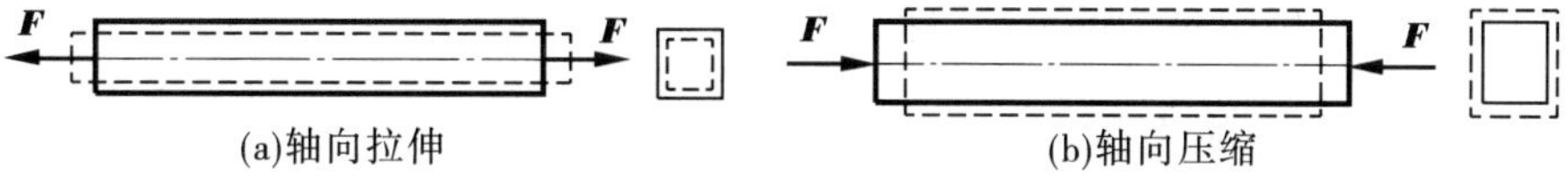

图 4-5　轴向拉压杆的变形特征

4.2.2　轴向拉压杆横截面上的内力

如图 4-6(a)所示,在截面 A、B、C 处分别受到轴向外力 $\boldsymbol{F}_1$、$\boldsymbol{F}_2$、$\boldsymbol{F}_3$ 作用并处于平衡状态的等截面直杆,为了揭示和计算杆段 AB 各横截面上的内力,在 AB 段取任意截面1—1,并取截面 1—1 左侧的杆件部分为脱离体,作受力图如图 4-6(b)所示。

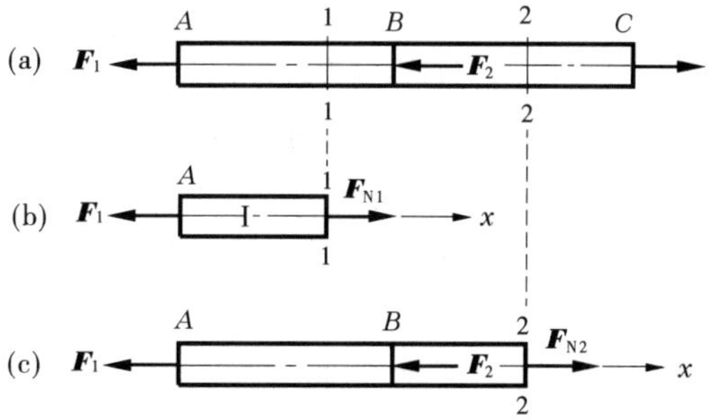

图 4-6

由于截面 1—1 以左的杆段上只有与杆轴线重合的外力 $\boldsymbol{F}_1$,故该截面上与此外力构成平衡力系的内力必然是与横截面法线重合的轴向力 $\boldsymbol{F}_{N1}$,由受力图中力系(属于共线力系)的平衡条件计算 $\boldsymbol{F}_{N1}$ 的大小:

由

$$\sum F_x = 0,\quad F_{N1} - F_1 = 0$$

得到

$$F_{N1} = F_1$$

并且,不管截面 1—1 取自 AB 段内的何处,其轴力值均不会改变。此结果表明,AB 杆段各横截面上的轴力的大小都等于 F_1。

同理,也可以求得如图 4-6(c)所示 2—2 截面上的轴力 $\boldsymbol{F}_{N2}$ 的大小,且 $F_{N2} = F_1 + F_2$。

轴向拉压杆件各横截面上的内力是与杆轴线重合的轴力,用"$\boldsymbol{F}_N$"表示,且轴力 $\boldsymbol{F}_N$ 以拉力为正,压力为负。

由以上两个截面的轴力计算结果可见，1—1 截面上的轴力等于该截面左侧杆件上的轴向外力 F_1，2—2 截面上的轴力等于 2—2 截面左侧杆件上轴向外力的代数和，且截面左侧向左的外力 F_1、F_2 均为正值。由此表明，任意截面 K 的轴力与 K 截面左侧（或者右侧）杆段上外力之间具有如下关系：

任意截面 K 的轴力，等于 K 左侧（或者右侧）杆件上所有外力的代数和，即

$$F_{NK} = \sum F \tag{4-1}$$

且 K 左侧向左的 $\boldsymbol{F}$ 取正号（K 右侧向右的 $\boldsymbol{F}$ 取正号），反之取负号。

由式（4-1）直接确定轴力的方法，即为轴力计算的简捷法。

4.2.3　轴力方程与轴力图

表示杆件任意截面轴力与截面位置 x 之间函数关系的表达式称为轴力方程，即

$$F_N = F_N(x)$$

式中，轴力函数 $F_N(x)$ 可由简捷法直接得到（也可由截面法得到）。例如图 4-7 所示杆件任意截面 x（它们到 A 截面的距离分别为 x）的轴力函数式为 $F_N(x) = F_1 + F_2$。

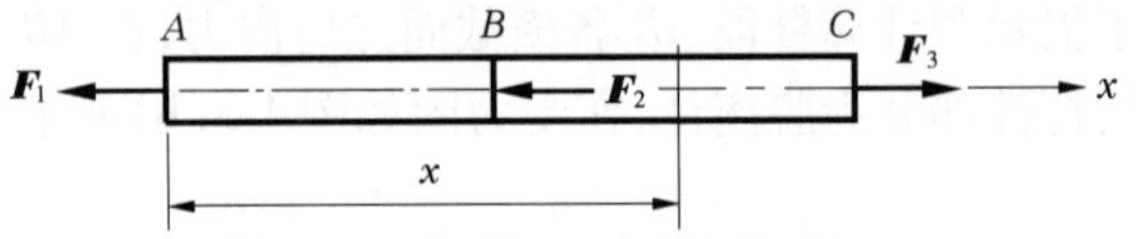

图 4-7　任意截面位置的表示方法

表示整个杆件（或结构）各截面轴力变化规律的图形，称为轴力图。作图步骤为：

（1）列出杆件中各杆段任意截面的轴力方程。

（2）建立轴力图坐标系，根据轴力方程所确定的轴力与截面位置间的函数关系，在轴力图坐标系中绘制出轴力图。在轴力图中必须注明各杆段轴力的值、单位、正负号。

【例 4-1】　用函数法计算图 4-8（a）所示杆件的轴力并作出它的轴力图。

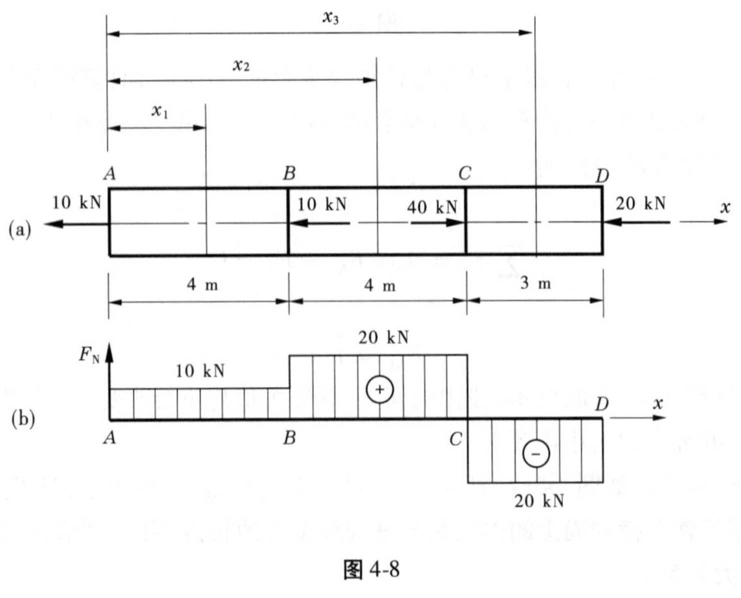

图 4-8

解:(1)用简捷法分段建立各杆段任意截面轴力的函数关系式(即轴力方程式),并求出各控制截面的轴力值:

AB 段　　$F_N(x_1) = 10\ \text{kN} \quad (0 < x_1 < 4\ \text{m})$

由此函数关系知该段内各截面的轴力均为拉力,其值为 10 kN。

BC 段　　$F_N(x_2) = 10 + 10 = 20(\text{kN}) \quad (4\ \text{m} < x_2 < 8\ \text{m})$

该段内各截面的轴力均为拉力,其值为 20 kN。

CD 段 $F_N(x_3) = 10 + 10 - 40 = -20(\text{kN})$(压力)　$(8\ \text{m} < x_3 < 11\ \text{m})$

该段内各截面的轴力均为压力,其值为 -20 kN。

(2)建立坐标系并按作内力图规定作轴力图如图 4-8(b)所示。

【例 4-2】　用函数法作图 4-9(a)所示阶梯立柱在考虑自重时的内力图。阶梯立柱在考虑自重时的受力图如图 4-9(b)所示,已知 $F_1 = 50\ \text{kN}$,$F_2 = 30\ \text{kN}$,$q_1 = 1.5\ \text{kN/m}$,$q_2 = 3.6\ \text{kN/m}$。

解:从图 4-9(b)所示阶梯立柱的受力情况看,虽然 $\boldsymbol{F}_2$ 并非直接作用于立柱的轴线上,但其合力仍为与立柱轴线重合的集中力,故此立柱为轴向压杆。

(1)分别建立立柱上、下段任意横截面轴力的函数关系式(轴力方程式),并求出控制截面 A、B、C 的轴力值:

AB 段　　$F_N(x) = -F_1 - q_1 x = -50 - 1.5x \quad (0 < x < 3\ \text{m})$　　(a)

BC 段　　$F_N(x) = -F_1 - q_1 \times 3 - 2F_2 - q_2(x-3)$

$= -114.5 - 3.6(x-3) \quad (3\ \text{m} < x < 7\ \text{m})$　　(b)

由式(a)、式(b)可知,AB 段和 BC 段的轴力都是截面位置 x 的线性函数。

(2)由式(a)、式(b)作阶梯立柱的轴力图如图 4-9(c)所示。

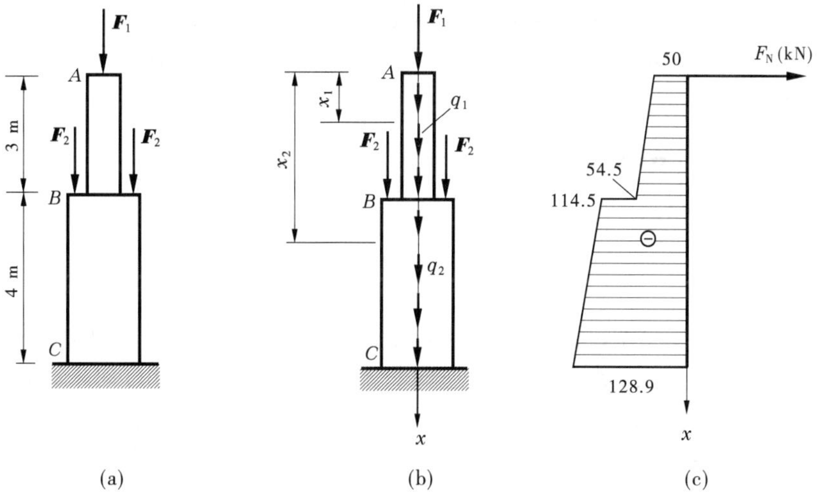

图 4-9

4.3　圆轴扭转时的内力与内力图

4.3.1　圆轴扭转时的外力与变形特征

如图 4-10 所示的传动轴 AB,当作用于轴上的外力是作用面与杆件的横截面平行的力偶系时,则轴 AB 只会产生如图所示的扭转变形,即杆件各横截面只能绕杆件的轴线作相对转动。最常见的扭转变形杆件是圆形截面的传动轴。

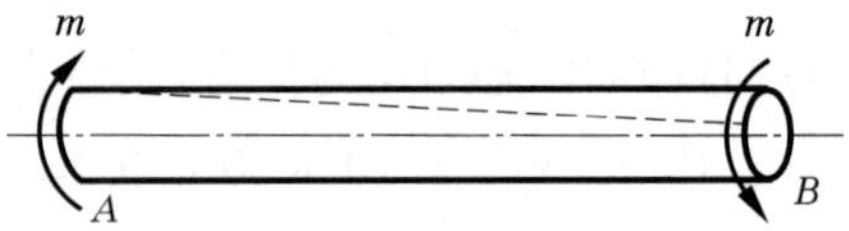

图 4-10

4.3.2　圆轴扭转时横截面上的内力和内力图

下面分析图 4-11(a)所示扭转圆轴横截面 K—K 上的内力作用情况,取如图 4-11(b)所示脱离体作为研究对象,若要使脱离体处于平衡状态,作用于横截面上的内力必定是与外力偶等值、反向,且作用面与横截面重合的力偶,这个内力偶的力偶矩,称为**扭矩**,用 M_n 表示。在本教材中,截面上的扭矩 M_n 以绕截面形心逆时针方向转动时为正。对图 4-11(b)所示力系列平衡方程:

由

$$\sum M_x = 0,\quad M_{nK} + m_A - m_B = 0$$

得

$$M_{nK} = m_B - m_A$$

可见,扭转杆件横截面 K 上的扭矩等于 K 截面左侧(或右侧)杆段上各外力偶对杆轴之矩的代数和,与 M_{nK}反向的 m 取正号,与 M_{nK}同向的 m 取负号。

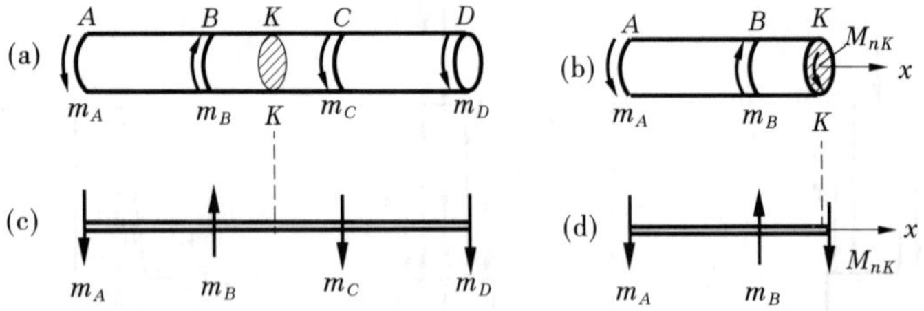

图 4-11

为了方便扭矩的计算,特将图 4-11(a)中扭转轴上的外力偶以力的形式表示:站在扭转轴的左端向右观察,若外力偶为逆时针转向,则代替它的力向上,反之向下,如图 4-11(c)所示。此时为计算截面 K 的扭矩,其脱离体受力图如图 4-11(d)所示,通过列平衡方程可得,**扭转圆轴任意截面 K 的扭矩,等于 K 截面左侧(或右侧)轴段上外力偶矩的代数和**,即

$$M_{nK} = \sum m_i \tag{4-2}$$

式中，m_i 的正负号取法：K 左侧向上（K 右侧向下）的 m_i 取正，反之取负。

【例 4-3】 用函数法计算图 4-12(a)所示圆形截面扭转轴的扭矩，并作出扭矩图。

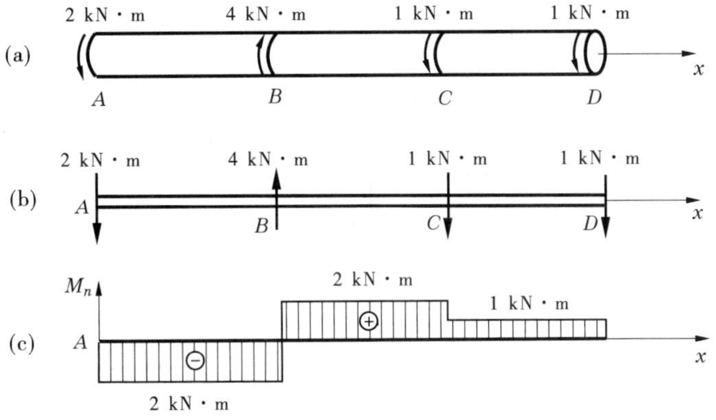

图 4-12

解：(1)对图 4-12(a)所示受力情况作如图 4-12(b)所示的置换（熟练后可省去此过程），则 AB、BC、CD 三轴段任意截面的扭矩表达式分别为

AB 段　　$M_n(x) = -2\ \text{kN}\cdot\text{m}$

BC 段　　$M_n(x) = -2 + 4 = 2(\text{kN}\cdot\text{m})$

CD 段　　$M_n(x) = 1\ \text{kN}\cdot\text{m}$

(2)由以上各段扭矩表达式可知，各轴段的扭矩均为常数。扭矩图如图 4-12(c)所示。

4.4　平面弯曲梁的内力与内力图

4.4.1　概　述

4.4.1.1　平面弯曲的概念

对于如图 4-13(a)所示受竖向外力作用的杆件，如果它有一个纵向对称平面（杆件的轴线与杆件横截面竖向对称轴构成的平面），则当作用于杆件上的所有外力都位于这个纵向对称平面内时，杆件的纵向对称平面由图 4-13(b)所示受力前的矩形平面 $abdc$（实线所示）变为受力后的弯曲平面 $a'b'd'c'$（虚线所示），即梁受力前的纵向对称平面在受力后变成了仍与该纵向对称平面重合的曲平面。工程力学中将梁的这种弯曲称为平面弯曲。

4.4.1.2　梁及其基本类型

平面弯曲问题是工程中最为常见的弯曲问题。工程中将**以弯曲变形为主要变形形式的杆件称为梁**。由一根杆件与支座连接所构成的弯曲变形杆件，称为单跨梁。若此单跨梁的支座约束力不超过三个，则为静定单跨梁；若支座约束力超过三个，则为静不定单跨梁。本章只讨论静定单跨梁的内力计算与内力图绘制问题。图 4-14 所示为静定单跨梁的三种基本形式。

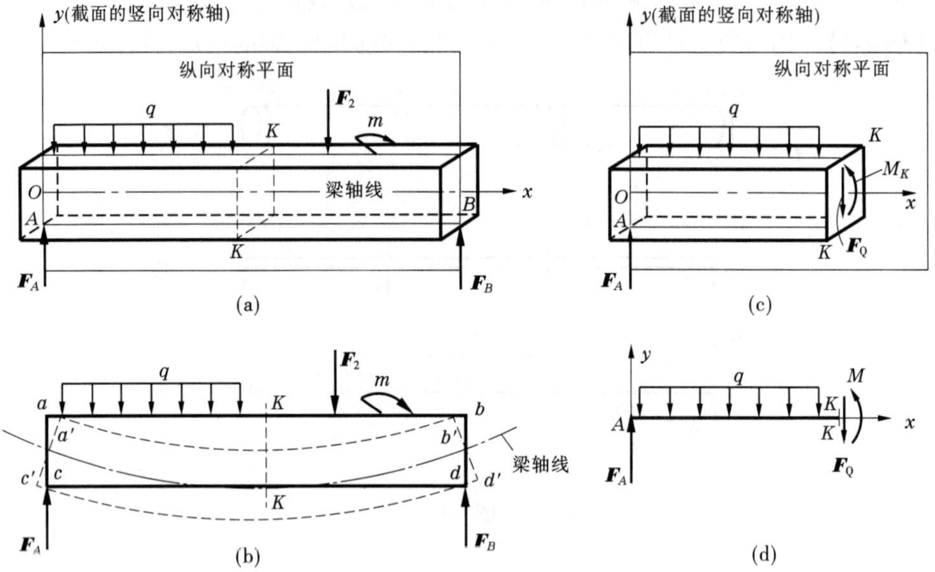

图 4-13

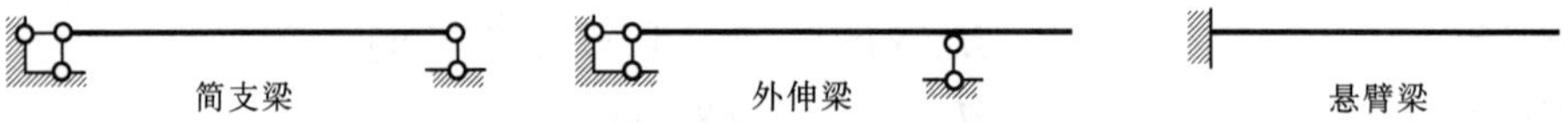

图 4-14　静定单跨梁的三种基本形式

4.4.1.3　梁横截面上的内力及其正负号规定

当梁上受如图 4-13(a)所示平面力系作用时,其任意横截面 $K—K$ 上只有如图 4-13(c)所示的两种内力:一种是垂直于梁轴线的剪力 $\boldsymbol{F}_Q$,另一种是绕通过横截面形心的坐标轴 z 转动的弯矩 M。在平面弯曲梁中,剪力 $\boldsymbol{F}_Q$ 和弯矩 M 均在荷载作用平面内。由于外力和内力共面,故图 4-13(c)可表示为图 4-13(d)所示的简化(计算简图)形式。

在土建类专业工程力学和与力学相关的课程中,梁横截面上的正剪力 $\boldsymbol{F}_Q$ 和正弯矩 M 的方向规定是:

在位于梁段左端的截面上,向上的 $\boldsymbol{F}_Q$ 为正,顺时针转向的 M 为正。

在位于梁段右端的截面上,向下的 $\boldsymbol{F}_Q$ 为正,逆时针转向的 M 为正。

或者,使所作用的梁段绕梁内任意点产生顺时针转向的 $\boldsymbol{F}_Q$ 取正号,使梁段下侧纤维受拉时的 M 取正号。这一规定如图 4-15 所示。

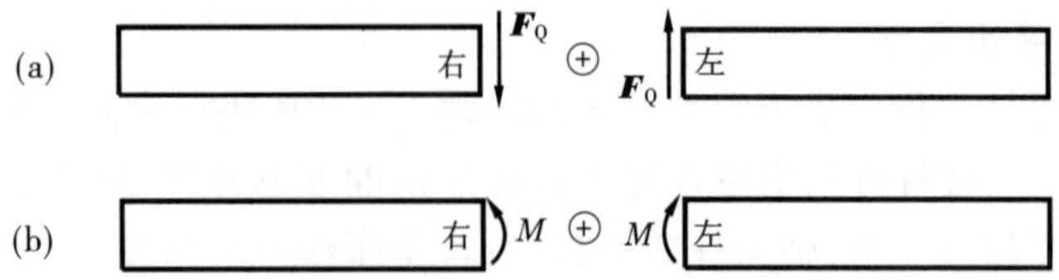

图 4-15　剪力和弯矩的正方向规定

4.4.2　梁横截面内力的计算

梁横截面内力计算的基本方法是截面法，常用的方法是简捷法。

4.4.2.1　截面法计算梁的内力

截面法求内力是通过“取、画、平”三步来计算截面内力的方法。这里不再重复。

【例 4-4】　用截面法计算图 4-16(a)所示梁上 1—1、2—2、3—3、4—4 截面上的内力。

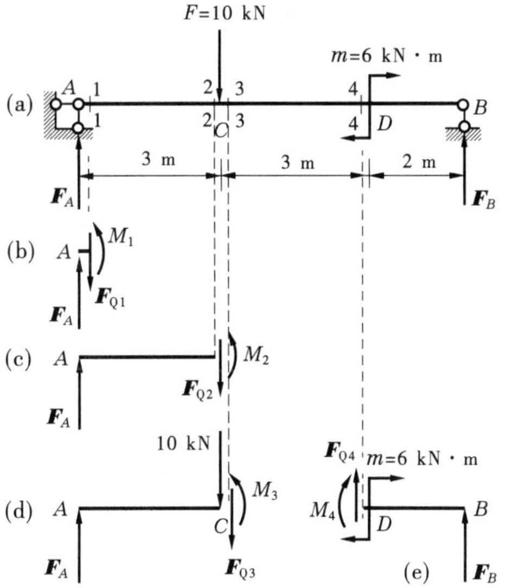

图 4-16　截面法计算梁内力时受力图的画法

解：(1)画梁的受力图如图 4-16(a)所示，计算梁的支座约束力。

由

$$\sum M_A = 0,\quad F_B \times 8 - 6 - 10 \times 3 = 0$$

$$\sum F_y = 0,\quad F_A + F_B - 10 = 0$$

解得

$$F_B = 4.5\ \text{kN},\quad F_A = 5.5\ \text{kN}$$

(2)计算 1—1 截面内力。取截面 1—1 以左部分为研究对象，受力图如图 4-16(b)所示。

由

$$\sum F_y = 0,\quad F_A - F_{Q1} = 0$$

$$\sum M_1 = 0,\quad M_1 - F_A \times 0 = 0$$

解得

$$F_{Q1} = F_A = 5.5\ \text{kN},\quad M_1 = 0$$

(3)计算 2—2 截面的内力。取截面 2—2 以左部分为研究对象，作受力图如图 4-16(c)所示。

由

$$\sum F_y = 0,\quad F_A - F_{Q2} = 0$$

$$\sum M_2 = 0,\quad M_2 - F_A \times 3 = 0$$

解得

$$M_2 = 5.5 \times 3 = 16.5(\text{kN}\cdot\text{m})(\text{下拉}),\quad F_{Q2} = F_A = 5.5\ \text{kN}$$

(4)计算 3—3 截面上的内力。取截面 3—3 以左部分为研究对象,作受力图如图 4-16(d)所示。

由

$$\sum F_y = 0,\quad F_A - 10 - F_{Q3} = 0$$

$$\sum M_3 = 0,\quad M_3 - F_A \times 3 + 10 \times 0 = 0$$

解得

$$F_{Q3} = F_A - 10 = -4.5(\text{kN})$$

$$M_3 = F_A \times 3 - 10 \times 0 = 5.5 \times 3 - 0 = 16.5(\text{kN}\cdot\text{m})(\text{下拉})$$

(5)计算 4—4 截面上的内力。取截面 4—4 以右部分为研究对象,作受力图如图 4-16(e)所示。

由

$$\sum F_y = 0,\quad F_{Q4} + F_B = 0$$

$$\sum M_4 = 0,\quad F_B \times 2 - m - M_4 = 0$$

解得

$$F_{Q4} = -F_B = -4.5\ \text{kN}$$

$$M_4 = 4.5 \times 2 - 6 = 3(\text{kN}\cdot\text{m})(\text{下拉})$$

4.4.2.2 用简捷法计算梁的内力

简捷法是直接通过横截面任意一侧杆件上的外力计算该截面内力的方法。

从例 4-4 用截面法计算梁中指定截面的内力值的过程中不难发现,梁横截面上的内力与截面任意一侧的外力或外力矩具有以下规律:

梁上任意截面 K 的剪力,等于 K 左侧(或右侧)梁段上所有外力向 K 截面剪力 F_{QK} 作用线方向(即垂直于梁轴线方向)投影的代数和,即

$$F_{QK} = \sum F_y \tag{4-3}$$

F_y 的正负号取法:K 左侧向上(K 右侧向下)的 F_y 取正号,反之取负号。

梁上任意截面 K 的弯矩,等于 K 左侧(或者右侧)梁段上所有外力对 K 截面形心力矩的代数和,即

$$M_K = \sum M_K(\boldsymbol{F}) \tag{4-4}$$

$M_K(\boldsymbol{F})$的正负号取法:K 左侧顺时针转向(K 右侧逆时针转向)的 $M_K(\boldsymbol{F})$取正号,反之取负号。

【例 4-5】 用简捷法计算图 4-16(a)所示梁 A 右、C 左、C 右、D 左、D 右及 B 左各截面的弯矩和剪力。

解:(1)首先在梁的支座上画出支座约束力,然后求出约束力值如例 4-4 所述。

(2)用简捷法分别计算各指定截面的剪力和弯矩。

A 右截面:
$$\begin{cases} F_{QA右} = F_A = 5.5\ \text{kN} \\ M_{A右} = F_A \times 0 = 0 \end{cases}$$

C 左截面:
$$\begin{cases} F_{QC左} = F_A = 5.5\ \text{kN} \\ M_{C左} = F_A \times 3 = 5.5 \times 3 = 16.5(\text{kN}\cdot\text{m})(\text{下拉}) \end{cases}$$

C 右截面:
$$\begin{cases} F_{QC右} = F_A - 10 = 5.5 - 10 = -4.5(\text{kN}) \\ M_{C右} = F_A \times 3 - 10 \times 0 = 5.5 \times 3 = 16.5(\text{kN}\cdot\text{m})(\text{下拉}) \end{cases}$$

D 左截面:
$$\begin{cases} F_{QD左} = F_A - 10 = 5.5 - 10 = -4.5(\text{kN}) \\ M_{D左} = F_A \times 6 - 10 \times 3 = 5.5 \times 6 - 10 \times 3 = 3(\text{kN}\cdot\text{m})(\text{下拉}) \end{cases}$$

D 右截面:
$$\begin{cases} F_{QD右} = -F_B = -4.5\ \text{kN} \\ M_{D右} = F_B \times 2 = 4.5 \times 2 = 9(\text{kN}\cdot\text{m})(\text{下拉}) \end{cases}$$

B 左截面:
$$\begin{cases} F_{QB左} = -F_B = -4.5\text{kN} \\ M_{B左} = F_B \times 0 = 0 \end{cases}$$

请读者分别考察以上各计算式,哪些是按截面以左计算的,哪些是按截面以右计算的? 如果分别换一个边计算之,其算式和结果是否会发生改变?

【例 4-6】 用简捷法计算图 4-17 所示梁中各指定截面的弯矩值。剪力值请读者自己计算。

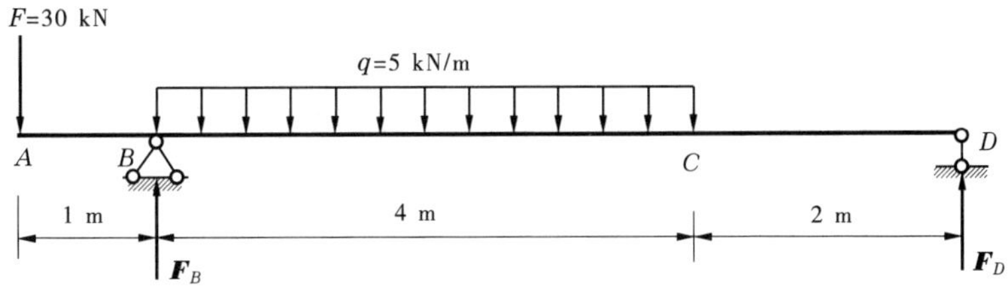

图 4-17

解:(1)在梁的支座上画出约束力如图 4-17 所示,并列平衡方程求出支座约束力的值。

由

$$\sum M_B = 0,\quad F_D \times 6 - q \times 4 \times 2 + F \times 1 = 0$$
$$\sum F_y = 0,\quad F_B + F_D - F - q \times 4 = 0$$

解得

$$F_D = \frac{1}{6} \times (5 \times 4 \times 2 - 30 \times 1) = 1.67(\text{kN})$$
$$F_B = 30 + 5 \times 4 - 1.67 = 48.33(\text{kN})$$

(2)用简捷法分别计算梁中各指定截面上的弯矩值。

$$M_{A右} = -F \times 0 = -30 \times 0 = 0$$

$$M_{B左} = M_{B右} = -F \times 1 = -30 \times 1 = -30(\text{kN} \cdot \text{m})(上拉)$$

$$M_{C左} = M_{C右} = F_B \times 4 - F \times 5 - q \times 4 \times 2$$

$$= 48.33 \times 4 - 30 \times 5 - 5 \times 4 \times 2 = 3.32(\text{kN} \cdot \text{m})(下拉)$$

$$M_{D左} = F_D \times 0 = 1.67 \times 0 = 0$$

4.4.3 梁的内力方程与内力图

梁的内力方程，是反映梁中任意横截面内力与横截面位置变量 x 之间关系的函数关系式，即

$$F_Q = F_Q(x), \quad M = M(x)$$

梁的内力图是反映梁上各横截面内力沿梁轴线的变化规律的函数图形。一般情况下，梁的内力图有剪力图(F_Q 图)和弯矩图(M 图)两种。绘制梁的内力图主要是为了确定梁中出现最大内力的横截面位置及相应的最大内力值，并以此作为对梁进行强度计算的依据。

用函数法绘制梁的内力图的一般步骤是：

(1)求支座约束力，并将约束力标在相应的支座处。

(2)用简捷法分段列出各梁段的剪力方程和弯矩方程(一般以梁的左端为截面位置变量 x 的起点，即 x 轴的坐标原点，且 x 坐标轴向右为正)，并注明自变量 x 的定义域。

(3)分别建立剪力图、弯矩图坐标系(在一定的熟练程度下，可以省去此坐标系)，并按一定比例根据剪力方程作剪力图，根据弯矩方程作弯矩图。图中应标注图名、各截面内力值及单位，剪力图中还应注明正负号。

【例 4-7】 用函数法绘制图 4-18 所示简支梁受满布均匀分布荷载作用时的剪力图和弯矩图，指出 $|M_{max}|$、$|F_{Qmax}|$ 所在截面位置。

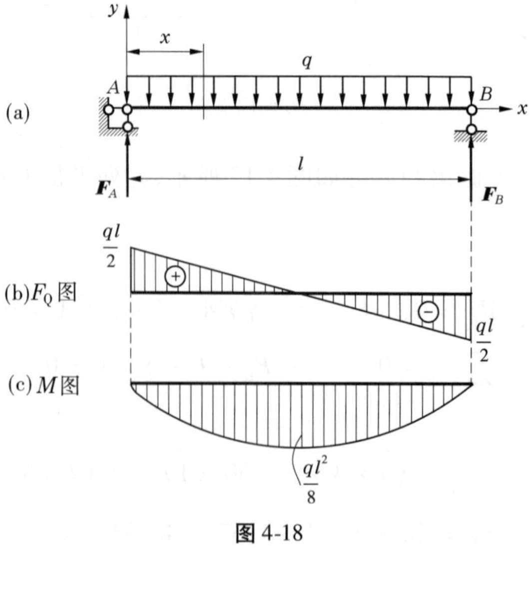

图 4-18

解:(1)计算梁的支座约束力。由梁的受力平衡条件可得两支座的约束力分别为

$$F_A = F_B = \frac{ql}{2}$$

(2)列内力方程。建立如图 4-18(a)所示坐标系,任意截面的剪力方程和弯矩方程为

$$\begin{cases} F_Q(x) = F_A - qx = \dfrac{q}{2}(l - 2x) & (0 < x < l) \\ M(x) = F_A x - qx \cdot \dfrac{x}{2} = \dfrac{q}{2}x(l - x) & (0 \leqslant x \leqslant l) \end{cases}$$

(3)根据剪力方程作梁的剪力图,如图 4-18(b)所示。由剪力图可见,在该梁的支座处截面上有绝对最大剪力,其值为 $ql/2$。

(4)根据弯矩方程作梁的弯矩图,如图 4-18(c)所示。由弯矩图可知,在该梁的跨中截面($x = l/2$)上,具有最大弯矩,其值为 $ql^2/8$。

【例 4-8】　用函数法绘制图 4-19(a)所示简支梁的内力图。

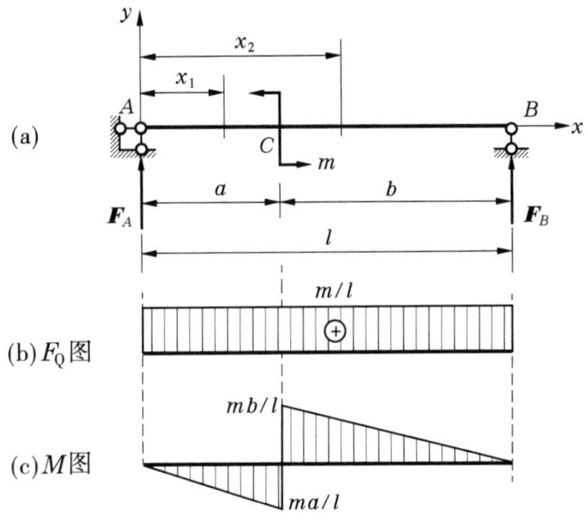

图 4-19

解:(1)计算梁的支座约束力。由梁的受力平衡条件可得两支座的约束力分别为

$$F_A = \frac{m}{l},\quad F_B = -\frac{m}{l}(\downarrow)$$

(2)列内力方程。建立如图 4-19(a)所示坐标系,其 AC 段、BC 段任意截面的剪力方程和弯矩方程分别为:

$$AC\text{ 段}\quad F_Q(x_1) = \frac{m}{l}\quad (0 < x_1 \leqslant a),\quad M(x_1) = \frac{m}{l}x_1\quad (0 \leqslant x_1 < a)$$

$$BC\text{ 段}\quad F_Q(x_2) = -\frac{m}{l}\quad (a \leqslant x_2 < l),\quad M(x_2) = -\frac{m}{l}(l - x_2)\quad (a < x_2 \leqslant l)$$

(3)根据剪力方程作梁的剪力图,如图 4-19(b)所示。由剪力图可见,在该梁上的剪力为一常数,其值为 m/l。

(4)根据弯矩方程作梁的弯矩图,如图 4-19(c)所示。由弯矩图可知,在该梁中力偶作用的截面($x = a$)上,具有绝对最大弯矩,其值为 mb/l。

【例 4-9】 用函数法绘制图 4-20(a)所示简支梁的内力图。

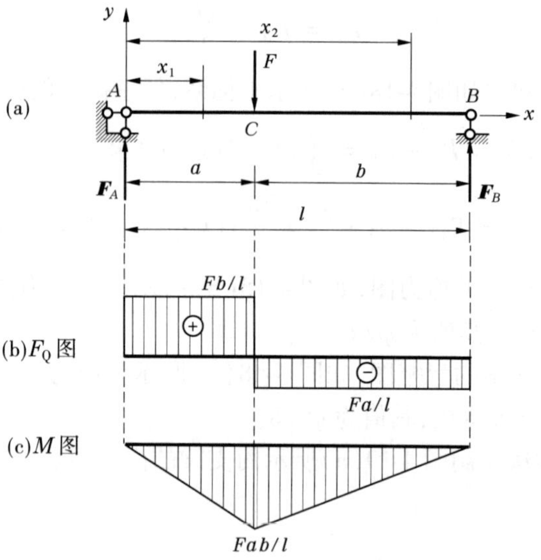

图 4-20

解:(1)计算梁的支座约束力。由梁的受力平衡条件可得两支座的约束力分别为

$$F_A = \frac{Fb}{l}, \quad F_B = \frac{Fa}{l}$$

(2)列内力方程。建立如图 4-20(a)所示坐标系,其 AC 段、BC 段任意截面的剪力方程和弯矩方程分别为

AC 段　$F_Q(x_1) = \frac{Fb}{l} \quad (0 < x_1 < a), \quad M(x_1) = \frac{Fb}{l}x_1 \quad (0 \leqslant x_1 \leqslant a)$

BC 段　$F_Q(x_2) = -\frac{Fa}{l} \quad (a < x_2 < l), \quad M(x_2) = \frac{Fa}{l}(l - x_2) \quad (a \leqslant x_2 \leqslant l)$

(3)根据剪力方程作梁的剪力图,如图 4-20(b)所示。由剪力图可见,在该梁 AC 段各截面上的剪力最大,其值为 Fb/l。

(4)根据弯矩方程作梁的弯矩图,如图 4-20(c)所示。由弯矩图可知,在该梁受集中力作用的截面($x=a$)上,具有最大弯矩,其值为 Fab/l。

【例 4-10】 用函数法绘制图 4-21(a)所示简支梁的内力图。

解:(1)计算梁的支座约束力:

由

$$\sum M_A = 0, \quad F_D \times 9 - q \times 4 \times 2 - 2 = 0$$

$$\sum F_y = 0, \quad F_A + F_D - q \times 4 = 0$$

解得

$$F_D = 2\ \text{kN}, \quad F_A = 6\ \text{kN}$$

(2)由于梁被外力分成 AB、BC、CD 三段,故应分别列出这三个梁段的内力方程。选

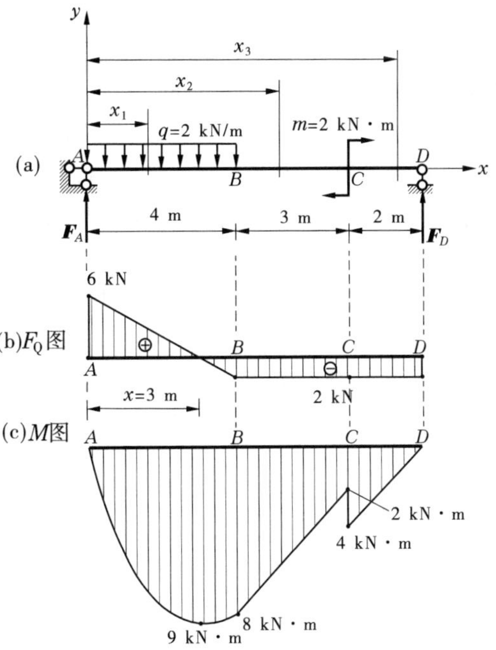

图 4-21

如图 4-21(a)所示坐标系,各梁段任意截面的坐标分别为 x_1、x_2 和 x_3。各梁段的内力方程如下:

AB 段
$$\begin{cases} F_Q(x_1) = F_A - qx_1 = 6 - 2x_1 \quad (0 < x_1 \leqslant 4\ \text{m}) \\ M(x_1) = F_Ax_1 - qx_1 \times \dfrac{x_1}{2} = 6x_1 - x_1^2 \quad (0 \leqslant x_1 \leqslant 4\ \text{m}) \end{cases}$$

BC 段
$$\begin{cases} F_Q(x_2) = F_A - q \times 4 = 6 - 2 \times 4 = -2(\text{kN}) \quad (4\ \text{m} \leqslant x_2 \leqslant 7\ \text{m}) \\ M(x_2) = F_Ax_2 - q \times 4(x_2 - 2) = 16 - 2x_2 \quad (4\ \text{m} \leqslant x_2 < 7\ \text{m}) \end{cases}$$

CD 段
$$\begin{cases} F_Q(x_3) = -F_D = -2\ \text{kN} \quad (7\ \text{m} \leqslant x_3 < 9\ \text{m}) \\ M(x_3) = F_D(9 - x_3) = 18 - 2x_3 \quad (7\ \text{m} < x_3 \leqslant 9\ \text{m}) \end{cases}$$

(3)利用内力方程绘制梁的剪力图、弯矩图分别如图 4-21(b)、(c)所示。

(4)绝对最大剪力$|F_{Q\max}|$和绝对最大弯矩$|M_{\max}|$的确定。

梁的绝对最大剪力值和绝对最大弯矩值是根据所绘制的相应内力图来确定的。从图 4-21(b)可见,最大剪力为

$$|F_{Q\max}| = F_{QA右} = 6\ \text{kN},位于梁的左端截面上$$

由图 4-21(c)可见,绝对最大弯矩值出现在梁的 AB 段。根据高等数学,令

$$\frac{\mathrm{d}M(x_1)}{\mathrm{d}x_1} = 0,即\ 6 - 2x_1 = 0,得\ x_1 = 3\ \text{m}$$

即在 $x_1 = 3$ m 的截面上弯矩存在极大值,由图 4-21(c)可见,这个极大值也就是全梁的绝对最大值。将 $x_1 = 3$ m 代入 AB 段的弯矩方程,可得

$$|M_{\max}| = M_{\max} = 9\ \text{kN} \cdot \text{m}$$

需要注意的是,由于 AB 段受均匀分布荷载作用,从弯矩方程可知该段弯矩是截面位

置变量 x 的二次函数,即此段的弯矩图应为二次抛物线。在曲线方程已知的条件下,画出一段光滑曲线至少需描出三个点。工程力学中作某梁段的曲线弯矩图时只要计算出三个截面的弯矩值,即算出该梁段的起、止截面和段内的“**第三个截面**”的弯矩值即可勾画此弯矩图。在工程力学中常将存在弯矩极值的截面或该梁段的中间截面,作为“第三个截面”。本例采用的是前者,但实际计算中较多的是采用后者。

【例 4-11】 用函数法绘制图 4-22 所示悬臂梁的剪力图和弯矩图,指出 $|M_{max}|$、$|F_{Qmax}|$ 所在截面位置。

解:悬臂梁可以在不计算支座约束力的情况下直接列内力方程和绘制内力图。

(1)列内力方程,计算控制截面的内力。

设梁的左端 A 点为坐标原点,x 轴向右为正,则所列出的 AB 和 BC 两个梁段的剪力方程和弯矩方程分别如图 4-22 表中所示。由剪力方程求得 AB、BC 梁段的剪力为

$$F_{QAB}=0,\quad F_{QBA}=-ql,\quad F_{QBC}=-ql,\quad F_{QCB}=0$$

由弯矩方程求得 AB、BC 梁段的弯矩为

$$M_{AB}=0,\quad M_{BA}=-\frac{ql^2}{2},\quad M_{AB}^{中}=-\frac{ql^2}{8},$$

$$M_{BC}=-\frac{ql^2}{2},\quad M_{CB}=-ql^2,\quad M_{BC}^{中}=-\frac{7ql^2}{8}$$

(2)绘制剪力图和弯矩图(内力图坐标系略)如图 4-22(b)、(c)所示。

作弯矩图时,由于两个梁段内弯矩的极值点均在各自梁段的右端点,故此两梁段内计算弯矩的“第三个截面”均取其中间截面。由各梁段的弯矩方程求出该梁段两端截面和中间截面的弯矩值后,即可画出弯矩图。

【例 4-12】 用函数法绘制图 4-23(a)所示悬臂梁在分布荷载作用下的剪力图和弯矩图。

解:对于图 4-23(a)所示线性分布荷载作用情形,为了建立内力方程并作内力图,须先建立荷载与截面位置之间的函数关系。为了计算方便,取梁的右端 B 点为坐标原点,x 向左为正,则荷载、剪力、弯矩与截面位置之间的函数关系(方程)为

$$q(x)=\frac{x}{l}q_0\quad(0\leqslant x\leqslant l)$$

$$F_Q(x)=\frac{1}{2}q(x)\cdot x=\frac{q_0}{2l}x^2\quad(0\leqslant x<l)$$

$$M(x)=-\frac{1}{2}q(x)\cdot x\cdot\frac{1}{3}x=-\frac{q_0}{6l}x^3\quad(0\leqslant x<l)$$

根据内力方程求出内力,作剪力图和弯矩图分别如图 4-23(b)、(c)所示。

由例 4-7 ~ 例 4-12 的内力方程及内力图,可见以下两个共同特征:

(1)剪力方程是弯矩方程对截面位置变量 x 的一阶微分(或一阶导数)。

(2)在无荷载作用的梁段内,剪力图为水平线,弯矩图为斜直线;在均匀分布荷载作用的梁段内,剪力图为斜直线,而弯矩图是二次抛物线。

由于内力图是根据内力函数关系绘制出来的,故这两个特征实际上反映了梁内力变化的最一般规律。了解并掌握这一规律,就可以快速而准确地绘制出任何情况下梁的内力图。

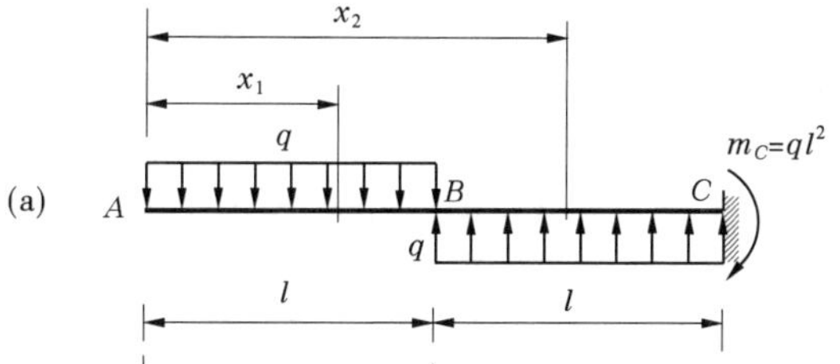

梁段	AB段	BC段
$M(x)$	$-qx_1^2/2$	$\frac{q}{2}(x_2^2-4lx_2+2l^2)$
$F_Q(x)$	$-qx_1$	qx_2-2ql

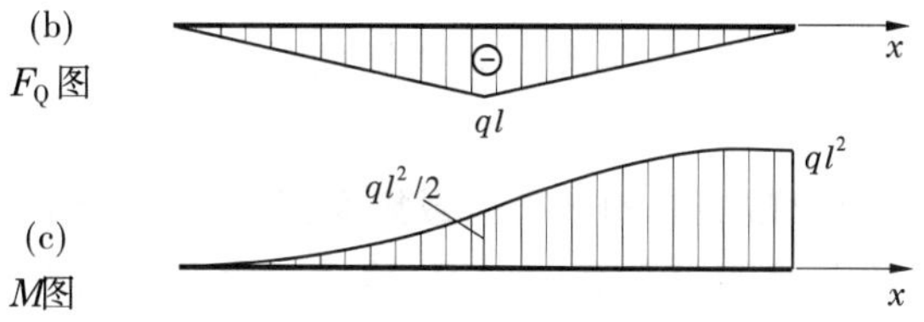

图 4-22

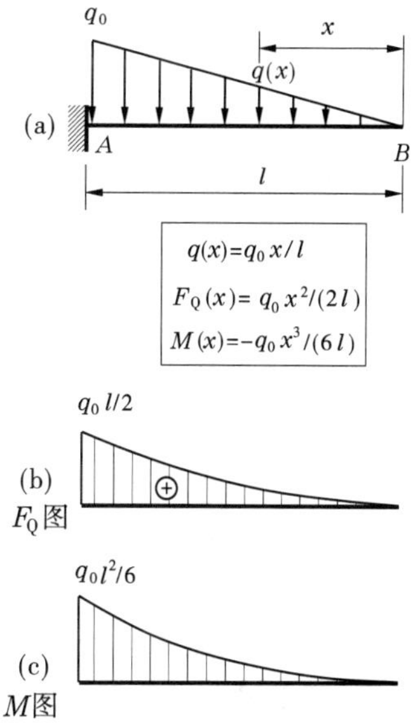

图 4-23

4.4.4　梁内力图绘制的简捷法

梁内力图绘制的简捷法，就是根据梁横截面内力计算的简捷法计算梁上各控制截面的内力值，再由梁的弯矩、剪力、荷载三者之间的微分关系绘制内力图的方法。在此，我们先讨论梁的弯矩、剪力、荷载三者之间的微分关系，然后研究如何利用这种关系绘制梁的内力图。

4.4.4.1　弯矩、剪力、荷载集度三者之间的微分关系

设图 4-24(a)所示简支梁上受任意分布荷载 $q(x)$ 作用，在距梁左端 x 处取一微分梁段 dx 作为研究对象，导出弯矩、剪力、荷载集度之间的微分关系。该微分梁段的受力图如图 4-24(b)所示。

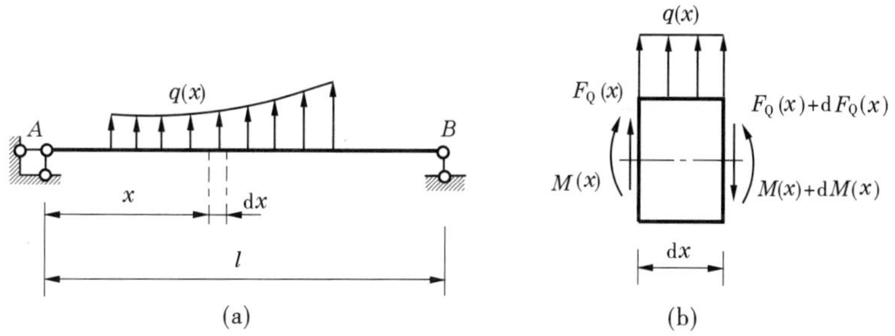

图 4-24

由该微分梁段力的投影平衡条件

$$\sum F_y = 0,\quad F_Q(x) + q(x)\cdot dx - (F_Q(x) + dF_Q(x)) = 0$$

可得

$$\frac{\mathrm{d}F_Q(x)}{\mathrm{d}x} = q(x) \tag{4-5}$$

由该微分梁段的力矩平衡条件（取右截面形心为矩心）

$$\sum M_O = 0,\quad (M(x) + \mathrm{d}M(x)) - M(x) - F_Q(x)\cdot \mathrm{d}x - q(x)\cdot \mathrm{d}x\cdot \mathrm{d}x/2 = 0$$

略去二阶微量后可得

$$\frac{\mathrm{d}M(x)}{\mathrm{d}x} = F_Q(x) \tag{4-6}$$

根据式(4-5)、式(4-6)显然有

$$\frac{\mathrm{d}^2M(x)}{\mathrm{d}x^2} = q(x) \tag{4-7}$$

式(4-5)、式(4-6)、式(4-7)就是弯矩、剪力、荷载集度三者之间的微分关系式。它们的几何意义分别为：

剪力图上某点的切线斜率，等于梁上对应截面处的分布荷载集度；弯矩图上某点的切线斜率，等于梁上对应截面的剪力值；曲线弯矩图上某点的曲率，等于梁上对应点处的分布荷载集度。

由前面的算例可见，梁在集中力 **F** 作用点的左右截面上剪力图发生跳跃式改变，在集中力偶 m 作用处的左右截面上弯矩图发生跳跃式改变，这种内力值突然改变的现象称为**突变**。根据弯矩、剪力、荷载集度三者之间的微分关系及内力图坐标系规定，特将梁上荷载与内力图线形之间的关系（线形特征和突变特征）列入表4-1中，以利读者学习、比较和记忆。

表4-1　梁内力图特征

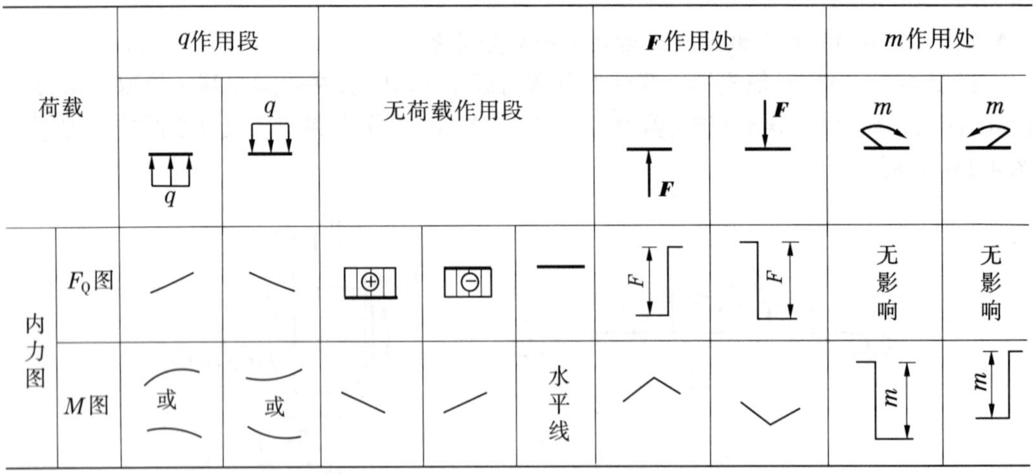

4.4.4.2　微分关系的应用

利用弯矩、剪力、荷载集度三者之间的微分关系所得出的梁内力图特征，可以帮助我们方便、快捷地绘制梁的内力图。具体做法是：

(1)作出梁的受力图并求出支座约束力（在受力图中标出约束力值）。

(2)利用式(4-3)和式(4-4)分别计算出梁上各控制截面的内力值。

(3)在规定的内力图坐标系中以控制截面的内力值描点,根据梁内力图特征连图线。先画出剪力图,后画出梁弯矩图。

梁内力的**控制截面**分别为梁的两个端点、集中力和集中力偶作用处的左右截面、分布荷载作用段的起止截面及计算弯矩的“第三个截面”。如果分布荷载作用段内未出现剪力为零的截面,则以该段的中间截面作为计算弯矩的“第三个截面”。如果分布荷载作用段内存在剪力等于零的截面,则以此截面作为“第三个截面”。如图 4-25 所示,该截面的位置坐标为

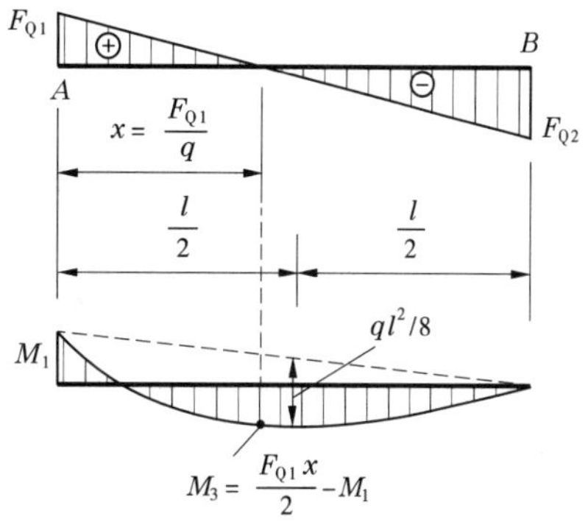

图 4-25

$$x=\frac{|F_{Q\max}|}{q} \tag{4-8}$$

式中,$|F_{Q\max}|$ 为分布荷载作用段内的最大剪力值,q 是段内分布荷载值,x 是分布荷载作用段内 $|F_{Q\max}|$ 与 $F_Q=0$ 两截面之间的距离。

【例 4-13】 用简捷法绘制图 4-26(a)所示简支梁的剪力图和弯矩图,指出 $|M_{\max}|$ 及其所在截面位置。

解:(1)计算梁的支座约束力。作受力图如图 4-26(a)所示,其约束力计算过程为

由

$$\sum M_A=0,\quad F_B\times 8-12\times 6-4\times 4\times 2=0$$

$$\sum F_y=0,\quad F_A+F_B-12-4\times 4=0$$

解得

$$F_B=13\ \text{kN},\quad F_A=15\ \text{kN}$$

(2)由简捷法计算各控制截面上的内力值:

剪力

$$F_{QA右}=F_A=15\ \text{kN},\quad F_{QC左}=15-4\times 4=-1(\text{kN})$$

$$F_{QC右}=F_{QD左}=15-4\times 4=-1(\text{kN})$$

$$F_{QD右}=F_{QB左}=-F_B=-13\ \text{kN}$$

弯矩

$$M_A=0,\quad M_{C左}=15\times 4-2\times 4^2=28(\text{kN}\cdot\text{m})(下拉)$$

$$M_{C右}=M_{C左}=28\ \text{kN}\cdot\text{m}(下拉),\quad M_{D左}=13\times 2=26(\text{kN}\cdot\text{m})(下拉)$$

$$M_{D右}=M_{D左}=26\ \text{kN}\cdot\text{m}(下拉),\quad M_B=0$$

(3)作梁的剪力图和弯矩图。

先作剪力图:

AC 段　由于 *AC* 段受方向向下的均布荷载作用,其剪力图应为左上右下的斜直线。该斜直线的左端坐标为(0,15),右端坐标为(4,−1)。

CD 段　此段内无荷载作用,剪力图应为水平直线,该水平直线左右端的坐标分别为(4,−1)和(6,−1)。

DB 段　此段内无荷载作用，剪力图应为水平直线，该水平直线左右端的坐标分别为(6，-13)和(8，-13)。

梁的剪力图如图4-26(b)所示。在截面*A*、*D*、*B*剪力图均发生了突变。

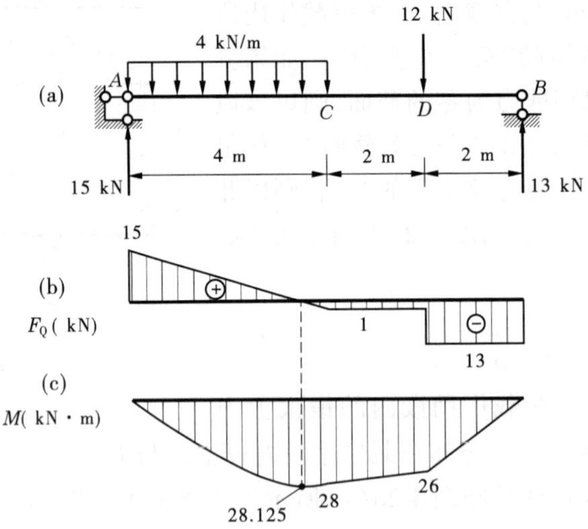

图4-26

再作弯矩图：

AB 段　*AB* 段受方向向下的均布荷载作用，其弯矩图为向下凹的抛物线。该抛物线两端点的坐标分别为(0,0)、(4,28)，因该段存在 $F_Q=0$ 的截面，故该段内弯矩有极值。取 $F_Q=0$ 的截面为"第三个截面"，由式(4-8)求得该截面的位置坐标为

$$x=\frac{F_{QA右}}{q}=\frac{15}{4}=3.75(\mathrm{m})$$

则该弯矩极值为

$$M_{\max}=F_Ax-qx\cdot\frac{x}{2}=15\times3.75-4\times3.75\times\frac{3.75}{2}=28.125(\mathrm{kN\cdot m})(\text{下拉})$$

即该段弯矩极值点的坐标为(3.75,28.125)。

CD 段　此段内无荷载作用，且 $F_Q<0$，故弯矩图应为左下右上的斜直线，该斜直线左右端的坐标分别为(4,28)和(6,26)。

DB 段　此段内无荷载作用，且 $F_Q<0$，故弯矩图应为左下右上的斜直线，该斜直线左右端的坐标分别为(6,26)和(8,0)。

作梁的弯矩图如图4-26(c)所示。

该梁的绝对最大弯矩值为 $|M_{\max}|=28.125\ \mathrm{kN\cdot m}$，此值也是 *AC* 段的弯矩极大值，出现在距梁左端为 $x=15/4=3.75(\mathrm{m})$ 处的截面上。

【例4-14】 用简捷法绘制图4-27(a)所示简支梁的剪力图和弯矩图，指出 $|M_{\max}|$ 及其所在截面位置。

解：(1)计算图4-27(a)所示梁的支座约束力：

由

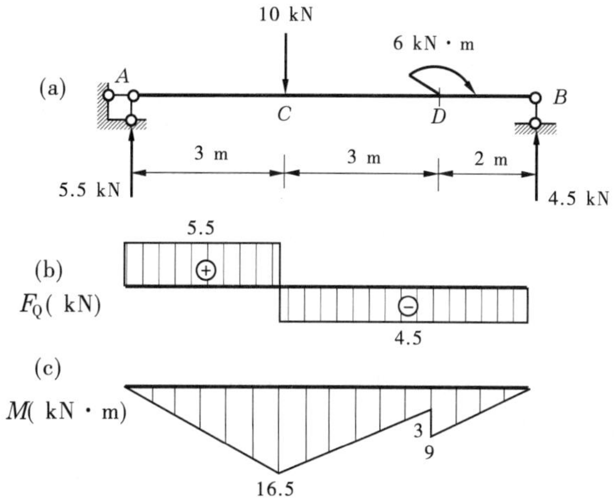

图 4-27

$$\sum M_A = 0,\quad F_B \times 8 - 6 - 10 \times 3 = 0$$

$$\sum F_y = 0,\quad F_A + F_B - 10 = 0$$

解得

$$F_B = 4.5\ \text{kN},\quad F_A = 5.5\ \text{kN}$$

(2)用简捷法计算各控制截面的内力值,由微分关系确定内力图线形状:

AC 段　$F_{QA右} = F_{QC左} = F_A = 5.5$ kN,该段内无荷载作用,剪力图为水平线;

$M_A = 0$,　$M_{C左} = F_A \times 3 = 16.5$ kN · m(下拉),该段内 $F_Q > 0$,*M* 图为左上右下斜直线。

CD 段　$F_{QC右} = F_{QD左} = F_A - 10 = -4.5$ kN,该段内无荷载作用,剪力图为水平线;

$M_{C右} = F_A \times 3 = 16.5$ kN · m(下拉),　$M_{D左} = F_A \times 6 - 10 \times 3 = 3$ kN · m(下拉),该段内 $F_Q < 0$,*M* 图为左下右上斜直线。

DB 段　$F_{QD右} = F_{QB左} = -F_B = -4.5$ kN,该段内无均布荷载作用,剪力图为水平直线;

$M_{D右} = F_B \times 2 = 9$ kN · m(下拉),　$M_B = 0$,该段内 $F_Q < 0$,*M* 图为左下右上斜直线。

(3)作剪力图和弯矩图分别如图 4-27(b)、(c)所示。在 *A*、*C*、*B* 三个截面上剪力图发生突变,在截面 *D* 弯矩图发生突变。梁的绝对最大弯矩值为 $|M_{max}| = 16.5$ kN · m,出现在 *C* 截面上。

4.4.5　用叠加法作梁的弯矩图

4.4.5.1　叠加原理

在小变形条件下,梁受几种(或几个)荷载共同作用时所产生的某一量值 *S*,等于每种荷载(或每个荷载)单独作用时所产生量值 *S* 的代数和。即

$$S(F,q,m) = S(F) + S(q) + S(m) \tag{4-9}$$

量值 *S* 可以是弯矩或其他内力,也可以是约束力、变形或位移。

利用叠加原理求某种量值的方法,都称为叠加法。本章只介绍用叠加法作弯矩图。

4.4.5.2 用叠加法绘制梁的弯矩图

梁弯矩图绘制的叠加法有两种形式:一种是根据叠加原理绘制整个梁的弯矩图,另一种是用叠加方法作某个特定梁段的弯矩图。通常将第一种形式称为**叠加法**,第二种形式称为**区段叠加法**。

1)用叠加法作梁的弯矩图

设如图 4-28(a)所示简支梁上受力偶 m_1、m_2 和均布荷载 q 共同作用,用叠加法作该简支梁的弯矩图。

根据叠加原理,可以将图 4-28(a)所示荷载作用情形分解为图 4-28(b)、(c)两种情形的叠加。很容易作出力偶单独作用和分布荷载单独作用时的弯矩图,分别为图 4-28(e)、(f)所示。根据叠加原理,梁的总弯矩图 4-28(d)应等于图 4-28(e)、(f)中相应截面弯矩值之和,即

$$M_{AB} = M_{AB}(m_1, m_2) + M_{AB}(q) = m_1 + 0 = m_1$$
$$M_{BA} = M_{BA}(m_1, m_2) + M_{BA}(q) = m_2 + 0 = m_2$$
$$M_{AB}^{中} = M_{AB}^{中}(m_1 + m_2) + M_{AB}^{中}(q) = \frac{m_1 + m_2}{2} + \frac{ql^2}{8}$$

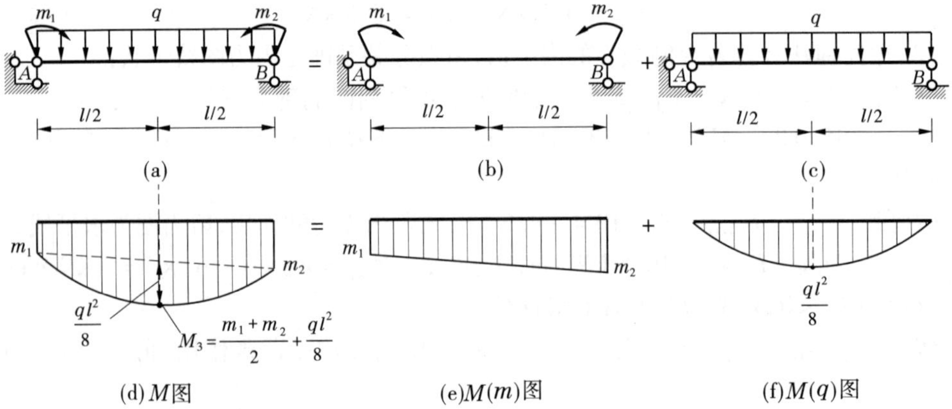

图 4-28

根据以上计算结果及微分关系作梁的弯矩图如图 4-28(d)所示。

由此可见,用叠加法作梁的弯矩图时,须先对梁进行荷载分组并分别作出每组荷载单独作用时梁的弯矩图,再将梁上各相应截面的弯矩进行代数相加并画出梁的总弯矩图。

2)梁段弯矩图绘制的区段叠加法

区段叠加法的条件是梁中该区段内的荷载为满布的分布荷载作用或区段的中点受集中力作用,且该区段两端截面上的弯矩已知。该区段中间截面上的弯矩由式(4-10)计算得到:

$$\left.\begin{aligned} &\text{受满的均布荷载 } q \text{ 作用} \quad M_{ij}^{中} = \frac{ql^2}{8} + \frac{1}{2}(M_{ij} + M_{ji}) \\ &\text{中间受集中荷载 } \boldsymbol{F} \text{ 作用} \quad M_{ij}^{中} = \frac{Fl}{4} + \frac{1}{2}(M_{ij} + M_{ji}) \end{aligned}\right\} \tag{4-10}$$

式(4-10)中，M_{ij}、M_{ji}按 M 图中弯矩的正负号代入，向下的 q 或 $\boldsymbol{F}$ 取“+”号，向上的 q 或 $\boldsymbol{F}$ 取“-”号。

例如图 4-29(a)所示梁的弯矩图，当用简捷法得到 M_A、M_B、M_C 并作出 BC 段弯矩图后，AB 段的弯矩图就可以用区段叠加法得到，梁的弯矩图仍如图 4-29(b)所示。

【例 4-15】　用叠加法绘制图 4-29 所示外伸梁的弯矩图。

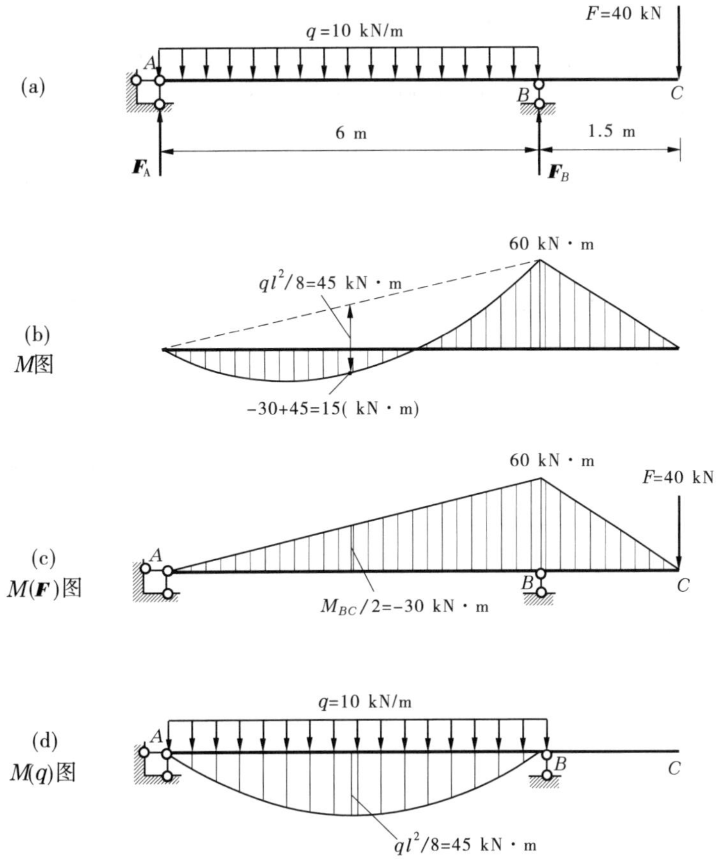

图 4-29

解：(1)对于图 4-29(a)所示梁进行荷载分组，作梁在 $\boldsymbol{F}$ 单独作用和 q 单独作用时梁的弯矩图分别如图 4-29(c)、(d)所示。

(2)用叠加法作总弯矩图如图 4-29(b)所示。图中各控制截面弯矩值分别为

$$M_A = 0 + 0 = 0$$

$$M_{B左} = M_{B右} = -60 + 0 = -60(\text{kN}\cdot\text{m})(\text{上拉})$$

$$M_C = 0 + 0 = 0$$

AB 段的中点弯矩为

$$M_{AB}^{中} = -\frac{60}{2} + \frac{ql^2}{8} = -30 + \frac{10 \times 6^2}{8} = 15(\text{kN}\cdot\text{m})(\text{下拉})$$

用叠加法作弯矩图时，需要对梁在单一荷载作用时的弯矩图十分熟悉，一般要求不经过任何计算便可正确地画出单一荷载作用时的弯矩图。为了方便使用，特将几种常见单

一荷载作用下简单梁的弯矩图列入表 4-2 中,供学习时参考。

表 4-2　常见单跨静定梁的弯矩图

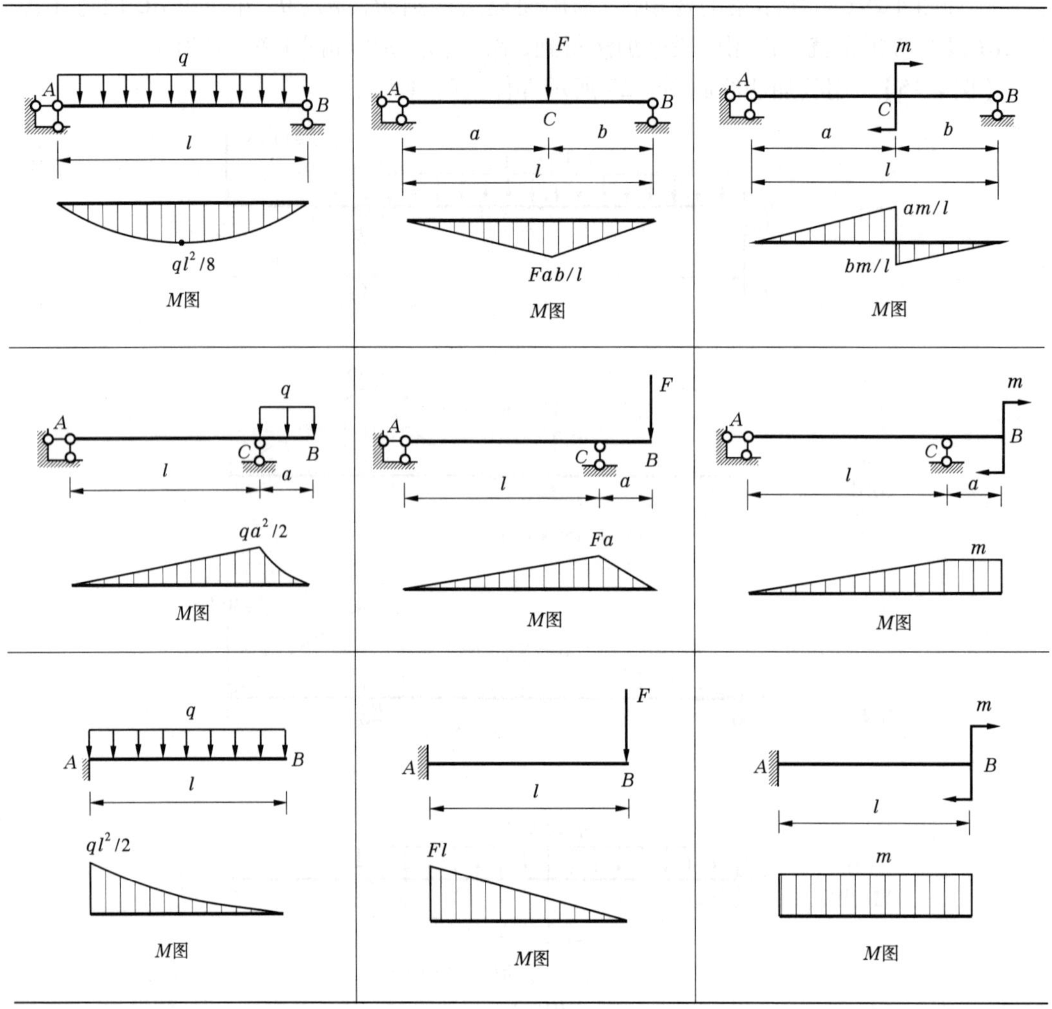

4.5　移动荷载作用下简支梁的弯矩包络图

4.5.1　移动荷载作用下梁的计算问题及影响线的概念

4.5.1.1　移动荷载作用下梁的计算问题

本章 4.4 节所讨论的是恒载作用时梁的内力和内力图。然而在吊车梁和一些有交通要求的桥梁上,除承受恒载长期作用外,还会受到大小和作用位置随时间而变化的活荷载作用,如流动的水、走动的人群、行进的车辆等对梁的作用力(荷载)等。其中**大小和方向不变,作用位置随时间而改变的活荷载,称为移动荷载。**

移动荷载作用下梁的弯矩计算问题主要有两个:

(1)求荷载移动时梁上某截面弯矩的变化规律。

(2)移动荷载作用于梁的什么位置时会使梁的某截面 C 产生最大弯矩？这个会产生 $M_{C\max}$ 对应的移动荷载的作用位置，称为弯矩 M_C 的最不利荷载位置。

注意，在讨论上述问题时均不考虑移动荷载可能产生的动力影响。

4.5.1.2　影响线的概念

梁在单位移动荷载 $F=1$ 作用下，表示梁上 C 截面弯矩变化规律的函数图形，称为弯矩 M_C 影响线。 M_C 影响线可以根据 4.4 节所述求控制截面弯矩的简捷法，建立 M_C 与单位移动荷载的作用位置之间的函数关系，即 M_C 影响线方程来绘制，也可以根据刚体的虚功原理，将影响线绘制的静力学问题转化为绘制梁位移图的几何学问题的方法来绘制。这里只介绍通过建立 M_C 影响线方程来绘制 M_C 影响线。

4.5.2　简支梁的弯矩影响线及其与弯矩图的区别

4.5.2.1　简支梁的弯矩影响线

设有图 4-30(a)所示的简支梁受移动荷载 $F=1$ 作用，作其 C 截面上的弯矩 M_C 影响线。

(1)先求出移动荷载作用时，梁的支座约束力。由于荷载是移动的，因此支座约束力也是荷载作用位置变量 x 的函数。对于图 4-30(a)，由

$$\sum M_A = 0,\quad F_B l - Fx = 0$$

$$\sum M_B = 0,\quad F_A l - F(l - x) = 0$$

得到

$$F_A = \frac{l - x}{l},\quad F_B = \frac{x}{l}$$

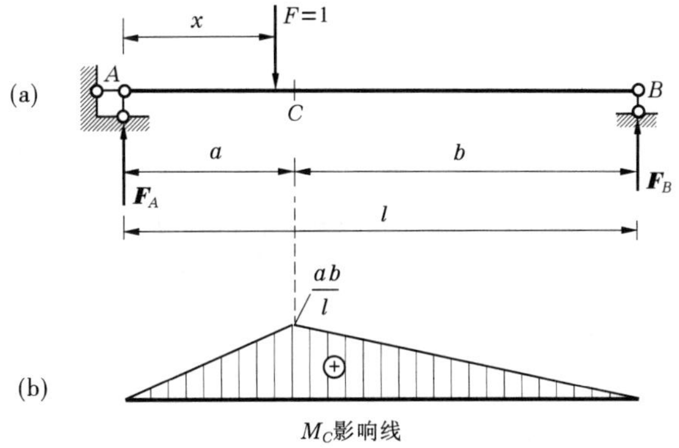

图 4-30

(2)用简捷法建立梁的 M_C 影响线方程如表 4-3 所示。

表 4-3 M_C 影响线方程

内力方程	荷载位置	
	$F=1$ 在 AC 段移动	$F=1$ 在 BC 段移动
M_C 影响线方程	$M_C=F_Bb=\frac{b}{l}x\quad(0\leqslant x\leqslant a)$	$M_C=F_Aa=\frac{a}{l}(l-x)\quad(a\leqslant x\leqslant l)$

(3)绘制 M_C 影响线。绘制梁的 M_C 影响线时，以梁轴线为基线，按基线以上纵标为正，基线以下纵标为负的作图规定作出影响线图形。影响线图中应标明相应的名称、正负号和控制点的 M_C 值。根据表 4-3 中 M_C 影响线方程所绘制的 M_C 影响线如图 4-30(b)所示。由 M_C 影响线方程或图 4-30(b)所示 M_C 影响线图可知，无论截面 C 处于梁中的什么位置，M_C 影响线的最大值均为

$$M_{C\max}=\frac{ab}{l}\tag{4-11}$$

4.5.2.2 弯矩影响线与弯矩图的区别

弯矩影响线与弯矩图图形相似但意义不同，其区别在于：弯矩影响线是反映单位移动荷载作用下梁上某指定截面弯矩变化规律的图形，而弯矩图则是反映固定荷载作用下梁中各截面弯矩变化规律的图形，并且，正号的弯矩图位于基线以下，而正号的弯矩影响线则位于基线以上。

为了清楚地表明弯矩影响线与弯矩图的区别，下面以图 4-31 所示简支梁为例，将其 M_C 影响线和弯矩图的区别列于表 4-4 中。

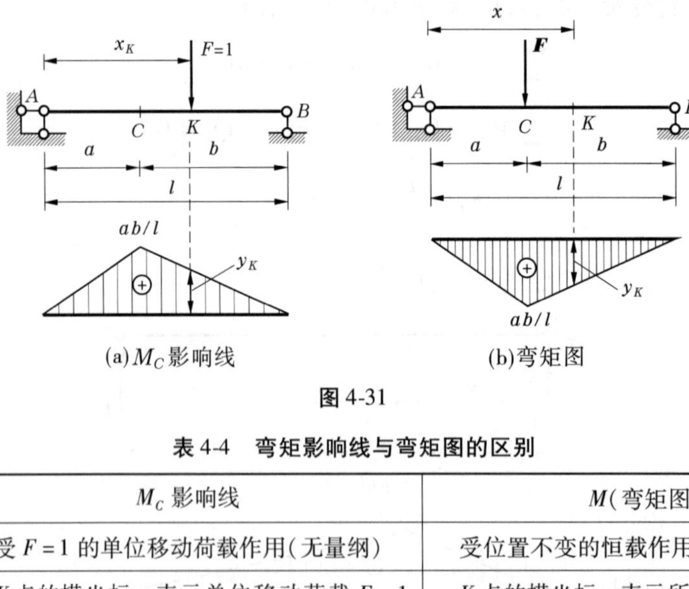

(a) M_C 影响线　　(b)弯矩图

图 4-31

表 4-4 弯矩影响线与弯矩图的区别

图名	M_C 影响线	M(弯矩图)
荷载	受 $F=1$ 的单位移动荷载作用(无量纲)	受位置不变的恒载作用(有量纲)
横坐标	K 点的横坐标 x 表示单位移动荷载 $F=1$ 的作用位置	K 点的横坐标 x 表示所求弯矩的截面位置
纵坐标	纵标 y 表示 $F=1$ 移至 K 点时，指定截面 C 的弯矩值(量纲为[长度])	纵标 y 表示 F 作用于 C 时 K 截面的弯矩值(量纲为[力]·[长度])

4.5.3 利用弯矩影响线求梁在固定荷载作用下某截面的弯矩值

4.5.3.1 梁上只受集中力作用

设有如图 4-32(a)所示的简支梁受集中力 $\boldsymbol{F}_1$、$\boldsymbol{F}_2$ 共同作用,试利用影响线求其 C 截面上的弯矩 M_C 值。该梁 C 截面弯矩影响线如图 4-32(b)所示。M_C 影响线图上 y_1、y_2 分别为与集中力 $\boldsymbol{F}_1$、$\boldsymbol{F}_2$ 对应的纵标。

因 y_1 是当 $F=1$ 移至此点时的 M_C 值,而当 $F=F_1$ 时,$M_C=F_1y_1$。按叠加原理可知,当梁受几个力共同作用时,有

$$M_C = F_1y_1 + F_2y_2$$

式中 $\boldsymbol{F}$ 方向向下时取正号。

同理,当梁上受 n 个集中力作用时的 M_C 可由下式求得

$$M_C = F_1y_1 + F_2y_2 + \cdots + F_ny_n = \sum F_iy_i \tag{4-12}$$

4.5.3.2 梁上只受均布荷载作用

当梁上只受移动的均布荷载作用时,其 C 截面的弯矩值也可以利用 M_C 影响线求得。例如图 4-33(a)所示梁受均布荷载 q 作用,求其 C 截面上的弯矩 M_C 值。

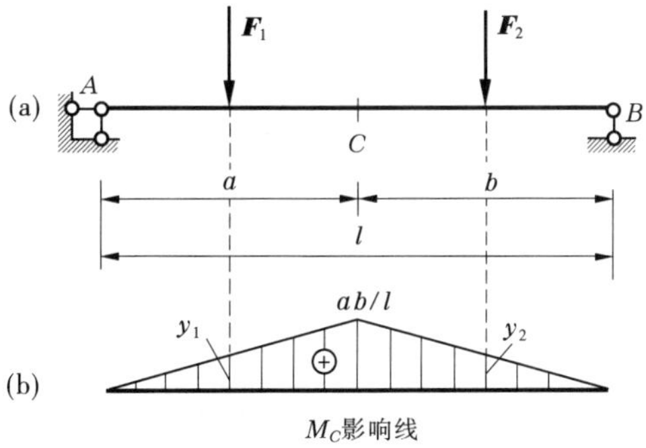

图 4-32

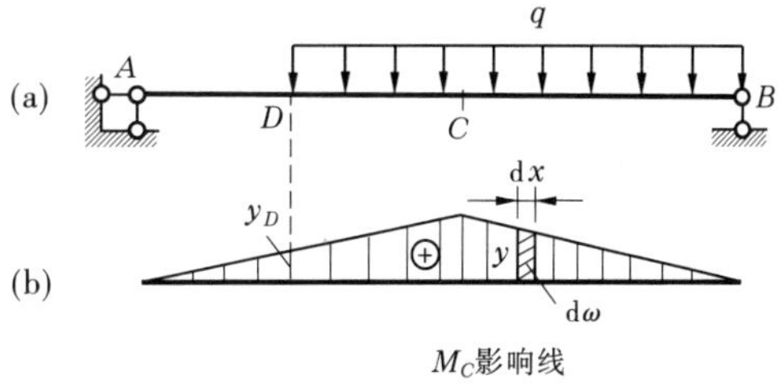

图 4-33

先作出梁的 M_C 影响线如图 4-33(b)所示。在均布荷载 q 作用的范围内任取微分段 $\mathrm{d}x$,则 $\mathrm{d}x$ 微分段分布荷载 q 的合力为 $q\mathrm{d}x$(相应于 M_C 图中的微分面积为 $\mathrm{d}\omega = y\mathrm{d}x$),其中每个微小集中力所引起的 M_C 值为 $q\mathrm{d}x \cdot y$,用积分法便可得到结构受全部均布荷载作用时的 M_C 值为

$$M_C = \int_B^D yq\mathrm{d}x = q\int_B^D y\mathrm{d}x = q\int_B^D \mathrm{d}\omega = q\omega$$

同理可知,当梁上同时受几段位置已定的均布荷载作用,欲求某量值 S 时,其计算的表达式为

$$M_C = q_1\omega_1 + q_2\omega_2 + \cdots + q_n\omega_n = \sum q_i\omega_i \tag{4-13}$$

式中,ω_i 为均布荷载 q_i 所覆盖的 M_C 影响线图的面积,ω_i 的正负号同图中的正负号。

4.5.3.3 梁上受集中力和分布荷载共同作用

当梁上受集中荷载和分布荷载共同作用时,C 截面弯矩 M_C 的计算公式为

$$M_C = \sum F_iy_i + \sum q_i\omega_i \tag{4-14}$$

4.5.4 确定移动荷载的最不利作用位置

使 M_C 产生最大值(最大正值或最大负值)时所对应的移动荷载作用位置,称为 M_C 的最不利荷载位置。下面讨论利用弯矩影响线确定某截面弯矩的最不利荷载位置。

4.5.4.1 移动集中荷载作用

(1)**单个移动集中力的最不利作用位置,由观察直接确定,**如图 4-34(b)所示。

对于受单个移动集中力 $\boldsymbol{F}$ 作用的情形,M_C 影响线顶点(y_{max}处)对应的梁截面位置即为该集中力 $\boldsymbol{F}$ 的最不利作用位置。

(2)**两个移动集中力的最不利作用位置,由观察判断经比较确定,**如图 4-34(c)所示。

对于受两个移动集中力同时作用且这两个荷载可以前后调换位置时,要使 $M_C = F_1y_1 + F_2y_2$ 得到最大值,可将这两个集中力中较大者作用于 M_C 影响线的顶点处(y_{max}处),而将另一集中力作用于 M_C 影响线上坡度较缓的一边,则此时的荷载位置即为这两个荷载的最不利作用位置。若两个移动的集中力的前后位置不能调换,则需计算 $\boldsymbol{F}_1$、$\boldsymbol{F}_2$ 分别作用于影响线顶点时的 M_C 值,再加以比较方可确定其最不利的作用位置。

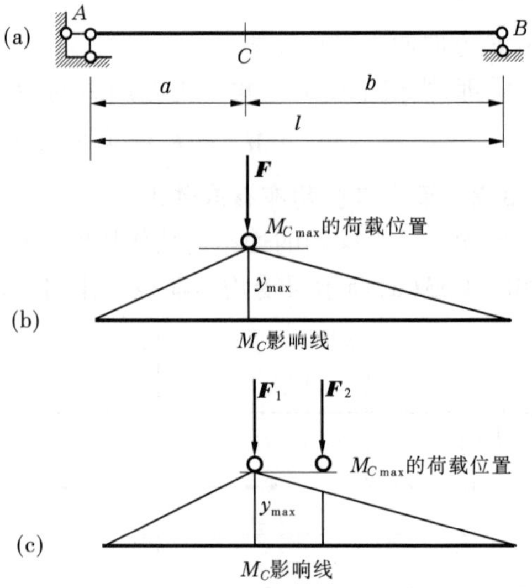

图 4-34

(3)**多个(一组)移动集中力的最不利作用位置,由公式计算并经分析判断确定,**如图 4-35 所示。

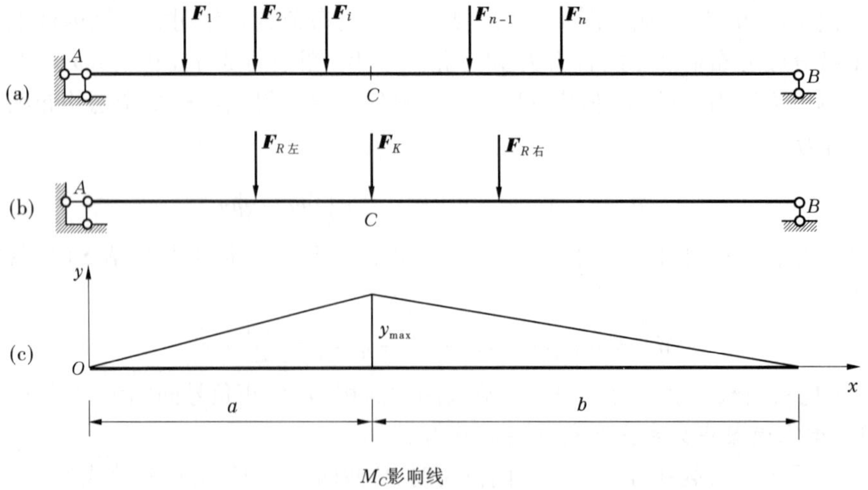

图 4-35

对于由多个（一组）移动集中荷载作用的情形，其最不利的作用位置单凭观察判断是难以确定的，若仍按以上方法，则需经过多次试算后才能确定，这样做不仅工作量大，而且十分麻烦。在实际计算中是采用公式（即临界荷载的判别式）来确定的。

设在结构上有一列（组）数值和间距都保持不变的移动集中荷载，如图 4-35（a）所示，其 M_C 影响线为三角形，如图 4-35（c）所示。无论这组荷载移动到什么位置，都可以由式（4-12）将 M_C 值计算出来。

为了便于分析，令这一组荷载中的某个荷载为 $\boldsymbol{F}_K$，并将 $\boldsymbol{F}_K$ 左边和右边的荷载分别合成为 $\boldsymbol{F}_{R左}$ 及 $\boldsymbol{F}_{R右}$，如图 4-35（b）所示。$\boldsymbol{F}_K$ 位于影响线顶点的哪一边，哪一边单位长度上的荷载集度就大于（可等于）另一边单位长度上的荷载集度，则此时的荷载位置即为 M_C 的最不利荷载位置，此时作用于 M_C 影响线顶点处的荷载 $\boldsymbol{F}_K$ **称为临界荷载**。临界荷载 $\boldsymbol{F}_K$ 的判别式为

$$\left.\begin{aligned}\frac{F_{R左}+F_K}{a} \geqslant \frac{F_{R右}}{b}\\ \frac{F_{R左}}{a} \leqslant \frac{F_{R右}+F_K}{b}\end{aligned}\right\} \tag{4-15}$$

此式不能用于直角三角形影响线（因其中每一个荷载都可能是临界荷载）。对于移动荷载系列，可能有几个荷载是能够满足式（4-15）的临界荷载，究竟哪一个临界荷载的作用位置才是最不利荷载位置，需经试算后方能确定。

利用以上判别式确定最不利荷载位置时应注意：

（1）鉴定 $\boldsymbol{F}_K$ 时，只能将影响线范围内的荷载值代入公式（4-15）。

（2）当荷载系列的长度超出影响线范围时，应经过试算并找出 M_{max} 对应的荷载位置（即最不利荷载位置）。

（3）当影响线不对称、荷载系列也不对称或有可能反向移动时，需将荷载系列反方向再进行试算，经比较后取其中最不利的情况供设计时参考。

【例 4-16】　作用于吊车梁上两台吊车的轮压和轮距如图 4-36（a）所示，$F_1=F_2=F_3=F_4=82$ kN，试求吊车梁跨中截面 C 的最大弯矩。

解：（1）作 M_C 影响线如图 4-36（c）所示。设 $\boldsymbol{F}_2$ 为临界荷载，由条件有：

$\boldsymbol{F}_2$ 在 C 左时　$$\frac{82+82}{6}=\frac{82+82}{6}$$

$\boldsymbol{F}_2$ 在 C 右时　$$\frac{82}{6}<\frac{82+(82+82)}{6}$$

说明 $\boldsymbol{F}_2$ 是临界荷载（同理，可以证明 $\boldsymbol{F}_3$ 也是临界荷载，请读者自己证明）。

（2）计算 $M_{C\max}$。当 $\boldsymbol{F}_2$ 作用于影响线顶点时，计算出 M_C 影响线上各力作用截面对应的纵标值如图 4-36（c）所示，则 $M_{C\max}$ 为

$$M_{C\max}=\sum F_i y_i=82\times(1.25+3.0+2.25+0.5)=82\times 7.0=574.0(\text{kN}\cdot\text{m})$$

4.5.4.2　连续均布的移动荷载作用

1）荷载分布长度大于影响线范围（例如过桥时的人群荷载）

对于分布长度大于影响线长度的分布荷载（一般可任意布置），只凭观察就能断定它

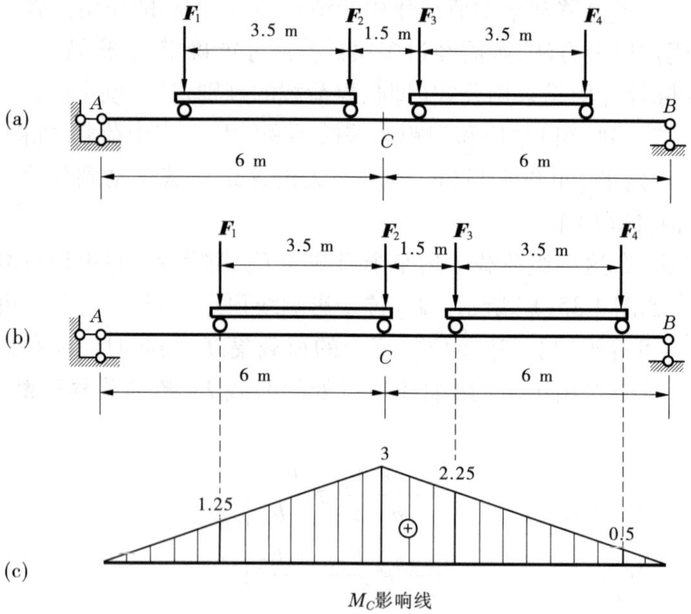

图 4-36

的最不利荷载位置,将荷载布满影响线即可得到 $M_{C\max}$。

2)荷载分布长度小于影响线范围(例如履带车)

若所求 M_C 的影响线是如图 4-37 所示的三角形,则由 $M_C=q\omega$ 可知,要使 M_C 具有最大值,必须使 q 在影响线上占据的面积最大(即最不利荷载位置发生在直线 AB 与影响线的基线平行的位置)。使得 ω 取得最大值的方法是:在横轴(x 轴)上,从影响线的左端点量起,取线段 $OE=l_1$,得点 E,然后平行于 OC 作 EB 与 CD 相交于点 B,则 B 点就是所求荷载位置的一个边界。$y_A(y_A=y_B)$的大小可由图中的几何关系求得。

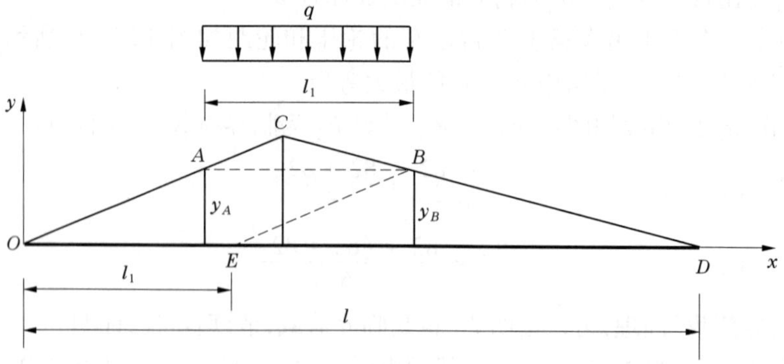

图 4-37

4.5.5　简支梁的弯矩包络图

反映全梁各截面弯矩最大值的图形,称为该梁的弯矩包络图。该图表示,无论荷载移动到什么位置,各截面的弯矩值都不会超出该包络图的范围。弯矩包络图是承受移动荷载作用时梁的设计依据。下面举例说明弯矩包络图的绘制方法。

【例 4-17】 设有如图 4-38(a)所示跨长 $l=12$ m 的简支梁，承受两台吊车荷载的作用。试绘制该梁的弯矩包络图。已知作用于梁上的移动荷载 $F_1=F_2=F_3=F_4=82$ kN。

解：(1)将梁按长度等分为 10 段(一般分为 8～16 段)，分别画出每个分段点处截面的弯矩影响线，如图 4-38(b)所示。

(2)利用影响线找出各个分段点截面的最不利荷载位置，并计算出相应的最大弯矩值，每个分段点截面的最大弯矩值计算方法如例 4-16 所述。

(3)将各截面上的最大弯矩值按比例在图上画出纵标，以一条光滑曲线连接各纵标的顶点，即形成所求的弯矩包络图，如图 4-38(c)所示。

对于需计入自重的梁，其弯矩包络图由该梁在自重(自重属于恒载)作用下的弯矩图与移动荷载作用下的弯矩包络图叠加而成。**简支梁弯矩包络图的特征是：图形对称于梁的中点。**

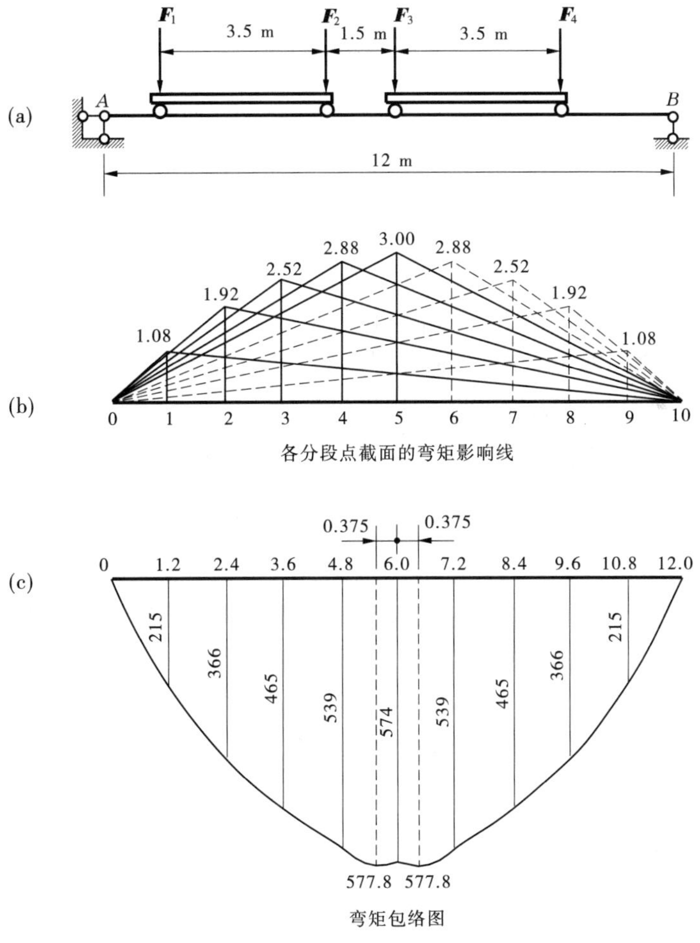

图 4-38

4.5.6　简支梁的绝对最大弯矩

梁的绝对最大弯矩是全梁在移动荷载作用下可能产生的最大弯矩值(也就是弯矩包

络图中最大的纵标值)。

求解绝对最大弯矩,需要解决两个问题:一是产生绝对最大弯矩的荷载位置,二是产生绝对最大弯矩的截面位置。当梁受到一组移动的集中力作用时,梁的任一截面最大弯矩对应的最不利荷载位置,总是某一临界荷载 $\boldsymbol{F}_K$ 刚好位于此截面上。因此,可以推断,**产生绝对最大弯矩的截面,必然是某个临界荷载 $\boldsymbol{F}_K$ 的作用截面**。由此可将上述两个问题统一成一个问题。

可以证明,移动荷载作用下简支梁的绝对最大弯矩发生在距梁中点的距离为 $a/2$ 的两个截面上,如图 4-39 所示。绝对最大弯矩值的计算公式为

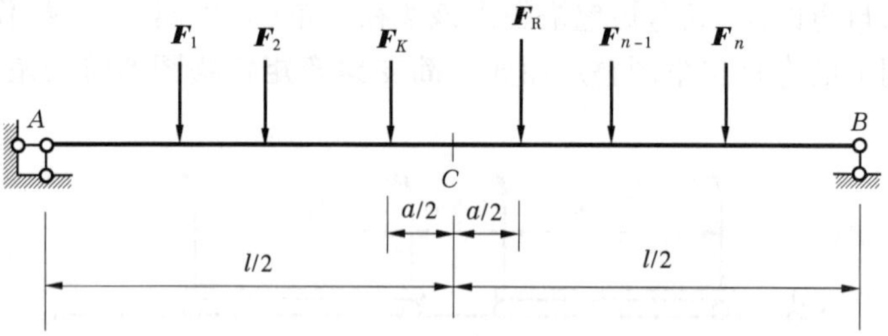

图 4-39

$$M_{\max}=\frac{F_{\mathrm{R}}}{4l}(l-a)^2-M_K \tag{4-16}$$

式中,F_{R} 为移动荷载的合力大小,a 为 $\boldsymbol{F}_{\mathrm{R}}$ 与临界荷载 $\boldsymbol{F}_K$ 之间的距离(可根据合力矩定理求得),M_K 为作用于 $\boldsymbol{F}_K$ 以左所有移动荷载对 $\boldsymbol{F}_K$ 作用点力矩的代数和。例如图 4-38(a)所示简支梁的绝对最大弯矩为图 4-38(c)中虚线所示

$$M_{\max}=\frac{F_{\mathrm{R}}}{4l}(l-a)^2-M_K=\frac{4\times 82}{4\times 12}\times\left(12-\frac{1.5}{2}\right)^2-82\times 3.5=577.8(\mathrm{kN\cdot m})$$

当荷载系列中存在几个可能成为临界荷载 $\boldsymbol{F}_K$ 的问题时,应分别求出每个 $\boldsymbol{F}_K$ 对应的最大弯矩,然后经比较找出绝对最大弯矩。实际计算中,因简支梁的绝对最大弯矩一般发生在梁跨中点附近的截面上,故在**一般情况下,能使梁跨中截面产生最大弯矩的临界荷载 $\boldsymbol{F}_K$,也就是计算绝对最大弯矩的临界荷载**。

学习指导

1. 杆件的内力

在力学中,剔开物体未受外因影响时物体内质点间的相互作用力,而将由于外力的作用而引起的物体某截面处(内)各质点间相互作用力的改变量,视为质点间的"相互作用力",并将这种相互作用的分布内力的合力,称为截面上的内力。

在毗邻于所研究截面的两部分杆件中,假如作用在其中一部分上的外力已知,那么即便不知道截面上分布内力的大小、方向和分布规律,也不影响我们确定这些分布内力的合

力。因为这种分布内力的合力必定与这部分上所作用的外力构成平衡力系,我们可以根据该力系的平衡条件计算出截面上的内力。这就是可以用截面法求内力的基本依据。

杆件内力的计算方法有两种,一种是截面法,另一种是简捷法。

所谓截面法,就是用一个假想的平面在需要求取内力的位置将杆件截为(分隔成)两部分,作出其中一部分的受力图,利用该受力图上力系的平衡条件计算出截面上的内力。

在用截面法揭示和计算截面上内力时,要充分理解并牢固建立以下两个概念:

(1)整体平衡,局部必然平衡。就是说一根杆件受力后处于整体平衡状态,则这杆件中的任何一个局部也一定处于平衡状态。

(2)内力总是与截面一侧所作用的外力平衡,即在由截面法截取并作出的部分杆件的受力图中,截面上的内力与这部分杆件上的外力构成一个平衡力系。

由于在被截开的两部分间的截面上,内力是作用与反作用关系,且每个部分上的力系都是平衡力系,故在计算该截面的内力时,无论取这两部分中的哪一部分来计算,其结果都是相同的。在这里要特别提请注意的是,无论要计算多少个截面的内力,每次都必须是从杆件的整体上开截。必须记住:我们所使用的截面是“假想的截面”,并没有真实地将杆件切断。

简捷法是根据截面一侧杆件上的外力直接计算截面内力的方法。关于如何用截面法和简捷法计算杆件横截面上的内力,这里不再一一述及。

轴向拉压杆、扭转轴和平面弯曲梁的受力特征见表 4-5。

表 4-5　轴向拉压杆、扭转轴和平面弯曲梁的受力特征

杆件类别	受力图	受力特征	
		杆件上的外力	横截面的内力
轴向拉压杆	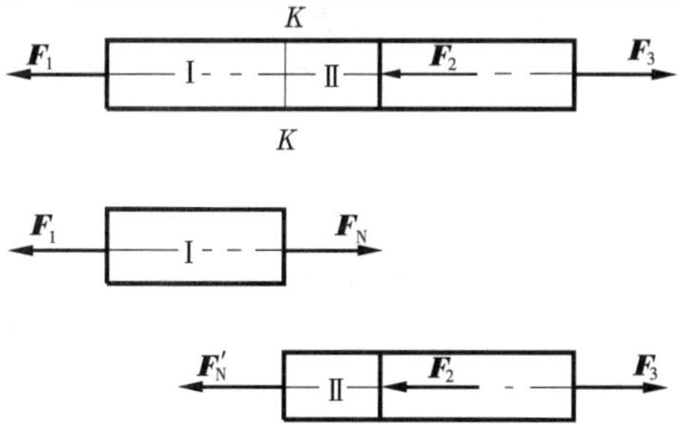	杆件上只受到作用线与杆件的轴线重合的集中力(或合力为与杆轴线重合的集中力)作用	内力是与截面垂直且过截面形心的集中力 F_N,称为轴力,且以拉为正,压力为负
扭转轴	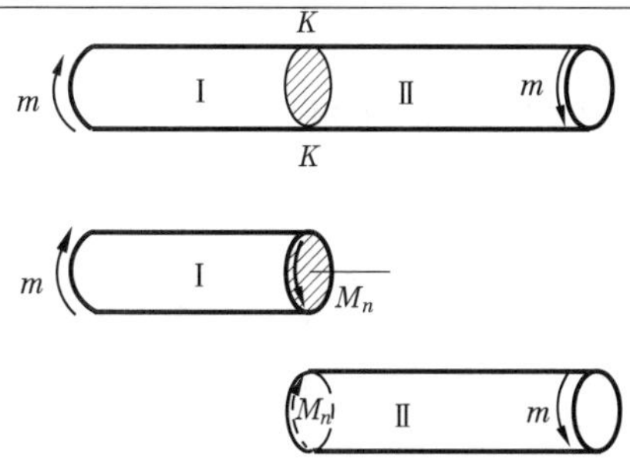	在截面两侧的杆件上只受到作用面与横截面平行的力偶作用	内力是与横截面重合且绕截面法线转动的力偶矩 M_n,称为扭矩,以绕截面外法线逆时针方向转动时为正,反之为负

续表 4-5

杆件类别	受力图	受力特征	
		杆件上的外力	横截面的内力
平面 弯曲梁	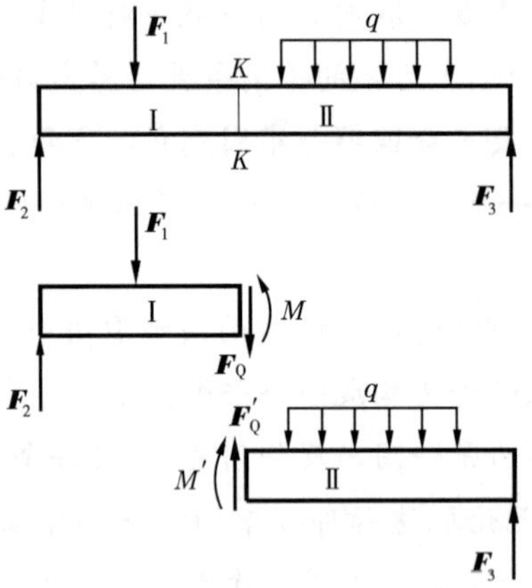	横截面两侧杆件上作用着与杆件轴线垂直的力或作用面平行于杆轴的力偶,且所有外力都作用在杆件的纵向对称平面内	一种是截面的切向力 F_Q,称为剪力,以绕截面内一点顺时针转向为正;另一种是绕截面的中性轴转动的力偶矩 M,称为弯矩,以使杆件下侧纤维受拉时为正

注:表中截面上的内力均为正号方向。在用截面法求内力时,截面上的内力应设为正方向。

2. 杆件的内力图

内力图是反映杆件截面内力变化规律的函数图形。绘制内力图的常见方法有三种:

(1)函数法。根据截面内力与截面位置变量 x 间函数关系的表达式——内力方程,来绘制内力图的方法。这是绘制内力图的基本方法,此方法概念清楚,表达明确。

(2)简捷法。用简捷法计算控制截面的内力值,由内力与荷载集度间的微分关系确定图线形状的绘制方法。这是一种绘制内力图的实用方法,此方法方便快捷,运用灵活。

(3)叠加法。根据叠加原理绘制内力图的方法。用此法作杆件的内力图时,必须对单一荷载作用下杆件的内力图形状及特征值非常熟悉,否则不便用此法作图。

3. 影响线的概念

影响线中的量值,是某指定支座的约束力、某截面的内力或位移。

当单位荷载 $F=1$ 在梁上移动时,表示某量值变化规律的图形,称为该量值的影响线。影响线是研究移动荷载作用效应的基本工具。

内力影响线与内力图是截然不同的两个概念。可以弯矩影响线和弯矩图为例(见表 4-6)来说明二者之间的区别。

表 4-6　弯矩影响线与弯矩图的区别

项目	荷载	截面	横坐标	纵坐标
弯矩影响线	$F=1$ 的移动荷载	某一指定截面	$F=1$ 的位置	$F=1$ 移动到该位置时,指定截面的弯矩值
弯矩图	大小、位置固定的荷载	各个截面	截面位置	固定荷载作用下,该截面的弯矩值

静定梁影响线的绘制方法有两种:一是以静力平衡条件为依据的静力法。用静力法绘制影响线时,取坐标原点并以自变量 x(横坐标)表示 $F=1$ 的作用位置,由静力平衡方程将该量值表示为 x 的函数(即影响线方程),再由影响线函数绘出的图线即为影响线。二是以虚功原理为依据的机动法。用机动法绘制影响线时,先去掉与量值相应的约束,变结构为机构,使机构在该量值的正方向上产生单位虚位移所得的虚位移图即为所求量值的影响线。静定结构的支座约束力、内力影响线是直线或折线。

学习影响线的目的在于确定移动荷载在结构上的最不利作用位置,以及确定移动荷载作用下梁的绝对最大弯矩。

习　题

4-1　试求图 4-40 所示各杆横截面 1—1、2—2 和截面 3—3 上的轴力,并作轴力图。

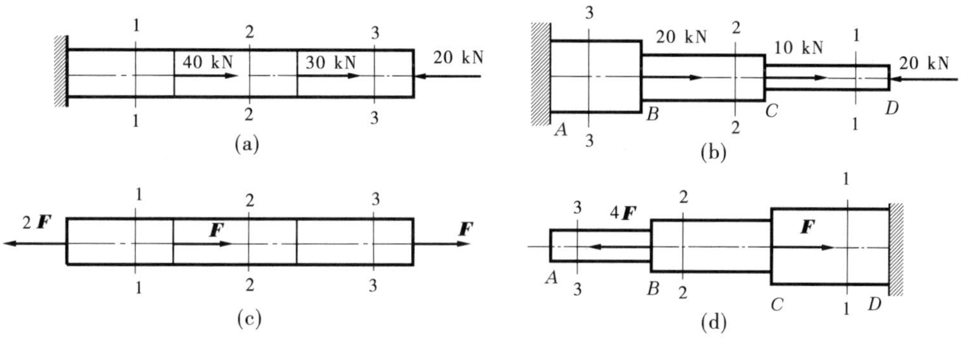

图 4-40

4-2　作图 4-41 所示传动轴的扭矩图,并确定 $|M_{n\max}|$,各外力偶矩如图中所示。

4-3　某皮带传动轴如图 4-42 所示,试作该传动轴的扭矩图。已知轴的转速为 $n=200$ r/min,主力轮的输入功率为 $P_A=40$ kW,B、C 轮的输出功率分别为 $P_B=25$ kW,$P_C=15$ kW。

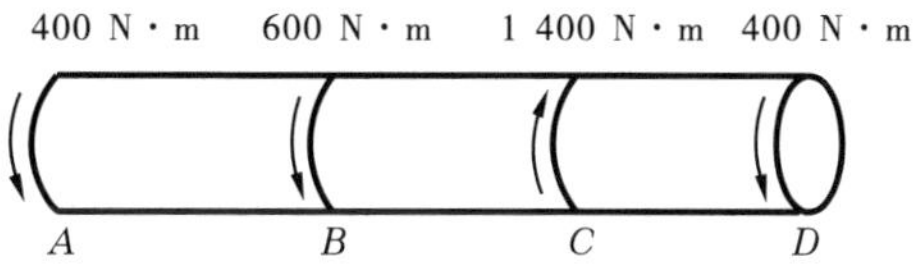

图 4-41

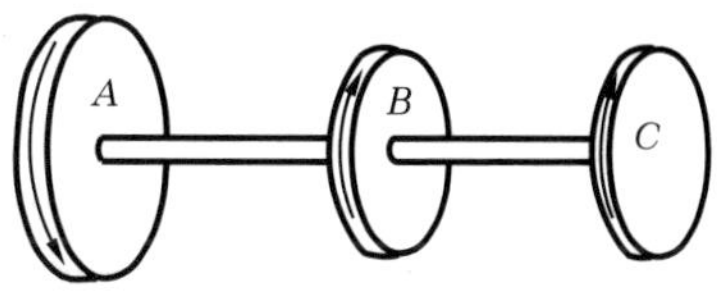

图 4-42

4-4　如图 4-43 所示作匀速转动的传动轴,其转速 $n=200$ r/min,轴上装有五个传动轮,主动轮 B 的输入功率为 60 kW,从动轮 A、C、D、E 的输出功率分别为 18 kW、12 kW、22 kW 和 8 kW。试作轴的扭矩图。

4-5　试求图 4-44 所示各梁中指定截面的剪力和弯矩。

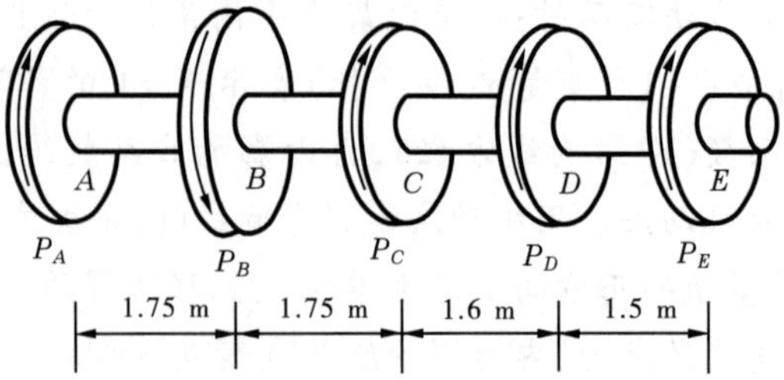

图 4-43

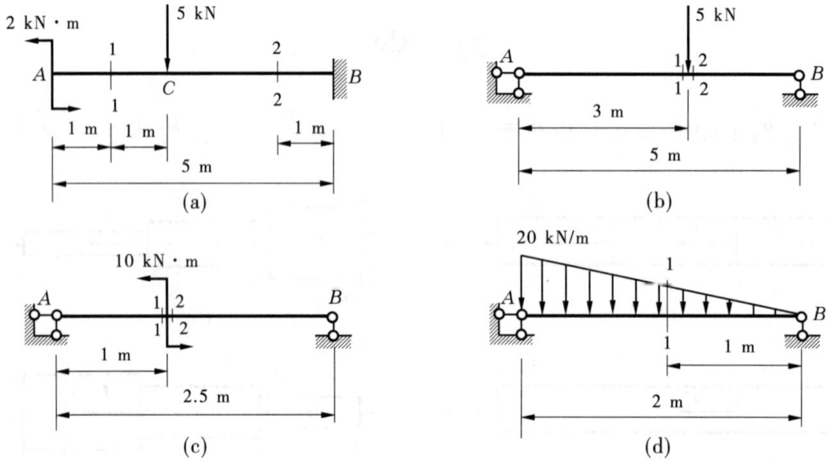

图 4-44

4-6 试写出图 4-45 所示各梁的剪力方程和弯矩方程,并作剪力图和弯矩图。

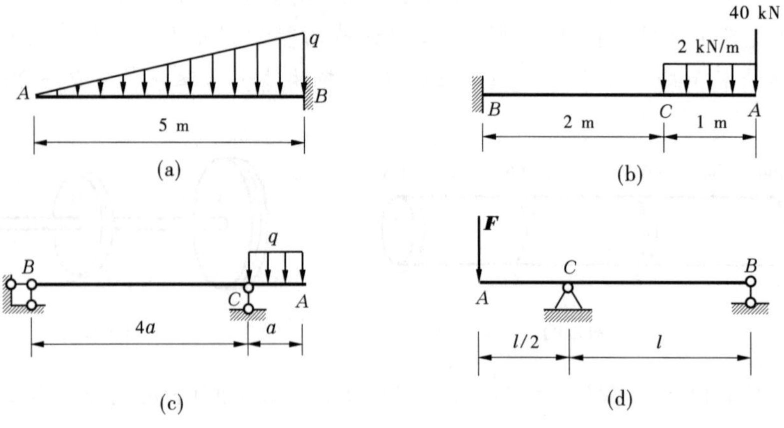

图 4-45

4-7 用简捷法作图 4-46 所示各梁的剪力图和弯矩图。

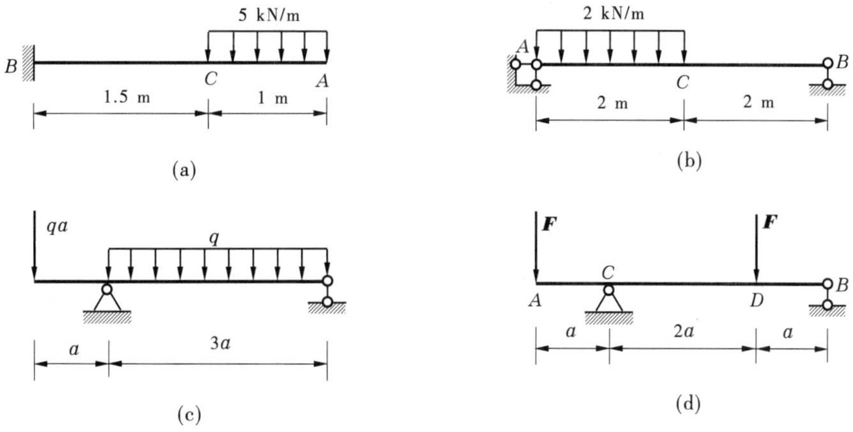

图4-46

4-8　试用叠加法作图4-47所示各梁的弯矩图。

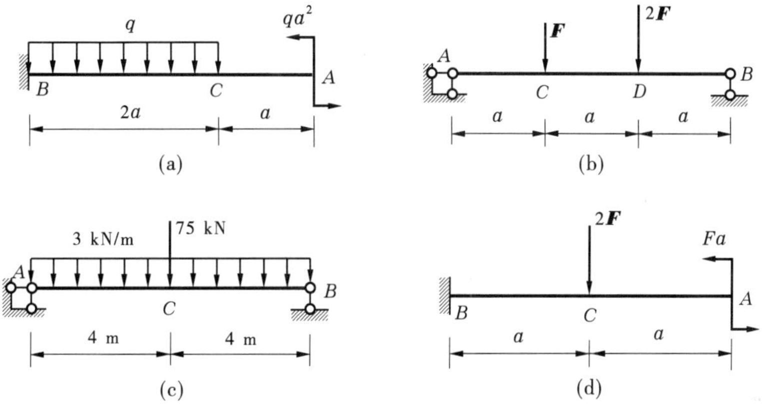

图4-47

4-9　欲使图4-48所示外伸梁的跨度中点处的正弯矩值等于支点处的负弯矩值，则支座到端点的距离 a 与梁长 l 之比 a/l 应等于多少？

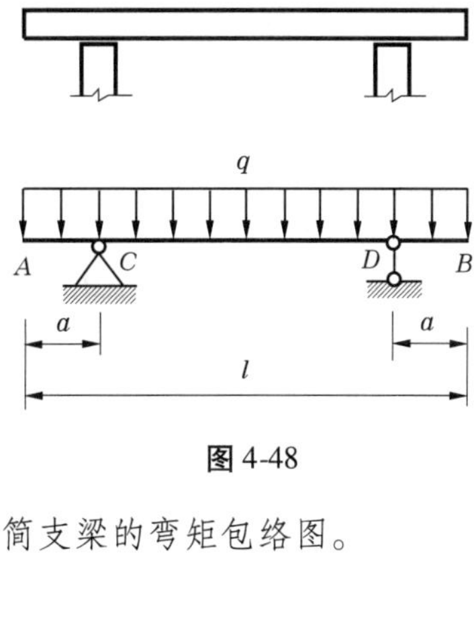

图4-48

4-10　绘制图4-49所示简支梁的弯矩包络图。

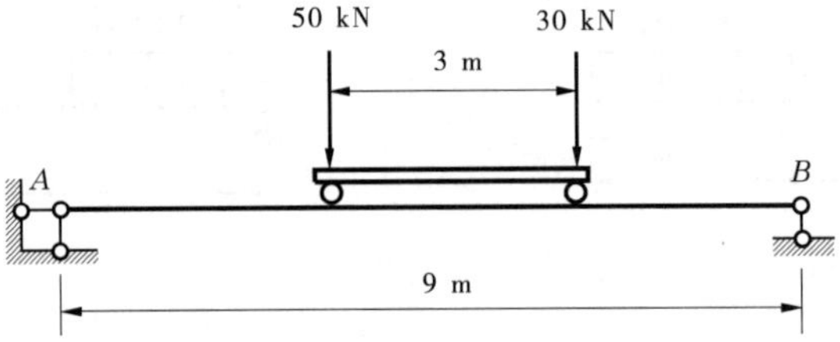

图 4-49

4-11 求图 4-50 所示吊车梁在吊车荷载作用下的绝对最大弯矩。已知两台吊车的轮压分别为 $F_1=F_2=210$ kN, $F_3=F_4=150$ kN。

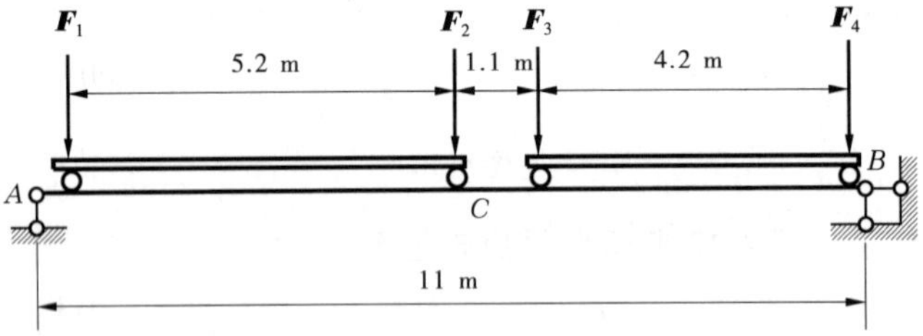

图 4-50

部分习题参考答案

4-11 距跨中 C 0.183 m 处的截面上有绝对最大弯矩,其值为 822.67 kN · m。

复习思考题

4-1 什么是内力?

4-2 四种基本变形杆件横截面上的内力分别是什么?其正负号是怎样规定的?

4-3 用截面法求内力时,脱离体受力图中的外力与截面上的内力之间是什么关系?

4-4 为什么用截面法求内力时,脱离体受力图中截面上未知内力的方向不可随意假定?

4-5 用简捷法求内力时,如何确定截面一侧杆件上所受外力和外力矩的正负号?

4-6 分别用简捷法直接写出图 4-51 所示各受力杆件 K—K 截面上内力的表达式。

4-7 用简捷法写出图 4-51 中各杆件每个杆段任意截面的内力方程。

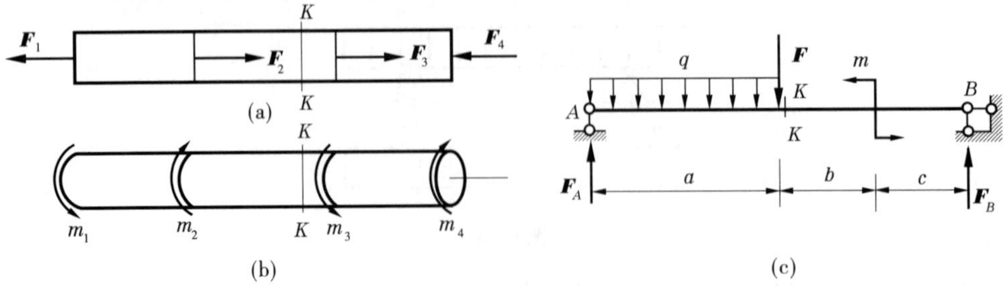

图 4-51

4-8　分布荷载作用段内“第三个截面”的弯矩值如何确定?

4-9　弯矩、剪力和荷载集度三者间的微分关系式,在集中力和集中力偶作用处能否适用?

4-10　(1)图 4-52(a)所示梁中,AC 段和 CB 段剪力图图线的斜率是否相同? 为什么?

(2)图 4-52(b)所示梁集中力偶作用处左、右两段弯矩图图线的切线斜率是否相同?

(3)图 4-52 所示梁中,如何确定内力突变截面的突变值和突变方向?

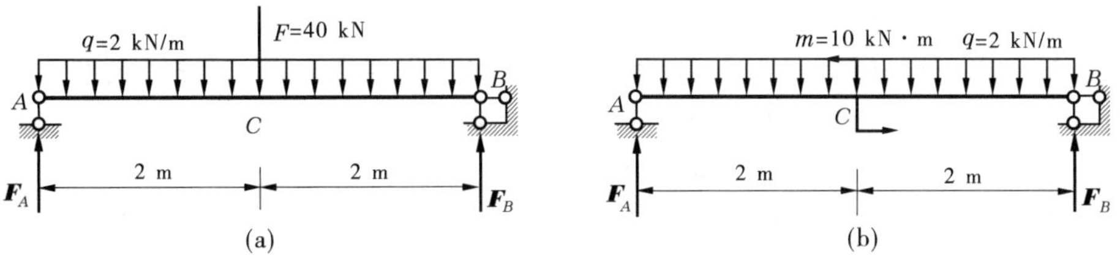

图 4-52

4-11　用叠加法作梁的弯矩图时,任意截面上的弯矩值如何确定?

4-12　用区段叠加法作梁段弯矩图的基本条件是什么?

4-13　如何绘制移动单位荷载作用时静定结构内力的影响线?

4-14　如何求静定多跨梁的绝对最大弯矩?

4-15　简支梁绝对最大弯矩与跨中截面的弯矩相差多少?

4-16　影响线是单位移动荷载作用下某量值的函数图形,为什么可以用它来计算恒载作用时的约束力和内力?

4-17　是否所有情况下梁的绝对最大弯矩都不在梁的跨中截面上?

第 5 章　杆件的应力分析与强度计算

杆件的应力与强度计算是工程结构设计中十分重要的组成部分。它对于确保工程安全、解决工程安全与经济的矛盾,都具有决定性意义。

本章的基本内容包括:

应力的概念,材料的力学性能,轴向拉压杆的应力与强度计算,连接件的应力与剪切实用计算,圆轴扭转时的应力与强度计算,平面弯曲梁的应力与强度计算,组合变形构件的应力分析方法,解析法分析平面应力状态及强度理论的应用。

本章的重点是轴向拉压杆和平面弯曲梁的强度计算,难点是应力状态的分析。

学习本章的基本要求:

(1)理解应力的概念,弄清四种基本变形杆件横截面应力的作用形式、分布规律。

(2)了解塑性材料和脆性材料在轴向拉压时力学性能的测定和分析方法,掌握这两种不同性质材料的强度特性和破坏特征。

(3)弄清并掌握强度条件的物理意义及应用强度条件可以解决的强度计算问题。其中,重点掌握轴向拉压杆的强度计算和平面弯曲梁的正应力强度计算方法。

(4)对于组合变形问题,掌握其内力和应力分析的基本方法。其中,对于弯压组合和偏心压缩问题,掌握其不出现拉应力的条件。

(5)了解单元体和应力状态的概念,了解如何用解析法分析平面应力状态。会确定平面弯曲梁的主应力方向及主平面位置,掌握对组合截面梁进行全面强度校核的方法。

5.1　概　述

5.1.1　应力的概念

在第 4 章,讨论了外力作用下杆件的内力和内力图。但内力的大小只与杆件上所受的外力有关,而与杆件截面的形状及尺寸、材料的性质无关。因此,仅仅知道杆件内力的大小并不能说明杆件承载能力的大小。在日常生活中我们肯定有这样的经验:同一拉力作用于材料性质和截面形状均相同但截面大小不同的杆件上时,截面小的容易被拉断。这是什么原因呢?我们来看一个简单的例子:有两根由相同直径的钢丝拧成的钢丝绳 A、B,钢丝根数分别为 20 根和 10 根。当钢丝绳 A、B 的两端受同样大小的拉力 $\boldsymbol{F}$ 作用时,这两根钢丝绳截面上的内力均为 $\boldsymbol{F}$,但钢丝绳 B 中每根钢丝所承受拉力是钢丝绳 A 中每根钢丝所受拉力的 2 倍,显然钢丝绳 B 容易被拉断。钢丝多的截面大,钢丝少的截面就小,可见杆件的承载能力与杆件的截面大小有关。

杆件某截面上的内力,是杆件在该截面上分布内力的集合(或合力)。当作用于杆件上的外力一定时,截面上的内力就是一个不变的常数。但截面大小不同时,分布内力在某点的聚集程度就不相同，截面大时集度小，截面小时集度大，内力在某点处的集度越大，杆件就越容易被破坏。因此，内力集度是衡量杆件强度大小的物理量，在力学中将**杆件截面上某点的内力集度，称为应力。**

为了研究如图5-1(a)所示杆件截面上任意点 K 的应力，在此截面上围绕 K 点取一微小面积 ΔA。设 ΔA 上的内力集度为 $\Delta \boldsymbol{F}$，则比值

$$p_{m} = \frac{\Delta F}{\Delta A}$$

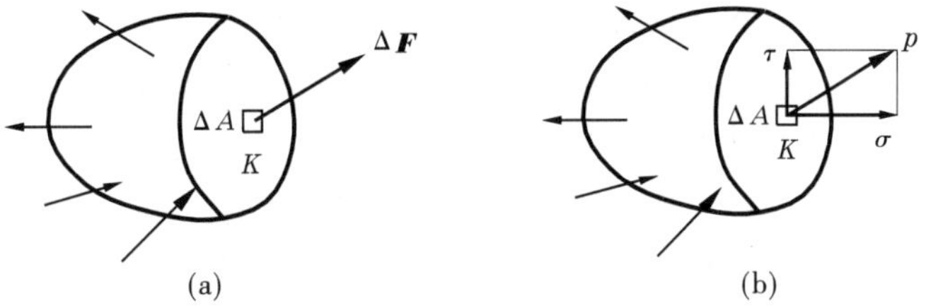

图5-1

称为 ΔA 上的平均应力。当截面上内力的分布不均匀时，平均应力会随着 ΔA 的大小而变化，因而 p_m 并不能确切地反映 K 点处的分布内力集度。只有当 ΔA 趋近于零时，p_m 的极限值 p 才能代表 K 点处的内力集度，即

$$p = \lim_{\Delta A \to 0} \frac{\Delta F}{\Delta A} = \frac{dF}{dA} \tag{5-1}$$

式中，p 称为 K 点的总应力。为了便于分析和计算截面上的应力，通常将总应力 p 用如图5-1(b)所示的两个相互垂直的应力分量表示：一个是沿截面法线方向的应力分量，称**为正应力或法向应力，用 σ 表示，且 σ 以拉为正、压为负**；另一个为沿截面切线方向(或平行于截面)的应力分量，称为**切应力或切向应力，用 τ 表示。**

应力的量纲是[力]/[长度^2]，应力的单位为帕斯卡，用Pa表示，1 Pa = 1 N/m^2 (牛/米^2)。应力的常用单位为MPa，1 MPa = 1 × 10^6 Pa，显然1 MPa = 1 MN/m^2 = 1 N/mm^2。

5.1.2　极限应力、许用应力与安全系数

5.1.2.1　极限应力

根据第4章对杆件的内力分析知道，一般情况下，内力是截面位置变量的函数，即截面位置不同时内力也不同。由于截面上某点的应力是分布内力的集度，内力越大，应力也越大，在等截面杆件中具有最大内力的截面上一定存在最大应力。当最大应力达到某一极限值时，杆件就会被破坏。在工程力学中将**杆件破坏或丧失承载能力前的最大应力称为极限应力。**极限正应力用 σ^0 表示，极限切应力用 τ^0 表示。当杆件材料的性质不同时，其极限应力是不同的。极限应力值的大小可通过相关的试验来测量。低碳钢和铸铁极限应力的测定方法见5.2节。

5.1.2.2　许用应力与安全系数

不同材质杆件的承载能力是不同的，工程力学中将**保障杆件和结构安全工作(或使用)时杆件中能够承受的最大应力，称为许用应力**，许用正应力用[σ]表示，许用切应力用

$[\tau]$表示。只有当杆件中的应力小于许用应力时,才能保证杆件不会被破坏。将材料的极限正应力与许用正应力的比值,称为**安全系数**,用 n 表示,n 恒大于 1。实用中将许用正应力用极限正应力与安全系数的比值来表示:

$$[\sigma] = \frac{\sigma^0}{n} \tag{5-2}$$

每种材料的极限应力值是一定的,但取不同的安全系数时,其许用应力却不相同。安全系数的确定是一个比较复杂的问题,它既要保障安全,又要考虑经济因素。**选择安全系数的基本原则是:在保障安全的条件下尽量满足经济要求。**

材料的安全系数与许用应力的具体数据可根据国家相关规范选取。这里将工程中几种常用材料在常温、静载条件下的许用正应力值列入表 5-1 中,供参考。材料的许用切应力也可从有关工程手册中查到,但实用中通常是根据材料的许用正应力来折算的:

塑性材料 $[\tau] = (0.6 \sim 0.8)[\sigma]$

脆性材料 $[\tau] = (0.8 \sim 1.0)[\sigma]$

表 5-1 几种常用材料的许用正应力

材料名称	许用正应力(MPa)		材料名称	许用正应力(MPa)	
	拉伸	压缩		拉伸	压缩
低碳钢(Q235)	160 ~ 170	160 ~ 170	混凝土(C20)	0.45	7
16 锰(16Mn)	210 ~ 230	210 ~ 230	混凝土(C30)	0.6	10.5
灰铸铁	35 ~ 55	160 ~ 200	石砌体	<0.3	0.5 ~ 4.0
松木(顺纹)	5 ~ 7	8 ~ 12	砖砌体	<0.2	0.5 ~ 2.0

5.1.3 杆件的强度计算

工程力学中将**内力最大的截面称为危险截面,危险截面上应力最大的点称为危险点。**危险点的应力也就是杆件的最大工作应力,它是对杆件进行强度计算的依据。出现危险截面的情况有三种:

(1)等截面杆中内力最大的截面;

(2)内力相同时的最小截面;

(3)内力和截面都相对较大或都相对较小时,则内力与截面几何量的比值最大的截面是危险截面。

在安全、经济的前提下,杆件的最大工作应力必须满足的条件,称为强度条件。或者说,为了保障杆件能够安全地使用,其实际最大工作应力必须小于或等于许用应力。

5.1.3.1 正应力强度条件

对于塑性材料,其许用拉应力和许用压应力的数值相同,故其正应力条件为

$$|\sigma_{max}| \leqslant [\sigma] \tag{5-3}$$

对于脆性材料,其许用拉应力和许用压应力分别用$[\sigma]^+$、$[\sigma]^-$表示。其正应力条件为

$$\left.\begin{aligned}\sigma_{\max}^{+} &\leqslant [\sigma]^{+}\\ \sigma_{\max}^{-} &\leqslant [\sigma]^{-}\end{aligned}\right\}\tag{5-4}$$

5.1.3.2 切应力强度条件

切应力强度条件为

$$\tau_{\max} \leqslant [\tau]\tag{5-5}$$

5.1.3.3 强度计算

强度计算,就是利用强度条件解决杆件三个方面的强度计算问题,即

(1)**强度校核**。已知内力、材料性质、截面形状与尺寸,对杆件进行强度验算。

(2)**截面设计**。已知内力、材料性质及截面形状,确定杆件的截面尺寸。

(3)**确定许可荷载**。已知材料性质、截面形状与尺寸,确定能够作用于杆件或结构上指定荷载的最大值。

5.2 轴向拉伸和压缩时材料的力学性能

从上节中知道,杆件中的应力与杆件的截面大小有关。但要知道杆件会不会产生破坏,还必须知道杆件能够承受多大的应力。在生产和日常生活中已有这样的经验:截面相同但材质不同的杆件,其承载能力是不同的,甚至于截面和材质均相同的杆件在不同环境中的承载能力也不尽相同。这就是说,杆件的承载能力与受力过程中杆件的各种物理性质有关。工程力学中将**材料在受力过程中所反映出来的各种物理性质,称为材料的力学性能或机械性能**。材料的力学性能是通过材料试验来测定的。在这里,只讨论轴向拉伸和压缩时不同性质的材料在常温、静载条件下的力学性能。

5.2.1 塑性材料和脆性材料

5.2.1.1 弹性变形与塑性变形

任何物体受力后都会产生变形。如果在物体受力并产生变形之后将所作用的力撤去,变形完全消失(或物体完全恢复到原来的样子),称这种**能够完全消失的变形为弹性变形**。如果作用在物体上的力被撤去后,变形没有消失或没有完全消失,则称这种**不能消失的变形为塑性变形**。试验证明,材料在弹性变形范围内,变形的大小与所作用的力的大小成正比,而在塑性变形过程中却不存在这种关系。

5.2.1.2 塑性材料和脆性材料

实际工程中所使用的材料是多种多样的,但按其共性可分为塑性材料和脆性材料两大类。在工程力学中,将**具有明显的弹性性能和塑性性能的材料称为塑性材料**。例如低碳钢、合金钢、铜、铝等材料,都属于塑性材料。而**在变形很小甚至观察不到变形的情况下就发生断裂破坏的材料,称为脆性材料**。如铸铁、砖、石、混凝土、玻璃、陶瓷等材料,都属于脆性材料。

塑性材料与脆性材料的力学性能完全不同。试验研究中,通常以低碳钢和灰铸铁分别作为塑性材料和脆性材料的典型代表。在本节中,以低碳钢和灰铸铁作为试验的原材料来了解塑性材料及脆性材料在轴向拉伸与压缩时的力学性能。

5.2.2　轴向拉伸时材料的力学性能

如前所述，用于试验的材料为低碳钢和铸铁。低碳钢是指含碳量低于0.25%的碳素钢。低碳钢在工程中特别是土建工程中使用最为广泛。铸铁是一种典型的脆性材料，它的使用虽然并不广泛，但它通过试验所反映出来的力学性能，却体现了如砖、石、混凝土等工程中常用脆性材料的共性。对低碳钢和铸铁进行拉伸试验时所采用的试件，是根据国家金属材料试件标准制作的标准试件。如图5-2所示，低碳钢试件的截面形状有圆形和矩形两种，试件的中间部分为工作长度 l，称为标距。圆形试件的标距 l 与直径 d 间的关系为 $l=10d$ 或 $l=5d$；矩形试件的标距 l 与截面面积 A 间的关系为 $l=11.3\sqrt{A}$ 或 $l=5.65\sqrt{A}$。试验时大多数采用圆形截面试件。

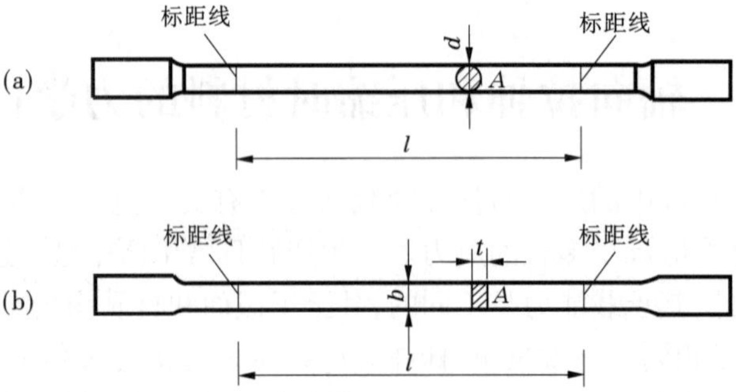

图5-2

5.2.2.1　低碳钢的拉伸试验

1）试验过程与拉伸图

将试件的两端分别装入试验机上下夹具内，启动试验机。当试件所受到的拉力 F 从零开始缓慢增大时，试件也开始慢慢伸长，总伸长量为 Δl。在试件开始受力到被拉断为止的过程中，要记下几个特定时刻的 F 值，并观察试件的变形特征。

以拉力 F 为纵坐标、变形 Δl 为横坐标，按一定比例绘制出的 F 和 Δl 的关系曲线，称为**拉伸图**，或 $F—\Delta l$ 曲线，如图5-3所示。在一般的万能材料试验机上都配有自动绘图装置，只要在试验前装上绘图纸和绘图笔，试验机就能在试验过程中自动画出试件的拉伸图。在有计算机配置的试验机上做试验时，电脑会自动绘出此拉伸图。

从拉伸图中可见，低碳钢从开始受力到被拉断经历了四个阶段：

第Ⅰ阶段（$O\sim B$）　力与变形成正比关系（拉伸图为斜直线）。若在此阶段终结前卸掉荷载，则已产生的变形会随之消失，故称此阶段为**弹性阶段**。

第Ⅱ阶段（$B\sim C$）　变形曲线成近乎水平的锯齿状，荷载呈增减交替的胶着状态，而变形则显著增加，即使此时卸掉荷载，此阶段的变形仍然存在，此阶段的变形为塑性变形，因此称此阶段为**塑性屈服阶段**。此阶段内的荷载最小值（下屈服点 C' 点处的 F 值），称为屈服荷载，用 F_s 表示，试验过程中必须记下此荷载值。

如果试件表面非常光亮，仔细观察可发现此阶段内试件表面会出现与试件轴线成45°的斜纹，此被称为滑移线的斜纹是45°斜面上存在的最大切应力引起材料内部晶粒之间的相对滑移所致。

第Ⅲ阶段($C \sim D$) C 点后随着荷载的增加,变形也显著增加且力与变形为非线性关系(拉伸图为曲线)。把这个阶段称为**强化阶段**,此阶段中的 D 点处的荷载值为试件破坏前的荷载最大值,称为极限荷载,用 F_b 表示,试验过程中必须记下此荷载值。

第Ⅳ阶段($D \sim E$) D 点后荷载值开始自动减小(示力盘指针回转),试件开始出现局部收缩,变形仍显著增加,直至试件被拉断。称此阶段为**颈缩破坏阶段**。

2)低碳钢拉伸时的力学性能

塑性材料的轴向拉伸试件在受力与变形的前三个阶段中,其横截面上都只有正应力 σ,σ 的大小可用拉力 F 除以受力前试件的横截面面积 A 而得到。

由于 Δl 与试件的标距 l 及横截面面积 A 有关,为了消除试件尺寸的影响,反映试件的物理本质,将试件的变形用伸长量 Δl 与标距 l 的比值 ε 来表示,即 $\varepsilon = \Delta l / l$,$\varepsilon$ 称为纵向线应变。以 ε 为横坐标,以 σ 为纵坐标,便可绘制试件的**应力—应变图**(σ—ε 图),如图 5-4 所示。从图 5-4 中可以了解到低碳钢拉伸时的力学性能。

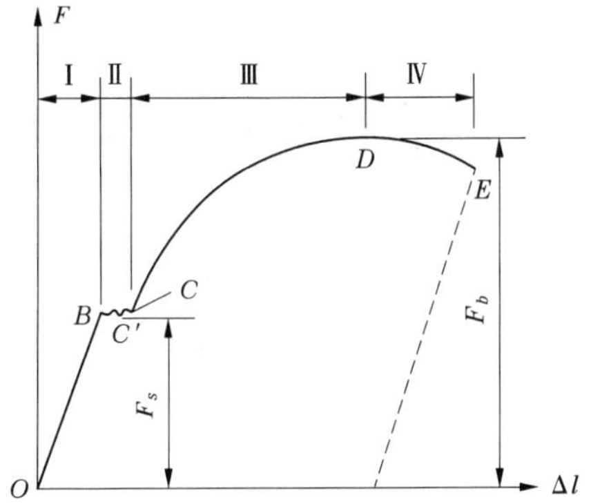

图 5-3

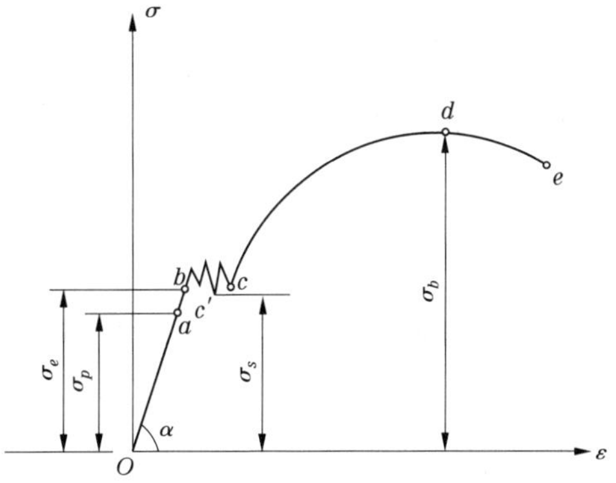

图 5-4

(1)强度指标。

弹性极限与比例极限 弹性阶段(Ob 段)试件的变形为完全弹性变形,故称 b 点的应力为**弹性极限**,用 σ_e 表示。其中 Oa 段的应力—应变图为直线,它表示应力与应变成正比,故将 a 点的应力称为**比例极限**,用 σ_p 表示。对于 Q235 钢,$\sigma_p \approx 200$ MPa。图中线段 Oa 与横坐标 ε 间夹角为 α,α 与材料的弹性模量 E、正应力 σ、应变 ε 的关系可表示为

$$\tan\alpha = E = \frac{\sigma}{\varepsilon} \tag{5-6}$$

式(5-6)也可以表示为

$$\sigma = E\varepsilon \tag{5-7}$$

式(5-7)称为拉压**胡克定律**。

低碳钢的弹性模量 $E \approx 2 \times 10^5$ MPa。弹性极限 σ_e 与比例极限 σ_p 的意义虽然不同,但它们的数值非常接近,在实际工程中对它们并不作严格区分。

屈服极限 屈服阶段(bc 段)中应力—应变曲线的最低点 c' 称为下屈服点,该点的应力称为**屈服极限**,用 σ_s 表示,$\sigma_s = F_s / A$。对于 Q235 钢,$\sigma_s \approx 235$ MPa。由于应力达到 σ_s

时，杆件就会因产生显著的塑性变形而无法正常使用，故塑性材料的极限应力 $\sigma^0=\sigma_s$，它是塑性材料的控制性强度指标。

强度极限　屈服阶段过后，材料又有了承受荷载和抵抗变形的能力，故 c 点后至 d 点，σ—ε 曲线呈曲线上升状态。过了 d 点，试件即开始局部收缩并丧失承载能力而至断裂。因此，d 点的应力是试件的极限应力，称为**强度极限**，用 σ_b 表示。对于 Q235 钢，$\sigma_b\approx$ 400 MPa。σ_b 是衡量材料极限强度的重要指标。

(2) 塑性指标。

试件拉断后，其弹性变形随之消失，塑性变形（或残余变形）被保留下来。低碳钢圆形截面试件拉断后的变形情况如图 5-5 所示。塑性变形的大小是衡量材料塑性性能的重要指标。

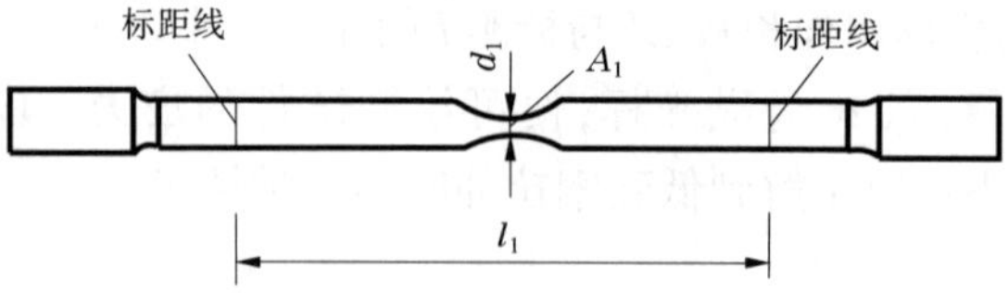

图 5-5

塑性材料的塑性指标有两个：一个是试件相对伸长量的百分数，称为延伸率，用 δ 表示，即

$$\delta=\frac{l_1-l}{l}\times 100\% \tag{5-8}$$

另一个是横截面面积相对改变量的百分数，称为断面收缩率，用 ψ 表示，即

$$\psi=\frac{A-A_1}{A}\times 100\% \tag{5-9}$$

(3) 冷作硬化。

试件在拉伸过程中，若加载到如图 5-6(a) 所示强化阶段的某点 f 时，将荷载逐渐减小到零，则卸载过程中的应力—应变曲线仍保持直线关系，且卸载直线 fO_1 基本上与弹性阶段的直线 Oa 平行。f 点对应的总应变为 Og，回到 O_1 时所消失的部分 O_1g 为弹性变形，不能消失的部分 OO_1 为塑性变形。

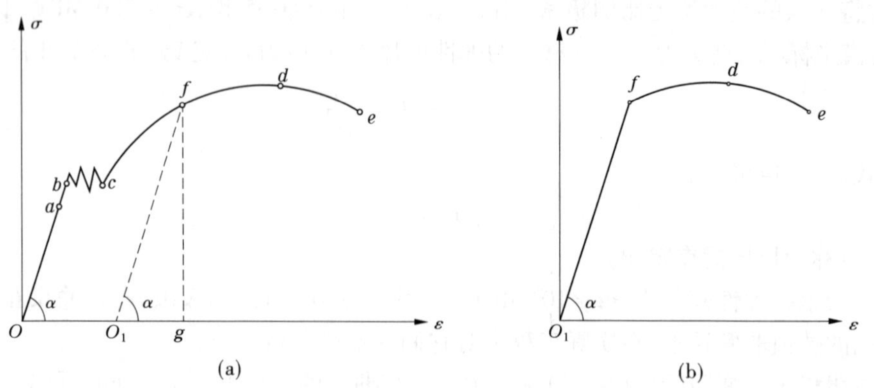

图 5-6

如果卸载后马上又加载，则 σ—ε 曲线将基本上沿着卸载时的同一直线 O_1f 上升到 f 点，而 f 点以后的 σ—ε 曲线与原来的曲线基本一致，如图 5-6(b)所示。

比较图 5-6(a)、(b)便不难发现，卸载后再加载，使得材料的比例极限和屈服极限都得到了明显提高，而材料的塑性则有所降低。这种将材料预拉到强化阶段即卸载，然后马上又加载，使得材料的比例极限和屈服极限得到提高，而塑性降低的现象，称为**冷作硬化**。工程中常利用冷作硬化来提高钢筋的屈服极限，达到提高强度、降低钢材用量的目的。

5.2.2.2　其他材料拉伸时的力学性能

1)其他塑性材料拉伸时的力学性能

用同样的方法和试验条件，可得到 16 Mn、铝合金或硬铝、黄铜或青铜等几种塑性材料的应力—应变图(σ—ε 图)，如图 5-7 所示。

这些塑性材料的共同特点是延伸率较大且没有明显的屈服阶段。对于这类塑性材料，规范规定：取对应于试件产生 0.2% 塑性变形时的应力值作为材料的名义屈服极限，用 $\sigma_{0.2}$表示，如图 5-8 所示。

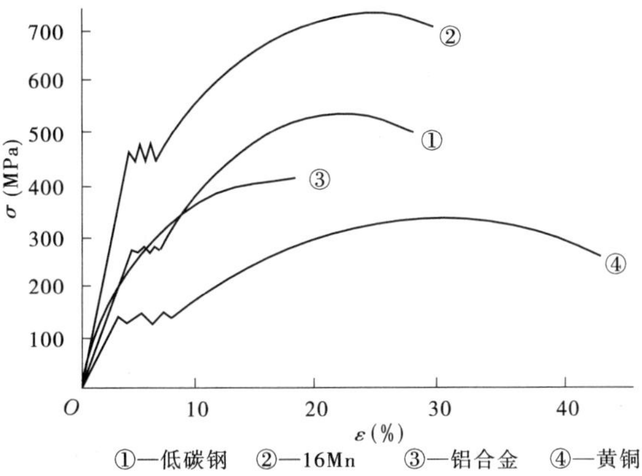

图 5-7

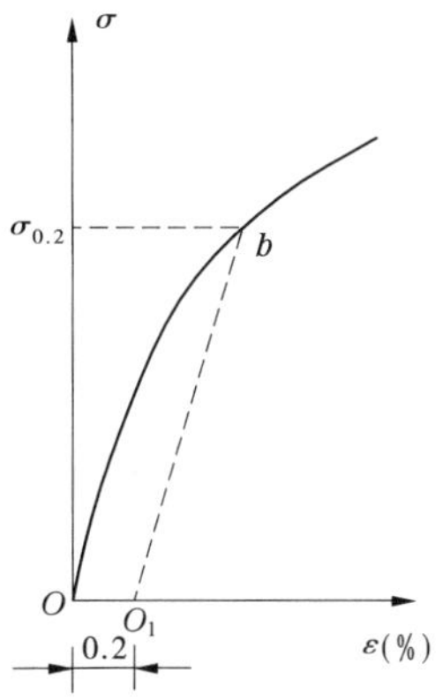

图 5-8

2)铸铁拉伸时的力学性能

铸铁是典型的脆性材料，其拉伸时的 σ—ε 曲线如图 5-9 所示。铸铁的延伸率约为 0.4%，σ—ε 曲线中没有明显的直线部分，也没有屈服阶段，断裂时的应力就是强度极限。因此，强度极限是衡量脆性材料强度的唯一指标。

脆性材料的变形极小，通常规定把产生 0.1% 应变时所对应的应力范围作为该材料的弹性范围，并认为材料在此范围内近似服从胡克定律。它的弹性模量 E 是以割线替代 σ—ε 曲线，以割线的斜率 $\tan\alpha$ 为近似的 E 值，故称为割线模量。铸铁的弹性模量 $E=(1.2\sim1.8)\times10^5$ MPa。拉断时断口与横截面平行。由于脆性材料抗拉强度低且破坏时无预兆，故不应用于制作受拉构件。

5.2.3　轴向压缩时材料的力学性能

作为两种性质材料代表的低碳钢和铸铁，其压缩试件均采用如图 5-10 所示的圆柱体，圆柱体的高度一般为直径的 1.2～1.5 倍。

5.2.3.1 铸铁压缩时的力学性能

铸铁压缩时的 σ—ε 曲线如图 5-11 所示。铸铁压缩时的基本特征与拉伸时相似，即从开始受力到被破坏的整个过程中无屈服阶段，其 σ—ε 曲线中无明显的直线部分，但其压缩时的塑性变形比拉伸时大，抗压强度极限是抗拉强度极限的 4 ~ 5 倍。压缩破坏时的破坏面与试件轴线约成 45°，属于剪切破坏。

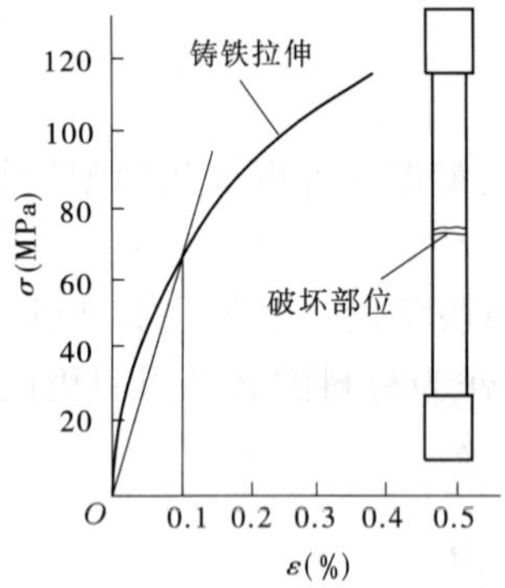

图 5-9

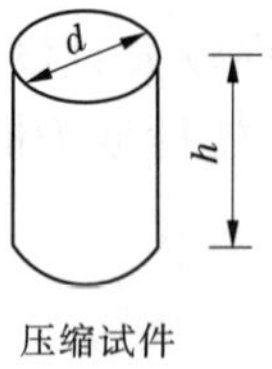

图 5-10

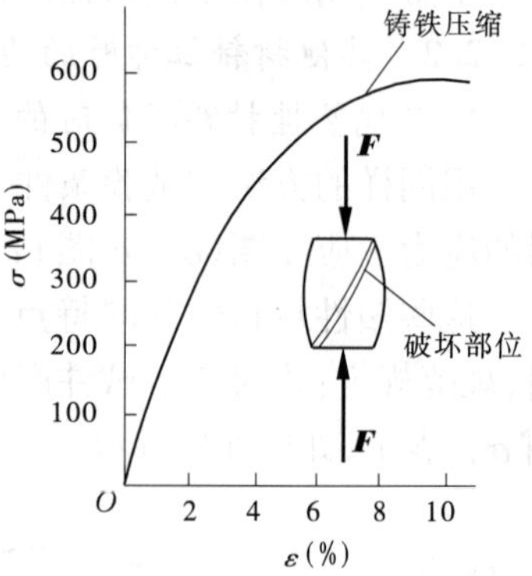

图 5-11

由于脆性材料的抗拉能力差而抗压能力强，故通常用它制作受压构件。

5.2.3.2 低碳钢压缩时的力学性能

低碳钢压缩时的 σ—ε 曲线如图 5-12 所示。由图可见，低碳钢压缩时的 σ—ε 曲线只有三个阶段：弹性阶段、屈服阶段、强化阶段。其弹性阶段和屈服阶段的 σ—ε 曲线与拉伸时基本重合，即其压缩时的弹性极限、屈服极限及弹性模量均与拉伸时相同。但在屈服阶段之后试件由于出现了明显的塑性变形而使横截面越来越大（高度减小，直径增大），强化阶段的极限值从理论上讲是无穷大。由于低碳钢主要强度指标和塑性指标都可由拉伸试验得到，故一般不做低碳钢的压缩试验。

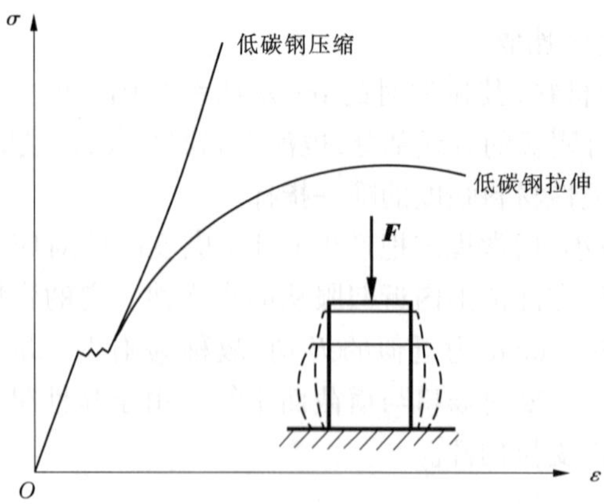

图 5-12

5.3　轴向拉压杆的应力与强度计算

5.3.1　轴向拉压杆横截面上的应力

由 5.1、5.2 节已知，杆件横截面上的应力不仅与截面上的内力有关，还与截面的大小有关。为了弄清轴向拉压杆横截面上的应力及其分布情况，在图 5-13 所示方形截面直杆表面画出几条与轴线平行的纵向直线和几条与横截面平行的横向直线。当杆件受到轴向拉力 $\boldsymbol{F}$ 作用时，杆件产生了纵向伸长、横向收缩的变形，并且，受力前的各纵向直线在受力后其长度发生了相同的改变，仍为相互平行且互不挤压的直线；受力前的方形横截面在受力后只是大小发生了改变，但形状并未发生变化。这一变形现象表明，杆件在受力过程中，所有横截面均为形状不变的平面，只是发生了沿杆件轴线的平行移动。

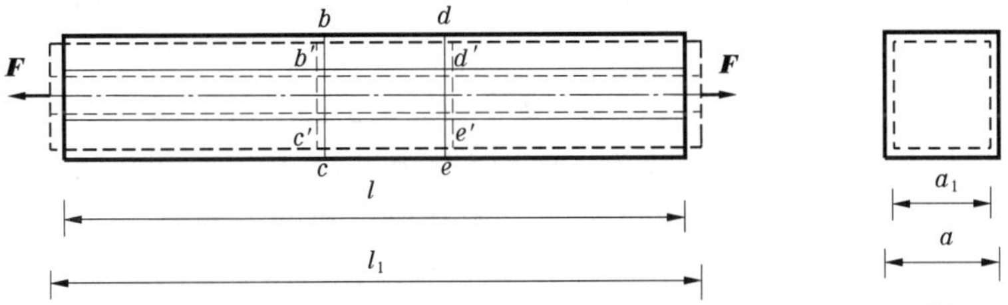

图 5-13

如果将杆件视为由无数多根纵向纤维所组成，则根据以上变形特征可知每根纤维都受到数值相等的轴向拉力作用。对整个横截面而言，若将每根纤维的截面均视为一个点，则每点上的轴力集度就是上节所定义的正应力 σ，且横截面上每点的正应力 σ 都相同，即**轴向受力杆件的正应力 σ 在横截面上呈均匀分布状态**，如图 5-14 所示。

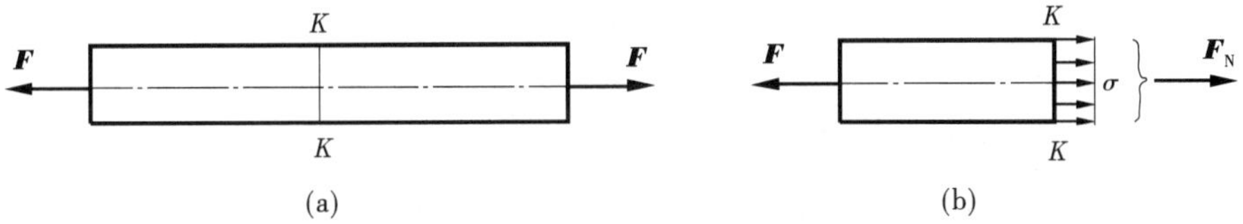

图 5-14

正应力 σ 的计算公式可由式(5-1)积分得到，其中因轴向拉压杆件横截面上只有轴力 $\boldsymbol{F}_{\mathrm{N}}$，故式(5-1)中 $\mathrm{d}F = \mathrm{d}F_{\mathrm{N}}$。

由

$$p = \frac{\mathrm{d}F}{\mathrm{d}A} \rightarrow \sigma = \frac{\mathrm{d}F_{\mathrm{N}}}{\mathrm{d}A} \rightarrow \sigma \mathrm{d}A = \mathrm{d}F_{\mathrm{N}} \rightarrow \int_A \sigma \mathrm{d}A = \int_A \mathrm{d}F_{\mathrm{N}} \rightarrow \sigma A = F_{\mathrm{N}}$$

得

$$\sigma = \frac{F_{\mathrm{N}}}{A} \tag{5-10}$$

式中，F_{N} 为横截面上的轴力，A 为横截面面积。σ 的正负号与 F_{N} 相同，即拉应力取正号，压应力取负号。式(5-10)是轴力引起的杆件横截面上正应力的计算公式。

【例 5-1】 计算图 5-15(a)所示轴向拉压杆的正应力。已知 $d_1 = d_3 = 20$ mm, $d_2 = 14$ mm。

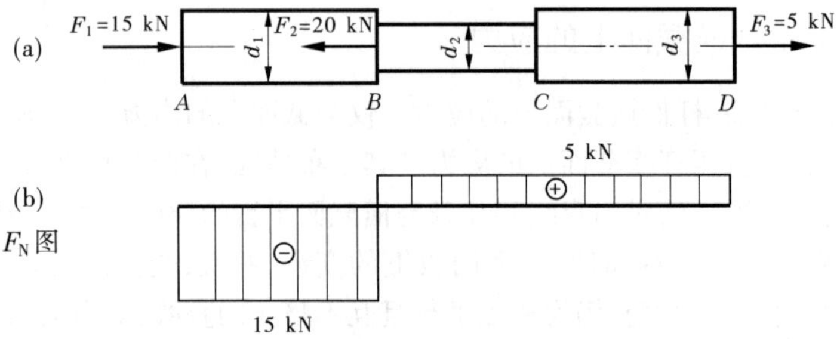

图 5-15

解:(1)计算杆件各截面的轴力,作出轴力图如图 5-15(b)所示。杆件各杆段横截面上的轴力分别为

$$F_{N1} = -F_1 = -15\ \text{kN},\quad F_{N2} = -F_1 + F_2 = 5\ \text{kN},\quad F_{N3} = F_3 = 5\ \text{kN}$$

(2)计算杆件各横截面上的正应力。由轴力图和式(5-10)知,图 5-15(a)所示轴力杆 AB 段、BC 段和 CD 段的应力各不相同,但每一杆段中各横截面上的应力却是相同的。因此,在每个杆段中只要计算一个截面的应力,即可知该杆段中所有截面上的应力。

$$A_1 = A_3 = \frac{\pi d_1^2}{4} = \frac{3.14 \times 20^2}{4} = 314(\text{mm}^2),A_2 = \frac{\pi d_2^2}{4} = \frac{3.14 \times 14^2}{4} = 153.86(\text{mm}^2)$$

$$\sigma_{AB} = \frac{F_{N1}}{A_1} = \frac{-15 \times 10^3}{314} = -47.77(\text{MPa})(\text{压应力})$$

$$\sigma_{BC} = \frac{F_{N2}}{A_2} = \frac{5 \times 10^3}{153.86} = 32.5(\text{MPa})(\text{拉应力})$$

$$\sigma_{CD} = \frac{F_{N3}}{A_3} = \frac{5 \times 10^3}{314} = 15.92(\text{MPa})(\text{拉应力})$$

5.3.2 轴向拉(压)杆斜截面上的应力

上面讨论了轴向拉压杆件横截面上应力的计算问题,但根据材料的拉压试验发现,轴向受力构件的破坏部位并不都是在横截面上。例如低碳钢拉伸时的屈服阶段,试件的表面会出现与试件轴线成 45°的斜纹,铸铁压缩的破坏面与试件轴线也成大约 45°。这是什么原因呢? 现在就来探讨这个问题。

5.3.2.1 斜截面上的应力公式

设有如图 5-16(a)所示轴向拉杆,现在来分析与横截面成 α 角的任意斜截面(或称为 α 截面)K—K 上的应力。

用截面法取脱离体如图 5-16(b)所示,α 截面上的轴力为 $F_{N\alpha} = F_N$。与横截面正应力分布规律相仿,α 截面上的应力 p_α 也均匀分布于斜截面上,如图 5-16(b)所示。令 α 截面面积为 A_α,则

$$p_{\alpha} = \frac{F_{N\alpha}}{A_{\alpha}} = \frac{F_N}{A}\cos\alpha = \sigma\cos\alpha$$

式中,σ 为杆件横截面上的正应力,α 为斜截面与横截面的夹角,以逆时针转向为正。

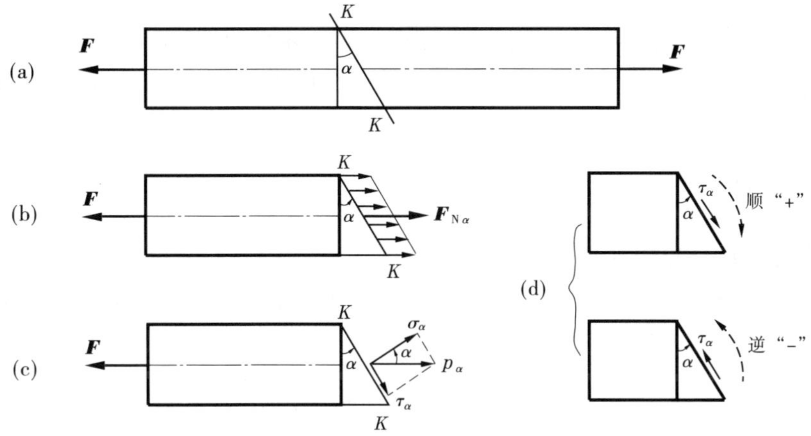

图 5-16

为了研究方便,特将 p_{α} 分解为两个应力分量:一个为垂直于斜截面的正应力 σ_{α},另一个为平行于斜截面的切应力 τ_{α},如图 5-16(c)所示,则

$$\left.\begin{aligned}\sigma_{\alpha} &= p_{\alpha}\cos\alpha = \sigma\cos^{2}\alpha \\ \tau_{\alpha} &= p_{\alpha}\sin\alpha = \sigma\cos\alpha\sin\alpha = \frac{1}{2}\sigma\sin2\alpha\end{aligned}\right\} \qquad (5\text{-}11)$$

式(5-11)就是轴向拉(压)杆斜截面应力的计算公式。正应力 σ_{α} 仍以拉为正,压为负。切应力 τ_{α} 以绕截面内侧任意点有顺时针方向转动趋势时为正,反之为负,如图 5-16(d)所示。

5.3.2.2　最大应力

由式(5-11)可见,轴力杆 α 截面上的正应力和切应力都是截面倾角 α 的函数,且有

当 $\alpha = 0°$时,$\sigma_{\alpha} = \sigma_{\alpha\max} = \sigma$,$\tau_{\alpha} = 0$,表明横截面上只有正应力,没有切应力;

当 $\alpha = 45°$时,$\sigma_{\alpha} = \sigma/2$,$\tau_{\alpha} = \tau_{\alpha\max} = \sigma/2$,表明 45°斜截面上有正应力,且有最大切应力;

当 $\alpha = 90°$时,$\sigma_{\alpha} = 0$,$\tau_{\alpha} = 0$,表明与杆轴平行的截面上没有任何应力。

现在可以回答上面提出的问题:屈服阶段内低碳钢拉伸试件的表面出现与试件轴线成 45°的斜纹,是因为最大切应力引起了晶粒相对滑移;铸铁压缩的破坏面与试件轴线成 45°角,也是由于最大切应力达到强度极限,致使铸铁试件沿与轴线成 45°角的方向产生剪切破坏。

5.3.2.3　切应力互等定理

如果在图 5-16 所示杆件上再取一个与 K—K 垂直的斜截面 K'—K',如图 5-17 所示,则 K'—K'斜截面上的切应力为

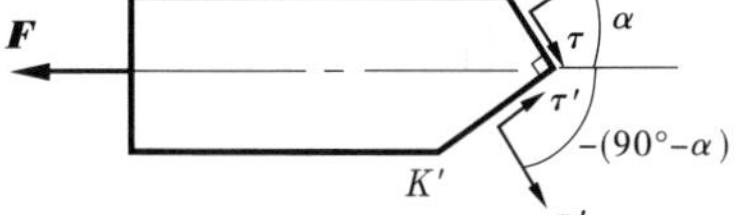

图 5-17

$$\tau' = \frac{\sigma}{2}\sin 2[-(90° - \alpha)] = -\frac{\sigma}{2}\sin 2\alpha$$

比较式(5-11)有

$$\tau = -\tau' \tag{5-12}$$

式(5-12)表明,**两个相互垂直截面上的切应力大小相等、符号相反。此特性称为切应力互等定理**。该定理说明,两互相垂直截面上的切应力成对出现,且同时存在同时消失,其指向同时相向或同时背向此二截面的交线。

5.3.3　轴向拉压杆的强度计算

5.3.3.1　轴向拉压杆的强度条件

由于轴向拉压杆横截面上只有正应力,故由式(5-3)、式(5-4)得其强度条件为:

对于抗拉、抗压能力相同的塑性材料

$$|\sigma_{\max}| = \frac{|F_{\mathrm{Nmax}}|}{A} \leqslant [\sigma] \tag{5-13}$$

对于抗拉、抗压能力不同的材料

$$\left.\begin{aligned}\sigma_{\max}^{+} &\leqslant [\sigma]^{+}\\ \sigma_{\max}^{-} &\leqslant [\sigma]^{-}\end{aligned}\right\} \tag{5-14}$$

式中,$|F_{\mathrm{Nmax}}|$为杆件横截面上的最大轴力的绝对值,$\sigma_{\max}^{+}$、$\sigma_{\max}^{-}$为实际最大拉应力和实际最大压应力,$[\sigma]^{+}$、$[\sigma]^{-}$为材料的许用拉应力和许用压应力。塑性材料$[\sigma]^{-}=[\sigma]^{+}$。

5.3.3.2　强度计算举例

【例 5-2】　图 5-18(a)所示为一三角支架,杆 AB 为圆形截面钢杆,其许用应力为$[\sigma]=160$ MPa;杆 AC 为方形截面木杆,其许用应力为$[\sigma]^{-}=10$ MPa;作用于结点 A 的集中荷载 $F=10$ kN。试确定杆 AB 和杆 AC 横截面尺寸。

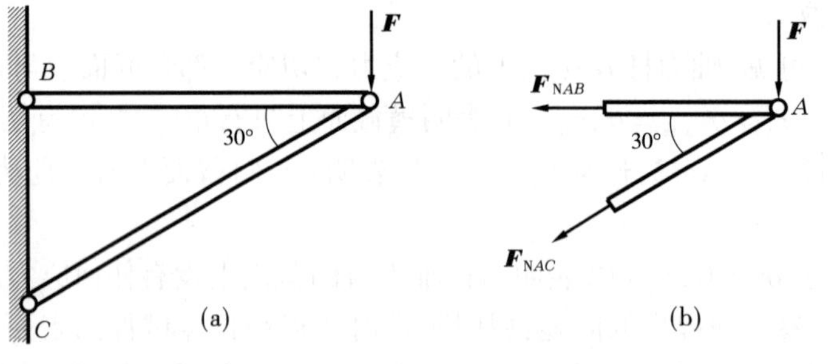

图 5-18

解:由于支架在 A、B、C 三处为铰结,杆件中间未受任何外力作用,故杆 AB、AC 均为二力杆,即轴向拉压杆。求此两杆的横截面尺寸,需要先求出此两杆的内力,然后应用正应力强度条件求各杆的横截面尺寸。

(1)用截面法取包含结点 A 的部分为脱离体并作受力图如图 5-18(b)所示,由静力平衡条件求得各杆的轴力。

由

$$\sum F_y = 0, \quad -F_{NAC}\sin30° - F = 0$$

$$\sum F_x = 0, \quad -F_{NAC}\cos30° - F_{NAB} = 0$$

解得

$$F_{NAC} = -2F = -20\ \text{kN}(\text{压力}), \quad F_{NAB} = 17.32\ \text{kN}(\text{拉力})$$

(2)确定两杆的横截面尺寸。

AB 钢杆的抗拉、抗压能力相同,应用式(5-13)确定横截面直径 d。

由

$$\frac{F_{NAB}}{A_{AB}} \leqslant [\sigma] \rightarrow A_{AB} \geqslant \frac{F_{NAB}}{[\sigma]} \rightarrow A_{AB} = \frac{17.32 \times 10^3}{160} = 108.25(\text{mm}^2)$$

即

$$A_{AB} = \frac{\pi d^2}{4} = 108.25\ \text{mm}^2$$

解得

$$d = 12\ \text{mm}$$

AC 杆的抗拉、抗压能力不同,由式(5-14)确定方形横截面的边长 a。

由

$$\frac{F_{NAC}}{A_{AC}} \leqslant [\sigma]^- \rightarrow a^2 \geqslant \frac{F_{NAC}}{[\sigma]^-} \rightarrow a^2 = \frac{20 \times 10^3}{10} = 2\ 000(\text{mm}^2)$$

解得　$a = 44.7$ mm,取 $a = 45$ mm 作为杆 AC 的横截面边长。

【例 5-3】　有一边长为 60 cm×60 cm 的正方形截面砖柱如图 5-19(a)所示,柱高 $h = 12$ m,材料的容重 $\gamma = 23$ kN/m^3,作用于柱顶的轴向压力 $F = 500$ kN。若材料的许用应力 $[\sigma]^- = 1$ MPa,试问该砖柱的强度是否足够?

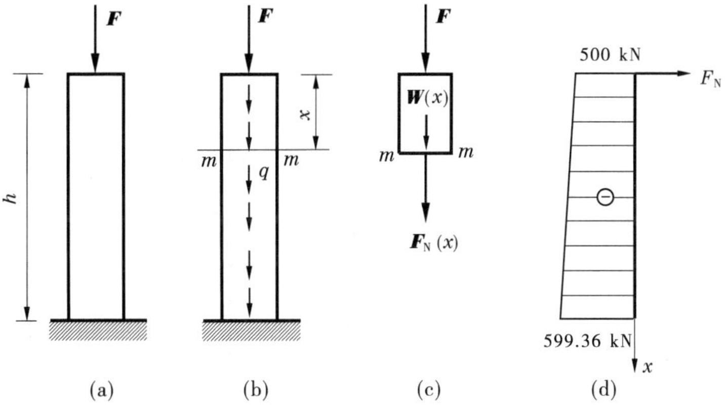

图 5-19

解:依题意,图示为考虑自重影响的轴向压杆,若要对其进行强度校核,先须求出其最大轴力,然后再由强度条件校核它的强度是否足够。考虑自重时砖柱的受力情况如图 5-19(b)所示。

(1)计算砖柱的轴力并作轴力图。由于自重的影响,柱各横截面的轴力大小是沿截面高度变化的。现截取距柱顶为 x 长度的一段柱体为研究对象,如图 5-19(c)所示,设这

段柱体的重力为 $\boldsymbol{W}(x)$，$m—m$ 截面上的轴力为 $\boldsymbol{F}_{\mathrm{N}}(x)$，求 $m—m$ 截面上的轴力 $\boldsymbol{F}_{\mathrm{N}}(x)$。

由

$$\sum F_x = 0, \quad F_{\mathrm{N}}(x) + W(x) + F = 0$$

得轴力方程

$$F_{\mathrm{N}}(x) = -F - W(x) = -(500 + \gamma \cdot A \cdot x) \quad (0 < x < h)$$

由上式可见，$F_{\mathrm{N}}(x)$ 的大小与 x 呈线性变化。按上式作出砖柱的轴力图如图 5-19(d)所示，该砖柱的最大轴向压力为 $F_{\mathrm{Nmax}}^{-} = 599.36\ \mathrm{kN}$。

(2)校核砖柱的强度。

因

$$\sigma_{\max}^{-} = \frac{F_{\mathrm{Nmax}}^{-}}{A} = \frac{599.36 \times 10^3}{600 \times 600} = 1.665\ \mathrm{MPa} > [\sigma]^{-} = 1\ \mathrm{MPa}$$

故此砖柱的强度不够。

5.3.4 应力集中的概念

5.3.4.1 应力集中现象

从前面的应力分析中知道，等截面直杆在轴向拉(压)时，其横截面上的应力是均匀分布的。但是，如果截面形状或尺寸发生突然变化，则截面形状或尺寸发生突变处的应力就不再呈均匀分布状态。例如，图 5-20(a)所示中间开有小圆孔的轴向拉杆，在圆孔附近的局部区域内，应力的数值急剧增加，而在距孔边稍远处，应力迅速降低，如图 5-20(b)所示。图 5-20(b)所示的这种**由于杆件截面尺寸突然改变而引起的局部应力急剧增大现象，称为应力集中。**

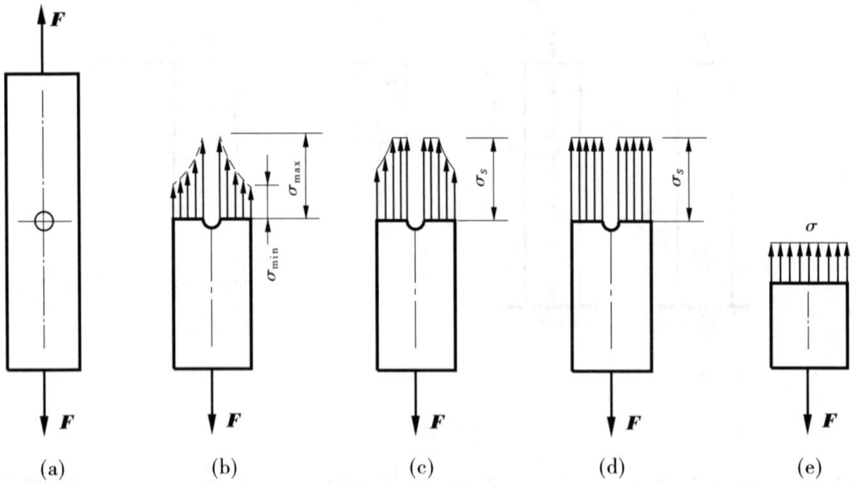

图 5-20

5.3.4.2 应力集中对杆件强度的影响

应力集中对杆件强度的影响会因杆件材料的力学性能而异。对于塑性材料，因其具有屈服阶段，当应力集中处的最大应力 $\sigma_{\max}$ 达到材料的屈服极限 σ_s 时，若外力 $\boldsymbol{F}$ 继续增大,则该点的应力并不增大,只是应变在增加,而截面上其他处的应力继续增大,如图 5-20(c)所示。当外力 $\boldsymbol{F}$ 继续增大时,截面上应力达到屈服极限的区域会逐渐扩大,直至整个截面上各点的应力都达到屈服极限,如图 5-20(d)所示,杆件才丧失承载能力。因此,对于塑性材料杆件,只要其被削弱截面上的平均应力不超过屈服极限,则杆件不会丧失承载能力,故**塑性材料无需考虑应力集中对强度的影响**。

脆性材料没有屈服阶段,当应力集中处的最大应力达到极限应力 σ_b 时将引起应力集中处的局部开裂,随着截面的逐步减小而导致杆件在该截面上断裂。因此,**脆性材料必须考虑应力集中对强度的影响**。在脆性材料杆件中应避免出现截面尺寸突然变化部位,不要在杆件上开槽打孔。

5.4　连接件的实用计算

5.4.1　连接件及其受力与破坏特征

连接件是指结构或机构中两个或两个以上杆(构)件之间起连接作用的零部件。常见的连接类型有如图 5-21(a)所示的螺栓连接,还有铆钉连接、销钉连接、键连接、焊接和榫连接等。其中的螺栓、铆钉、销钉、键和榫头等称为连接件。连接件虽然几何尺寸小,但它在连接中起着十分重要的作用。在上述连接的破坏事例中,大多数是连接件的破坏所致。

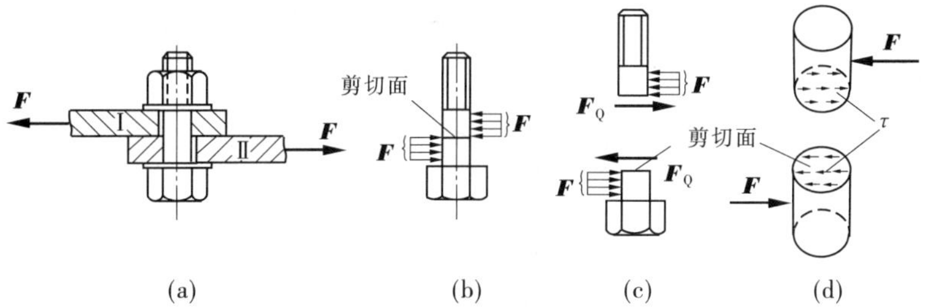

图 5-21

连接件的实际受力情况是比较复杂的,但其主要受力和变形特点是:作用在连接件两个侧面上的外力大小相等、方向相反、作用线与此连接件的轴线垂直且相距很近,受这两个力作用下的连接件会沿着力的作用线发生相对错动,这个发生错动或有错动趋势的截面称为**剪切面**,如图 5-21(c)、(d)所示。

5.4.2　连接件的剪切实用计算

由截面法可知,**作用于连接件剪切面上的内力只有剪力 F_Q,因此剪切面上的应力也只有切应力 τ**。要想由理论分析或实验得到切应力 τ 在剪切面上的分布规律是比较困难的,因而要精确计算 τ 的值也难以做到。实用计算中通常假定切应力 τ 在剪切面上均匀分布,于是得到切应力的计算公式为

$$\tau = \frac{F_Q}{A} \tag{5-15}$$

式中,A、F_Q 分别为连接件的剪切面面积和作用于剪切面上的剪力。

普通的螺栓或铆钉连接一般有两种形式:一种是如图 5-21 所示两个被连接件的搭接,螺栓或铆钉**只有一个剪切面,称为单剪**;另一种是如图 5-22 所示两个被连接件的对接,螺栓或铆钉**有两个剪切面,称为双剪**。下面给出螺栓、铆钉的切应力实用计算公式及剪切强度条件。

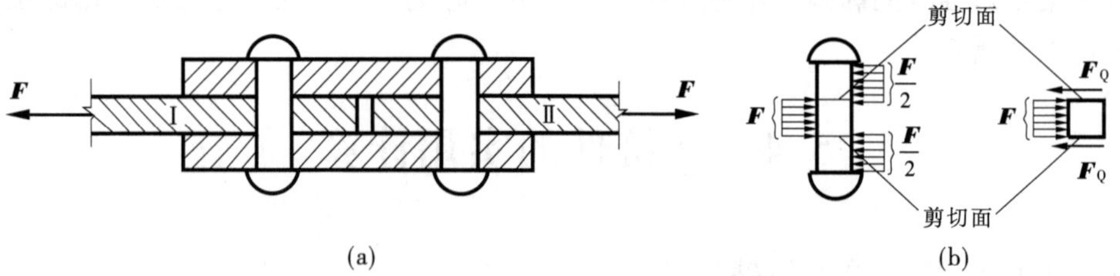

图 5-22

设一个被连接件上的螺栓、铆钉个数为 n,连接件的直径为 d,作用于一个被连接件上的外力为 $\boldsymbol{F}$,则每个螺栓、铆钉剪切面的切应力计算公式为

单剪时 $$\tau = \frac{F_Q}{A} = \frac{4F}{n\pi d^2} \tag{5-16}$$

双剪时 $$\tau = \frac{F_Q}{A} = \frac{2F}{n\pi d^2} \tag{5-17}$$

螺栓、铆钉的强度条件为

单剪时 $$\tau = \frac{4F}{n\pi d^2} \leqslant [\tau] \tag{5-18}$$

双剪时 $$\tau = \frac{2F}{n\pi d^2} \leqslant [\tau] \tag{5-19}$$

式(15-16)~式(15-19)同样适用于销钉的计算。

5.4.3 挤压强度校核*

连接件在与外力方向平行的剪切面上受到剪力作用的同时,在连接件和被连接件的相互接触面上都受到挤压力的作用,如图 5-23(a)所示。对于塑性材料的连接件和被连接件,当挤压面上的应力超过材料的屈服极限时,就会因产生塑性变形而导致连接失效。在铆钉或螺栓连接的被连接件内半圆柱面上产生的塑性变形如图 5-23(b)所示。

为了保障连接件和被连接件都能够正常工作,对于连接件,除应满足剪切强度要求外,还应满足挤压强度要求。

实际的挤压面是如图 5-23(c)所示的半圆柱面,作用于该面上的挤压应力,很难弄清其分布规律。实用计算中,将作用于挤压面上的挤压应力按图 5-23(d)所示计算挤压面上法向应力的平均值考虑,即

$$\sigma_c = \frac{F_c}{A_c} \tag{5-20}$$

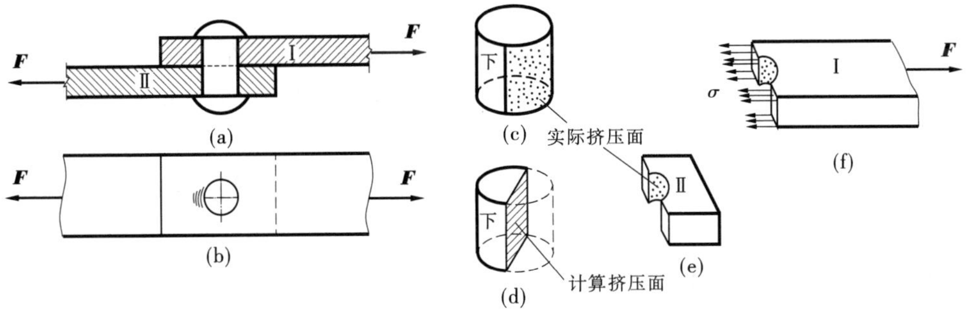

图 5-23

式中，F_c、A_c、σ_c 分别为接触面上的挤压力、计算挤压面的面积和作用于计算挤压面上的挤压应力。

连接件和被连接件的挤压强度条件为

$$\sigma_c = \frac{F_c}{A_c} \leqslant [\sigma_c] \tag{5-21}$$

式中，$[\sigma_c]$为材料的许用挤压应力，由相关规范或工程手册中查得，也可按下列范围取值：

塑性材料　　$[\sigma_c] = (1.5 \sim 2.5)[\sigma]$

脆性材料　　$[\sigma_c] = (0.6 \sim 1.5)[\sigma]$

【例 5-4】　有如图 5-24(a)所示销钉连接，$t = 10$ mm，作用于被连接件上的拉力 $F = 20$ kN，销钉材料的许用切应力$[\tau] = 40$ MPa，许用挤压应力$[\sigma_c] = 160$ MPa，试确定销钉的直径 d。

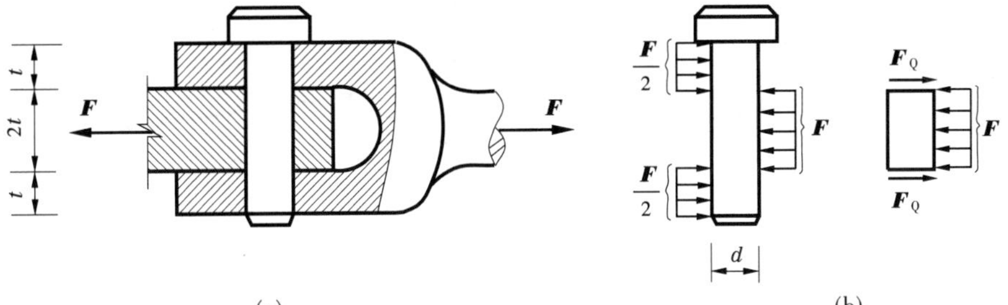

图 5-24

解：销钉的受力情况如图 5-24(b)所示，属于双剪。

(1)由式(5-19)确定销钉的直径 d：

$$d \geqslant \sqrt{\frac{2F}{n\pi[\tau]}} = \sqrt{\frac{2 \times 20 \times 10^3}{1 \times 3.14 \times 40}} = 17.85(\text{mm})$$

取 $d = 18$ mm。

(2)由式(5-21)对销钉进行挤压强度校核：

$$\sigma_c = \frac{F_c}{A_c} = \frac{F}{dt} = \frac{20 \times 10^3}{18 \times 10} = 111.11(\text{MPa}) < 160\ \text{MPa}$$

满足强度要求,故选定的销钉直径为 18 mm。

此外,对于对接或搭接的轴向拉压板构件,由于连接孔的存在而减小了板的受力面积,如图 5-23(f)所示,故在实际计算中,应对板进行净受力截面上的抗拉强度校核。

5.5　圆轴扭转时的应力与强度计算

5.5.1　圆轴扭转时横截面上的应力

通过对轴向拉压杆及连接件的应力分析得知,轴向拉压杆横截面上只有均匀分布的正应力,连接件横截面上也只有假定均匀分布的切应力。那么圆轴扭转时横截面上有哪些应力?它的应力又是如何分布的呢?为了弄清这个问题,下面通过一个简单的试验来观察圆轴扭转时的变形情况,并根据变形情况来分析得出其横截面上的应力及其分布规律,然后给出横截面应力的计算公式。

图 5-25(a)所示为左端固定的圆形截面轴(杆件)。受力前,在杆件表面画出两条与杆轴线平行的纵向直线 ab、cd 和与横截面平行的圆周线 1、2。当此轴受到作用面与横截面平行的力偶 m 作用时,该轴就产生了如图 5-25(b)所示的扭转变形:

(1)圆周线 1、2 只绕杆轴线产生相对转动,但形状、尺寸及间距并未发生变化。

(2)纵向线 ab、cd 均倾斜了同一角度 γ。当 γ 表示单位长度变形角时,称为**切应变**。

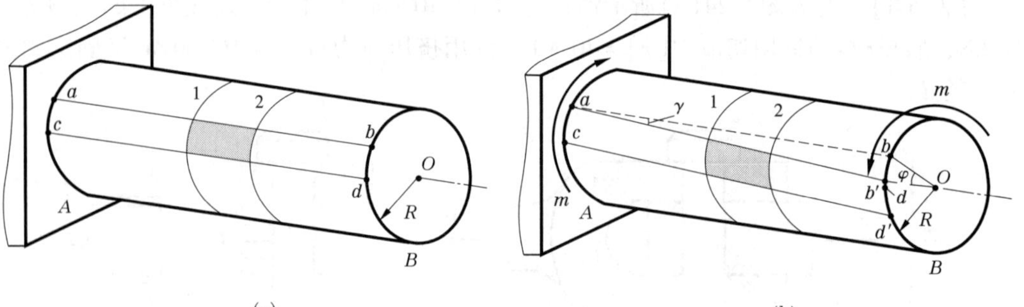

图 5-25

可见,在变形过程中,各横截面就像刚性平面一样绕同一轴线作相对转动。由此推知,**圆轴扭转时,其横截面上没有正应力,只有平行于横截面且垂直于半径并沿半径线性分布的切应力**。可以证明,在弹性变形范围内,扭转切应力 τ 与切应变 γ 成正比,即

$$\tau = G\gamma \tag{5-22}$$

式(5-22)称为**剪切胡克定律**。式中 G 是反映杆件抵抗剪切变形能力的弹性常数,称为剪切弹性模量,单位为 GPa(1 GPa = 10^9 Pa)。

切应力的计算公式可由式(5-22)的物理关系和截面上受力平衡关系得到(推导过程略)。设截面形心到任意点的距离为 ρ,截面对形心的极惯性矩为 I_p,则截面上任意点的切应力计算公式为

$$\tau_\rho = \frac{M_n}{I_p}\rho \tag{5-23}$$

式中，M_n 为截面上的扭矩。对如图 5-26(a)所示的实心圆截面和图 5-27(a)所示的空心圆截面，其切应力的分布图分别如图 5-26(b)、图 2-27(b)所示。

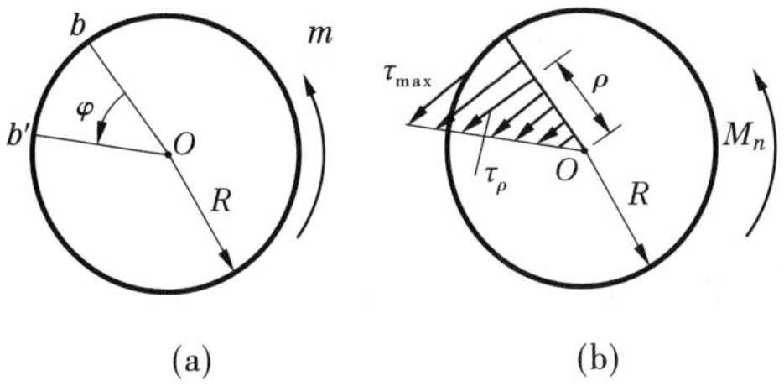

图 5-26

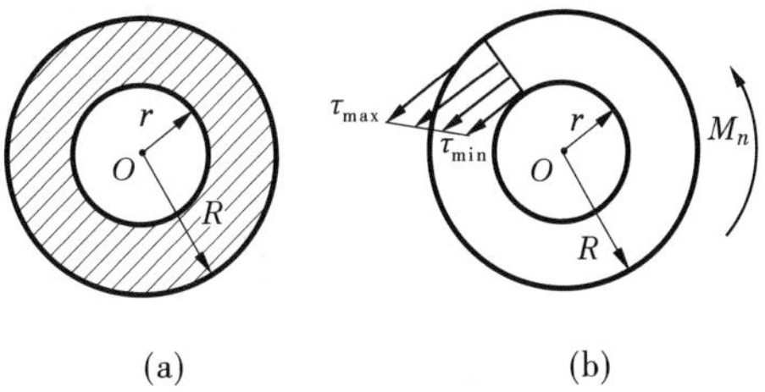

图 5-27

由应力分布规律及分布图可见，截面周边上各点具有最大切应力，其计算公式为

$$\tau_{\max} = \frac{M_n}{I_p}\rho_{\max} = \frac{M_n}{W_T} \tag{5-24}$$

式中，W_T 为截面的抗扭截面系数。由圆形截面对形心的极惯性矩公式得到抗扭截面系数计算公式分别为：

对于直径为 d 的实心圆截面，因 $I_p = \pi d^4/32$，则

$$W_T = \frac{I_p}{\rho_{\max}} = \frac{\pi d^3}{16} \tag{5-25}$$

对于外径为 D、内径为 d 的空心圆截面，因 $I_p = \pi(D^4 - d^4)/32$，故

$$W_T = \frac{I_p}{\rho_{\max}} = \frac{\pi}{16}D^3(1-\alpha^4) \tag{5-26}$$

式中，$\alpha = d/D$。

5.5.2　圆轴扭转强度计算

5.5.2.1　圆轴扭转强度条件

对于圆形等截面的实心轴和空心轴，其危险截面为 $M_{n\max}$ 所在截面，此截面圆周上各点均为应力的危险点，因而圆轴扭转强度条件为

$$\tau_{\max} = \frac{M_{n\max}}{W_T} \leqslant [\tau] \tag{5-27}$$

5.5.2.2　强度计算例题

【例 5-5】　等截面圆轴如图 5-28(a)所示，已知外力偶矩 $m_B = 6$ kN · m，$m_A = 2$ kN · m，$m_C = 4$ kN · m，材料的许用切应力 $[\tau] = 60$ MPa。计算：

(1)按实心圆选择该轴的直径 d；

(2)按 $\alpha = 0.85$ 为该轴选择外径 D；

(3)计算两种轴的截面面积并进行比较。

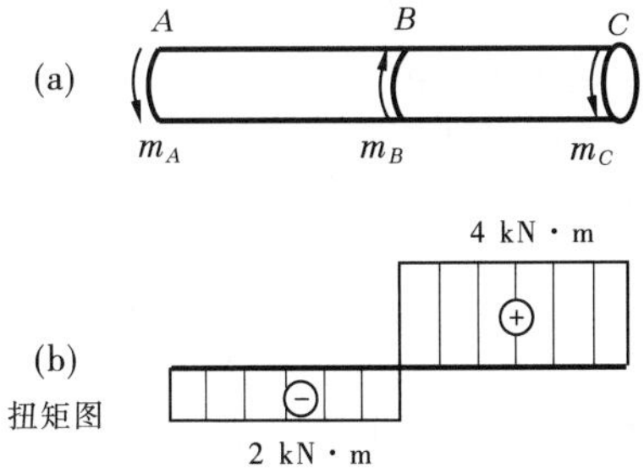

图 5-28

解：(1)作轴的扭矩图如图 5-28(b)所示。轴的最大扭矩为 $M_{n\max} = 4$ kN · m。

(2)按实心圆选择该轴的直径 d:

由

$$\tau_{\max} = \frac{M_{n\max}}{W_T} = \frac{16M_{n\max}}{\pi d^3} \leqslant [\tau] \rightarrow \frac{16 \times 4 \times 10^6}{3.14 \times d^3} = 60 \text{ MPa}$$

得

$$d = \sqrt[3]{\frac{64 \times 10^6}{60 \times 3.14}} = 69.775(\text{mm}), 取\ d = 70 \text{ mm}$$

(3)按 $\alpha = 0.85$ 为该轴选择外径 D:

将

$$W_T = \frac{\pi D^3}{16}(1 - \alpha^4) = \frac{3.14D^3}{16}(1 - 0.85^4) = 0.094D^3$$

代入式(5-27)解得

$$D = \sqrt[3]{\frac{M_{n\max}}{0.094[\tau]}} = \sqrt[3]{\frac{4 \times 10^6}{0.094 \times 60}} = 89.18(\text{mm}), 取\ D = 90 \text{ mm}$$

由 $\alpha = d/D = 0.85$ 得空心圆轴内径为 $d = 0.85D = 76.5$ mm。

(4)计算两种截面的面积并进行比较:

实心截面面积为 $A_{实} = \dfrac{\pi d^2}{4} = \dfrac{3.14 \times 70^2}{4} = 3.85 \times 10^3 (\text{mm}^2)$

空心截面面积为 $A_{空} = \dfrac{\pi}{4}(D^2 - d^2) = \dfrac{3.14}{4} \times (90^2 - 76.5^2) = 1.764 \times 10^3 (\text{mm}^2)$

由

$$\frac{A_{实}}{A_{空}} = \frac{3.85}{1.764} = 2.18$$

可见空心截面比实心截面节省材料 50% 以上。

5.6 平面弯曲梁的应力与强度计算

由第 4 章知道,在平面弯曲梁的横截面上一般有两种内力,即剪力和弯矩。这两种内力是梁横截面上分布内力的合成结果,其中剪力 $\boldsymbol{F}_Q$ 是横截面上切向力(其作用线与梁横向外力作用线平行),弯矩 M 是横截面上作用面与荷载作用平面重合的内力偶矩。与这两种内力相对应的是,一般情况下在梁的横截面上会同时存在由**剪力 $\boldsymbol{F}_Q$ 引起的切应力 τ** 及由**弯矩 M 引起的正应力 σ**。本节将在讨论纯弯曲梁横截面的正应力的基础上,重点研究横力弯曲下梁横截面上的正应力及其强度计算问题,而对弯曲切应力及其强度计算只作一般介绍。

5.6.1 纯弯曲梁横截面上的正应力

图 5-29(a)所示简支梁受分别等距于支座的两个大小相等、方向相同的集中荷载 $\boldsymbol{F}$ 作用,其剪力图和弯矩图分别如图 5-29(b)、(c)所示。由内力图可见,梁段 CD 各个截面上均无剪力,该梁段内各截面的弯矩为一常数,而在 AC、DB 梁段内,各截面既有剪力又有

弯矩。在发生平面弯曲的梁中，将**只有弯矩没有剪力的弯曲，称为纯弯曲**，而将**既有剪力又有弯矩的弯曲，称为横力弯曲**。

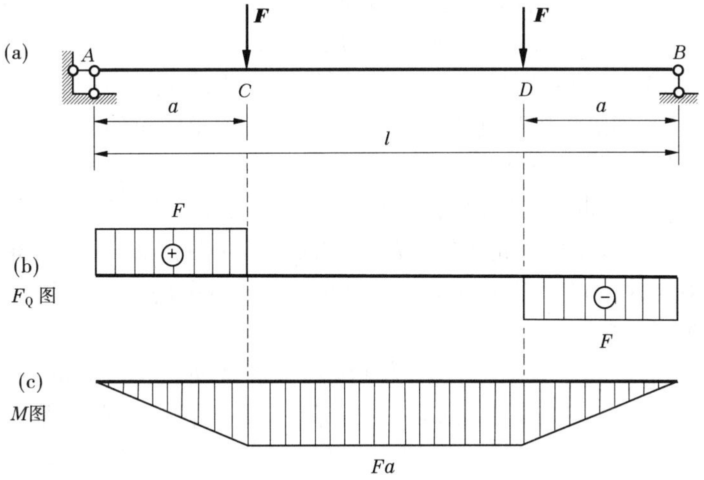

图 5-29

为了探索梁横截面正应力的分布规律，特取出如图 5-30(a)所示矩形截面梁段进行变形观察。先在梁段的表面画出若干条与梁轴线平行的纵向直线和与梁轴线垂直的铅垂直线，这些直线构成了许多的矩形格子，然后在梁段的两端各作用一个力偶(这两个力偶等值、反向)，使梁段发生纯弯曲变形，如图 5-30(b)所示。

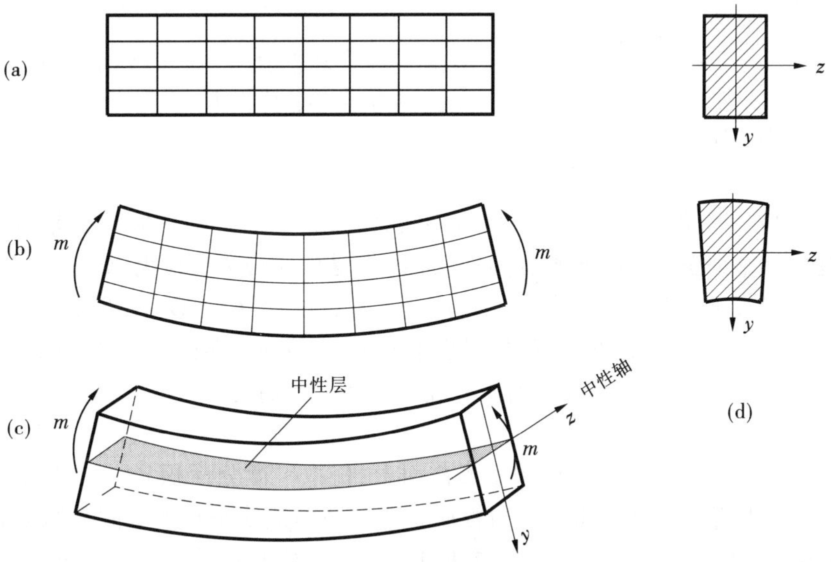

图 5-30

由图 5-30(b)可见到如下变形现象：

(1)原来相互平行的纵向直线均成为仍相互平行的曲线，且梁轴线以上部分曲线缩短，梁轴线以下部分曲线伸长。

(2)所有原来与纵向直线垂直的横向线仍保持与纵向线垂直的直线。

另外，由图 5-30(d)可见，梁的横截面上部变宽下部变窄但仍然保持为平面。

根据上述变形现象，可作如下假设：

(1)平面假设。发生纯弯曲后梁的横截面像刚性平面一样，仍保持为与梁的曲轴线垂直的平面，只是在变形过程中该平面绕通过截面形心的水平轴(z 轴)转动了一个角度。

(2)单向受力假设。将梁视为由无数多根纵向纤维组成，弯曲后各纵向纤维之间未出现相互挤压，只受到沿纤维长度方向的拉伸或压缩，即单向拉伸和压缩，并且，在同一纤维层中每根纤维的变形量均相同。

由这两个假设可以断定，梁在弯曲过程中必有一层纤维既不伸长也不缩短，只是产生了弯曲。我们将这个**既不伸长也不缩短的纤维层称为中性层，中性层与横截面的交线称为该横截面的中性轴**，如图 5-30(c)所示。中性层将梁沿梁高分为两个区域：纤维伸长的受拉区和纤维缩短的受压区。

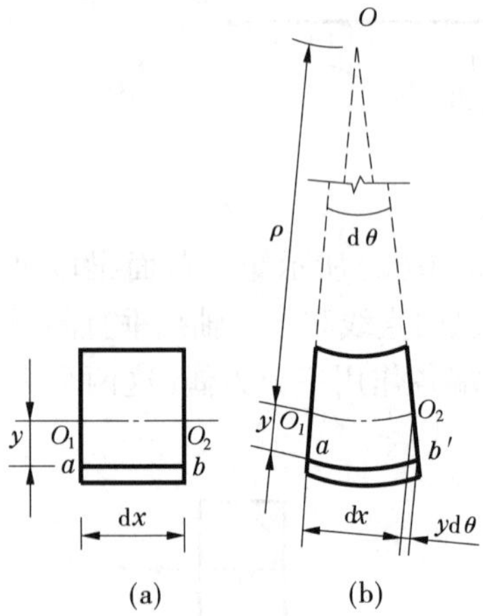

图 5-31

为了弄清梁横截面上正应力的分布规律，从纯弯曲梁中取一微段 dx 如图 5-31(a)所示，y 为某层纤维 ab 到中性层(或中性轴)的距离，该微段的变形如图 5-31(b)所示，原纤维层 ab 变形后为 ab'，图中 ρ 为中性层的曲率半径，$d\theta$ 为微段变形后左右两截面间的夹角。由图 5-31(b)的几何关系可知，纤维层 ab 伸长量为 $yd\theta$，即 $yd\theta = ab' - ab = ab' - dx$，又 $dx = \rho d\theta$，则 ab 的线应变 ε 为

$$\varepsilon = \frac{yd\theta}{dx} = \frac{y}{\rho} \qquad (a)$$

根据单向受力假设及拉压胡克定律可知，截面上任意点的应力—应变关系为

$$\sigma = E\varepsilon = E\frac{y}{\rho} \qquad (b)$$

式(b)表明了梁横截面上正应力的分布规律：**梁横截面上的正应力沿截面高度呈线性分布，在中性轴处正应力等于零，在截面的上、下边缘正应力值最大**，如图 5-32 所示。

式(b)虽然反映了横截面上的应力—应变关系，且当梁和变形一定时，ρ 为一常数，但还不能确定 ρ 的大小，况且中性轴的位置也未能确定，故还不能由该式进行应力计算。在梁同时产生的内力和变形之间必然存在一定的关系，如果找到了这种关系，就可以建立应力与内力之间的关系。

在图 5-33 所示受弯矩 M 作用的矩形截面上，任取一微分面积 dA，dA 上作用的法向微元内力为 σdA，截面上所有微元内力构成一个与截面法线平行的空间平行力系。由变形现象已知截面上拉区和压区的 σdA 方向相反，且在截面的同一高度上 σdA 的数值相等，故此力系的合成结果是一个绕截面中性轴转动的内力偶矩，这个内力偶矩就是截面上的弯矩 M，即

$$M = \int_A y\sigma dA \qquad (c)$$

代入式(b)有

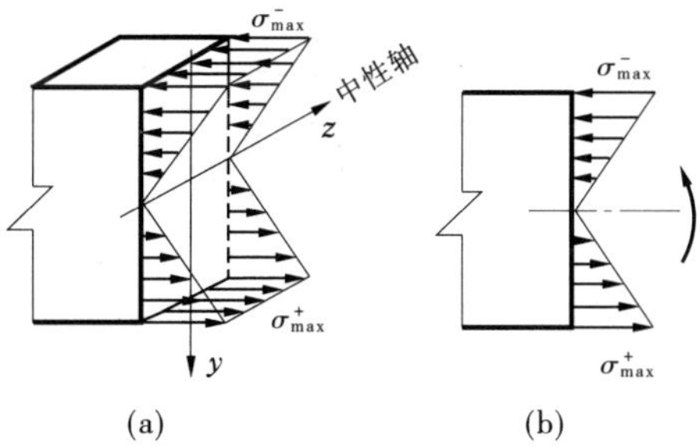

图 5-32

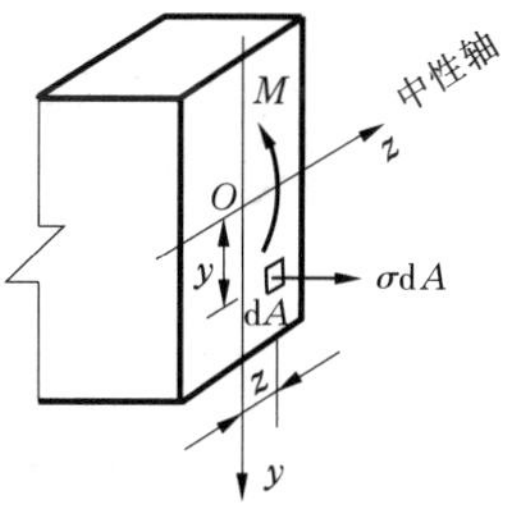

图 5-33

$$M = \frac{E}{\rho}\int_A y^2 \mathrm{d}A = \frac{E}{\rho}I_z$$

即

$$\frac{1}{\rho} = \frac{M}{EI_z} \tag{5-28}$$

式(5-28)称为弯曲变形基本公式。式中 I_z 为截面对中性轴的惯性矩，EI_z 称为梁的抗弯刚度。将式(5-28)代入式(b)得到梁横截面上任意点正应力的计算公式如下

$$\sigma = \frac{M}{I_z}y \tag{5-29}$$

式(5-29)表明，纯弯曲梁横截面上任意点的正应力与截面上的弯矩和该点到中性轴的距离成正比，与截面对中性轴的惯性矩成反比。在梁的同一截面上，由于弯矩 M 和惯性矩 I_z 均为常数，故该截面上的正应力 σ 是点在截面上的位置变量 y 的函数。在横截面的上、下边缘($y = y_{max}$处)$\sigma = \sigma_{max}$，且拉区内 $y = y_{max}$处 $\sigma = \sigma_{max}^{+}$，压区内 $y = y_{max}$处 $\sigma = \sigma_{max}^{-}$。

由式(5-29)计算梁的正应力 σ 时，要注意正应力 σ 的正负号或 σ 在截面上的作用方向。一般来讲，确定 σ 正负号的方法有两种：

(1)同时代入弯矩 M 和 σ 作用点的坐标 y(中性轴以下的点 y 为正，中性轴以上的点 y 为负)，计算结果为正时是拉应力，为负时是压应力。

(2)例如图 5-34 所示，可由梁的变形情况或弯矩图来判断截面上正应力 σ 的方向：

当弯矩图位于梁的上侧时，则中性轴以上部分为拉应力，取正号，中性轴以下部分为压应力，取负号；

当弯矩图位于梁的下侧时，则中性轴以下部分为拉应力，取正号，中性轴以上部分为压应力，取负号。

5.6.2　横力弯曲时梁横截面上的正应力

5.6.2.1　横力弯曲时梁横截面上的正应力

式(5-29)是梁在纯弯曲条件下，利用平面假设和单向受力假设得出的梁横截面上任意点正应力计算公式。在实际工程中，大多数梁处于横力弯曲状态，即梁上既有正应力也有切应力。由于切应力的作用，各纵向纤维存在相互挤压现象，梁的横截面难以保持为平面。但经弹性力学分析，对于梁的跨高比(l/h)大于 5 的横力弯曲梁，用式(5-29)计算所

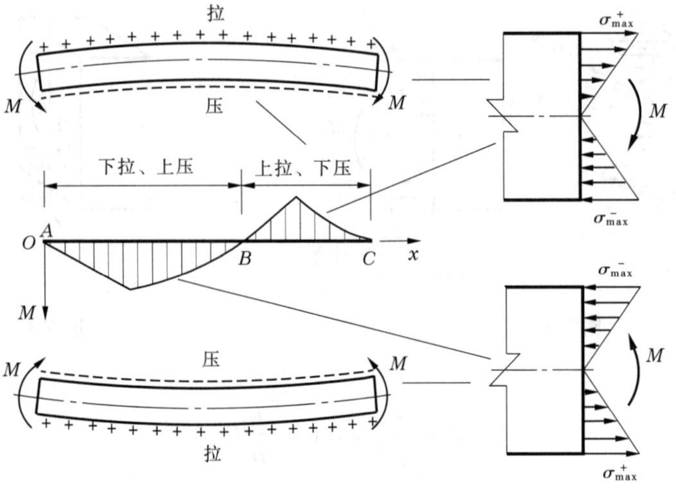

图 5-34

得的正应力与按横力弯曲算出的正应力相差甚小。因此,对于**工程中常见的横力弯曲梁,仍采用式(5-29)计算正应力**足以满足精度要求。但对于 $l/h \leqslant 5$ 或更短的横力弯曲梁,须采用弹性力学或其他方法计算其应力。

5.6.2.2 梁横截面上的最大正应力

横力弯曲时,梁各横截面上的弯矩都是截面位置变量 x 的函数,即每个截面上的弯矩各不相同,故不同截面上的最大正应力也不相同。梁横截面上的最大正应力(包括最大拉应力 σ^+_{max} 和最大压应力 σ^-_{max}),即危险截面上的危险点应力,必定在弯矩最大截面的上、下边缘。

任意截面上最大正应力计算公式为

$$\sigma_{max} = \frac{My_{max}}{I_z} = \frac{M}{\dfrac{I_z}{y_{max}}} = \frac{M}{W_z} \tag{5-30}$$

危险截面上最大正应力计算公式为

$$\sigma_{max} = \frac{M_{max}}{\dfrac{I_z}{y_{max}}} = \frac{M_{max}}{W_z} \tag{5-31}$$

式中,W_z 是与截面形状和尺寸相关的几何量,称为抗弯截面系数,其单位是 m^3 或 mm^3。各种型钢横截面的 W_z 值可由附录查得。

在最大正应力的计算中,若截面对称于自身的中性轴,则此截面上的最大拉应力与最大压应力数值相等,知其一便知其二。若截面关于其中性轴不对称,则必须分别计算出最大拉应力和最大压应力。

矩形、圆形、圆环形截面对中性轴 z 的抗弯截面系数 W_z 的计算公式分别为

$$\left.\begin{aligned}&\text{矩形截面} && W_z = \frac{bh^2}{6}\\ &\text{实心圆截面} && W_z = \frac{\pi d^3}{32}\\ &\text{空心圆截面} && W_z = \frac{\pi D^3}{32}(1-\alpha^4)\end{aligned}\right\} \tag{5-32}$$

【例 5-6】　对于图 5-35(a)所示 T 形截面的外伸梁,已知作用于自由端的集中荷载 $F=20$ kN。试计算其危险截面上的最大正应力,并画出其正应力分布图。

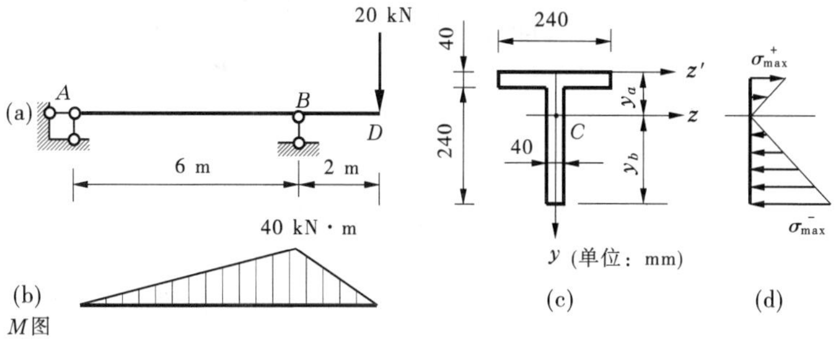

图 5-35

解:(1)作梁的弯矩图如图 5-35(b)所示。由弯矩图可见,梁的最大弯矩出现在 B 截面上,且 $M_{max}=40$ kN · m(上侧受拉)。

(2)确定危险截面及其中性轴位置。由弯矩图便知,该梁的危险截面是 B 截面。为确定该截面的中性轴(z 轴)位置,取如图 5-35(c)所示 z' 为参考坐标轴,并将 T 形截面分为上、下两个矩形,由式(3-33)计算形心坐标 $y_C(y_C=y_a)$:

$$y_C=\frac{A_1y_1+A_2y_2}{A_1+A_2}=\frac{240\times40\times20+240\times40\times160}{240\times40+240\times40}=90(\text{mm})$$

(3)由于截面与中性轴不对称,故需要计算截面对中性轴的惯性矩。计算时仍分为上、下两个矩形,利用式(3-42)计算惯性矩:

$$\begin{aligned}I_z&=I_{z1}+A_1a_1^2+I_{z2}+A_2a_2^2\\&=\frac{240\times40^3}{12}+240\times40\times(90-20)^2+\frac{40\times240^3}{12}+240\times40\times(280-120-90)^2\\&=141.44\times10^6(\text{mm}^4)\end{aligned}$$

(4)计算危险截面上的最大正应力。该梁 B 截面的上边缘具有最大拉应力,下边缘有最大压应力,中性轴的应力等于零。上、下边缘的正应力(即最大正应力)分别为:

$$\text{最大拉应力}\qquad \sigma_{max}^+=\frac{M_{max}}{I_z}y_a=\frac{40\times10^6}{141.44\times10^6}\times90=25.45(\text{MPa})(\text{拉应力})$$

$$\text{最大压应力}\qquad \sigma_{max}^-=\frac{M_{max}}{I_z}y_b=\frac{40\times10^6}{141.44\times10^6}\times190=53.73(\text{MPa})(\text{压应力})$$

(5)作 B 截面的正应力分布图如图 5-35(d)所示。

5.6.3 梁横截面上的切应力

如前所述,在横力弯曲梁的横截面上存在由剪力引起的切应力。不同材料的抗剪能力是不同的,如果切应力过大,会导致杆件产生剪切破坏。在这里先对矩形截面梁横截面上的切应力公式进行讨论,然后给出其他截面形状的梁中最大切应力的计算公式。

5.6.3.1 矩形截面梁横截面上切应力计算公式

如图 5-36(a)所示矩形截面梁横截面上的切应力计算公式基于以下两条假定:

(1)假定横截面上切应力的方向都与该截面上剪力的方向相同。

(2)假定距中性轴等距离处各点的切应力相等。

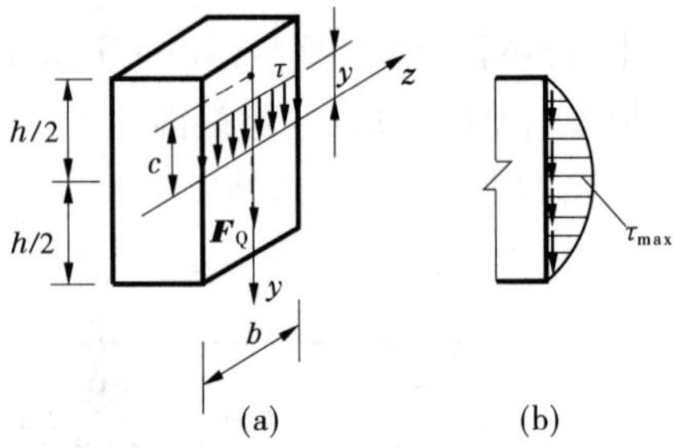

图 5-36

基于以上假定,矩形截面上任意点切应力计算基本公式为

$$\tau = \frac{F_Q S_z}{I_z b} \tag{5-33}$$

式中,F_Q 为截面上的剪力,b 为所求应力点处的截面宽度,S_z 为截面上所求应力点处横线以下(或以上)的部分截面面积对该截面中性轴的面积矩。图 5-36(a)所示距中性轴的距离为 y 处以上面积对中性轴的面积矩为:

$$S_z = \left(\frac{h}{2} - y\right) \times b \times c = \left(\frac{h}{2} - y\right) \times b \times \left[y + \frac{1}{2}\left(\frac{h}{2} - y\right)\right] = \frac{b}{2}\left(\frac{h^2}{4} - y^2\right)$$

将 S_z 代入式(5-33)得到矩形截面上任意点切应力计算公式为

$$\tau = \frac{3}{2}\frac{F_Q}{A}\left(1 - \frac{4y^2}{h^2}\right) \tag{5-34}$$

式中,A 为矩形截面的面积。由式(5-34)看出,**矩形截面梁横截面上的切应力沿截面高度呈抛物线分布**。由此式知,当 $y = y_{max} = h/2$ 时(即截面的上、下边缘),$\tau = 0$;在 $y = 0$(即中性轴上)处,$\tau = \tau_{max}$,且

$$\tau_{max} = \frac{3}{2}\frac{F_Q}{A} \tag{5-35}$$

由此可知,矩形截面梁横截面上最大切应力发生在截面中性轴上的各点处,其值等于截面上平均切应力的 1.5 倍。

5.6.3.2 非矩形截面梁横截面上的最大切应力计算公式

非矩形截面梁横截面最大切应力的一般公式为

$$\tau_{max} = \frac{F_Q S_{zmax}}{I_z b} \tag{5-36}$$

对于工程中较为常见的圆形、圆环形、工字形截面梁,其横截面最大切应力计算公式分别为:

圆形截面
$$\tau_{max} = \frac{4}{3}\frac{F_Q}{A} \tag{5-37}$$

圆环形截面

$$\tau_{max} = 2\frac{F_Q}{A} \quad (5\text{-}38)$$

工字形截面

$$\tau_{max} \approx \frac{F_Q}{dh_1} \quad (5\text{-}39)$$

式中，d、h_1 分别为腹板的厚度和高度。

如果梁由型钢构成，则查附录得到 d、I_x、S_x 后，由下式计算其最大切应力

$$\tau_{max} = \frac{F_Q S_x}{dI_x} \quad (5\text{-}40)$$

虽然前面对切应力作过正负号规定，但计算最大切应力时可以不考虑其正负号。

【例 5-7】 计算图 5-37(a)所示矩形截面简支梁危险截面上的最大切应力。图中的截面尺寸单位为 mm。

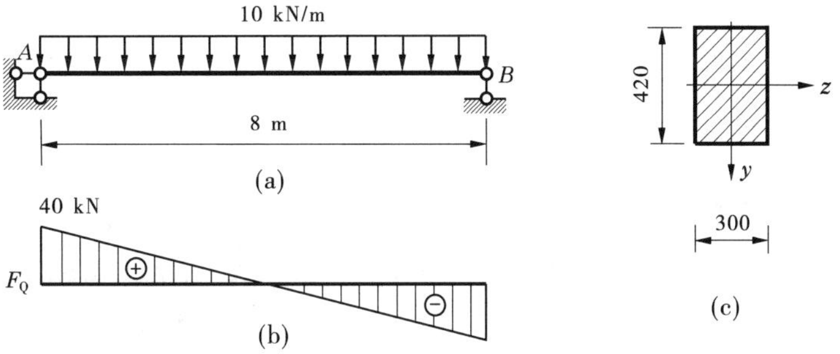

图 5-37

解：(1)作梁的剪力图如图 5-37(b)所示。由 F_Q 图得知，梁的两端截面具有最大剪力，最大剪力值为 40 kN。

(2)计算危险截面上的最大切应力。该梁的危险截面虽然有两个，但它们的截面形状与尺寸相同，内力等值、反号，即这两个截面上的切应力只是方向不同而已。该梁两端截面上的最大切应力为

$$\tau_{max} = \frac{3}{2}\frac{F_{Qmax}}{A} = \frac{3}{2} \times \frac{40 \times 10^3}{420 \times 300} = 0.476(\text{MPa})$$

5.6.4 梁的强度计算

梁横截面上往往会同时存在剪力和弯矩，对梁进行强度计算时应同时满足正应力强度条件和切应力强度条件。但在一般情况下，梁中的最大切应力比最大正应力要小得多。因此，在梁的强度计算中，除下面指出的几种特殊形式的梁必须注意其切应力强度问题外，通常是以正应力作为控制条件，而对切应力只作(或不作)强度校核。

几种特殊形式的梁是：

(1)高跨比较大的短粗梁，或在支座附近有较大集中荷载作用的梁；

(2)自行焊接的组合截面钢梁；

(3)木梁(顺纹方向)。

5.6.4.1 梁的正应力强度条件

(1)塑性材料梁

$$\sigma_{\max} = \frac{M_{\max}}{W_z} \leqslant [\sigma] \tag{5-41}$$

（2）脆性材料梁（通常采用与中性轴不对称的截面形状）

$$\left.\begin{aligned} \sigma_{\max}^{+} &= \frac{M_{\max}}{W_1} \leqslant [\sigma]^{+} \\ \sigma_{\max}^{-} &= \frac{M_{\max}}{W_2} \leqslant [\sigma]^{-} \end{aligned}\right\} \tag{5-42}$$

式中，W_1、W_2 分别为针对计算受拉区和受压区正应力的抗弯截面系数。

5.6.4.2　梁的切应力强度条件

（1）一般形式

$$\tau_{\max} = \frac{F_{Q\max} S_{z\max}}{I_z b} \leqslant [\tau] \tag{5-43}$$

（2）简化形式

$$\tau_{\max} = k\frac{F_{Q\max}}{A} \leqslant [\tau] \tag{5-44}$$

式中，k 为截面形状系数，矩形、圆形、圆环形和工字形截面的 k 值分别为 3/2、4/3、2、1；A 为横截面面积，但对于工字形截面，A 为其腹板部分的面积。

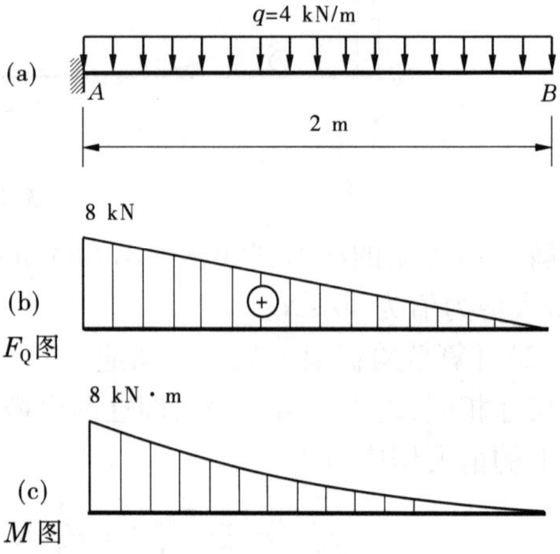

图 5-38

【例 5-8】　图 5-38（a）所示矩形截面悬臂梁的截面尺寸为：高度 $h=20$ cm，宽度 $b=10$ cm，许用正应力和许用切应力分别为 $[\sigma]=40$ MPa，$[\tau]=12$ MPa。试校核此梁的强度。

解：（1）作梁的剪力图和弯矩图如图 5-38（b）、（c）所示。

由内力图可知，最大内力值均出现在梁的左端截面上，其值分别为

$$F_{Q\max} = 8\ \text{kN}, \quad M_{\max} = 8\ \text{kN}\cdot\text{m}$$

（2）对梁进行正应力和切应力强度校核：

正应力强度校核

$$\sigma_{\max} = \frac{M_{\max}}{W_z} = \frac{8\times10^6}{\dfrac{10\times20^2}{6}\times10^3} = 12(\text{MPa}) < [\sigma] = 40\ \text{MPa}$$

切应力强度校核

$$\tau_{\max} = \frac{3}{2}\frac{F_{Q\max}}{A} = 1.5\times\frac{8\times10^3}{20\times10\times100} = 0.6(\text{MPa}) < [\tau] = 12\ \text{MPa}$$

由计算结果可知该梁的正应力强度和切应力强度均满足要求。

【例 5-9】　工字形截面外伸梁如图 5-39（a）所示，已知材料的许用正应力和许用切应

力分别为$[\sigma]=160$ MPa，$[\tau]=100$ MPa。试为此梁选定工字钢型号。

解：本例所示梁为工字形等截面的钢梁，选择它的型号时可先由正应力强度条件计算出抗弯截面系数，然后通过附表 3 确定工字钢型号。

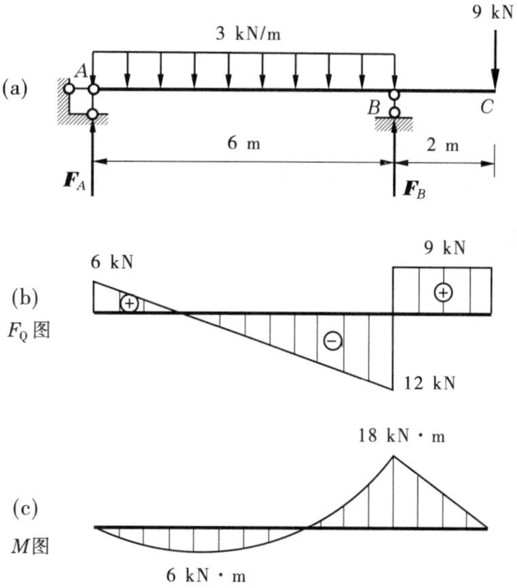

图 5-39

（1）求梁的支座约束力。

由

$$\sum M_B=0,\quad -F_A\times 6+3\times 6\times 3-9\times 2=0$$

$$\sum F_y=0,\quad F_A+F_B-3\times 6-9=0$$

解得

$$F_A=6\ \text{kN},\quad F_B=21\ \text{kN}$$

（2）作其剪力图和弯矩图分别如图 5-39(b)、(c)所示。

由内力图可见，最大剪力出现在梁的 B 支座左侧截面上，其值为 $F_{Q\max}=12$ kN，最大弯矩出现在 B 截面上，最大弯矩值为 $M_{\max}=18$ kN · m。

（3）由强度条件确定梁的工字钢型号。

对于工字形截面钢梁，先由式(5-41)计算出抗弯截面系数 W_z，查附表 3 确定相应的工字钢型号（表中截面的中性轴为 x 轴），然后由式(5-43)进行切应力强度校核。

由

$$\sigma_{\max}=\frac{M_{\max}}{W_z}\leqslant[\sigma]\rightarrow W_z\geqslant\frac{M_{\max}}{[\sigma]}$$
$$=\frac{18\times 10^6}{160}=112.5(\text{cm}^3)$$

查附表 3 得型号为工 16 对应的 W_x 与上面计算的 W_z 最接近（请读者算一算，若选工 14，是否可以满足强度要求），其 $W_x=141\ \text{cm}^3$，$I_x/S_x=13.8$ cm，腹板厚度$d=6.0$ mm，则

由

$$\tau_{\max}=\frac{F_{Q\max}S_x}{dI_x}=\frac{12\times 10^3}{6\times 13.8\times 10}=14.49(\text{MPa})<[\tau]=100\ \text{MPa}$$

便知满足切应力强度条件要求。因此，确定该梁的工字钢型号为工 16。

5.7　偏心压杆的应力分析

5.7.1　组合变形问题的分析方法

实际工程中的杆件在荷载作用下，其变形往往不止一种形式。**当杆件同时存在两种**

或两种以上的基本变形形式时，则称该杆件的变形为组合变形。

例如图 5-40(a)所示楼梯斜梁和图 5-40(b)所示的牛腿柱，都会同时发生弯曲变形和压缩变形。在工程中将前者称为弯压组合变形，后者称为偏心压缩。此外，还有斜弯曲、弯扭组合等其他组合变形形式。对这些组合变形杆件进行内力分析和强度计算的方法，都是以叠加原理作为其分析和计算基本理论的叠加法。即**组合变形时所产生的内力或应力，等于由每种基本变形所引起的内力或应力的叠加(同平面时代数相加，不同平面时矢量相加)**。本书只讨论偏心压缩杆件内力分析和强度计算问题。

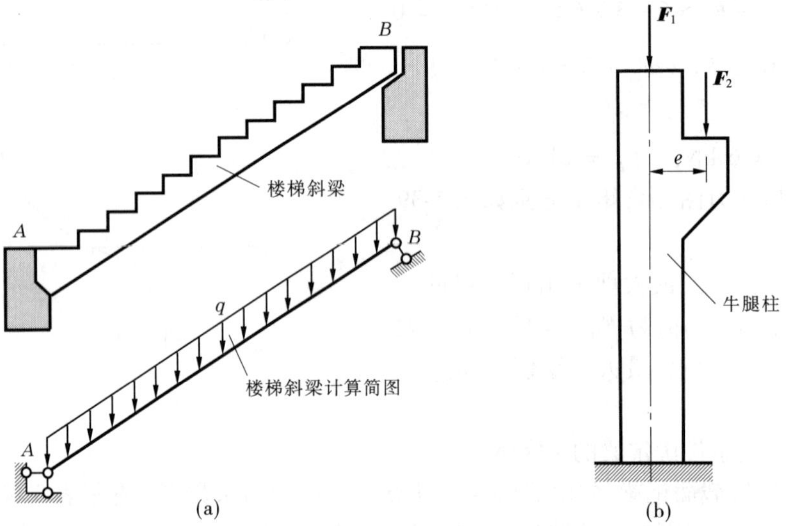

图 5-40

5.7.2 偏心压缩杆件的应力分析

当作用于杆件上外力的作用线与杆件的轴线平行而不重合时，称该杆件的变形为偏心压缩(或拉伸)。如图 5-41(a)所示矩形截面竖杆，集中荷载 $\boldsymbol{F}$ 的作用线与杆件轴线之间的距离为 e，该杆件的变形形式为偏心压缩，力学中此集中荷载 $\boldsymbol{F}$ **称为偏心力**，$\boldsymbol{e}$ **称为偏心距**。当偏心力通过杆件截面的某根形心主轴时，称为单向偏心，例如图 5-41(a)所示情况。若偏心力的作用线与杆件轴线平行，但不通过截面的任何一根形心主轴，则称为双向偏心。本书只讨论单向偏心压杆的应力分析与强度计算问题。

5.7.2.1 单向偏心压杆的内力与应力

对于图 5-41(a)所示单向偏心压杆(立柱)，将偏心力 $\boldsymbol{F}$ 向柱顶面的形心 C 平移，如图 5-41(b)所示，得到一个轴向压力 $\boldsymbol{F}'$ 和一个 Cxy 坐标平面内的附加力偶矩 m_z，显然 $m_z = Fe$。

根据图 5-41(b)所示立柱的受力情况，不计自重时柱体各横截面上的内力都相同，因此对该柱进行内力、应力和强度计算时，只需在立柱中任取一横截面作为危险截面进行计算即可。采用截面法取任意截面 $ABED$ 以上部分为脱离体，其受力图如图 5-41(c)所示(由于是平面弯曲，故此脱离体只需画出平面图形)。这个任意截面上的内力为轴力 $\boldsymbol{F}_N$

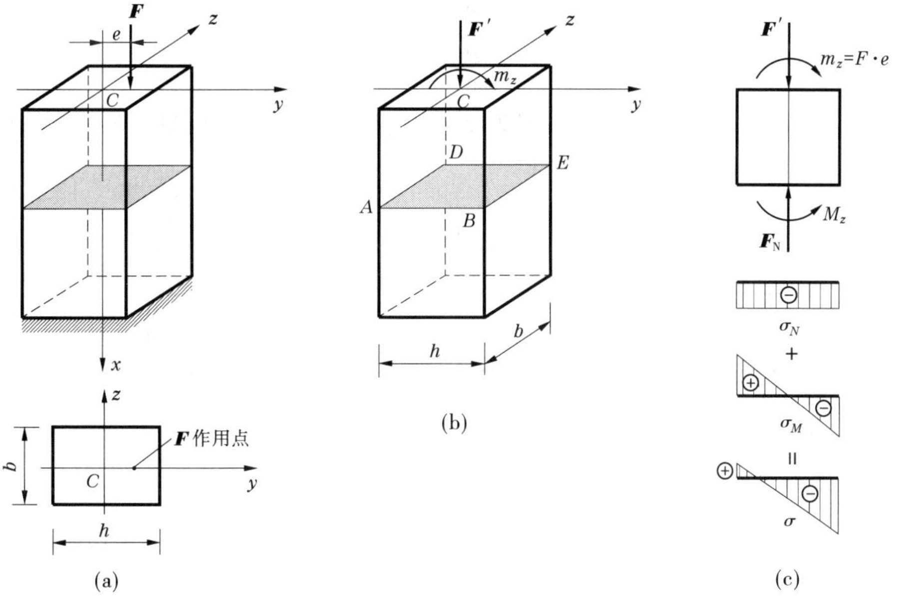

图 5-41

和弯矩 M_z,则由轴力和弯矩引起截面上任意点的应力分别为

$$\sigma_N = \frac{F_N}{A} = -\frac{F}{A}, \quad \sigma_M = \pm\frac{M_z}{I_z}y = \pm\frac{Fe}{I_z}y$$

截面上任意点的总应力 σ 为 σ_M 和 σ_N 的代数和,即

$$\sigma = \sigma_N + \sigma_M = -\frac{F}{A} \pm \frac{Fe}{I_z}y \qquad (5\text{-}45)$$

式中,F_N、σ_N、σ_M 均以拉为正(压为负),弯矩 M_z、y、e 均取其绝对值代入公式,而弯曲应力 σ_M 的正负号则根据弯矩 M_z 的实际转向确定:箭头所指一侧为压应力,另一侧为拉应力。

对于图 5-41(a)所示单向偏心压缩柱,截面上的最大正应力和最小正应力显然都发生在与 z 轴平行的截面边缘。其中,最大正应力出现在 AD 边上,最小正应力(正应力的最大负值)出现在 BE 边上。其计算公式为

$$\left.\begin{aligned}\sigma_{\max} &= \sigma_{\max}^{+} = -\frac{F}{A} + \frac{M_z}{W_z} \\ \sigma_{\min} &= \sigma_{\max}^{-} = -\frac{F}{A} - \frac{M_z}{W_z}\end{aligned}\right\} \qquad (5\text{-}46)$$

截面上总应力是 σ_N、σ_M 叠加的结果。显然,偏心压缩杆件横截面上的压应力不可能为零,但拉应力可能出现为零的情况。由于截面上弯曲应力的大小取决于偏心距 e,即偏心距 e 对杆件中的最大应力有着直接的影响。下面就偏心距与最大正应力之间的关系进行讨论。

仍以图 5-41(a)所示偏心压杆为例,压杆的任意横截面 AB 的面积为 $A = bh$,对 z 轴的抗弯截面系数为 $W_z = bh^2/6$,弯矩 $M_z = Fe$,将各值代入式(5-46)得到

$$\sigma_{max} = -\frac{F}{bh} + \frac{Fe}{\frac{bh^2}{6}} = -\frac{F}{bh}\left(1 - \frac{6e}{h}\right) \tag{5-47}$$

式中,截面上的最大正应力的正负号取决于式中$(1-6e/h)$的正负号。截面上的应力分布可能出现如图 5-42 所示的三种情况。

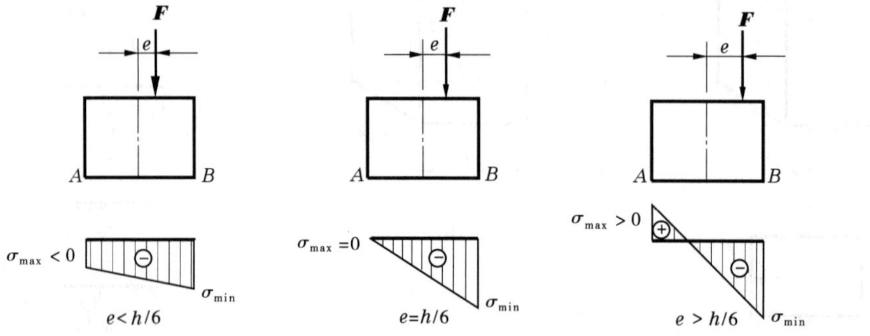

(a)截面全部受压　(b)截面全部受压,但拉应力为零　(c)截面上出现拉应力

图 5-42

对于由砖、石、混凝土等脆性材料制作的压杆,一般要求杆件的横截面上不出现拉应力,而要使截面上不出现拉应力,偏心距 e 就应满足一定的条件。

对于矩形截面压杆,截面上不出现拉应力的条件为

$$e \leqslant \frac{h}{6} \tag{5-48}$$

对于圆形截面,$A=\pi d^2/4$,$W_z=\pi d^3/32$,则截面上不出现拉应力的条件为

$$e \leqslant \frac{d}{8} \tag{5-49}$$

5.7.2.2　单向偏心压缩杆件的强度计算

单向偏心压缩杆件的强度条件

$$\left.\begin{aligned} \sigma^{+}_{max} &= -\frac{F}{bh}\left(1-\frac{6e}{h}\right) \leqslant [\sigma]^{+} \\ \sigma^{-}_{max} &= \left|-\frac{F}{bh}\left(1+\frac{6e}{h}\right)\right| \leqslant [\sigma]^{-} \end{aligned}\right\} \tag{5-50}$$

应用式(5-50)计算最大应力时,F 均以绝对值代入。

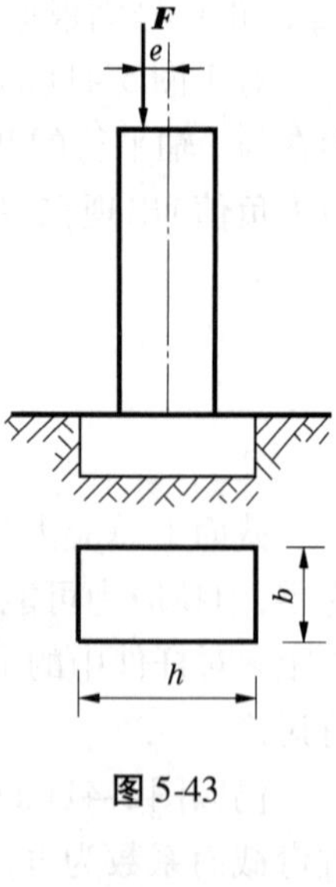

图 5-43

【例 5-10】　房屋结构的立柱如图 5-43 所示。作用于柱上的偏心压力 $F=40$ kN,柱下基础为 $h\times b=0.5\ \text{m}\times0.3\ \text{m}$ 的矩形截面。若基础下土壤的许用应力$[\sigma]^{-}=0.3$ MPa,试在不计立柱自重时求偏心距 e。

解:依题意,需计算立柱基础对地基土壤的压应力不超过土壤的许用应力时偏心距 e 的最大值 e_{max} 为多少。对于这个问题,可直接由式(5-50)得到解答。

由

$$\left|-\frac{F}{bh}\left(1+\frac{6e}{h}\right)\right| \leqslant [\sigma]^-$$

有

$$e \leqslant \frac{bh^2[\sigma]^- - Fh}{6F} = \frac{300 \times 500^2 \times 0.3 - 40 \times 10^3 \times 500}{6 \times 40 \times 10^3} = 10.42(\text{mm})$$

即当 $e_{max} \leqslant 10.4$ mm 时基础下的土壤可满足抗压强度要求。

5.8　应力状态与强度理论简介

5.8.1　应力状态的概念

以上对杆件强度问题的研究中,只考虑了杆件横截面上危险点的应力是否符合强度要求,然而通过材料的轴向拉伸或压缩试验及杆件斜截面的应力分析结果可见,在杆件中与杆轴线成 45°的斜截面上具有最大的切应力,当最大切应力达到或超过极限切应力时,会使杆件沿斜截面产生破坏。这种情况在梁及其他基本变形杆件上同样存在。因此,解释杆件的破坏现象,仅研究横截面上的应力是不够的,还需要研究杆件各个斜截面上的应力作用情况,即需要研究杆件所有截面上的应力作用情况。**受力杆件中一点处所有截面上应力的作用状态,称为该点的应力状态。**

研究一点的应力状态,就是为了了解该点处的应力随着通过该点的截面方位的改变而变化的全部情况,以便掌握在受力杆件中哪一点的哪个截面上具有最大应力,并以此应力作为强度计算的依据。这对于复杂受力状态下杆件的强度计算是十分必要的。

研究杆件某点应力状态的方法是,先围绕该点取出一个微分正六面体,这个微分正六面体,称为**单元体**,然后分析该单元体各个面上的应力作用情况。例如,为了分析图 5-44(a)所示平面弯曲梁中 K 点的应力状态,就围绕 K 点取出如图 5-44(b)所示的单元体,并在单元体上画出 K 点上下左右各平面上的应力。由于单元体的边长无限小,故可认为单元体各平面上的应力都是均匀分布,并且每对相互平行平面上的应力均大小相等。

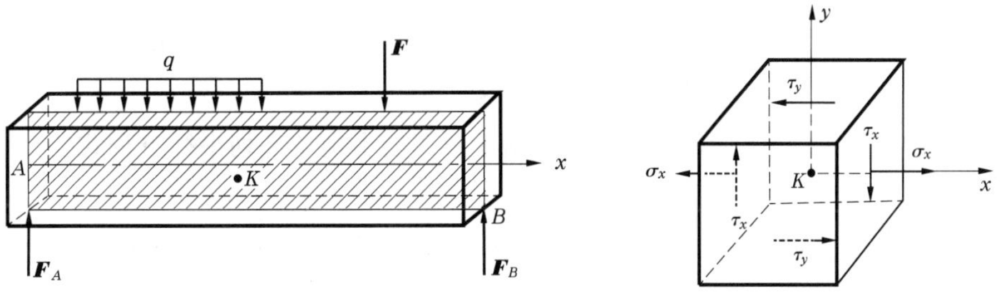

(a)　(b)

图 5-44

理论分析证明,从受力杆件内任意一点所取出的单元体中,总可以找出切应力都等于零的三对互相垂直的平面,这种**没有切应力作用的平面,称为主平面。主平面上的正应力称为主应力。**作用于三对主平面上的主应力,按其代数值从大到小排列,分别用 σ_1、σ_2、

σ_3 表示，且 $\sigma_1 > \sigma_2 > \sigma_3$。在实际的受力杆件中，三个主平面上的主应力并不一定都同时存在。在应力状态分析中按三个主应力是否同时存在，将应力状态分为三种类型：

三个主应力都不等于零，称为空间应力状态（或三向应力状态，或复杂应力状态）；

三个主应力中有一个为零，称为平面应力状态；

三个主应力中只有一个不为零，称为单向应力状态。

平面应力状态和单向应力状态都称为简单应力状态。本节只对平面应力状态作简单分析。

5.8.2　平面应力状态分析方法

应力状态分析的方法一般有两种：一种是解析法，另一种是图解法。这里简单介绍用解析法分析平面应力状态。

5.8.2.1　平面应力状态单元体任意斜截面上的应力

如图 5-45(a)所示，从某受力杆件中取出平面应力状态单元体。在应力状态分析中，将垂直于 x 轴的平面称为 x 平面，其应力分别为 σ_x、τ_x；将垂直于 y 轴的平面称为 y 平面，作用于 y 平面上的应力为 σ_y、τ_y；现求其任意斜截面 $acde$ 上的应力。取斜截面 $acde$ 左边部分楔形体为脱离体，作受力图如图 5-45(b)及图 5-45(c)所示，**与 x 平面的夹角为 α 的斜截面，称为 α 截面**，α 截面上的正应力和切应力分别用 σ_α、τ_α 表示。在单元体各截平面上，正应力 σ 以拉为正，切应力 τ 按绕体内任意点产生顺时针转向时为正，**α 为 x 轴与斜截面外法线 n 的夹角，且当从 x 轴转到 n 轴为逆时针转向时取正号。**

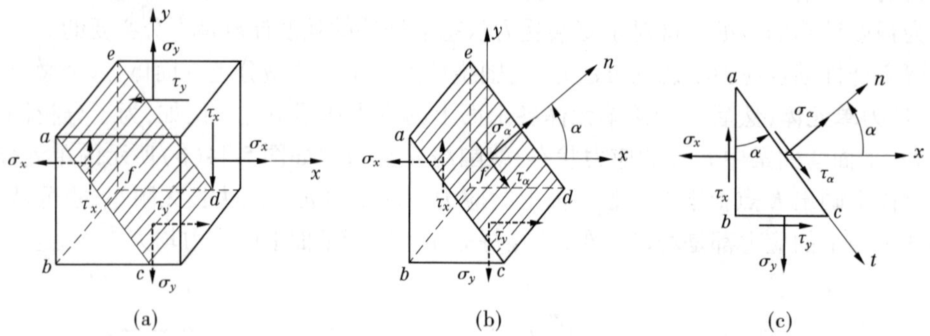

图 5-45

设楔形体上 $acde$ 斜平面的面积为 dA，由楔形体的平衡条件列平衡方程式：

由

$$\sum F_n = 0,\qquad \sigma_\alpha dA + (\tau_x dA\cos\alpha)\sin\alpha - (\sigma_x dA\cos\alpha)\cos\alpha + (\tau_y dA\sin\alpha)\cos\alpha - (\sigma_y dA\sin\alpha)\sin\alpha = 0$$

$$\sum F_t = 0,\qquad \tau_\alpha dA - (\tau_x dA\cos\alpha)\cos\alpha - (\sigma_x dA\cos\alpha)\sin\alpha + (\tau_y dA\sin\alpha)\sin\alpha + (\sigma_y dA\sin\alpha)\cos\alpha = 0$$

代入三角关系式

$$\cos^2\alpha = \frac{1+\cos2\alpha}{2},\quad \sin^2\alpha = \frac{1-\cos2\alpha}{2},\quad \sin2\alpha = 2\sin\alpha\cos\alpha$$

及切应力互等关系 $\tau_x = \tau_y$，整理后得到

$$\sigma_\alpha = \frac{\sigma_x + \sigma_y}{2} + \frac{\sigma_x - \sigma_y}{2}\cos2\alpha - \tau_x\sin2\alpha \tag{5-51}$$

$$\tau_\alpha = \frac{\sigma_x - \sigma_y}{2}\sin2\alpha + \tau_x\cos2\alpha \tag{5-52}$$

式(5-51)、式(5-52)就是平面应力状态单元体任意斜截面上应力的计算公式。

平面应力状态的特殊情形有两种：一种是横截面上只有正应力的单向应力状态，另一种是横截面上只有切应力的纯剪状态。下面给出这两种状态单元体任意斜截面应力的计算公式。

(1)对于单向应力状态，将 $\sigma_x = \sigma_0$、$\sigma_y = 0$、$\tau_x = 0$ 代入式(5-51)、式(5-52)中得到

$$\left.\begin{aligned}\sigma_\alpha &= \frac{\sigma_0}{2}(1 + \cos2\alpha) = \sigma_0\cos^2\alpha \\ \tau_\alpha &= \frac{\sigma_0}{2}\sin2\alpha\end{aligned}\right\}$$

此式即式(5-11)，是轴向拉压杆任意斜截面上应力的计算公式，式中 σ_0 为横截面上的正应力。

(2)对于纯剪状态，将 $\sigma_x = \sigma_y = 0$、$\tau_x = \tau$ 代入式(5-51)、式(5-52)中得到

$$\left.\begin{aligned}\sigma_\alpha &= -\tau\sin2\alpha \\ \tau_\alpha &= \tau\cos2\alpha\end{aligned}\right\} \tag{5-53}$$

5.8.2.2　平面应力状态中的主平面与主应力

在表示平面应力状态的单元体(六面体)中，总有一对平面上没有应力，这对平面也是主平面，只是其主应力为零而已。例如图 5-46 所示平面应力状态单元体上与 xy 坐标平面平行的那对平面就是没有任何应力作用的主平面。下面简单分析一下平面应力状态的主平面和主应力。

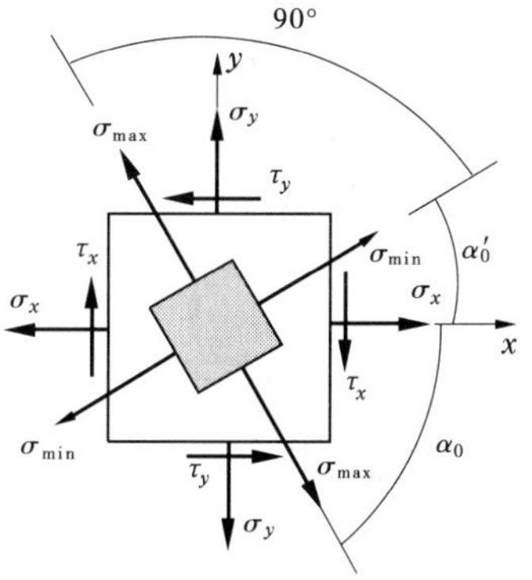

图 5-46

(1)主平面位置的确定。由前述已知，主平面上没有切应力，故将 $\tau_\alpha = \tau_{\alpha0} = 0$ 代入式(5-52)中有

$$\tau_{\alpha0} = \frac{\sigma_x - \sigma_y}{2}\sin2\alpha_0 + \tau_x\cos2\alpha_0 = 0$$

因此得到

$$\tan2\alpha_0 = -\frac{2\tau_x}{\sigma_x - \sigma_y} \tag{5-54}$$

式(5-54)就是确定主平面位置的方程式，其几何关系如图 5-47 所示。式中，α_0 为单元体中 x 平面与主平面的夹角，即 x 轴与主平面外法线间的夹角，且从 x 轴转到主平面外法线为逆时针转向时 α_0 取正号。

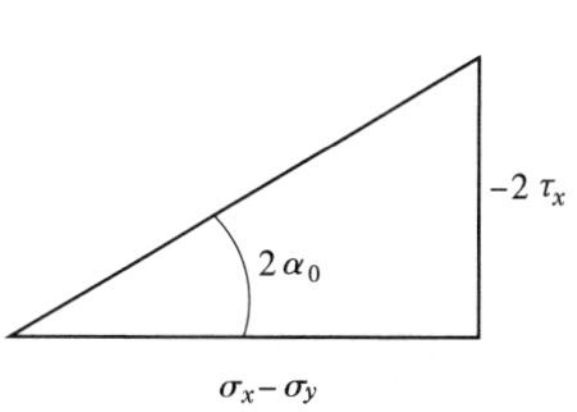

图 5-47

由于 $\tan 2\alpha_0$ 的周期为 $\pi/2$，故由式(5-54)可以确定如图 5-46 所示的两个相互垂直主平面的位置。设这两个主平面与 x 轴的夹角分别为 α_0 和 α'_0，并规定它们为锐角。

(2)主应力的计算公式。平面应力状态的两个主应力是所有截面上正应力的最大值和最小值(最大负值)，分别用 $\sigma_{\max}$、$\sigma_{\min}$表示。利用图 5-46 所示的几何关系，可得到 $\sigma_{\max}$、$\sigma_{\min}$的计算公式

$$\begin{matrix}\sigma_{\max}\\ \sigma_{\min}\end{matrix} = \frac{\sigma_x + \sigma_y}{2} \pm \sqrt{\left(\frac{\sigma_x - \sigma_y}{2}\right)^2 + \tau_x^2} \tag{5-55}$$

由式(5-55)显然有

$$\sigma_{\max} + \sigma_{\min} = \sigma_x + \sigma_y \tag{5-56}$$

式(5-56)表明，在一个确定的平面应力状态单元体中两个相互垂直截平面上的正应力之和保持不变。这一特征可用于校核两个主应力的计算结果。

(3)主平面与主应力之间的对应关系。由式(5-54)、式(5-55)确定主平面位置和计算主应力时，究竟哪个主平面是 $\sigma_{\max}$的作用平面，哪个主平面是 $\sigma_{\min}$的作用平面？这个问题可按以下方法来解决：

$\sigma_x > \sigma_y$ 时，α_0 是 x 轴与 $\sigma_{\max}$的夹角；

$\sigma_x < \sigma_y$ 时，α_0 是 x 轴与 $\sigma_{\min}$的夹角；

$\sigma_x = \sigma_y$，$\alpha_0 = 45°$，则 $\sigma_{\max}$偏向单元体上 τ_x、τ_y 相向的棱边一方，如图 5-46 所示。

【例 5-11】 试用解析法确定图 5-48(a)所示单元体的主应力和主平面位置。已知 $\sigma_x = \tau_x = 10$ MPa，$\sigma_y = 20$ MPa。

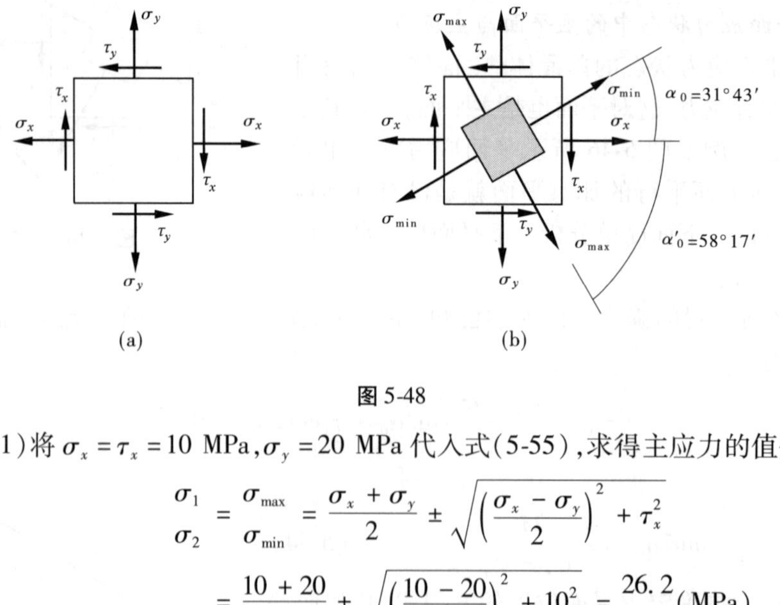

图 5-48

解：(1)将 $\sigma_x = \tau_x = 10$ MPa，$\sigma_y = 20$ MPa 代入式(5-55)，求得主应力的值分别为

$$\begin{matrix}\sigma_1\\ \sigma_2\end{matrix} = \begin{matrix}\sigma_{\max}\\ \sigma_{\min}\end{matrix} = \frac{\sigma_x + \sigma_y}{2} \pm \sqrt{\left(\frac{\sigma_x - \sigma_y}{2}\right)^2 + \tau_x^2}$$

$$= \frac{10 + 20}{2} \pm \sqrt{\left(\frac{10 - 20}{2}\right)^2 + 10^2} = \begin{matrix}26.2\\ 3.8\end{matrix}\ (\text{MPa})$$

由于计算结果中 $\sigma_1 > 0$，$\sigma_2 > 0$，故 $\sigma_3 = 0$。且 $\sigma_x + \sigma_y = \sigma_1 + \sigma_2 = 26.2 + 3.8 = 30$(MPa)，说明计算正确。

(2)确定主平面位置。

由式(5-54)

$$\tan 2\alpha_0 = -\frac{2\tau_x}{\sigma_x - \sigma_y} = -\frac{2 \times 10}{10 - 20} = 2$$

得

$$2\alpha_0 = 63.435° = 63°26', \alpha_0 = 31°43'$$

因为 $\sigma_x < \sigma_y$，所以 α_0 是 x 轴与 σ_{min} 的夹角，如图 5-48(b)所示。

5.8.2.3　最大切应力及其作用平面位置

平面应力状态单元体中的最大切应力及其作用平面位置的确定方法是：令最大切应力作用平面的外法线与 x 轴的夹角为 α_1，则由式(5-52)令 $d\tau_\alpha/d\alpha = 0$ 可得

$$\tan 2\alpha_1 = \frac{\sigma_x - \sigma_y}{2\tau_x} \tag{5-57}$$

比较式(5-54)、式(5-57)可知 $\alpha_1 = \alpha_0 + 45°$，这一结果表明，最大切应力的作用平面与主平面成 45°角。最大切应力计算公式为

$$\tau_{max} = \sqrt{\left(\frac{\sigma_x - \sigma_y}{2}\right)^2 + \tau_x^2} = \frac{\sigma_{max} - \sigma_{min}}{2} \tag{5-58}$$

5.8.3　梁的主应力及主应力迹线

在钢筋混凝土梁内配置钢筋的主要目的，是用来承受由弯矩引起的拉应力，因此受力钢筋应该按主应力的方向配置。由于在平面弯曲梁横截面上各点的主应力方向会随着截面及截面上点的位置改变而变化，因此有必要先了解梁内主应力方向的变化规律，为合理地配置受力钢筋(特别是受拉钢筋)提供依据。

5.8.3.1　梁的主应力

在横力弯曲梁横截面上，点的应力状态一般有三种情况：

(1)在上下边缘的各点处只有正应力，处于单向应力状态，其正应力即为主应力。

(2)位于中性轴上的各点只有切应力，处于纯切应力状态，其主应力计算公式为

$$\begin{matrix}\sigma_1\\ \sigma_3\end{matrix} = \begin{matrix}\sigma_{max}\\ \sigma_{min}\end{matrix} = \pm|\tau_x| \tag{5-59}$$

(3)除上下边缘和中性轴以外的各点一般都处于平面应力状态，且 $\sigma_y = 0$，其主应力计算公式为

$$\begin{matrix}\sigma_1\\ \sigma_3\end{matrix} = \begin{matrix}\sigma_{max}\\ \sigma_{min}\end{matrix} = \frac{\sigma_x}{2} \pm \sqrt{\left(\frac{\sigma_x}{2}\right)^2 + \tau_x^2} \tag{5-60}$$

式中，σ_1 恒为正，σ_3 恒为负。主平面位置由下式确定

$$\tan 2\alpha_0 = -\frac{2\tau_x}{\sigma_x} \tag{5-61}$$

5.8.3.2　梁的主应力迹线

梁的主应力迹线是指反映梁内各点主应力变化规律的两组曲线。如图 5-49(a)所示的两组主应力迹线，实线所示的是主拉应力迹线，虚线所示的是主压应力迹线。主应力迹线上点的切线方向，即为该点的主应力方向。

5.8.3.3　梁主应力迹线的绘制方法

(1)如图 5-50 所示，在梁上取等距离的若干个截面 A、B、C、D、E、F、…。

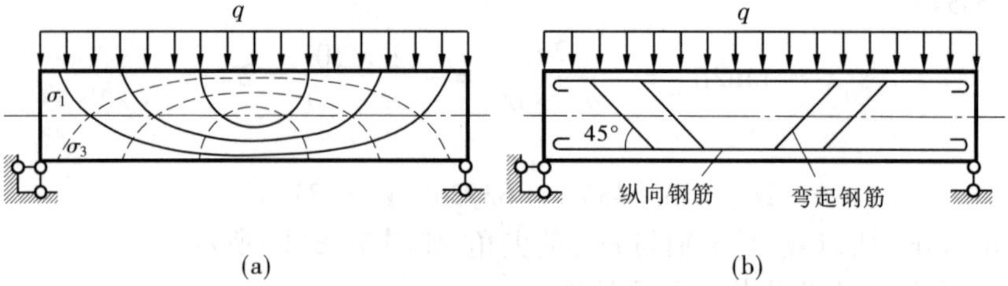

图 5-49

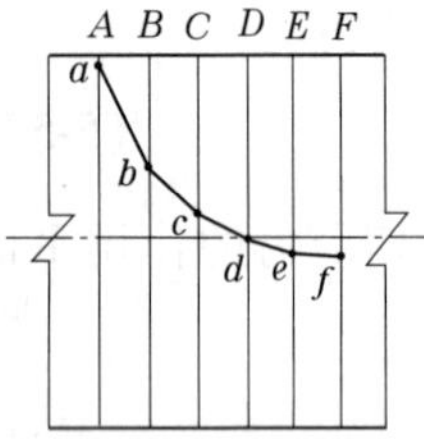

图 5-50

(2)先求出 A 截面上任意点 a 的主拉应力 σ_1,并画入图中,将 σ_1 的方向线延长至 B 截面上的 b 点;再计算出 B 截面 b 点的主拉应力 σ_1,画入图中,将 σ_1 的方向线延长至 C 截面上的 c 点;如此类推,便可得到通过 a、b、c、d、e、f…各点的一条折线。

(3)作一条与此折线相切的曲线,这条曲线即为始于截面上某一点的一条主拉应力 σ_1 的迹线。用同样的方法可以得到主压应力 σ_3 的迹线。从理论上讲,在同一梁中可以作出无数组主应力迹线,但实用中只需绘制如图 5-49(a)所示的几组能够反映梁上主应力变化趋势的迹线即可。每组迹线的绘制方法均如上所述。在主应力迹线图中,主拉应力迹线用实线表示,主压应力迹线用虚线表示,每组主应力迹线均对称并通过梁的轴线。

有了主应力迹线,梁中的受力钢筋就有了明确的走向。如图 5-49(b)所示钢筋混凝土简支梁中,配置水平钢筋以避免梁因主拉应力的作用而引起水平裂缝;配置弯起钢筋以防止梁中出现斜向裂缝。

5.8.4　强度理论

人们在长期的生产、生活实践中,通过对物体破坏现象的观察、分析和研究,对造成材料破坏的原因提出了各种假说,而有些假说经过实践的检验,证明其在一定范围内是成立的。**那些经过实践检验证明其在一定范围内成立的假说,称为强度理论。**

根据材料破坏的两种形式,强度理论也分为两种类型:一类理论认为,是最大拉应力或最大拉应变达到了材料的极限拉应力或极限拉应变而造成材料的脆性破坏,称之为**最大拉应力理论和最大拉应变理论,即适用于脆性材料的第一、第二强度理论**;另一类理论认为,当最大切应力或材料形状改变比能达到极限值时导致了材料的塑性屈服,称之为**最大切应力理论和形状改变比能理论,即适应于塑性材料的第三、第四强度理论。**

根据这些强度理论建立的强度条件分别为

$$\left.\begin{aligned}
\sigma_{xd1} &= \sigma_1 \leqslant [\sigma] \\
\sigma_{xd2} &= \sigma_1 - \mu(\sigma_2 + \sigma_3) \leqslant [\sigma] \\
\sigma_{xd3} &= \sigma_1 - \sigma_3 \leqslant [\sigma] \\
\sigma_{xd4} &= \sqrt{\frac{1}{2}[(\sigma_1 - \sigma_2)^2 + (\sigma_2 - \sigma_3)^2 + (\sigma_3 - \sigma_1)^2]} \leqslant [\sigma]
\end{aligned}\right\} \tag{5-62}$$

式中,σ_{xd} 称为相当应力。对于平面弯曲梁,一般按第三、第四强度理论进行强度校核。其

强度条件可改写为

$$\left.\begin{aligned}\sigma_{xd3} &= \sqrt{\sigma^2 + 4\tau^2} \leqslant [\sigma] \\ \sigma_{xd4} &= \sqrt{\sigma^2 + 3\tau^2} \leqslant [\sigma]\end{aligned}\right\} \tag{5-63}$$

式中，σ、τ 分别为梁危险截面上危险点的正应力和切应力。

【例 5-12】　如图 5-51(a)所示由工 25b 工字钢做成的工字形截面外伸梁，已知作用于梁上的荷载 $F=200$ kN，$q=20$ kN/m，梁的长度 $l=2$ m，许用应力$[\sigma]=160$ MPa，$[\tau]=100$ MPa。试对此梁进行全面的强度校核。

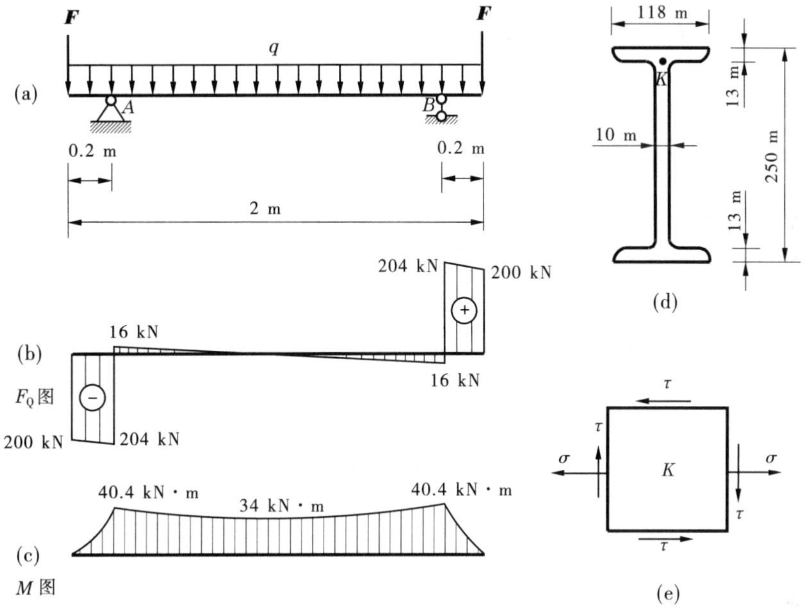

图 5-51

解：梁强度的全面校核包括：危险截面上危险点的正应力、切应力强度校核，危险截面上正应力和切应力都比较大的点处的相当应力强度校核。

(1)作梁的剪力图和弯矩图，确定危险截面，求出其危险截面上的剪力和弯矩值。

梁的剪力图、弯矩图如图 5-51(b)、(c)所示。显然，剪力和弯矩的危险截面均在该梁的支座处，故取 B 支座右侧截面作为强度校核的危险截面，最大内力为 $F_{Q\max}=204$ kN，$M_{\max}=40.4$ kN · m。

(2)确定危险点。

由 5.6 节梁的应力与强度计算知，本外伸梁 B 截面（及 A 截面）上边缘各点都是拉应力的危险点（下边缘各点是压应力的危险点），中性轴上的点是切应力的危险点。对于工字形组合截面，其翼缘与腹板交界处的 K 点（如图 5-51(d)所示）是相当应力的危险点。

(3)正应力和切应力的强度校核。

由附表 3 得工 25b 工字形截面的几何尺寸如图 5-51(d)所示，有关几何数据分别为：$W_x=422.72\ \text{cm}^3$，$I_x=5\ 283.96\ \text{cm}^4$，$I_x/S_x=21.27$ cm，故

$$\sigma_{\max} = \frac{M_{\max}}{W_x} = \frac{40.4 \times 10^6}{422.72 \times 10^3} = 95.57(\text{MPa}) < [\sigma] = 160\ \text{MPa}$$

$$\tau_{\max} = \frac{F_{\text{Qmax}}}{dI_x/S_x} = \frac{204 \times 10^3}{10 \times 21.27 \times 10} = 95.91(\text{MPa}) < [\tau] = 100\ \text{MPa}$$

可见最大正应力和最大切应力均满足强度要求。

(4)K 点处的相当应力强度校核。

取 K 点为研究对象,作单元体如图 5-51(e)所示。先求出 K 点的正应力和切应力,再由式(5-63)按第三强度理论进行强度校核(若第三理论的强度条件能满足,则第四理论的强度条件也必定会满足)。

$$\sigma = \frac{M_{\max}}{I_x} y_K = \frac{40.4 \times 10^6}{5\,283.96 \times 10^4} \times \left(\frac{250}{2} - 13\right) = 85.63(\text{MPa})$$

$$\tau = \frac{F_{\text{Qmax}} S_x^*}{I_x d} = \frac{204 \times 10^3}{5\,283.96 \times 10^4 \times 10} \times \left[118 \times 13 \times \left(\frac{250}{2} - \frac{13}{2}\right)\right] = 70.18(\text{MPa})$$

$$\sigma_{\text{xd3}} = \sqrt{\sigma^2 + 4\tau^2} = \sqrt{85.63^2 + 4 \times 70.18^2} = 164.42(\text{MPa}) > [\sigma] = 160\ \text{MPa}$$

显然,K 点的相当应力不满足强度条件要求。在实际计算中,若相当应力不超过许用应力的 5%,则仍认为强度满足要求。本例中因 $(164.42 - 160)/160 = 2.76\% < 5\%$,故仍作满足强度条件考虑。由此可见,对于组合截面梁(特别是自行由钢板焊接的工字形钢板梁),进行翼缘与腹板交界处的强度校核是必要的。

学习指导

1. 应力、极限应力、工作应力、许用应力

应力是构件截面上分布内力在某点的集度,它只与截面上的内力和截面大小有关。在应力分析中,将作用于构件截面上应力用其法向分量和切向分量表示。法向应力分量称为正应力,记为 σ,且以拉为正、压为负;切向应力分量称为切应力,记为 τ,以绕截面内侧任意点顺时针转向时为正。应力分布图是反映杆件横截面上应力分布情况的图形。

极限应力是材料丧失承载能力前所能承受的最大应力,记为 σ^0。塑性材料的极限应力是其屈服极限 σ_s,这是因为当材料的应力超过此极限后,会因变形过大而导致构件不能继续使用(或已不能满足刚度要求);脆性材料的极限应力就是它的强度极限 σ_b,一旦超过此应力,构件即产生破坏。

工作应力是构件在荷载作用下产生的实际应力。最大工作应力是指荷载作用下构件中应力危险点的实际应力。许用应力是为保障构件正常工作,构件内的最大应力的允许值。许用正应力记为 $[\sigma]$,许用切应力记为 $[\tau]$。许用应力与材料性质、构件的使用条件等因素有关。实际选用时可参照相关的工程规范。

构件的最大工作应力、许用应力、极限应力之间的数值关系为

$$\text{最大工作应力} \leqslant \text{许用应力} < \text{极限应力}$$

2. 强度条件及其应用

杆件的强度是指杆件对最大工作应力的承受能力，或者说它是杆件承受最大工作应力能力的量度。不同材质的杆件有不同的强度，强度高承载能力强，强度低则承载能力弱。例如，塑性材料的抗拉强度大大高于脆性材料的抗拉强度，而脆性材料的抗压强度又远大于其抗拉强度。这就是为什么受拉杆件必须选用塑性材料，而受压构件宜选用脆性材料的主要原因。

危险点是杆件内应力值最大的点，危险点的应力是杆件中的最大工作应力，它是整个杆件中应力的最大值。最大工作应力计算公式的一般形式为

$$\text{最大工作应力} = \frac{\text{危险截面上的内力}}{\text{危险截面的几何量}}$$

强度条件是为保证杆件正常工作或使用，对杆件最大工作应力的限制条件。强度条件的一般形式是

$$\text{最大工作应力} \leqslant \text{材料的许用应力}$$

不同受力条件的杆件，其最大工作应力计算公式和强度条件的具体形式是不同的。四种基本变形杆件的危险点位置、最大应力计算公式及强度条件如表 5-2 中所列。

表 5-2　四种基本变形杆件的最大应力与强度条件

杆件类型	轴向拉压杆	扭转轴	连接件(剪切件)		平面弯曲梁	
			剪切	挤压	正应力	切应力
危险点位置	F_{Nmax}截面上各点	$M_{n\max}$截面圆周上各点	剪切面上各点	挤压面上各点	$M_{\max}$截面上下边缘	F_{Qmax}截面中性轴上各点
最大应力	$\sigma_{\max}=\dfrac{F_{\text{Nmax}}}{A}$	$\tau_{\max}=\dfrac{M_{n\max}}{W_T}$	$\tau=\dfrac{F_{\text{Q}}}{A}$	$\sigma_c=\dfrac{F_c}{A_c}$	$\sigma_{\max}=\dfrac{M_{\max}}{W_z}$	$\tau_{\max}=k\dfrac{F_{\text{Qmax}}}{A}$
强度条件	$\dfrac{F_{\text{Nmax}}}{A}\leqslant[\sigma]$	$\dfrac{M_{n\max}}{W_T}\leqslant[\tau]$	$\dfrac{F_{\text{Q}}}{A}\leqslant[\tau]$	$\dfrac{F_c}{A_c}\leqslant[\sigma_c]$	$\dfrac{M_{\max}}{W_z}\leqslant[\sigma]$	$k\dfrac{F_{\text{Qmax}}}{A}\leqslant[\tau]$
截面的几何量	A:横截面面积	W_T:抗扭截面系数	A:剪切面面积	A_c:计算挤压面面积	W_z:抗弯截面系数	k:截面形状系数; A:截面面积

强度条件的应用，就是利用强度条件解决杆件强度计算中的问题。杆件的强度计算问题，总体上分为三个方面：

(1) 强度校核。已知荷载、截面形状和尺寸、材料性质，对杆件进行强度验算。

$$\frac{\text{最大内力}}{\text{截面几何量}}\ \text{是否小于(或等于) 材料的许用应力}$$

(2) 截面设计。已知荷载、截面形状、材料性质，确定截面的几何尺寸。

$$\text{由}\quad \text{截面几何量} \geqslant \frac{\text{最大内力}}{\text{材料的许用应力}} \Rightarrow \text{计算出截面尺寸(或选定截面型号)}$$

(3) 确定许可荷载。已知杆件截面形状和尺寸、材料性质，确定杆件能够承受的最大荷载。

由　　最大内力≤截面几何量×材料的许用应力⇒计算并确定[F]

3. 组合变形杆件的应力分析方法

前面讨论的是四种基本变形杆件的应力与强度计算问题,但工程实际问题中的杆件多数会同时发生两种或两种以上基本变形,这种情况叫做组合变形。在材料服从胡克定律和杆件变形很小的情况下,各种基本变形在杆件内引起的应力或杆件的变形可以进行叠加,称为力作用的独立性原理或叠加原理。

分析和计算组合变形问题的方法是先分后合。分,就是将同时作用的几种荷载或杆件同时发生的几种变形,分解成若干种基本荷载与基本变形,再分别计算杆件的应力。合,则是将各种基本变形引起的应力进行叠加。

对于工程中的常见情况,如斜弯曲、拉(压)与弯曲组合、偏心拉伸(压缩)以及弯扭组合等,在分与合的过程中发现了一些概念性的或规律性的东西,对这类问题必须概念清楚,应当适当记忆。

4. 材料的极限应力和强度理论

材料破坏有流动和断裂两种类型,在常温和静载条件下,塑性材料发生流动破坏,脆性材料发生断裂破坏。在单向拉伸或压缩的情况下,材料破坏时的极限应力可以直接通过试验测定。对于塑性材料,其极限应力就是屈服极限;对于脆性材料,则以强度极限作为极限应力。

在复杂应力状态下,由于各主应力有无穷多种的组合情况,所以不可能像单向应力状态那样直接通过试验建立强度条件,只能根据变形现象加以推理和判断,提出关于材料破坏的假说,这种假说就称为强度理论。常用的强度理论有四种,写成统一形式是

$$\sigma_{xd} \leqslant [\sigma]$$

在通常情况下,第一、第二强度理论的强度条件适用于脆性材料的受力杆件,第三、第四强度理论的强度条件适用于塑性材料的受力杆件。但这不是绝对的,要根据具体情况具体分析。因此,在复习这部分内容时,特别要弄清各种理论的论点、论据,以及能适用的情况。另外,要记住四种理论的相当应力的计算公式。

平面应力状态的主应力、最大切应力见表 5-3。

表 5-3　平面应力状态的主应力、最大切应力及其作用平面位置

受力杆件	主应力		最大切应力	
	主应力公式	主平面位置	最大切应力公式	作用平面位置
轴向拉压杆	$\sigma_{1或3}=\dfrac{F_N}{A}$	横截面	$\dfrac{F_N}{2A}$	45°斜截面
扭转轴	$\sigma_1=\dfrac{M_n}{W_T}$	45°斜截面	$\dfrac{M_n}{W_T}$	横截面
平面弯曲梁	$\sigma_{1或3}=\dfrac{\sigma}{2}\pm\sqrt{\left(\dfrac{\sigma}{2}\right)^2+\tau^2}$	$\tan2\alpha_0=-\dfrac{2\tau}{\sigma}$	$\dfrac{\sigma_1-\sigma_3}{2}$	与主平面的夹角为45°

对复杂应力状态下的受力杆件进行强度校核时，除进行危险截面（一般指具有最大内力的横截面）上危险点应力的校核外，还要根据强度理论进行相当应力强度的强度校核。例如对 T 形、工字形等组合截面的梁，即使其最大正应力和最大切应力都能满足强度要求，其翼缘与腹板的结合部位，由于正应力和切应力的值都比较大，往往会出现较大的主应力，故必须对这种位置的点进行相当应力强度的强度校核。

习　题

5-1　图 5-52 中 1—1、2—2、3—3 横截面的面积 $A = 400\ \text{mm}^2$，试求各横截面上的应力。

5-2　图 5-53 所示轴力杆的横截面面积分别为 $A_1 = 200\ \text{mm}^2$，$A_2 = 300\ \text{mm}^2$，$A_3 = 400\ \text{mm}^2$，求各横截面上的应力。

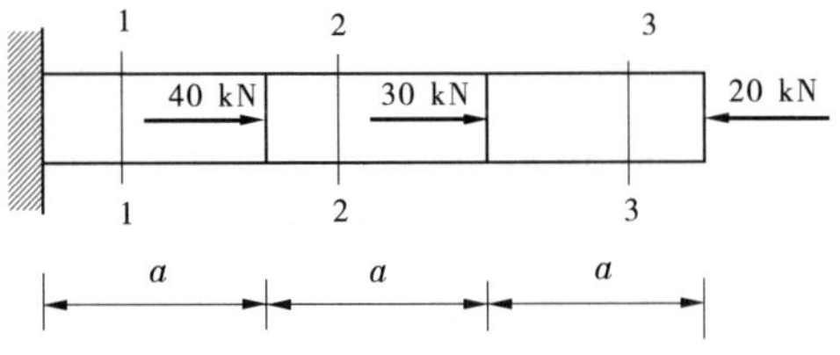

图 5-52

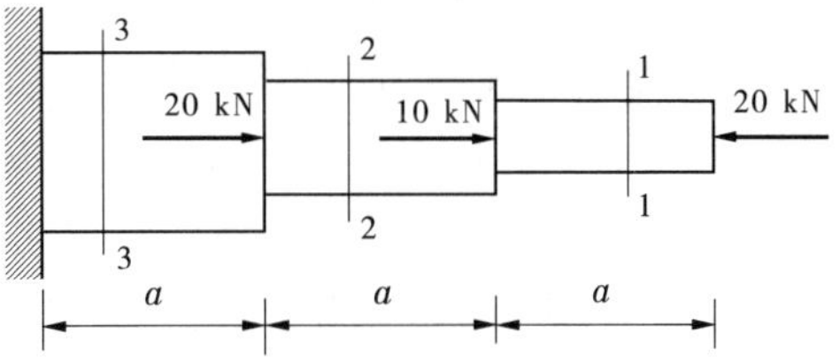

图 5-53

5-3　石砌桥墩高 $l = 10\ \text{m}$，其横截面尺寸如图 5-54 所示。如荷载 $F = 1\ 000\ \text{kN}$，材料的容重 $\gamma = 23.5\ \text{kN/m}^3$，试求墩身底部横截面上的压应力。

5-4　图 5-55 所示拉杆承受 $F = 10\ \text{kN}$ 的轴向拉力作用，杆的横截面面积 $A = 100\ \text{mm}^2$。如以 α 表示斜截面与横截面的夹角，试求当 $\alpha = 0°$、$30°$、$45°$、$60°$、$90°$ 时各斜面上的正应力和切应力，并用图表示其方向。

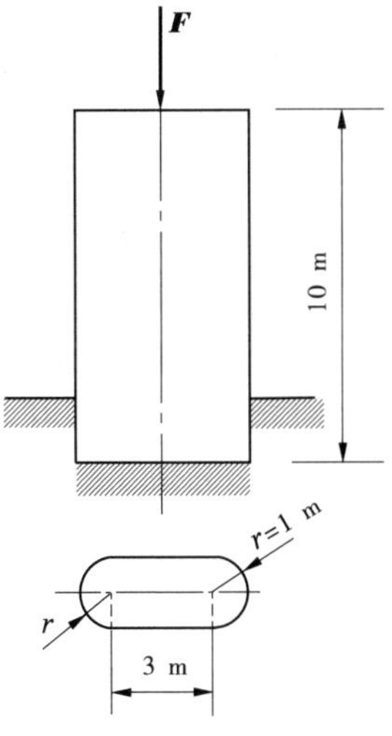

图 5-54

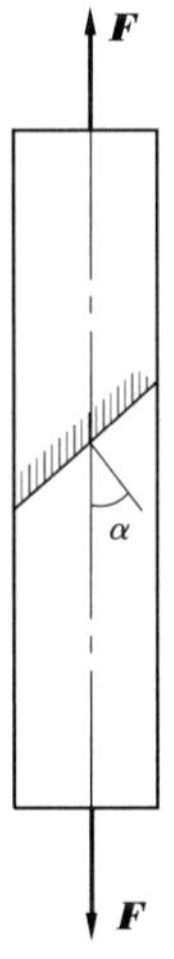

图 5-55

5-5　图 5-56 所示结构中杆 AC 和杆 BC 都是圆形截面直杆，其直径均为 $d=20$ mm，材料为 Q235 钢，许用应力为 $[\sigma]=160$ MPa。试确定作用于结点 C 的许可荷载 F。

5-6　图 5-57 所示结构由直径 $d=20$ mm 的圆形截面钢杆 AB 和边长 $a=80$ mm 的方形截面木杆 BC 组成。已知钢杆材料的许用应力为 $[\sigma]=160$ MPa，木杆材料的许用应力为 $[\sigma]^{-}=10$ MPa，作用于结点 B 处的物重 $W=20$ kN。试问此两杆的强度是否足够？

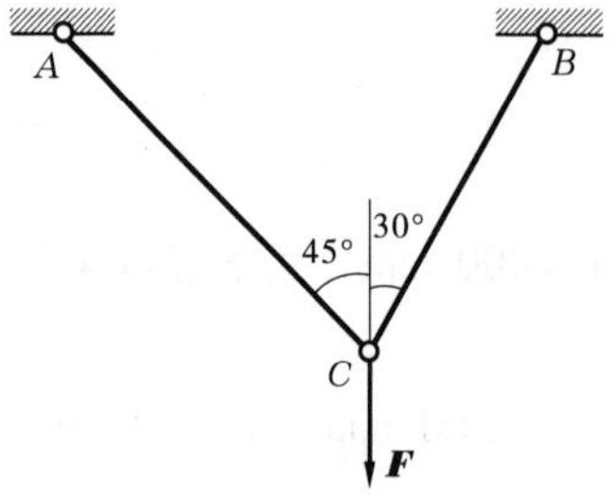

图 5-56

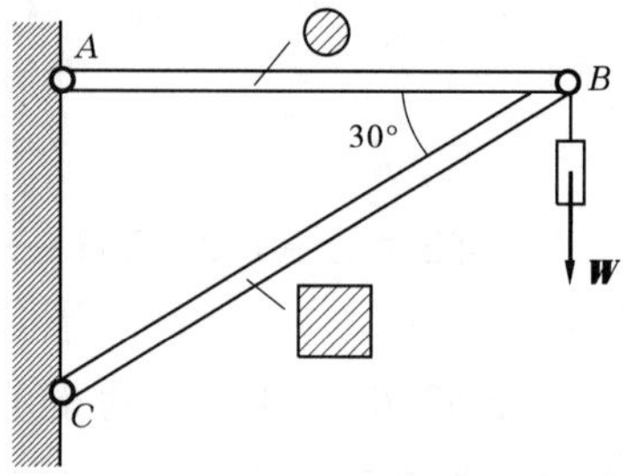

图 5-57

5-7　单铆钉连接如图 5-58 所示，已知作用于厚度为 $t=20$ mm 的钢板上的轴向拉力为 $F=80$ kN，铆钉的许用应力 $[\tau]=100$ MPa，$[\sigma_c]=200$ MPa。试确定铆钉的直径 d。

5-8　对于图 5-59 所示对接连接，若作用于钢板上的轴向拉力为 $F=80$ kN，铆钉的许用应力 $[\tau]=100$ MPa，铆钉的直径 $d=10$ mm。试确定该连接上铆钉的总个数。

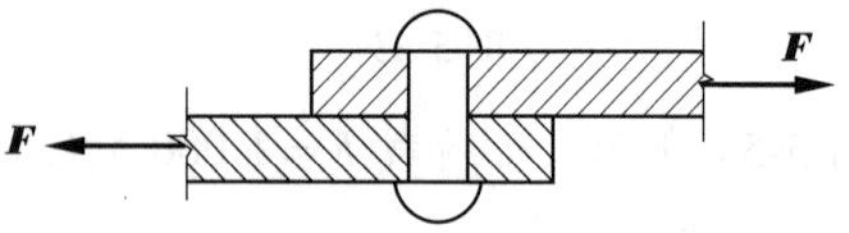

图 5-58

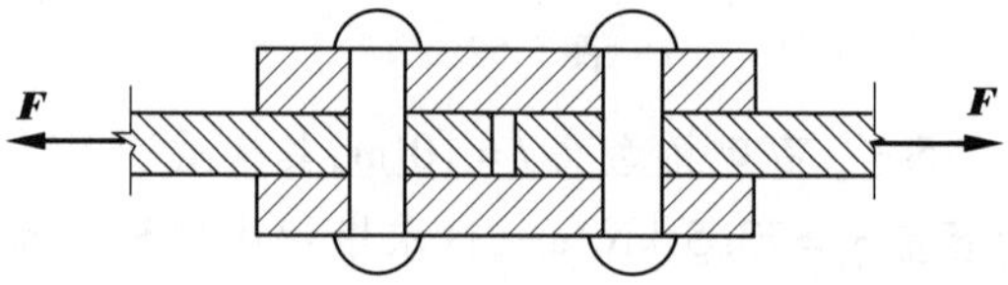

图 5-59

5-9　长为 l、直径为 d 的两根由不同材料制成的圆轴，在其两端作用相同的扭转力偶矩 m，试问最大切应力 τ_{max} 是否相同？为什么？

5-10　圆轴的直径 $d=50$ mm，转速为 120 r/min。若该轴横截面上的最大切应力等于 60 MPa，试问该轴所传递的功率为多大？

5-11　实心圆轴的直径 $d=100$ mm，长 $l=1$ m，其两端所受外力偶矩 $m=14$ kN·m，材料的剪切弹性模量 $G=80$ GPa。试求图 5-60 所示截面上 a、b、c 三点处的切应力。

5-12　如图 5-61 所示钻探机钻杆的外径 $D=60$ mm，内径 $d=50$ mm，功率 $P_K=7.355$ kW，转速 $n=180$ r/min，钻杆入土深度 $l=40$ m，钻杆材料的 $G=80$ GPa，许用切应力 $[\tau]=40$ MPa。假设土壤对钻杆的阻力是沿长度均匀分布的，试求：

(1) 单位长度上土壤对钻杆的阻力矩集度 m_q。

(2) 作钻杆的扭矩图，并进行强度校核。

5-13　长度为 250 mm、截面尺寸为 $h \times b=0.8$ mm $\times$ 25 mm 的薄钢尺，由于两端外力偶的作用而弯成中心角为 60°的圆弧。已知弹性模量 $E=210$ GPa。试求钢尺横截面上的最大正应力。

5-14　厚度为 $h=1.5$ mm 的钢带，卷成直径为 $D=3$ m 的圆环，试求钢带横截面上的最大正应力。已知钢的弹性模量 $E=210$ GPa。

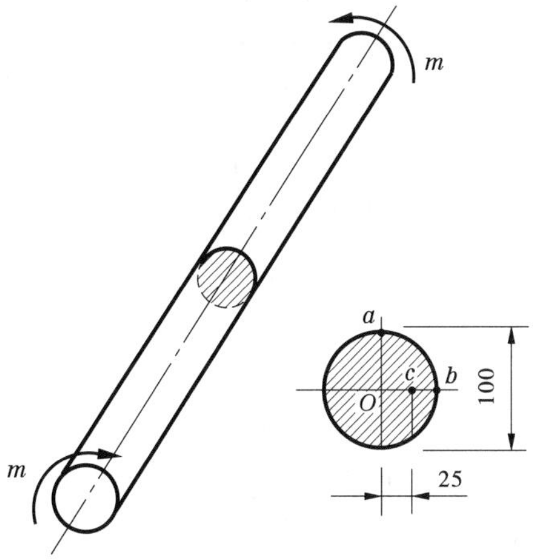

图 5-60

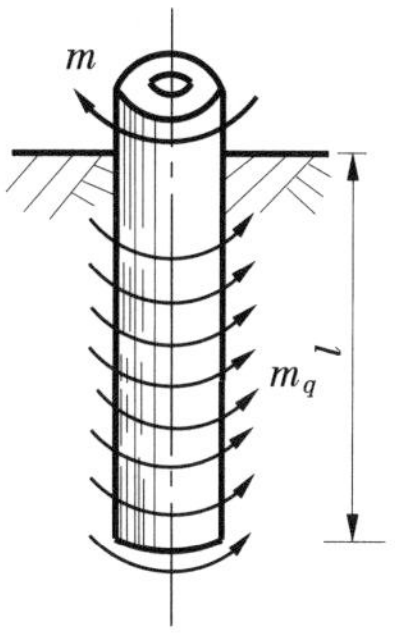

图 5-61

5-15　梁在铅垂的纵向对称平面内受外力作用而弯曲。当梁具有图 5-62 所示各种不同形状的横截面时,试分别绘出各横截面上的正应力沿其高度变化的分布图。

5-16　矩形截面的悬臂梁受集中力和集中力偶共同作用,如图 5-63 所示。试求截面 m—m 和固定端截面 n—n 上 a、b、c、d 四点处的正应力。

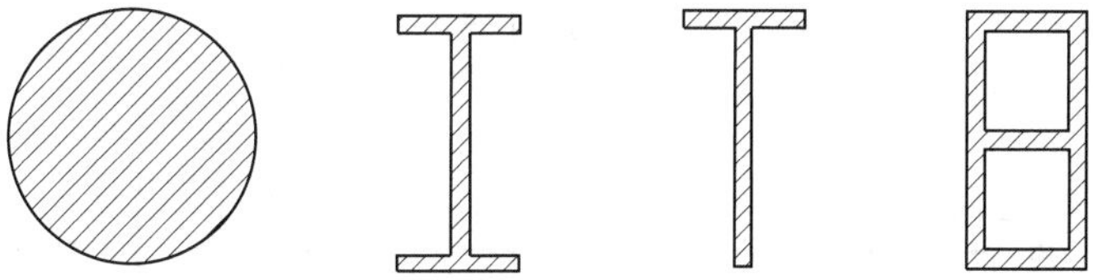

(a)　(b)　(c)　(d)

图 5-62

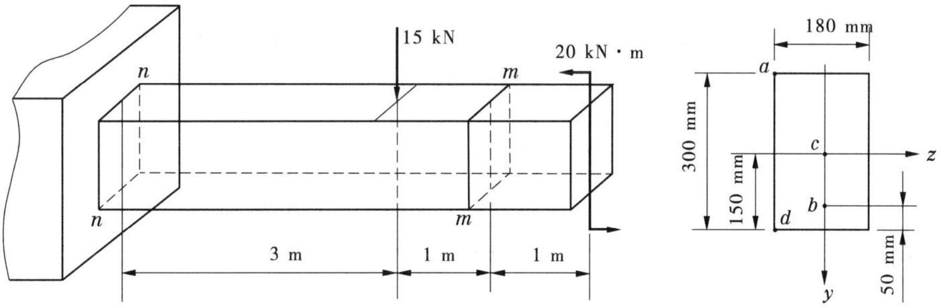

图 5-63

5-17　矩形截面的简支木梁受力如图 5-64 所示,荷载 $F=5$ kN,距离 $a=0.7$ m,材料的许用正应力 $[\sigma]=10$ MPa,横截面为 $h/b=3$ 的矩形。试确定梁横截面的尺寸。

5-18　如图 5-65 所示矩形截面外伸梁受集度为 $q=5$ kN/m 的均布荷载作用,截面宽度 $b=60$ mm,高度 $h=120$ mm。已知 $[\sigma]=40$ MPa,许用切应力为 $[\tau]=15$ MPa。试校核梁的正应力和切应力强度。

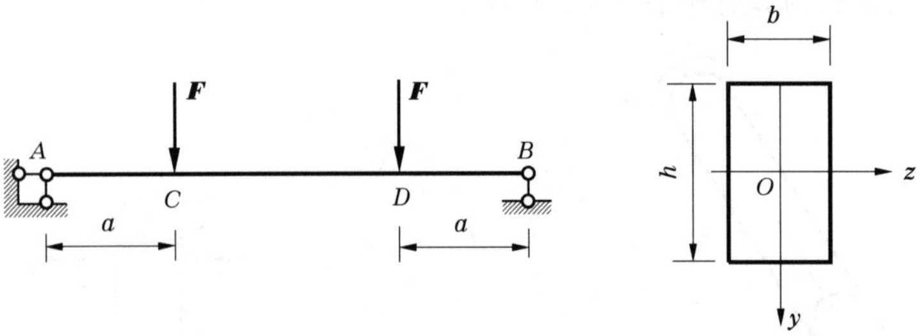

图 5-64

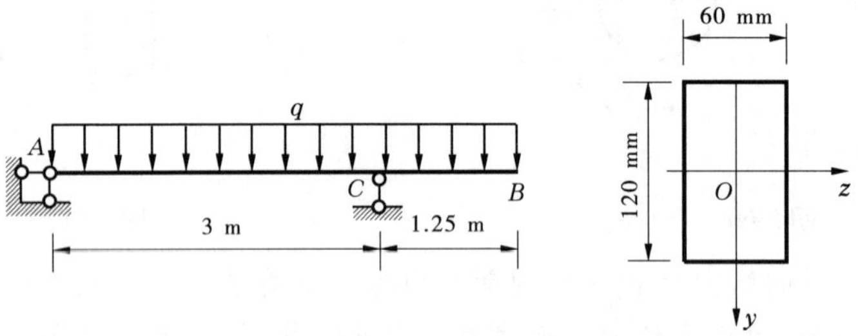

图 5-65

5-19　图 5-66 所示木梁受一可移动荷载 $F=40$ kN 作用。已知$[\sigma]=10$ MPa,$[\tau]=$ 3 MPa。木梁的横截面为矩形,其高宽比 $h/b=1.5$。试选择梁的截面尺寸。

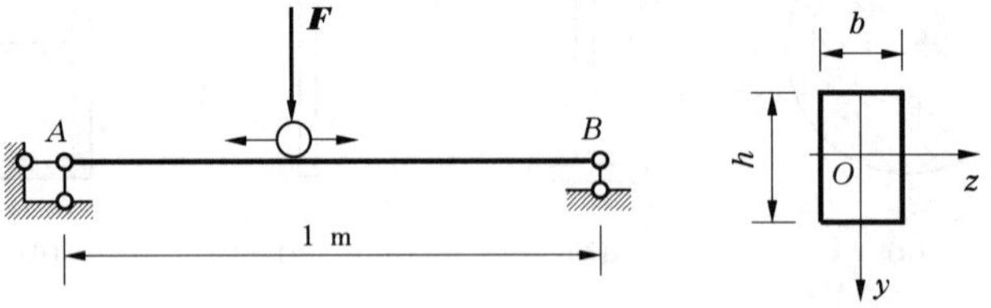

图 5-66

5-20　外伸梁 AC 承受荷载如图 5-67 所示,$m=40$ kN · m,$q=20$ kN/m。材料的许用正应力$[\sigma]=170$ MPa,许用切应力$[\tau]=100$ MPa。试选择工字钢的型号。

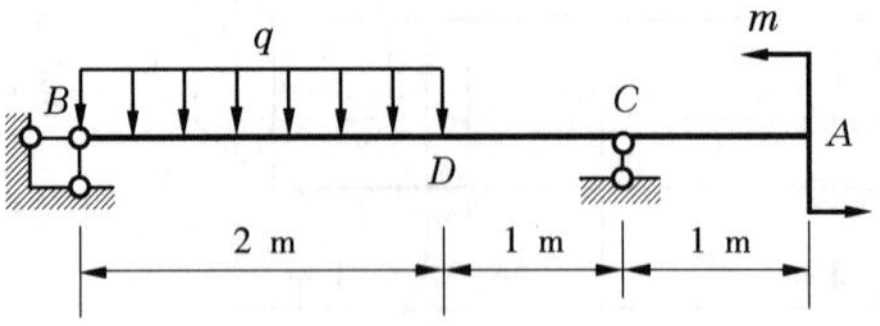

图 5-67

5-21　某工厂厂房的矩形截面牛腿柱如图 5-68 所示。已知作用于柱上的压力 $F_1=$ 100 kN,$F_2=50$ kN,图中几何尺寸分别为 $e=200$ mm,$b=150$ mm。试问当截面的高度 h 为多大时,截面上才不会出现拉应力?

5-22　浆砌块石挡土墙横断面及其几何尺寸如图 5-69 所示。已知墙背承受的土压力 $F=140$ kN,浆砌块石的容重 $\gamma=23$ kN/m^3,混凝土底板的混凝土容重 $\gamma=23.5$ kN/m^3。试取 1 m 长的墙体作为研究对象,求墙底板上 C、D 两点处的正应力。

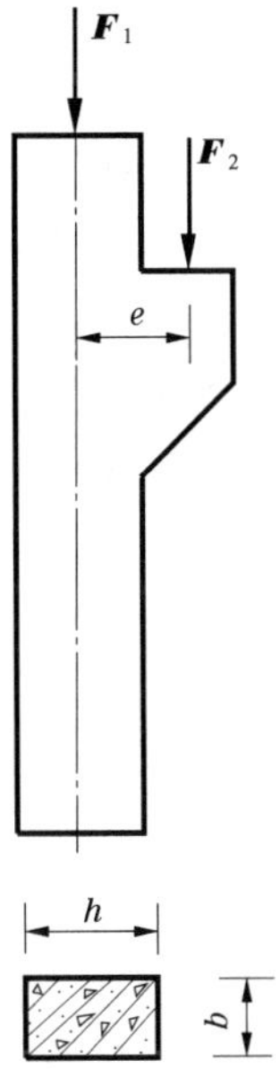

图 5-68

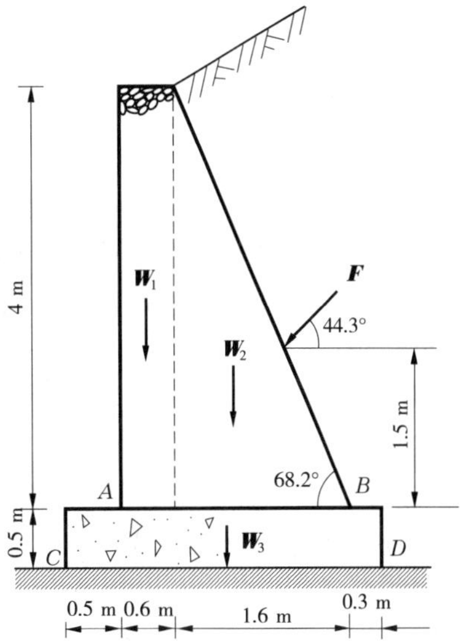

图 5-69

5-23　图 5-70 所示为平面应力状态单元体，试求 $\alpha=30°$、$\alpha=45°$、$\alpha=60°$各斜截面上的应力。图中应力的单位为 MPa。

5-24　平面应力状态单元体如图 5-71 所示，试求它们的主应力及主平面位置。图中应力单位为 MPa。

5-25　对于图 5-72 所示 T 形截面外伸梁，已知$[\sigma]^+=40$ MPa，$[\sigma]^-=100$ MPa。试对该梁进行正应力强度校核，并用第三强度理论对截面上 K 点进行相当应力强度校核。

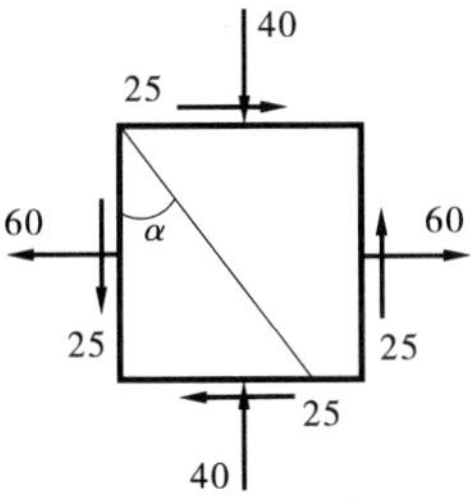

图 5-70

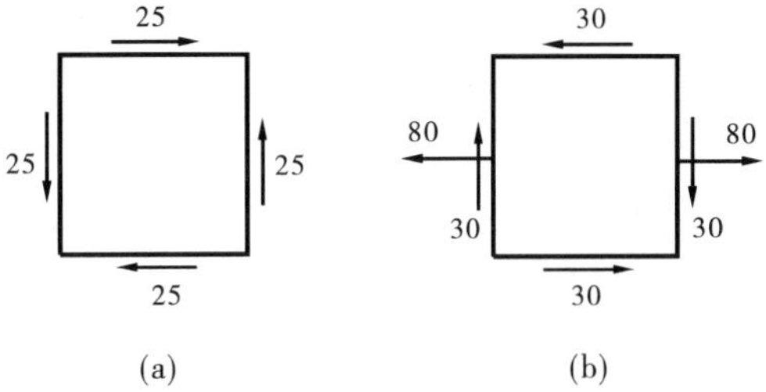

图 5-71

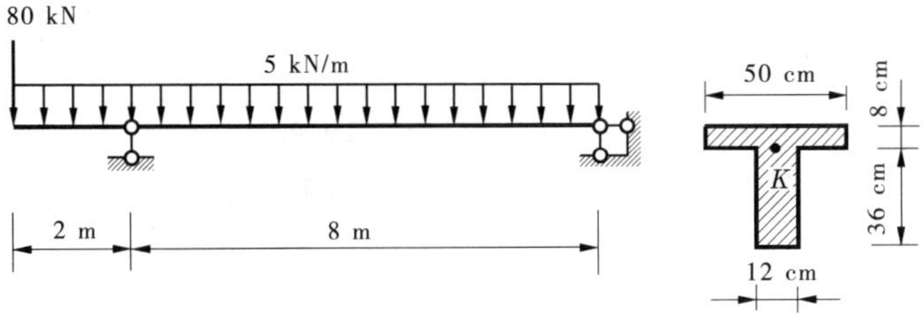

图 5-72

部分习题参考答案

5-1　$\sigma_{1-1}=125$ MPa(拉应力);$\sigma_{2-2}=25$ MPa(拉应力);$\sigma_{3-3}=-50$ MPa(压应力)。

5-2　$\sigma_{1-1}=-100$ MPa(压应力);$\sigma_{2-2}=-33.3$ MPa(压应力);$\sigma_{3-3}=25$ MPa(拉应力)。

5-3　$\sigma=-0.339$ MPa。

5-4　$\begin{cases}\sigma_{0^\circ}=100\text{ MPa}\\ \tau_{0^\circ}=0\end{cases}$;$\begin{cases}\sigma_{30^\circ}=75\text{ MPa}\\ \tau_{30^\circ}=43.3\text{ MPa}\end{cases}$;$\begin{cases}\sigma_{45^\circ}=50\text{ MPa}\\ \tau_{45^\circ}=50\text{MPa}\end{cases}$;$\begin{cases}\sigma_{60^\circ}=25\text{ MPa}\\ \tau_{60^\circ}=43.3\text{ MPa}\end{cases}$;$\begin{cases}\sigma_{90^\circ}=0\\ \tau_{90^\circ}=0\end{cases}$。

5-5　$F=68$ kN。

5-6　均满足强度要求。

5-7　$d=32$ mm。

5-8　整个连接件上总共需要10个铆钉。

5-9　相同,因应力与材料性质无关。

5-10　$P=18.5$ kW。

5-11　$\tau_a=\tau_B=\tau_{\text{Max}}=71.34$ MPa,$\tau_c=35.67$ MPa,绕 O 点的转向与力偶 M 的转向相同。

5-12　(1)$m_q=9.76$ N·m/m;(2)$\tau_{\text{Max}}=17.78$ MPa<40 MPa,满足剪切强度条件。

5-13　$\sigma=351.83$ MPa。

5-14　$\sigma=105$ MPa。

5-16　M—M 截面$\begin{cases}\sigma_a=-7.41\text{ MPa(压应力)}\\ \sigma_B=4.94\text{ MPa(拉应力)}\\ \sigma_C=0\\ \sigma_d=7.41\text{ MPa(拉应力)}\end{cases}$;$N$—$N$ 截面$\begin{cases}\sigma_a=9.26\text{ MPa(拉应力)}\\ \sigma_B=-6.17\text{ MPa(压应力)}\\ \sigma_C=0\\ \sigma_d=-9.26\text{ MPa(压应力)}\end{cases}$

5-17　$B=62$ mm,$H=186$ mm。

5-18　$\begin{cases}\sigma_{\text{Max}}=27.15\text{ MPa}<[\sigma]=40\text{ MPa}\\ \tau_{\text{Max}}=1.833\text{ MPa}>[\tau]=15\text{ MPa}\end{cases}$,梁的正应力满足强度条件,但切应力不满足强度条件。

5-19　$b=140$ mm,$h=210$ mm。

5-20　选定工20a作为所选择的工字钢型号。

5-21　400 mm。

5-22　$F_{\text{N}}=-261.83$ kN,$M=101.15$ kN·M,$\sigma_C=-163.14$ kPa,$\sigma_D=-11.42$ kPa。

5-23　$\begin{cases}\sigma_{30^\circ}=86.96\text{ MPa}\\ \tau_{30^\circ}=13.30\text{ MPa}\end{cases}$;$\begin{cases}\sigma_{45^\circ}=70\text{ MPa}\\ \tau_{45^\circ}=50\text{ MPa}\end{cases}$;$\begin{cases}\sigma_{60^\circ}=36.96\text{ MPa}\\ \tau_{60^\circ}=73.30\text{ MPa}\end{cases}$。

5-24　(a)$\sigma_1=25$ MPa,$\sigma_3=-25$ MPa,$\alpha_0=45°$;

(B)$\sigma_1=90$ MPa,$\sigma_3=-10$ MPa,$\alpha_0=-19.43°$。

5-25　$\sigma^{+}_{\text{Max}}=18.53$ MPa,$\sigma^{-}_{\text{Max}}=30.32$ MPa,$\sigma_{\text{xd3}}=46.57$ MPa。

复习思考题

5-1　什么是平面假设?它在杆件横截面应力分析中起什么作用?

5-2　胡克定律的适用范围是什么？已知 Q235 钢的比例极限 $\sigma_p = 200$ MPa，弹性模量 $E = 200$ GPa。现有一根 Q235 钢拉杆，试验测得其纵向线应变为 $\varepsilon = 0.0015$，是否可以用胡克定律计算其应力？为什么？

5-3　什么是极限应力、许用应力、工作应力？同一材料的许用应力是否相同？

5-4　四根试件的几何形状与尺寸均相同，但材料不同，试根据图 5-73 给出的应力—应变关系曲线，比较它们的强度、刚度和塑性。

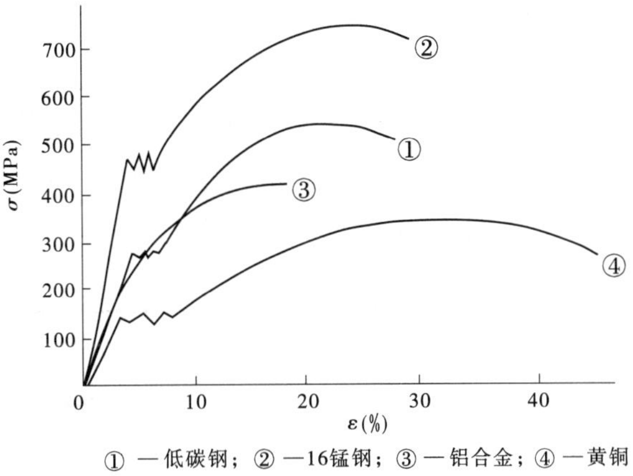

图 5-73

5-5　长为 l、直径为 d 的两根由不同材料制成的圆轴，在其两端作用相同的扭转力偶矩 m，试问其最大切应力 τ_{max} 是否相同？为什么？

5-6　从强度的方面看，图 5-74 所示扭转轴上三个轮子布置哪一种较为合理？

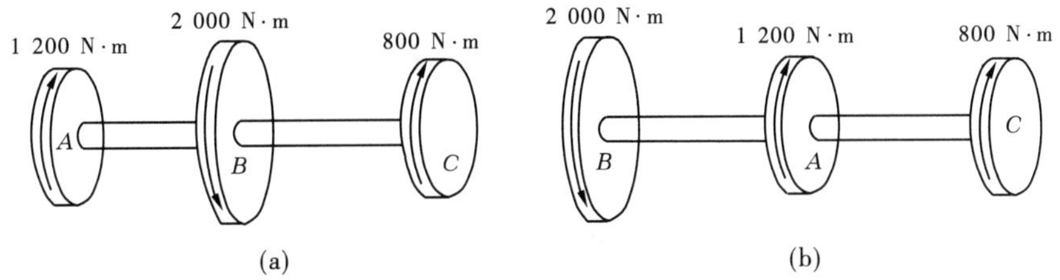

图 5-74

5-7　扭转杆件的横截面所受扭矩如图 5-75 所示，其各横截面上的切应力分布图是否正确？请更正其中错误的画法。

5-8　空心圆轴的内径为 d、外径为 D，其极惯性矩和抗扭截面系数可否按下式计算？

$$I_p = \frac{\pi D^4}{32} - \frac{\pi d^4}{32} \qquad W_T = \frac{\pi D^3}{16} - \frac{\pi d^3}{16}$$

5-9　图 5-76(a)和图 5-76(b)所示的钢梁和三角架材料相同，三角架两杆的横截面面积之和与钢梁的横截面面积相等。已知 $l = 10h$，$h = 1.5b$，$D = 1.22b$，$d = 0.6D$。试问哪

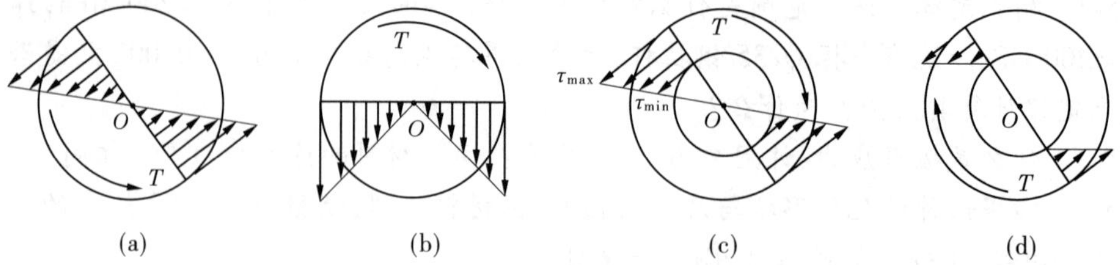

图 5-75

个的承载能力大？为什么？

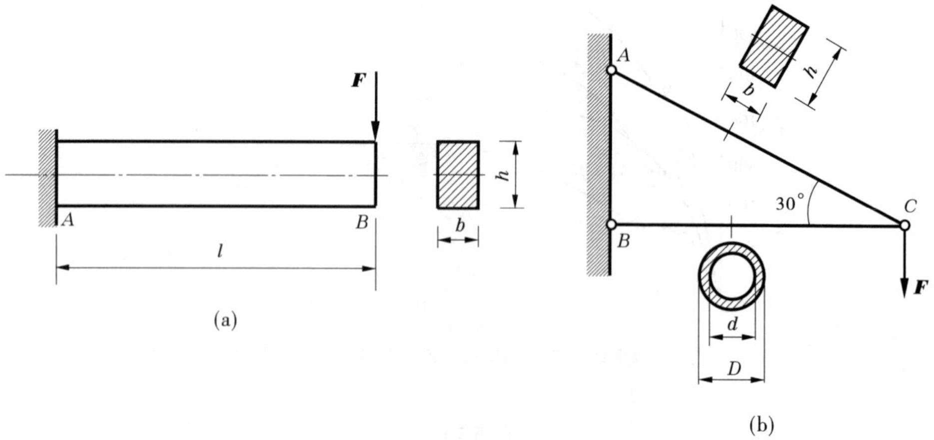

图 5-76

5-10　作图 5-77 所示梁的剪力图和弯矩图。梁在 CD 段的变形称为纯弯曲。试问纯弯曲有何特征？

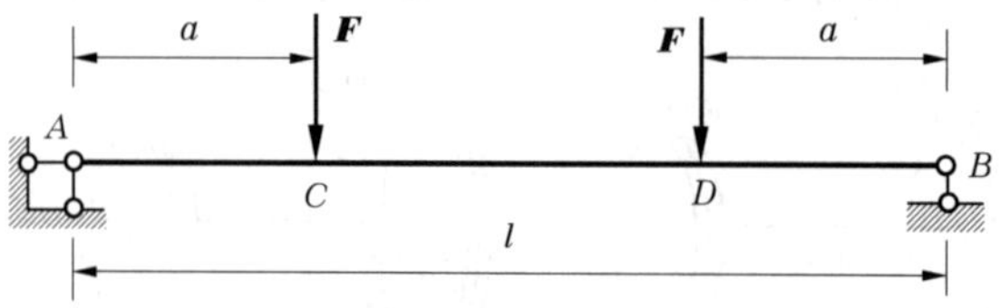

图 5-77

5-11　图 5-78 所示矩形截面简支梁由圆木锯成。已知 $F=5$ kN，$a=1.5$ m，$[\sigma]=10$ MPa。试确定弯曲截面系数最大时的矩形截面高宽比 $\frac{H}{B}$ 及梁所需木料的最小直径 d。

5-12　三个单元体各面上的应力分量如图 5-79 所示。试问是否均处于平面应力状态？

5-13　水管在冬天常有冻裂现象，根据作用与反作用原理，水管壁与管内所结冰之间的相互作用力应该相等，试问为什么不是冰被压碎而是水管冻裂？

5-14　两根杆件截面、长度和受力状况均相同，但材料不同，试问此二杆的应力是否相同？变形是否相同？

5-15　轴力杆内只有正应力，扭转杆件内只有切应力的说法是否正确？为什么？

5-16　何谓平面弯曲？何谓纯弯曲？

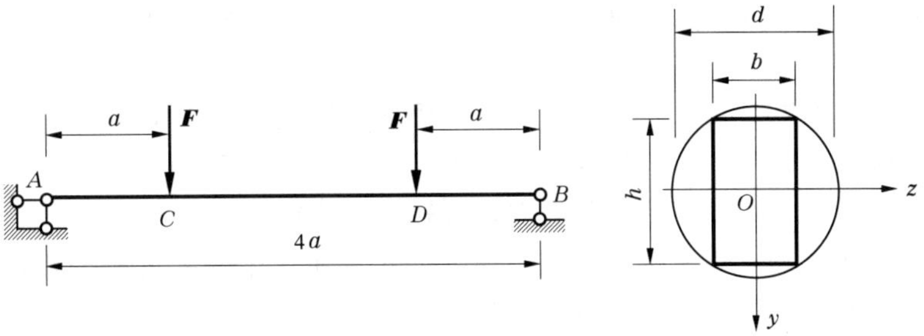

图 5-78

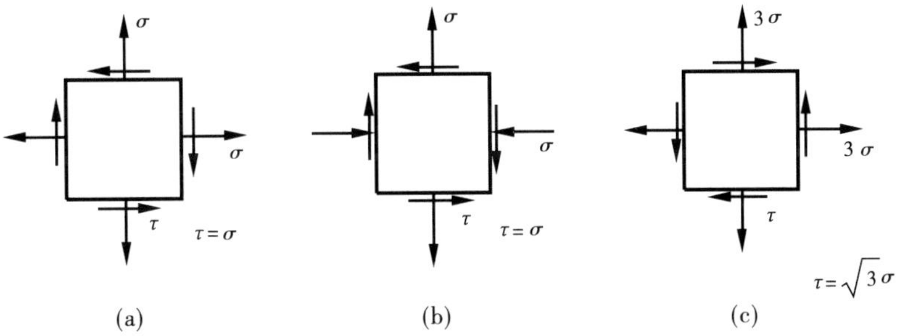

图 5-79

5-17　何谓中性层？何谓中性轴？

5-18　平面弯曲梁在纯弯曲状态下导出的正应力计算公式，在什么条件下可用于计算横力弯曲时的正应力？

5-19　梁的正应力和切应力在横截面上是如何分布的？最大正应力和最大切应力分布在横截面上的什么位置？

5-20　图 5-80 所示矩形截面梁各指定截面的正应力分布图中哪些是正确的？

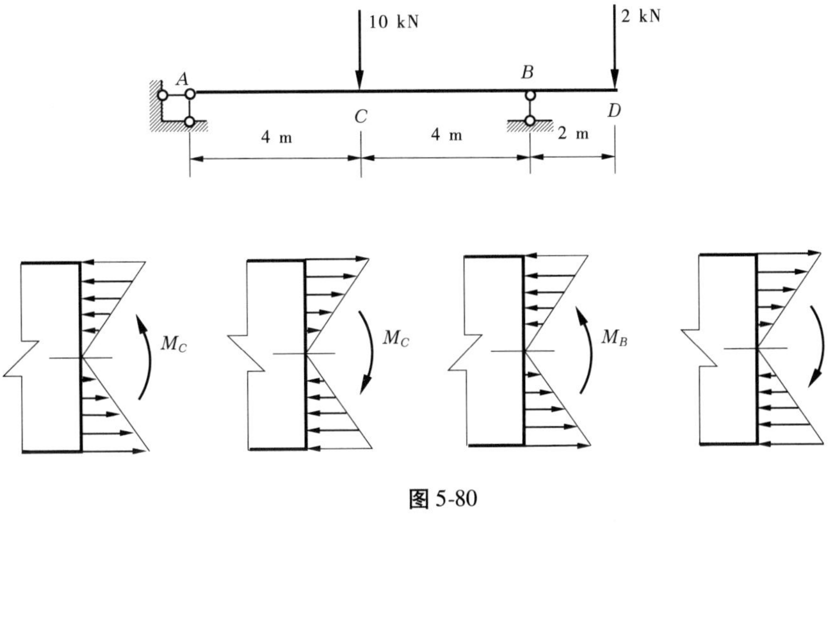

图 5-80

5-21　如何确定梁的危险截面和危险点的位置？等截面直梁的危险点是否一定在绝对最大弯矩所在的截面内？

5-22　何谓单元体？单元体上的 σ_x、τ_x 是杆件中哪个截面上的应力？

5-23　何谓主平面？何谓主应力？如何确定单元体中主应力的方向？

5-24　钢筋混凝土梁中布置纵向受力钢筋的根据是什么？

5-25　在平面弯曲梁的强度计算中，什么形状截面的梁需要进行全面的强度校核？其中主应力的危险点在梁截面上的什么位置？

5-26　组合变形杆件进行内力和应力分析的基本方法是什么？

5-27　如何确保偏心压杆(柱)中不出现拉应力？

第 6 章　杆件的变形计算与刚度校核

在实际工程中，杆件和杆件结构的变形情况，直接关系到该杆件和杆件结构在外力作用下能否正常工作（或正常使用），因而杆件变形或刚度问题也是衡量杆件承载能力的重要方面。

本章研究的基本内容是轴向拉压杆、平面弯曲静定单跨梁的变形和位移计算及平面弯曲静定单跨梁的刚度计算。

学习本章的重点是轴向拉压杆的纵向变形计算，单位荷载法计算平面弯曲静定单跨梁的位移。

学习本章的难点是虚功概念的建立和虚设状态的确定，图乘法中组合弯矩图的分解与图乘。

学习本章的基本要求是：

(1)弄清变形、位移、虚功、单位荷载等概念，明确实功、虚功的意义与区别。

(2)弄清并掌握变形和位移计算公式中各量的意义及其确定方法。

(3)理解胡克定律的意义及其适用范围，了解纵向变形与横向变形的关系。

(4)熟练掌握轴向拉压杆的变形计算和简单荷载作用下平面弯曲梁的位移计算方法。

(5)会对平面弯曲梁进行刚度校核，了解用刚度条件设计截面和确定许可荷载。

6.1　概　述

6.1.1　变形的概念

当杆件或结构受到力系作用时，其内部任意两点之间的距离都会发生改变，这种改变导致了杆件或结构几何形状和尺寸的变化。**杆件或结构几何形状和尺寸的变化，称为变形**。例如图 6-1 中各杆受力前的几何形状为实线所示，受力后的几何形状为虚线所示。其中图 6-1(a)为拉伸变形，图 6-1(b)为压缩变形，图 6-1(c)为剪切变形，图 6-1(d)为扭转变形，图 6-1(e)为弯曲变形。

由于杆件的变形，杆内任意点或任意截面的位置相对于其原位置产生了移动，工程中常将**杆件或结构内的点或截面位置相对于其原来位置的移动量，称为位移**。例如图 6-2 所示悬臂梁，其轴线在受力前为直线，受力后变为一条光滑的曲线。与此同时，其 K 截面也由原位置移动到了新位置 K'。此时 K 截面不仅向下移动了一距离 Δ_K，还绕自身中性轴转动了一个角度 φ_K。在工程力学中，将**结构中的结点或杆件截面形心移动的直线距离 Δ 称为线位移**，将**截面绕自身中性轴转动的角度 φ 称为角位移**。线位移的基本单位为 m（米），但因实际位移非常微小，故常用 mm（毫米）作为线位移的单位，角位移的单位用 rad

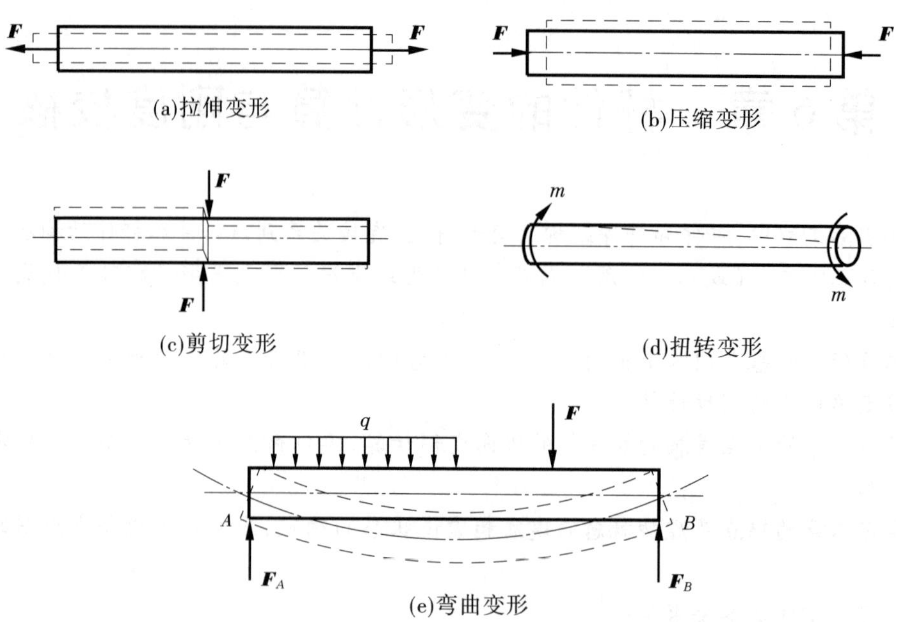

图 6-1

(弧度)表示。

在变形和位移的计算中,变形有绝对变形和相对变形之分,位移也有绝对位移与相对位移之别。关于这方面的问题,将在以下的章节中分别加以说明。

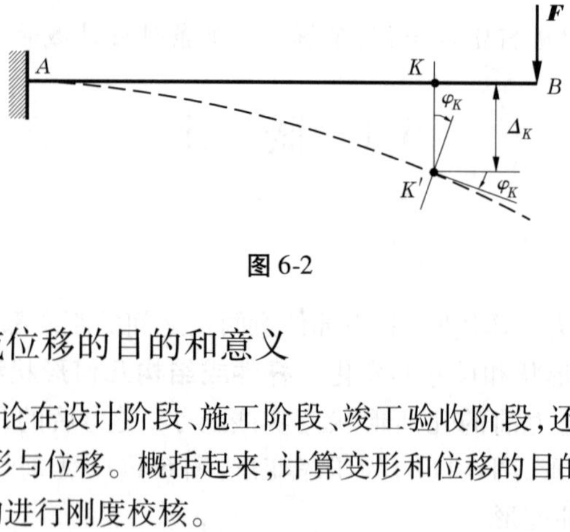

图 6-2

6.1.2　计算变形或位移的目的和意义

在实际工程中,无论在设计阶段、施工阶段、竣工验收阶段,还是使用阶段,都必须要计算和控制杆件的变形与位移。概括起来,计算变形和位移的目的在于以下三点:

(1)对杆件和结构进行刚度校核。

所谓刚度校核,就是验算杆件和结构的实际变形或位移是否超过设计(或规范)的许可值。例如水工结构中的水闸,当闸门在水压力作用下产生过大变形时,会影响闸门的启闭和止水。在房屋结构中,钢筋混凝土梁的最大位移一般不允许超过梁跨度的 1/400 ~ 1/200,否则就可能使得梁下侧的保护层开裂甚至脱落。工业厂房中的吊车梁若变形过大,会影响吊车的正常运行和行车安全。

(2)为杆件或结构的施工和使用提供理论数据。

杆件或结构在施工、养护与使用的过程中,经常需要了解其变形后的位置,采取必要的措施控制其变形，以便使杆件或结构的变形和位移满足设计及使用要求。

(3)为静不定结构的计算打基础。

静不定结构的受力分析中，既要考虑平衡条件，又要考虑变形条件。位移计算是静不定结构计算过程中十分重要的环节。

6.1.3　杆件变形计算的基本公式

如前所述，杆件的变形是指杆件几何形状或几何尺寸的改变量。在这里以图 6-3(a)所示受平面力系作用的杆件为例，介绍杆件变形的基本公式。

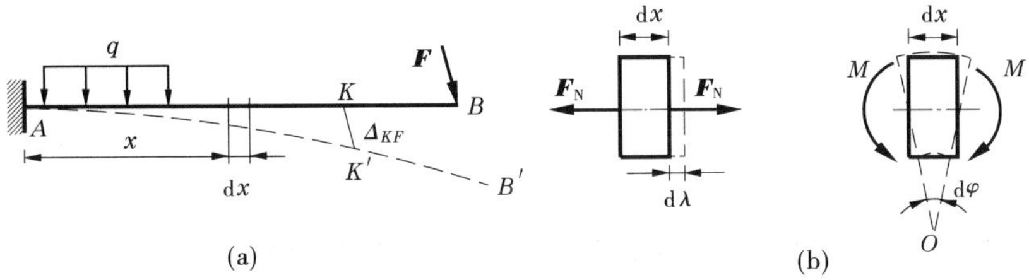

图 6-3

在图 6-3(a)所示受力杆件中任取一微段 dx 作为研究对象，该微段上同时存在轴力、剪力和弯矩，以及由它们引起的轴向变形、剪切变形和弯曲变形。研究表明，杆件中的剪力对杆件的变形影响很小，因而实际计算中不考虑剪切变形的影响。在忽略剪力和剪切变形情况下，dx 微段截面上的内力和该微段的变形情况如图 6-3(b)所示。图中 dλ、dφ 分别为微段 dx 的轴向变形和弯曲变形。在弹性变形范围内，这些变形均与内力及微段长度成正比，与杆件的刚度成反比。

由$\varepsilon = \dfrac{\mathrm{d}\lambda}{\mathrm{d}x} = \dfrac{\sigma}{E} = \dfrac{F_N}{EA}$，得到轴向变形基本公式

$$\mathrm{d}\lambda = \frac{F_N}{EA}\mathrm{d}x \tag{6-1}$$

由$\dfrac{\mathrm{d}\varphi}{\mathrm{d}x} = \dfrac{1}{\rho} = \dfrac{M}{EI}$，得到弯曲变形基本公式

$$\mathrm{d}\varphi = \frac{M}{EI}\mathrm{d}x \tag{6-2}$$

在以上各式中，EA、EI 分别称为杆件的抗拉压刚度和抗弯刚度。其中 E 称为材料的拉压弹性模量，常用单位为 GPa($1\ \text{GPa} = 1 \times 10^9\ \text{Pa}$)，$A$ 为杆件的横截面面积，I 为截面对自身中性轴的惯性矩。

6.2　轴向拉压杆的变形计算

当杆件受到轴向拉力或轴向压力作用时，其纵向会产生伸长或缩短，横向会出现收缩或膨胀。在本节中，将主要讨论等截面直杆的轴向拉伸和压缩变形计算问题。它的位移计算问题将在 6.3 节中进行讨论。

6.2.1 纵向变形

纵向变形是指杆件长度的改变量，横向变形是指杆件横截面尺寸的改变量。图 6-4(a)实线所示的等截面直杆，变形后的形状如图中虚线所示。纵向变形和横向变形中又有绝对变形与相对变形之分。实际计算中，一般只要求计算纵向变形。

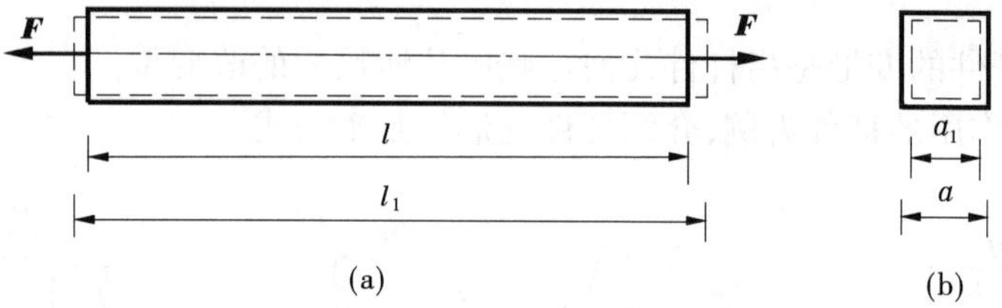

图 6-4

6.2.1.1 纵向绝对变形

对于轴向拉压杆，其**纵向绝对变形是指杆件长度的改变量**。如图 6-4 所示，若杆件的原长和变形后的长度分别用 l 和 l_1 表示，杆件的绝对变形用 Δl 表示，则显然有

$$\Delta l = l_1 - l$$

实际计算中，当杆件的变形不超出弹性范围时，其变形的大小可由式(6-1)积分求得

$$\Delta l = \int_l \mathrm{d}\lambda = \frac{F_{\mathrm{N}}}{EA}\int_l \mathrm{d}x = \frac{F_{\mathrm{N}} l}{EA}$$

因而得轴向拉压杆的绝对变形(伸长量)计算公式为

$$\Delta l = \frac{F_{\mathrm{N}} l}{EA} \tag{6-3a}$$

式中，$\Delta l > 0$ 时表示杆件伸长，$\Delta l < 0$ 时表示杆件缩短。

当杆件由内力不同或刚度不同的多个杆段组成时，则整个杆件的变形等于各杆件变形的代数和，即

$$\Delta l = \sum \frac{F_{\mathrm{N}} l}{EA} \tag{6-3b}$$

式(6-3b)是轴向拉压杆的绝对变形计算的一般公式。

【例 6-1】 计算图 6-5(a)所示方形截面阶梯形直杆的绝对变形。已知杆件各段材料的弹性模量 $E = 80$ GPa，各段横截面的边长分别为 $a_{AB} = 500$ mm，$a_{BC} = 400$ mm，$a_{CD} = 300$ mm。

解：(1)作杆件的轴力图如图 6-5(b)所示。

(2)由式(6-3b)计算杆件的变形

$$\Delta l = \Delta l_{AB} + \Delta l_{BC} + \Delta l_{CD} = \frac{F_{\mathrm{N}AB} l_{AB}}{EA_{AB}} + \frac{F_{\mathrm{N}BC} l_{BC}}{EA_{BC}} + \frac{F_{\mathrm{N}CD} l_{CD}}{EA_{CD}}$$

即

$$\begin{aligned}\Delta l &= \frac{-90 \times 10^3 \times 3}{8 \times 10^{10} \times 0.5 \times 0.5} + \frac{30 \times 10^3 \times 3.4}{8 \times 10^{10} \times 0.4 \times 0.4} + \frac{-50 \times 10^3 \times 3.2}{8 \times 10^{10} \times 0.3 \times 0.3} \\ &= -1.35 \times 10^{-5} + 0.80 \times 10^{-5} - 2.22 \times 10^{-5} \\ &= -0.027\,7 \times 10^{-3}\,(\mathrm{m}) = -0.027\,7 \text{ mm}\end{aligned}$$

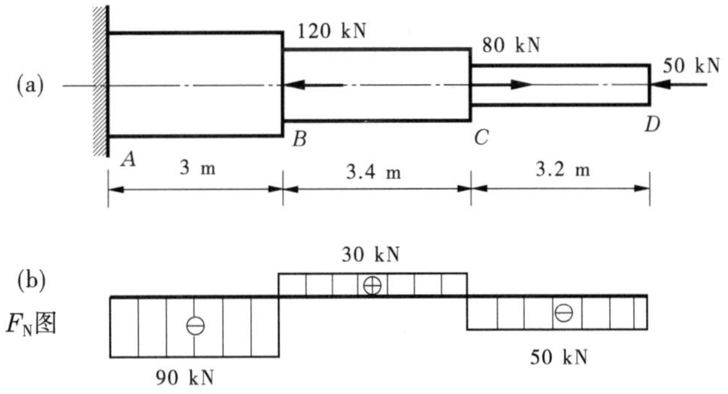

图 6-5

由计算结果知，整个杆件缩短了 0. 027 7 mm。

6.2.1.2　纵向相对变形

轴向拉压杆的**纵向相对变形，是指杆件单位长度的变形量，常称为纵向线应变**，用ε表示。ε 与绝对变形及杆长之间的关系为

$$\varepsilon = \frac{\Delta l}{l} \tag{6-4}$$

由式(6-4)可知，ε 是无量纲的量，其正负号与 Δl 相同。

6.2.2　横向变形

轴向拉压杆的横向绝对变形用 Δa 表示，相对变形又称为横向线应变，用ε'表示。由图 6-4(b)可见：

横向绝对变形　　$\Delta a = a_1 - a$

横向相对变形　　$\varepsilon' = \dfrac{\Delta a}{a}$

6.2.3　纵向变形与横向变形之间的关系

试验证明，在弹性变形范围内，轴力杆的横向变形与纵向变形之比为一常数，若用μ表示这一比例常数，则

$$\mu = \left|\frac{\varepsilon'}{\varepsilon}\right| \quad \text{或} \quad \varepsilon' = -\mu\varepsilon \tag{6-5}$$

式(6-5)所示的比例关系称为泊松比，μ 称为泊松系数。常用工程材料的 E、μ 值如表 6-1 所示。

表 6-1　常用工程材料 E、μ 的近似值

材料名称	E(GPa)	μ
碳素钢	195 ~ 215	0. 25 ~ 0. 33
合金钢	185 ~ 215	0. 24 ~ 0. 33
灰口铸铁	78 ~ 157	0. 23 ~ 0. 27

续表 6-1

材料名称	E(GPa)	μ
铜及其合金	73 ~ 128	0. 31 ~ 0. 42
铝合金	70	0. 33
混凝土	15 ~ 35	0. 16 ~ 0. 18
灰质岩	40 ~ 45	0. 16 ~ 0. 30
木材(顺纹)	10 ~ 12	0. 47

6.3　梁的变形计算和刚度校核

如前所述,梁是以弯曲变形为主要变形形式的杆件结构。静定单跨梁有简支梁、外伸梁和悬臂梁三种基本类型。在第 4、第 5 两章中分别讲述了这三种梁的内力计算和内力图绘制方法,应力及强度计算方法。现在来讨论梁的变形计算和刚度校核问题。

梁的变形通常是指梁中某截面位置的移动。梁的变形计算,就是计算梁中指定截面的线位移 Δ 和角位移 φ。因此,计算梁的变形就是计算梁的位移。但梁的位移计算公式,并不能像轴向变形那样可以直接通过对基本公式的积分而得到。本节将先由变形体虚功原理导出荷载作用下杆件结构位移计算的一般公式,再着重讨论梁的位移计算问题。静定单跨梁之外的其他静定结构的位移计算问题,将在第 9 章中进行讨论。

6.3.1　平衡力系作用下变形体的虚功原理

6.3.1.1　实功与虚功的概念

在中学物理中,将力在其自身引起的位移上所做的功,即力与该力作用下物体沿力作用线方向的位移的乘积,称为实功。

例如图 6-6(a)所示悬臂梁,在弹性变形范围内,当力 $\boldsymbol{F}_1$ 的值由零开始缓慢增加时,K 截面的位移 Δ_{11} 也从零开始逐渐增大。将这种**自零开始缓慢增加的力(忽略加载过程中的惯性影响),称为静力**。如果以位移 Δ 为横坐标、力 F 为纵坐标,可以画出加载过程中力与位移的关系曲线如图 6-6(b)所示。由图 6-6(b)可见,力 $\boldsymbol{F}_1$ 在位移 Δ_{11} 上所做的实功等于三角形 OAB 的面积,即

$$W_{11} = \frac{1}{2}F_1\Delta_{11} \tag{6-6}$$

如果在 $\boldsymbol{F}_1$ 作用之后(即杆件 A 截面已产生位移 Δ_{11})又增加静力荷载 $\boldsymbol{F}_2$,如图 6-7(a)所示,由于在 $\boldsymbol{F}_2$ 加载过程中 $\boldsymbol{F}_1$ 的大小和方向保持不变,则 $\boldsymbol{F}_1$ 在 $\boldsymbol{F}_2$ 加载过程中沿 $\boldsymbol{F}_1$ 方向产生的位移 Δ_{12} 上所做的功可用图 6-7(b)所示的矩形 $OABC$ 的面积表示,即

$$W_{12} = F_1\Delta_{12} \tag{6-7}$$

由于在功 W_{12} 的两个因子中,位移不是做功的力所引起的,故称此功为虚功。

综上所述并比较式(6-6)和式(6-7),可见实功与虚功的区别:

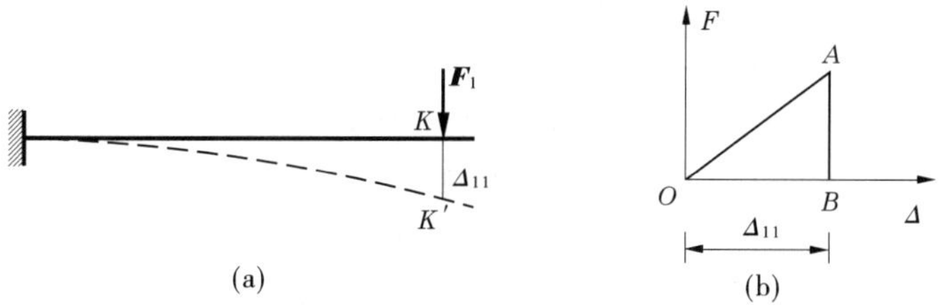

图 6-6

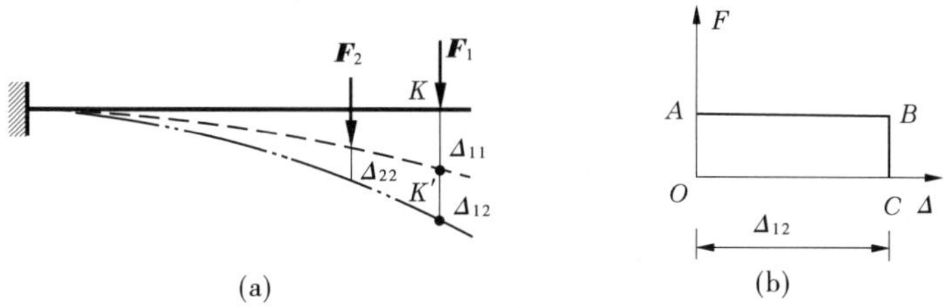

图 6-7

(1)做实功时力与位移相关,做虚功时力与位移无关。

(2)虚功的大小等于力与位移的乘积,实功的大小是力与位移乘积的一半。

6.3.1.2　平衡力系作用下变形体的虚功原理

土木工程结构中的所有杆件,都是受平衡力系作用且处于平衡状态的弹性变形体。下面对变形体的虚功原理作简单表述。

作用于弹性变形体上的外力(包括荷载和约束力)在任给虚位移上所做的虚功,称为外力虚功;变形体在外力作用的同时会产生内力和变形,则作用于变形体中的内力在虚变形上所做的虚功,称为内力虚功。因此,**虚功原理可表述为:平衡力系作用下,变形体的外力虚功等于内力虚功**,即

$$W_{外} = W_{内} \tag{6-8}$$

须加说明的是,若虚功中的力是实际的,位移(变形)是虚设的,则此虚功称为虚位移(虚变形)的功;若虚功中的位移(变形)是实际的,而力是虚设的,则称此虚功为虚力的功。

6.3.2　荷载作用下结构位移计算公式

由上述可知,虚功原理涉及变形体的两种相互独立的状态,即实际状态和虚设状态。由于在力学中需要计算的是杆件结构受外因作用而产生的位移,因而将杆件结构受荷载(或其他因素)作用而产生的变形(位移)状态,作为**实际状态**;将杆件结构受虚设的单位荷载作用状态,作为**虚设状态**。无论求的是何种因素引起的位移,作用于虚设状态中的力都是虚设的单位力,故又将**虚设状态称为虚力状态。通过虚设单位荷载来求取结构位移的方法,称为单位荷载法**。

下面以图 6-8(a)所示平面力系作用下梁的变形状态为实际状态,以同一梁结构受虚设单位荷载作用的状态作为虚力状态,如图 6-8(b)所示,在忽略了剪切变形对位移的影

响的情况下,导出荷载作用时结构位移计算的一般公式。

6.3.2.1 荷载作用下结构计算的一般公式

在图 6-8 中,图 6-8(b)所示外力在图 6-8(a)所示位移上所做的虚功及图 6-8(b)所示内力在图 6-8(a)所示变形上所做的虚功分别为

$$W_{外} = 1 \times \Delta_{KF}$$

$$W_{内} = \int_A^B \overline{F_N} d\lambda + \int_A^B \overline{M} d\varphi$$

根据虚功原理可得

$$\Delta_{KF} = \int_A^B \overline{F_N} d\lambda + \int_A^B \overline{M} d\varphi \tag{6-9}$$

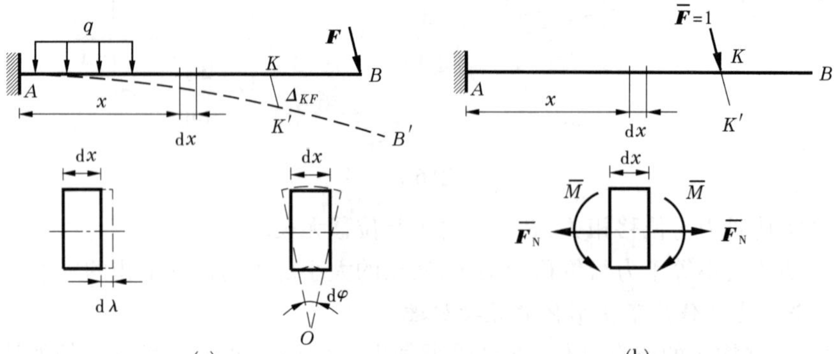

(a)　(b)

图 6-8

将上节给出的 dx 微段的变形 dλ、dθ 的表达式(6-1)、式(6-2)代入式(6-9)中,可得

$$\Delta_{KF} = \int_s \frac{F_N \cdot \overline{F_N}}{EA} dx + \int_s \frac{M \cdot \overline{M}}{EI} dx \tag{6-10}$$

式(6-10)中$\overline{F_N}$、$\overline{M}$ 分别为杆件结构在虚设单位荷载($\overline{F}=1$)作用下的内力,F_N、M 分别为荷载作用下梁的内力。当杆件是由多个杆段组成时,式(6-10)可改写为

$$\Delta_{KF} = \sum \int_s \frac{F_N \cdot \overline{F_N}}{EA} dx + \sum \int_s \frac{M \cdot \overline{M}}{EI} dx \tag{6-11}$$

式(6-11)就是荷载作用下梁位移计算的一般公式。

6.3.2.2 荷载作用下梁的位移计算简化公式

在计算梁和刚架等以弯曲变形为主要变形形式的结构的位移时,通常忽略轴向变形对位移的影响,因而其位移计算均采用以下简化公式

$$\Delta_{KF} = \sum \int_s \frac{M \cdot \overline{M}}{EI} dx \tag{6-12}$$

6.3.2.3 荷载作用下均质等截面直梁位移计算的图乘公式

对于均质等截面的直梁,可以将积分计算梁的位移转化为通过梁弯矩图的图乘来计算。下面简要介绍等截面直梁位移计算图乘公式的导出过程。

设长为 l 的梁段 AB 为均质等截面直杆,即 EI = 常数,则式(6-12)可写成

$$\Delta_{KF} = \frac{1}{EI} \int_l M \cdot \overline{M} dx \tag{a}$$

在上述设定下,受虚设单位力作用时各梁段的弯矩图(称为单位弯矩图)一般都由直线段组成(不会出现曲线形的弯矩图)。

下面以图 6-9 所示某一梁段的两个弯矩图为例来解析式(6-12)中的积分。因$M\mathrm{d}x=$

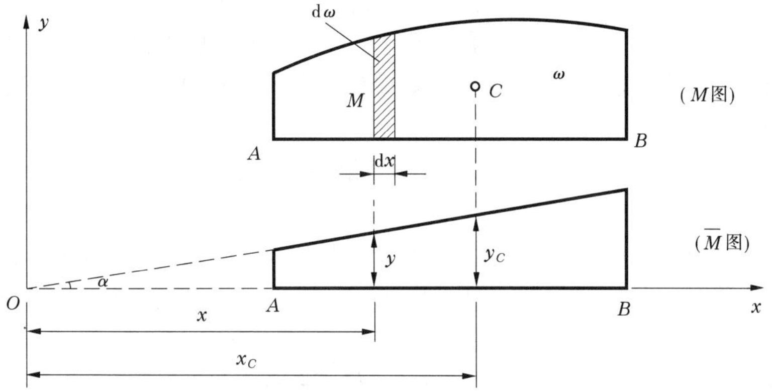

图 6-9

$\mathrm{d}\omega$,$\overline{M}=y=x\tan\alpha$,且 $\tan\alpha=$常数,式(6-12)改写为

$$\Delta_{KF}=\frac{1}{EI}\int_l M\cdot\overline{M}\mathrm{d}x=\frac{\tan\alpha}{EI}\int_l x\mathrm{d}\omega \tag{b}$$

式中,$x\mathrm{d}\omega$ 为微分面积 $\mathrm{d}\omega$ 对 y 轴的面积矩。因 $\int_l x\mathrm{d}\omega=\omega x_C$,则式(b)改写为

$$\Delta_{KF}=\frac{\omega\cdot x_C\cdot\tan\alpha}{EI} \tag{c}$$

由图 6-9 知,$x_C\tan\alpha=y_C$,于是有

$$\Delta_{KF}=\frac{\omega\cdot y_C}{EI} \tag{d}$$

当梁由多个梁段组成时,则式(d)为

$$\Delta_{KF}=\sum\frac{\omega\cdot y_C}{EI} \tag{6-13}$$

式中,ω 为荷载作用下梁段的荷载弯矩图(即 M 图)的面积,y_C 为单位荷载作用下梁段的单位力弯矩图(即 $\overline{M}$ 图)中与 M 图的形心相对应截面处的 $\overline{M}$ 值。

式(6-13)就是荷载作用下均质等截面直梁 K 截面位移计算的图乘公式。通过积分计算位移的方法称为积分法,利用图乘公式计算位移的方法称为图乘法。图乘法和积分法是单位荷载法中计算位移的两种方法。

利用图乘法计算位移时必须注意以下三点:

(1)所计算的杆件各杆段必须是均质的等截面直杆;

(2)ω 和 y_C 是两个不同弯矩图上的弯矩值,且 y_C 值必须取自于直线弯矩图;

(3)ωy_C 是代数量,其正负号取法为:当两个弯矩图位于杆件的同一侧时取正号,位于杆件的不同侧时取负号。

若将式(6-13)中的分母换成抗拉刚度,即得轴力杆件的位移计算公式,分子中 ωy_C 仍为相应荷载内力图的面积与虚力状态内力图的纵标。

6.3.2.4　荷载作用下梁位移计算的一般步骤

计算荷载作用下梁的位移时，对于符合图乘条件的梁，其位移既可以由积分法计算，也可以用图乘法计算。但对于不符合图乘条件的梁（例如曲梁），只能采用积分法进行位移计算（式中 dx 应为 ds）。但无论是采用积分法还是采用图乘法，都必须建立两种状态：一是受荷载作用的状态，即实际状态；二是受单位荷载作用的状态，即虚力状态。虚力状态中单位荷载的设置方法是：

欲求 K 截面某方向的位移，就在 K 截面处沿需求位移的方向设一大小等于 1 的荷载。其中：

（1）求线位移时的单位荷载为集中力（以 $\overline{F}=1$ 表示），如图 6-10（a）所示。

（2）求角位移时的单位荷载为集中力偶（以 $\overline{m}=1$ 表示），如图 6-10（b）所示。

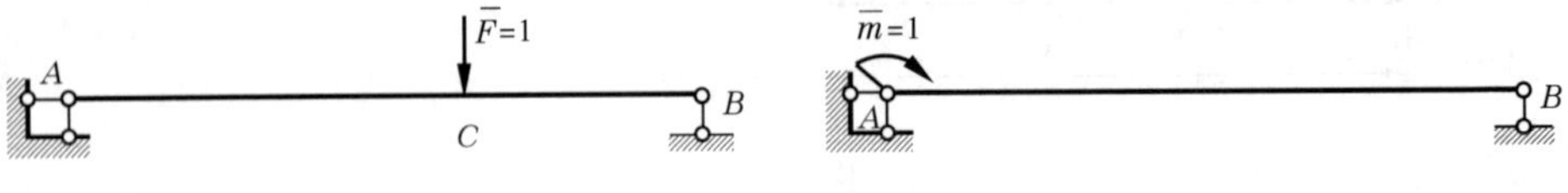

(a)求C截面的竖向线位移　　(b)求A截面的角位移

图 6-10

梁位移计算的步骤一般为：

（1）以梁受荷载作用的状态为实际状态，且

①由积分法求位移时，列出各杆段在荷载作用下的内力方程；

②用图乘法求位移时，作出杆件结构在荷载作用下的内力图。

（2）设立求位移的虚力状态，且

①由积分法求位移时，列出各杆段单位荷载作用下的内力方程；

②用图乘法求位移时，作出杆件结构在单位荷载作用下的内力图。

（3）选用相应的位移计算公式计算位移。计算结果为正，表明实际位移的方向与虚设单位荷载的方向相同；计算结果为负，表明实际位移方向与虚设单位荷载的方向相反。

6.3.3　梁的位移计算

在梁的位移计算中，将**梁横截面形心的竖向线位移，称为挠度**，将**梁横截面绕自身中性轴的角位移，称为转角**。例如图 6-11 所示平面弯曲梁，其 K 截面的位移可表示为 Δ_K 和 φ_K。

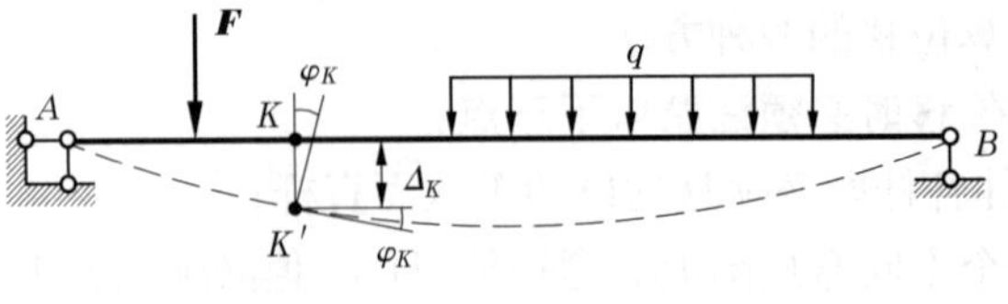

图 6-11

6.3.3.1　积分法计算梁的位移

对于平面弯曲的直梁，其位移计算积分公式为式（6-12），即

$$\Delta_{KF} = \sum \int_s \frac{M \cdot \overline{M}}{EI} \mathrm{d}x$$

式中，M、$\overline{M}$ 分别为梁受荷载作用和受虚设单位荷载 $\overline{F} = 1$ 作用下的弯矩方程。由式(6-12)计算梁位移的一般步骤是：

(1)以梁受荷载作用的状态为实际状态，列出它的弯矩方程；

(2)以梁受单位荷载作用的状态为虚设状态，列出它的弯矩方程；

(3)将两种状态的弯矩方程代入式(6-12)中进行积分，便可得到所求位移。

【例 6-2】　计算图 6-12(a)所示梁 C 截面的竖向线位移。梁的抗弯刚度 EI = 常数。

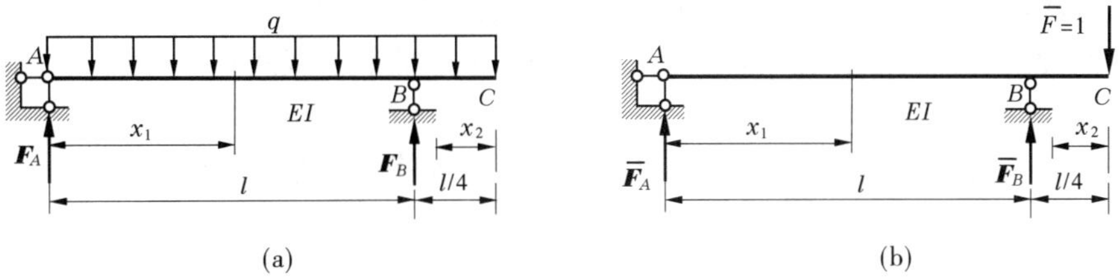

图 6-12

解：(1)建立图 6-12(a)所示实际状态的弯矩方程。先由静力平衡条件求出梁的支座约束力：

由
$$\sum M_B = 0,\quad -F_A \cdot l + \frac{ql^2}{2} - \frac{q}{2}\left(\frac{l}{4}\right)^2 = 0$$

$$\sum F_y = 0,\quad F_A + F_B - q\left(l + \frac{l}{4}\right) = 0$$

解得 $F_A = \dfrac{15ql}{32}$，　$F_B = \dfrac{25ql}{32}$

以 A 点为坐标原点，x 坐标向右为正，建立 AB 梁段的弯矩方程

$$M(x_1) = F_A \cdot x_1 - \frac{qx_1^2}{2} = \frac{15ql}{32} \cdot x_1 - \frac{qx_1^2}{2} \qquad (0 \leqslant x_1 \leqslant l)$$

以 C 点为坐标原点，x 坐标向左为正，建立 BC 梁段的弯矩方程

$$M(x_2) = -\frac{qx_2^2}{2} \qquad (0 \leqslant x_2 \leqslant l/4)$$

(2)建立虚力状态如图 6-12(b)所示，并列出它的弯矩方程。同样，先需求出虚力状态的支座约束力：

由
$$\sum M_B = 0,\quad -\overline{F}_A \cdot l - 1 \cdot l/4 = 0$$

$$\sum F_y = 0,\quad \overline{F}_A + \overline{F}_B - 1 = 0$$

解得
$$\overline{F}_A = -\frac{1}{4}(\downarrow),\quad \overline{F}_B = \frac{5}{4}$$

再列出图 6-12(b)所示状态的弯矩方程：

$$\overline{M}(x_1) = \overline{F}_A \cdot x_1 = -\frac{1}{4}x_1 \qquad (0 \leqslant x_1 \leqslant l)$$

$$\overline{M}(x_2) = -x_2 \qquad (0 \leqslant x_2 \leqslant l/4)$$

(3)将两梁段的弯矩方程代入式(6-12)并积分

$$\Delta_{CV} = \sum\int_s \frac{M\cdot\overline{M}}{EI}\mathrm{d}x = \frac{1}{EI}\left[\int_0^l M(x_1)\cdot\overline{M}(x_1)\mathrm{d}x_1 + \int_0^{l/4} M(x_2)\cdot\overline{M}(x_2)\mathrm{d}x_2\right]$$

$$= \frac{1}{EI}\left[\int_0^l\left(\frac{15ql}{32}\cdot x_1 - \frac{qx_1^2}{2}\right)\cdot\left(-\frac{1}{4}x_1\right)\mathrm{d}x_1 + \int_0^{l/4}\left(-\frac{qx_2^2}{2}\right)\cdot(-x_2)\mathrm{d}x_2\right]$$

$$= \frac{q}{EI}\left(-\frac{l^4}{128} + \frac{l^4}{2\,048}\right) = -\frac{15ql^4}{2\,048EI}(\uparrow)$$

计算结果为负值,说明 C 截面的实际位移方向向上(与虚设单位荷载的方向相反)。

用积分法计算梁的位移时,关键在于正确地列出梁在两种状态下的弯矩方程式。同一杆段在两种状态下弯矩方程中自变量 x 的值域(或 x 的取值区间)应一致。

6.3.3.2　图乘法计算梁的位移

对于均质等截面直梁,通常采用图乘公式(6-13)计算其横截面的位移,即

$$\Delta_{KF} = \sum\frac{\omega\cdot y_C}{EI}$$

由上式计算梁的位移时,除应注意图乘条件外,还要会计算弯矩图的面积 ω 并确定该弯矩图的形心 C 的位置。而确定形心 C 的位置是为了正确地计算另一弯矩图上的相应竖标 y_C。图 6-13 中提供了几种常见图形的面积及其形心位置,以供读者使用时查阅。

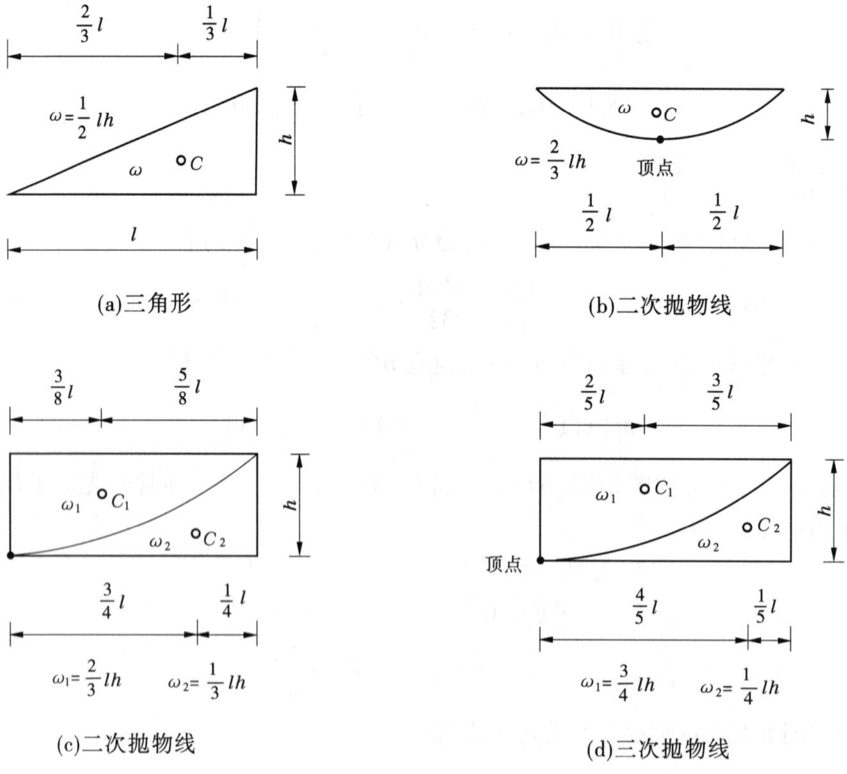

图 6-13

图中“**顶点**”的几何意义和物理意义分别为:M 图上该点处切线的斜率为零,该点对

应截面上的剪力为零。

6.3.3.3　均质等截面直梁位移计算的步骤

(1)以梁受荷载作用的状态为实际状态,作出它的弯矩图,即荷载弯矩图。

(2)以梁受单位荷载作用的状态为虚力状态,作出它的弯矩图。

(3)由图乘公式计算位移。

【例 6-3】　用图乘法计算图 6-14(a)所示悬臂梁 B 截面的竖向线位移,EI = 常数。

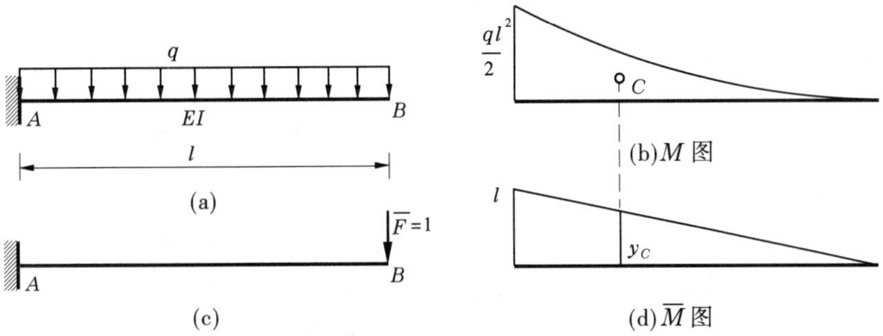

图 6-14

解:(1)以图 6-14(a)所示状态为实际状态,作弯矩图如图 6-14(b)所示。

(2)根据求位移的需要建立虚力状态如图 6-14(c)所示,其弯矩图如图 6-14(d)所示。

(3)由式(6-13)计算 B 截面的竖向线位移。在两个弯矩图中,图 6-14(b)为标准二次抛物线,由图 6-13(c)给定的公式计算面积及确定形心位置。图 6-14(d)是直角三角形,y_C 是单位力弯矩图上与荷载弯矩图的形心 C 对应截面处的弯矩值。B 截面的竖向线位移计算如下:

$$\Delta_{BV}=\frac{\omega\cdot y_C}{EI}=\frac{1}{EI}\left(\frac{1}{3}\times l\times\frac{ql^2}{2}\times\frac{3}{4}l\right)=\frac{ql^4}{8EI}$$

【例 6-4】　用图乘法计算图 6-15(a)所示简支梁跨中截面的竖向线位移,EI = 常数。

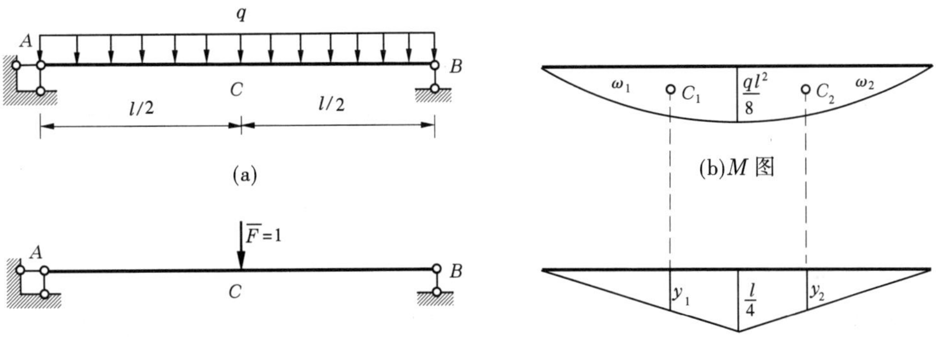

图 6-15

解:(1)以图 6-15(a)所示状态为实际状态,由第 4 章可知其弯矩图如图 6-15(b)所示。

(2)为求跨中 C 截面的竖向线位移,设虚力状态如图 6-15(c)所示,其弯矩图如图 6-15(d)所示。

(3)由式(6-13)计算 C 截面的竖向线位移。

对于图 6-15 中(b)、(d)两个弯矩图来说,图 6-15(b)是曲线图,图 6-15(d)是直线图,由图乘条件知 y_C 只能在图 6-15(d)上取值。虽然都是简单弯矩图形,但由于图 6-15(d)左右两部分的斜率不同,故图乘时需将弯矩图自 C 截面分为左右两段分别图乘再相加,即

$$\Delta_{CV} = \sum \frac{\omega \cdot y_C}{EI} = \frac{1}{EI}(\omega_1 \cdot y_1 + \omega_2 \cdot y_2)$$

$$= \frac{1}{EI}\left(\frac{2}{3} \times \frac{l}{2} \times \frac{ql^2}{8} \times \frac{5}{8} \times \frac{l}{4} + \frac{2}{3} \times \frac{l}{2} \times \frac{ql^2}{8} \times \frac{5}{8} \times \frac{l}{4}\right) = \frac{5ql^4}{384EI}$$

可以证明,简支梁受满跨均布荷载作用时,最大竖向线位移出现在跨中截面上,且这个最大竖向线位移的值等于 $5ql^4/(384EI)$。当简支梁受跨中集中荷载作用时,最大竖向线位移亦出现在跨中截面上,且其值等于 $Fl^3/(48EI)$,请读者自己证明。

【例 6-5】 计算图 6-16(a)所示外伸梁 B 截面的角位移。EI = 常数。

解:(1)作图 6-16(a)状态的弯矩图如图 6-16(b)所示。

(2)设虚力状态如图 6-16(c)所示,其弯矩图如图 6-16(d)所示。

(3)计算梁中 B 截面的角位移:

$$\varphi_B = \frac{1}{EI}(\omega_1 \cdot y_1 + \omega_2 \cdot y_2) = \frac{1}{EI}\left[\left(\frac{1}{2} \times l \times \frac{Fl}{4} \times \frac{2}{3} \times 1\right) + \left(\frac{1}{2} \times \frac{l}{4} \times \frac{Fl}{4} \times 0\right)\right]$$

$$= \frac{Fl^2}{12EI}$$

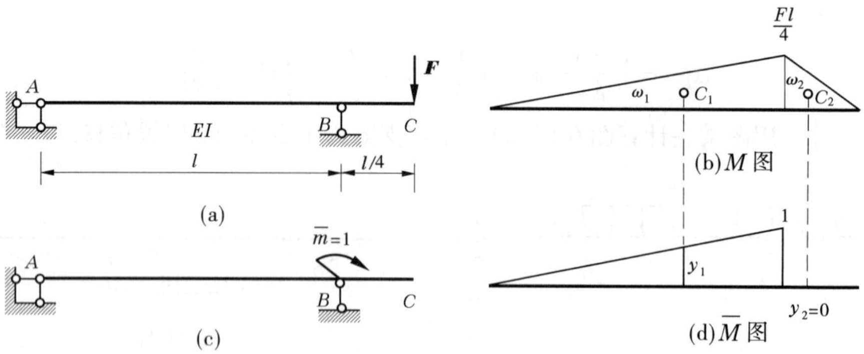

图 6-16

6.3.3.4 组合弯矩图的图乘方法

以上各例中弯矩图均为图 6-13 所示的简单图形,其面积和形心位置均可由图 6-13 中给出的算式确定。然而,在实际工程中,梁的弯矩图并非如图 6-13 所示的简单图形,例如图 6-17 和图 6-18 所示各梁的弯矩图就不是图 6-13 所示的简单形状。

在图 6-17(a)中,AB 段的 M 图由一个三角形和一个二次抛物线形叠加而成;图 6-17(b)中 CD 段的 M 图为一梯形;图 6-18(a)中 AB 段的 M 图由一梯形和一个二次抛物线形叠加而

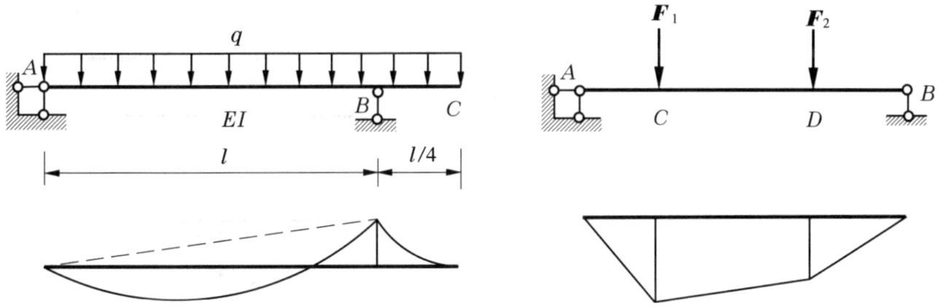

(a)　　　　(b)

图 6-17

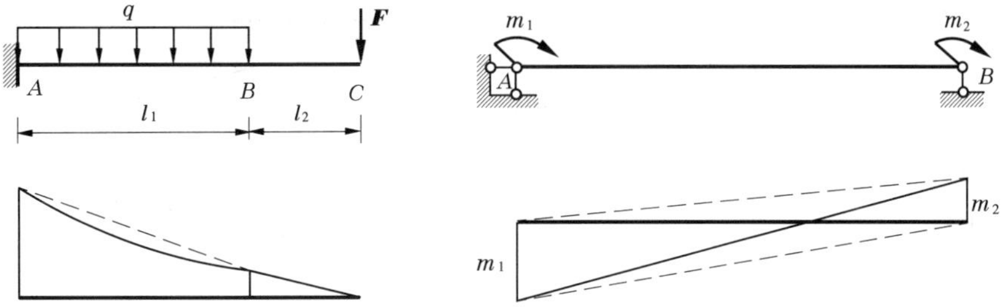

(a)　　　　(b)

图 6-18

成；而图 6-18(b)的 M 图则由一个上三角形和一个下三角形叠加而成。这些弯矩图在图乘时，它的面积和形心位置的确定，显然都不可能直接由图 6-13 给出的公式得到。

类似于图 6-17 和图 6-18 所示各梁的弯矩图，称为组合弯矩图。这些弯矩图的面积和形心位置虽然不能直接得到，但它既然是由简单的弯矩图叠加而成的，在求位移时就可以先将这些叠加而成的图形分解为简单的图形进行图乘，再将各简单图形的图乘结果进行叠加。这个叠加的结果，就是所要求的位移。

下面介绍如图 6-19 所示几种常见组合弯矩图的分解图乘方法。其中：

图 6-19(a)中　$$\omega y_C = \omega_1 y_1 + \omega_2 y_2 = -\frac{1}{2} l \times a \times \left(\frac{b}{3} + \frac{2c}{3}\right) + \frac{2}{3} l \times \frac{ql^2}{8} \times \frac{1}{2}(b + c)$$

图 6-19(b)中　$$\omega y_C = \omega_1 y_1 + \omega_2 y_2 = \frac{1}{2} l \times a \times \left(\frac{2c}{3} + \frac{d}{3}\right) + \frac{1}{2} l \times b \times \left(\frac{c}{3} + \frac{2d}{3}\right)$$

图 6-19(c)中　$$\omega y_C = \omega_1 y_1 + \omega_2 y_2 = -\frac{1}{2} l \times a \times \left(\frac{2c}{3} + \frac{d}{3}\right) + \frac{1}{2} l \times b \times \left(\frac{c}{3} + \frac{2d}{3}\right)$$

【例 6-6】　用图乘法计算图 6-20(a)所示外伸梁 C 截面的竖向线位移，EI = 常数。

解：(1)作实际状态的弯矩图如图 6-20(b)所示。

(2)虚设状态如图 6-20(c)，其弯矩图如图 6-20(d)所示。

(3)计算 C 截面的竖向线位移：

$$\Delta_{CV} = \frac{1}{EI}(\omega_1 y_1 + \omega_2 y_2 + \omega_3 y_3)$$

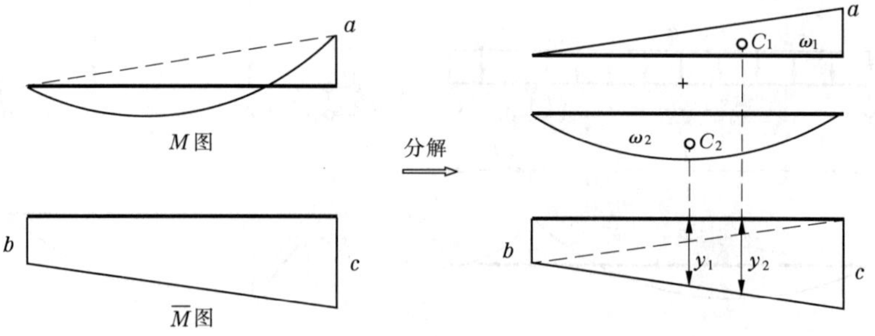

(a)

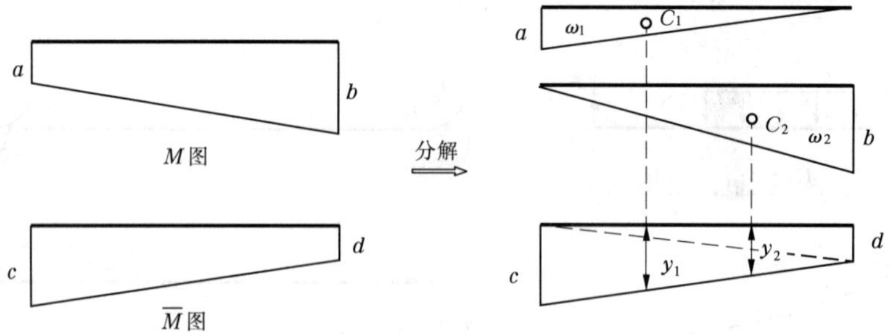

(b)

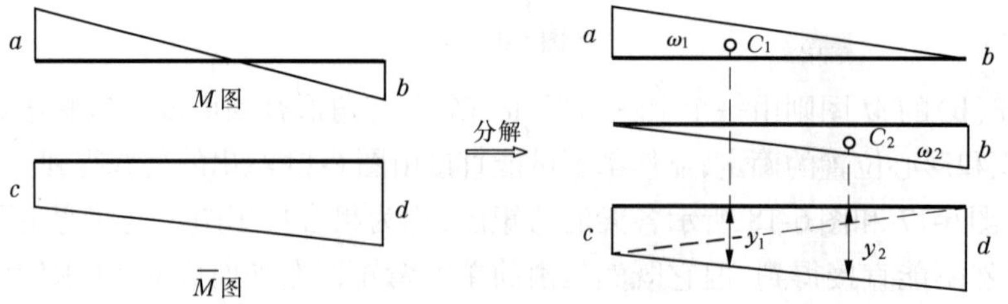

(c)

图 6-19

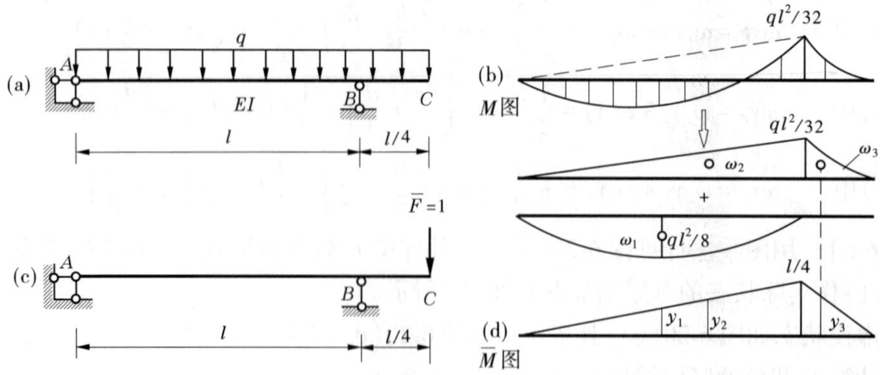

图 6-20

$$=\frac{1}{EI}\left(-\frac{2}{3}\times l\times\frac{ql^2}{8}\times\frac{1}{2}\times\frac{l}{4}+\frac{1}{2}l\times\frac{ql^2}{32}\times\frac{2}{3}\times\frac{l}{4}+\frac{1}{3}\times\frac{l}{4}\times\frac{ql^2}{32}\times\frac{3}{4}\times\frac{l}{4}\right)$$

$$=-\frac{15ql^4}{2\,048EI}(\uparrow)$$

计算结果为负值,说明 C 截面的位移方向与虚设单位力的方向相反。

对比例 6-2 可见,积分法和图乘法的计算结果完全相同。但图乘法的计算过程显然要简练得多。

6.3.3.5　梁位移计算的叠加法

在小变形条件下,梁的变形和位移都与梁上所作用的荷载呈线性关系。因此,在计算梁受几种荷载同时作用下的位移时,可采用叠加法。根据叠加原理,**梁上受几种(或几个)荷载共同作用时在某截面上所产生位移,等于这几种(或几个)荷载单独作用于梁上时在该截面所产生位移的代数和**,即

$$\Delta(\boldsymbol{F},q,m)=\Delta(\boldsymbol{F})+\Delta(q)+\Delta(m) \tag{6-14}$$

利用叠加公式(6-14)计算梁的位移时,需要熟记梁在各种荷载单独作用时的位移特征值。为了使用方便,特将单跨静定梁在简单荷载作用下的位移特征值列入表 6-2。

表 6-2　静定单跨梁的位移

序号	梁的计算简图	杆端转角 (顺时针转向为正)	最大挠度 (向下为正)
1	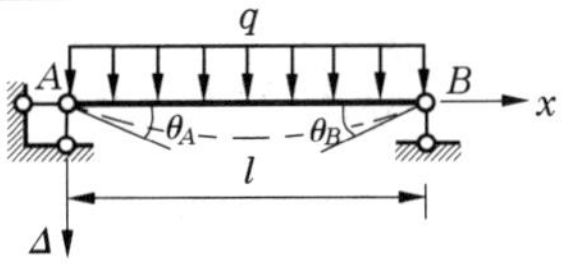	$\varphi_A=\frac{ql^3}{24EI}$ $\varphi_B=-\frac{ql^3}{24EI}$	$x=\frac{l}{2}$截面处:$\Delta_{\max}=\frac{5ql^4}{384EI}$
2	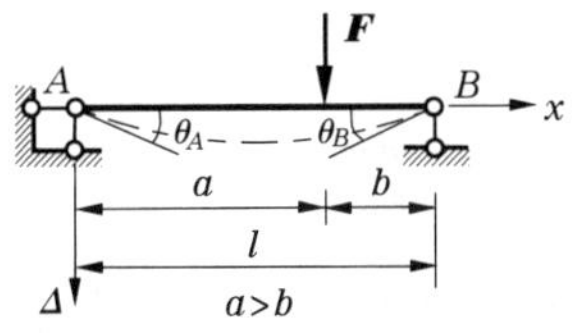	$\varphi_A=\frac{Fab(l+b)}{6EIl}$ $\varphi_B=-\frac{Fab(l+a)}{6EIl}$	$x=\sqrt{(l^2-b^2)/3}$截面处: $\Delta_{\max}=\frac{Fb(l^2-b^2)^{3/2}}{9\sqrt{3}lEI}$ 当 $a=b$ 时 $\Delta_{\max}=\frac{Fl^3}{48EI}$
3	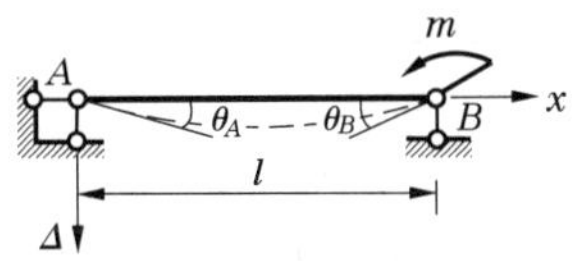	$\varphi_A=\frac{ml}{6EI}$ $\varphi_B=-\frac{ml}{3EI}$	$x=\frac{l}{\sqrt{3}}$截面处: $\Delta_{\max}=\frac{ml^2}{9\sqrt{3}EI}$ $x=\frac{l}{2}$截面处: $\Delta_x=\frac{ml^2}{16EI}$
4	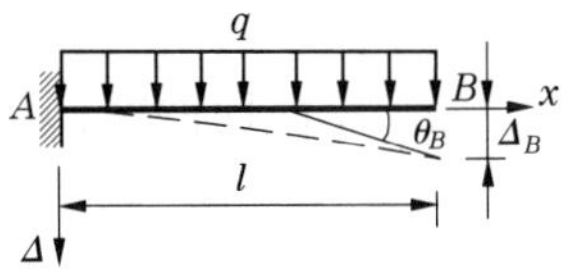	$\varphi_B=\frac{ql^3}{6EI}$	$\Delta_{\max}=\Delta_B=\frac{ql^4}{8EI}$

续表 6-2

序号	梁的计算简图	杆端转角（顺时针转向为正）	最大挠度（向下为正）
5	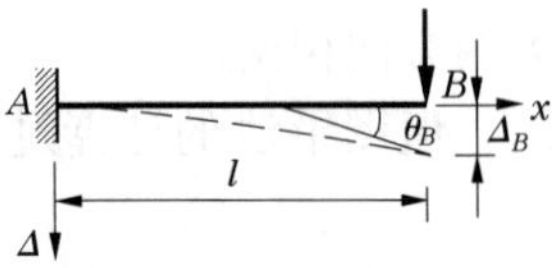	$\varphi_B=\dfrac{Fl^2}{2EI}$	$\Delta_{\max}=\Delta_B=\dfrac{Fl^3}{3EI}$
6	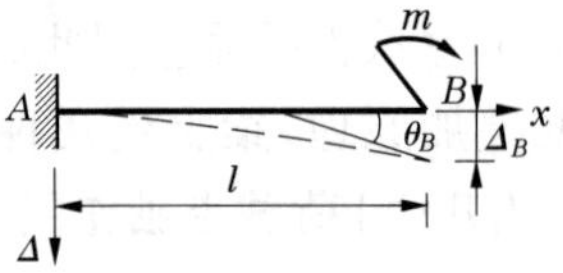	$\varphi_B=\dfrac{ml}{EI}$	$\Delta_{\max}=\Delta_B=\dfrac{ml^2}{2EI}$
7	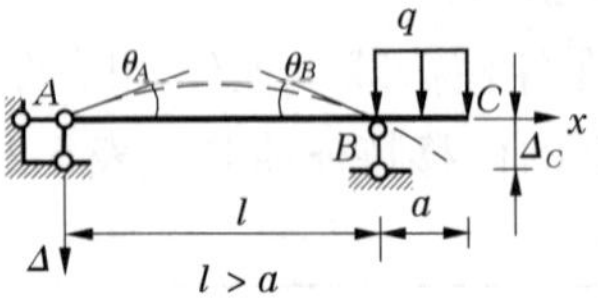	$\varphi_A=-\dfrac{qla^2}{12EI}$ $\varphi_B=\dfrac{qla^2}{6EI}$ $\varphi_C=\dfrac{qa^2}{6EI}(l+a)$	$\Delta_C=\dfrac{qa^3}{24EI}(4l+3a)$ $x=l/2$ 截面处：$\Delta=-\dfrac{ql^2a^2}{32EI}$
8	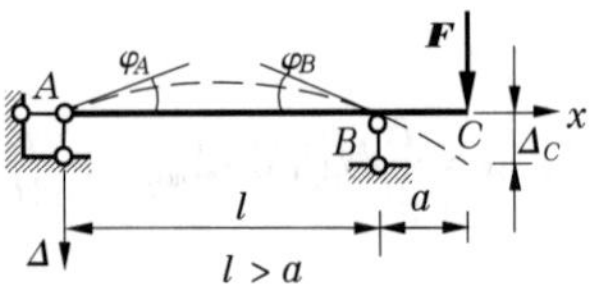	$\varphi_A=-\dfrac{Fla}{6EI}$ $\varphi_B=\dfrac{Fab}{3EI}$ $\varphi_C=\dfrac{Fa}{6EI}(2l+3a)$	$\Delta_C=\dfrac{Fa^2}{3EI}(l+a)$ $x=l/2$ 截面处：$\Delta=-\dfrac{Fl^2a}{16EI}$
9	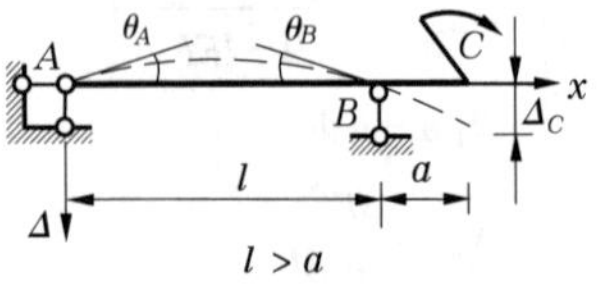	$\varphi_A=-\dfrac{ml}{6EI}$ $\varphi_B=\dfrac{ml}{3EI}$ $\varphi_C=\dfrac{ml}{3EI}\left(\dfrac{3a}{l}+1\right)$	$\Delta_C=\dfrac{ma}{6EI}(2l+3a)$ $x=l/2$ 截面处：$\Delta=\dfrac{ml^2}{16EI}$

【例 6-7】 用叠加法计算图 6-21(a)所示梁自由端的竖向线位移，$EI=$常数。

解：(1)将图 6-21(a)所示受 $\boldsymbol{F}$、q 两种荷载作用的情形分解为图 6-21(b)、(c)所示只受 q、$\boldsymbol{F}$ 单独作用的情形。

(2)查表 6-2 分别计算图 6-21(b)、(c)所示受力情况下梁端 C 截面的竖向线位移。对于图 6-21(b)所示受力情形：

$$\Delta_C(q)=\Delta'_C=\varphi_B\times a=-\frac{ql^3}{24EI}\times a=-\frac{4\times10^3\times6^3}{24EI}\times1.6=-\frac{57\ 600}{EI}(\uparrow)$$

对于图 6-21(c)所示受力情形：

$$\Delta_C(\boldsymbol{F}) = \Delta''_C = \frac{Fa^2}{3EI}(l+a) = \frac{12\times10^3\times1.6^2}{3EI}\times(6+1.6) = \frac{77\ 820}{EI}(\downarrow)$$

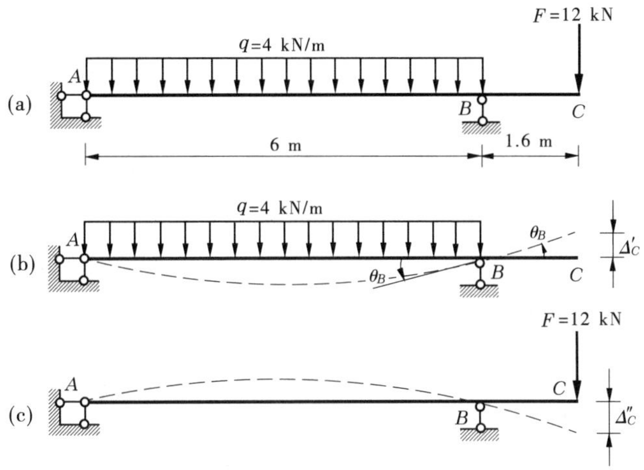

图 6-21

(3) 由叠加公式(6-14)计算截面 C 的总位移：

$$\Delta_C = \Delta_C(q) + \Delta_C(\boldsymbol{F}) = -\frac{57\ 600}{EI} + \frac{77\ 820}{EI} = \frac{20\ 220}{EI}(\downarrow)$$

6.3.4　梁的刚度校核

梁的刚度条件，是梁的最大线位移或单位长度上的最大线位移不超过许可值。工程中，常将**梁的竖向线位移称为挠度，用 f 表示，梁的最大竖向线位移称为最大挠度，用 f_{max} 表示**。

通过上述位移计算方法，虽然不能直接确定梁中最大挠度所在截面位置，但可以证明，无论受何种荷载作用，悬臂梁和大多数外伸梁伸出部分的最大挠度均出现在自由端截面上；简支梁和外伸梁简支部分的最大挠度均出现在跨中或靠近跨中的截面上。为了计算方便，对于简支梁和外伸梁简支部分，实用计算中均以其跨中截面作为具有最大挠度的截面。这样，就能用位移计算公式计算出梁的最大挠度，以便利用梁的刚度条件进行刚度校核。

梁的刚度条件为

$$f_{max} \leqslant [f] \quad 或 \quad \frac{f_{max}}{l} \leqslant \left[\frac{f}{l}\right] \tag{6-15}$$

式中，$[f]$ 称为许可挠度，$[f/l]$ 称为许可相对挠度。均质梁的许可相对挠度值如表 6-3 所示。

应用刚度条件可以校核梁的刚度、设计梁的截面、确定梁上作用的许可荷载。本章中只讲述梁的刚度校核。

表 6-3　均质梁的许可相对挠度

结构	梁的类型		许可相对挠度
钢结构	闸门	主梁	1/500 ~ 1/750
		次梁	1/200 ~ 1/250
	吊车梁	手动吊车梁	1/500
		电动吊车梁	1/600 ~ 1/750
	楼盖梁和工作平台梁	主梁	1/400
		其他梁	1/250
木结构	屋盖檩条		1/200
	檩条		1/200
	椽子		1/150
	抹灰吊顶中的梁式构件		1/250
	楼板和隔栅		1/250

【例 6-8】　图 6-22(a)所示简支梁为工字形截面吊车梁。已知工字钢型号为工 32b，弹性模量 $E=200$ GPa，吊车的最大起重量为 $W=50$ kN，梁的许可相对挠度 $[f/l]=1/600$。在不计梁和吊车自重的条件下，对此梁进行刚度校核。

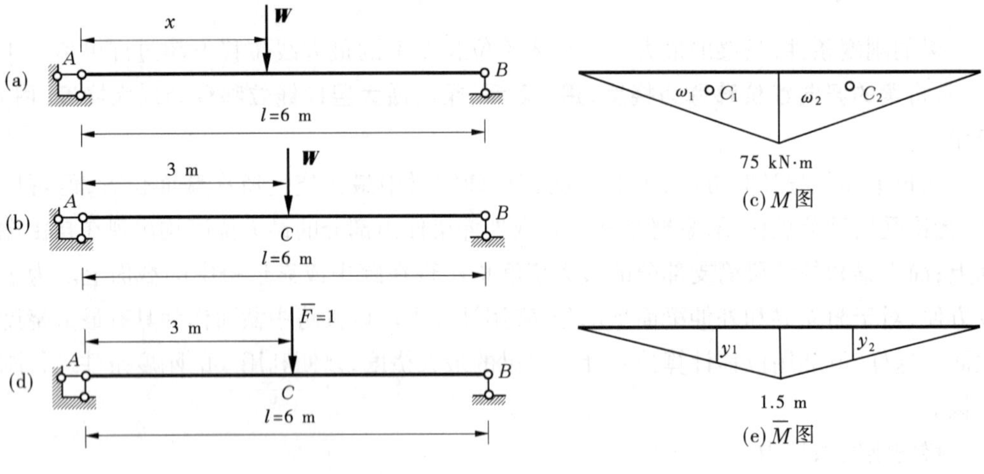

图 6-22

解：由于梁上荷载是吊车的起吊重量 **W**，且当吊车运行至跨中时梁的变形最大，故 **W** 作用于跨中截面所求得的跨中截面 C 线位移即为该梁的最大挠度。

(1) 梁的计算简图如图 6-22(b)所示，其弯矩图如图 6-22(c)所示。

(2) 建立虚力状态如图 6-22(d)所示，其弯矩图如图 6-22(e)所示。

(3) 计算梁 C 截面的最大挠度。

$$f_{\max}=\Delta_{CV}=\frac{1}{EI}(\omega_1 y_1+\omega_2 y_2)$$

$$= \frac{2}{EI}(\omega_1 y_1) = \frac{2}{EI}\left(\frac{1}{2} \times 3 \times 75 \times 1\right) \times 10^3 = \frac{225\ 000}{EI}$$

式中,$E = 200$ GPa,查附表 3 得 $I_x = 11\ 621\ \text{cm}^4 = 1.16 \times 10^{-4}\text{m}^4$。将 E、I 值代入上式得

$$f_{\max} = \Delta_{CV} = \frac{225 \times 10^3}{2 \times 10^{11} \times 1.16 \times 10^{-4}} = 0.009\ 7(\text{m}) = 9.7(\text{mm})$$

(4)校核梁的刚度。

因为　$[1/600] = 0.001\ 67$,　$f_{\max}/l = 9.7/6\ 000 = 0.001\ 617$

所以　$f_{\max}/l < [1/600]$

故该梁满足刚度要求。

6.4　杆件变形的测量*

实际工程中,很多结构或构件,特别是受弯构件及其组成的结构,在使用过程中都要求随时了解和掌握结构或构件的变形和位移情况,防止其变形和位移超出允许范围。梁就是一种典型的受弯构件或结构。

对于梁的变形,可以由理论公式进行计算。但理论计算中是以计算简图为依据的。因为计算简图是经过对实际结构多方面的简化后形成的,即使在设计时充分考虑了影响梁变形的各种因素,但在实际使用过程中情况也会发生变化。或者说,引起梁变形的因素是复杂的,也是设计时无法完全考虑得到的。因此,梁在使用过程中的实际变形情况,往往与理论计算结果有一定出入。这就是为什么要对梁进行实际变形测量的基本原因。

用电阻应变仪测量梁的变形,是近代建筑工程中普遍使用的方法。这种方法的操作过程,就像用体温表去随时量测人的体温那么简单便利。当然这只是比喻。下面简要介绍电阻应变仪的工作原理和用电阻应变仪测量梁变形的操作程序。

6.4.1　电阻应变仪的工作原理

电阻应变仪是一种专门用来测量物体某一特定方向线应变的电子仪器。它是通过桥式电路(惠更斯电桥)将粘贴于施测物体上的电阻片中电阻的改变量测量出来,再将此电阻改变量换算成线应变,并由显示器将应变值显示出来。

在这里,无需研究应变仪是如何将电阻改变量转换成应变的,但要清楚电阻片是如何发生阻值改变的。下面以图 6-23 所示轴向拉压杆的变形测量为例,简要说明电阻片的构造及电阻片的电阻值是如何发生改变的。

贴于图 6-23(a)中的应变片放大如图 6-23(b)所示。夹于片基中的电阻丝绕阻由一根电阻丝密绕成相互串联的 4 条(图中只示出了其中的 2 条)并布置在同一平面上,其两端用极细的金属丝接出基外,以便与测量的导线连接。每个应变片在未使用状态下都有一个相对固定的电阻值 R(一般为 120 Ω)。杆件受力后(见图 6-23(c)),应变片同杆件一起产生变形(见图 6-23(d))。由于应变片与其中的电阻丝绕阻被片基粘贴成一个整体,故当应变片发生变形时,电阻丝绕阻亦产生相应的变形。由物理知,电阻丝绕阻几何形状的改变会导致电阻值的改变。由此可知,电阻应变仪就是将电阻值的改变量转换成

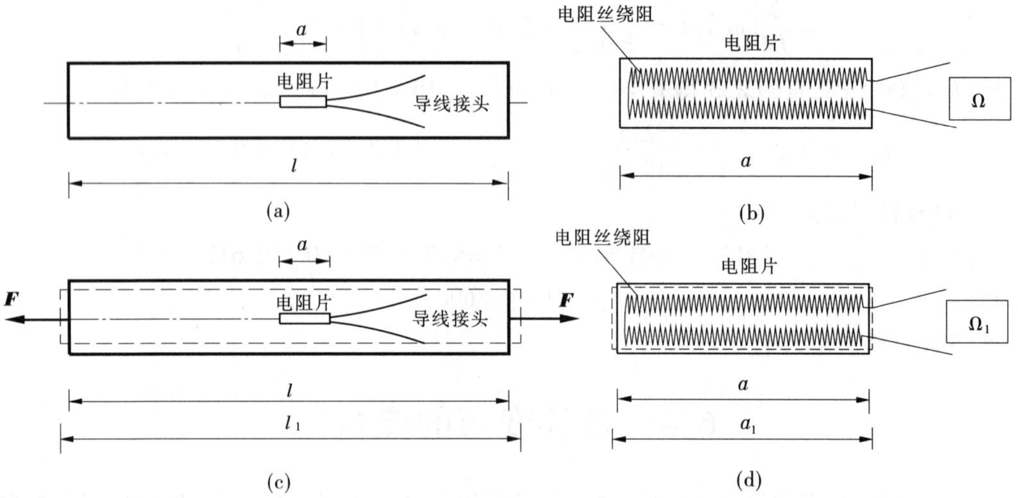

图 6-23

应变的电子仪器。

6.4.2　梁中施测点的位移测量操作程序

(1)确定位移的施测点。施测点一般设置在梁跨中部位的下侧边缘(即梁的底部)。

(2)施测点处理及电阻应变片的粘贴。施测点的处理,是指将欲贴片处进行平整、磨光、清洗、吹干等处理工作。电阻应变片粘贴处作平整、磨光、清洗、吹干等处理,都是为了使得应变片与贴面间能很好地粘合,以保障测量精度。贴片处的磨光,一般先采用平面砂轮磨平,再用零号砂纸抛光。对抛光后的贴片处,应在贴片前用脱脂棉蘸丙酮水充分擦洗至一尘不染。对已清洗干净的贴片处采用电吹风的低温挡或冷风挡将其吹干。

当施测点处理完毕后,先用 502 胶水在该点处涂上薄薄的一层,再在经挑选并合乎要求的应变片的粘贴面上也涂上薄薄的一层 502 胶水,并迅速将应变片按测量变形的正确方向(一般沿梁的纵向)粘贴于贴片处。应变片贴上后应在其背面稍稍加压至应变片完全粘贴牢固(一般在 2 min 左右)为止。

(3)用应变仪附带的导线(或自备导线)一端连接应变片,另一端连接电阻应变仪。如果此测点需要多次使用,则需用环氧树脂将应变片及其周围一定区域(包括应变片的导线接入部分)加以整体密封,并采取有效的保护措施。

(4)进行变形的测量。在加载前读取一个应变值,记为 $\varepsilon_{初}$,加载后(额定荷载作用于梁上时)再读取一个应变值,记为 $\varepsilon_{末}$,则加载过程中梁施测点处的应变为

$$\varepsilon = \frac{1}{K}(\varepsilon_{末} - \varepsilon_{初}) \tag{6-16}$$

式中,K 为应变仪的应变值放大系数。一般的静态或动静态应变仪的 $K = 1 \times 10^6$。

必须指出的是,以上操作程序只适用于测量梁在后加荷载或移动荷载作用时所引起的变形。如果要测量梁受各种因素作用(包括梁的自重)所引起的变形,则必须于此梁安装前就在变形施测部位按上述的第(1)、(2)、(3)步的要求,完成贴片和连线工作,用环氧

树脂将应变片及其周围一定区域(包括应变片的导线接入部分)加以整体密封,并采取有效的保护措施。当贴片、连线及密封工作完成后,由应变仪读取初始应变值并记录下来,以备日后使用。当日后需测量该点的变形时,只需按上述第(4)步进行即可。

注意:贴片过程中,502 胶水、丙酮、环氧树脂都是有毒物质,且 502 胶水是一种强力速凝胶水,使用者要注意对自己的防护。

6.5　弹性结构的互等定理

所谓弹性结构,是指变形不超出弹性变形范围的结构。弹性结构的互等定理有 3 个,即功的互等定理、位移互等定理、约束力互等定理。其中功的互等定理是以虚功原理为理论基础的基本定理,另外两个定理是由功的互等定理导出的应用定理。根据应用需要,这里仅介绍功的互等定理和位移互等定理。

6.5.1　功的互等定理

功的互等定理是研究同一弹性结构在两种不同状态下的虚功关系。图 6-24(a)和图 6-24(b)所示为同一弹性结构的两种不同状态。在两种状态中分别受广义力 $\boldsymbol{F}_1$、$\boldsymbol{F}_2$ 的作用。

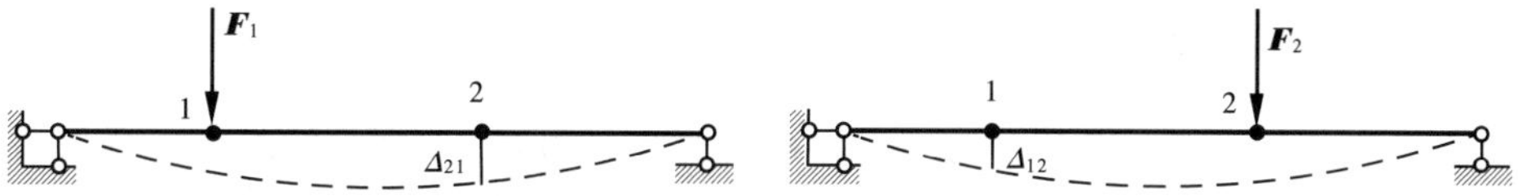

(a)第一状态　　(b)第二状态

图 6-24

设第一状态中作用于 1 位置的广义力 $\boldsymbol{F}_1$ 在 2 位置上引起的广义位移为 Δ_{21},第二状态中作用于 2 位置的广义力 $\boldsymbol{F}_2$ 在 1 位置上引起的广义位移为 Δ_{12},令 $\boldsymbol{F}_1$ 在 Δ_{12}上所做的外力虚功为 T_{12},$\boldsymbol{F}_2$ 在 Δ_{21}上所做的外力虚功为 T_{21},并令第一状态的内力在第二状态的变形上所做的内力虚功为 W_{12},第二状态的内力在第一状态的变形上所做的内力虚功为 W_{21}。由虚功原理应有

$$T_{12} = W_{12}, \quad T_{21} = W_{21}$$

其中

$$W_{12} = \sum \int_s \frac{F_{N1} \cdot F_{N2}}{EA} ds + \sum k \int_s \frac{F_{Q1} \cdot F_{Q2}}{GA} ds + \sum \int_s \frac{M_1 \cdot M_2}{EI} ds \qquad (a)$$

$$W_{21} = \sum \int_s \frac{F_{N2} \cdot F_{N1}}{EA} ds + \sum k \int_s \frac{F_{Q2} \cdot F_{Q1}}{GA} ds + \sum \int_s \frac{M_2 \cdot M_1}{EI} ds \qquad (b)$$

由式(a)、式(b)可知,$W_{12} = W_{21}$,故 $T_{12} = T_{21}$,即

$$F_1 \cdot \Delta_{12} = F_2 \cdot \Delta_{21} \qquad (6\text{-}17)$$

这就是功的互等定理。它表明:**第一状态的广义外力在第二状态相应位移上所做的虚功,等于第二状态的广义外力在第一状态相应位移上所做的虚功。**

6.5.2　位移互等定理

当广义力 F_1 和 F_2 为大小等于 1 的单位力时（如图 6-25 所示），则其引起的相应位移分别为 δ_{12}、δ_{21}。将 $F_1=1, F_2=1, \Delta_{12}=\delta_{12}, \Delta_{21}=\delta_{21}$ 代入式(6-17)得

$$\delta_{12}=\delta_{21} \tag{6-18}$$

式(6-18)就是位移互等定理的表达式。它表明：**单位力 $F_2=1$ 作用下在单位力 $F_1=1$ 的作用点处沿 F_1 作用方向上引起的位移，等于单位力 $F_1=1$ 作用下在单位力 $F_2=1$ 的作用点处沿 F_2 作用方向上引起的位移。**此定理将在超静定结构计算的力法中得到应用。

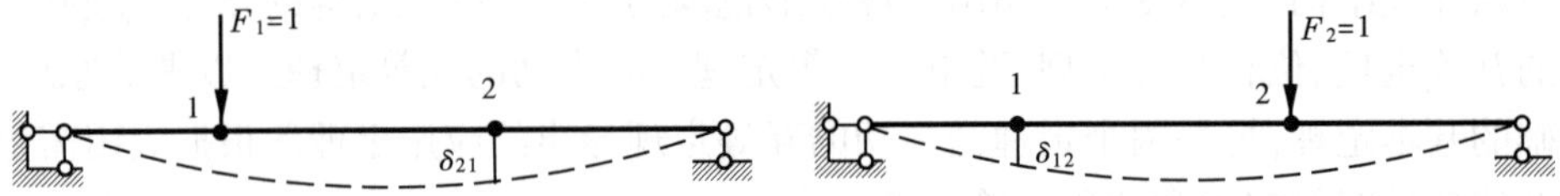

(a)第一状态　　(b)第二状态

图 6-25

学习指导

1. 对概念的理解

变形是指物体由于外因的作用而引起的几何形状与尺寸的变化，或物体内任意两点间相对位置的改变。例如轴力杆的伸长或缩短、传动轴横截面间绕杆轴线的相对转动、梁的弯曲等，都指的是变形。位移是指杆件截面（或结点）位置的移动。位移的类型有两种：一种是截面形心（或点）的直线移动，称为线位移，用 Δ 表示；另一种是截面绕着某一轴线的转动，称为角位移，用 φ 表示。一般说来，变形是针对整个杆件，位移是针对一定的截面（或点）而言的，因此变形是绝对的，而位移是相对的。

在中学物理中我们已经有了功的概念，即

$$功 = 力 \cdot 位移 = F \cdot \Delta$$

如果位移 Δ 是做功的力 $\boldsymbol{F}$ 引起的，则力 $\boldsymbol{F}$ 在位移 Δ 上所做的功称为实功。若位移不是做功的力 $\boldsymbol{F}$ 引起的，则力 $\boldsymbol{F}$ 在位移 Δ 上所做的功称为虚功。由此可见，实功与虚功的区别在于做功的力与位移是否相关。相关为实功，无关则是虚功。

力学中是妙用了“无关”而建立了虚功原理，并依此得出了杆件和结构位移计算的虚功法或单位荷载法。在单位荷载法中，做虚功的位移是杆件或杆件结构的实际位移，而做功的力是虚设的单位力（力的大小等于1，且无量纲）。

任何物体受外力作用时都会产生内力和变形，当外力在其他原因引起的位移上做虚功的同时，内力也在其他原因引起的变形上做了虚功，即内力虚功。对于平衡力系作用下的同一弹性体（杆件或结构）而言，外力虚功之和与内力虚功之和总是相等的。如果我们设做虚功的位移或变形状态为第一状态，而做虚功的力状态为虚设的第二状态，则第二状态的外力在第一状态的位移上所做的虚功等于第二状态的内力在第一状态的变形上所做

的虚功。这就是所谓的虚功原理,或虚力原理。

2.杆件的变形计算

轴向拉压杆和圆形截面扭转轴的变形计算公式见表6-4。

表6-4　轴向拉压杆和圆形截面扭转轴的变形计算公式

变形	轴向拉压杆		圆形截面扭转轴
	纵向变形	横向变形	
绝对变形	$\Delta l=\dfrac{Nl}{EA}$	一般不计算	$\varphi=\dfrac{M_n l}{GI_p}$ (两截面间的相对扭转角)
相对变形	$\varepsilon=\dfrac{N}{EA}=\dfrac{\sigma}{E}$ ε称为纵向线应变	$\varepsilon'=-\mu\varepsilon$ ε'称为横向线应变	$\theta_T=\dfrac{M_n}{GI_p}$(单位长度扭转角)
应力变形关系	$\sigma=E\varepsilon$(在弹性变形范围内适用)		$\tau=G\gamma$,γ称为剪应变
公式适用条件	杆件的变形不超过弹性变形范围(或应力不超过比例极限)		

杆件的变形计算很简单,但计算时要注意引起变形的原因和变形的正负号。

梁的位移计算是工程力学的重要内容之一,在本章中主要研究位移计算的方法。根据虚功原理并通过设立单位荷载来计算平衡力系作用下杆件和结构位移的方法,称为单位荷载法,其中包括积分法和图乘法两种计算方式。图乘法只适用于计算等截面直杆和等截面的直杆系结构位移,而积分法则不受此条件的限制。

在利用单位荷载法计算荷载(或支座移动,或温度变化等)引起实际结构的位移时,必须同时有两种状态:

一种是杆件或结构受荷载作用(或支座移动,或温度变化等)的状态,称为实际状态;

另一种是同一结构仅在需要计算位移的截面(或结点)处沿位移方向上所受的虚设单位荷载$\overline{F}=1$作用的状态,简称为虚力状态。虚力状态必须与实际状态具有相同的结构形式、几何尺寸和相应的刚度。

虚力状态中单位荷载的设置方法是:

(1)求实际状态中K截面V方向的位移时,应在虚设状态的K截面处沿V方向作用一个单位荷载,且求线位移时设单位集中力$\overline{F}=1$,求角位移时设单位力偶$\overline{m}=1$。

(2)求实际状态中A、B两截面(或两点)间的相对位移时,应在A、B两处各作用一个单位荷载,若求相对线位移,此两处的单位荷载是沿这两点的连线方向作用且指向相反的单位集中力$\overline{F}=1$;若求相对角位移,则A、B两处的单位荷载是转向相反的单位力偶$\overline{m}=1$。

组合弯矩图的分解与图乘,是梁的位移计算中的难点。其实在两种状态的弯矩图中,只有荷载弯矩图有可能出现相对较为复杂的组合图形,而单位荷载弯矩图的复杂情况充其量也只是个梯形。因此,对于组合弯矩图的图乘问题,主要是如何正确而有效地对荷载弯矩图进行分解。

习　题

6-1　等截面直杆受力如图6-26所示。已知杆的横截面面积A和材料的弹性模量E。试求：

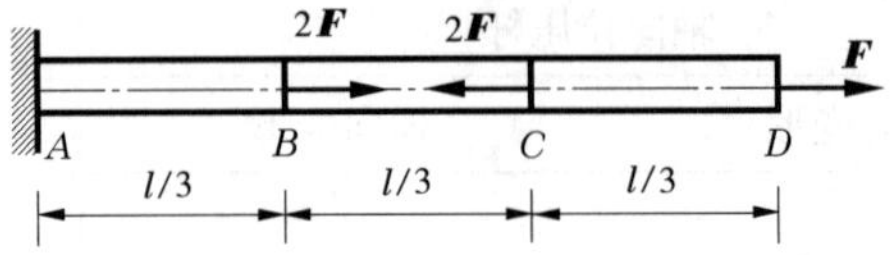

图6-26

(1)各杆段的绝对变形；

(2)杆端点D的位移。

6-2　分别计算图6-27所示阶梯形立柱AB、BC段的变形及A截面的位移。已知$F_1 = 160$ kN，$F_2 = 120$ kN，材料的弹性模量$E = 3$ GPa。

6-3　对于图6-28所示结构，已知竖杆CD为直径$D = 100$ mm、$E = 10$ GPa的木杆。若不计横梁AB的变形，试求横梁B截面的竖向位移。

6-4　一木桩受力如图6-29所示。桩的横截面为边长等于200 mm的正方形，材料可认为符合胡克定律，其弹性模量$E = 10$ GPa。如不计桩的自重，试求：

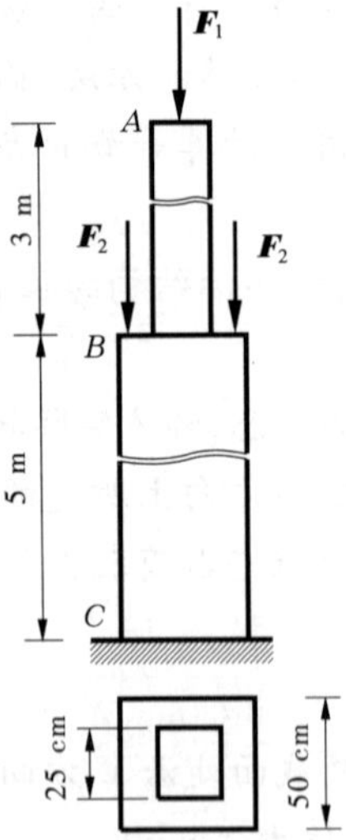

图6-27

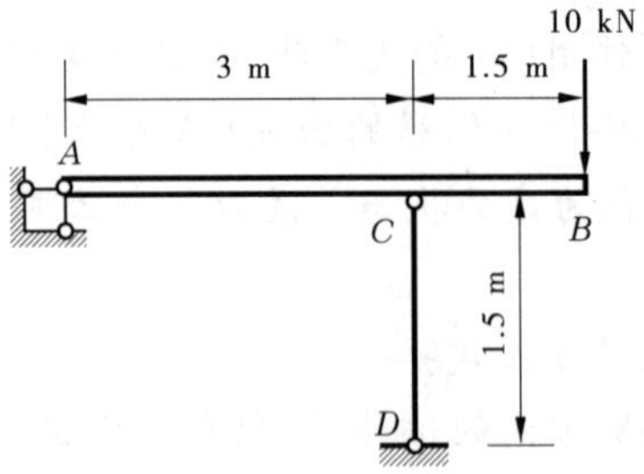

图6-28

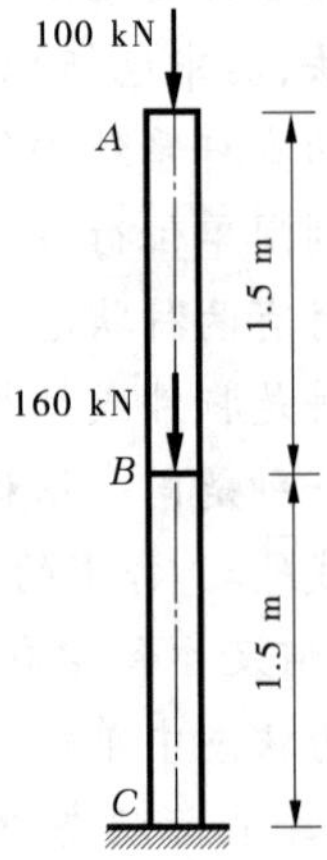

图6-29

(1)各桩段横截面上的应力；

(2)各桩段的纵向线应变；

(3)桩的总变形。

6-5　一根直径$d = 16$ mm、长$l = 3$m的圆形截面杆，承受轴向拉力$F = 30$ kN，其伸长量为$\Delta l = 2.2$ mm。试求杆横截面上的应力和材料的弹性模量E。

6-6　用图乘法计算题6-2在图6-27中所示荷载和自重共同作用下，柱顶截面A的位移。已知柱体材料的容重 $\gamma = 18\ \text{kN/m}^3$。

6-7　分别用积分法和图乘法计算图 6-30 中所示各梁 C 截面的线位移，EI = 常数。

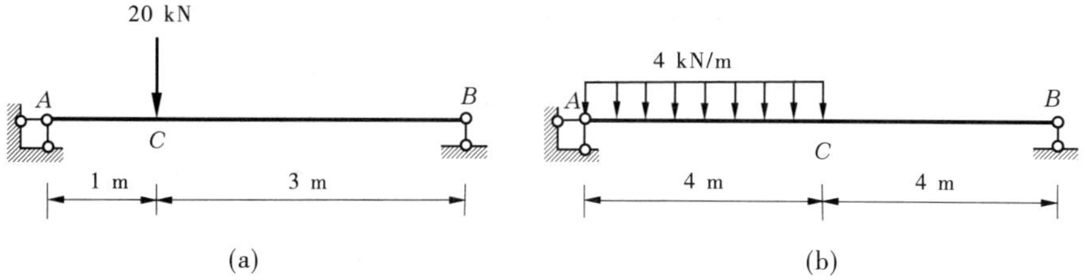

图 6-30

6-8　用图乘法计算图 6-31 所示各梁 B 截面的角位移和 C 截面的线位移，EI = 常数。

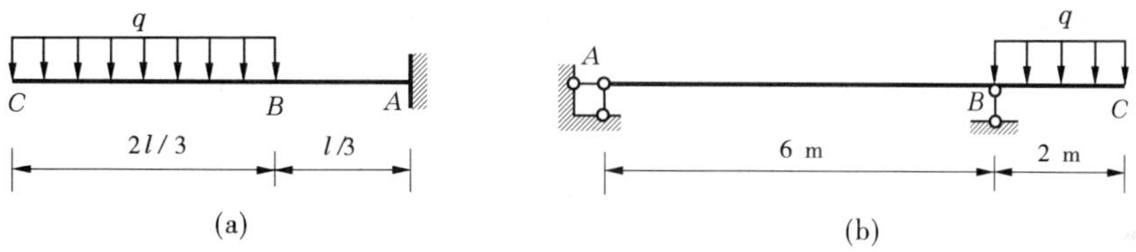

图 6-31

6-9　用叠加法计算图 6-32 所示各梁跨中 C 截面的线位移，EI = 常数。

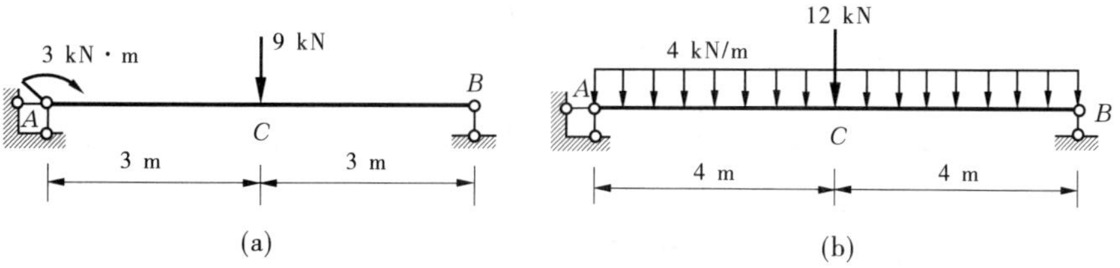

图 6-32

6-10　材料相同的悬臂梁Ⅰ、Ⅱ，所受荷载及截面尺寸如图 6-33 所示。关于它们的最大挠度有如下结论，正确的是（　）。

A. Ⅰ梁最大挠度是Ⅱ梁的 1/4 倍　　B. Ⅰ梁最大挠度是Ⅱ梁的 1/2 倍

C. Ⅰ梁最大挠度与Ⅱ梁相等　　D. Ⅰ梁最大挠度是Ⅱ梁的 2 倍

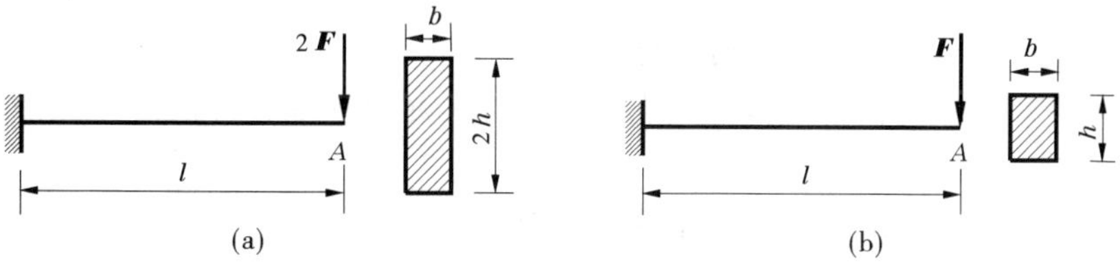

图 6-33

6-11　对图 6-34 所示简支梁进行刚度校核。已知材料的弹性模量 $E = 200$ GPa，梁的许可挠度 $[f] = 4$ mm。

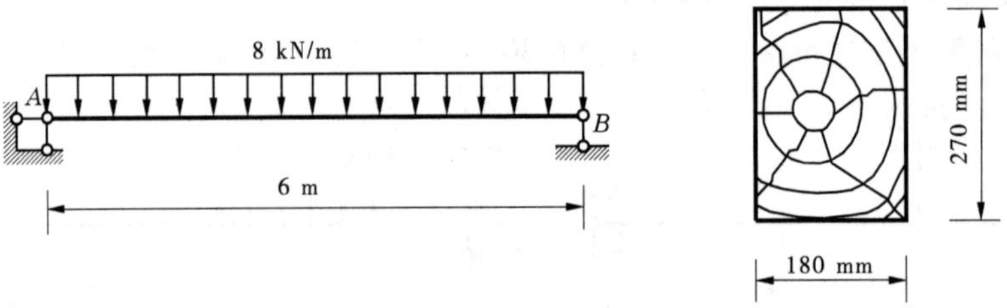

图 6-34

部分习题参考答案

6-1　(1)$\Delta l_{AB}=\dfrac{Fl}{3EA}$,$\Delta l_{BC}=-\dfrac{Fl}{3EA}$,$\Delta l_{CD}=\dfrac{Fl}{3EA}$;(2)$\Delta_{DH}=\dfrac{Fl}{3EA}$(→)。

6-2　$\Delta l_{AB}=-2.56$ mm,$\Delta l_{BC}=-2.67$ mm,$\Delta_A=-5.23$ mm(↓)。

6-3　$\Delta_{BV}=0.43$ mm(↓)。

6-4　(1)$\begin{cases}\sigma_{AB}=-2.5\text{ MPa}\\ \sigma_{BC}=-6.5\text{ MPa}\end{cases}$;(2)$\begin{cases}\varepsilon_{AB}=-2.5\times10^{-4}\\ \varepsilon_{BC}=-6.5\times10^{-4}\end{cases}$;(3)$\Delta l=-1.35$ mm(缩短)。

6-5　$\sigma=149.28$ MPa,$E=203.57$ GPA。

6-6　$\Delta_A=-5.35$ mm(↓)。

6-7　(a)$\Delta_{CV}=\dfrac{15\ 000}{EI}$(↓);(b)$\Delta_{CV}=\dfrac{320\ 000}{3EI}$(↓)。

6-8　(a)$\varphi_B=\dfrac{ql^3}{9EI}$(逆),$\Delta_{CV}=\dfrac{29ql^4}{243EI}$(↓);(b)$\varphi_B=\dfrac{4q}{EI}$(顺),$\Delta_{CV}=\dfrac{10q}{EI}$(↓)。

6-9　(a)$\Delta_{CV}=\dfrac{47\ 250}{EI}$(↑);(b)$\Delta_{CV}=\dfrac{341\ 333}{EI}$(↓)。

6-10　A。

复习思考题

6-1　什么是变形?什么是位移?在弹性变形范围内,杆件的变形和位移与哪些因素有关?

6-2　研究杆件的变形和位移的目的是什么?

6-3　杆件的变形或位移计算公式能否用于计算超出弹性变形范围时杆件的变形和位移?为什么?

6-4　轴向拉压杆的绝对变形和相对变形各是什么?

6-5　两根杆件具有相同的截面、长度和受力状况,但材料不同,试问此二杆的应力是否相同?变形是否相同?

6-6　以下对于梁的变形与弯矩之间关系的表述是否正确?为什么?

(1)正弯矩产生正的挠度,负弯矩产生负的挠度。

(2)弯矩最大的截面上具有最大挠度。

(3)弯矩为零的截面上挠度为零。

6-7　什么是梁变形的边界条件和连续条件？试举例说明之。

6-8　什么是实功？什么是虚功？虚功原理在什么条件下才能成立？

6-9　什么是单位荷载法？单位荷载法计算杆件或结构的位移时，应如何建立虚力状态？

6-10　在什么条件下才能用图乘公式计算杆件或结构的位移？

6-11　试分别说明曲线弯矩图中“顶点”的几何意义和物理意义。

第 7 章　压杆稳定

本章专题研究等截面直杆受轴向压力作用时的稳定性问题。对于桁架结构和以杆件为支撑物的结构来说,解决结构中压杆的稳定性问题是至关重要的。

本章的基本内容是不同约束条件下压杆的临界力计算,大柔度压杆和中小柔度压杆的临界应力计算,以及压杆的稳定条件及其应用。本章的重点是压杆临界力的计算和压杆的稳定性校核,难点是压杆的截面设计。

学习本章的基本要求是:

(1)弄清压杆的稳定平衡与失稳、临界力、柔度等概念。

(2)能够根据压杆的约束情况,确定其长度系数。

(3)熟练掌握压杆的临界力计算,弄清不同柔度条件下压杆临界应力的计算方法。

(4)了解如何根据稳定条件为压杆选择截面,熟练掌握对压杆进行稳定校核。

7.1　概　述

在第 5 章中讨论轴向压杆的强度问题时,认为压杆只要满足强度条件就能安全工作,这个结论对于短而粗的压杆来说是正确的。例如用脆性材料制作的房屋结构的立柱,桥梁结构中的桥墩等,在使用过程中,它们的轴线能够始终保持为直线,只要其强度不超过材料的许可值,就不会产生破坏。但是,对于细而长的轴向压杆,仅仅满足强度要求是不够的。因为细长压杆常常会由于丧失保持直线状态的能力而导致破坏,即杆件在轴向压力的作用下会由直而弯以至折断。

例如,我们可以拿一根横截面尺寸为 20 mm × 1 mm、长为 300 mm 的钢直尺做一个简单的试验,材料的许用应力为$[\sigma]$ = 160 MPa。按照强度条件,该钢直尺可以承受的压力为

$$F \leqslant A[\sigma] = 20 \times 1 \times 160 = 3\ 200(\mathrm{N}) = 3.2\ \mathrm{kN}$$

但实际上,当我们用手对直立的钢直尺顶部施加的轴向压力达到近 40 N 时(即直尺横截面上的应力才 2 MPa),该钢直尺就突然产生弯曲,若再增大压力,直尺就会被折断。40 N 可是只占3.2 kN的 1.25%啊!显然,这时钢直尺的破坏不是强度问题,而是由于不能保持原有直线状态(即弯曲)所导致的,即破坏是由失稳造成的。

由于细长压杆失稳时杆件中的实际压应力远小于其许可压应力,而失稳又往往是突然发生的,因此失稳并不仅仅是使杆件失去了工作能力,而很可能会导致整个结构物(建筑物)倒塌的严重工程事故的发生。历史上有过多次由于压杆失稳而造成严重工程事故的惨痛教训。例如,1907 年 8 月 9 日,加拿大魁北克大桥在施工中突然倒塌;1927 年 12 月一天的深夜,美国纽约的镍克尔卜克尔大剧院在大雪中突然倒塌;1983 年 10 月,北京某单位科技楼工地脚手架坍塌。它们都是结构中某根或某几根压杆失稳而导致的。因

此,必须高度重视细长压杆的稳定性问题。

为便于研究,我们将压杆都视为只受轴向压力作用的均质等截面直杆,或轴向压缩柱。如图 7-1(a)所示,我们通过改变轴向压力 $\boldsymbol{F}$ 的大小来观察压杆的变形和所处状态。

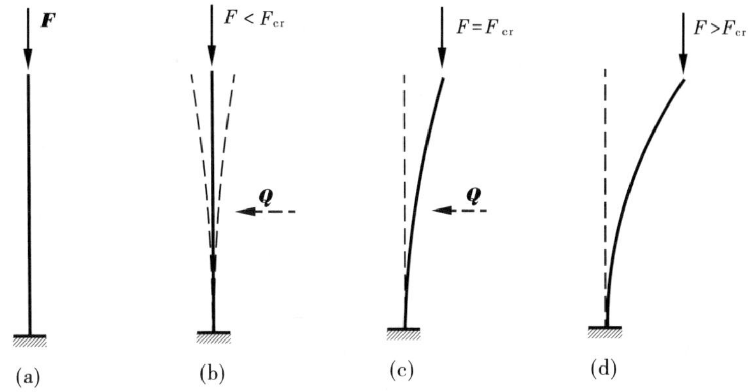

图 7-1

(1)在轴向压力 $\boldsymbol{F}$ 不大的情况下,给压杆施以一个横向的干扰力 $\boldsymbol{Q}$(它可以是阵风的吹拂、物体的碰撞等因素),压杆会产生微小弯曲变形,但当这种干扰力消失后,压杆经过若干次振动(减幅振动)后仍能回到原来的直线平衡状态,如图 7-1(b)所示,称为**稳定平衡状态**。

(2)将 $\boldsymbol{F}$ 加大到某一极限值 $\boldsymbol{F}_{cr}$后,再施以一个微小的干扰力 $\boldsymbol{Q}$,压杆同样会发生微小的弯曲变形,但撤掉 $\boldsymbol{Q}$ 后,杆件并不能恢复到原来的直线形状,而是处于如图 7-1(c)所示的一种微弯平衡状态,因而在 $\boldsymbol{F}_{cr}$作用下,杆件受干扰前的直线平衡状态是一种不稳定的临界平衡状态。在力学中,将**杆件从稳定平衡状态转变为不稳定平衡状态时,称为失稳,并将杆件处于临界平衡状态时所受到的轴向压力称为临界力**,用 $\boldsymbol{F}_{cr}$表示。临界力是压杆失稳前所受到的最大轴向压力。

(3)当作用于杆件上的轴向压力 $\boldsymbol{F}$ 超过 $\boldsymbol{F}_{cr}$(如图 7-1(d)所示)时,杆件就会因弯曲变形的加剧而很快被折断。

解决压杆稳定问题的关键是确定临界力。确保压杆上的轴向压力小于临界力。

7.2　压杆的临界力和临界应力

7.2.1　确定压杆临界力的欧拉公式

压杆临界力的欧拉公式,是以处于微弯平衡状态下的两端铰支压杆为研究对象,通过求解挠曲线微分方程而导出的。其一般形式为

$$F_{cr} = \frac{\pi^2 EI}{(\mu l)^2} \tag{7-1}$$

式中,EI 为压杆的抗弯刚度,l 为压杆的长度,μ 为压杆在不同支承条件下的长度系数。几种不同支承压杆的长度系数如表 7-1 所示。

表 7-1　不同支承条件下压杆的临界力欧拉公式

支承情况	两端铰支	一端固定另一端铰支	两端固定	一端固定另一端自由
失稳时压杆的挠曲线形状	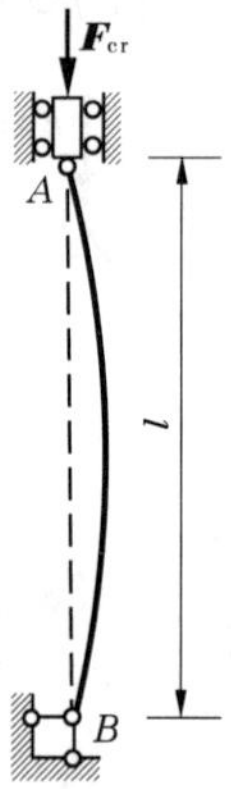	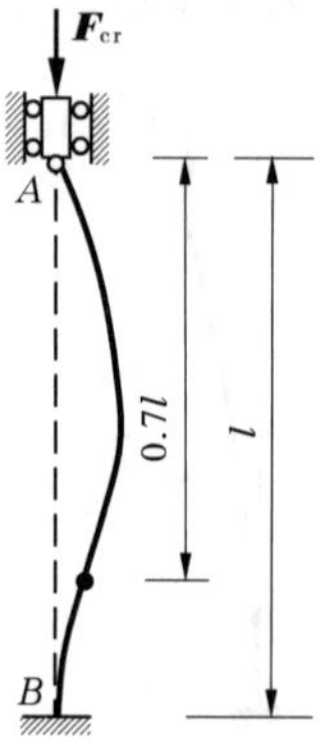	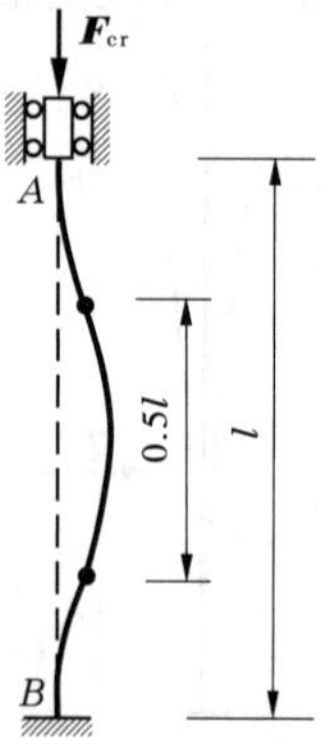	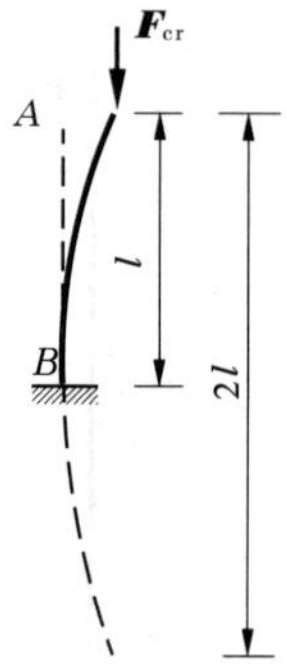
临界力	$F_{cr}=\dfrac{\pi^2EI}{l^2}$	$F_{cr}=\dfrac{\pi^2EI}{(0.7l)^2}$	$F_{cr}=\dfrac{\pi^2EI}{(0.5l)^2}$	$F_{cr}=\dfrac{\pi^2EI}{(2l)^2}$
长度系数 μ	1.0	0.7	0.5	2.0

式(7-1)表明：

(1)临界力与压杆的抗弯刚度 EI 成正比。其中 E 为材料的弹性模量，I 为压杆对通过横截面形心主轴的惯性矩。对于具有两条或两条以上形心主轴的横截面，则 $I=I_{min}$。就是说，压杆在与 I_{min} 相应的形心主轴垂直的方向容易失稳。为此，压杆的截面应做成对各形心主轴的惯性矩均相近或相同的形状，如外形为方形、圆形、圆环形等。

(2)临界力与压杆的长度与长度系数乘积的平方成反比。说明杆件越长越容易失稳，杆端对弯曲的约束能力越弱的杆件越容易失稳。在实践中，对于较长的压杆通常在其中部加入横向支承，在压杆的两端加入抗滑移的保护，以提高其抗弯的能力，保障压杆的稳定性。

7.2.2　压杆的临界应力

7.2.2.1　细长压杆临界应力计算的欧拉公式

设压杆的横截面面积为 A，则压杆的临界应力为

$$\sigma_{cr}=\frac{F_{cr}}{A}=\frac{\pi^2EI}{A(\mu l)^2}=\frac{\pi^2E}{\dfrac{(\mu l)^2}{I/A}}=\frac{\pi^2E}{(\mu l/i)^2}$$

式中，$\dfrac{I}{A}=i^2$，i 为横截面的惯性半径。对于常见的圆形和截面边长为 a 的方形截面压杆，其惯性半径如下

圆形截面　　　$i=\sqrt{\dfrac{\pi d^4/64}{\pi d^2/4}}=\dfrac{d}{4}$

方形截面　$$i = \sqrt{\frac{a^4/12}{a^2}} = \frac{\sqrt{3}a}{6}$$

若令$\frac{\mu l}{i} = \lambda$，$\lambda$ 称为压杆柔度或长细比，则细长压杆临界应力的欧拉公式为

$$\sigma_{cr} = \frac{\pi^2 E}{\lambda^2} \tag{7-2}$$

由式(7-2)可知，压杆越是细长，柔度越大，临界应力就越小，也就越容易失稳。

7.2.1.2　欧拉公式的适用范围

欧拉公式是在材料处于线弹性范围内的条件下导出的，因此只有当

$$\frac{\pi^2 E}{\lambda^2} \leqslant \sigma_p \quad 或 \quad \lambda \geqslant \sqrt{\frac{\pi^2 E}{\sigma_p}} \tag{7-3}$$

时，才能用欧拉公式计算临界应力。

令

$$\lambda_p = \sqrt{\frac{\pi^2 E}{\sigma_p}} \tag{7-4}$$

若

$$\lambda \geqslant \lambda_p \tag{7-5}$$

则可由式(7-2)计算压杆的临界应力。$\lambda \geqslant \lambda_p$ 的压杆称为大柔度杆或细长杆。

7.2.1.3　中小柔度杆临界应力计算的抛物线公式

$\lambda < \lambda_p$ 的压杆称为中小柔度杆，通常采用经验公式来计算这类压杆的临界应力。经验公式分直线公式和抛物线公式两种形式。这里仅介绍抛物线公式，其形式为

$$\sigma_{cr} = \sigma_s\left[1 - \alpha\left(\frac{\lambda}{\lambda_c}\right)^2\right] \tag{7-6}$$

式中，σ_s 为材料的屈服极限；α、λ_c 为与材料性质相关的常数。

针对 Q235 钢，根据式(7-2)和式(7-6)绘出的**临界应力随压杆的柔度变化的曲线**，称为**临界应力总图**，如图 7-2 所示。由图 7-2 可见，两条曲线在 C 点相交，该点的柔度为 $\lambda_c = 123$。

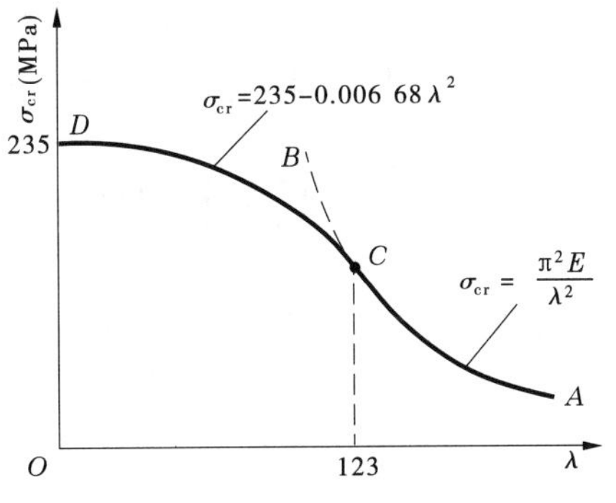

图 7-2　Q325 钢临界应力总图

对于 Q235 钢和 16 锰钢，$\alpha = 0.43$，Q235 钢的 $\lambda_c = 123$，16 锰钢的 $\lambda_c = 102$，其临界应力计算公式为

$$\left.\begin{aligned} &\text{Q235 钢} \quad \sigma_{cr} = 235 - 0.006\,68\lambda^2 \\ &\text{16 锰钢} \quad \sigma_{cr} = 343 - 0.014\,2\lambda^2 \end{aligned}\right\} \tag{7-7}$$

在实际压杆的临界应力计算中，若考虑荷载偏心等因素的影响，可以 λ_c 作为判别柔度大小的界限。即当 $\lambda \geqslant \lambda_c$ 时，由式(7-2)计算临界应力；对于 $\lambda < \lambda_c$ 的一般压杆，采用式(7-6)计算临界应力，其中 Q235 钢和 16 锰钢压杆用式(7-7)计算临界应力。

【例 7-1】 长 $l = 3$ m 的工 25a 工字钢压杆，弹性模量 $E = 200$ GPa。试求它在如图 7-3(a)、(b)所示两种支承条件下的临界应力和临界压力。

解：查附表 3 得到工 25a 的惯性半径和截面面积分别为

$$i_{min} = i_y = 2.40 \text{ cm}, A = 48.5 \text{ cm}^2$$

(1)计算两端铰支时压杆的临界应力和临界压力。

对于两端铰支压杆，长度系数 $\mu = 1$，其柔度为

$$\lambda = \frac{\mu l}{i} = \frac{1 \times 3}{2.4 \times 10^{-2}} = 125$$

$\lambda > \lambda_c = 123$，属于大柔度杆，故用欧拉公式计算临界应力。

临界应力为

$$\sigma_{cr} = \frac{\pi^2 E}{\lambda^2} = \frac{3.14^2 \times 200 \times 10^3}{125^2} = 126.2(\text{MPa})$$

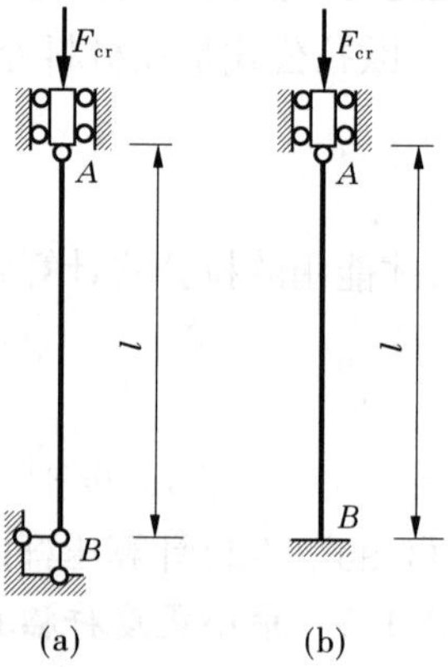

图 7-3

临界压力为

$$F_{cr} = \sigma_{cr} A = 126.2 \times 10^6 \times 48.5 \times 10^{-4} = 612(\text{kN})$$

(2)计算两端固定时压杆的临界应力和临界压力。

对于两端固定压杆，长度系数 $\mu = 0.5$，其柔度为

$$\lambda = \frac{\mu l}{i} = \frac{0.5 \times 3}{2.4 \times 10^{-2}} = 62.5$$

因 $\lambda < \lambda_c = 123$，属于中小柔度杆，应采用抛物线公式(7-7)计算临界应力。

临界应力　　$\sigma_{cr} = 235 - 0.006\,68\lambda^2 = 235 - 0.006\,68 \times 62.5^2 = 208.9(\text{MPa})$

临界压力　　$F_{cr} = \sigma_{cr} A = 208.9 \times 10^6 \times 48.5 \times 10^{-4} = 1\,013.17(\text{kN})$

7.3　压杆的稳定计算

压杆的稳定计算的方法有两种：一种是安全系数法，另一种是折减系数法。在这两种方法中，折减系数法的应用最为广泛。这里只介绍稳定性计算的**折减系数法**。

7.3.1　压杆的稳定条件

令压杆的稳定许用应力为 $[\sigma]_w$，材料的强度许用应力为 $[\sigma]$，它们之间的关系为

$$[\sigma]_w = \varphi[\sigma] \tag{7-8}$$

式中，$\varphi = \varphi(\lambda)$，$\varphi$ 是随着柔度 λ 而变化的一个小于 1 的系数，称为折减系数。几种常用材料的折减系数 φ 如表 7-2 所示。

表 7-2　折减系数 φ 值

柔度 λ	折减系数 φ				
	Q235	16 锰钢	木材	铸铁	砌体
0	1.000	1.000	1.000	1.00	1.00
10	0.995	0.993	0.971	0.97	0.98
20	0.981	0.973	0.932	0.91	0.96
30	0.958	0.940	0.883	0.81	0.89
40	0.927	0.895	0.822	0.69	0.83
50	0.888	0.840	0.757	0.57	0.78
60	0.842	0.776	0.668	0.44	0.70
70	0.789	0.705	0.575	0.34	0.63
80	0.731	0.627	0.470	0.26	0.57
90	0.669	0.546	0.370	0.20	0.51
100	0.604	0.462	0.300	0.16	0.46
110	0.536	0.384	0.248	—	—
120	0.466	0.325	0.208	—	—
130	0.404	0.279	0.178	—	—
140	0.349	0.242	0.153	—	—
150	0.306	0.213	0.133	—	—
160	0.272	0.188	0.117	—	—
170	0.243	0.168	0.104	—	—
180	0.218	0.151	0.093	—	—
190	0.197	0.136	0.083	—	—
200	0.180	0.124	0.075	—	—

引入折减系数后，**压杆的稳定条件为**

$$\sigma = \frac{F}{A} \leqslant \varphi[\sigma]$$

式中，F 为压杆所受到的实际轴向压力，A 为压杆的横截面面积，$[\sigma]$为材料的许用应力。

7.3.2　压杆的稳定计算

压杆的稳定计算，就是应用稳定条件进行压杆的稳定性校核，或确定压杆的截面尺寸，或确定作用于压杆上的许可荷载。实际计算时，可将稳定条件分别表示为式(7-9a)、式(7-9b)、式(7-9c)的形式。

7.3.2.1 稳定性校核

$$\frac{F}{A} \leqslant \varphi[\sigma] \tag{7-9a}$$

当荷载、压杆的约束情况和几何尺寸、材料的许用应力等均为已知时，由几何尺寸计算出压杆的柔度 $\lambda(\lambda=\mu l/i)$后，查表 7-2 得出相应的折减系数 φ，再将各量代入式(7-9a)计算并比较之，即知其是否满足稳定条件。

7.3.2.2 确定许可荷载

$$[F] \leqslant A\varphi[\sigma] \tag{7-9b}$$

当压杆的约束情况和几何尺寸、材料的许用应力等均为已知时，由几何尺寸计算出压杆的柔度 $\lambda(\lambda=\mu l/i)$后，查表 7-2 得出相应的折减系数 φ，再由式(7-9b)确定$[F]$。

7.3.2.3 截面设计

$$A \geqslant \frac{F}{\varphi[\sigma]} \tag{7-9c}$$

当作用于压杆上的荷载、压杆的约束情况、压杆材料的许用应力等均为已知时，由于截面尺寸未知，故柔度 λ 及与它相关的折减系数 φ 亦为未知，故须通过试算的方法来确定截面面积，继而确定截面尺寸(或选定截面型号)。其计算过程如下：

(1)假设一个初值 φ_1(一般取 $\varphi_1=0.5\sim0.6$)，定出 A_1 的初值，并由 A_1 选定截面尺寸(或截面型号)。

(2)根据 A_1 所选定截面尺寸计算 λ_1，查表得 φ_1'，若 φ_1' 与 φ_1 较为接近，经稳定校核，若满足稳定条件又不浪费材料，则由 A_1 确定的截面尺寸或选定的截面型号即为所选。

(3)若 φ_1' 与 φ_1 相差较大，则再设 φ_2，且

$$\varphi_2 = \frac{\varphi_1 + \varphi_1'}{2} \tag{7-10}$$

重复(1)、(2)的计算，直至 φ'与 φ 较为接近为止。通常经 2 ~3 次重复即可达到要求。

实际计算时，由于压杆的实际柔度 λ 大多数情况下并不是表 7-2 中所给出的 10 的整数倍，因而需要通过直线插入方法计算出实际 λ 对应的折减系数 φ，其直线插入公式是

$$\varphi = \varphi_1 - \frac{\lambda - \lambda_1}{\lambda_2 - \lambda_1}(\varphi_1 - \varphi_2)$$

其中，λ_1、λ_2 是 λ 前后的整数，且 $\lambda_2-\lambda_1=10$，φ_1、φ_2 是表 7-2 中与 λ_1、λ_2 对应的 φ 值，因此插入公式为

$$\varphi = \varphi_1 - \frac{\lambda - \lambda_1}{10}(\varphi_1 - \varphi_2) \tag{7-11}$$

【例 7-2】 一圆形截面的两端铰支钢管立柱，长 $l=2.5$ m，外径 $D=100$ mm，内径 $d=84$ mm，材料的弹性模量 $E=200$ GPa，许用应力$[\sigma]=160$ MPa，作用于柱上的轴向压力 $F=300$ kN。试校核该立柱的稳定性。若不满足稳定要求，则确定其许可荷载。

解：(1)先计算柔度 λ。

惯性矩 $I=\frac{\pi}{64}(D^4-d^4)=\frac{3.14}{64}\times(100^4-84^4)=246.36\times10^4(\text{mm}^4)$

截面面积 $A = \frac{\pi}{4}(D^2 - d^2) = \frac{3.14}{4} \times (100^2 - 84^2) = 23.11 \times 10^2 (mm^2)$

惯性半径　　　$i = \sqrt{\frac{I}{A}} = \sqrt{\frac{246.36 \times 10^4}{23.11 \times 10^2}} = 32.65(mm)$

柔度　　　$\lambda = \frac{\mu l}{i} = \frac{1 \times 2.5 \times 10^3}{32.65} = 76.6$

(2)计算折减系数 φ。

查表 7-2 有:$\lambda = 70$ 时, $\varphi = 0.789$; $\lambda = 80$ 时, $\varphi = 0.731$,由式(7-11)求 $\lambda = 76.6$ 时的 φ 值

$$\varphi = 0.789 - \frac{76.6 - 70}{80 - 70} \times (0.789 - 0.731) = 0.751$$

(3)稳定性校核。

$$\sigma = \frac{F}{A} = \frac{300 \times 10^3}{23.11 \times 10^2} = 129.8(MPa)$$

$$\varphi[\sigma] = 0.751 \times 160 = 120.16(MPa)$$

因 $\sigma > \varphi[\sigma]$,故该压杆不满足稳定要求。还需按要求确定许可荷载。

(4)确定许可荷载。

由式(7-9b)计算许可荷载值

$$[F] = A\varphi[\sigma] = 23.11 \times 10^2 \times 0.751 \times 160 = 277.7(kN)$$

可取$[F] = 277$ kN 作为许可荷载值。

【例 7-3】 如图 7-4 所示两端固定的矩形截面木压杆,其材料的许用应力$[\sigma] = 10$ MPa,作用于压杆上的轴向压力 $F = 80$ kN。若截面的高宽比为 $h:b = 1.2$,试确定该压杆的横截面尺寸。

解:此例属于截面设计之确定截面尺寸问题。

(1)首次试算。设 $\varphi_1 = 0.5$,由式(7-9c)得

$$A_1 = \frac{F}{\varphi_1[\sigma]} = \frac{80 \times 10^3}{0.5 \times 10} = 16 \times 10^3 (mm^2)$$

因 $h:b = 1.2, h = 1.2b, A_1 = bh = 1.2b^2 = 16 \times 10^3$,故 $b = 115.5$ mm, $h = 138.5$ mm,取 $b = 116$ mm, $h = 140$ mm。

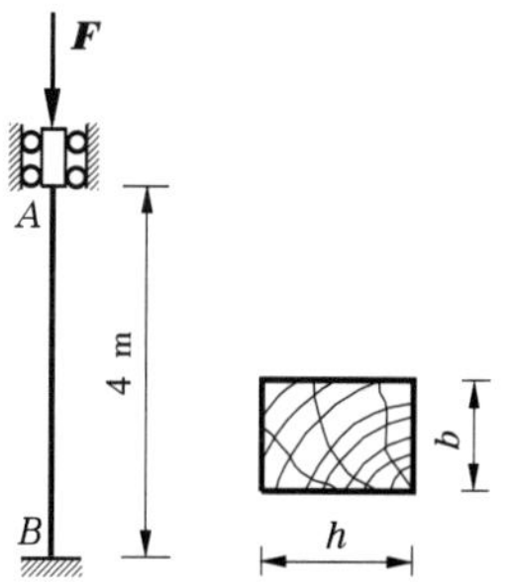

图 7-4

计算截面惯性矩、惯性半径及柔度 λ

$$I = I_{min} = \frac{hb^3}{12} = \frac{140 \times 116^3}{12} = 18.2 \times 10^6 (mm^4)$$

$$i = \sqrt{\frac{I}{A}} = \sqrt{\frac{18.2 \times 10^6}{16.24 \times 10^3}} = 33.48(mm)$$

则柔度 λ 为

$$\lambda = \frac{\mu l}{i} = \frac{0.5 \times 4 \times 10^3}{33.48} = 59.74$$

查表 7-2 有,$\lambda = 50$ 时 $\varphi_1' = 0.757$,$\lambda = 60$ 时 $\varphi_1' = 0.668$。

由直线内插法得 $\varphi_1' = 0.67$。由于 φ_1 与 φ_1' 相差太大,须重新试算。

(2)第二次试算。

设
$$\varphi_2 = \frac{\varphi_1 + \varphi_1'}{2} = \frac{0.5 + 0.67}{2} = 0.585$$

由式(7-9c)得

$$A_2 = \frac{F}{\varphi_2[\sigma]} = \frac{80 \times 10^3}{0.585 \times 10} = 13.675 \times 10^3(\text{mm}^2)$$

因 $h:b = 1.2$, $h = 1.2b$, $A_2 = bh = 1.2b^2 = 13.675 \times 10^3$, 故 $b = 106.75$ mm, $h = 128.10$ mm。

取 $b = 110$ mm, $h = 132$ mm,计算截面惯性矩、惯性半径及柔度 λ

$$I = I_{\min} = \frac{hb^3}{12} = \frac{132 \times 110^3}{12} = 14.64 \times 10^6(\text{mm}^4)$$

$$i = \sqrt{\frac{I}{A}} = \sqrt{\frac{14.64 \times 10^6}{14.52 \times 10^3}} = 31.75(\text{mm})$$

$$\lambda = \frac{\mu l}{i} = \frac{0.5 \times 4 \times 10^3}{31.75} = 62.99$$

查表 7-2 内插得, $\lambda = 62.99$ 时 $\varphi_2' = 0.64$。由于 φ_2 与 φ_2' 还有差距,须再次试算。

(3)第三次试算。

设 $\varphi_3 = \dfrac{\varphi_2 + \varphi_2'}{2} = \dfrac{0.585 + 0.640}{2} = 0.613$,则由式(7-9c)得

$$A_3 = \frac{F}{\varphi_3[\sigma]} = \frac{80 \times 10^3}{0.613 \times 10} = 13.05 \times 10^3(\text{mm}^2)$$

因 $h:b = 1.2$, $h = 1.2b$, $A_2 = bh = 1.2b^2 = 13.05 \times 10^3$, 故 $b = 104.3$ mm, 取 $b = 105$ mm,则 $h = 126$ mm。

计算截面惯性矩、惯性半径及柔度 λ

$$I = I_{\min} = \frac{hb^3}{12} = \frac{126 \times 105^3}{12} = 12.16 \times 10^6(\text{mm}^4)$$

$$i = \sqrt{\frac{I}{A}} = \sqrt{\frac{12.16 \times 10^6}{13.23 \times 10^3}} = 30.32(\text{mm})$$

$$\lambda = \frac{\mu l}{i} = \frac{0.5 \times 4 \times 10^3}{30.32} = 65.96$$

查表 7-2 有, $\lambda = 65.96$ 时 $\varphi_3' = 0.613$。由于 φ_3 与 φ_3' 相等,故以此时的截面为所求截面尺寸,即 $h = 126$ mm, $b = 105$ mm 为经计算确定的压杆横截面尺寸。

7.3.3　提高压杆稳定性的主要措施

提高压杆的稳定性就是提高压杆的承载能力。从影响压杆临界力或临界应力的主要因素来考虑:**一是减小压杆的柔度,二是选择合适的材料**。

7.3.3.1　减小压杆的柔度

由式(7-2)可知,对于由一定材料制成的压杆,其临界应力与柔度 λ 的平方成反比,

柔度 λ 越小,稳定性就越好。减小柔度的主要措施有以下三条:

(1)选择合理的截面形状。因柔度 λ 与惯性半径 i 成反比,增大 i 也就减小了柔度 λ。因 $i=\sqrt{I/A}$,故增大惯性矩 I 与截面面积 A 的比值才是减小柔度 λ 的最有效方法。为此,工程中常将压杆的截面做成如图 7-5 所示的空心组合截面形状。

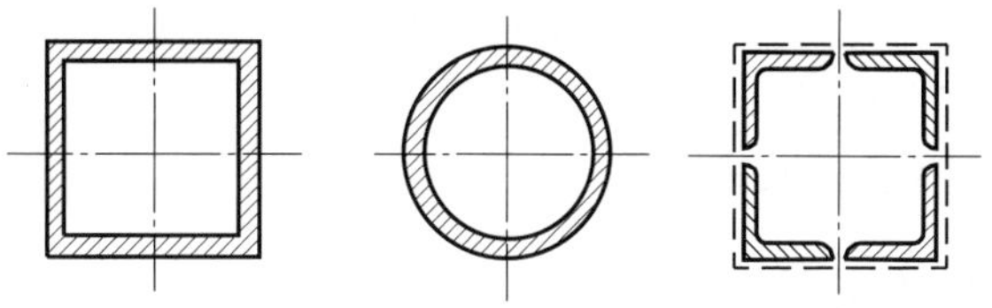

(a)　(b)　(c)

图 7-5

(2)改善压杆的支承条件。由临界力欧拉公式可知,压杆的临界力与压杆长度系数 μ 的平方成反比,支承条件越稳固,压杆的长度系数就越小。例如一根同长度、同截面、同材料的压杆,两端固定支承时的临界力是两端铰支承时的 4 倍。

(3)减小压杆的长度。因压杆的临界力与压杆长度 l 的平方成反比,故减小了长度,就提高了临界力。对于无法减小有效长度的压杆,通常是通过增加中间支承来改善或减小计算长度。

7.3.3.2　选用合适的材料

从压杆的稳定条件可知,压杆材料的许用应力越大稳定性越好。因许用应力与材料的性质有关,显然采用弹性模量高的材料,可提高压杆的稳定性。要注意的是,强度高的材料不一定弹性模量就高。

学习指导

细长压杆存在着稳定性不足而发生失稳破坏的问题。失稳破坏时,杆件横截面上的压应力小于屈服极限(或强度极限)甚至小于比例极限,由此可见,失稳破坏与强度破坏是两种性质完全不同的现象。

1. 压杆的临界力

压杆失稳时的轴向压力值称为临界力,其数值不仅与材料的物理性质有关(主要是弹性模量 E),更重要的是,与压杆截面的形状和尺寸、杆的长度以及支承情况有关。确定压杆的临界力是对压杆进行稳定计算的关键。压杆临界力计算的欧拉公式是

$$F_{Cr}=\frac{\pi^2 EI}{(\mu l)^2}$$

若令两端铰支压杆的临界力等于 1,则长度相等、材料和截面都相同的各种不同约束条件下压杆临界力的相对值 μ 分别为

一端固定另一端自由　　两端铰支　　一端固定另一端铰支　　两端固定

0.25 1.00 2.04 4.00

可见,压杆的约束越稳固,其临界力越大,也就越稳定。

在计算临界力的时候,要特别注意两个主惯性平面内 I 和 μ 的对应关系。可见,材料相同压杆的临界力有如下特征:

(1) μ、l 相同时,在 $I=I_{\min}$ 所在平面内容易失稳。

(2) μ、I 相同时,杆件越长越容易失稳。

(3) I、l 相同时,μ 值较大的较易失稳。

2. 压杆的临界应力与柔度

压杆临界应力的欧拉公式为

$$\sigma_{\mathrm{Cr}} = \frac{F_{\mathrm{Cr}}}{A} = \frac{\pi^2 E}{\lambda^2}$$

式中

$$\lambda = \frac{\mu l}{i}$$

λ 称为压杆的柔度或长细比,它是一个无量纲的量,包含了压杆除材料性质(E)以外的所有截面几何性质、长度和支承情况等因素在内的几何参数。λ 大,表示压杆细而长,临界应力就小,压杆就易失稳;λ 小,表示压杆粗而短,临界应力就大,压杆不易失稳。因此,柔度是压杆稳定计算中一个很重要的几何参数。根据 λ 值的不同,可以将压杆分为细长杆(大柔度杆)、中长杆(中柔度杆)和短压杆(小柔度杆)。

其中,细长杆用欧拉公式 $\sigma_{\mathrm{cr}} = \frac{F_{\mathrm{cr}}}{A} = \frac{\pi^2 E}{\lambda^2}$ 计算临界应力时,$\sigma_{\mathrm{cr}} < \sigma_p$,这种杆件只会发生失稳破坏而不会发生强度破坏。

3. 压杆的稳定条件及应用问题

压杆的稳定计算有安全系数法和折减系数法两种方法,工程中较常使用的是折减系数法,折减系数法的稳定条件表达式为

$$\sigma = \frac{F_{\mathrm{Cr}}}{A} \leqslant \varphi[\sigma]$$

式中,φ 是与压杆的柔度 λ 有关且小于 1 的系数,称为折减系数。

进行稳定计算应注意以下两点:

(1)根据压杆的支承情况进行简化,确定适当的长度系数。

(2)判断压杆可能在哪个平面内失稳。如果在两个纵向平面内的约束情况相同,则压杆将在最小刚度平面内失稳,这时惯性矩 I 或惯性半径 i 均取 $I_{\min}$ 和 $i_{\min}$;如果杆件各弯曲平面内的惯性矩相等,压杆将在杆端约束情况较弱的平面内失稳,这时 μ 取较大者的值;如果各弯曲平面内的约束情况和对应的惯性矩均不相同,则以柔度 $\lambda=\mu l/i$ 的大小来判断。

习　题

7-1　如图 7-6 所示的四根压杆，其材料相同、截面相同，试分别计算它们的临界力，并将它们的承载能力按由大到小的顺序排列出来。

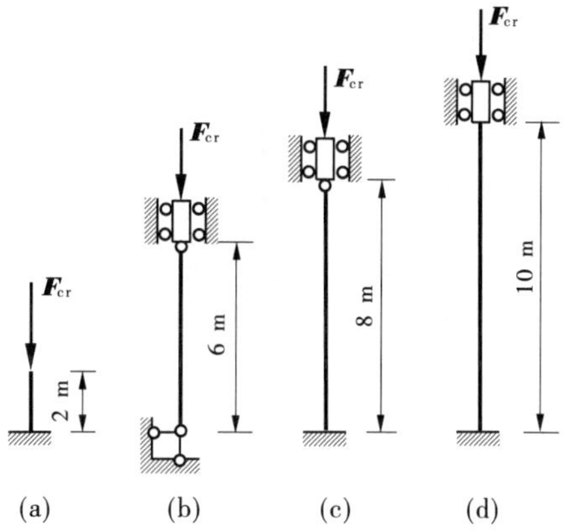

图 7-6

7-2　一端固定一端自由的细长压杆，长度 $l=1$ m，弹性模量 $E=200$ GPa。试计算图 7-7所示两种截面下的临界力。设杆件失稳而弯曲时，在空间任一方向的支承情况相同。图中尺寸单位为 mm。

7-3　压杆截面如图 7-8 所示。杆长 $l=1$ m，材料的弹性模量 $E=200$ GPa，$\sigma_p=200$ MPa。若绕 y 轴失稳可视为两端固定，绕 z 轴失稳可视为两端铰支，试求压杆的临界力。

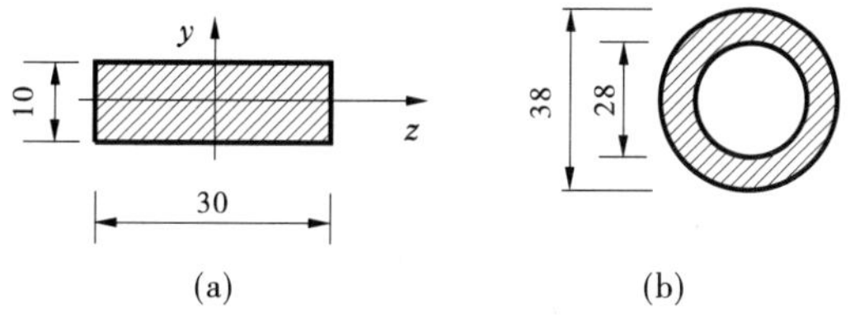

图 7-7

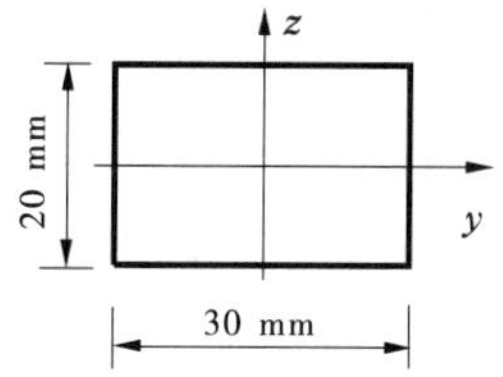

图 7-8

7-4　由 Q235 钢制成的圆截面压杆，已知长度 $l=0.8$ m，其下端固定，上端自由，压力 $F=100$ kN，$[\sigma]=170$ MPa，试求压杆的直径 d。

7-5　如图 7-9 所示，三根材料相同的细长压杆，其两端均为铰支，但各杆的长度和直径均不相同，试求三杆的临界应力并加以比较。

7-6　如图 7-10 所示，$E=200$ GPa，$\sigma_p=200$ MPa，BC 杆的直径 $d=40$ mm。求 BC 杆的临界应力，并根据 BC 杆的临界荷载的 1/5 确定起吊重力 $\boldsymbol{F}$ 的许可值。

7-7　如图 7-11 所示链杆结构由两根直径相同的圆杆组成，材料均为 Q235 钢，已知 $h=0.4$ m，直径 $d=0.02$ m，材料的强度许用应力$[\sigma]=170$ MPa，荷载 $F=15$ kN，试校核杆 AB 和杆 AC 的稳定性。

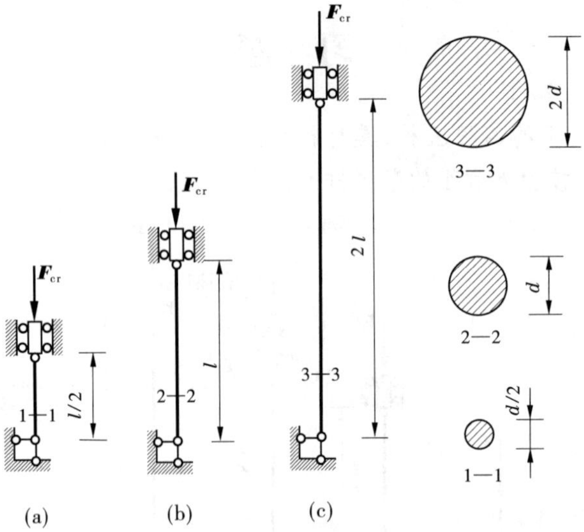

图 7-9

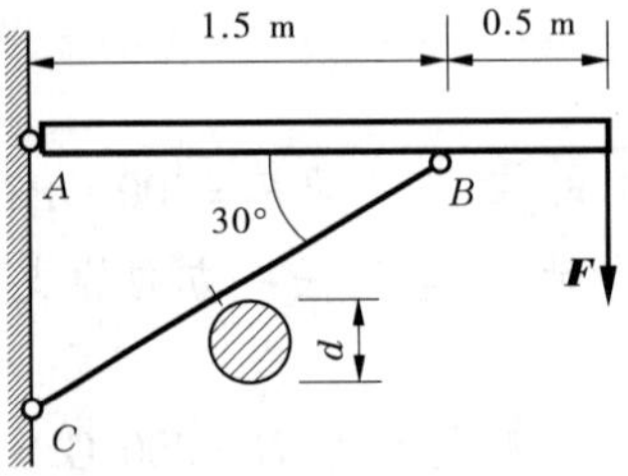

图 7-10

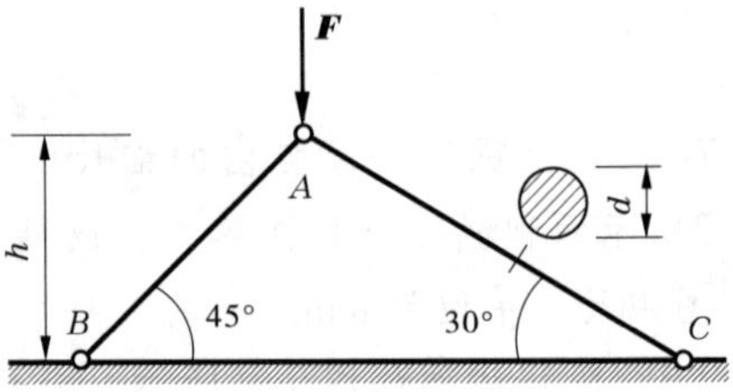

图 7-11

部分习题参考答案

7-1　(a) > (d) > (c) > (b)。

7-2　(a) $F_{Cr}=2.056$ kN；　(b) $F_{Cr}=35.54$ kN。

7-3　压杆同时满足两种支承条件下的临界力应为 88.74 kN。

7-4　$d=46$ mm。

7-5　各杆的临界应力均为 $\sigma_{Cr}=\left(\dfrac{\pi d}{4l}\right)^2 E$。

7-6　$\sigma_{Cr}=65.73$ MPA，　$[F]=16.51$ kN。

7-7　$\begin{cases}\sigma_{AB}=42.83\ \text{MPA}<170\times0.514=87.38\ \text{MPA}\\ \sigma_{AC}=34.968\ \text{MPA}<170\times0.272=46.24\ \text{MPA}\end{cases}$，结果说明二杆均满足稳定条件。

复习思考题

7-1　什么是稳定平衡？什么是不稳定平衡？

7-2　什么是临界力？它与哪些因素有关？

7-3　什么是临界应力？它与哪些因素有关？

7-4　图 7-12 所示各截面形状压杆在各个方向上的约束条件均相同时，该压杆在哪个方向上容易失稳？（图中各轴均通过截面的形心）

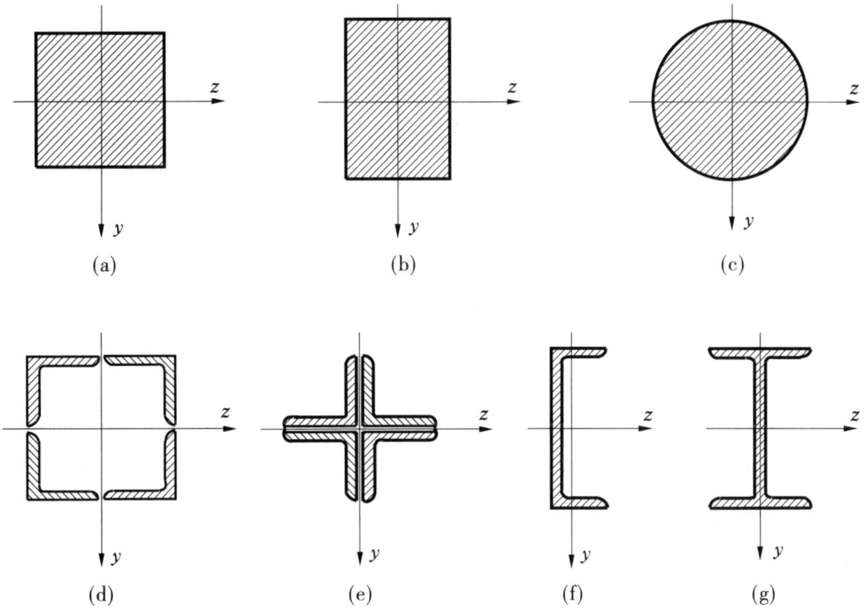

图 7-12

7-5　什么是柔度？若两杆的长度、截面及支承情况完全相同，但材料不同，则该二杆的柔度、惯性半径、临界力是否相同？

7-6　压杆的稳定条件是什么？如何进行压杆的稳定校核？

第 8 章　平面体系的几何组成分析

结构计算简图是通过杆件、约束和荷载三个方面的简化而得出的，从几何方面讲，结构是由若干根杆件相互联系并与基础联结而形成的几何不变体系。一个几何体系是否能够成为承受荷载作用的结构，要视该体系是否几何不变。在力学中，判定一个体系是否几何不变，要看该体系是否符合几何不变体系组成规则的要求。也就是说，符合组成规则的体系才是几何不变体系。结构必须是几何不变体系。

对结构进行几何组成分析是结构计算中的一个重要环节。对体系进行几何组成分析的目的是：

(1)判别体系是否几何不变，以决定该体系能否作为结构。

(2)了解结构的几何组成顺序，以利于弄清结构的受力分析顺序。

(3)判别结构的静定性，以便正确选择结构计算的方法。

本章的基本内容：是平面体系的几何组成分析，即如何确定体系的几何性质，以保障工程结构是几何不变体系。

在几何组成分析中，主要讨论几何不变体系的组成规律。本章的难点是刚片和约束的确定。

对本章的学习要求：

(1)理解自由度、约束的概念，熟悉体系自由度的计算方法。能够正确运用公式确定体系的自由度或多余约束的个数。

(2)掌握平面结构几何组成的基本规律。通过几何组成分析，能够正确判定体系是否几何不变。

8.1　几何组成分析中的几个重要概念

8.1.1　刚片

平面内的刚体称为刚片。在几何组成分析中，地球和体系中的每根杆件都视为一个刚片。当杆件与基础固结时，与基础视为同一刚片。**经分析得出的几何不变体系也视为刚片。**

8.1.2　几何不变体系

几何不变体系是指无论受到何种荷载或其他外部因素的作用，其原有位置和几何形状都不发生改变的体系。如图 8-1(a)和图 8-2(a)所示。

8.1.3　几何可变体系

当受到力的作用或外界干扰时，其几何形状或位置会发生改变的体系称为几何可变

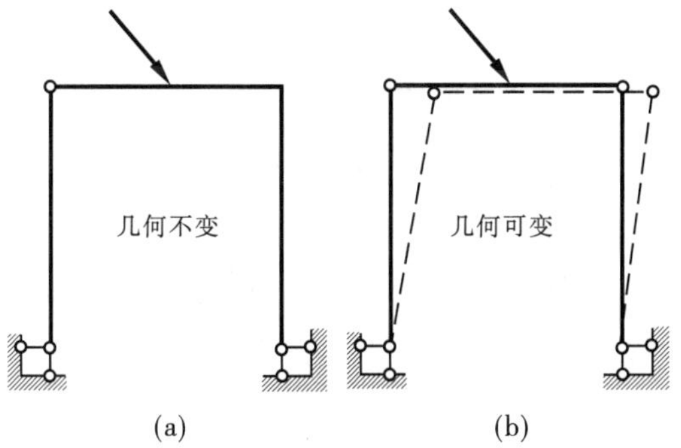

图 8-1

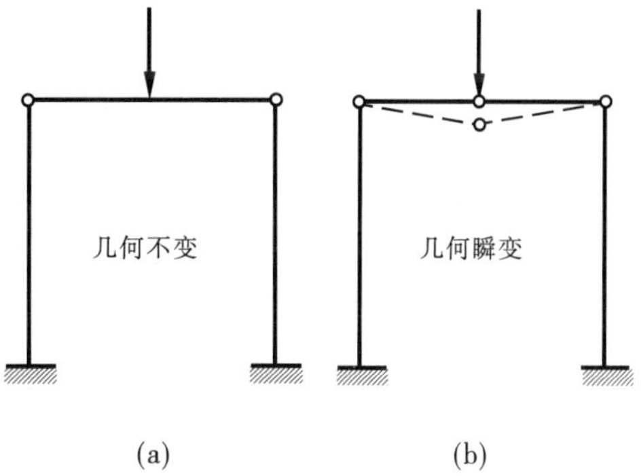

图 8-2

体系。其中,当体系内各刚片之间存在相对运动的自由度或某一方向的运动未受到限制时,则称此体系为几何常变系,如图 8-1(b)所示;若体系的几何形状经过瞬时而微小改变后便成为几何不变体系,则该体系称为几何瞬变体系,如图 8-2(b)所示。

8.1.4　自由度

确定物体或物体系在空间(或平面)内位置的几何参数的个数,称为该物体(或物体系)的自由度。平面内的一个点有两个自由度,如图 8-3(a)所示。平面内的一个刚片,其位置由 x、y、θ 共同确定,故平面内的一个刚片有 3 个自由度,如图 8-3(b)所示。物体或体系自由度的个数用 W 表示。

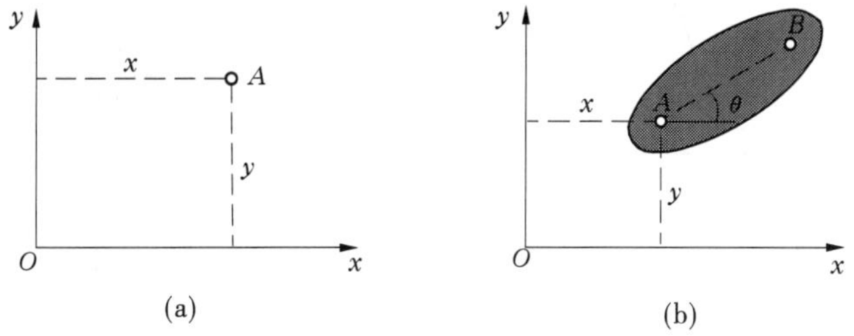

图 8-3

8.1.5　约束与多余约束

联结刚片并减少所联结刚片的自由度的装置,称为约束。例如联结两根杆件的铰,起着减少所联结杆件之间相对移动自由度的作用。因为约束是减少物体自由度的装置,故将可减少刚片一个自由度的装置称为一个约束。在平面内,一根链杆或一个可动铰支座为一个约束;一个单铰(联系两个刚片的铰)或一个固定铰支座相当于 2 个约束;一个联系 n 个刚片的铰($n \geqslant 3$ 的铰称为复铰),相当于 $2(n-1)$ 个约束。

本书中,被地球或被某一物体所固结的杆件(可以是若干根杆件),与地球视为同一个刚片。固定端和刚性结点不单独作为约束。如图 8-4(a)所示体系,杆 AB 与基础固结,杆 CD 与基础铰结,杆 AB 与杆 BC 铰结,而杆 BC 与杆 CD 用刚结点 C 固结。在组成分析中,可将基础和杆 AB 视为如图 8-4(b)中的刚片Ⅰ,将杆 BC 和杆 CD 视为图 8-4(b)中的刚片Ⅱ。

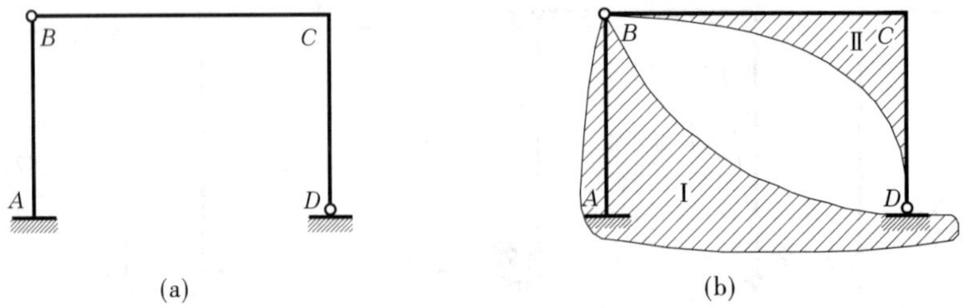

图 8-4

在平面体系的几何组成分析中,将两根链杆延长线的交点视为一个虚铰(当所联结的刚片稍加运动,该虚铰就不存在了,故虚铰又称为瞬铰),其作用与实铰相同。如图 8-5 所示的体系中,联结Ⅰ、Ⅲ刚片的链杆 1 和链杆 2 延长线的交点 C 即为虚铰。

不能减少物体或物体系自由度的约束,称为多余约束。如图 8-6 所示Ⅰ、Ⅱ刚片间只有 3 个相对运动的自由度,却有 4 根链杆作联结,可见其中必有一根链杆是没有起到减少自由度作用的多余约束。多余约束虽然不能减少自由度,但它对物体的内力和变形有重大影响,这种影响在结构计算中会体现出来。

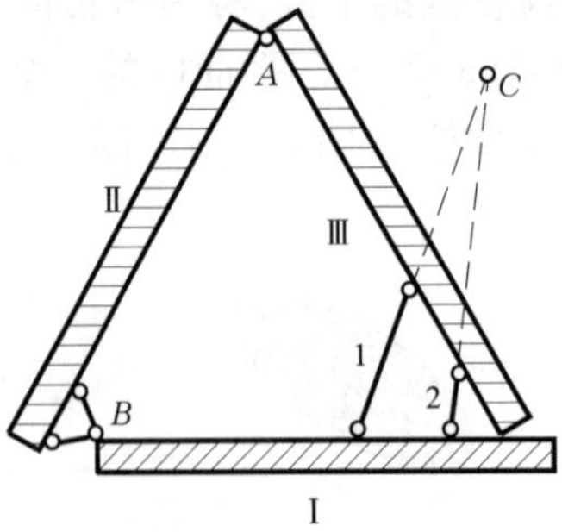

图 8-5

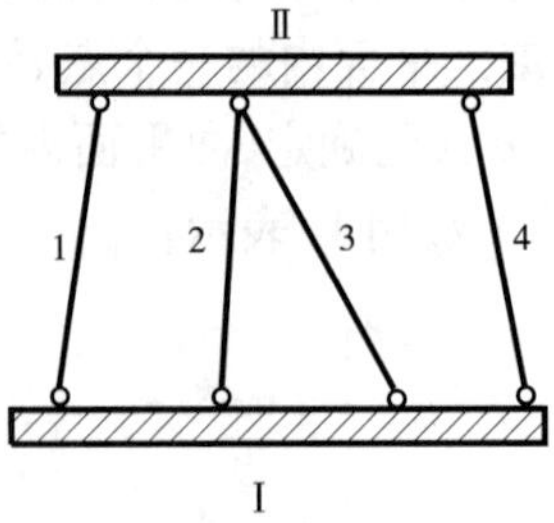

图 8-6

需要指出的是:

(1)约束和多余约束都是刚片与刚片间的联系。在体系组成分析中,杆件可能作为刚片,也可能作为约束,但在同一体系中的同一杆件,不能既作为约束又作为刚片。就是说,一根杆件在同一体系中不能赋予两种身份。

(2)体系的自由度个数 $W \leqslant 0$ 是几何不变体系的必要条件,而不是充分条件。因为 $W \leqslant 0$ 只能表明体系具有足够的约束个数,但如果这些约束在体系中的布置不合理,就可能使该体系成为几何可变体系或几何瞬变体系。

8.2　几何不变体系的组成规则

8.2.1　平面体系自由度的计算公式

(1)一般平面体系自由度的计算公式。若将体系中的刚片数、单铰数、支承链杆数分

别以 m、h、r 表示，则体系的自由度个数 W 的计算公式为

$$W = 3m - 2h - r \tag{8-1}$$

(2)平面铰结链杆体系自由度的计算公式

$$W = 3j - b - r \tag{8-2}$$

式中，j、b、r 分别表示铰结链杆体系中的铰结点个数、体系内部的链杆根数和体系的支承链杆根数。

要使一个体系几何不变，除应满足其自由度 $W \leqslant 0$ 这一必要条件外，体系的组成还必须符合一定的规则，只有符合此规则的体系才是几何不变体系，否则就可能是几何可变体系。下面逐一介绍构成几何不变体系的 3 个基本规则。

8.2.2　几何不变体系的组成规则

二元体规则(规则 1)：

一个刚片与刚片外一点用不重合的两根链杆相连，所构成的体系几何不变且无多余约束。

如图 8-7 所示刚片 Ⅰ 和其外一点 A 由链杆 1、2 联结后，点 A 和刚片 Ⅰ 之间不会产生任何相对运动，且相对运动的自由度为零。所谓二元体，是指用两根链杆固定一个点的构造。图 8-7 中杆 1、2 是固定点 A 的构造，故杆 1、杆 2 是二元体。

推论：在一个几何体系上增加或减少任意个二元体，不改变原体系的几何性质。

如图 8-8 所示，刚片 Ⅰ(铰结三角形)+(4,5)+(6,7)+(8,9)+(10,11)+(12,13)所构成的矩形链杆体系 S，因刚片 Ⅰ 几何不变，故这个矩形链杆体系 S 也是几何不变的。反之，对 S-(12,13)-(10,11)-(8,9)-(6,7)-(4,5)后仅剩刚片 Ⅰ，因为刚片 Ⅰ 几何不变，所以 S 几何不变。此推论非常适合于分析链杆体系的几何性质。

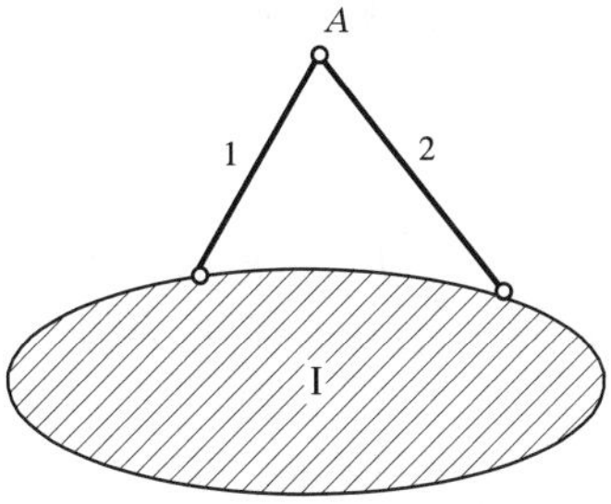

图 8-7

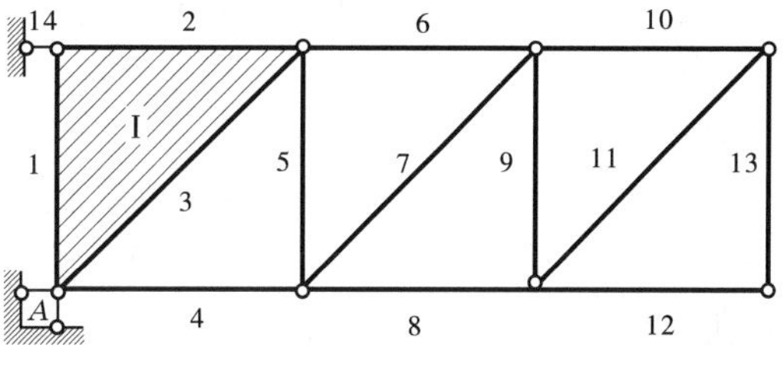

图 8-8

二刚片规则(规则 2)：

两个刚片用一个铰和一根轴线不通过此铰铰心的链杆相联结，或两个刚片由既不完全平行又不相交于同一点的三根链杆相联结，所构成的体系几何不变且无多余约束。

规则 2 表述了由两个刚片组成几何不变体系的两个基本条件：一是要有 3 个必要的约束，二是联结此二刚片的链杆的延长线不通过铰心。

完全符合规则 2 的体系是无多余约束的几何不变体系。若两个刚片间能够减少自由度的约束个数多于 3，则多余的约束称为多余约束，此时的体系为具有多余约束的几何不变体系。

如图 8-9(a)所示,其刚片和约束的确认情况如图 8-9(b)所示。杆 AB 与基础用铰 A 和杆 1 相联,符合规则 2,我们将它视为刚片Ⅰ,将折杆 BC 视为刚片Ⅱ,刚片Ⅰ与刚片Ⅱ用铰 B 和杆 2 相联,符合规则 2。由此可知图 8-9(a)所示体系几何不变且无多余约束。若体系如图 8-9(c)所示,即在图 8-9(a)的基础上又加上了杆 3,体系的刚片和约束的确认情况如图 8-9(d)所示。显然杆 3 是体系中的一个多余约束。在此体系中,千万不可将杆 3 视为必要约束,而将杆 2 视为多余约束,因为没有杆 2 体系是几何可变的。

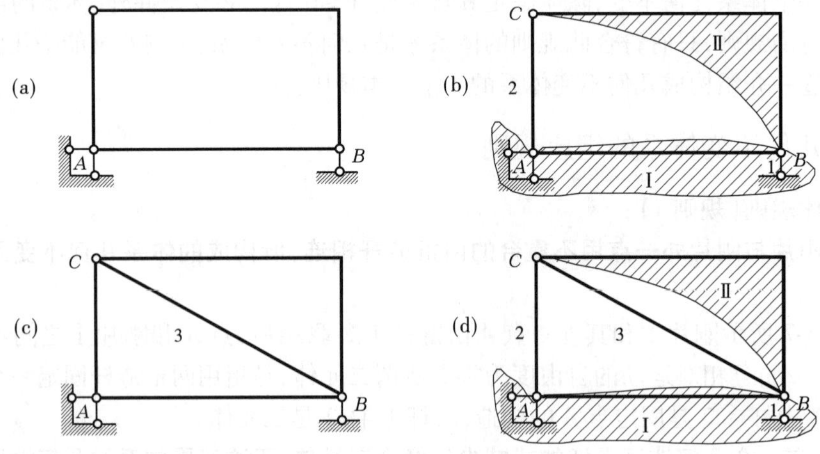

图 8-9

二刚片构成的几何常变系和几何瞬变系如下。

二刚片构成的几何常变系:

(1)二刚片间的相对运动自由度个数 $W>0$(约束个数不足)。

(2)三根链杆交于一个实铰,如图 8-10(a)所示。或三根链杆相互平行且长度相等,如图 8-10(b)所示。

二刚片构成的几何瞬变系:

(1)三根链杆的延长线相交于同一点(构成虚铰或瞬铰),使得它所联系的两个刚片可作瞬间相对运动。因瞬动后,三杆的延长线不再相交,此瞬铰也不再存在,故所构成的体系为瞬变系,如图 8-10(c)所示。

(2)三根链杆平行但长度不相等,使得它所联系的两个刚片可作瞬间相对平动。因瞬间平动后,三杆既不相互平行又不相交于同一点,即满足规则 2 的要求,故原体系为瞬变系。如图 8-10(d)所示。

三刚片规则(规则 3):

三个刚片用不在同一条直线上的三个铰两两相互联结,所构成的体系几何不变且无多余约束。

如图 8-11(a)、(b)所示的铰结三角形,我们将杆Ⅰ、Ⅱ、Ⅲ视为三个刚片,这三个刚片用三个铰相互联结后,其形状是不会改变的。一是因为三个刚片之间共有三个铰联结,故三个刚片之间相对运动的自由度等于零;二是三个铰与三个刚片间的联结方式符合两两相联的要求。因此,任何一个铰结的三角形体系都是无多余约束的几何不变体系。

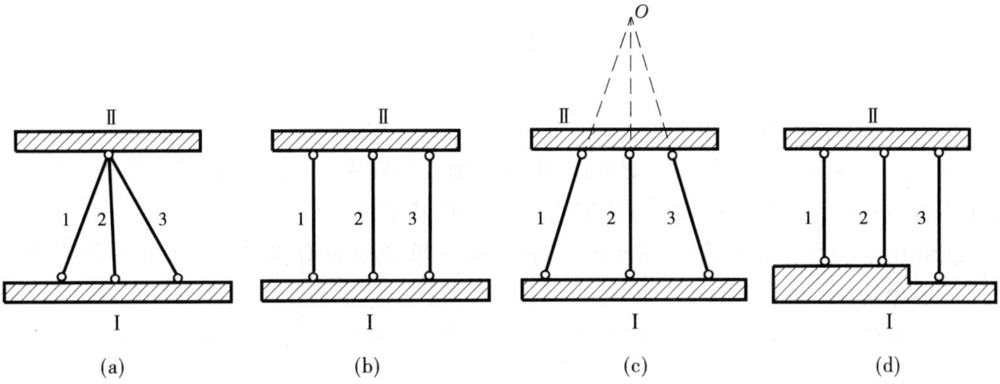

图 8-10

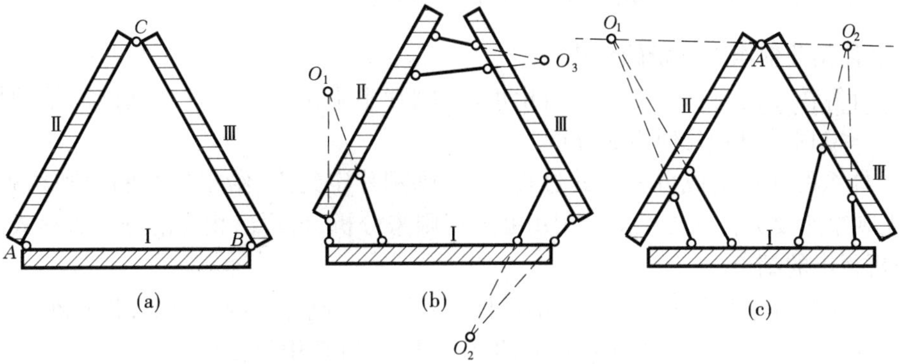

图 8-11

三刚片构成的几何瞬变系:

三个刚片由位于同一条直线上的三个铰两两相互联结,构成几何瞬变系。如图 8-11(c)所示体系,因三铰共线而成为几何瞬变系。

以上讨论的是几何不变体系的组成规则及构成几何可变体系或几何瞬变体系的几种情形。为了分析问题的方便,下面我们先给出各规则的表达式,再举例说明如何对一个体系进行几何组成分析。

8.2.3　平面体系几何组成分析的表达式

为了清楚明了地表达分析过程,特别提出用表达式方式表述分析过程中刚片与约束之间的联结关系。链杆体系、二刚片体系、三刚片体系的表达式形式分别为:

链杆体系(规则 1)

$$\xrightarrow[\text{注释}]{[\text{刚片编号}]+(\text{二元体编号})} S \tag{8-3}$$

二刚片体系(规则 2)

$$\xrightarrow[\text{注释}]{[\text{刚片编号 I}](\text{约束名称})[\text{刚片编号 II}]} S \tag{8-4}$$

三刚片体系(规则 3)

$$\frac{[\text{刚片编号 I}](\text{铰}A)[\text{刚片编号 II}](\text{铰}B)[\text{刚片编号 III}](\text{铰}C)[\text{刚片编号 I}]}{\text{注释}} \Rightarrow S \tag{8-5}$$

在式(8-3)~式(8-5)中：

体系 S 是该表达式中所涉及的刚片和约束构成的体系。当它只是整个体系中的一部分且几何不变时，则 S 作为继续分析时下一个表达式中的一个刚片。

注释用于说明是否符合组成规则、是否约束不够或是否有多余约束（有多余约束时，有几个多余约束）等问题。

对于链杆体系，也可以先从体系中减去二元体后，再按二刚片体系或三刚片体系作进一步分析。

8.2.4 平面体系几何组成分析的步骤与例题

平面体系几何组成分析的步骤：

(1)计算体系的自由度。计算自由度时，刚片中不包括与地球或基础固结的杆件。只有当 $W \leqslant 0$ 时才进行几何组成分析。

(2)体系的几何组成分析。其过程是：①画刚片定约束，给出每个刚片和约束的名称；②先观察所要分析的体系适合于用哪个规则来分析，再写出相应的分析表达式；③写出经分析得出的结论。

画刚片时，可将基础和与之固结的杆件画入同一个刚片。刚片用Ⅰ、Ⅱ…数字序列符号表示，约束中的铰用大写英文字母 A、B、C…表示，链杆用阿拉伯数字 1、2、3…表示，扩大刚片用 S_1、S_2…表示，包含所有刚片和约束的体系用 S 表示。

平面体系几何组成分析的示例：

【例 8-1】 对图 8-12(a)所示体系进行几何组成分析。

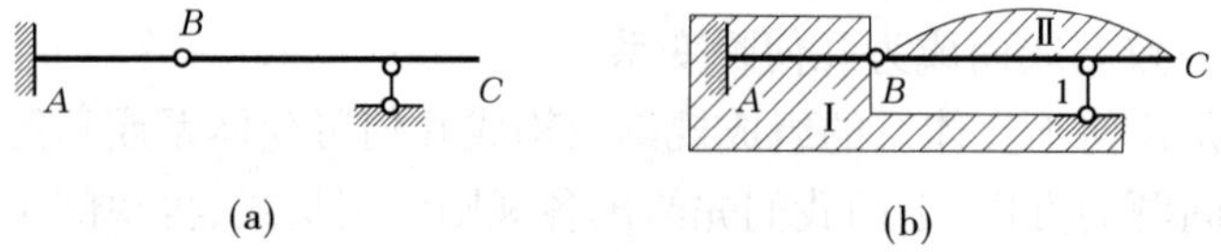

图 8-12

解：(1)计算体系的自由度。在图 8-12(a)中除与基础固结的杆 AB 外，只有一个刚片（即杆 BC），单铰个数为 1（铰 B），支承链杆数为 1，故体系的自由度为

$$W = 3 \times 1 - 2 \times 1 - 1 = 0$$

(2)对体系进行几何组成分析。

①画刚片，定约束。杆 AB 连同基础为刚片Ⅰ，杆 BC 为刚片Ⅱ，如图 8-12(b)所示。

②写出分析表达式。这是一个二刚片体系，其组成表达式为

$$\frac{[\text{I}](\text{铰}B,\text{杆}1)[\text{II}]}{\text{符合规则 2}} \Rightarrow S$$

③结论：S 是无多余约束的几何不变体系。

【例 8-2】 对图 8-13(a)所示体系进行几何组成分析。

解：(1)计算体系的自由度。该体系中 $m=3$，$h=3$，$r=3$，故体系的自由度为

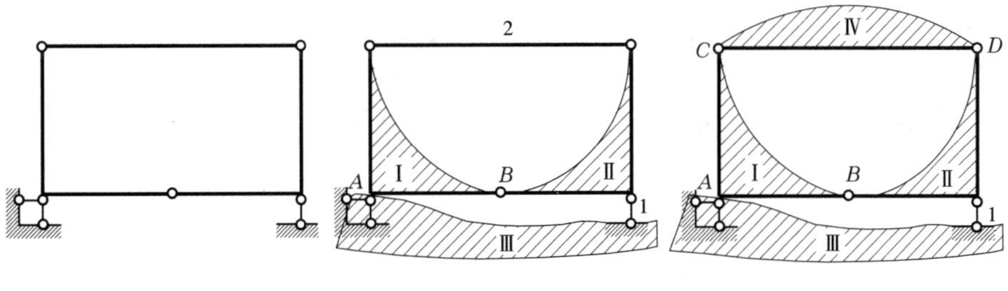

(a)　(b)　(c)

图 8-13

$$W = 3 \times 3 - 2 \times 3 - 3 = 0$$

(2)对体系进行几何组成分析。此体系的组成关系要分两个基本层次：一是体系内部各刚片的组成关系，二是内部与外部间的组成关系。

①内部组成分析。

方式 1　画刚片定约束如图 8-13(b)所示。显然这是二刚片体系，其分析表达式为

$$\frac{[\,\text{Ⅰ}\,](\text{铰}\,B,\text{杆}\,2)[\,\text{Ⅱ}\,]}{\text{符合规则 2}} \Rightarrow S_1$$

方式 2　画刚片定约束如图 8-13(c)所示。显然这是三刚片体系，其分析表达式为

$$\frac{[\,\text{Ⅰ}\,](\text{铰}\,B)[\,\text{Ⅱ}\,](\text{铰}\,D)[\,\text{Ⅳ}\,](\text{铰}\,C)[\,\text{Ⅰ}\,]}{\text{符合规则 3}} \Rightarrow S_1$$

②内部与外部的组成分析。由以上分析可知，原体系内部是几何不变的，我们将它视为扩大刚片 S_1，而 S_1 与基础刚片Ⅲ之间的联系是铰 A 和链杆 1，显然符合二刚片体系规则，即

$$\frac{[S_1](\text{铰}\,A,\text{杆}\,1)[\,\text{Ⅲ}\,]}{\text{符合规则 2}} \Rightarrow S$$

(3)结论：S 是无多余约束的几何不变体系。

【例 8-3】　试对图 8-14(a)所示体系进行几何组成分析。

解：(1)计算体系的自由度。该体系是一个铰结的链杆系统，其中 $j=7$，$b=11$，$r=3$，体系的自由度为

$$W = 2 \times 7 - 11 - 3 = 0$$

(2)对体系进行几何组成分析。此体系内部是由多根杆件用铰联结而组成的链杆系统，此链杆系统与基础间用固定铰支座 A 和链杆支座 9 联结，须分两步进行分析。

①画刚片定约束如图 8-14(b)所示。其中刚片Ⅰ是由 3 根杆组成的铰结三角形。

②写出分析表达式

$$\frac{[\,\text{Ⅰ}\,]+(1,2)+(3,4)+(5,6)+(7,8)}{\text{符合规则 1}} \Rightarrow S_1,\quad \frac{[S_1](\text{铰}\,A,\text{杆}\,9)[\,\text{Ⅱ}\,]}{\text{无多余约束}} \Rightarrow S$$

(3)结论：S 是无多余约束的几何不变体系。

【例 8-4】　试对图 8-15(a)所示体系进行几何组成分析。

解：(1)计算体系的自由度。该体系也是一个铰结的链杆系统，其中 $j=7$，$b=11$，$r=3$，故体系的自由度为

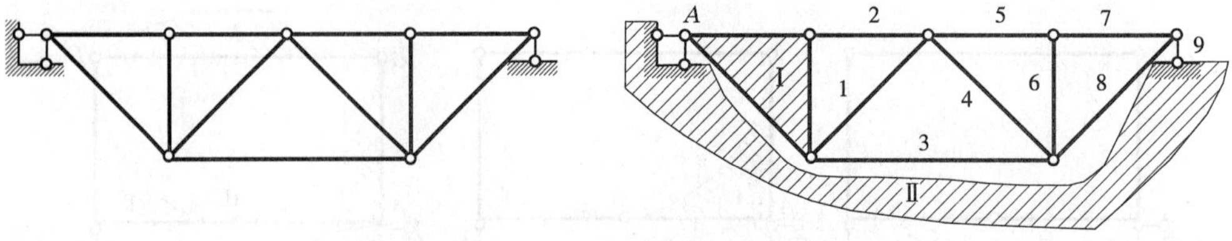

(a) (b)

图 8-14

$$W = 2 \times 7 - 11 - 3 = 0$$

(2)对体系进行几何组成分析。

①画刚片定约束如图 8-15(b)所示。

②写出分析表达式

$$\frac{[\text{Ⅰ}](\text{铰}\,B)[\text{Ⅱ}](\text{铰}\,C)[\text{Ⅲ}](\text{铰}\,D)[\text{Ⅰ}]}{\text{符合规则 3}} \Rightarrow S_1, \quad \frac{[S_1](\text{铰}\,A,\text{杆 }1)[\text{Ⅳ}]}{\text{符合规则 2}} \Rightarrow S$$

S_1 中的虚铰 C、D 也可分别用杆 4、杆 5 和杆 2、杆 3 表示。

(3)结论:S 是无多余约束的几何不变体系。

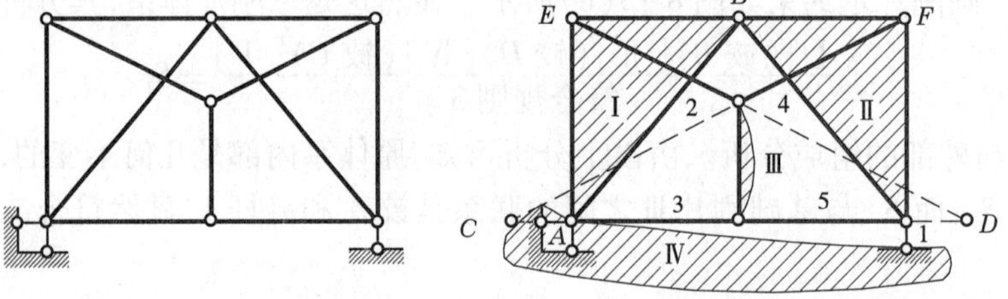

(a) (b)

图 8-15

【例 8-5】 试对图 8-16(a)所示体系进行几何组成分析。

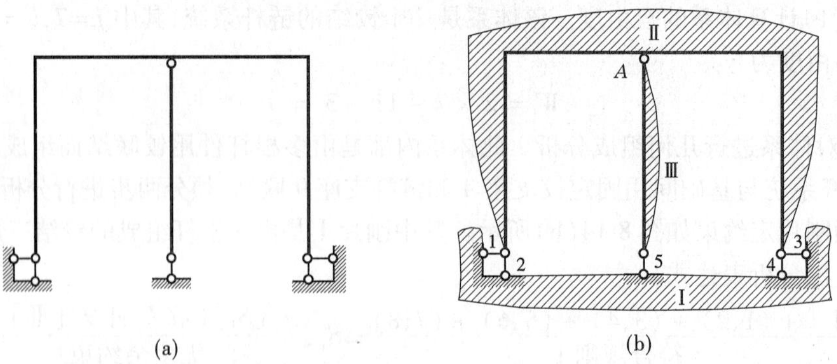

(a) (b)

图 8-16

解:(1)计算体系的自由度。该系统中 $m=2, h=1, r=5$,故体系的自由度为

$$W = 3 \times 2 - 2 \times 1 - 5 = -1$$

(2)对体系进行几何组成分析。

①画刚片定约束如图 8-16(b)所示。

②写出分析表达式

$$\frac{[\text{Ⅰ}](1,2,3,4)[\text{Ⅱ}]}{\text{有 1 个多余约束}}\Rightarrow S_1,\quad \frac{[S_1](\text{铰}A,\text{杆}5)[\text{Ⅲ}]}{\text{杆 5 的延长线通过铰}A}\Rightarrow S$$

(3)结论:S 是一个几何瞬变体系。

图 8-16 所示体系从整体上讲有多余约束,但因其中存在几何可变的部分,故认定整个体系为几何可变体系。由此规定:**只要体系中有一个局部几何可变,则可判定该体系几何可变**。因此,在对体系进行几何分析时,如果能通过观察判断出某部分几何可变,就可以作出该体系为几何可变体系的结论,无须进行其他分析。

8.3　结构的几何特性

由上述已知,结构必须是几何不变体系。而几何不变体系又分无多余约束和有多余约束两种类型。在对结构进行受力分析时,这两种类型结构的分析方法是不同的。

无多余约束的几何不变体系称为静定结构,有多余约束的几何不变体系称为静不定结构。静定结构的内力和约束力可由静力平衡条件求出,而仅由静力平衡条件却不可能解出静不定结构中全部的约束力和内力。例如,图 8-17 所示的梁 AB 只有三个约束力,这三个约束力均可由平面一般力系的平衡条件解出。而图 8-18 所示梁却有四个未知的约束力,显然由静力学平衡条件是解不出这些约束力的。要使静不定结构得到解,必须借助于变形条件。在第 9 章、第 10 章中将分别对静定结构和静不定结构的计算方法进行讨论。

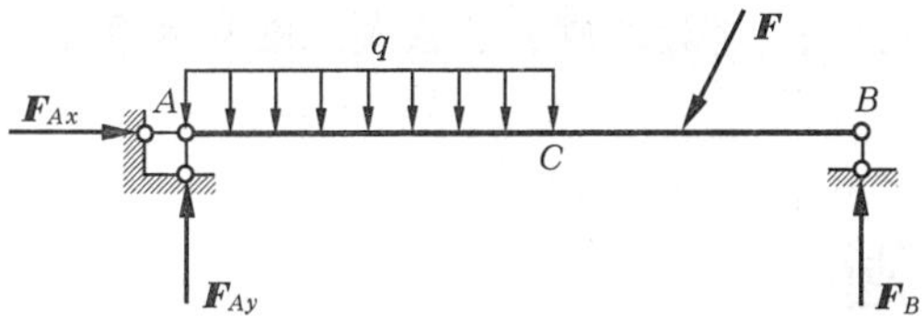

图 8-17

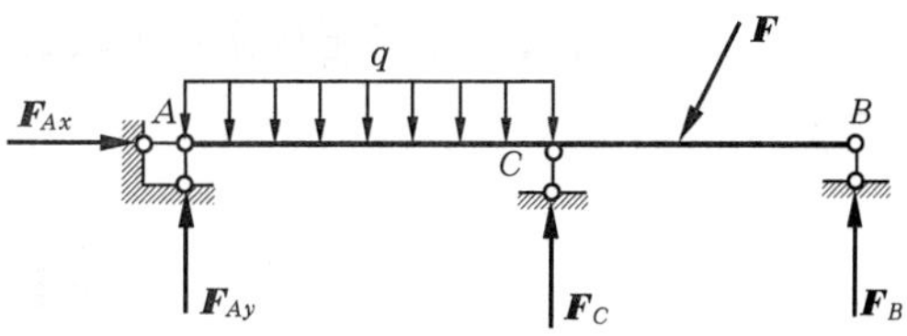

图 8-18

学习指导

1. 体系自由度的计算

计算体系自由度的主要作用,在于初步判断体系的几何特性。当 $W>0$ 时,肯定是几何可变体系,无须进行几何组成分析。当 $W\leqslant 0$ 时,体系是否几何不变,须通过几何组成分析来确定。若体系几何不变,则当 $W=0$ 时为静定结构,$W<0$ 时为静不定结构且静不定的次数即为自由度的负值数。

平面铰结链杆体系的自由度　$W=2j-b-r$

其他平面体系的自由度　　$W=3m-2h-r$

式中,m 为体系内的刚片个数(不计入与基础固结的杆件);h 为体系内的单铰个数;j 为体系的铰结点个数;b 为体系内的链杆根数;r 为体系的支承链杆根数,当体系不与基础联结时,一律取 $r=3$。

2. 平面体系几何组成分析

对体系进行几何组成分析前,先计算体系的自由度,只有当 $W\leqslant 0$ 时才需要进行几何组成的分析。体系的几何组成分析中最为关键的是确定体系内部的刚片和约束。尤其是体系内部的链杆,究竟是看做刚片还是作为约束,对于初学者来讲,往往难以定夺。这个问题虽然较难掌握,但也有一定的规律可循。

(1)任何一根与基础联结的链杆均视为约束,任意两个刚片之间的链杆均视为约束。

(2)任何一根与基础固结的杆件,均与其基础视为同一刚片。任何一根侧面有铰结或刚结的杆件,均作为刚片。

(3)体系中任何一个已知的几何不变部分(例如铰结三角形、单跨静定梁)均视为刚片。

平面体系几何组成分析的表达式,是表述体系组成顺序及各刚片与约束之间联结关系的最明确、最简捷的方式。

表达式中 S 是所涉及的刚片和约束构成的体系。当它只是整个体系中的一部分且几何不变时,则 S 作为继续分析时下一个表达式中的一个扩大刚片;当它已包含整个体系时,则表述 S 的几何性质。

注释用于说明是否符合规则,是否约束不够或有多余约束(有几个多余约束)等问题。

对于链杆体系,也可以先从体系中减去二元体后,再按二刚片体系或三刚片体系作进一步分析。

习　题

8-1　计算图 8-19 所示各体系的自由度,并进行几何组成分析。

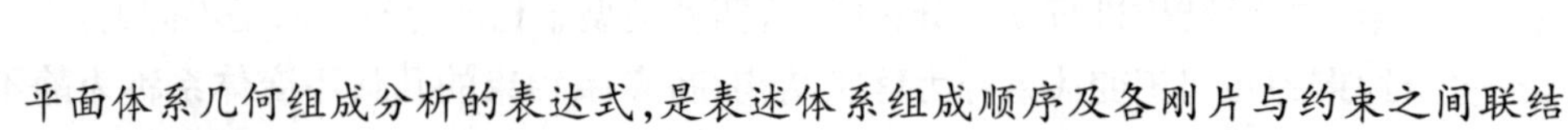

(a)　　(b)

图 8-19

8-2　计算图 8-20 所示各体系的自由度,并进行几何组成分析。

8-3　计算图 8-21 所示各体系的自由度,并进行几何组成分析。

8-4　计算图 8-22 所示各体系的自由度,并进行几何组成分析。

8-5　对图 8-23 所示体系进行几何组成分析,并将其中有多余约束的几何不变体系改为无多余约束的几何不变体系。

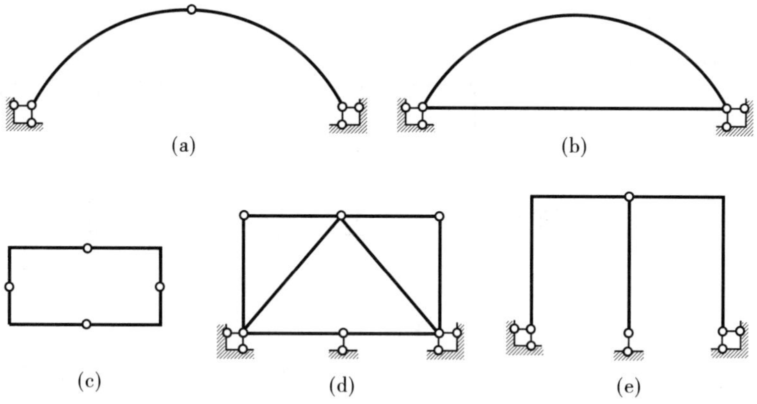

图 8-20

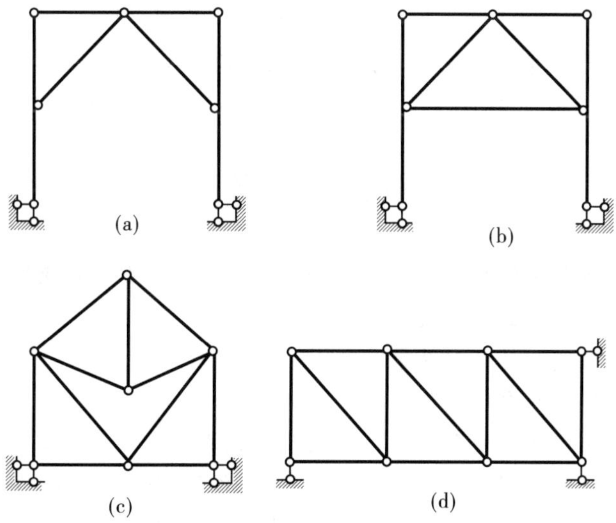

图 8-21

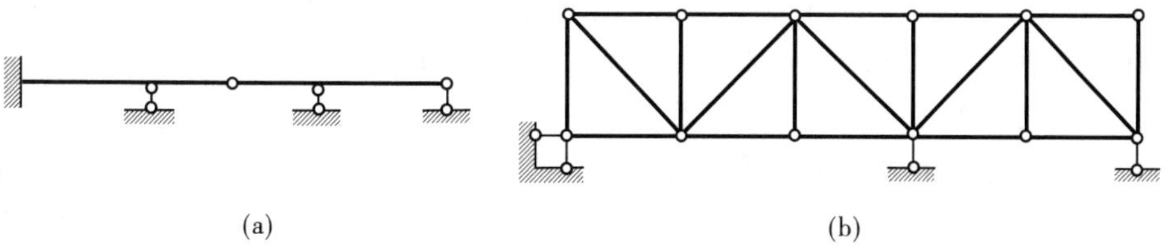

图 8-22

部分习题参考答案

8-1　图 8-19(a)几何不变且无多余约束,图 8-19(b)几何不变且有 1 个多余约束。

8-2　图 8-20(a)几何不变且无多余约束,图 8-20(b)几何不变且有 2 个多余约束,图 8-20(c)为几何可变体系,图 8-20(d)几何不变且有 1 个多余约束,图 8-20(e)为几何瞬变体系。

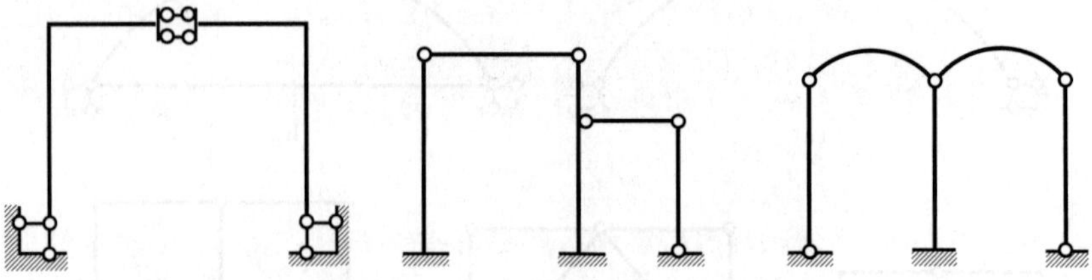

图 8-23

8-3　图 8-21(a)几何不变且无多余约束,图 8-21(b)几何不变且有 1 个多余约束,图 8-21(c)几何不变且有 1 个多余约束,图 8-21(d)几何不变且无多余约束。

8-4　图 8-22(a)几何不变且有 2 个多余约束,图 8-22(b)几何不变且有 1 个多余约束。

8-5　图 8-23(a)几何不变且无多余约束,图 8-23(b)几何不变且有 1 个多余约束,图 8-23(c)几何不变且有 2 个多余约束。

复习思考题

8-1　什么是几何不变体系?什么是几何可变体系?什么是几何瞬变体系?

8-2　什么叫刚片?什么叫扩大刚片?

8-3　什么叫自由度?什么叫约束?

8-4　如何确定体系的自由度?

8-5　利用体系组成基本规则分析体系的几何组成时应注意什么问题?

8-6　在几何体系中,实铰和虚铰对刚片的约束作用有什么不同?

8-7　在计算体系的自由度时,为何不能将基础算入刚片?

8-8　为什么自由度 $W \leqslant 0$ 的体系不一定是几何不变体系?

8-9　什么是必要约束?什么是多余约束?多余约束从哪个角度看才是多余的?

8-10　体系中的多余约束是无效的或无用的约束吗?

8-11　为何瞬变体系不能用做结构?

8-12　瞬变体系和常变体系的区别是什么?

8-13　在几何组成分析中,什么样的杆件只能作刚片不能作约束?什么样的杆件只能作约束而不能作刚片?

8-14　静定结构和静不定结构的几何特征是什么?

第 9 章　静定平面结构的内力和位移计算

结构内力分析,是工程结构设计中十分重要的组成部分。对于任何一种结构,只有在已知内力的前提下,才能对其进行承载能力的计算。

工程中的杆件结构,按其约束力和内力可否由静力平衡条件求解,或视其内力是否与结构的刚度有关,可分为静定结构和静不定结构两大类。静定结构的约束力和内力可由静力平衡条件求解,且内力与结构的刚度无关。

本章先分别对梁、刚架、桁架、三铰拱等静定平面结构进行内力分析,然后就等截面直杆系平面结构的位移计算方法作简要介绍。

学习本章的基本要求:

(1)弄清各种类型静定结构的几何特征和受力特征。

(2)掌握静定多跨梁,静定平面刚架、桁架、拱的结构特征及内力特征。

(3)对于具有基本部分和附属部分的结构,能分清组成的先后顺序和力的传递关系。

(4)熟练掌握梁和刚架的内力计算及内力图的绘制方法。

(5)会用结点法和截面法计算桁架结构的内力并能指出零杆。

(6)会用代梁法计算三铰拱的支座约束力和指定截面的内力,了解三铰拱内力图绘制方法及合理拱轴的概念。

(7)熟练掌握用单位荷载法计算荷载作用下梁、刚架和桁架的指定位移。

9.1　静定平面结构的特征及基本类型

结构都是三维的杆件系统,即空间结构。但在建筑工程中,绝大部分空间结构可以简化为平面结构来进行分析。因此,工程力学中涉及的结构都是平面杆件结构。由第 8 章已知,结构有静定、静不定之分,静定结构是没有多余约束的几何不变体系。从受力方面看,静定平面结构的约束力和所有截面上的内力,都可以由静力学平衡条件求解得到。

按杆件结构的组成形式可分为以下四种基本类型:

(1)**梁**。当结构中所有承受荷载作用杆件的轴线都位于同一直线上,且各杆均以弯曲变形为主要变形形式时,则该结构称为梁。一根杆件的梁为单跨梁,由若干根杆件组成的梁称为多跨梁。如图 9-1 所示。

(2)**刚架**。具有刚性结点的直杆系框架结构(梁柱组合结构),称为刚架,如图 9-2 所示。

(3)**拱**。在竖向荷载作用下具有水平推力的曲杆结构,称为拱,如图 9-3 所示。

(4)**桁架**。若结构中所有结点均为铰结点,所有的杆件都是不计自重的等截面直杆,且外力均作用在结点上,则此结构称为桁架,如图 9-4 所示。

(5)**组合结构**。当结构是由以上四种基本形式结构中的某两种或某几种组合而成时,则称为组合结构,如图 9-5 所示。

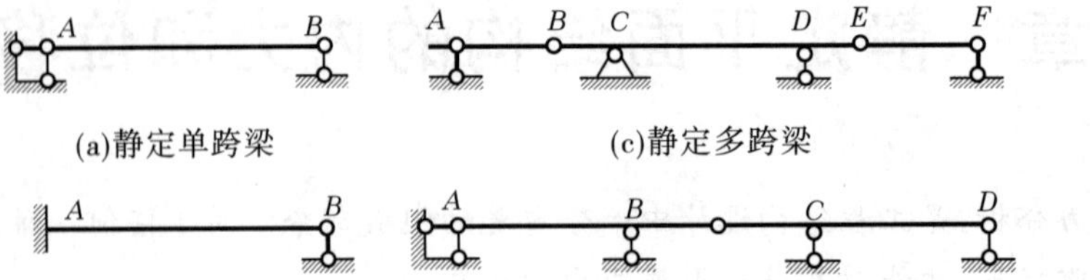

(a)静定单跨梁　(c)静定多跨梁

(b)静不定单跨梁　(d)静不定多跨梁

图 9-1

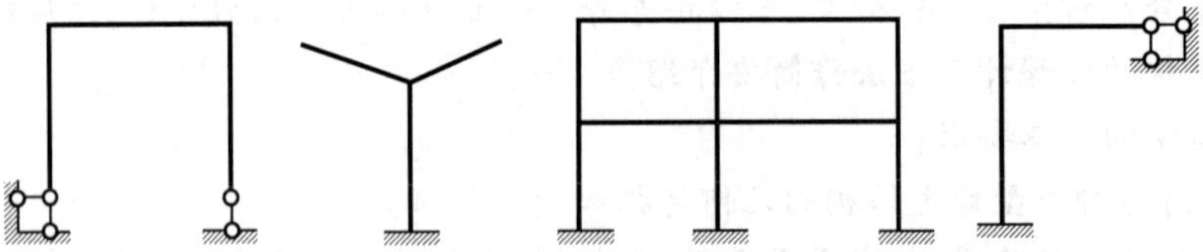

(a)静定刚架　(b)静不定刚架

图 9-2

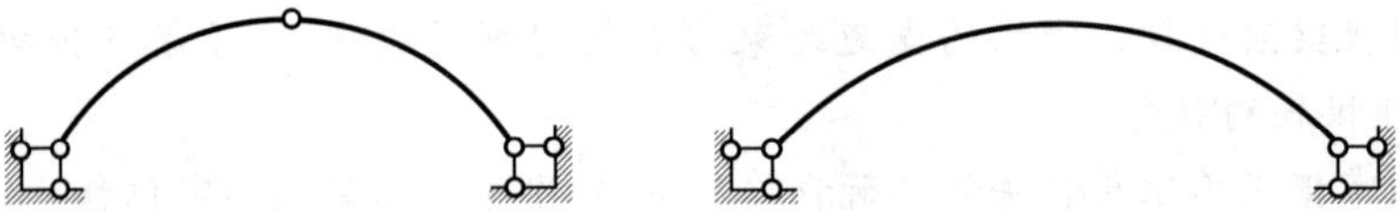

(a)静定拱　(b)静不定拱

图 9-3

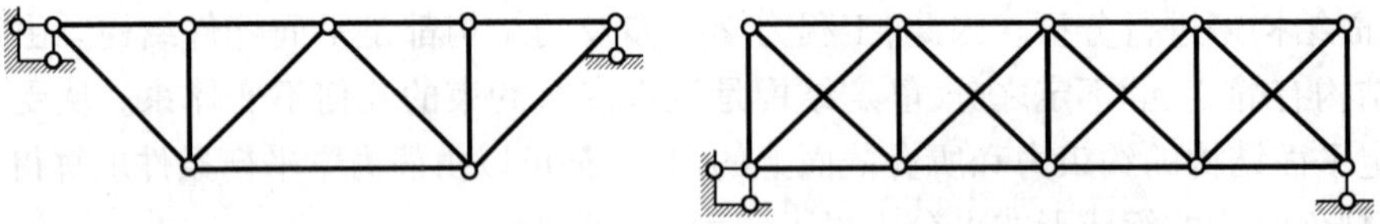

(a)静定桁架　(b)静不定桁架

图 9-4

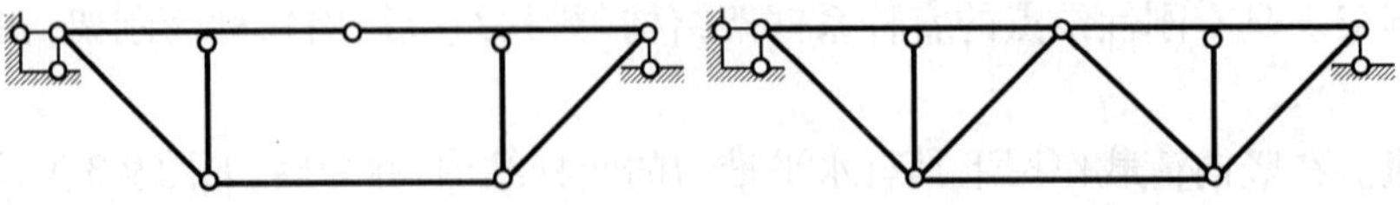

(a)静定组合结构　(b)静不定组合结构

图 9-5

9.2　静定多跨梁的内力计算

9.2.1　静定多跨梁的结构特征

如图 9-6(a)所示,三根直杆通过铰 B、E 相互联结成同轴线的直杆系,再由铰支座 A、C、D、F 将此直杆系与基础相联结,组成只受横向力作用的同轴线直杆系结构。由于此结构各支座的约束力和各截面的内力可由静力平衡条件求出,故称该同轴线直杆系结构为静定多跨梁。静定多跨梁是由多个静定单跨梁通过铰联结而成的静定梁系。

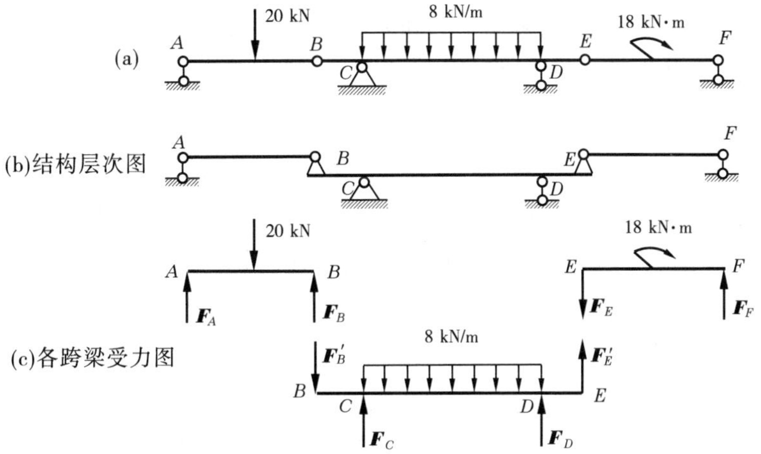

图 9-6

9.2.2　多跨静定梁的内力计算方法

由于静定多跨梁是由多个静定单跨梁组成的,在组成该多跨梁时,一定存在一个组成的顺序问题,即在施工过程中先制作或架立谁,后制作或架立谁的问题。例如做一栋房子,需先打好基础,而后做第一层、第二层、第三层、…,这是一个建筑房子时的施工顺序问题。对于图 9-6(a)所示梁,必然是先制作或施工 BE 跨,再 AB 跨和 EF 跨。一个结构的制作或施工顺序也就是它的几何组成顺序。图 9-6(a)所示梁的几何组成的先后顺序(自下而上)或施工顺序如图 9-6(b)所示。

工程力学中将结构中全部以基础作支承物的杆件连同基础一起,称为该结构的基本部分,而将局部或全部以基本部分为支承物的杆件连同支承它的基础一起,作为结构的附属部分。如图 9-6 所示,结构中的杆 BE 连同支座 C、D 是该静定多跨梁的基本部分,而杆 AB 连同支座 A 及杆 EF 连同支座 F,均为该静定多跨梁的附属部分。体现这种组成顺序关系的图形,称为结构层次图。图 9-6(b)是图 9-6(a)所示结构的结构层次图。

如果结构的组成顺序明确了,则结构中力的承受和传递关系也就容易弄清楚了。如

图 9-6(b)中,梁 BE 不仅要承受作用于自身的荷载,还要承受梁 AB 通过铰 B 和梁 EF 通过铰 E 所传递的压力。各跨梁的受力情况如图 9-6(c)所示。

有了各单跨梁的受力图,则多跨梁的内力计算及绘制内力图的问题,就可以通过计算和绘制各单跨梁的内力和内力图来实现。静定多跨梁的内力计算方法仍然采用的是第 4 章中求杆件内力的简捷法。即

K 截面上的弯矩 M_K,等于 K 截面任意一侧梁上所有外力对 K 截面形心之矩的代数和,且以绕截面形心产生左顺(或右逆)转向的外力矩取正号,反之取负号。弯矩图画于杆件的受拉侧。

K 截面上的剪力 F_{QK},等于 K 截面任意一侧梁上所有外力对垂直于梁轴线方向投影的代数和,且 K 截面左侧向上、右侧向下的外力取正号,反之取负号。正号的剪力图画在杆件上侧,负号的剪力图画于杆件的下侧。

综上所述,弄清静定多跨梁的组成顺序并画出它的结构层次图,是对该梁进行受力分析和内力计算的关键。静定多跨梁内力计算的一般步骤如下:

(1)对结构进行几何组成分析,理清结构的几何组成顺序并画出结构层次图,先组成的部分(基本部分)画在下面,后组成的部分(附属部分)画于上面。

(2)画出由结构层次图所确定的各静定单跨梁的受力图,并求出各支座的约束力。

(3)取相同的比例尺,用第 4 章中关于梁内力图的绘制方法,在同一直线上画出各跨梁的内力图。此内力图即为该静定多跨梁的内力图。

【例 9-1】 计算图 9-7(a)所示静定多跨梁的内力,并作出它的内力图。

解:(1)对梁作几何组成分析,并画出它的结构层次图。

令地基、杆 AC、杆 CD 分别为刚片Ⅰ、Ⅱ、Ⅲ,则

$$\xrightarrow[\text{符合规则 2}]{[\,\text{Ⅰ}\,](\text{铰}\,A,\text{杆}\,B)[\,\text{Ⅱ}\,]} S_1,\quad \xrightarrow[\text{符合规则 2}]{[\,S_1\,](\text{铰}\,C,\text{杆}\,D)[\,\text{Ⅲ}\,]} S$$

由此可知原体系 S 为一无多余约束的几何不变体系。其组成顺序是先 AC 后 CD。其结构层次图如图 9-7(b)所示。

(2)根据梁的结构层次关系,分别作出各跨梁的受力图并由平衡条件求出各支座约束力,如图 9-7(c)所示。

(3)计算各单跨梁的内力,并画出梁的内力图。

先计算剪力,取相同比例,在同一基线上画出各跨梁的剪力图,如图 9-7(d)所示。

再计算弯矩,取同一比例,在同一基线上画出各跨梁的弯矩图,如图 9-7(e)所示。

各控制截面上剪力和弯矩的计算如下:

$$F_{QAE} = F_{QEA} = 5.2\ \text{kN},\quad F_{QEB} = 5.2 - 15 = -9.8(\text{kN})$$

$$F_{QBC} = F_{QCB} = 4\ \text{kN},\quad F_{QCD} = 4\ \text{kN},\quad F_{QDC} = -4\ \text{kN}$$

$$M_{AE} = 0,\quad M_{EA} = M_{EB} = 5.2 \times 3 = 15.6(\text{kN}\cdot\text{m})(\text{下侧受拉})$$

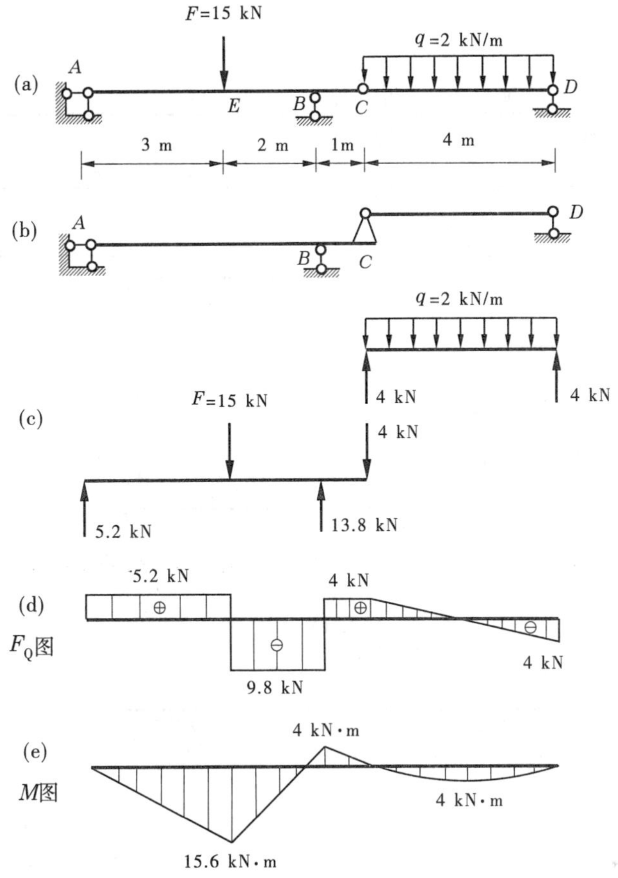

图 9-7

$M_{BE} = M_{BC} = -4 \times 1 = -4(\text{kN} \cdot \text{m})$(上侧受拉)，　$M_{CB} = M_{CD} = 0$，　$M_{DC} = 0$

CD 段跨中弯矩为

$$M_{\max} = ql^2/8 = 2 \times 4^2/8 = 4(\text{kN} \cdot \text{m})（下侧受拉）。$$

必须指出的是，在作上述各图时，一定要注意各图之间截面的对应关系。建议将各图绘制在一块儿，不要将其离散成几个图块。

【例 9-2】　绘制图 9-8(a)所示静定多跨梁的剪力图和弯矩图。

解:(1)分析梁的几何组成，画出结构层次图。由图 9-8(a)可见，该梁的基本部分是杆 *BE* 与基础由固定铰支座 *C* 和可动铰支座 *D* 构成，附属部分则是基本部分左右两侧的 *AB*、*EF*，它们的一端分别由铰 *B*、*E* 与基本部分相连，另一端分别由可动铰支座 *A*、*F* 与基础相连。该梁的结构层次图如图 9-8(b)所示。

(2)画各单跨梁的受力图，并计算它们的支座约束力，如图 9-8(c)所示。

(3)取一比例，按与图 9-8(a)的截面对应关系在同一基线上画出各单跨梁的剪力图，形成整个梁的剪力图，如图 9-8(d)所示。

(4)再取比例，按与图 9-8(a)的截面对应关系在同一基线上画出各单跨梁的弯矩图，形成整个梁的弯矩图,如图 9-8(e)所示。

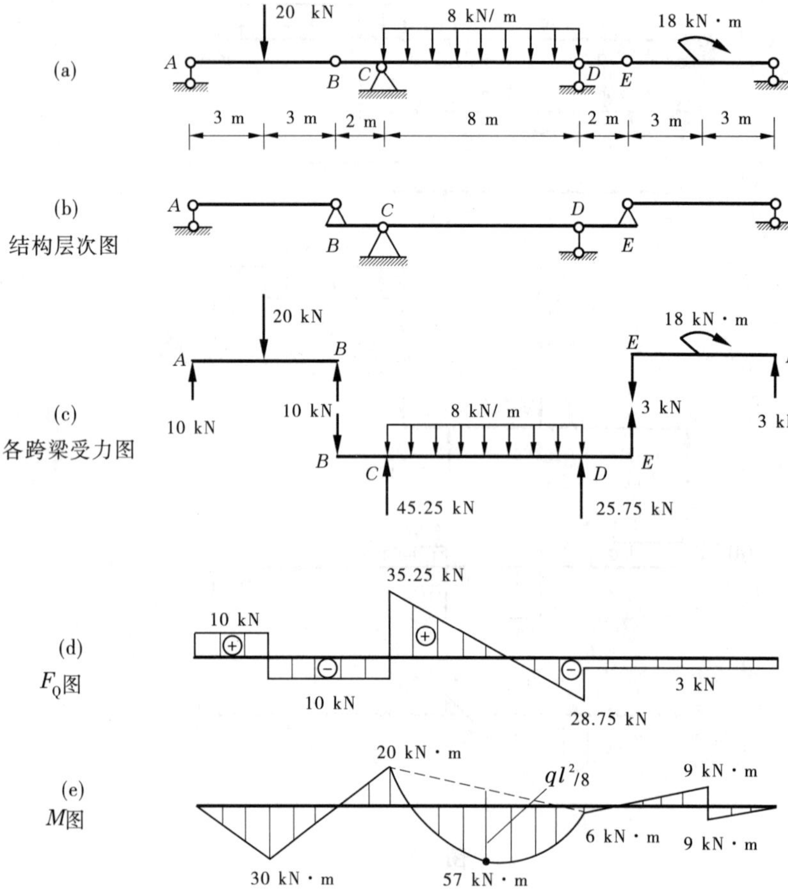

图 9-8

9.3　静定平面刚架的内力计算

静定平面刚架是具有刚性结点的直杆系框架结构,其基本形式如图 9-9 所示。静定平面刚架的内力计算方法与梁基本相同。只要我们计算出各杆的内力,就可以按作图规定画出其内力图。

9.3.1　刚架内力计算的方法与规定

由于刚架中有横杆、竖杆,甚至还有斜杆,一般情况下,这些杆件的横截面会同时存在弯矩、剪力和轴力。控制截面内力计算的常用方法,仍然是第 4 章中介绍和使用的简捷法,即 IJ 杆段 I 截面上的内力分别为:

弯矩 M_{IJ} 等于 I 截面任意一侧结构上所有外力对 I 截面形心之外力矩的代数和。并规定,绕截面 I"左顺、右逆"转向的外力矩取正号,弯矩图一律画在杆件的受拉一侧。

剪力 F_{QIJ} 等于 I 截面任意一侧结构上所有外力向 I 截面剪力方向(与杆轴线垂直的方

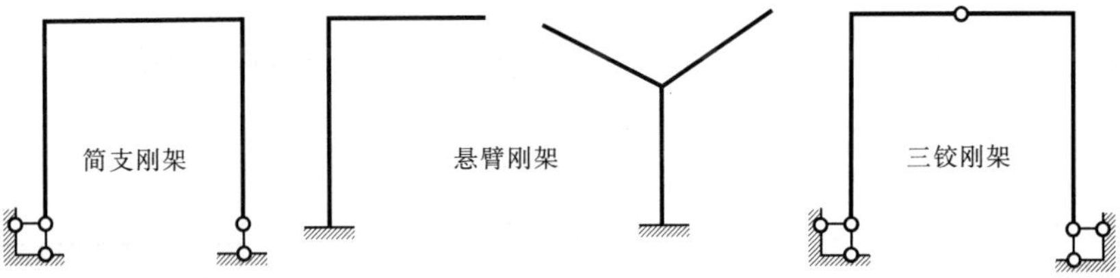

(a)　(b)　(c)

图 9-9

向）投影的代数和。并规定，使截面一侧的刚架绕 I 截面顺时针方向转动的外力取正号，剪力图可画于杆件的任意一侧，但须注明正负号。

轴力 F_{NIJ} 等于 I 截面任意一侧结构上所有外力向 I 截面轴力方向投影的代数和。并规定，使截面受拉的外力为正，反之为负。轴力图可画于杆件的任意一侧，也要注明正负号。

9.3.2　刚架内力计算实例

【例 9-3】　计算图 9-10(a)所示悬臂刚架的内力，并作出它的内力图。

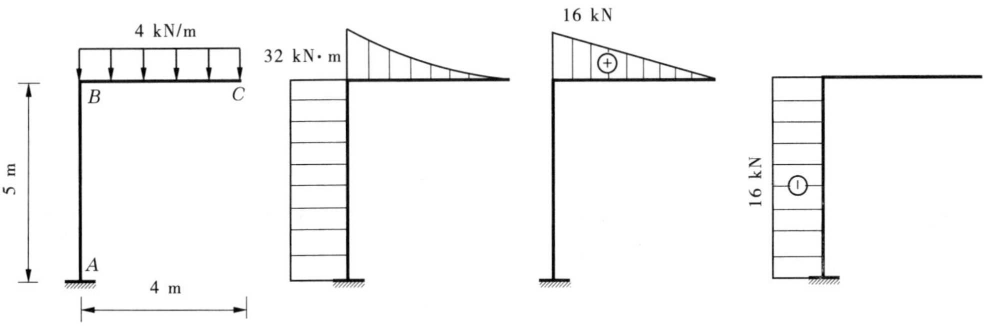

(a)　(b) M 图　(c) F_Q 图　(d) F_N 图

图 9-10

解：对于悬臂刚架，可以不计算支座约束力而直接计算内力。

(1)计算各杆的杆端内力。

AB 杆

$$M_{AB} = M_{BA} = -4 \times 4 \times 2 = -32(\mathrm{kN \cdot m})(\text{左拉})$$

$$F_{QAB} = F_{QBA} = 0,\quad F_{NAB} = F_{NBA} = -4 \times 4 = -16(\mathrm{kN})(\text{压})$$

BC 杆

$$M_{BC} = M_{BA} = -32\ \mathrm{kN \cdot m}(\text{上拉}),\quad M_{CB} = 0$$

$$F_{QBC} = 4 \times 4 = 16(\mathrm{kN}),\quad F_{QCB} = 0,\quad F_{NBC} = F_{NCB} = 0$$

BC 杆跨中截面的弯矩由叠加法求得

$$M = -32/2 + 8 = -8(\mathrm{kN \cdot m})(\text{上拉})$$

(2)作刚架的弯矩图(M 图)、剪力图(F_Q 图)和轴力图(F_N 图)如图 9-10(b)、(c)、

(d)所示。

【例 9-4】 计算图 9-11(a)所示简支刚架的内力,并作出其内力图。

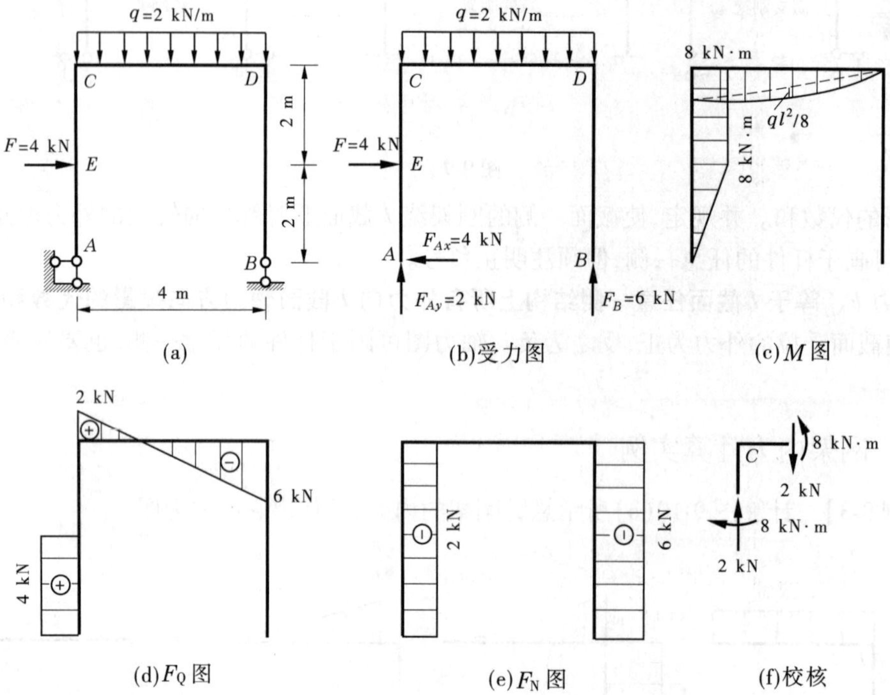

图 9-11

解:(1)作刚架的受力图并求出支座约束力。根据刚架支座的约束性质作受力图如图 9-11(b)所示,列平衡方程计算约束力:

由
$$\sum F_x = 0, \quad 4 - F_{Ax} = 0$$

$$\sum M_A(\boldsymbol{F}) = 0, \quad F_B \times 4 - 2 \times 4 \times 2 - 4 \times 2 = 0$$

$$\sum F_y = 0, \quad F_{Ay} + F_B - 2 \times 4 = 0$$

解得
$$F_{Ax} = 4\ \text{kN}, \quad F_B = 6\ \text{kN}, \quad F_{Ay} = 2\ \text{kN}$$

各支座的约束力值如图 9-11(b)所示。

(2)由简捷法分别计算刚架中各杆端截面的内力,如表 9-1 所示。

(3)作刚架的三个内力图分别如图 9-11(c)、(d)、(e)所示。

为了确保计算结果或内力图正确,需要对计算结果进行必要的校核。校核的方法通常是取出一个刚性结点或一段杆件进行平衡条件的验算。本例取结点 C 进行平衡条件的验算。结点 C 的受力图如图 9-11(f)所示,其截面上的内力是从已作出的内力图上取得的。由图 9-11(f)可见

$$\sum M_C = 8 - 8 = 0, \quad \sum F_x = 0, \quad \sum F_y = 2 - 2 = 0$$

由于三个平衡条件均得到满足，故结点 C 平衡，表明上述计算无误。

表 9-1　刚架内力计算表

杆件名称	弯矩 M(kN·m)	剪力 F_Q(kN)	轴力 F_N(kN)
AE	$M_{AE}=0$，$M_{EA}=-4\times2=-8$(右拉)	$F_{QAE}=F_{QEA}=4$	$F_{NAE}=F_{NEA}=-2$(压)
EC	$M_{EC}=M_{EA}$，$M_{CE}=-4\times4+4\times2=-8$(右拉)	$F_{QEC}=F_{QCE}=4-4=0$	$F_{NEC}=F_{NCE}=-2$(压)
CD	$M_{CD}=M_{CE}=8$(下拉)，$M_{DC}=0$ 跨中 $M=M_{CD}/2+ql^2/8=4+4=8$(下拉)	$F_{QCD}=2$， $F_{QDC}=2-8=-6$	$F_{NCD}=F_{NDC}=0$
BD	$M_{BD}=M_{DB}=0$	$F_{QBD}=F_{QDB}=0$	$F_{NBD}=F_{NDB}=-6$(压)

【例 9-5】 作图 9-12(a)所示刚架的内力图。

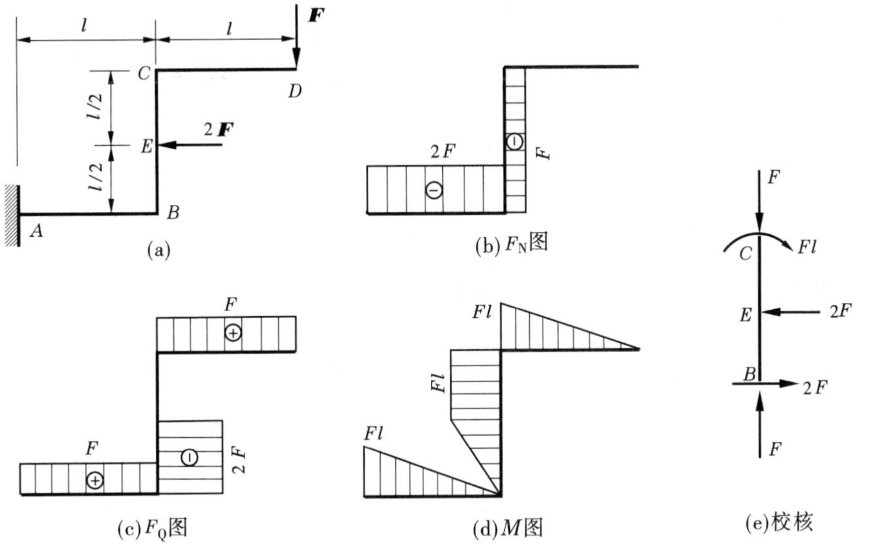

图 9-12

解：这是一个悬臂刚架，可以不求支座约束力，而按从右到左的顺序计算各控制截面的内力值。

轴力　$F_{NDC}=F_{NCD}=0$，　$F_{NCB}=F_{NBC}=-F$，　$F_{NBA}=F_{NAB}=-2F$

剪力　$F_{QDC}=F_{QCD}=F_{QBA}=F_{QAB}=F$，　$F_{QCE}=F_{QEC}=0$，　$F_{QEB}=F_{QBE}=-2F$

弯矩

$$\begin{cases} M_{DC}=0, \quad M_{CD}=-Fl(\text{上拉}), \quad M_{CE}=M_{EC}=M_{EB}=-Fl(\text{左拉}) \\ M_{BE}=M_{BA}=2F\dfrac{l}{2}-Fl=0, \quad M_{AB}=2F\dfrac{l}{2}-F\times2l=-Fl(\text{上拉}) \end{cases}$$

作轴力图、剪力图、弯矩图分别如图 9-12(b)、(c)、(d)所示。

取杆 BC 进行平衡条件的校核，其受力图如图 9-12(e)所示。因

$$\sum F_x=2F-2F=0, \quad \sum F_y=F-F=0, \quad \sum M_B(\boldsymbol{F})=-Fl+2F\times l/2=0$$

故计算无误。

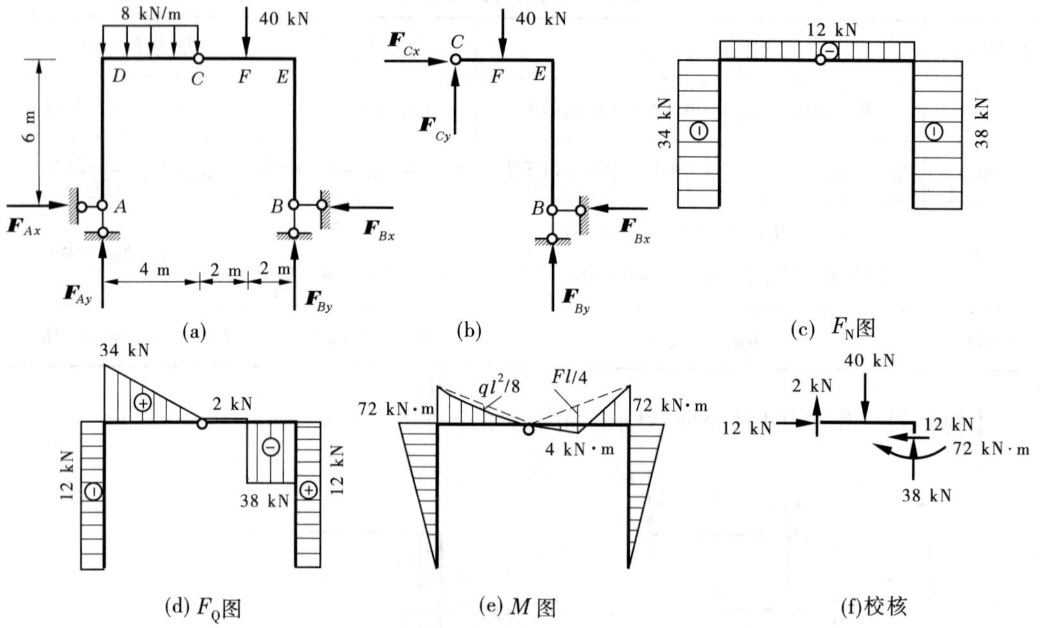

图 9-13

【例 9-6】 作图 9-13(a)所示三铰刚架的内力图。

解:(1)计算刚架的支座约束力。这是一个互助型物体系,其支座约束力的计算应按照先整体后局部的顺序计算。整体受力图如图 9-13(a)所示,BC 部分的受力图如图 9-13(b)所示。

由

$$\sum M_A(\boldsymbol{F})=0,\quad F_{By}\times 8-40\times 6-8\times 4\times 2=0$$

解得

$$F_{By}=38\ \text{kN}$$

由

$$\sum F_y=0,\quad F_{Ay}+F_{By}-40-8\times 4=0$$

解得

$$F_{Ay}=34\ \text{kN}$$

由

$$\sum F_x=0,\quad F_{Ax}-F_{Bx}=0$$

有

$$F_{Ax}=F_{Bx}$$

对于图 9-13(b)由

$$\sum M_C(\boldsymbol{F})=0,\quad F_{By}\times 4-F_{Bx}\times 6-40\times 2=0$$

解得

$$F_{Ax}=F_{Bx}=12\ \text{kN}$$

(2)计算刚架各杆控制截面的内力值,如表 9-2 所示。

(3)作刚架的内力图如图 9-13(c)、(d)、(e)所示。

(4)取图 9-13(f)所示的部分作平衡条件的校核,校核结果见表 9-2。

表 9-2　刚架内力计算表

杆件	内力		
	轴力 F_N(kN)	剪力 F_Q(kN)	弯矩 M(kN·m)
AD	$F_{NAD}=-F_{Ay}=-34$ $F_{NDA}=-F_{Ay}=-34$	$F_{QAD}=-F_{Ax}=-12$ $F_{QDA}=-F_{Ax}=-12$	$M_{AD}=0$(无力偶作用的铰支端) $M_{DA}=F_{Ax}\times 6=72$(左拉)
DC	$F_{NDC}=-F_{Ax}=-12$ $F_{NCD}=-F_{Ax}=-12$	$F_{QDC}=F_{Ay}=34$ $F_{QCD}=F_{Ay}-8\times 4=2$	$M_{DC}=M_{DA}=-72$(上拉) $M_{CD}=0$(无力偶作用的铰支端)
CE	$F_{NCE}=-F_{Ax}=-12$ $F_{NEC}=-F_{Ax}=-12$	$F_{QCE}=F_{QCD}=2$ $F_{QEC}=-F_{By}=-38$	$M_{CE}=0$(无力偶作用的铰支端) $M_{EC}=-F_{Bx}\times 6=-72$(上拉)
EB	$F_{NEB}=-F_{By}=-38$ $F_{NBE}=-F_{By}=-38$	$F_{QEB}=F_{Bx}=12$ $F_{QBE}=F_{Bx}=12$	$M_{EB}=-F_{Bx}\times 6=-72$(右拉) $M_{BE}=0$(无力偶作用的铰支端)
图 9-13(f)校核	$\sum F_x=12-12=0$, $\sum F_y=2+38-40=0$, $\sum M_E=40\times 2-2\times 4-72=0$		

注:受同一外力作用的杆件,其轴力相同、剪力相等;未受外力偶作用的铰结处杆端的弯矩均为零,只联结两根杆件的刚结点处杆端,其弯矩等值、反向。

通过例 9-3 ~ 例 9-6 可知,计算刚架内力的一般步骤为:约束力计算→内力值计算→作内力图,并取结点或杆件进行平衡条件的校核。对杆件或分段较多的刚架,需要计算内力的截面也较多,为了不漏算或错算,其内力值以列表计算为宜。

9.4　静定平面桁架的内力计算

工程力学所研究的桁架是理想的铰结二力直杆件结构,其主要特点是:

(1)在结点荷载作用下,桁架中的每一根杆件的横截面上均只有轴力作用,故截面上的应力分布均匀,能够使材料的力学性能得到充分发挥。

(2)由于桁架的内力是轴力,且在保持桁架形状不变的条件下,轴力的大小只与外力有关,而与结构的跨度无关,因此桁架可做成很大跨度。例如大型工业厂房和场馆的屋架、大跨度的铁路和公路桥梁、起重塔架等。

理想桁架是经过对实际桁架进行简化并通过三个假设后得到的。在本节中,我们先了解一下理想桁架的假设和基本形式,再讨论如何计算桁架的内力。

9.4.1　理想平面桁架的假设及基本类型

9.4.1.1　理想平面桁架的假设

(1)桁架中的所有结点都是光滑的铰结点。

(2)桁架中所有杆件的轴线均在同一平面内且过铰心。

(3)桁架上的所有外力都作用在结点上,并且各力作用线都在桁架各杆轴线的同一平面内。

符合上述假设的桁架称为理想桁架,实际桁架与理想桁架有很大区别。如图 9-14(a)所示钢屋架和图 9-14(b)所示钢筋混凝土屋架,其结点都具有很大刚性,且杆轴线和外力作用线也不可能完全处于同一平面内。就荷载而言,且不说各杆都有较大的自重,外来荷载的作用点也很难保证都位于结点上。如果我们将实际桁架中的轴力称为主内力,其他内力(如弯矩)称为次内力,试验证明,这种主内力在数值上比次内力要大得多。因此,忽略次内力的影响,不会改变结构的受力与变形的基本特征,还可以使计算得到大的简化。这就是我们为什么只研究理想桁架的原因。

桁架是一种常见的结构形式。如图 9-14(a)所示三角形桁架,位于上部、下部、内部的杆件分别称为上弦杆、下弦杆、腹杆,杆件之间的联结处称为结点。

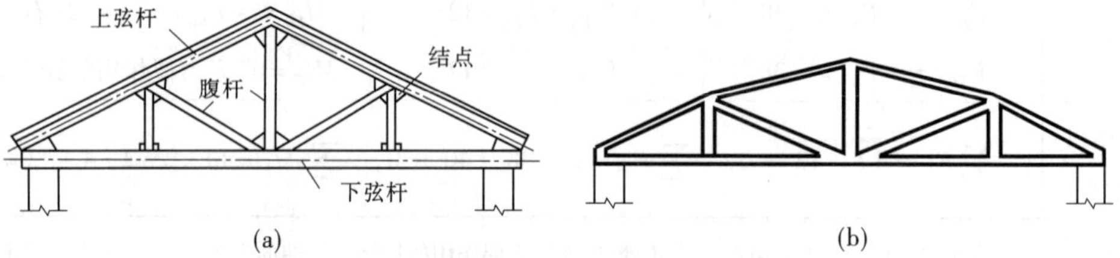

图 9-14

9.4.1.2 理想桁架的基本类型

理想桁架按其几何组成特征分为简单桁架、联合桁架和复杂桁架三种类型。简单桁架是指按二元体规则组成的几何不变体系,如图 9-15(a)所示。联合桁架是由几个简单桁架通过铰和链杆联结而成的几何不变体系。如图 9-15(b)所示联合桁架由简单桁架 *AED* 和简单桁架 *BFD* 通过铰 *D* 和链杆 *EF* 组成。凡是不符合几何组成基本规则的桁架,都称为复杂桁架。

另外,上述三种类型桁架还可以按其几何形状分为平行弦桁架(见图 9-15(a))、三角形桁架(见图 9-14(a))、抛物线桁架(见图 9-14(b))和梯形桁架(见图 9-15(b))等形式,这里不一一介绍。

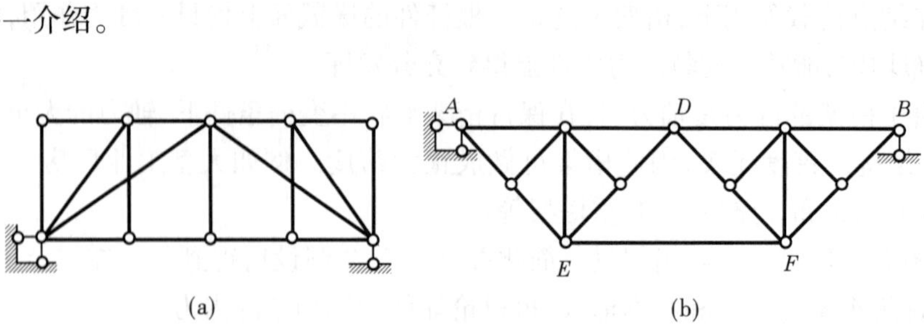

图 9-15

9.4.2 静定平面桁架的内力计算方法

桁架内力计算的基本方法有两种:一种是分别以结点为研究对象进行受力分析的方

法，称为结点法；另一种是截取桁架中的一部分作为研究对象并进行受力分析的方法，称为截面法。此外，对于较为复杂的情况，还可以联合应用结点法和截面法来计算其内力。本节只介绍用结点法和截面法计算桁架的内力。

9.4.2.1　结点法

结点法就是按一定顺序分别取结点为研究对象，以求出各杆内力的方法。对于理想的平面桁架，作用于每个结点上的力系均为平面汇交力系。由第 3 章知，按平面汇交力系的平衡条件只能建立两个投影平衡方程式，故每个被取出的结点所联结的内力未知的杆件不能超过两根。

【**例 9-7**】　计算图 9-16(a)所示桁架各杆的内力。

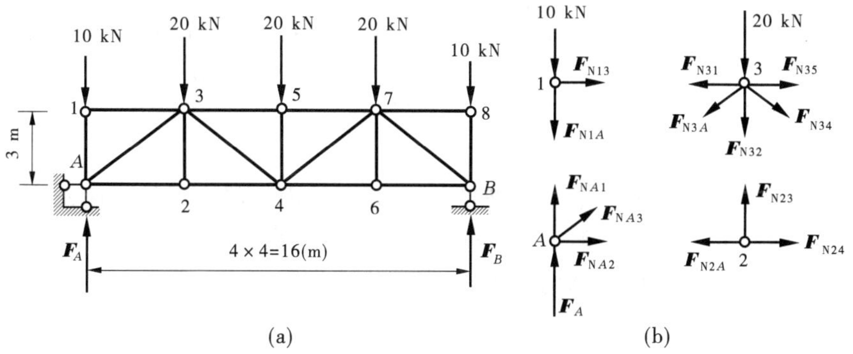

图 9-16

解：(1)计算桁架的支座约束力。显然约束力为 $F_A = F_B = 40\ \text{kN}$。

(2)用结点法分别取结点 A、1、2、3 为研究对象，作受力图，如图 9-16(b)所示，列投影平衡方程求各杆的轴力，并注意到 $F_{Nij} = F_{Nji}$，$\sin\alpha = 0.6$，$\cos\alpha = 0.8$。

结点 1：

由
$$\sum F_x = 0$$
得
$$F_{N13} = 0$$
由
$$\sum F_y = 0,\quad -F_{N1A} - 10 = 0$$
解得
$$F_{N1A} = -10\ \text{kN}$$

结点 A：

由
$$\sum F_y = 0,\quad 40 + F_{NA1} + F_{NA3}\sin\alpha = 0$$
$$\sum F_x = 0,\quad F_{NA2} + F_{NA3}\cos\alpha = 0$$
解得
$$F_{NA3} = -50\ \text{kN},\quad F_{NA2} = 40\ \text{kN}$$

结点 2：

由
$$\sum F_x = 0,\quad F_{N24} - F_{N2A} = 0,\quad \sum F_y = 0$$
解得
$$F_{N24} = 40\ \text{kN},\quad F_{N23} = 0$$

结点 3：

由

$$\sum F_y = 0, \quad -20 - F_{N32} - F_{N34}\sin\alpha - F_{N3A}\sin\alpha = 0$$

$$\sum F_x = 0, \quad F_{N35} - F_{N31} + F_{N34}\cos\alpha - F_{N3A}\cos\alpha = 0$$

解得

$$F_{N34} = 16.67\ \text{kN}, \quad F_{N35} = -53.34\ \text{kN}$$

再由结点 5 的平衡条件可得

$$F_{N45} = -20\ \text{kN}$$

其他杆件的轴力计算过程略。所有杆件的轴力值列入表 9-3 之中。

表 9-3　桁架杆件内力值一览表　　　　（单位:kN）

杆件号	A1、B8	A2、B6	A3、B7	13、78	23、67	24、46	34、47	45	35、57
轴力	-10	40	-50	0	0	40	16.67	-20	-53.34

9.4.2.2　截面法

截面法是截取桁架中的一部分为研究对象,并按平面一般力系的平衡条件计算所截各杆轴力的方法。由于平面一般力系只有三个独立的平衡方程,故被截面所截断的未知力杆件不能多于 3 根。实用计算见例 9-8。

9.4.2.3　桁架内力的简化计算

桁架内力简化计算的措施有两个:一是利用结构的对称性,二是在计算轴力之前先将那些轴力为零的杆件(称为“零杆”)找出来。利用对称性可以省去处于对称位置杆件的内力计算过程。利用对称性和判断零杆是桁架轴力计算的两种有效措施,下面分别加以介绍。

1)结构对称性的利用

由于实际工程中绝大多数桁架都是对称型的,而且所受外力一般也具有对称性。对于这种受对称外力作用的对称桁架,其处于对称位置杆件的轴力是相等的。例如图 9-16(a)所示桁架,从计算结果可以看出这一特性。可以证实,图 9-18(a)所示桁架也具有这一特性。因此,当我们计算此种桁架内力时,可以只计算桁架中位于对称轴上及对称轴左侧部分(或右侧部分)杆件的轴力,对称轴另一侧杆件的轴力则由对称关系直接得到。

2)轴力零杆的判断

从图 9-16(a)所示桁架内力计算的过程和计算结果可见,桁架中有些杆件的轴力值等于零,我们将**轴力为零的杆件称为零杆**。这些零杆是可以通过观察而确定的。人们经过长时间的观察和实际计算证实,零杆有图 9-17 所示的三种情形:

(1)当联结两根杆件的结点上无外力作用时,则此两杆均为零杆,如图 9-17(a)所示。

(2)若联结两根杆件的结点上有一力作用,且此力作用线与其中一根杆件的轴线重合,则另一根杆件为零杆,如图 9-17(b)所示。

(3)若联结三根杆件的结点上无外力作用,且其中有两根杆件的轴线重合,则第三根杆件的轴力为零,如图 9-17(c)所示。

桁架内力计算的一般过程为:计算支座约束力→判断并确定零杆→按计算要求计算

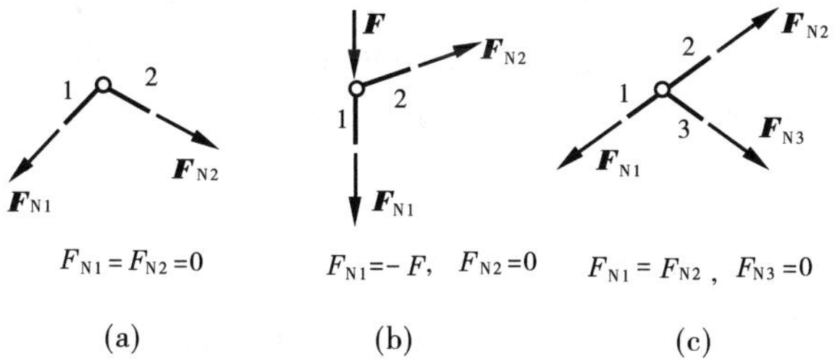

图 9-17

轴力。在计算桁架内力的受力图中,未知的轴力一律设为拉力。当结构及外力对称时,其对称杆件的轴力根据对称性直接写出。

对于杆件数较多的桁架,为了清楚地表示出各杆内力计算过程及计算结果,建议采用列表方式计算。

【例 9-8】　计算图 9-18(a)所示桁架中各杆的轴力。

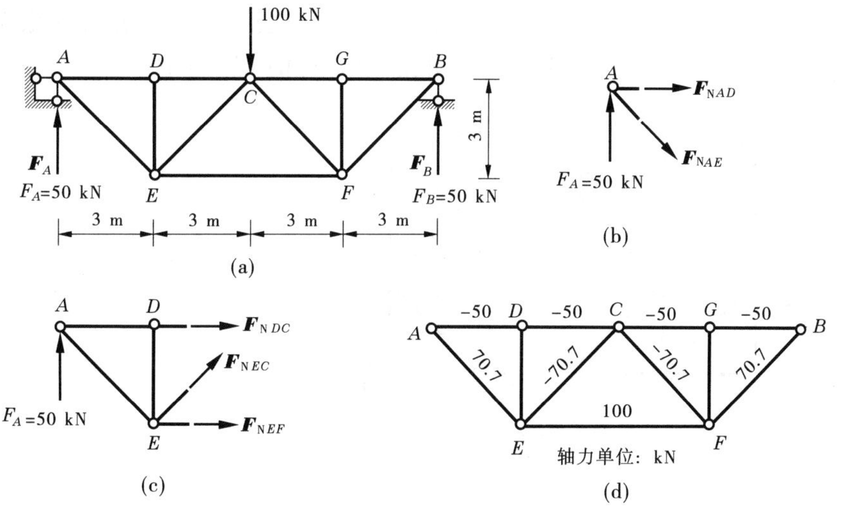

图 9-18

解:(1)这是一个简单桁架,由平衡条件求出桁架的支座约束力,如图 9-18(a)所示。

(2)判断零杆。显然,在图 9-18(a)所示结构的受力状态下,杆 DE 和杆 GF 是零杆。

(3)计算非零杆的轴力。

先取结点 A 为研究对象作受力图,如图 9-18(b)所示,用结点法计算杆 AD 和杆 AE 的轴力,其中斜杆 AE 的倾角 $\alpha = 45°$。

由

$$\sum F_y = 0,\quad 50 - F_{NAE}\sin\alpha = 0$$

$$\sum F_x = 0,\quad F_{NAD} + F_{NAE}\cos\alpha = 0$$

解得

$$F_{NAE} = 70.7\ \text{kN},\quad F_{NAD} = -50\ \text{kN}(压力)$$

再用截面法计算杆 DC、杆 EC、杆 EF 的轴力。用一个假想的平面切断杆 DC、EC、EF，并取其左边部分为研究对象，作受力图，如图 9-18(c)所示，由图 9-18(a)可知，$F_{NDC} = F_{NAD} = -50$ kN，故只须计算杆 EC、杆 EF 的轴力。

由

$$\sum F_y = 0,\quad F_{NEC}\sin\alpha + 50 = 0$$

$$\sum F_x = 0,\quad F_{NEF} + F_{NEC}\cos\alpha + F_{NAD} = 0$$

解得

$$F_{NEC} = -70.7\ \text{kN(压力)},\quad F_{NEF} = 100\ \text{kN}$$

由于已知 $F_{NDC} = F_{NAD} = -50$ kN，故杆 EC、杆 EF 的轴力计算也可以用结点法取结点 E 为研究对象计算得出。因为此桁架具有结构及外力的对称性，故其杆件的轴力均可由对称性得到。该桁架各杆的内力情况如图 9-18(d)所示。

【例 9-9】 计算图 9-19(a)所示桁架中 a、b、c、d 杆的轴力。

解：图 9-19(a)所示桁架是一个关于 GD 杆对称的简单桁架，因荷载对称，其支座约束力也是对称的(水平约束力等于零)，且竖向约束力均为 $2\boldsymbol{F}$。若需计算所有杆件的内力，则只需计算 GD 杆及其以左各杆的轴力即可，其中 EH、AH 杆为零杆。

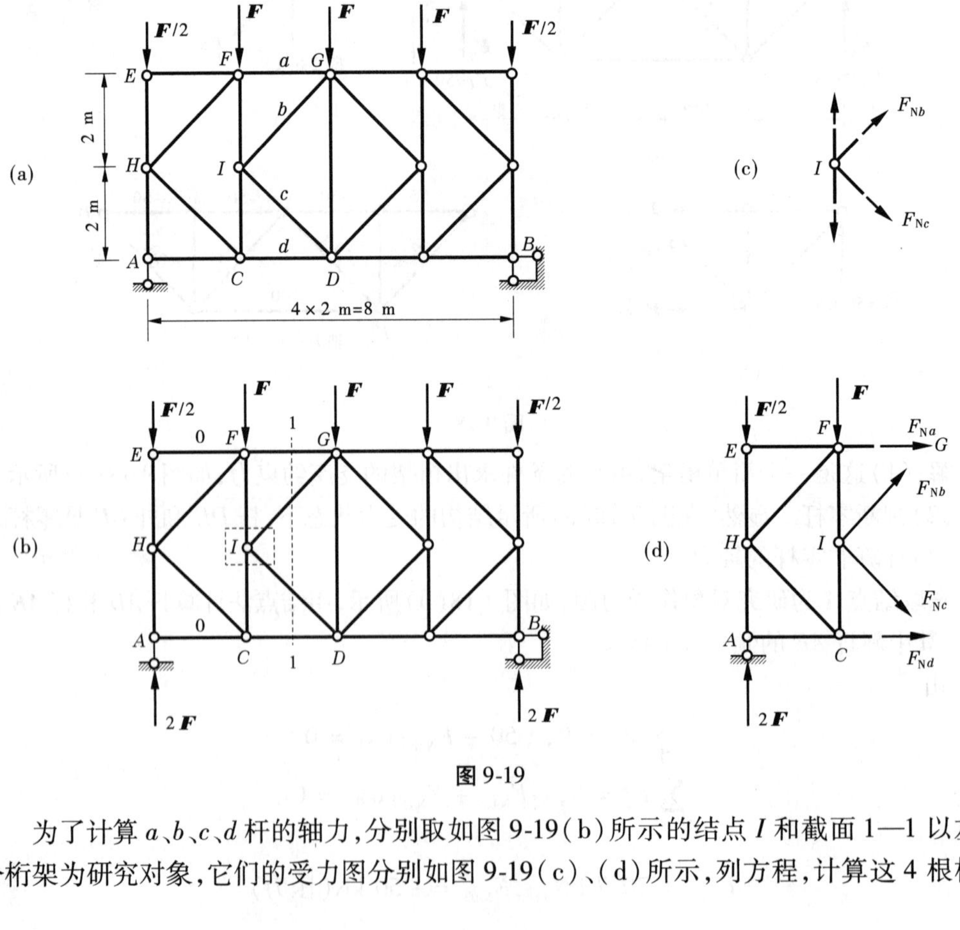

图 9-19

为了计算 a、b、c、d 杆的轴力，分别取如图 9-19(b)所示的结点 I 和截面 1—1 以左部分桁架为研究对象，它们的受力图分别如图 9-19(c)、(d)所示，列方程，计算这 4 根杆件

的轴力。由图 9-19(c)知

$$F_{Nb} = -F_{Nc} \tag{1}$$

对于图 9-19(d),由

$$\sum F_y = 0,\quad (F_{Nb} - F_{Nc})\sin45° - 0.5F - F + 2F = 0 \tag{2}$$

$$\sum M_G(\boldsymbol{F}) = 0,\quad F_{Nd} \times 4 + F_{Nc} \times 2\sqrt{2} + F \times 2 + \frac{F}{2} \times 4 - 2F \times 4 = 0 \tag{3}$$

$$\sum F_x = 0,\quad F_{Na} + F_{Nb}\cos45° + F_{Nc}\cos45° + F_{Nd} = 0 \tag{4}$$

联立解得

$$F_{Na} = -\frac{3}{4}F(压力),\quad F_{Nb} = -\frac{\sqrt{2}F}{4}(压力),\quad F_{Nc} = \frac{\sqrt{2}F}{4}(拉力),\quad F_{Nd} = \frac{3}{4}F(拉力)$$

9.5　三铰拱的内力计算

9.5.1　三铰拱的结构特征

三铰拱是在竖向荷载作用下具有水平推力的曲杆系结构。其常见形式如图 9-20 所示。其各部位名称及支座约束力作用情况如图 9-20 所示。

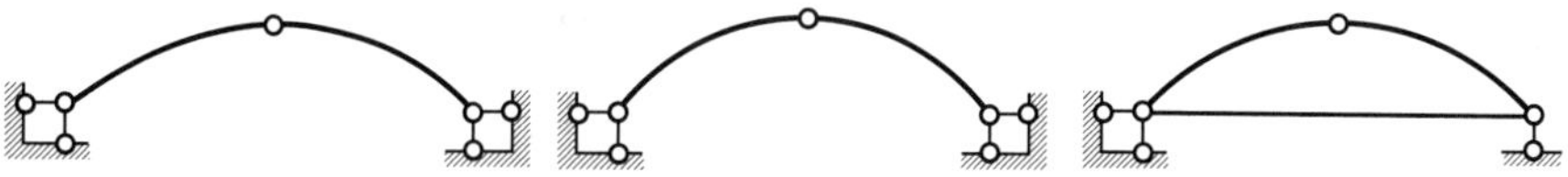

(a)抛物线三铰拱　(b)圆弧三铰拱　(c)系杆三铰拱

图 9-20

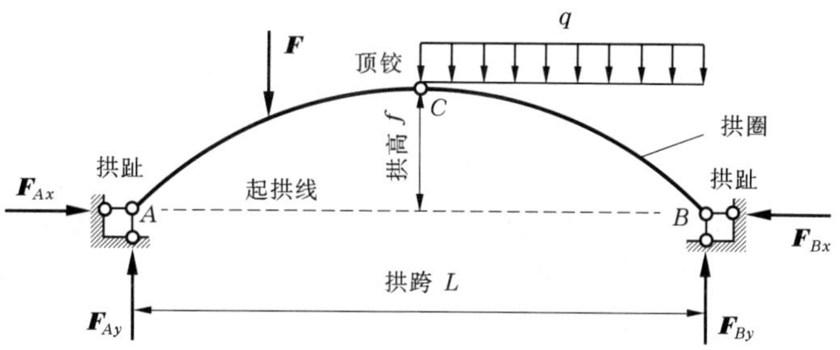

图 9-21

由于拱的主要内力是轴向压力,不仅适合于采用抗压能力较强的砖、石、混凝土等廉价材料来建造,并且可做成高空间、大跨度。因此,拱是水利水电工程、桥梁工程中较为常见的结构形式。

9.5.2　三铰拱的约束力计算方法

三铰拱在竖向荷载作用下有四个约束力,这些约束力的大小可由物体系平衡条件求得(这里不再重复),也可由以下介绍的代梁法(或称共轭梁法)算出。所谓**代梁法,**就是通过计算与拱等跨同载的简支梁的支座约束力和跨中截面弯矩来计算三铰拱约束力的方法。

如图 9-22(a)所示抛物线三铰拱,为了求得其 A、B 支座的约束力,作图 9-22(b)所示简支梁,该梁的跨度和荷载与图 9-22(a)所示拱相同。简支梁 A、B 支座的约束力 F_A^0、F_B^0 和跨中 C 截面的弯矩 M_C^0 由平衡条件得到后,则三铰拱的支座约束力为

$$\left.\begin{aligned} F_{Ay} &= F_A^0 \\ F_{By} &= F_B^0 \\ F_{Ax} &= F_{Bx} = F_H = \frac{M_C^0}{f} \end{aligned}\right\} \tag{9-1}$$

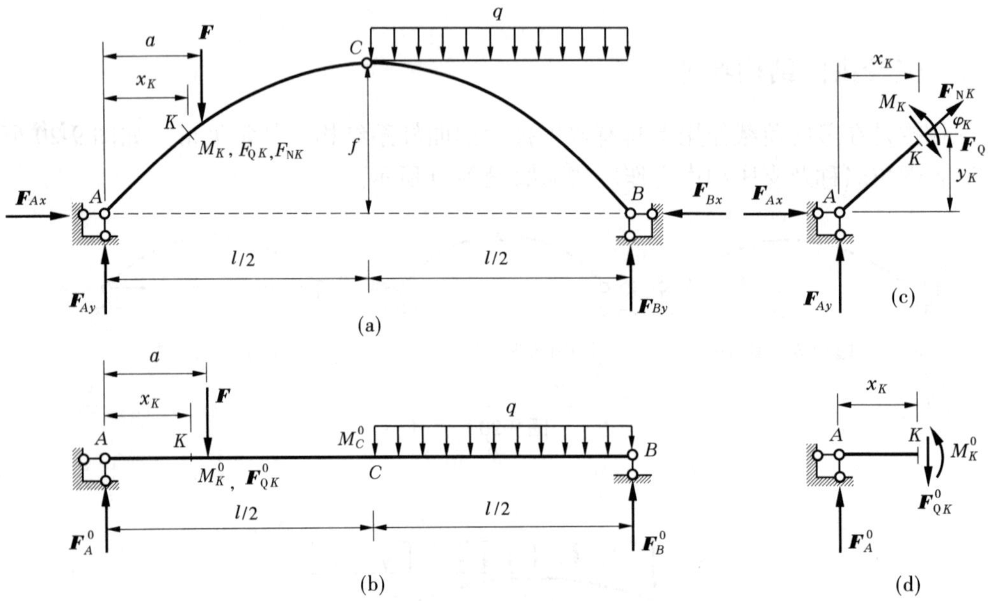

图 9-22

式(9-1)就是三铰拱的约束力计算公式。由此式可知,三铰拱的竖向约束力与代梁的约束力相同,三铰拱的水平约束力与代梁的跨中截面弯矩成正比,与拱的高度成反比。

9.5.3　三铰拱的内力计算方法

三铰拱任意截面 K 有如图 9-22(c)所示三种内力,其内力计算方法是代梁法。这三种内力的代梁法计算公式为

$$\left.\begin{aligned} M_K &= M_K^0 - F_H y_K \\ F_{QK} &= F_{QK}^0 \cos\varphi_K - F_H \sin\varphi_K \\ F_{NK} &= -(F_{QK}^0 \sin\varphi_K + F_H \cos\varphi_K) \end{aligned}\right\} \tag{9-2}$$

式中，M_K^0、F_{QK}^0分别为如图 9-22(d)所示相应代梁截面 K 的剪力和弯矩，φ_K 为三铰拱 K 截面法线的倾角。

【例 9-10】　计算图 9-23(a)所示抛物线三铰拱集中荷载 $\boldsymbol{F}$ 作用点 D 左右截面上的内力。已知拱轴线方程为 $y=\dfrac{4f}{l^2}x(l-x)$。

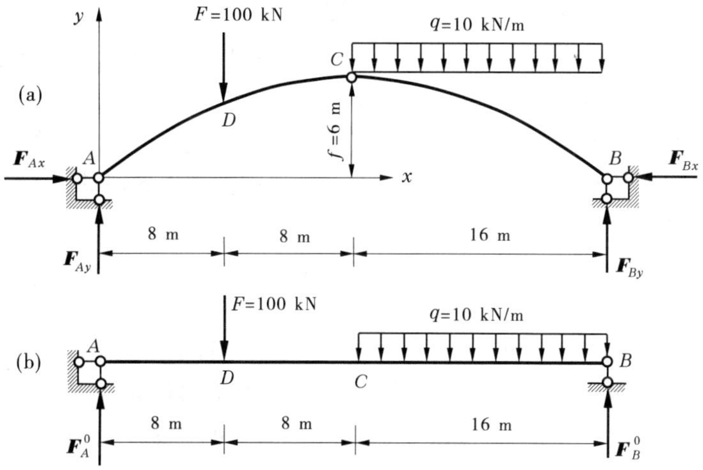

图 9-23

解：(1)作三铰拱的代梁如图 9-23(b)所示，先计算代梁的约束力和 C 截面弯矩，再计算拱的支座约束力。

计算代梁的约束力和 C 截面弯矩

由

$$\sum M_B(\boldsymbol{F})=0,\quad -F_A^0\times 32+100\times 24+10\times 16\times 8=0$$

$$\sum F_y=0,\quad F_A^0+F_B^0-100-10\times 16=0$$

解得

$$F_A^0=115\ \text{kN},\quad F_B^0=145\ \text{kN}$$

$$M_C^0=115\times 16-100\times 8=1\ 040(\text{kN}\cdot\text{m})$$

由式(9-1)计算拱的约束力

$$F_{Ay}=F_A^0=115\ \text{kN},\quad F_{By}=F_B^0=145\ \text{kN},\quad F_{Ax}=F_{Bx}=F_H=1\ 040/6=173.3\ (\text{kN})$$

(2)计算拱轴 D 点左右截面的几何量和相应代梁中 D 点左右截面的弯矩和剪力。

拱轴 D 点左右截面的几何量如下

由　$x_D=8\ \text{m}$，得 $y_D=\dfrac{4f}{l^2}x_D(l-x_D)=\dfrac{4\times 6}{32^2}\times 8(32-8)=4.5(\text{m})$

由　$\tan\varphi=\dfrac{\mathrm{d}y}{\mathrm{d}x}=\dfrac{4f}{l^2}(l-2x),\quad \tan\varphi_D=0.375$

得

$$\cos\varphi_D=0.936,\quad \sin\varphi_D=0.351$$

计算代梁 D 点左右截面上的内力

$$M_{DA}^0 = M_{DC}^0 = 115 \times 8 = 920(\text{kN} \cdot \text{m}),$$

$$F_{QDA}^0 = 115\ \text{kN}, \quad F_{QDC}^0 = 115 - 100 = 15(\text{kN})$$

(3)由式(9-2)分别计算拱中 D 点左右截面的内力

$$M_{DA} = M_{DC} = M_{DA}^0 - F_H y_D = 920 - 173.33 \times 4.5 = 140(\text{kN} \cdot \text{m})$$

$$F_{QDA} = F_{QDA}^0 \cos\varphi_D - F_H \sin\varphi_D = 115 \times 0.936 - 173.33 \times 0.351 = 46.8(\text{kN})$$

$$F_{QDC} = F_{QDC}^0 \cos\varphi_D - F_H \sin\varphi_D = 15 \times 0.936 - 173.33 \times 0.351 = -46.8(\text{kN})$$

$$F_{NDA} = -(F_{QDA}^0 \sin\varphi_D + F_H \cos\varphi_D) = -(115 \times 0.351 + 173.33 \times 0.936) = -202.6(\text{kN})$$

$$F_{NDC} = -(F_{QDC}^0 \sin\varphi_D + F_H \cos\varphi_D) = -(15 \times 0.351 + 173.33 \times 0.936) = -167.5(\text{kN})$$

如果需要计算拱上多个截面的内力,建议采用列表方式。若要作拱的内力图,则必须先按拱轴线长度或拱的跨度把拱等分成 8 ~ 16 段,列表计算出各段截面上的内力值后,再在相应代梁上绘制出拱的内力图。

9.5.4 合理拱轴的概念

三铰拱截面上同时存在三种内力,其中弯矩和轴力所产生的应力在截面上呈非均匀分布。由于拱一般是用抗压性能较强的材料建造的,不希望使截面上出现拉应力。为了使拱中各截面不出现拉应力,就须设法使拱内各截面上的弯矩等于零(此时剪力亦等于零),即使得拱内各截面上只有轴向压力的作用,而这一目标要由调整拱的轴线形状(或拱轴线方程)来实现。

所谓**合理拱轴,就是在竖向荷载作用下拱内各横截面上弯矩和剪力全为零时所对应的拱轴。**

令 $M_K = M_K^0 - F_H y_K = 0$,可得拱任意截面形心的 y 坐标为

$$y_K = \frac{M_K^0}{F_H} \tag{9-3}$$

由式(9-3)可以导出三铰拱的合理轴线方程。可以证明,在沿跨长均匀分布荷载的作用下三铰拱的合理轴线为二次抛物线,其方程为 $y = \frac{4f}{l^2}x(l - x)$,在径向均匀分布荷载作用下三铰拱的合理轴线为圆弧线。

必须指出,三铰拱的合理轴线只有在固定荷载已知的条件下才能确定。对于受移动荷载作用的三铰拱,并不能使其轴线绝对合理,而只能做到相对合理。

9.6 静定结构的位移计算

9.6.1 静定结构位移计算的基本理论与计算公式

在第 6 章第 6.3 节,已经讨论过静定单跨梁的位移计算问题,本节来讨论静定多跨梁、刚架、桁架等静定结构的位移计算问题。静定结构的广义位移用 Δ 表示,其中结构的结点或杆件截面形心的线位移仍用 Δ 表示,结构中的结点或杆件截面的角位移用 φ 表示。静定结构位移计算的基本理论是第 6 章中所介绍的虚功原理,计算方法是单位荷载

法。对于荷载作用下的梁和刚架，其位移计算的积分公式为

$$\Delta_{KF} = \sum \int_s \frac{M\overline{M}}{EI}\mathrm{d}x \tag{9-4}$$

当梁和刚架是均质等截面直杆结构时，其位移计算图乘公式为

$$\Delta_{KF} = \sum \frac{\omega y_C}{EI} \tag{9-5}$$

对于理想桁架，其结点位移计算公式可由式(6-17)得到，即

$$\Delta_{KF} = \sum \frac{F_N \overline{F_N}}{EA}l \tag{9-6}$$

采用上述公式计算静定结构的位移时，是以荷载作用状态为位移计算的实际状态，以结构受虚设单位力作用状态为位移计算的虚力状态。其中：

(1)用积分公式计算梁和刚架的位移时，须先分段列出两种状态的弯矩方程，再代入式(9-4)积分计算出位移。

(2)采用图乘公式计算符合图乘条件的梁和刚架的位移时，先分别作出两种状态的相应弯矩图，再由图乘公式(9-5)计算位移。

(3)对于桁架，可采用列表方式计算出两种状态中相应杆件的轴力，以及与相应杆长的乘积，再由式(9-6)计算其位移。下面讲几个计算静定结构位移的实例，以供读者学习时参考。

9.6.2　荷载作用下静定结构位移计算实例

【例 9-11】　计算图 9-24(a)所示静定多跨梁 E 截面的竖向线位移。各跨梁抗弯刚度 EI 为常数，其中 $E=80$ GPa，$I=2.28\times10^{-3}$ m^4。

解：分别画出静定多跨梁的结构层次图和各单跨梁的受力图(本例略)。

(1)作出梁的荷载弯矩图，即实际状态弯矩图，如图 9-24(b)所示。

(2)设立求位移的虚力状态并作其弯矩图，如图 9-24(c)所示。

(3)用图乘公式(9-5)计算位移

$$\begin{aligned}
\Delta_{EV} &= \sum \frac{\omega y_C}{EI} = \frac{1}{EI}(\omega_1 y_1 + \omega_2 y_2 + \omega_3 y_3 + \omega_4 y_4 + \omega_5 y_5) \\
&= \frac{1\times10^3}{EI}\Big(\frac{2}{3}\times4.8\times\frac{4\times4.8^2}{8}\times\frac{0.8}{2} + \frac{1}{2}\times4.8\times12\times\frac{2}{3}\times0.8 + \\
&\quad \frac{1}{2}\times1.6\times12\times\frac{2}{3}\times0.8 + \frac{1}{2}\times3.2\times24\times\frac{2}{3}\times1.6 + \\
&\quad \frac{1}{2}\times1.6\times24\times\frac{2}{3}\times1.6\Big) \\
&= \frac{96\ 670}{EI} = \frac{96\ 670}{80\times10^9\times2.28\times10^{-3}} = 0.53(\mathrm{mm})
\end{aligned}$$

计算结果表明，梁中 E 截面向下移动了 0.53 mm。

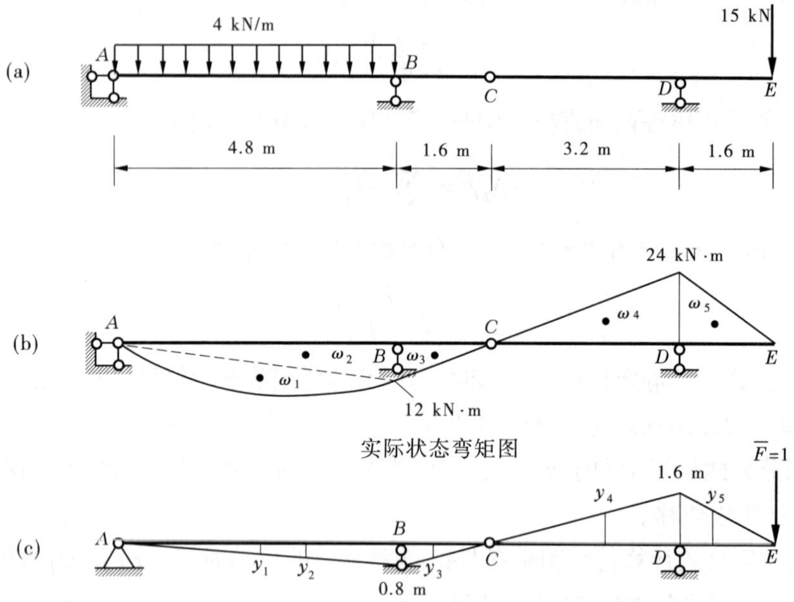

实际状态弯矩图

虚力状态及其弯矩图

图 9-24

【例 9-12】 用图乘法计算图 9-25(a)所示刚架 C 截面的角位移和 D 截面的水平线位移。

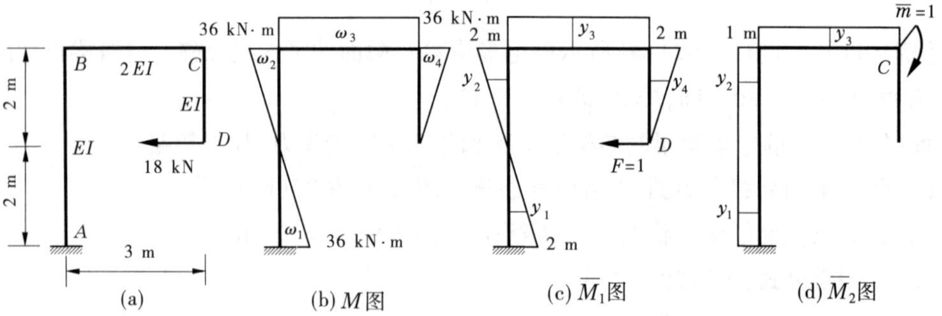

图 9-25

解:(1)以图 9-25(a)所示状态为实际状态,作其弯矩图如图 9-25(b)所示。

(2)计算刚架中 D 截面的水平线位移。设立求 D 截面水平线位移的虚力状态并作弯矩图如图 9-25(c)所示。D 截面水平线位移为

$$\Delta_{DH} = \sum \frac{\omega y_C}{EI} = \frac{1}{EI}(\omega_1 y_1 + \omega_2 y_2 + \omega_4 y_4) + \frac{\omega_3 y_3}{2EI} = \frac{3}{EI}\omega_1 y_1 + \frac{\omega_3 y_3}{2EI}$$

$$= \left[\frac{3}{EI}\left(\frac{1}{2} \times 2 \times 36 \times \frac{2}{3} \times 2\right) + \frac{1}{2EI}(36 \times 3 \times 2)\right] \times 10^3 = \frac{252 \times 10^3}{EI}$$

(3)计算刚架中 C 截面的角位移。设立求 C 截面角位移的虚力状态并作弯矩图如图 9-25(d)所示,由图 9-25(b)与图 9-25(d)相乘计算 C 截面的角位移。即

$$\varphi_C = \frac{1}{EI}(\omega_1 y_1 + \omega_2 y_2) + \frac{\omega_3 y_3}{2EI} = 0 + \frac{36 \times 3 \times 10^3 \times 1}{2EI} = \frac{54 \times 10^3}{EI}$$

【例 9-13】 计算图 9-26(a)所示三铰刚架中结点 C 左、右端截面的相对角位移。各杆 EI = 常数。

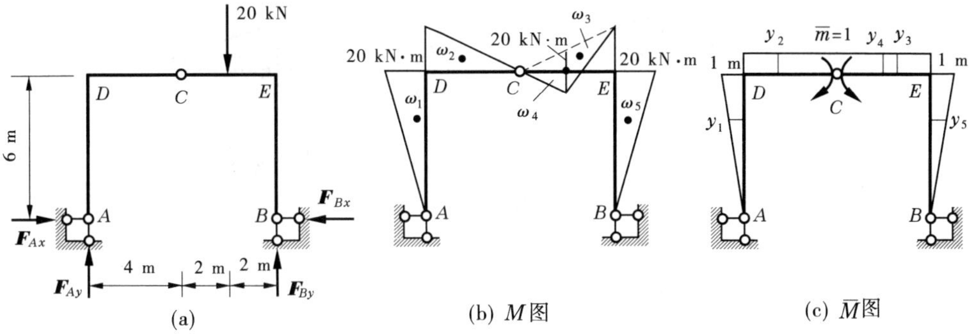

图 9-26

解:(1)求图 9-26(a)所示刚架受荷载作用时的支座约束力。

由

$$\sum M_A(\boldsymbol{F}) = 0, \quad F_{By} \times 8 - 20 \times 6 = 0$$

$$\sum F_y = 0, \quad F_{By} + F_{Ay} - 20 = 0$$

解得

$$F_{By} = 15\ \text{kN}, \quad F_{Ay} = 5\ \text{kN}$$

取 AC 部分为研究对象,由 $\sum M_C(\boldsymbol{F}) = 0$ 可得

$$F_{Bx} = F_{Ax} = 10/3\ \text{kN}$$

(2)作荷载弯矩图如图 9-26(b)所示。其中各端截面上弯矩为

$$M_{AD} = M_{CD} = M_{CE} = M_{BE} = 0$$

$$M_{DA} = -F_{Ax} \times 6 = -10/3 \times 6 = -20(\text{kN} \cdot \text{m})(\text{左拉})$$

$$M_{DC} = M_{DA} = -20(\text{kN} \cdot \text{m})(\text{上拉})$$

$$M_{EB} = F_{Bx} \times 6 = 10/3 \times 6 = 20(\text{kN} \cdot \text{m})(\text{右拉})$$

$$M_{EC} = -M_{EB} = -20\ \text{kN} \cdot \text{m}(\text{上拉})$$

(3)设立求 C 结点左右截面间相对角位移的虚力状态并作其 $\overline{M}$ 图,如图 9-26(c)所示。

(4)由图 9-26(b)与图 9-26(c)相乘计算 C 结点左右两杆端截面的相对角位移

$$\varphi_C = \sum \frac{\omega y_C}{EI} = \frac{1}{EI}(\omega_1 y_1 + \omega_2 y_2 + \omega_3 y_3 + \omega_4 y_4 + \omega_5 y_5)$$

$$= \frac{1 \times 10^3}{EI}\left(\frac{2}{2} \times 6 \times 20 \times \frac{2}{3} \times 1 + \frac{2}{2} \times 4 \times 20 \times 1 - \frac{1}{2} \times 4 \times 20 \times 1\right) = \frac{120 \times 10^3}{EI}$$

【例 9-14】 计算如图 9-27(a)所示静定平面桁架中结点 A 的竖向线位移,各杆 EA = 常数。

解:(1)这是一个悬臂桁架,以图 9-27(a)为实际状态,图 9-27(b)为虚力状态,用结点法计算各杆的轴力并列入表 9-4(略去了轴力计算过程)。该桁架中各腹杆均为零杆。

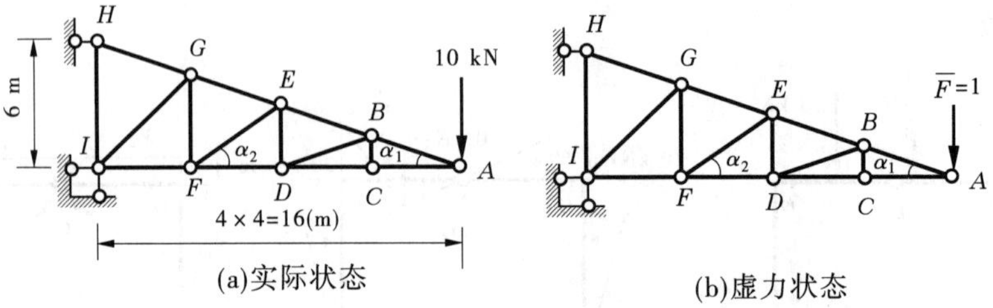

图 9-27

(2)由式(9-6)计算结点 A 的竖向线位移

$$\Delta_{AV} = \sum \frac{F_N \overline{F_N}}{EA} l = \frac{1}{EA} \sum F_N l \overline{F_N}$$

$$= \frac{1}{EA}(4 \times 346.59 + 4 \times 284.84 + 60) = \frac{2.58 \times 10^3}{EA}$$

表 9-4　桁架内力计算结果

杆件	名称	AB	AC	CB	CD	BD	BE	DE	DF
	长度(m)	4.27	4.00	1.50	4.00	4.27	4.27	3.00	4.00
F_N(kN)		28.48	-26.67	0	-26.67	0	28.48	0	-26.67
$\overline{F_N}$		2.85	-2.67	0	-2.67	0	2.85	0	-2.67
$F_N\overline{F_N}l$		346.59	284.84	0	284.84	0	346.59	0	284.84
杆件	名称	EF	EG	FG	FI	IH	IG	HG	—
	长度(m)	5.00	4.27	4.50	4.00	6.00	6.02	4.27	—
F_N(kN)		0	28.48	0	-26.67	-10	0	28.48	—
$\overline{F_N}$		0	2.85	0	-2.67	-1	0	2.85	—
$F_N\overline{F_N}l$		0	346.59	0	284.84	60.00	0	346.59	—

对于杆件数较多的桁架,用结点法计算各杆内力比较烦琐,建议用《平面直杆件结构内力与位移计算》软件(见第 10 章)计算。

9.6.3　支座移动时静定结构的位移计算

由于静定结构的支座是使该结构保持几何不变性的必要约束,当支座产生移动时,结构就会随着支座一起产生移动。这种移动不会使结构的杆件产生内力和变形，即**支座移动时，静定结构的位移是刚体位移**。因此，在虚功方程中，只有虚设单位力（沿欲求位移方向设定的单位荷载）在由支座移动引起的结构位移上所做的外力虚功，而内力的虚功等于零。

设如图 9-28（a）所示结构产生了支座位移 C，为了计算该结构中某截面 K 的位移，设置如图 9-28（b）所示的虚设状态，且虚设状态中结构在单位力作用下引起的虚约束力用 $\overline{R}$ 表示，则虚设状态的外力在实际状态的位移上所做的虚功为

$$\Delta_{KC} \times 1 + \sum \overline{R}C = 0$$

由此得

$$\Delta_{KC} = -\sum \overline{R}C \tag{9-7}$$

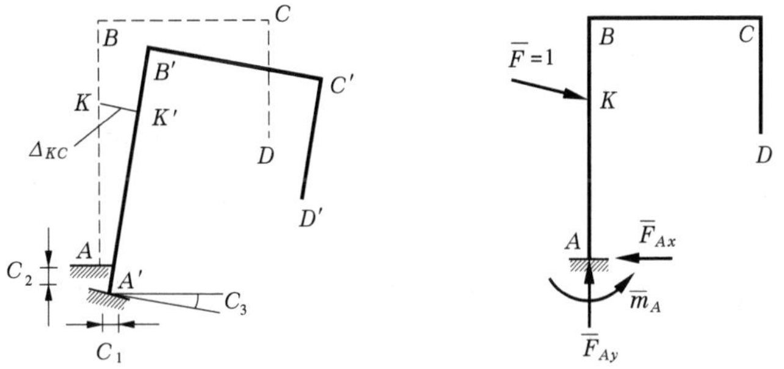

(a)实际状态　　(b)虚设状态

图 9-28

式（9-7）就是支座移动时静定结构位移的计算公式。式中，$\overline{R}C$ 的正负号取法是：当 $\overline{R}$ 与已知支座位移 C 方向相同时取正号，反之取负号。

【例 9-15】 图 9-29（a）所示刚架由于基础的原因 B 支座铅垂向下移动了 2 cm，试计算此时刚架中 D 截面的水平线位移。

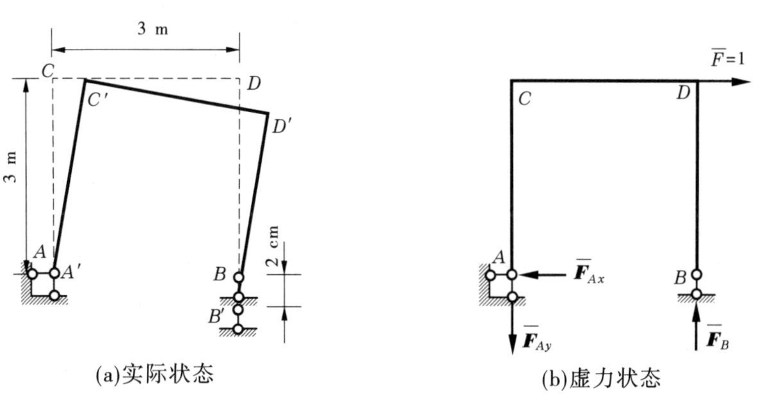

(a)实际状态　　(b)虚力状态

图 9-29

解：（1）为计算实际状态中结点 D 的水平线位移，设图 9-29（b）所示的虚力作用状态，

并由平衡条件求得其各支座的虚约束力均为 1。

(2)由式(9-7)计算结点 D 的水平线位移

$$\Delta_{DC} = -\sum \bar{R}C = -(-1\times2) = 2(\mathrm{cm})$$

即结点 D 向右移动了 2 cm。

学习指导

1. 静定结构的特征

几何特征　静定结构是没有多余约束的几何不变体系。

受力特征　静定结构的约束力和内力均可由静力平衡条件计算得到。静定结构只有承受荷载作用时才会产生约束力和内力,且其约束力和内力与结构中杆件的截面形状及尺寸、材料性质无关。

多跨梁——以弯曲变形为主的同轴线直杆系结构,其内力是剪力和弯矩。

刚架——具有刚性结点的直杆系框架结构,有弯矩、剪力和轴力三种内力。

桁架——只受结点荷载作用的铰结链杆系结构,各杆中只有轴力。

拱——在竖向荷载作用下具有水平推力的曲杆结构,其横截面上具有弯矩、剪力和轴力三种内力。

以上任何两种结构的混合,都称为组合结构。

2. 静定多跨梁的内力与内力图

在计算内力之前,先要画出反映该梁几何组成先后顺序的几何图—— 结构层次图。结构层次图要按照“基本部分在下,附属部分在上”的原则画出。该层次图中的每一层都是单跨静定梁,除底层外,各层的约束均为铰支座(一个固定铰支座和一个可动铰支座)。结构层次图上不必画任何外力。

受力图是计算内力和绘制内力图的唯一依据,正确地画出各单跨梁的受力图,是取得正确计算结果的关键。各单跨梁受力图的层次关系与结构层次图相同,画受力图时应按“先附属部分,后基本部分”的顺序,自上而下地画出各单跨梁的受力图,并注意内约束处力的作用与反作用关系。

有了正确的受力图,便可按自上而下的顺序依次由静力平衡条件分别计算出每个单跨梁的支座约束力。约束力求出后,取相同的比例并按截面对应关系,根据第 4 章中梁内力图的绘制方法在同一基线上分别作出各个单跨梁的内力图(剪力图和弯矩图)。这种用同一比例在同一基线上按多跨静定梁截面对应关系作出的内力图,就是所要绘制的静定多跨梁的内力图。

3. 静定平面刚架的内力和内力图

静定平面刚架是具有三种内力的结构,虽然其内力分析方法与梁没有什么区别,但由于它是由横杆和竖杆或斜杆所组成的,增加了内力计算和绘制内力图的难度。当然,如果读者真正理解和掌握了其内力计算和内力图绘制的方法，难的问题也就不存在了。

刚架内力计算的基本方法是截面法，常用方法是简捷法。刚架内力图的绘制仍采用简捷法，对于少数杆段还采用了区段叠加法作弯矩图。

刚架中 IJ 杆件 I 截面内力的计算公式、意义及符号规定如表 9-5 所示。

表 9-5　静定平面刚架内力计算公式（简捷法）

内力计算公式	公式意义	外力或外力矩正负号取法 IJ 杆是横杆或斜杆（竖杆横看时仍视为横杆）
$M_{IJ}=\sum M_I(\boldsymbol{F})$	刚架中 IJ 杆件 I 截面上的弯矩 M_{IJ} 等于 I 截面任意一侧刚架上的外力对 I 截面形心点力矩的代数和	I 左侧顺时针转向或 I 右侧逆时针转向的 $M_I(\boldsymbol{F})$ 取正号
$F_{QIJ}=\sum F_t$	刚架中 IJ 杆件 I 截面上的剪力 F_{QIJ} 等于 I 截面任意一侧刚架上的外力向 I 截面切线投影的代数和	I 左侧向上或 I 右侧向下的 F_t 取正号
$F_{NIJ}=\sum F_n$	刚架中 IJ 杆件 I 截面上的轴力 F_{NIJ} 等于 I 截面任意一侧刚架上的外力向 I 截面法线投影的代数和	I 左侧向左或 I 右侧向右的 F_n 取正号

刚架的轴力图和剪力图可画于杆件的任意一侧（但同一杆件的同符号剪力和轴力应画在同一侧），并注明正负号；弯矩图一律画在杆件受拉的一侧（纤维产生伸长变形的一侧）。

4. 静定平面桁架的内力计算

桁架是只受结点荷载作用的铰结链杆系结构，其中每根杆件均只有轴力。用结点法计算桁架内力时，作用于每个结点上的力系都是平面汇交力系，因此每次只能截断两根内力未知的杆件。用截面法计算内力时，受力图上所作用的是平面一般力系，因而每个截面所截断的内力未知的杆件数不得超过三根。

在一般桁架中，不可能在每个结点上都作用有荷载，因而不受荷载作用的结点所联结的各杆中，通常存在轴力为零的杆件，这种轴力为零的杆件，称为"零杆"，确定零杆的依据仍然是结点的力系平衡条件。对于杆件较多的桁架，若能在轴力计算之前，将那些轴力为零的杆件确定下来，会简化计算过程。

工程中的绝大多数桁架都具有对称性（一般都是关于某根竖杆对称），对称的桁架结构在对称外力的作用下，处于对称位置杆件的轴力相等。如果我们充分利用这一特性，会使计算事半功倍。

5. 三铰拱的内力分析

三铰拱是静定推力结构，其受力特点是在竖向荷载作用下会产生水平方向的支座约束力。三铰拱具有与所有拱式结构相同的特点：其主要内力是轴向压力，因而可使用如砖、石、混凝土等廉价且抗压能力较强的脆性材料来建造,并且可以使结构做成高空间、大跨度。正三铰拱支座约束力计算的代梁法公式为

$$\left.\begin{aligned} F_{Ay} &= F_A^0 \\ F_{By} &= F_B^0 \\ F_{Ax} &= F_{Bx} = F_H = \frac{M_C^0}{f} \end{aligned}\right\}$$

式中,F_A^0、F_B^0、M_C^0 分别为代梁(与所计算的三铰拱跨度相同、荷载相同的简支梁)A、B 支座的约束力和跨中 C 截面的弯矩。三铰拱支座约束力的特点是:

(1)与拱轴线形状无关,与三个铰的位置有关。

(2)竖向约束力与拱的高度无关。

(3)水平约束力与拱的高度成反比。

三铰拱任意截面内力的代梁法公式为

$$\left.\begin{aligned} M_K &= M_K^0 - F_H y_K \\ F_{QK} &= F_{QK}^0 \cos\varphi_K - F_H \sin\varphi_K \\ F_{NK} &= -(F_{QK}^0 \sin\varphi_K + F_H \cos\varphi_K) \end{aligned}\right\}$$

式中,M_K^0、F_{QK}^0分别为相应代梁截面 K 的内力;φ_K 为三铰拱 K 截面倾角,且左半拱 φ_K 取正号,右半拱 φ_K 取负号。三铰拱内力的主要特点是:

(1)截面上的弯矩比相应简支梁的弯矩要小得多。

(2)在竖向荷载作用下有较大的轴力。

(3)轴力图和剪力图在集中力作用处截面上都会发生突变,而弯矩图出现尖角。

(4)在分布荷载作用段内剪力为零的截面处弯矩有极值。

6. 静定结构的位移计算

结构位移计算的基本原理是虚功原理。该原理可以表述为:平衡力系作用下,变形体的外力虚功等于内力虚功,即

$$W_{外} = W_{内}$$

根据虚功原理导出的荷载作用下杆件位移计算的一般公式为

$$\Delta_{KF} = \int_s \frac{F_N \overline{F_N}}{EA} ds + \int_s k \frac{F_Q \overline{F_Q}}{GA} ds + \int_s \frac{M \overline{M}}{EI} ds$$

式中,$\overline{F_N}$、$\overline{F_Q}$、$\overline{M}$ 分别为杆件在虚设单位荷载($\overline{F}=1$)作用下的内力,F_N、F_Q、M 分别为荷载作用下杆件的内力。k 为考虑剪应力分布不均匀时的修正系数。当杆件由多个杆段组成,或对于由多根杆件组成的杆件结构,上式可改写为

$$\Delta_{KF} = \sum \int_s \frac{F_N \overline{F_N}}{EA} ds + \sum \int_s k \frac{F_Q \overline{F_Q}}{GA} ds + \sum \int_s \frac{M \overline{M}}{EI} ds$$

实际结构的位移计算中,通常会忽略对产生位移影响较小的内力所产生的位移,因而常将以上结构位移计算一般公式作如下简化:

梁和刚架位移计算积分公式

$$\Delta_{KF} = \sum \int_s \frac{M\overline{M}}{EI} \mathrm{d}s$$

梁和刚架位移计算图乘公式

$$\Delta_{KF} = \sum \frac{\omega y_C}{EI}$$

桁架结点位移计算公式

$$\Delta_{KF} = \sum \frac{F_N \overline{F_N}}{EA} l$$

直杆组合结构位移计算图乘公式

$$\Delta_{KF} = \sum \frac{\omega y_C}{EI} + \sum \frac{F_N \overline{F_N}}{EA} l$$

支座移动时结构位移计算公式

$$\Delta_{KC} = -\sum \overline{R} C$$

式中，$\overline{R}$是虚力状态下的支座约束力。

结构位移计算要点：

(1) 利用结构位移计算公式计算结构的位移时，无论是计算何种类型结构的何种位移，都必须建立与所求位移相适应的虚力状态，且虚力状态的结构与实际状态的结构形式、各杆刚度必须完全一致。

(2) 用积分法计算位移时，两种状态下的每个内力方程必须具有相同的坐标系和相同的自变量定义域。

(3) 用图乘法计算梁和刚架的位移时，每根杆件都必须是均质等截面直杆，两种状态的弯矩图中至少有一个是直线形，图乘公式中的 y_C 必须在直线弯矩图中取值。并且，对于组合弯矩图，必须先分解成面积及形心位置已知的简单图形后再进行图乘，图乘时，两个弯矩图在杆件同一侧时取正号，不同侧时取负号。

(4) 对于桁架的位移计算，无需积分或图乘，只需将两种状态中各杆的轴力求出后，即可用公式计算相应的位移。桁架的位移计算建议列表进行。

习　题

9-1　作图 9-30 所示静定单跨梁的内力图。

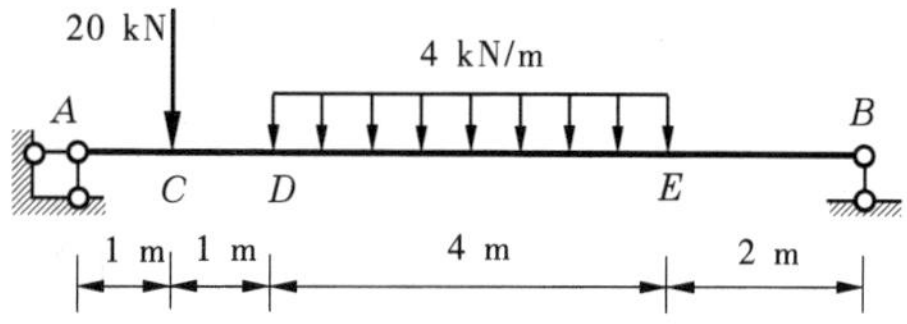

图 9-30

9-2　作图 9-31 所示静定多跨梁的内力图。

9-3　作图 9-32 所示静定多跨梁的内力图。

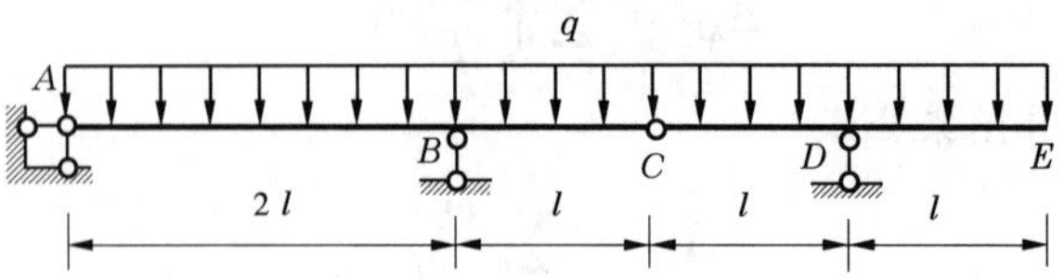

图 9-31

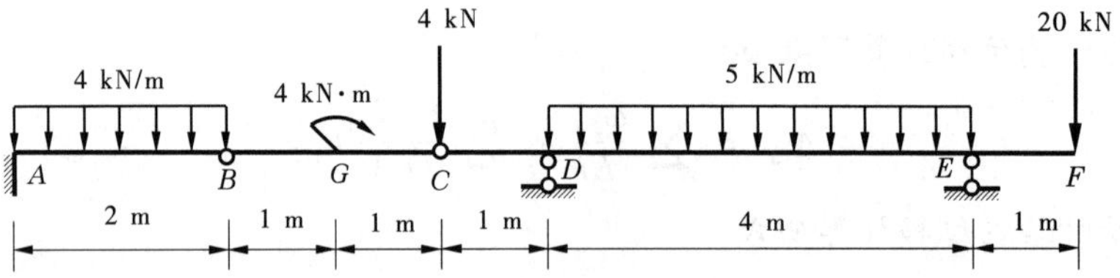

图 9-32

9-4　绘制图 9-33 所示各悬臂刚架的内力图。

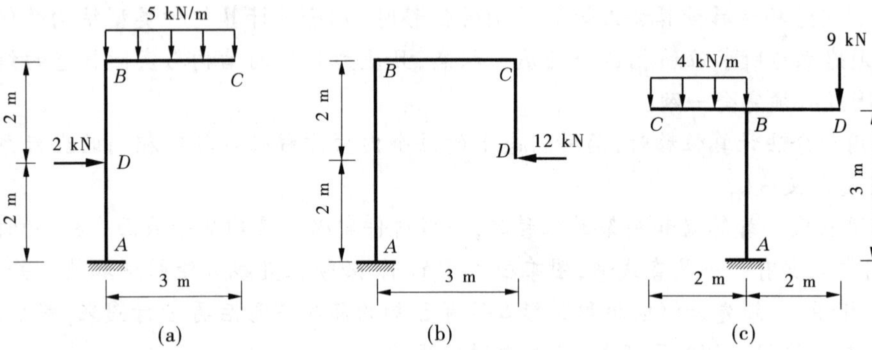

图 9-33

9-5　绘制图 9-34 所示各简支刚架的内力图。

9-6　绘制图 9-35 所示各三铰刚架的内力图。

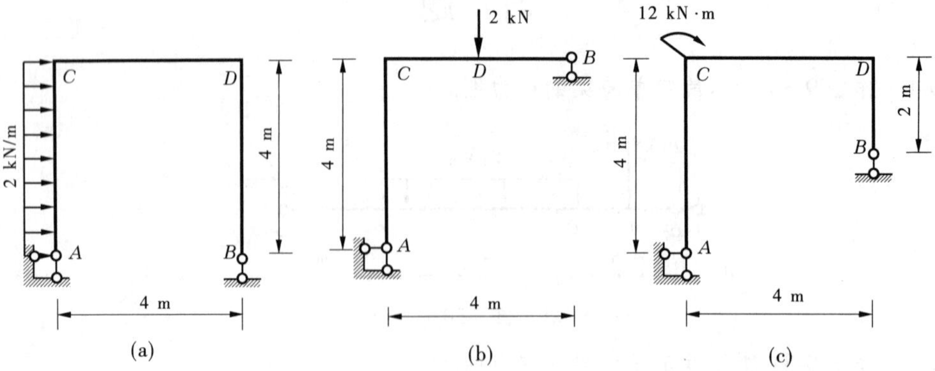

图 9-34

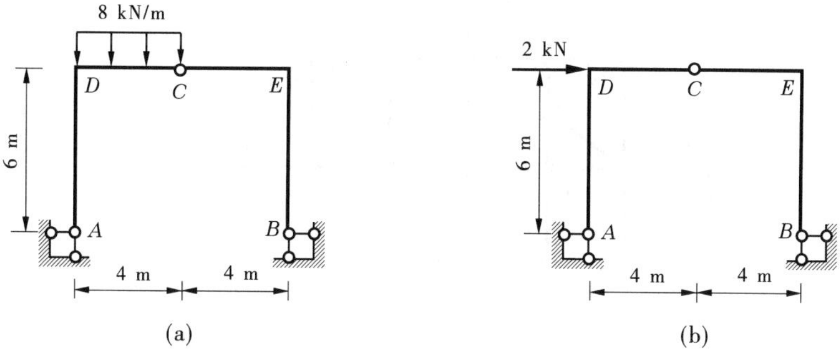

图 9-35

9-7　指出图 9-36 所示各桁架中的零杆。

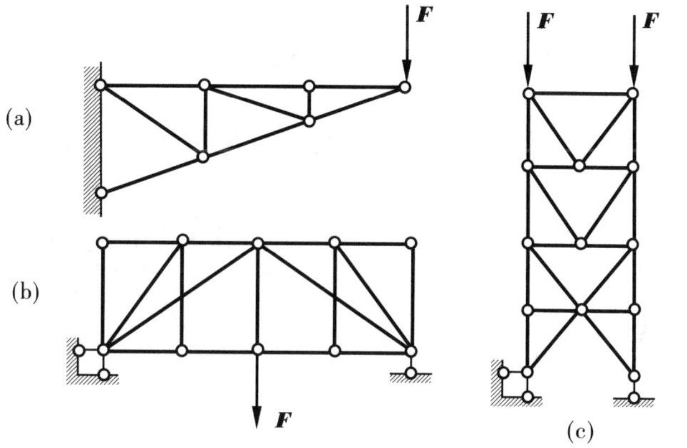

图 9-36

9-8　用结点法计算图 9-37 所示桁架中各杆的轴力。

9-9　计算图 9-38 所示各桁架中指定杆件的轴力。

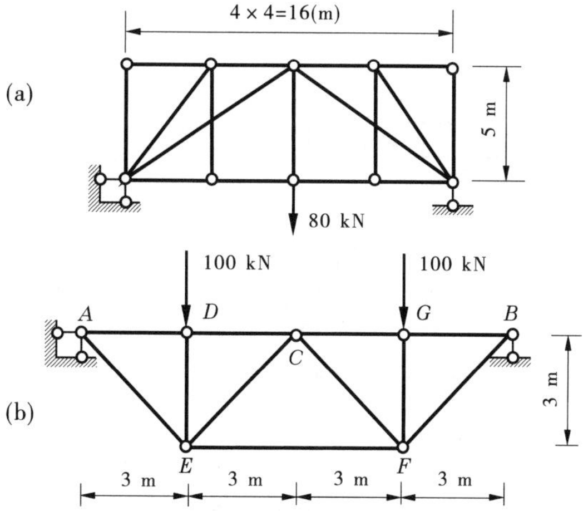

图 9-37

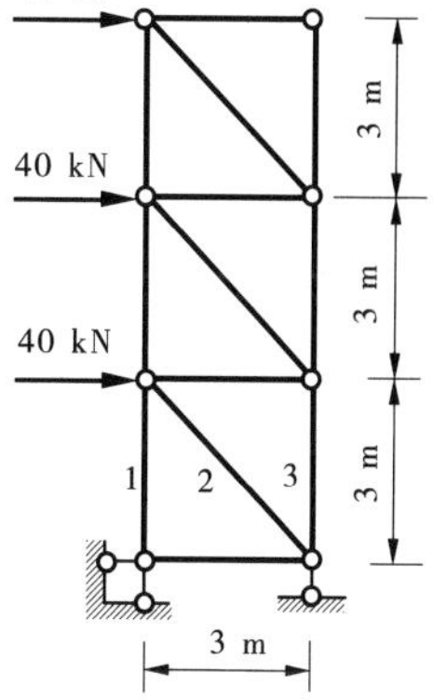

图 9-38

9-10　试求图 9-39 所示桁架中杆 DE、杆 FE、杆 FC 的轴力。

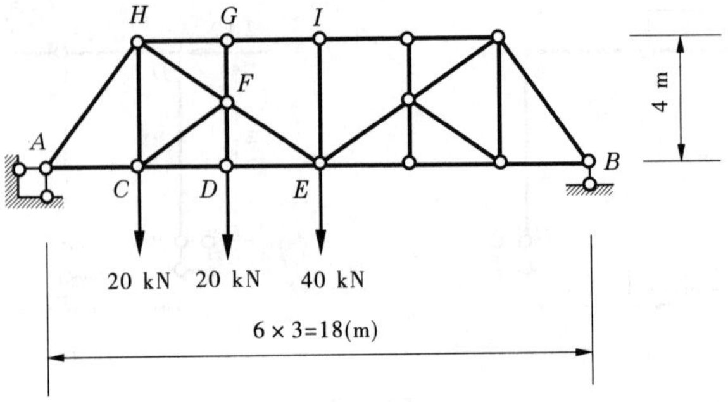

图 9-39

9-11　如图 9-40 所示抛物线三铰拱轴线的方程为 $y=\frac{4f}{l^2}x(l-x)$，$l=16$ m，$f=4$ m。

(1) 求支座约束力和截面 E 的 M、F_Q、F_N 值；

(2) D 点左右两侧截面的 F_Q、F_N 值。

9-12　求图 9-41 所示圆弧三铰拱的支座约束力和 K 截面的内力。

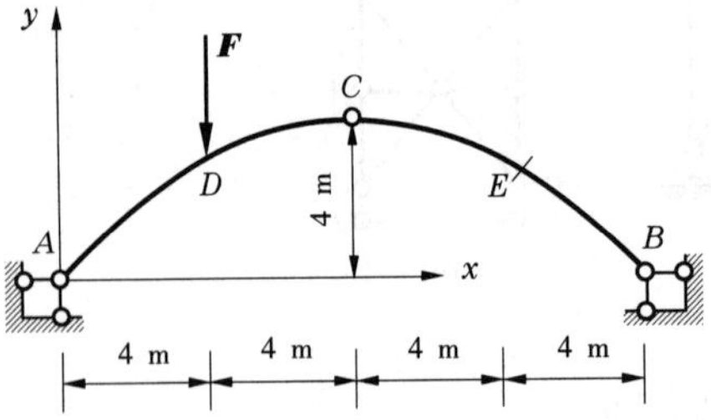

图 9-40

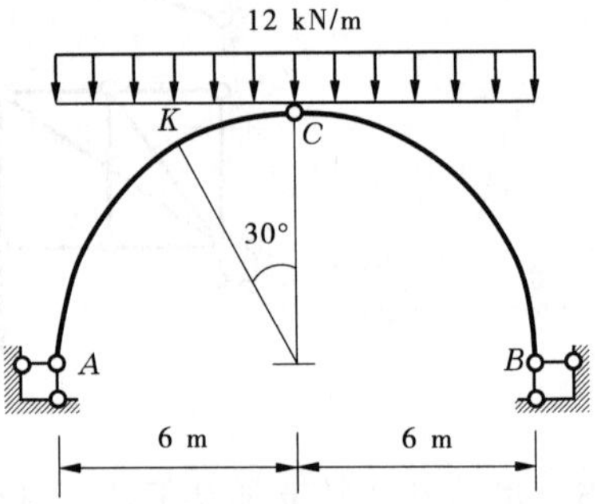

图 9-41

9-13　绘制图 9-42 所示抛物线三铰拱的内力图。已知拱轴线方程为 $y=\frac{4f}{l^2}x(l-x)$。

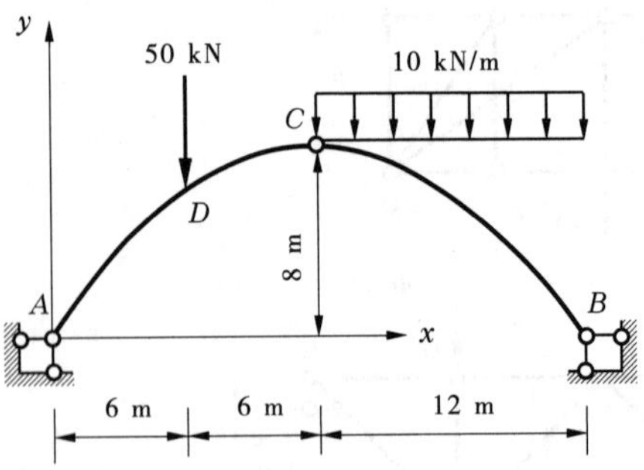

图 9-42

9-14　计算图 9-43 所示各刚架 B 截面的水平线位移和角位移。各杆刚度 EI = 常数。

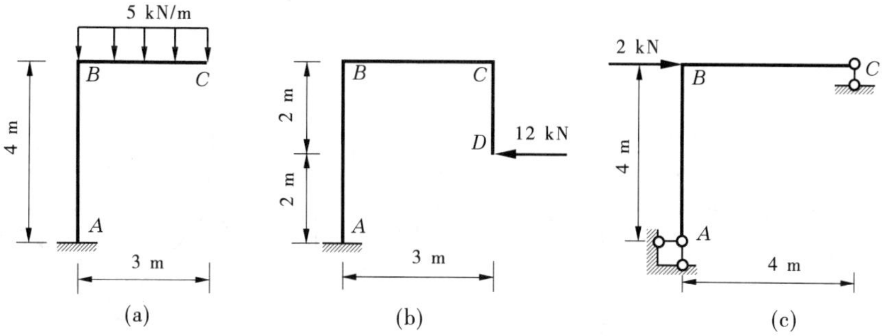

图9-43

9-15　计算图9-44所示各刚架 C 截面的水平线位移。各杆 EI = 常数。

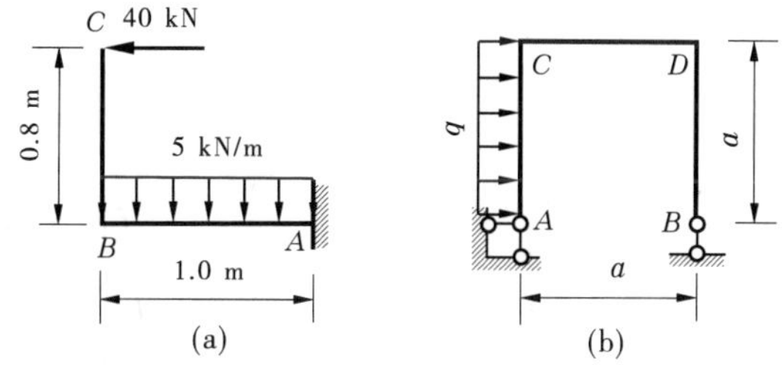

图9-44

9-16　计算图9-45所示刚架 E 截面的竖向线位移。各杆 EI = 常数。

9-17　计算图9-46所示刚架 C、D 两截面间的相对水平线位移。设水体的容重 $\gamma = 10\ \mathrm{kN/m^3}$，各杆的抗弯刚度 EI = 常数。

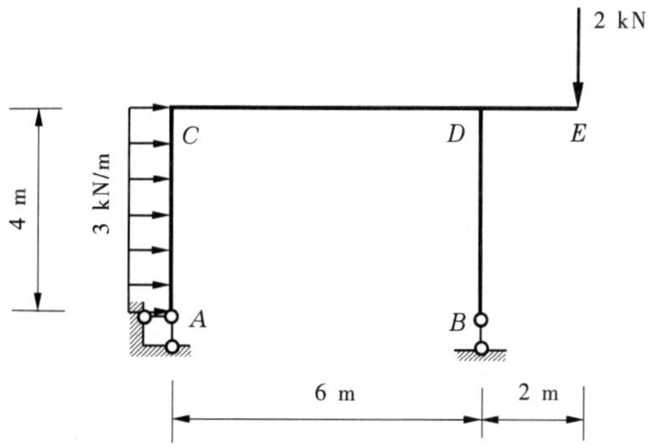

图9-45

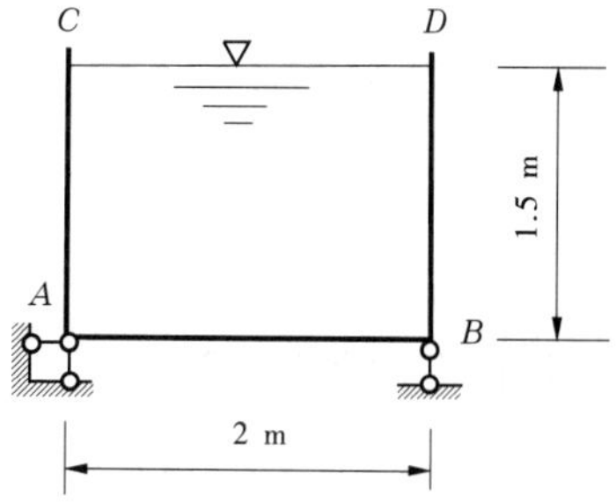

图9-46

9-18　计算图9-47所示桁架中结点 C 的竖向线位移。各杆 EA = 常数。

9-19　计算图9-48所示结构在支座移动时的 C 截面的水平线位移。

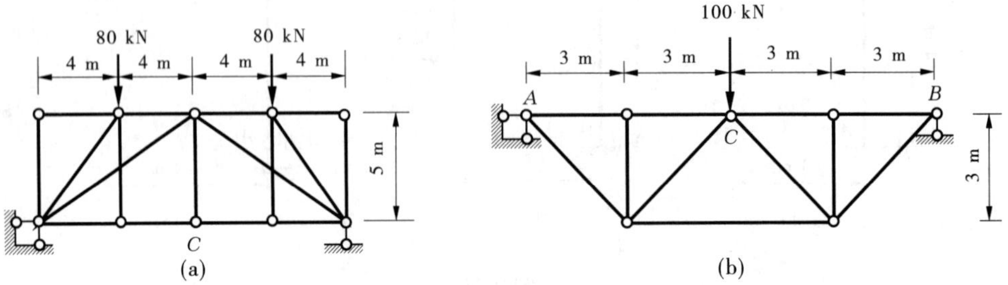

图 9-47

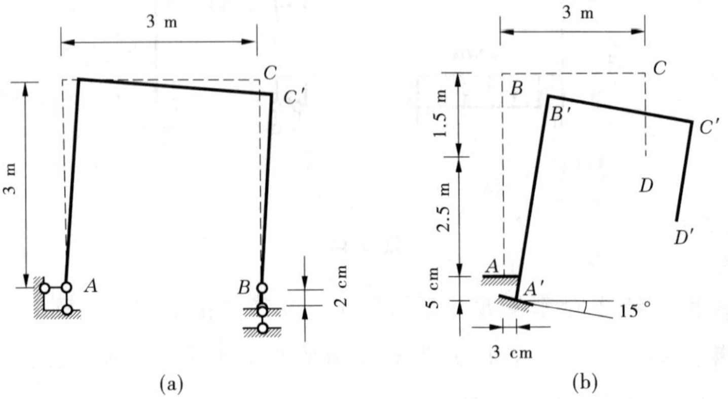

图 9-48

部分习题参考答案

9-6　内力图如图 9-49、图 9-50 所示。

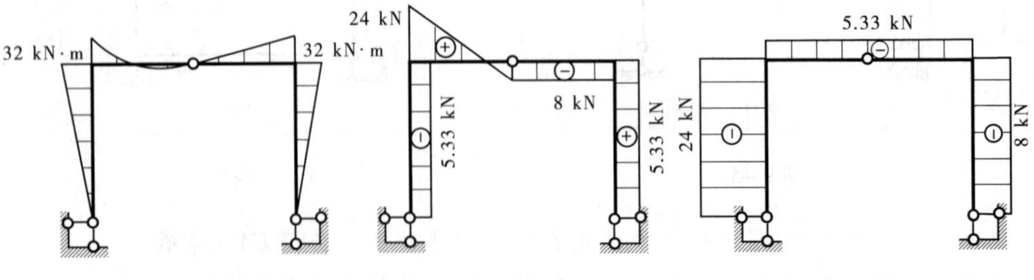

(a)M 图　　(b)F_Q图　　(c) F_N图

图 9-49

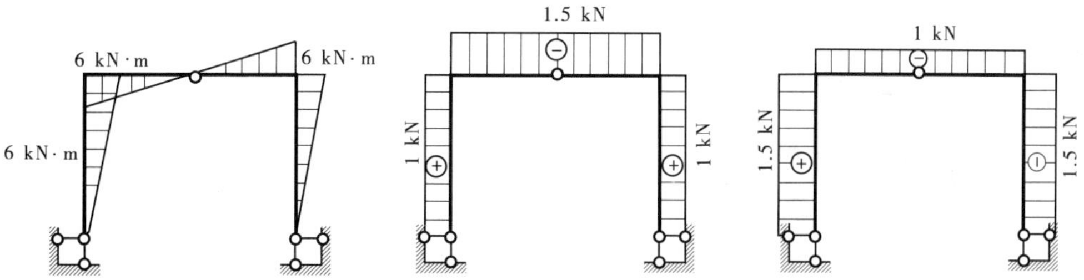

(a) M 图　　(b) F_Q 图　　(c) F_N 图

图 9-50

9-7　各桁架中的零杆如图 9-51 中虚线所示。

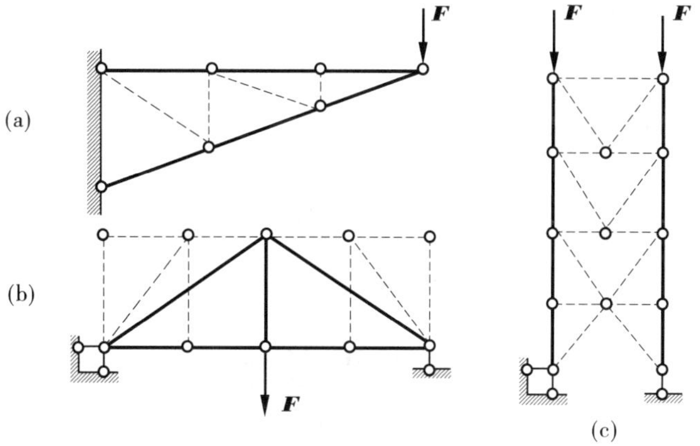

图 9-51

9-8　各桁架轴力如图 9-52 中所示。

9-9　1、2、3 杆的轴力如图 9-53 所示。

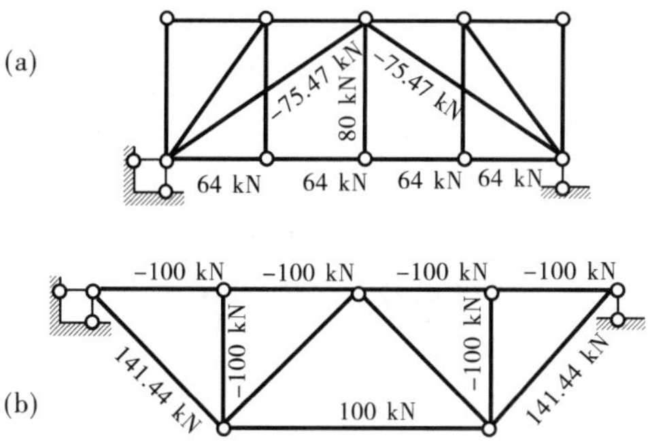

图 9-52

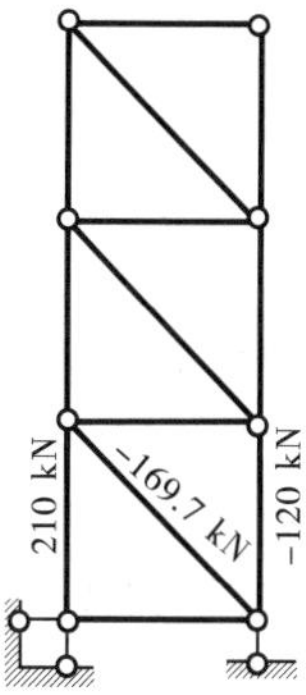

图 9-53

9-10　$F_{NDE}=52.5\ \text{kN}$，$F_{NFE}=18.03\ \text{kN}$，$F_{NFC}=-18.03\ \text{kN}$。

9-11　$\begin{cases} F_{Ay}=0.75F, F_{By}=0.25F, F_{Ax}=F_{Bx}=0.5F, M_E=-0.5F, F_{QE}=0, F_{NE}=-0.559F \\ F_{QD左}=0.447F, F_{QD右}=-0.447F, F_{ND左}=-0.782F, F_{ND右}=-0.335F。\end{cases}$

9-12　$\begin{cases} F_{Ax}=36\ \text{kN}(\rightarrow), F_{Bx}=36\ \text{kN}(\leftarrow), F_{Ay}=F_{By}=72\ \text{kN}(\uparrow) \\ M_K=-25.06\ \text{kN}\cdot\text{m}, F_{QK}=13.176\ \text{kN}, F_{NK}=-49.176\ \text{kN}。\end{cases}$

9-13 $\begin{cases} F_{Ax}=63.75\ \text{kN}(\rightarrow), F_{Bx}=63.75\ \text{kN}(\leftarrow), F_{Ay}=67.5\ \text{kN}(\uparrow), F_{By}=102.5\ \text{kN}(\uparrow) \\ M_D=22.5\ \text{kN}\cdot\text{m},\quad F_{QD}\begin{cases}左=20.78\ \text{kN}\\ 右=-20.82\ \text{kN}\end{cases} \\ F_{ND}\begin{cases}左=-90.5\ \text{kN}\\ 右=-62.75\ \text{kN}。\end{cases}\end{cases}$

9-14 (a)$\begin{cases}\Delta_{BH}=\dfrac{18\times10^4}{EI}\\ \varphi_B=\dfrac{9\times10^4}{EI}\end{cases}$; (b)$\begin{cases}\Delta_{BH}=-\dfrac{6.4\times10^4}{EI}\\ \varphi_B\approx0\end{cases}$; (c)$\begin{cases}\Delta_{BH}=\dfrac{8.533\times10^4}{EI}\\ \varphi_B=\dfrac{1.067\times10^4}{EI}\end{cases}$。

9-15 (a)$\Delta_{CH}=\dfrac{33\ 096}{EI}(\leftarrow)$; (b)$\Delta_{CH}=\dfrac{3qa^4}{8EI}(\rightarrow)$。

9-16 $\Delta_{EV}=\dfrac{80\times10^3}{3EI}(\uparrow)$。

9-17 $\Delta_{CD}=\dfrac{6\ 938}{EI}(\leftarrow\ \rightarrow)$。

9-18 (a)$\Delta_{CV}=\dfrac{819\ 200}{EA}$; (b)$\Delta_{CV}=\dfrac{1.75\times10^6}{EA}$。

9-19 (a)$\Delta_{CH}=2$ cm; (b)$\Delta_{CH}=107.7$ cm。

复习思考题

9-1 什么是静定结构？其几何特征和受力特征是什么？

9-2 静定结构有哪几种基本型式？

9-3 平面杆件结构的结点通常简化为哪几种情形？它们的构造、限制结构运动和受力的特征各是什么？

9-4 四种基本类型静定结构的主要内力分别是什么？

9-5 求静定结构约束力和内力时,作用于结构上的荷载可以随意移动位置吗？

9-6 计算静定多跨梁的约束力和内力时,一定要画出结构层次图和每个单跨梁的受力图吗？

9-7 作静定多跨梁的内力图时,对其中不同的单跨梁可以取不同的作图比例吗？

9-8 梁上荷载与梁内力间的微分关系是否可以应用于作刚架的内力图？

9-9 如何利用对称性进行静定结构内力分析？

9-10 求静定平面桁架各杆轴力时能不解联立方程吗？

9-11 在荷载作用下曲杆内力图有直线形吗？

9-12 任意荷载下拱形结构都存在合理轴线吗？

9-13 为何支座产生位移时静定刚架中没有内力？

9-14 如何计算静定结构在荷载作用下某点的总位移？

9-15 计算平面刚架的位移时,忽略剪切变形和轴向变形的误差有多大？

9-16 用图乘法求位移时,要注意哪几个方面的问题？

9-17 减小结构位移的措施有哪些？

9-18 有变形就有位移,有位移就有变形,这种说法对吗？

第 10 章　静不定结构计算方法

本章将专题研究静不定平面结构的计算方法，其主要内容是：力法基本原理及力法基本方程式的应用，对称性的利用，支座移动时静不定结构的内力特征，力矩分配法计算连续梁对于静不定结构位移计算和最后弯矩图的校核，静不定结构计算的位移法、力矩分配法、无剪力分配法等作了一般性介绍。对于高次静不定平面直杆系结构的内力和位移计算问题，工程中普遍采用结构计算软件来解决。本章 10.5 节介绍了作者制作的《结构计算》软件的使用方法，可供读者参考。

本章的重点，一是静不定结构的特性，二是静不定结构的力法计算。本章的难点是力法方程中的系数和自由项的确定。

学习本章的基本要求：

(1) 弄清并理解静定结构的基本特性，会通过解除多余约束法确定结构的静不定次数。

(2) 了解位移法、力矩分配法的概念以及杆端弯矩的计算方法。了解静不定结构位移的计算方法。

(3) 弄清力法的基本原理、基本结构和基本方程的意义，熟练掌握用力法计算简单的静不定结构，并会对计算结果进行校核。

(4) 会利用对称性对静不定结构进行简化计算（能够取出半结构）。

(5) 弄清支座移动时静不定结构的内力特征。

(6) 弄清力矩分配法的思路，会通过查表确定力矩分配法的两个基本要素。

(7) 熟练掌握用力矩分配法计算连续梁。

(8) 了解无剪力分配法计算单跨多层有侧移刚架。

10.1　概　述

10.1.1　静不定结构与静定结构的根本区别

由第 9 章可知，不管属于何种类型的静定结构，它的约束力和任意横截面上的内力，均可由静力平衡条件唯一确定。实际工程中的许多结构，特别是钢筋混泥土框架结构，它所受到的约束（无论是外部还是内部）的约束力和杆件内力的个数，总会超过可建立的静力平衡方程式的个数，从而使得这些未知力不能由静力平衡条件来唯一确定，因而将那些不能由静力平衡条件确定其全部的约束力和内力的结构，统称为静不定结构。

例如图 10-1(a) 所示的简支梁，它的约束力 $\boldsymbol{F}_A$ 和 $\boldsymbol{F}_B$ 可由平面平行力系的两个平衡方程解出，因而它是静定结构；而图 10-1(b) 所示梁上有 $\boldsymbol{F}_A$、$\boldsymbol{F}_B$、$\boldsymbol{F}_C$ 三个未知的约束力，由平面平行力系的两个平衡方程是不可能解出这三个约束力的，故其为静不定结构。又如图 10-2(a) 所示桁架和图 10-2(b) 所示刚架，它们的支座约束力均可由静力平衡条件求出，但由静力平衡条件却无法解出结构中杆件的内力，因而它们都属于内部静不定结构。

与静定结构相似，静不定结构有如图 10-3 所示的 5 种型式。

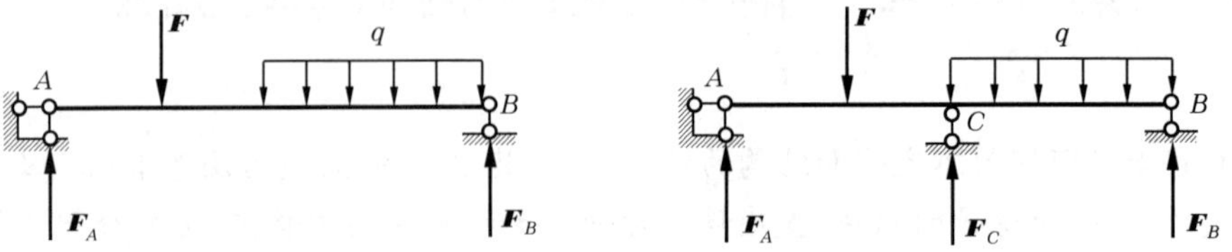

(a)　　(b)

图 10-1

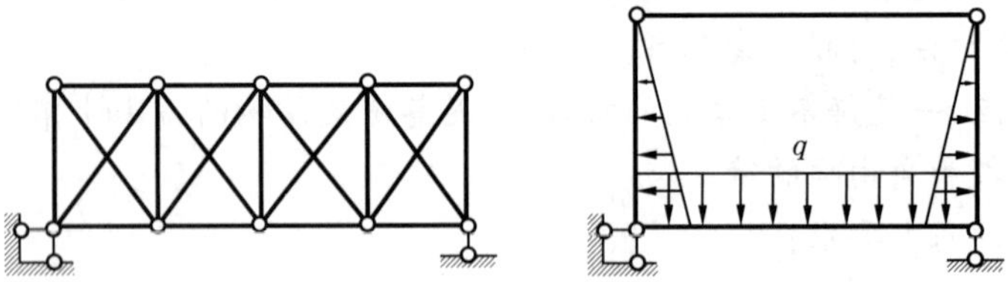

(a)　　(b)

图 10-2

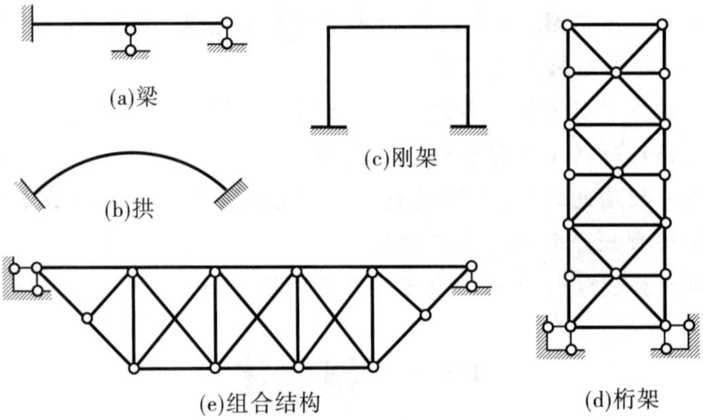

(a)梁　(b)拱　(c)刚架　(d)桁架　(e)组合结构

图 10-3

10.1.2　静不定结构的解法

静不定结构内力计算方法有很多种，但常用的方法有力法、位移法、力矩分配法、矩阵位移法等四种。前三种是手工计算的传统方法，其中力法和位移法为基本方法。矩阵位移法是近代发展起来的一种可以通过计算机来完成计算任务的方法（当然也可以手算），因而可称其为现代方法。

传统方法中，以结构中的多余未知力为基本未知量，通过结构的变形条件建立基本方程的计算方法，称为**力法**；**位移法**是以结构的结点位移为基本未知量，并以结构的局部受力平衡条件来建立基本方程的计算方法；**力矩分配法**则是以位移法为基础的杆端弯矩计算方法。在用传统方法计算各种结构时，均不考虑杆件的轴向变形。本章我们以力法为重点,对传统方法进行逐一讨论。

10.1.3　结构静不定次数的确定

确定静不定结构的静不定次数,是静不定结构计算的一个基本问题。在用传统方法计算静不定结构时,我们可以根据结构的静不定次数来选取计算方法。一般情况下,静不定次数低的结构都可以采用力法计算;静不定次数较高,但结点个数较少的结构宜选择位移法计算;连续梁多采用力矩分配法计算。对于静不定次数高且结点数多的结构就应利用《结构计算》软件或矩阵位移法计算之。当然,确定结构的静不定次数,主要是为力法计算服务的,因为用力法计算时,首先要知道结构的多余未知力个数。

由于静不定结构具有多余约束,因而必定有多余未知力。结构的多余约束个数或结构上的多余未知力个数,称为结构的静不定次数。如图 10-4(a)所示静不定结构,它有两个多余约束,当然就有如图 10-4(b)所示的两个多余的未知力。

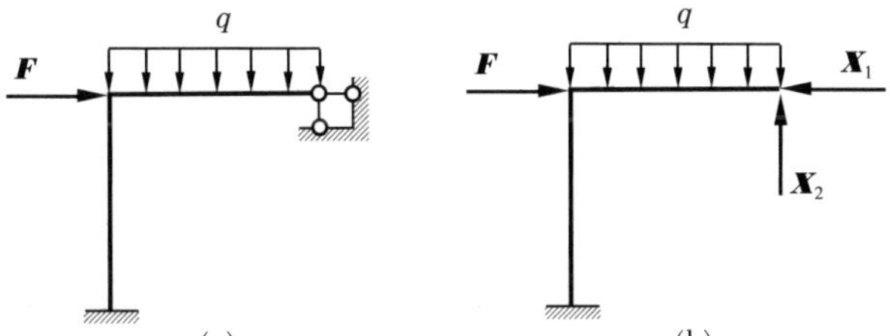

图 10-4

确定结构静不定次数的方法是解除多余约束法。即去掉结构的多余约束,将静不定结构变成一个静定结构,则**被去掉的多余约束个数即为结构的静不定次数**。解除静不定结构中多余约束的方式有如下四种:

(1)撤掉一个可动铰支座或切断一根内部链杆,相当于解除了一个约束,如图 10-5(b)和图 10-6(b)所示。

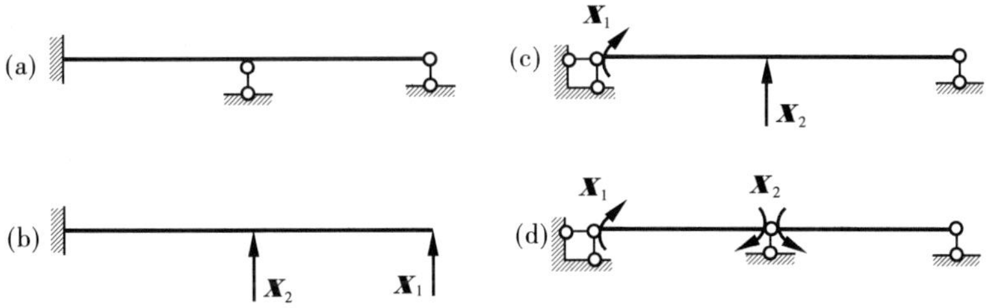

图 10-5

(2)撤掉一个固定铰支座或拆开一个单铰,相当于解除了两个约束,如图 10-4(b)和图 10-7(b)所示。

(3)撤掉一个固定端或切断一根梁式杆,相当于解除了三个约束,如图 10-8(b)、(c)所示。

(4)将刚性联结换成铰联结(称为加铰法)时,若此铰联结是一个固定铰支座或是一个只联系两根杆件的单铰,则相当于解除了一个约束,如图 10-5(d)和图 10-7(c)所示;若

此铰是一个联系 n 根杆件的复铰,则相当于解除了 $(n-1)$ 个约束。

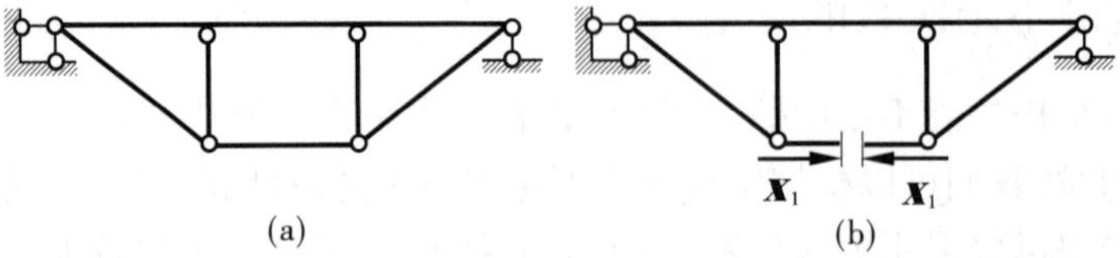

图 10-6

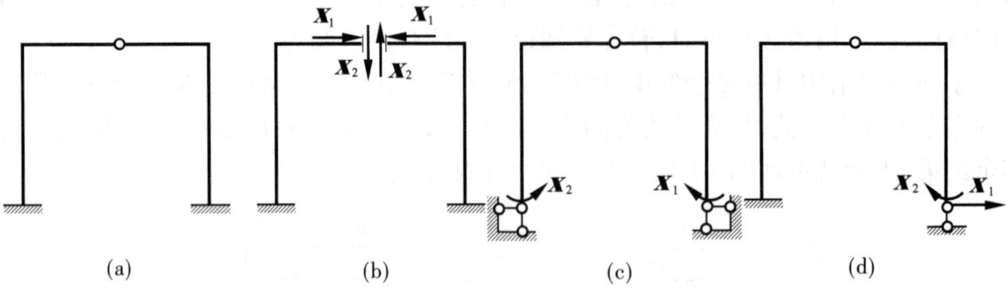

图 10-7

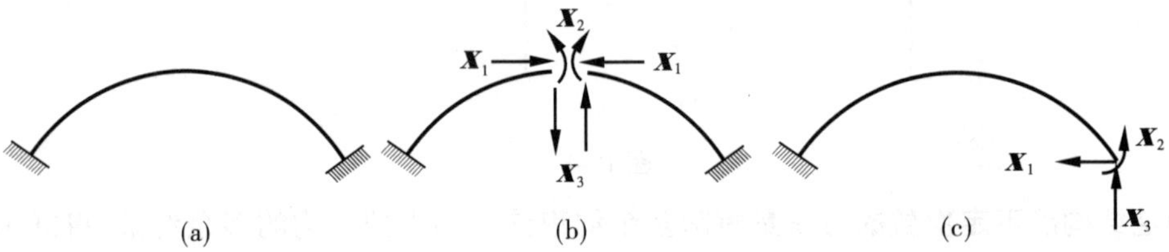

图 10-8

解除多余约束的原则:解除多余约束后的体系,必须是一个无多余约束的几何不变体系。被解除的多余约束应以相应的约束力来代替。替代多余约束的约束力称为多余未知力,用 X 表示。这样,静不定结构的静不定次数就等于被解除多余约束后的静定结构上多余未知力 X 的个数。如图 10-5 ~ 图 10-8 各结构中的静不定次数分别为 2、1、2、3。

10.2　力　法

10.2.1　力法的基本原理

如前所述,力法就是以结构的多余未知力为基本未知量的解题方法。而力法基本未知量的个数就等于解除多余约束后所得到的静定结构上多余未知力 X 的个数。在力学中,**将静不定结构称为力法的原结构,将解除多余约束后形成的,受荷载和多余未知力共同作用的静定结构称为力法的基本结构,并将基本结构上的多余未知力称为力法的基本未知量**。例如图 10-9(a)所示静不定结构即为原结构,图 10-9(b)为图 10-9(a)所示原结构的基本结构,其基本未知量个数为 1。

对于图 10-9(a)所示的力法基本结构,如果我们能够将多余未知力 X_1 变为已知力,则再计算这个静定悬臂梁的内力及作其内力图便轻而易举了。我们可用计算静定结构的位移的方法计算 X_1。由叠加原理，可以将图 10-9（b）所示静定结构的受力图分解为图 10-9（c）、（d）所示情形。图 10-9（c）为悬臂梁 AB 受荷载 q 单独作用情形，其 B 端的竖向线位移为 Δ_{1F}，图 10-9（d）为悬臂梁 AB 受多余未知力 X_1 单独作用情形，其 B 端的竖向线位移为 Δ_{11}。由叠加原理，基本结构中 B 截面的竖向线位移应为

$$\Delta_1 = \Delta_{1F} + \Delta_{11}$$

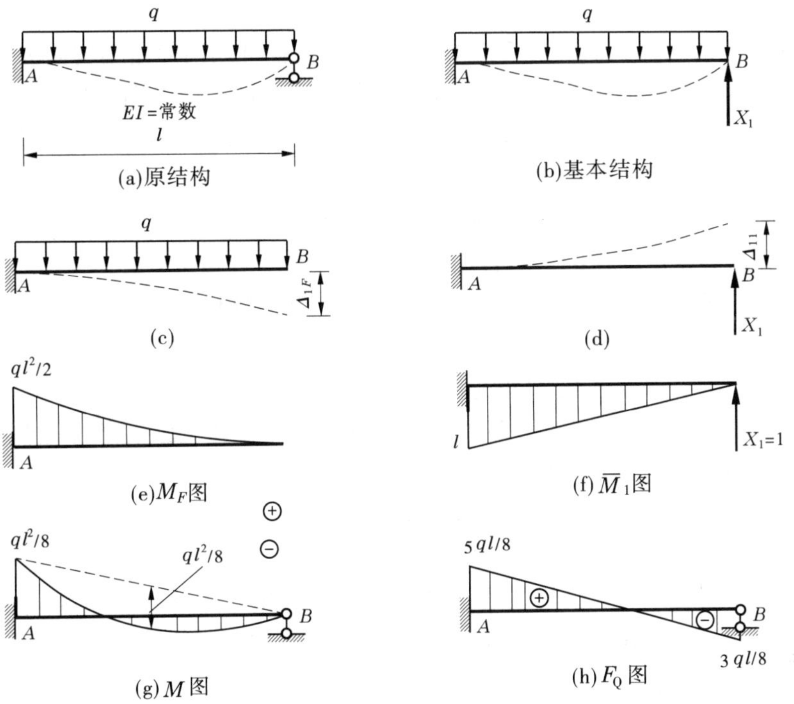

图 10-9

因基本结构 B 截面的竖向线位移应等于原结构中支座 B 的竖向线位移（这叫变形一致条件），而原结构 B 支座不会产生竖向线位移，因此有

$$\Delta_1 = \Delta_{1F} + \Delta_{11} = 0 \tag{a}$$

式（a）中的 Δ_{11} 是由 X_1 引起的位移，而 X_1 是未知量，为了计算的需要，令 $\Delta_{11} = \delta_{11} X_1$，其中 δ_{11} 为 $X_1 = 1$ 单独作用于结构时在 X_1 方向上引起的位移，于是可将式（a）写成

$$\delta_{11} X_1 + \Delta_{1F} = 0 \tag{10-1}$$

式（10-1）称为一次静不定结构的力法方程。式中 X_1 是结构中的多余未知力，当我们用静定结构位移计算的方法求得式中的位移 Δ_{1F} 和 δ_{11} 后，便可解出 X_1。为了求得 Δ_{1F}，作荷载弯矩 M_F 图和虚设单位荷载弯矩 $\overline{M_1}$ 图分别如图 10-9（e）、（f）所示。而计算位移 δ_{11} 的两个弯矩图显然都与图 10-9（f）相同，因此省去了这两个弯矩图。由图乘法可得 Δ_{1F} 和 δ_{11} 的值分别为

$$\Delta_{1F} = \int \frac{M_F \overline{M_1}}{EI} \mathrm{d}x = -\frac{1}{EI}\left(\frac{1}{3} \times l \times \frac{ql^2}{2}\right) \times \frac{3}{4} l = -\frac{ql^4}{8EI}$$

$$\delta_{11} = \int \frac{\overline{M_1}\,\overline{M_1}}{EI}dx = \frac{1}{EI}\left(\frac{1}{2} \times l \times l\right) \times \frac{2}{3}l = \frac{l^3}{3EI}$$

将其代入式(10-1)中得

$$\frac{l^3}{3EI}X_1 - \frac{ql^4}{8EI} = 0$$

由此解得

$$X_1 = \frac{3}{8}ql$$

即原结构 B 支座的约束力为 $X_1 = 3ql/8$。X_1 求出后，就可以用静定结构内力计算方法计算基本结构的内力并作出它的弯矩图和剪力图。此弯矩图和剪力图就是原静不定结构的弯矩图和剪力图，分别如图 10-9(g)、(h)所示。基本结构的弯矩图通常可用叠加法来绘制

$$M = \overline{M_1}X_1 + M_F \tag{10-2}$$

式(10-2)是一次静不定结构的弯矩叠加公式。

力法计算的核心问题是求出多余未知力。由上例的分析与计算过程可见，力法计算的基本过程(或步骤)可归纳为：

(1)取基本结构(变静不定为静定)。

(2)建立原结构与基本结构沿多余未知力方向的位移相一致的条件(可称其为变形协调条件)，形成力法的基本方程。

(3)由静定结构位移的计算方法求出基本方程中的位移。

(4)解出基本方程中的多余未知力。

此过程中使问题得以解决的关键，是利用了原结构的受力状态、变形状态与相应基本结构的受力状态、变形状态相一致的原理。这一原理称为力法的基本原理。

10.2.2　力法的典型方程

力法的典型方程就是力法基本方程的标准形式或一般形式。下面以图 10-10(a)所示二次静不定结构为例，导出并说明力法的典型方程形式。

图 10-10(a)的基本结构如图 10-10(b)所示，基本结构在荷载、多余未知力 $X_1 = 1$、$X_2 = 1$ 单独作用下的变形及沿多余未知力方向的位移分别如图 10-10(c)、(d)、(e)所示。由原结构多余约束方向的位移与基本结构沿相应多余未知力方向的位移相等的条件得

$$\Delta_1 = \delta_{11}X_1 + \delta_{12}X_2 + \Delta_{1F}$$
$$\Delta_2 = \delta_{21}X_1 + \delta_{22}X_2 + \Delta_{2F}$$

因结构中 $\Delta_1 = 0$，$\Delta_2 = 0$，故得二次静不定结构的力法基本方程为

$$\left.\begin{aligned}\delta_{11}X_1 + \delta_{12}X_2 + \Delta_{1F} = 0\\ \delta_{21}X_1 + \delta_{22}X_2 + \Delta_{2F} = 0\end{aligned}\right\} \tag{10-3}$$

对于 n 次静不定结构，我们同样可以得出它的力法基本方程

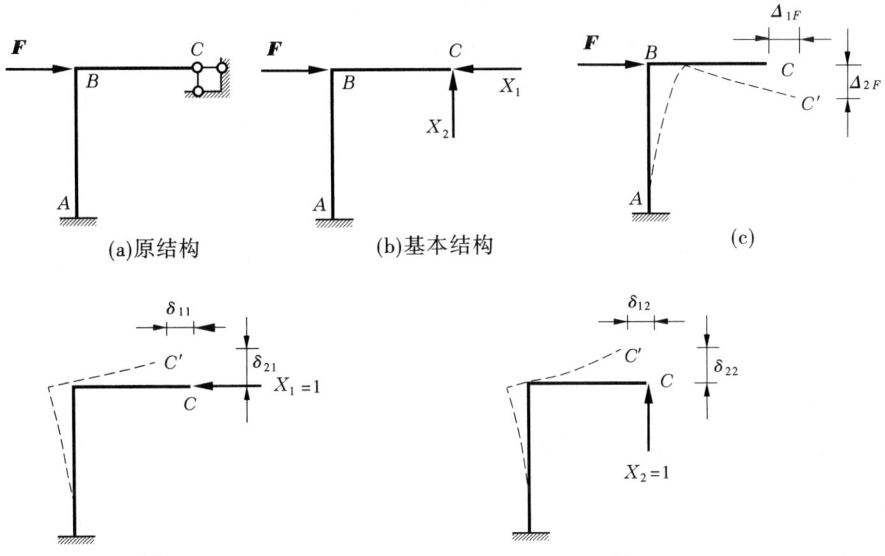

(a)原结构　(b)基本结构　(c)

(d)　(e)

图 10-10

$$\left.\begin{aligned}\delta_{11}X_1+\delta_{12}X_2+\delta_{13}X_3+\cdots+\delta_{1n}X_n+\Delta_{1F}&=0\\\delta_{21}X_1+\delta_{22}X_2+\delta_{23}X_3+\cdots+\delta_{2n}X_n+\Delta_{2F}&=0\\&\vdots\\\delta_{n1}X_1+\delta_{n2}X_2+\delta_{n3}X_3+\cdots+\delta_{nn}X_n+\Delta_{nF}&=0\end{aligned}\right\}\tag{10-4}$$

式(10-4)就是 n 次静不定结构的力法基本方程,称为典型方程。

式(10-4)可表示为矩阵的形式:

$$\begin{bmatrix}\delta_{11}&\delta_{12}&\cdots&\delta_{1n}\\\delta_{21}&\delta_{22}&\cdots&\delta_{2n}\\\vdots&\vdots&&\vdots\\\delta_{n1}&\delta_{n2}&\cdots&\delta_{nn}\end{bmatrix}\begin{bmatrix}X_1\\X_2\\\vdots\\X_n\end{bmatrix}+\begin{bmatrix}\Delta_{1F}\\\Delta_{2F}\\\vdots\\\Delta_{nF}\end{bmatrix}=0\tag{10-5}$$

式(10-5)中,由 $X=1$ 产生的位移所构成的矩阵,称为系数矩阵,矩阵中的位移都是方程的系数,其中主对角线上的元素 δ_{ii} 称为方程的**主系数**,主对角线两边的系数 δ_{ij}、δ_{ji} 都称为方程的**副系数**,Δ_{iF} 称为方程的**自由项**。由基本未知量 $\boldsymbol{X}$ 构成多余未知力矩阵;由荷载引起的位移 Δ 构成自由项矩阵。

式(10-4)或式(10-5)中主系数、副系数和自由项的计算公式为

$$\left.\begin{aligned}\delta_{ii}&=\int\frac{\overline{M}_i\,\overline{M}_i}{EI}\mathrm{d}s\\\delta_{ij}=\delta_{ji}&=\int\frac{\overline{M}_i\,\overline{M}_j}{EI}\mathrm{d}s\\\Delta_{iF}&=\int\frac{M_F\,\overline{M}_i}{EI}\mathrm{d}s\end{aligned}\right\}\tag{10-6}$$

由叠加法作弯矩图时,原结构任意截面上的弯矩叠加公式为

$$M = \overline{M_1}X_1 + \overline{M_2}X_2 + \cdots + \overline{M_n}X_n + M_F = \sum \overline{M_i}X_i + M_F \tag{10-7}$$

作原结构的剪力图时,分别取各杆段为研究对象,各杆段受力图上的杆端弯矩为弯矩图上相应截面上的弯矩,按实际方向画出,由力系的平衡条件计算出各截面剪力值,作出剪力图。

作原结构的轴力图时,分别取结构中的结点为研究对象,作结点的受力图,其截面上的剪力为剪力图相应截面上的剪力,按实际方向画出,由力的投影平衡条件计算各截面的轴力值并作出轴力图。

关于原结构内力图的绘制,除上述方法外,也可以在多余未知力求出后的基本结构上直接由简捷法求各控制截面内力并作其内力图。

10.2.3 静不定结构的力法算例

【例 10-1】 用力法计算图 10-11(a)所示两跨连续梁,并作出它的弯矩图和剪力图。

解:(1)取图 10-11(b)所示的基本结构(解除梁在 B 截面处的抗弯约束,相当于在梁式杆中加入一个单铰)。

(2)列力法方程

$$\delta_{11}X_1 + \Delta_{1F} = 0$$

(3)作基本结构的荷载弯矩图和单位力 $X_1 = 1$ 作用下的弯矩图,如图 10-11(c)、(d)所示。

(4)用图乘法计算力法方程中的系数和自由项

$$\delta_{11} = \frac{2}{EI}\left(\frac{1}{2} \times 1 \times 4 \times \frac{2}{3} \times 1\right) = \frac{8}{3EI}$$

$$\Delta_{1F} = \frac{1}{EI}\left(-\frac{1}{2} \times 20 \times 4 \times \frac{1}{2} \times 1\right) = -\frac{20}{EI}$$

(5)将求得的位移代入力法方程式并求解,得

$$X_1 = -\frac{\Delta_{1F}}{\delta_{11}} = -\frac{20/EI}{8/3EI} = 7.5(\text{kN} \cdot \text{m})$$

(6)作梁的内力图。

先由弯矩叠加公式 $M = \overline{M_1}X_1 + M_F$ 计算原结构各控制截面的弯矩

$M_{AB} = 0 + 0 = 0$, $M_{BA} = -1 \times 7.5 + 0 = -7.5(\text{kN} \cdot \text{m})$(上侧受拉)

$M_{CB} = 0 + 0 = 0$, $M_{BC} = -1 \times 7.5 + 0 = -7.5(\text{kN} \cdot \text{m})$(上侧受拉)

集中力作用处截面上的弯矩为

$$M_{CD}^{中} = 20 - 7.5/2 = 16.25(\text{kN} \cdot \text{m})\text{(下侧受拉)}$$

作弯矩图如图 10-11(e)所示。

再由静力法计算梁中控制截面上的剪力。

分别取 AB 梁段和 BC 梁段为脱离体,作受力图如图 10-12 所示。由各受力图的力系平衡条件求得各截面上的剪力分别为

$$F_{QAB} = F_{QBA} = -1.875 \text{ kN}, \quad F_{QBC} = 11.875 \text{ kN}, \quad F_{QCB} = -8.125 \text{ kN}$$

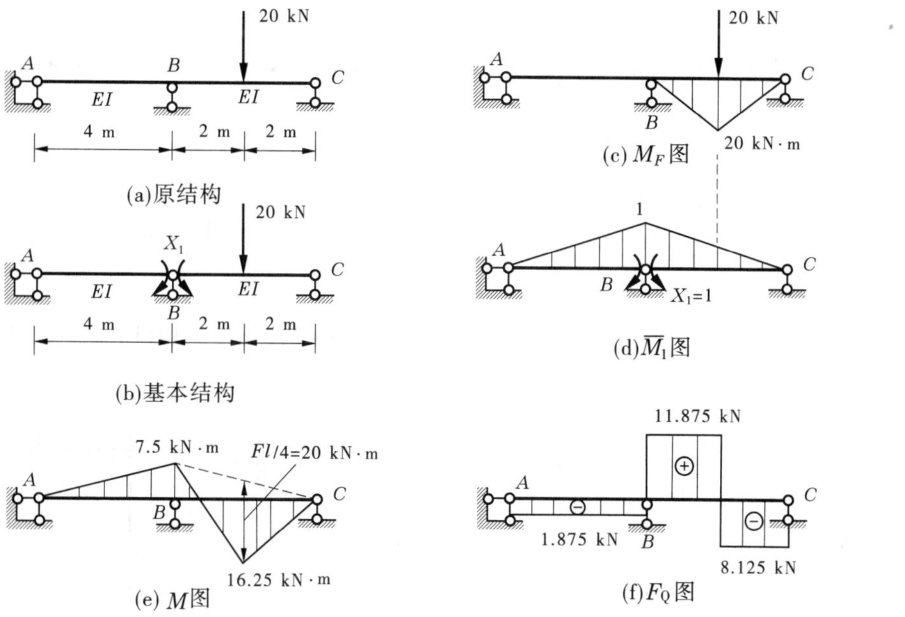

图 10-11

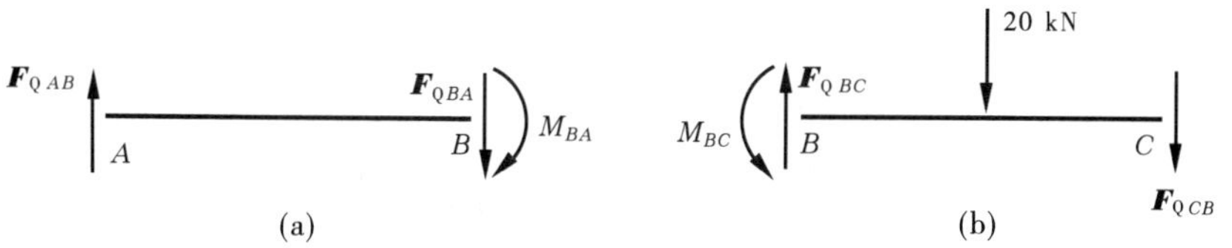

图 10-12

作剪力图如图 10-11(f)所示。

【例 10-2】　用力法计算图 10-13(a)所示静不定刚架,并作出它的内力图。

解:(1)这是具有两个多余约束的静不定结构,取如图 10-13(b)所示的基本结构。

(2)建立力法方程

$$\left.\begin{aligned}\delta_{11}X_1+\delta_{12}X_2+\Delta_{1F}=0\\ \delta_{21}X_1+\delta_{22}X_2+\Delta_{2F}=0\end{aligned}\right\}\qquad\text{(b)}$$

(3)分别作出基本结构受 q、$X_1=1$、$X_2=1$ 单独作用时的弯矩图如图 10-13(c)、(d)、(e)所示。

(4)用图乘法计算方程(b)中的系数和自由项

$$\delta_{11}=\frac{1}{EI}\left(\frac{1}{2}\times4\times4\times\frac{2}{3}\times4\right)=\frac{64}{3EI}$$

$$\delta_{12}=\delta_{21}=\frac{1}{EI}\left(\frac{1}{2}\times4\times4\times3\right)=\frac{24}{EI}$$

$$\delta_{22}=\frac{1}{2EI}\left(\frac{1}{2}\times3\times3\times\frac{2}{3}\times3\right)+\frac{1}{EI}(3\times4\times3)=\frac{81}{2EI}$$

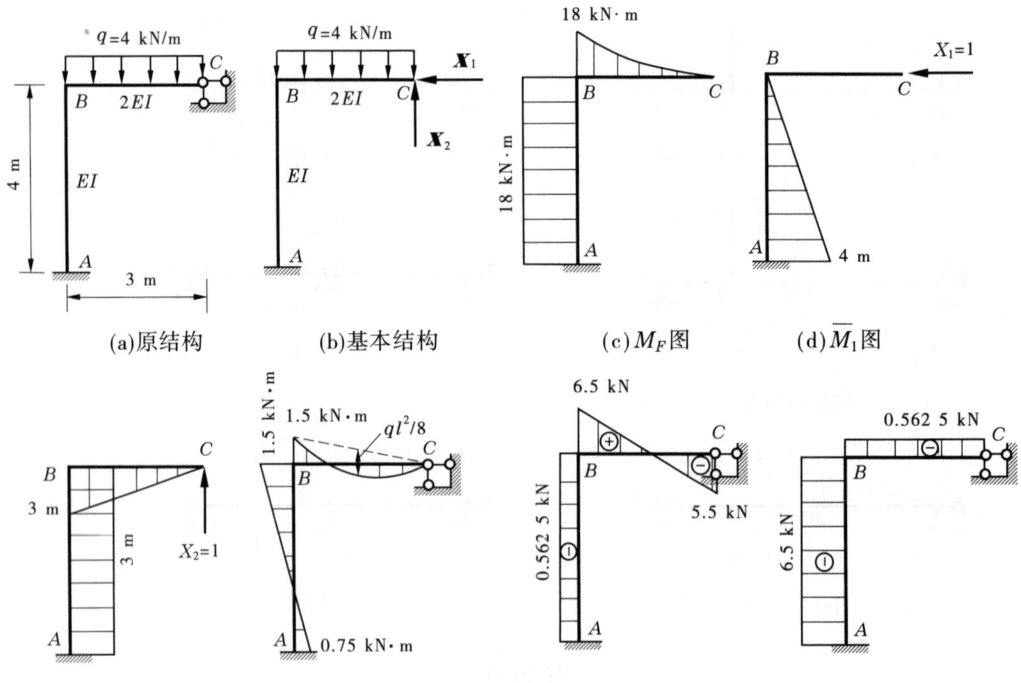

(a)原结构　(b)基本结构　(c)M_F图　(d)$\overline{M}_1$图

(e)$\overline{M}_2$图　(f) M图　(g) F_Q 图　(h) F_N图

图 10-13

$$\Delta_{1F} = -\frac{1}{EI}\left(\frac{1}{2}\times 4\times 4\times 18\right) = -\frac{144}{EI}$$

$$\Delta_{2F} = -\frac{1}{2EI}\left(\frac{1}{3}\times 3\times 18\times \frac{3}{4}\times 3\right) - \frac{1}{EI}(18\times 4\times 3) = -\frac{945}{4EI}$$

(5)将各系数和自由项代入式(b)得

$$\left.\begin{aligned}\frac{64}{3EI}X_1 + \frac{24}{EI}X_2 - \frac{144}{EI} = 0\\ \frac{24}{EI}X_1 + \frac{81}{2EI}X_2 - \frac{945}{4EI} = 0\end{aligned}\right\}\qquad (c)$$

联解式(c)中的两个方程得

$$X_1 = 0.562\ 5\ \text{kN}(\leftarrow)\quad X_2 = 5.5\ \text{kN}(\uparrow)$$

(6)作原结构的弯矩图、剪力图、轴力图如图 10-13(f)、(g)、(h)所示。

10.2.4　对称结构的简化计算

当结构的约束形式、材料性质、几何形状及尺寸(包括截面的形式与尺寸)都对称于某轴(称此轴为对称轴)时,则该结构称为对称结构。例如图 10-14 中所示各结构,均为对称结构。

在各种土建工程中,大多数结构是对称性结构。对于具有对称性的静不定结构,我们可以根据结构上荷载的作用情况采取必要的措施进行结构计算的简化。简化的目的是减少结构计算的工作量。实用中简化计算的措施有两种：一种是取对称的半边结构，即只取半个结构进行内力计算，另半个结构的内力则由对称性特征直接得到；另一种是取对称的基本结构，以减少力法方程中的系数和自由项个数。在本章中只介绍如何选取半边结构的问题。

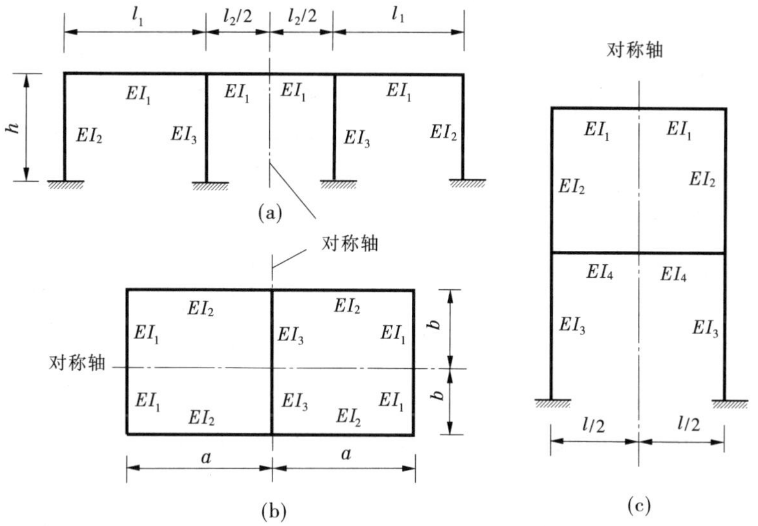

图 10-14

10.2.4.1　作用于对称结构上的对称荷载

当结构上所作用**荷载的类型、大小及作用位置都对称于结构的对称轴时，则这种荷载称为对称荷载**。对称荷载有正对称和反对称两种情形。区别这两种荷载的方法是：将荷载连同结构一起绕对称轴对折，若位于对称轴两侧的荷载在对折后其方向相同且作用线重合，则为正对称荷载，若位于对称轴两侧的荷载在对折后作用线重合但方向相反，则为反对称荷载。如图 10-15 中所示的荷载是正对称荷载，而图 10-16 中所示的荷载为反对称荷载。

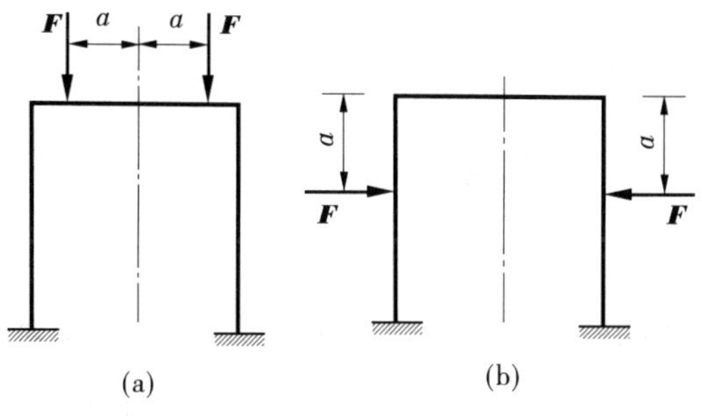

图 10-15

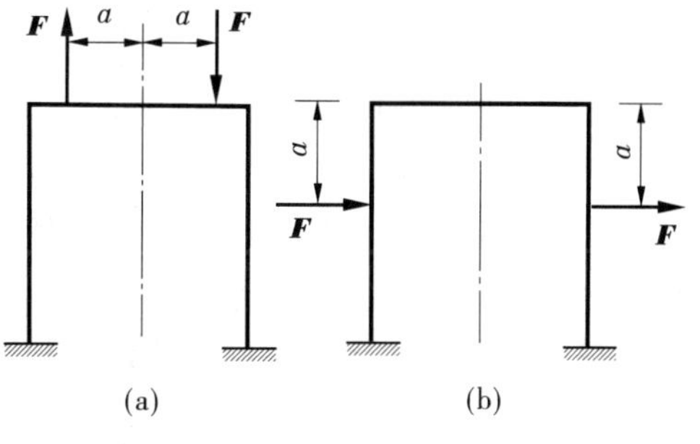

图 10-16

10.2.4.2　对称的半边结构

半边结构截取后，在被截断杆件的截口处按受力等效和位移相同的原理，用一相应的约束来替代另外半边结构对所截取部分的约束作用。替代约束的类型，与结构是属于奇数跨还是偶数跨，所作用的是正对称荷载还是反对称荷载有关。

(1)在受正对称荷载作用的奇数跨对称结构的半边结构上，替代约束为如图 10-17 所示的定向支座。

(2)在受正对称荷载作用的偶数跨对称结构的半边结构上，替代约束为如图 10-18 所示的固定端支座，且与对称轴重合的竖杆中只有轴力。

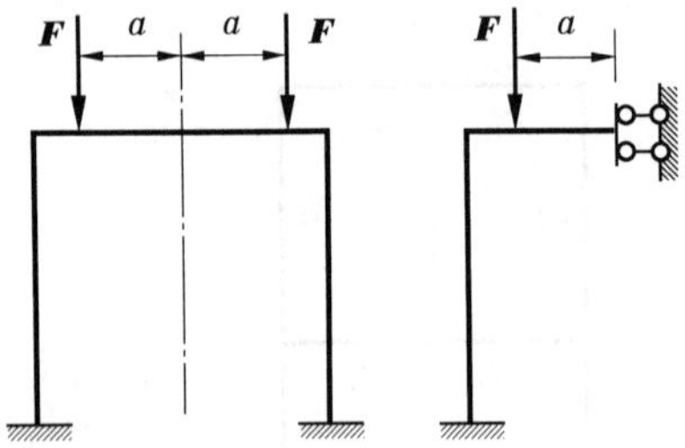

(a)　　(b)

图 10-17

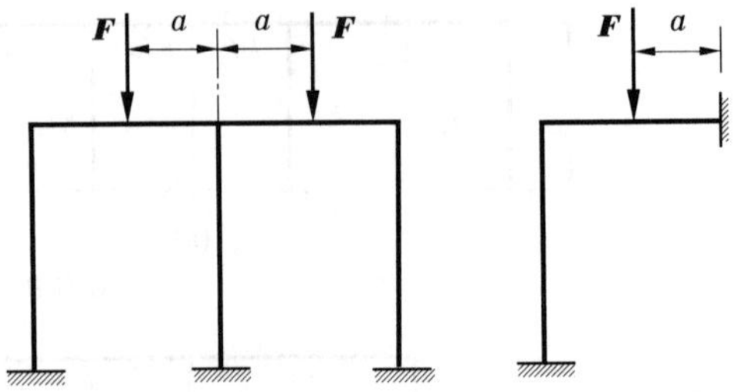

(a)　　(b)

图 10-18

(3)在受反对称荷载作用的奇数跨对称结构的半边结构上，替代约束为如图 10-19 所示的可动铰支座。

(4)在受反对称荷载作用的偶数跨对称结构的半边结构上，与对称轴重合的竖杆仍然保留，但其截面的惯性矩是原杆件惯性矩的一半，如图 10-20 所示。

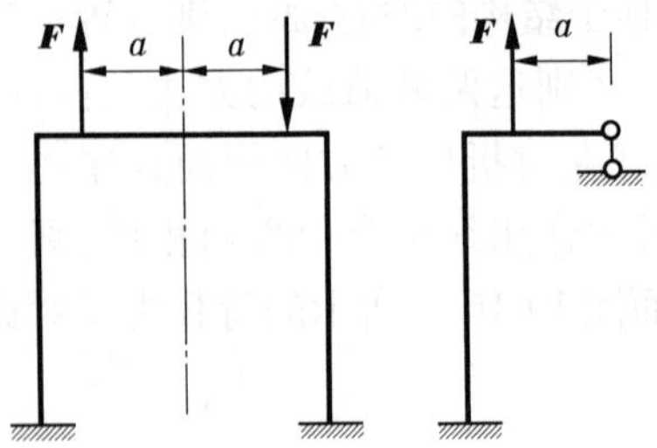

(a)　　(b)

图 10-19

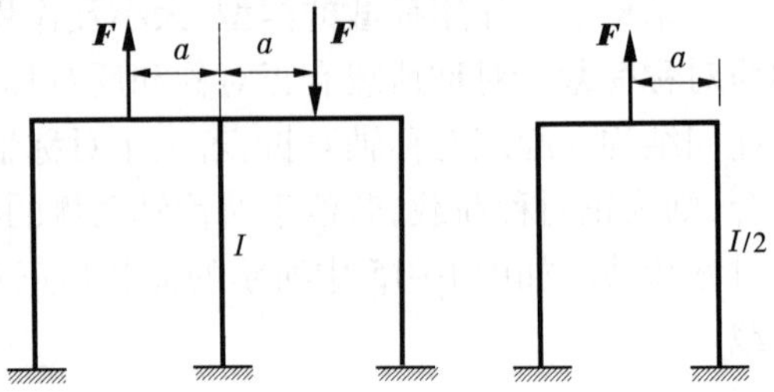

(a)　　(b)

图 10-20

当作用于对称结构上的荷载不对称时，可以先对其进行荷载分组(即分解为受正对称荷载作用和反对称荷载作用两组)，然后再分别取半边结构。

10.2.4.3　对称结构的内力图特征

正对称荷载作用于对称结构时，其内力图中的弯矩图和轴力图正对称，剪力图反对称。

反对称荷载作用于对称结构时，其内力图中的弯矩图和轴力图反对称，剪力图正对称。

【例 10-3】　利用对称性计算图 10-21(a)所示超静定刚架，并作出它的弯矩图。

解：图 10-21(a)所示结构是具有两根对称轴的 6 次静不定结构，利用对称性计算时，只需取其 1/4 部分(即先取整个结构的半边结构,再在此半边结构上取其半边结构)作为计算对象。

(1)取对称的 1/4 结构如图 10-21(b)所示。其中,针对竖向对称轴受正对称荷载作用的偶数跨,其截断处的替代约束为固定端支座;针对水平对称轴是受正对称荷载作用的奇数跨,其截断处的替代约束为定向支座。

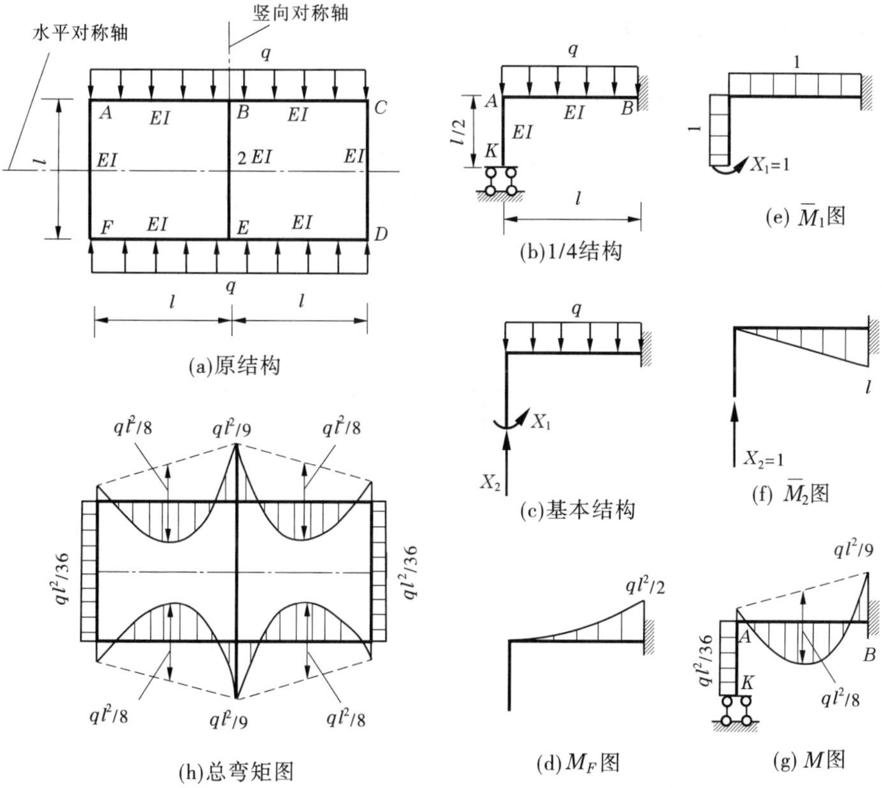

图 10-21

(2)取 1/4 结构的基本结构如图 10-21(c)所示,其力法方程为

$$\left.\begin{aligned}\delta_{11}X_1 + \delta_{12}X_2 + \Delta_{1F} = 0\\ \delta_{21}X_1 + \delta_{22}X_2 + \Delta_{2F} = 0\end{aligned}\right\}$$

(3)作出基本结构的荷载弯矩图和单位力弯矩图分别如图 10-21(d)、(e)、(f)所示。

(4)用图乘法计算方程中的各个系数和自由项

$$\delta_{11} = \frac{1}{EI}\left(1 \times \frac{l}{2} \times 1 + 1 \times l \times 1\right) = \frac{3l}{2EI},\quad \delta_{22} = \frac{1}{EI}\left(\frac{1}{2} \times l \times l \times \frac{2l}{3}\right) = \frac{l^3}{3EI}$$

$$\delta_{12} = \delta_{21} = -\frac{1}{EI}\left(\frac{1}{2} \times l \times l \times 1\right) = -\frac{l^2}{2EI}$$

$$\Delta_{1F} = \frac{1}{EI}\left(\frac{1}{3} \times l \times \frac{ql^2}{2} \times 1\right) = \frac{ql^3}{6EI},\quad \Delta_{2F} = -\frac{1}{EI}\left(\frac{1}{3} \times l \times \frac{ql^2}{2} \times \frac{3l}{4}\right) = -\frac{ql^4}{8EI}$$

(5)将各系数和自由项代入力法方程中联立解得

$$\begin{cases} X_1 = \dfrac{ql^2}{36} \\ X_2 = \dfrac{5ql}{12} \end{cases}$$

(6)作原结构的弯矩图。先作出 1/4 结构的弯矩图如图 10-21(g)所示,再根据正对称荷载作用下弯矩图正对称的性质作出原结构的总弯矩图如图 10-21(h)所示。

10.2.5 支座移动时静不定结构的力法计算

支座移动时静不定结构的力法计算,与荷载作用时力法计算的原理和方法并无太大区别,只是其力法方程中的自由项不同。如图 10-22(a)所示三次静不定刚架,其支座 B 发生了如图中所示的位移。用力法计算此结构时,可取如图 10-22(b)、(c)所示的两种不同形式的基本结构,前者解除的是非位移支座约束,后者是解除的位移支座约束。

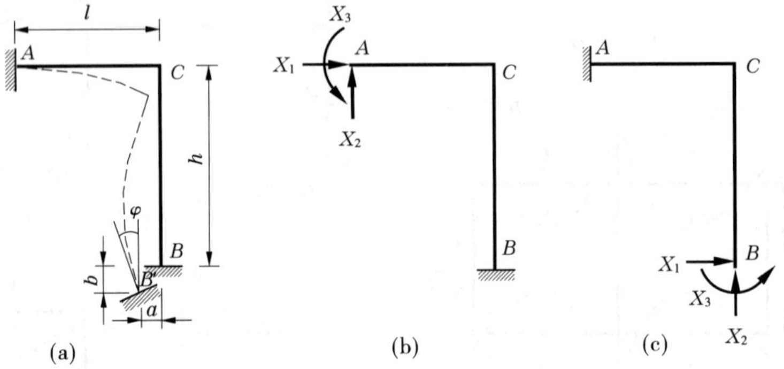

图 10-22

对于图 10-22(b)所示的基本结构,由于结构中支座 A 并未产生任何位移,故其力法基本方程为

$$\left.\begin{aligned} \delta_{11}X_1 + \delta_{12}X_2 + \delta_{13}X_3 + \Delta_{1\Delta} = 0 \\ \delta_{21}X_1 + \delta_{22}X_2 + \delta_{23}X_3 + \Delta_{2\Delta} = 0 \\ \delta_{31}X_1 + \delta_{32}X_2 + \delta_{33}X_3 + \Delta_{3\Delta} = 0 \end{aligned}\right\} \tag{10-8}$$

方程中各系数的计算方法与前述完全相同;自由项是基本结构由于支座移动所引起的沿多余未知力方向的位移,可根据虚功原理得出

$$\Delta_{i\Delta} = -\sum \overline{R_i}\Delta_i \tag{10-9}$$

式(10-9)中,$\overline{R_i}$ 为基本结构在 $X=1$ 作用下引起的支座约束力,称为虚约束力,如图 10-23所示;Δ_i 是原结构中沿基本结构虚约束力 $\overline{R_i}$ 方向上的支座位移。

计算自由项时,$\overline{R_i}\Delta_i$ 的正负号取法是:当 $\overline{R_i}$ 与 Δ_i 方向相同时 $\overline{R_i}\Delta_i$ 取正号,反之取负号。对照图 10-22(a)和图 10-23 显然有

$$\Delta_{1\Delta} = -\sum \overline{R_i}\Delta_i = -(1 \times a + h \times \varphi) = -(a + h\varphi)$$

$$\Delta_{2\Delta} = -\sum \overline{R_i}\Delta_i = -(1 \times b + l \times \varphi) = -(b + l\varphi)$$

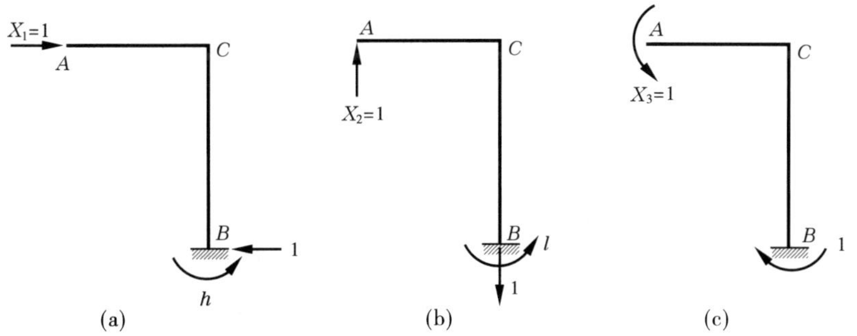

图 10-23

$$\Delta_{3\Delta} = -\sum \overline{R_i}\Delta_i = -(-1\times\varphi) = \varphi$$

如取图 10-22(c)所示的基本结构,则由于原结构的支座有位移,故力法方程式中的自由项为零,但等式右边应等于相应的支座位移,即

$$\left.\begin{aligned}\delta_{11}X_1 + \delta_{12}X_2 + \delta_{13}X_3 &= -a\\ \delta_{21}X_1 + \delta_{22}X_2 + \delta_{23}X_3 &= -b\\ \delta_{31}X_1 + \delta_{32}X_2 + \delta_{33}X_3 &= \varphi\end{aligned}\right\} \tag{10-10}$$

等式右边位移的正负号规定为:当基本结构中多余未知力的方向与相应原结构的支座位移方向相同时,该位移取正号,反之取负号。

【例 10-4】 用力法计算图 10-24(a)所示静不定结构,并作出它的弯矩图。各杆的抗弯刚度 EI 为常数。

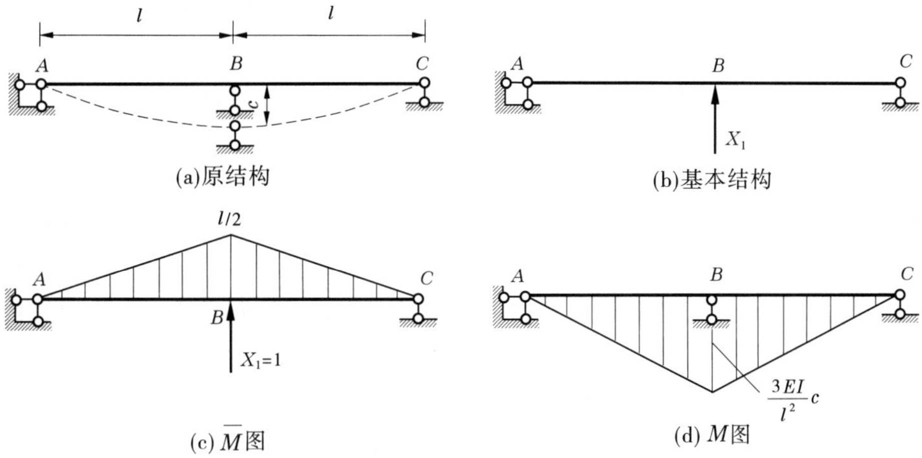

图 10-24

解:(1)取图 10-24(b)所示基本结构(解除位移支座)。

(2)列力法方程

$$\delta_{11}X_1 = -c$$

(3)作单位弯矩图如图 10-24(c)所示,计算方程的系数

$$\delta_{11} = \frac{2}{EI}\left(\frac{1}{2} \times l \times \frac{l}{2} \times \frac{2}{3} \times \frac{l}{2}\right) = \frac{l^3}{6EI}$$

(4)解方程得

$$X_1 = -\frac{6EI}{l^3}c(\downarrow)$$

(5)作原结构的弯矩图如图 10-24(d)所示。

由解出的多余未知力及作出的弯矩图可见,**支座移动时,静不定结构的内力与结构的刚度成正比**,即静不定结构在支座移动时,结构的刚度越大时,其内力也越大。可以证明,**温度变化时,静不定结构的内力也与结构的刚度成正比。**

10.2.6　静不定结构位移计算及弯矩图校核的方法(简介)

10.2.6.1　静不定结构位移的计算方法

静不定结构位移的计算方法与静定结构位移的计算方法相同,即单位荷载法。对于等截面直杆结构,可采用图乘法计算其位移。用图乘法计算位移的过程如下:

(1)用力法(或其他方法)作出静不定结构的弯矩图,并以此弯矩图作为位移计算时的荷载弯矩图(M_F 图)。

(2)在静不定结构中任取一静定结构,作出此静定结构受虚设单位力(须与所求位移对应)单独作用下的弯矩图($\overline{M}_K$ 图)。

(3)由 M_F 图与 $\overline{M}_K$ 图相乘,即可得到所求位移。

10.2.6.2　静不定结构弯矩图的校核方法

由于静不定结构的计算过程较为烦琐,其中任何一个环节出错,就会得出错误的计算结果,当然所得出的弯矩图也一定是错误的。因此,对于静不定结构,为了确保计算结果正确,有必要在弯矩图作出后,对弯矩图进行校核。校核弯矩图的有效方法是进行位移校核。其具体校核过程如下:

(1)以所作出的静不定结构弯矩图作为校核时位移计算的荷载弯矩图(M_F 图)。

(2)在静不定结构中以解除多余支座约束的方式取一静定结构,作出此静定结构受某一单位多余未知力单独作用下的 $\overline{M}_K$ 图。

(3)对 M_F 图与 $\overline{M}_K$ 图进行图乘计算,若计算结果等于零,则表明原静不定结构的弯矩图是正确的,因为静不定结构中支座处沿约束方向的位移应为零。若图乘的结果不等于零,则说明静不定结构的弯矩图有错误,须对该静不定结构的求解过程进行逐一检查,并更正其中的错误,直至得出正确的计算结果。

10.3　位移法*

10.3.1　位移法的基本概念

力法是以结构的多余未知力为基本未知量的静不定结构计算方法,结构的静不定次数越高,力法计算的工作量就越大。而位移法是以结构的结点位移为基本未知量,从计算的角度看，结构的结点位移个数与结构的静不定次数并无必然的联系。对于静不定次数较高而结点位移个数较少的静不定结构，用位移法计算要比用力法计算简易得多。下面以图 10-25(a)所示二次静不定刚架为例，说明位移法的解题思路。

图 10-25(a)所示刚架在荷载 q 的作用下会产生如图中虚线所示的变形，即刚性结点 A 连同它所连接的两个杆端一起产生了角位移 θ_A。其中 AB 杆的变形情况相当于两端固定的静不定单跨梁在 A 支座产生了角位移 θ_A，如图 10-25(b)所示；而杆 AC 则如一端固定另一端铰支的静不定单跨梁在受到荷载 q 作用的同时，其固定端又发生了角位移 θ_A 一样，如图 10-25(c)所示，而图 10-25(c)可以看成是图 10-25(d)与图 10-25(e)的叠加。这样，图 10-25(a)所示静不定结构的杆端弯矩应等于图 10-25(b)、(d)、(e)中相应杆端弯矩之和。

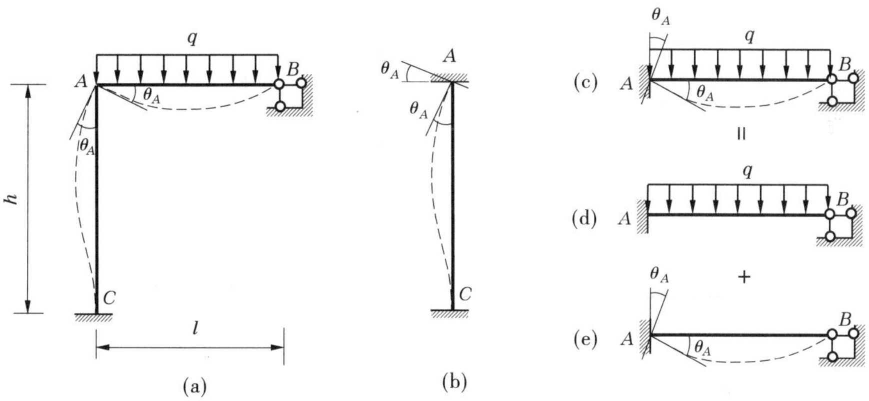

图 10-25

对于一个受广义荷载 $\boldsymbol{F}$、杆端角位移 θ、杆端线位移 Δ 共同作用的静不定单跨梁，如果用 M^F 表示荷载作用下的杆端弯矩，用 M^θ 表示杆端角位移引起的杆端弯矩，用 M^Δ 表示杆端线位移引起的杆端弯矩，则原结构的杆端弯矩可表示为

$$M = M^F + M^\theta + M^\Delta \tag{10-11}$$

式(10-11)中，M^F 可用力法求得，M^θ 和 M^Δ 虽因杆端角位移 θ、杆端线位移 Δ 未知而无法确定，但 M^θ 和 M^Δ 却是相应杆端位移的函数，我们可以将其函数关系表示为

$$\left.\begin{aligned} M^\theta &= \overline{M^\theta}\theta \\ M^\Delta &= \overline{M^\Delta}\Delta \end{aligned}\right\} \tag{10-12}$$

式中，$\overline{M^\theta}$、$\overline{M^\Delta}$分别为杆端单位角位移 $\theta=1$ 和杆端单位线位移 $\Delta=1$ 引起的杆端弯矩。为了计算方便，我们将各种均质等截面静不定单跨梁受不同荷载作用和发生不同的杆端单位位移情况下的杆端弯矩值列入表 10-1 中，供计算时查阅 M^F、$\overline{M^\theta}$、$\overline{M^\Delta}$之用。由于式(10-12)是未知结点位移的杆端弯矩表达式，我们称此表达式为位移法的杆端弯矩方程。

显而易见，对于一个静不定结构，结点位移是杆端弯矩方程中的未知量，也是位移法的基本未知量。如果能够求得此未知量，则不难计算出结构中各杆的内力。在力学中，以

结点位移为基本未知量的解题方法，称为位移法。用位移法计算静不定结构的焦点问题，是如何求出结点位移。我们知道，任何结构及结构中的任何部分都处于平衡状态。当我们得到含有未知结点位移的杆端弯矩方程后，就可以通过结构中结点的力矩平衡条件或杆件中力的投影平衡条件，建立位移法的基本方程，解方程得到结点位移，再由杆端弯矩方程计算出结构中各杆端弯矩值。

表 10-1　静不定单跨梁杆端弯矩常数表

序号	计算简图及杆端弯矩值	序号	计算简图及杆端弯矩值
1	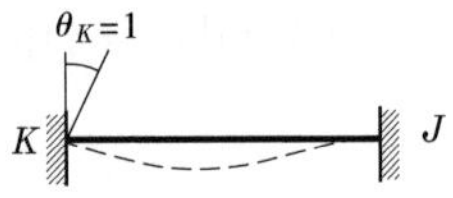 $M_{KJ}=4i$　$M_{JK}=2i$	2	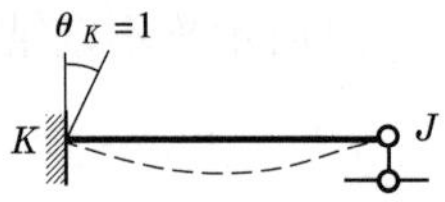 $M_{KJ}=3i$　$M_{JK}=0$
3	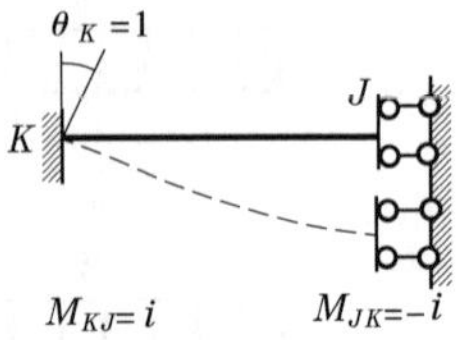 $M_{KJ}=i$　$M_{JK}=-i$	4	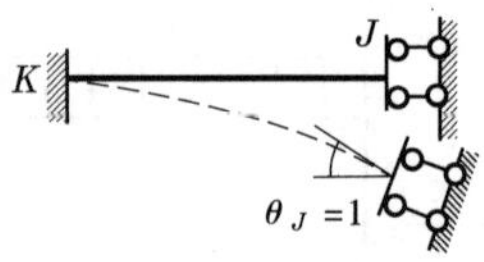 $M_{KJ}=-i$　$M_{JK}=i$
5	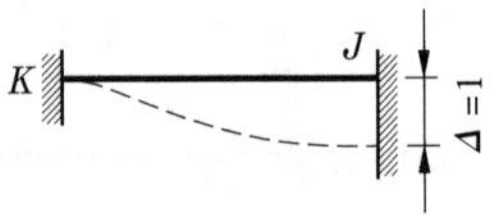 $M_{KJ}=M_{JK}=-\frac{6i}{l}$	6	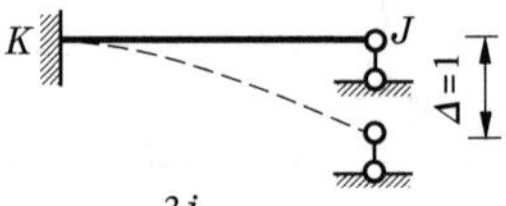 $M_{KJ}=-\frac{3i}{l}$　$M_{JK}=0$
7	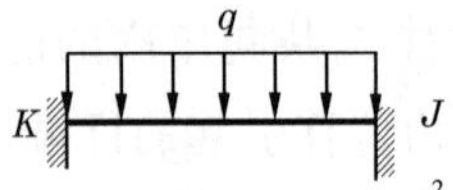 $M_{KJ}=-\frac{ql^2}{12}$　$M_{JK}=\frac{ql^2}{12}$	8	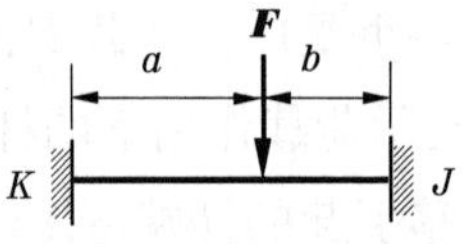 $M_{KJ}=-\frac{Fab^2}{l^2}$　$M_{JK}=\frac{Fa^2b}{l^2}$
9	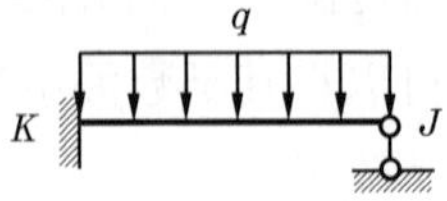 $M_{KJ}=-\frac{ql^2}{8}$　$M_{JK}=0$	10	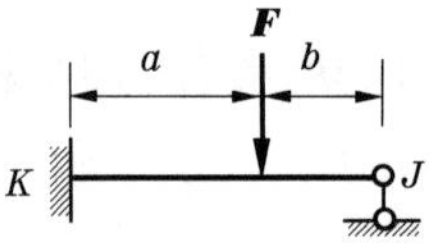 $M_{KJ}=-\frac{Fab(l+b)}{2l^2}$　$M_{JK}=0$
11	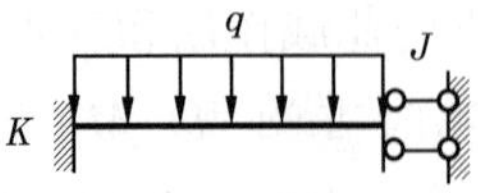 $M_{KJ}=-\frac{ql^2}{3}$　$M_{JK}=-\frac{ql^2}{6}$	12	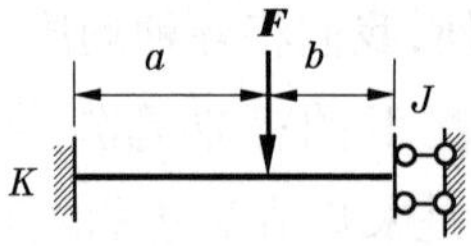 $M_{KJ}=-\frac{Fa(l+b)}{2}$　$M_{JK}=-\frac{Fa^2}{2l}$

续表 10-1

序号	计算简图及杆端弯矩值	序号	计算简图及杆端弯矩值
13	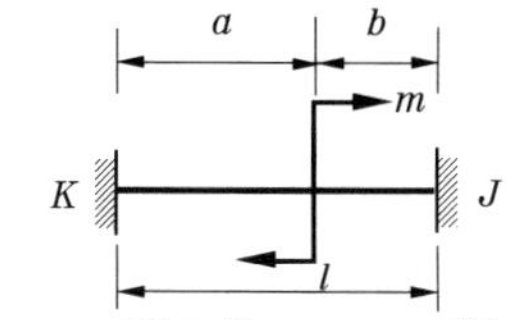 $M_{AB}=\frac{b(3a-l)}{l^2}m \quad M_{BA}=\frac{a(3b-l)}{l^2}m$	14	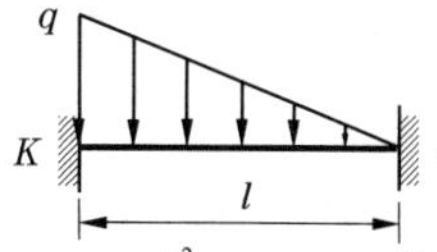 $M_{KJ}=-\frac{ql^2}{20} \quad M_{JK}=\frac{ql^2}{30}$
15	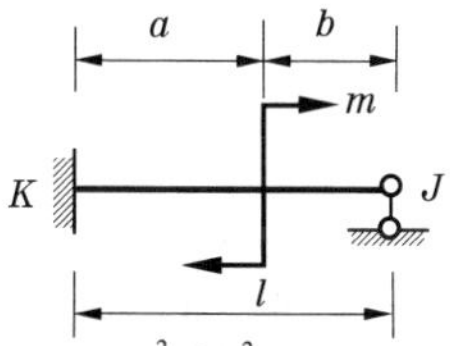 $M_{KJ}=\frac{l^2-3b^2}{2l^2}m \quad M_{JK}=0$	16	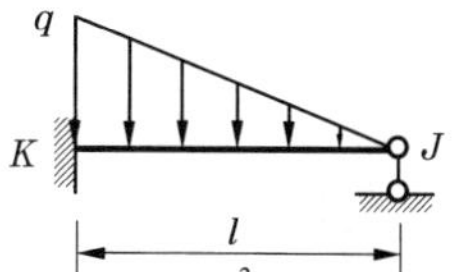 $M_{KJ}=-\frac{ql^2}{15} \quad M_{JK}=0$
17	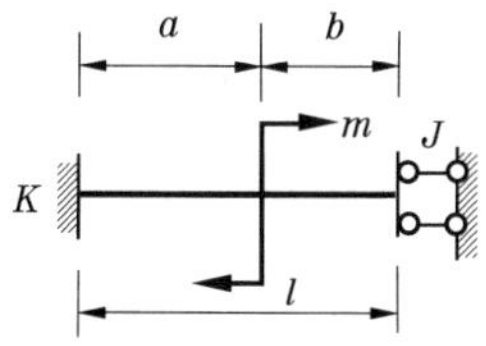 $M_{KJ}=-\frac{mb}{l} \quad M_{JK}=-\frac{ma}{l}$	18	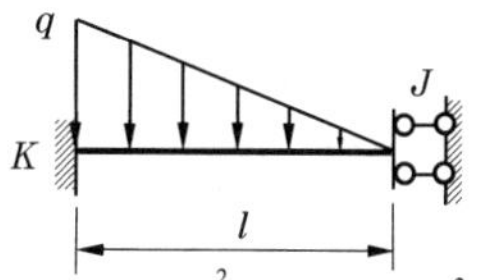 $M_{KJ}=-\frac{ql^2}{8} \quad M_{JK}=-\frac{ql^2}{24}$

注:①$i=\frac{EI}{l}$;

②M、θ、Δ 均以杆件产生顺时针转向时为正。

10.3.2　静不定单跨梁的杆端弯矩方程

在位移法的计算中,将每个静不定结构都视为多个静不定单跨梁的组合体,其中每个被刚性结点联结的杆端,对于静不定单跨梁来说都视为固定端。静不定单跨梁的基本形式有两端固定、一端固定另一端铰支(包括固定铰支和可动铰支)、一端固定另一端定向支座三种。根据式(10-11),这三种静不定单跨梁受广义荷载 $\boldsymbol{F}$、杆端角位移 θ、杆端线位移 Δ 共同作用时的杆端弯矩方程分别为

两端固定

$$\left.\begin{aligned} M_{KJ} &= M_{KJ}^{F} + 4i\theta_K + 2i\theta_J - \frac{6i}{l}\Delta \\ M_{JK} &= M_{JK}^{F} + 2i\theta_K + 4i\theta_J - \frac{6i}{l}\Delta \end{aligned}\right\} \tag{10-13}$$

K 端固定 J 端铰支
$$\left.\begin{aligned}M_{KJ} &= M_{KJ}^F + 3i\theta_K - \frac{3i}{l}\Delta \\ M_{JK} &= 0\end{aligned}\right\} \tag{10-14}$$

K 端固定 J 端定向支座
$$\left.\begin{aligned}M_{KJ} &= M_{KJ}^F + i\theta_K \\ M_{JK} &= M_{JK}^F - i\theta_K\end{aligned}\right\} \tag{10-15}$$

10.3.3 静不定结构的位移法算例

【例 10-5】 用位移法计算图 10-26(a)所示结构,并作出它的弯矩图。

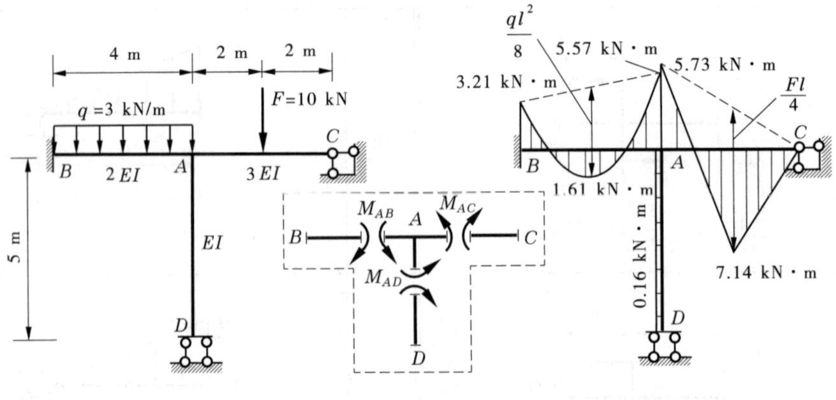

图 10-26

解:(1)图 10-26(a)所示结构为只有一个结点角位移 θ_A 而无结点线位移的静不定结构,由式(10-13)~式(10-15)及表 10-1 得其杆端弯矩方程分别为

AB 杆
$$\begin{cases}M_{AB} = M_{AB}^F + 4i\theta_A = \dfrac{ql_{AB}^2}{12} + 4\dfrac{2EI}{l_{AB}}\theta_A = \dfrac{3\times 4^2}{12} + 4\times\dfrac{2EI}{4}\theta_A = 4 + 2EI\theta_A \\ M_{BA} = M_{BA}^F + 2i\theta_A = -\dfrac{ql_{AB}^2}{12} + 2\dfrac{2EI}{l_{AB}}\theta_A = -\dfrac{3\times 4^2}{12} + 2\times\dfrac{2EI}{4}\theta_A = -4 + EI\theta_A\end{cases}$$

AC 杆
$$\begin{cases}M_{AC} = M_{AC}^F + 3i\theta_A = -\dfrac{3Fl_{AC}}{16} + 3\dfrac{3EI}{l_{AC}}\theta_A \\ \quad = -\dfrac{3\times 10\times 4}{16} + 3\times\dfrac{3EI}{4}\theta_A = -7.5 + \dfrac{9}{4}EI\theta_A \\ M_{CA} = 0\end{cases}$$

AD 杆
$$\begin{cases}M_{AD} = M_{AD}^F + i\theta_A = 0 + \dfrac{EI}{l_{AD}}\theta_A = \dfrac{EI}{5}\theta_A \\ M_{DA} = M_{DA}^F - i\theta_A = 0 - \dfrac{EI}{l_{AD}}\theta_A = -\dfrac{EI}{5}\theta_A\end{cases}$$

(2)建立位移法基本方程,求角位移 θ_A。

根据如图 10-26(b)所示结点 A 的力矩平衡条件

由

$$\sum M_A = 0,\quad M_{AB} + M_{AC} + M_{AD} = (4 + 2EI\theta_A) + \left(-7.5 + \frac{9EI}{4}\theta_A\right) + \frac{EI}{5}\theta_A = 0$$

解得

$$\theta_A = \frac{70}{89EI}$$

(3)将 θ_A 的值代入各杆的杆端弯矩方程中得到各杆端弯矩值分别为

$$AB\text{ 杆}\begin{cases} M_{AB} = 4 + 2EI\theta_A = 4 + 2EI \times \dfrac{70}{89EI} = 4 + \dfrac{140}{89} = 5.573(\text{kN·m})(\text{上拉}) \\ M_{BA} = -4 + EI\theta_A = -4 + EI \times \dfrac{70}{89EI} = -4 + \dfrac{70}{89} = -3.213(\text{kN·m})(\text{上拉}) \end{cases}$$

$$AC\text{ 杆}\begin{cases} M_{AC} = -7.5 + \dfrac{9}{4}EI\theta_A = -7.5 + \dfrac{9}{4}EI \times \dfrac{70}{89EI} \\ \qquad = -7.5 + \dfrac{157.5}{89} = -5.73(\text{kN·m})(\text{上拉}) \\ M_{CA} = 0 \end{cases}$$

$$AD\text{ 杆}\begin{cases} M_{AD} = \dfrac{EI}{5}\theta_A = \dfrac{EI}{5} \times \dfrac{70}{89EI} = 0.157(\text{kN·m})(\text{左拉}) \\ M_{DA} = -\dfrac{EI}{5}\theta_A = -\dfrac{EI}{5} \times \dfrac{70}{89EI} = -0.157(\text{kN·m})(\text{左拉}) \end{cases}$$

计算结果验算：

$\sum M_A = M_{AB} + M_{AC} + M_{AD} = 5.573 - 5.73 + 0.157 = 0$,表明计算结果正确。

(4)作刚架的弯矩图如图 10-26(c)所示。其中,杆 AB、杆 AC 的跨中弯矩值由区段叠加法计算

$$M_{AB}^{\text{中}} = \frac{ql^2}{8} + \frac{1}{2}(M_{AB} + M_{BA})$$
$$= \frac{3 \times 4^2}{8} + \frac{1}{2} \times (-5.573 - 3.213) = 1.61(\text{kN·m})(\text{下拉})$$

$$M_{AC}^{\text{中}} = \frac{Fl}{4} + \frac{1}{2}(M_{AC} + M_{CA}) = \frac{10 \times 4}{4} + \frac{1}{2} \times (-5.73 + 0) = 7.14(\text{kN·m})(\text{下拉})$$

由例 10-5 可知,用位移法计算静不定结构的一般步骤为：

(1)根据结构中各杆的约束情况,对照式(10-13)、式(10-14)、式(10-15)写出结构各杆端弯矩方程,方程中相应的弯矩常数由表 10-1 查得,查表时要特别注意弯矩常数的正负号。

(2)建立位移法基本方程,求解结点位移未知量。其中,对于只有结点角位移的结构,由结点力矩平衡条件得出位移法基本方程,并由基本方程解出结点角位移;对于具有几个刚性结点的结构,要分别列出每个结点的力矩平衡方程,然后联立解出相应的结点角位移;对于既有结点角位移又有结点线位移的结构,须分别建立结点力矩平衡方程和杆件中力的投影平衡方程,联解得出结点的角位移和线位移。

(3)计算结构中各杆端弯矩值。各杆端弯矩值是将已求得的结点位移回代到杆端弯矩方程中算得的。杆端弯矩求出后,要进行结点力矩平衡条件的校核。对于荷载作用下的杆件,其他截面的弯矩,可由区段叠加法计算。

(4)绘制结构的弯矩图。若需要作剪力图和轴力图,则可采用力法中介绍的剪力、轴

力计算方法分别计算各杆的剪力和轴力并作图。

与力法相比，由位移法计算有结点线位移的结构并没有太多的优越性。因此，位移法多用于计算无结点线位移的静不定结构。

10.4 力矩分配法

10.4.1 力矩分配法的基本概念

前面介绍的力法和位移法是计算静不定结构的两种基本方法，这两种方法的共同特点是都需要求解基本方程。力矩分配法是计算静不定无侧移结构杆端弯矩的一种渐近法。由于它无需求解方程，计算过程又较为简单，因而在实际工程中的应用较为广泛。

力矩分配法的任务就是不通过解方程而计算出结构中各杆端弯矩。如图 10-27(a) 所示单结点结构在力 $\boldsymbol{F}$ 作用下产生了如图 10-27(a) 中虚线所示的变形。下面我们以此例来说明力矩分配法的概念。设想结构受力之前在结点 K 附加一个可以阻止结点 K 转动的刚臂，称为**附加刚臂**，如图 10-27(b) 所示，然后将荷载作用于结构上。这时结构中被结点 K 所联系的各杆端显然既不能移动，也不能转动，即杆端 K 相当于一个固定端。如果我们将荷载作用下结点被固定状态中的各杆 K 端弯矩称为固端弯矩，用 M_{KJ}^{F} 表示，则图 10-27(b) 中各杆端弯矩如图 10-27(c) 所示(当杆件上不受外力作用时，其杆端弯矩等于零)。

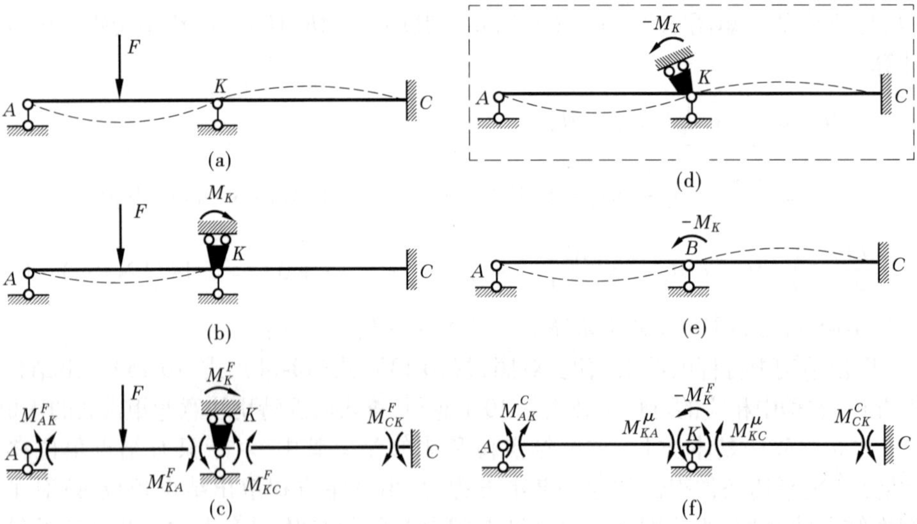

图 10-27

被**附加刚臂**所固定的结点 K 处各固端弯矩的代数和一般不等于零，即在结点 K 的**附加刚臂**上存在一个**附加约束力矩**，在图 10-27(c) 所示状态中，结点 K 的**附加约束力矩**为

$$M_K = M_K^F = M_{KA}^F + M_{KC}^F = \sum M_{KJ}^F$$

附加约束力矩 M_K^F 称为结点 K 的不平衡力矩，它等于结点 K 处各杆固端弯矩的代数

和，且以顺时针方向转动时为正。

在结构的结点 K 处本来没有刚臂，也就没有附加约束力矩 M_K^F，因此图 10-27(b) 的固端弯矩并不是原静不定结构的杆端弯矩，必须加以修正。修正的方法是：放松结点 K，即在结点 K 处施加一个与 M_K^F **等值**、**反向**的力矩 $-M_K^F$，即 $-\sum M_{KJ}^F$，以消除附加刚臂的作用；或者理解为，在结点 K 的附加刚臂上施加一个与 M_K^F **等值**、**反向**的力矩 $-M_K^F$，迫使结点 K 发生如图 10-27(d)、(e) 所示的转动而恢复其实际的变形状态。

现在的问题是，当结点 K 受到 $-M_K^F$ 单独作用时，如何得到结构中各杆端的弯矩。由力法可知，当结构的支座发生位移时，结构中的杆端弯矩与结构的抗弯刚度成正比。因此，我们可以将结点不平衡力矩 $-M_K^F$ 按结点 K 所联结杆件的相对刚度大小的比例关系分配给结点 K 处的杆端。结点处的杆端称为"近端"，杆件的另一端称为"远端"。如图 10-27(f) 所示，将**杆件的近端中根据杆件刚度大小分配得到的弯矩，称为分配弯矩，用 M_{KJ}^μ 表示**，对于每个结点显然有

$$\left|\sum M_{KJ}^\mu\right| = \left|-\sum M_{KJ}^F\right|$$

为了得到分配弯矩 M_{KJ}^μ，将迫使 KJ 杆件 K 端产生单位角位移($\theta = 1$) 的杆端力矩，称 KJ 杆件 K 端的转动刚度，用 S_{KJ} 表示；作用于结点 K 处各杆端转动刚度之和，称为结点 K 的**转动刚度**，用 S_K($S_K = \sum S_{KJ}$) 表示。对于 EI 为常数的等截面静不定单跨梁，其 S_{KJ} 值可由表 10-1 查得，即如图 10-28 所示三种情形。

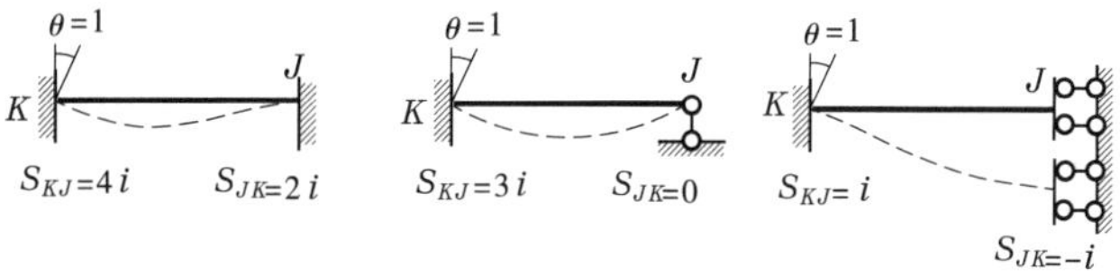

图 10-28

于是结点 K 处由于结点不平衡力矩 $-M_K^F$ 引起的杆端分配弯矩计算公式为

$$M_{KJ}^\mu = \frac{S_{KJ}}{\sum S_{KJ}}\left(-\sum M_{KJ}^F\right) = \mu_{KJ}\left(-\sum M_{KJ}^F\right) \tag{10-16}$$

式中

$$\mu_{KJ} = \frac{S_{KJ}}{\sum S_{KJ}} \tag{10-17}$$

称为**力矩分配系数**。对于结点 K 有 $\sum \mu_{KJ} = 1$。

当我们得到结点处各杆近端 K 的分配弯矩后，就可以由式(10-18)计算出实际结构结点 K 处各杆近端弯矩

$$M_{KJ} = M_{KJ}^F + M_{KJ}^\mu \tag{10-18}$$

杆件远端的弯矩，是由其近端分配弯矩按一定比例传递得到的，因而称为传递弯矩，用 M_{JK}^C 表示，且

$$M_{JK}^C = \frac{S_{JK}}{S_{KJ}} M_{KJ}^\mu = C_{KJ} M_{KJ}^\mu \tag{10-19}$$

式中，$C_{KJ}=S_{JK}/S_{KJ}$称为**力矩传递系数**，由图 10-28 可知，对于远端为固定端、定向端、铰支端时，其力矩传递系数分别为 1/2、-1、0。

结构中杆件的远端总弯矩是其固端弯矩与传递弯矩的代数和，即

$$M_{JK} = M_{JK}^{F} + M_{JK}^{C} \tag{10-20}$$

我们通过附加刚臂产生结点不平衡力矩，再将这个不平衡力矩反号分配给相应杆端，从而使结点处于力矩平衡状态。这种计算静不定结构杆端弯矩的方法，称为力矩分配法。**在力矩分配法中，所有的杆端弯矩都以顺时针转向为正。**

综上所述，力矩分配法计算静不定结构的基本过程是：

(1) 通过查表10-1得出结构中各杆固端弯矩M_{KJ}^{F}，求得近结点各杆端固端弯矩的代数和$\sum M_{KJ}^{F}$。$\sum M_{KJ}^{F}$的存在，表明该结点力矩不平衡，需将此不平衡力矩反号并按比例分配给各杆近端，以实现结点力矩平衡。

(2) 查表10-1得到杆端转动刚度（单位位移引起的杆端弯矩值）S_{KJ}、S_{JK}，由式(10-17)计算得**力矩分配系数**μ_{KJ}，**由于力矩传递系数**C_{KJ}只有三个数值，即**两端固定**$C_{KJ}=0.5$，**一端固定另一端铰支**$C_{KJ}=0$，**一端固定另一端定向支座**$C_{KJ}=-1$，故实际计算中可直接利用与此相应的力矩传递系数。

(3) 由式(10-18)计算各杆近端弯矩，由式(10-20)计算各杆远端弯矩。要注意到每个结点处各杆端弯矩之和应等于零。

(4) 根据所求得的各杆端弯矩作弯矩图。

【例 10-6】 用力矩分配法计算图 10-29(a)所示刚架，作出它的弯矩图并与图 10-26(c)进行比较。

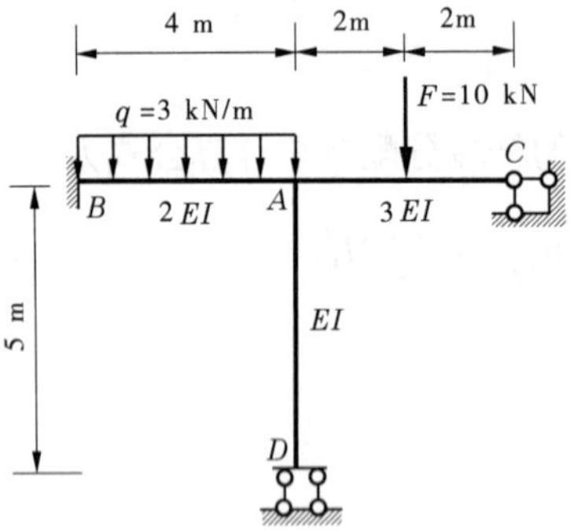

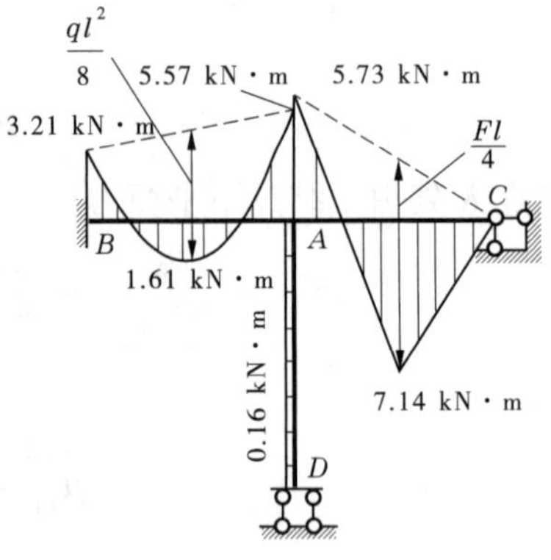

图 10-29

解：(1) 将图 10-29(a)所示刚架中各杆的 A 端视为固定端，由表 10-1 查各杆端的固端弯矩、转动刚度

$$M_{AB}^{F}=\frac{ql^2}{12}=\frac{3\times 4^2}{12}=4(\text{kN}\cdot\text{m}),\quad M_{BA}^{F}=-\frac{ql^2}{12}=-4(\text{kN}\cdot\text{m})$$

$$M_{AC}^{F}=-\frac{3Fl}{16}=-\frac{3\times 10\times 4}{16}=-7.5(\text{kN}\cdot\text{m}),\quad M_{CA}^{F}=0$$

$$M_{AD}^{F} = 0,\quad M_{DA}^{F} = 0$$

$$S_{AB} = 4i = 4 \times \frac{2EI}{4} = 2EI,\quad S_{AC} = 3i = 3 \times \frac{3EI}{4} = \frac{9}{4}EI,\quad S_{AD} = i = \frac{EI}{5}$$

(2)计算结点不平衡力矩、分配系数。

结点的不平衡力矩计算

$$\sum M_{AJ}^{F} = M_{AB}^{F} + M_{AC}^{F} + M_{AD}^{F} = 4 - 7.5 + 0 = -3.5(\text{kN} \cdot \text{m})$$

分配系数计算

因

$$\sum S_{AJ} = S_{AB} + S_{AC} + S_{AD} = 2EI + \frac{9}{4}EI + \frac{EI}{5} = \frac{40EI + 45EI + 4EI}{20} = \frac{89}{20}EI$$

故

$$\mu_{AB} = \frac{S_{AB}}{\sum S_{AJ}} = \frac{2EI}{89EI/20} = \frac{40}{89},\quad \mu_{AC} = \frac{S_{AC}}{\sum S_{AJ}} = \frac{9EI/4}{89EI/20} = \frac{45}{89},$$

$$\mu_{AD} = \frac{S_{AD}}{\sum S_{AJ}} = \frac{EI/5}{89EI/20} = \frac{4}{89}$$

(3)由式(10-18)和式(10-20)分别计算各杆端弯矩。

AB 杆
$$\begin{cases} M_{AB} = M_{AB}^{F} + \mu_{AB}(-\sum M_{Ai}^{F}) \\ \quad = 4 + \frac{40}{89}[-(-3.5)] = 4 + 1.57 = 5.57(\text{kN} \cdot \text{m})(\text{上拉}) \\ M_{BA} = M_{BA}^{F} + C_{AB}M_{AB}^{\mu} = -4 + 0.5 \times 1.57 = -3.21(\text{kN} \cdot \text{m})(\text{上拉}) \end{cases}$$

AC 杆
$$\begin{cases} M_{AC} = M_{AC}^{F} + \mu_{AC}(-\sum M_{Ai}^{F}) \\ \quad = -7.5 + \frac{45}{89}[-(-3.5)] = -7.5 + 1.77 = -5.73(\text{kN} \cdot \text{m})(\text{上拉}) \\ M_{CA} = 0 \end{cases}$$

AD 杆
$$\begin{cases} M_{AD} = M_{AD}^{F} + \mu_{AD}(-\sum M_{Ai}^{F}) \\ \quad = 0 + \frac{4}{89} \times [-(-3.5)] = 0.16(\text{kN} \cdot \text{m})(\text{左拉}) \\ M_{DA} = M_{DA}^{F} + C_{AD}M_{AD}^{\mu} = 0 + (-1) \times 0.16 = -0.16(\text{kN} \cdot \text{m})(\text{左拉}) \end{cases}$$

(4)作刚架的弯矩图如图 10-29(b)所示。比较图 10-29(b)和图 10-26(c)可知,结果完全相同。说明对于单结点结构,用力矩分配法得到的结果是精确值而不是近似值。

10.4.2　多结点结构的力矩分配计算

多结点结构的力矩分配计算方法与单结点基本相同,只是在两个相邻结点之间杆件的杆端弯矩中存在多次分配与传递的问题。例如,结点 K 经力矩分配后处于力矩平衡状态,但当结点 J 传来一个传递弯矩后,结点 K 就不平衡了,这时又要对这个被传来的弯矩进行反号重新分配,当然结点 J 也存在同样的问题。多结点结构杆端弯矩由三项组成

$$\left.\begin{aligned} M_{KJ} &= M_{KJ}^{F} + \sum M_{KJ}^{\mu} + \sum M_{KJ}^{C} \\ M_{JK} &= M_{JK}^{F} + \sum M_{JK}^{\mu} + \sum M_{JK}^{C} \end{aligned}\right\} \tag{10-21}$$

对于多结点结构，为了表达清楚及便于检查起见，一般采用列表法计算之。下面以图 10-30所示三跨连续梁为例，说明多结点力矩分配与传递计算的过程与要点。

【例 10-7】 用力矩分配法计算图 10-30(a)所示连续梁，并作它的弯矩图。

解：(1)在梁的下方画出力矩分配计算表格，如图 10-30 中所示。

(2)由表 10-1 查出各杆端转动刚度值，计算出各杆端力矩分配系数，连同弯矩传递系数一起填入表中；再由表 10-1 查出荷载作用下各杆固端弯矩值并填入计算表中。

(3)分别计算结点 B、C 所在杆端的分配弯矩和传递弯矩。

(4)由式(10-21)计算梁的各杆端弯矩值，作出梁的弯矩图如图 10-30(b)所示。

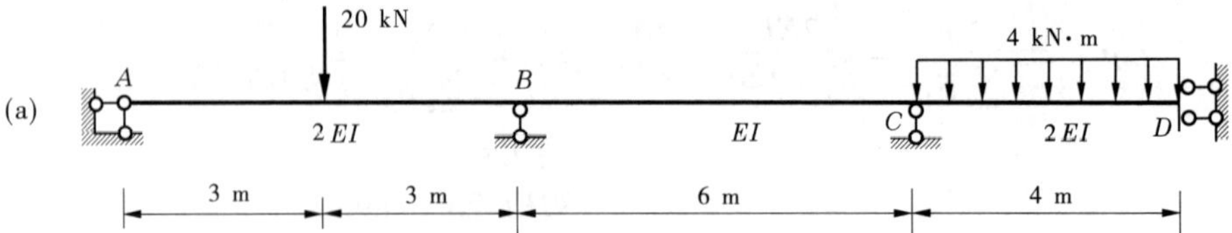

S			EI	$0.67EI$		$0.67EI$	$0.5EI$		$-0.5EI$
μ			0.6	0.4		0.57	0.43		
M^F	0		22.5	0	←	0	-21.33	→	-10.67
B分、传(1)	0	←	-13.5	-9.0	→	-4.5			
C分、传(1)				7.36	←	14.72	11.11	→	-11.11
B分、传(2)	0	←	-4.42	-2.94	→	-1.47			
C分、传(2)				0.42	←	0.84	0.63	→	-0.63
B分、传(3)	0	←	-0.25	-0.17	→	-0.08			
C分、传(3)						0.05	0.03	→	-0.03
M(kN·m)	0		4.33	-4.33		9.56	-9.56		-22.44

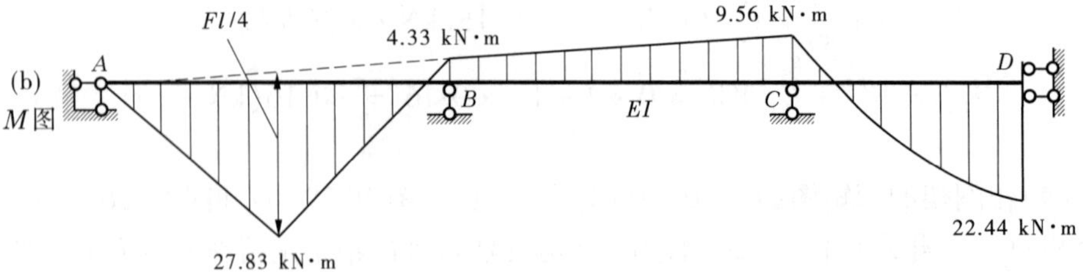

图 10-30

注意，对于多结点结构，每个杆端的固端弯矩值只有一个，但分配弯矩和传递弯矩则各有几个。式(10-21)中的第二项、第三项即表达了此意思。实际计算时，只须将杆端所在列的 M^F 及其以下各弯矩值代数相加即得出该杆端的弯矩值。

10.4.3　无剪力分配法计算有侧移刚架(简介)

对于单跨多层的平行立柱对称刚架,如图 10-31(a)所示梁式渡槽的排架,在受到水平方向外力(如风压力)作用下,其受力如图 10-31(b)所示,每个结点都有角位移和线位移。如果不加简化地用前述方法计算其各杆端弯矩,那将是比较困难的。但是如果利用对称性将图 10-31(b)分解为图 10-31(c)、(d)两种受力情形,若不考虑各杆的轴向变形,则图 10-31(c)中各杆中只有轴力(无结点位移),且轴力可由外力直接算出。而图 10-31(d)属于奇数跨对称结构受反对称荷载作用的情形,其对称的半边结构如图 10-31(e)所示。

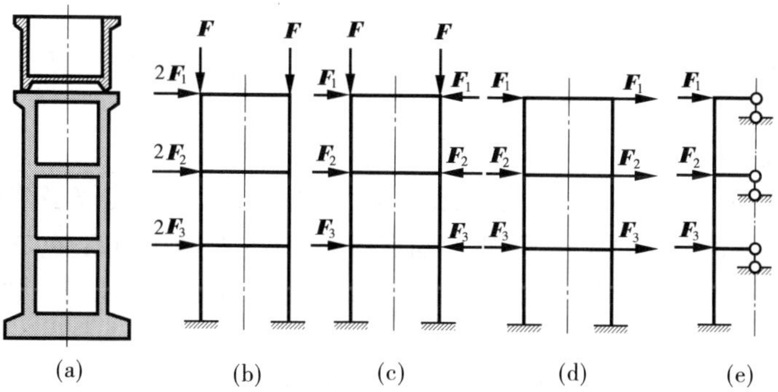

图 10-31

一般情况下,力矩分配法不能直接用于计算有结点线位移结构。但对于图 10-31(e)所示结构,由于其结构形式的特殊性,我们可以用下面介绍的无剪力分配法计算之。

如图 10-31(e)所示结构的主要特点是,各层立柱的剪力都可以由静力平衡条件计算得到,这些立柱称为剪力静定杆。在力矩的分配与传递过程中,每层立柱中的剪力都是不变的常数,即并不因杆端力矩的分配和传递而引起新的剪力,因而将此类结构的力矩分配法称为无剪力分配法。

无剪力分配法在原理上与力矩分配法并无大的区别,只是其荷载状态中要考虑结点的侧向线位移(因为给结点所施加的约束只限制结点的角位移),而变形状态中结点不仅有角位移,还有一与荷载状态相同的侧向线位移,如图 10-32 所示。对于图 10-32 所示结构,设各杆长度为 l,抗弯刚度均为 EI,则其各杆的固端弯矩、转动刚度分别为

$$M_{AB}^{F}=-\frac{Fl}{2},\quad S_{AB}=i,\quad S_{AC}=3i$$

力矩分配系数与传递系数分别为

$$\mu_{AB}=\frac{S_{AB}}{\sum S_A}=\frac{i}{4i}=\frac{1}{4},\quad \mu_{AC}=\frac{S_{AC}}{\sum S_A}=\frac{3i}{4i}=\frac{3}{4},\quad C_{AB}=-1,\quad C_{AC}=0$$

由式(10-21)可得各杆的杆端弯矩分别为

$$M_{AB}=-\frac{Fl}{2}+\mu_{AB}\left(-\sum M_A^F\right)+0=-\frac{Fl}{2}+\frac{1}{4}\times\frac{Fl}{2}=-\frac{3Fl}{8}\text{(右拉)}$$

$$M_{AC}=0+\mu_{AC}\left(-\sum M_A^F\right)+0=\frac{3}{4}\times\frac{Fl}{2}=\frac{3Fl}{8}\text{(下拉)}$$

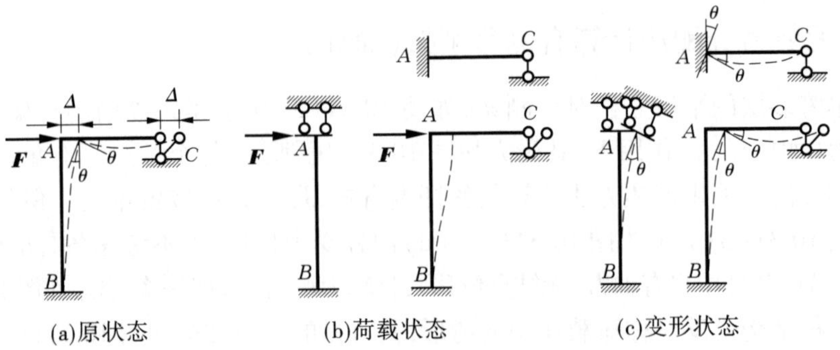

图 10-32

$$M_{BA}=-\frac{Fl}{2}+0+C_{AB}\mu_{AB}\left(-\sum M_A^F\right)=-\frac{Fl}{2}+(-1)\times\frac{Fl}{8}=-\frac{5Fl}{8}\text{(左拉)}$$

有了杆端弯矩,要作其弯矩图非常容易,读者可自作之。

对于图 10-31(e)所示多层无剪力分配结构的力矩分配计算,可按多结点力矩分配法列表进行,**竖杆的上端为定向支座,下端为固定端,横杆的左端为固定端,右端为可动铰支座**;每个中间结点处,竖杆近端向远端的力矩传递系数均为 -1;作用于下层立柱上端(定向支座端)的水平外力是其以上各层水平外力的代数和。

下面以图 10-31(e)所示刚架为例,说明无剪力分配法的计算过程。

【例 10-8】 设图 10-31(e)所示刚架的几何尺寸、杆件刚度及荷载作用情况如图 10-33(a)所示,现用无剪力分配法计算其各杆的杆端弯矩,并绘制出该刚架的弯矩图。

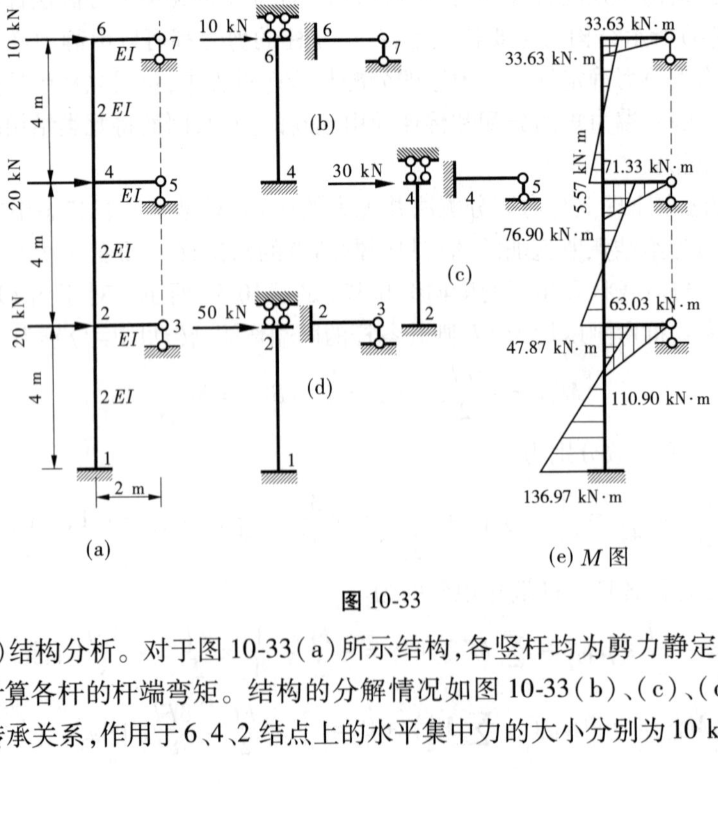

图 10-33

解:(1)结构分析。对于图 10-33(a)所示结构,各竖杆均为剪力静定杆,因而可用力矩分配法计算各杆的杆端弯矩。结构的分解情况如图 10-33(b)、(c)、(d)所示,按力自上而下的传承关系,作用于6、4、2 结点上的水平集中力的大小分别为 10 kN、30 kN(10 kN

+20 kN)、50 kN(10 kN+20 kN+20 kN)。

(2)结构中各杆杆端弯矩计算如表 10-2 所示。其中 $M_{32}=M_{54}=M_{76}=0$,表中未列出。

(3)作弯矩图如图 10-33(e)所示。

表 10-2　杆端弯矩计算表

结点号	1	2			4			6	
杆端号	12	21	23	24	42	45	46	64	67
$S(EI)$		0.5	1.5	0.5	0.5	1.5	0.5	0.5	1.5
μ		0.2	0.6	0.2	0.2	0.6	0.2	0.25	0.75
M^F(kN·m)	-100	-100	0	-60	-60	0	-20	-20	0
4分传(1)				-16	16	48	16	-16	
2、6分传(1)	-35.2	35.2	105.6	35.2	-35.2		-9	9	27
4分传(2)				-8.84	8.84	26.52	8.84	-8.84	
2、6分传(2)	-1.77	1.77	5.30	1.77	-1.77		-2.21	2.21	6.63
4分不传(3)					0.80	2.38	0.80		
M(kN·m)	-136.97	-63.03	110.90	-47.87	-71.33	76.90	-5.57	-33.63	33.63

10.5　结构计算软件的应用

10.5.1　概　述

运用传统方法(如力法、位移法、力矩分配法或其他手算方法)来计算静不定结构的内力和位移,不仅速度慢、精度低、工作量大,而且对于高次静不定的现代工程结构来说,用传统方法来计算其内力和位移几乎是不可能的。或者说,传统方法已远不能满足现代工程结构计算的需要。

随着现代计算技术的普及和发展以及电子计算机在工程领域的广泛应用,高次静不定结构的计算问题有了圆满的解决方法。矩阵位移法就是解决工程结构内力与位移计算问题的一种现代计算方法。《平面直杆件结构内力与位移计算》软件(以下简称《结构计算》)就是根据矩阵位移法编制的可直接在电子计算机上进行结构计算的应用软件,它的问世,使得完成静不定结构的内力和位移计算工作变得轻而易举。

读者只需学习和掌握好本章讲述的几种基本类型静不定结构的各种信息处理及获得原始数据的方法与要领,并通过上机操作,便可运用《结构计算》轻松地进行常见工程结构内力和位移的计算工作。

10.5.1.1 《结构计算》的特点与计算功能

1)特点

软件的使用者,无须懂得计算机语言,也无须知道源程序(本软件不附源程序),只须熟练掌握相关的力学知识并严格遵循软件应用的各项规定进行操作,便可达到使用目的。

该软件既适用于教学,也适用于实际工程的结构计算。它具有功能强大、用途广泛、计算精度高、速度快且操作简单易于掌握等显著特点。

2)计算功能

(1)不受直杆件结构类型和结点个数的限制。

(2)不受作用于结构上荷载类型的限制(包括温度变化、支座移动、制造误差等)。

(3)不受计算条件的限制(可考虑杆件的轴向变形,也可不考虑杆件的轴向变形)。

10.5.1.2 《结构计算》的适用条件

1)结构

该软件适用于由等截面直杆组成的各种刚结或铰结静不定平面结构,结构各单元的弹性模量、惯性矩、横截面面积可以各不相同。计算中,对于梁和刚架可以考虑弯曲变形和轴向变形,也可以只考虑弯曲变形。

2)支座

结构的支座,可以是各种类型的刚性支座和弹性支座。刚性支座的约束情况由特殊结点信息数组来描述。

3)荷载

作用于结构上的荷载,可以是各种结点荷载和各种广义的非结点荷载,包括各种常见的荷载、支座移动、温度变化以及制造误差等。

10.5.2 《结构计算》的控制变量与相关信息

10.5.2.1 《结构计算》的控制变量

《结构计算》中的控制变量,是根据《结构计算》源程序编写需要确定的对计算过程和计算结果起控制作用的变量。该软件中共设有五个控制变量,即结构的结点总个数、特殊结点的个数、结构的单元数、结点荷载个数、非结点荷载(即单元荷载)个数等。

10.5.2.2 结构的结点个数、结点号及结点坐标

1)结构中的结点总个数

结构中的结点总个数,是通过结点编号后得到的结点号码总个数(即最大结点号数)。它包括结构中所有刚性结点、铰结点和支座。软件中用 N_1 表示结构的结点总个数。结点总个数中包含特殊结点。例如图 10-34 所示各结构的结点总个数分别为:图 10-34(a)中 $N_1=6$、图 10-34(b)中 $N_1=10$、图 10-34(c)中 $N_1=4$。其中图 10-34(a)中的 4 号结点是结点 3 的从结点。

2)结点类型及结点号编排的基本规则

除支座外,结构中的结点有三种类型:

(1)被联结的各杆端在结点处不能作任何相对运动的刚性结点。

(2)被联结的杆件均为二力杆(桁架单元)的铰结点。

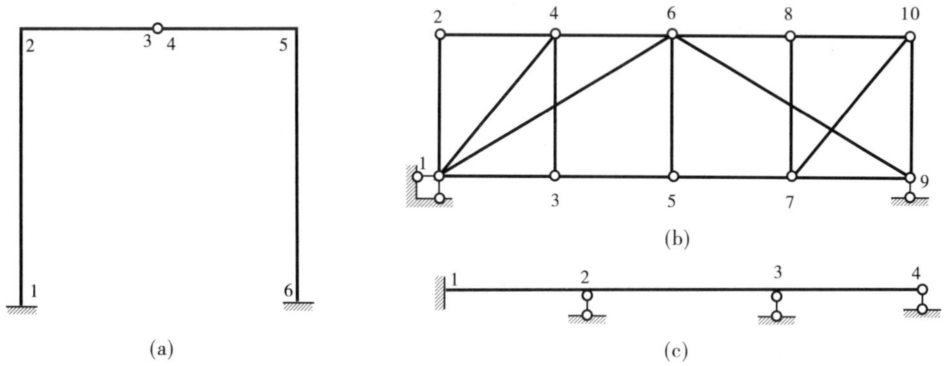

图 10-34

(3)梁、刚架、组合结构中的主从结点。

结点号编排的基本规则是:

(1)结点编号的顺序为"从左到右,自上而下"或"从左到右,自下而上"。对于不考虑轴向变形的结构,结点编号应从支座结点开始。编号时尽可能使结构中各单元两端的结点号码差最小。

(2)被联结各杆端在结点处不能作任何相对运动的每个刚性结点,被联结的杆件均为二力杆(桁架单元)的每个铰结点,均须各编一个结点号(结点号是自然数)。

(3)当梁、刚架、组合结构中的结点联结着 S 个具有不同位移的杆端时,应在这 S 个杆端处各编一个结点号。这种联结着 S 个具有不同位移的杆端的结点,称为组合结点。并且,当某结点周围有 n 个结点号时,则应将其中的最小者作为主结点号,而其余 $n-1$ 个结点号都是这个主结点号的从结点号,即主结点号必须小于其从结点号。

如图 10-34 中,图 10-34(a)的 3 号结点是主结点,4 号结点是结点 3 的从结点,故共有 6 个结点,结点号从 1 到 6;图 10-34(b)是理想桁架,共有 10 个铰结点(其中 1 号结点和 9 号结点既是桁架的结点,又是支座结点),结点号从 1 到 10;图 10-34(c)为连续梁,每个结点各编一个号,结点号从 1 到 4。

3)结点坐标

任何一个结构在计算时都必须建立一个平面直角坐标系,结构中的每个结点(包括主结点和从结点)在此坐标系中都应有相应的坐标。结构坐标系的正向规定为:x 轴向右为正,y 轴向下为正。

如图 10-35 所示结构中,各结点在图示坐标系下的坐标分别为:

1(0,6),2(0,0),3(5,0),4(5,2),5(5,6),6(5,2),7(8,2),8(8,6)

10.5.2.3　特殊结点个数与特殊结点信息的确定

1)特殊结点

平面结构中,除具有有效角位移和两个独立线位移的一般结点外,其他所有的结点都称为特殊结点。例如,结构的支座结点、忽略轴向变形时刚架和连续梁中的所有结点(如图 10-36(b)所示刚架中的 2、3 结点)、组合结构及平面桁架中的铰结点等,都属于特殊结点。《结构计算》中特殊结点的个数用 N_2 表示。

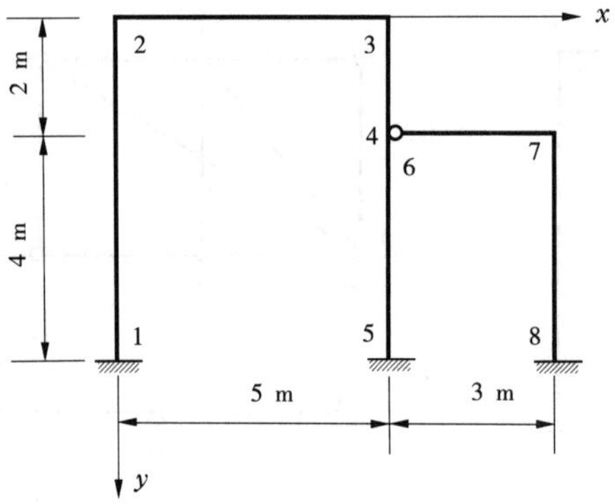

图 10-35

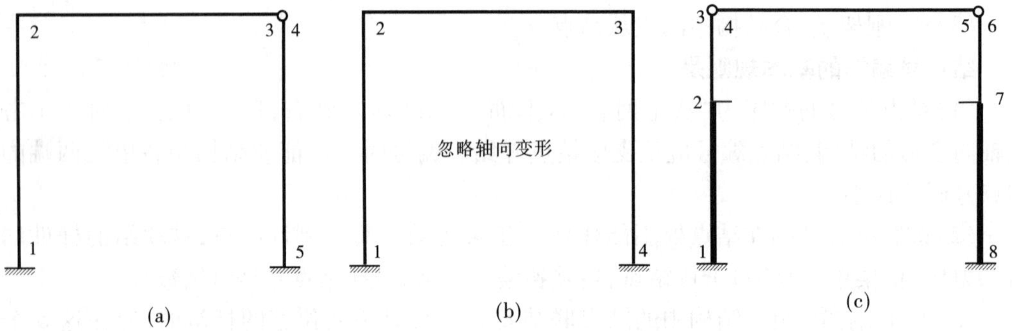

图 10-36

(1)支座结点。支座结点及其约束信息见表 10-3。

(2)从结点。对于周围编有 n 个结点号的组合结点,其中结点号最小的结点称为主结点,而另外 $n-1$ 个结点作为该主结点的从结点。从结点的线位移与其主结点的线位移相同。如图 10-36(a)所示结构中的 4 号结点是 3 号结点的从结点,图 10-36(c)所示结构中的 4 号结点和 6 号结点分别为 3 号结点和 5 号结点的从结点。

(3)具有无效结点位移的铰结点。在组合结构中,二力杆两端的铰结点有非零的角位移,由于此结点角位移不会使二力杆的内力(轴力)发生改变,故称此结点角位移为无效结点位移。此无效结点位移的特殊结点信息数均为“1”(如图 10-36(c)中的结点 4、5),其位移号均为“0”。

2)特殊结点信息

特殊结点信息是指反映特殊结点约束状况的信息,并规定,无位移(有约束)时的约束信息数为“1”,有位移(无约束)时的约束信息数为“0”。

上述几种特殊结点的约束信息,在《结构计算》中用特殊结点信息数组 $[JT]_{N_2\times 4}$ 来描述。其中,N_2 是特殊结点个数。$[JT]_{N_2\times 4}$ 中第 1 列诸元素为各个特殊结点的结点号,特殊结点号由小到大依次排列;第 2、3、4 列的元素分别为表示同一行上特殊结点在水平位移(u)方向、竖直位移(v)方向和结点角位移(θ)方向上的特殊结点信息,即特殊结点约束信息。

表 10-3　支座结点及其约束信息

支座名称	支座简图形式	支座约束信息			备注
		水平位移 u	竖向位移 v	角位移 θ	
固定端支座		1	1	1	无任何移动 无任何转动
定向支座 1		0	1	1	水平可移动
定向支座 2		1	0	1	竖向可移动
固定铰支座		1	1	0	只能转动
可动铰支座 1		0	1	0	竖向无移动
可动铰支座 2		1	0	0	水平无移动

注：无移动时的约束信息为 1，有移动时，其移动方向的约束信息为 0。

例如，图 10-36 所示各结构中特殊结点的约束信息分别为

图 10-36(a)：1(1,1,0)，4(3,3,0)，5(1,1,1)；

图 10-36(b)：1(1,1,1)，2(0,1,0)，3(2,1,0)，4(1,1,1)；

图 10-36(c)：1(1,1,1)，4(3,3,1)，5(0,0,1)，6(5,5,0)，8(1,1,1)。

其特殊结点信息数组分别为

$$[JT]_{3\times4}=\begin{bmatrix}1&1&1&0\\4&3&3&0\\5&1&1&1\end{bmatrix},\quad [JT]_{4\times4}=\begin{bmatrix}1&1&1&1\\2&0&1&0\\3&2&1&0\\4&1&1&1\end{bmatrix},\quad [JT]_{5\times4}=\begin{bmatrix}1&1&1&1\\4&3&3&1\\5&0&0&1\\6&5&5&0\\8&1&1&1\end{bmatrix}$$

10.5.2.4　结点荷载个数与相应结点位移号的确定

1)结构中的结点荷载个数

结点荷载是指作用于结构结点（包括支座结点）上的集中荷载。在《结构计算》中，**结构上的结点荷载个数用 N_4 表示**。如图 10-37 所示结构中的结点荷载个数 $N_4=3$。

2)结点位移号及其确定方法

平面结构中的每个结点都有三个位移号。各结点位移号的编排按结点号的编排顺序进行，每个结点按 u（水平位移）、v（竖直位移）、θ（角位移）先后次序编号。注意到结点有约束时则无位移，无约束时则有位移。如图 10-37 所示结构中各结点的位移号为

图 10-37(a)：1(0,0,0)，2(1,2,3)，3(4,5,6)，4(0,0,0)，共 6 个位移；

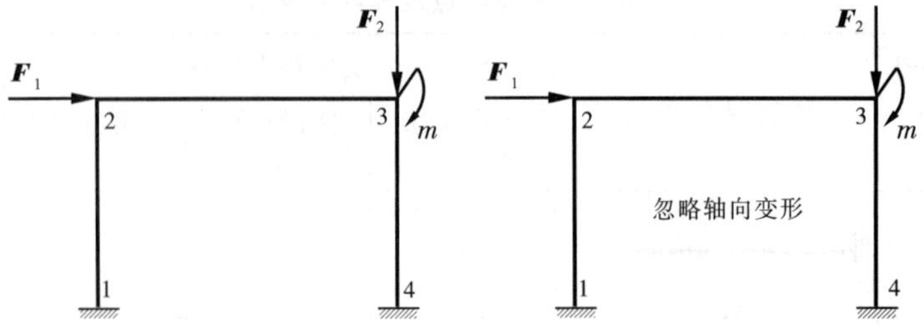

(a)　　(b)

图 10-37

图 10-37(b):1(0,0,0),2(1,0,2),3(1,0,3),4(0,0,0),共 3 个位移,其中 1、4 结点(固定端)无任何位移,2、3 结点无竖向位移且水平位移相同。

确定结构中各结点的位移号有两个作用:一是用来给结点荷载定位,二是便于从计算结果中查阅结点位移。

3)与结点荷载相应的结点位移号

结构中每个结点荷载都有一个与之对应的结点位移号。《结构计算》中每个结点荷载在结构中的作用位置都是由其结点位移号来定位的。在《结构计算》原始数据输入中输入结点荷载时,要先给出该荷载对应的位移号,再给出该荷载的值。如图 10-37 中结点荷载和结点位移号的对应关系如表 10-4 所示。

表 10-4　结点荷载与结点位移号

位移号与荷载	图 10-37(a)			图 10-37(b)		
结点位移号	1	5	6	1	0	3
结点荷载值	F_1	F_2	m	F_1	F_2	m

注:输入时,结点位移号为零的结点荷载不给出结点荷载信息。

10.5.2.5　单元及非结点荷载信息的确定

1)单元及其个数的确定

单元是指结构中的杆件,且每个单元都联结着两个结点(无论是主结点、从结点,还是支座结点)。在《结构计算》中,每个单元都有一个相应的编号,这个编号就是该单元的单元号。单元编号的顺序不受限制,但一般多按自上而下、从左至右、先横后竖、先有载后无载的编号顺序进行单元编号。结构中单元编号的最大号码即为该结构的单元个数。《结构计算》中**结构的单元个数用** N_3 **表示**。如图 10-34(a)中 $N_3=4$,图 10-34(b)中 $N_3=17$,图 10-36(c)所示结构中 $N_3=5$。

2)非结点荷载信息的确定

(1)非结点荷载。非结点荷载就是单元荷载,即直接作用于杆件上的荷载。它包括表 10-5 中所示的各种类型。在《结构计算》中,**结构的非结点荷载个数用** N_5 **表示**。如图 10-38所示结构,共有 7 个非结点荷载,故其非结点荷载个数 $N_5=7$。

(2)非结点荷载信息。结构中的非结点荷载信息,是《结构计算》中对结构中的单元荷载进行定位和定量的控制信息，每个单元的非结点荷载信息的排列顺序为：单元号、荷载类型、a 值、Q 值。其中 Q 值即该单元的单元荷载值，且与表中方向相同的 Q 取正号，反之取负号。常见的 11 种非结点荷载形式及其相关信息如表 10-5 所示。

表 10-5　非结点荷载信息

序号	荷载作用情况	序号	荷载作用情况
1	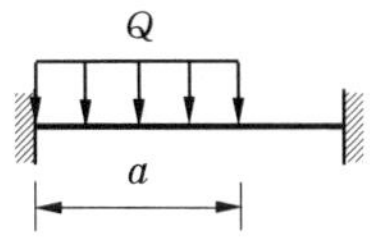	7	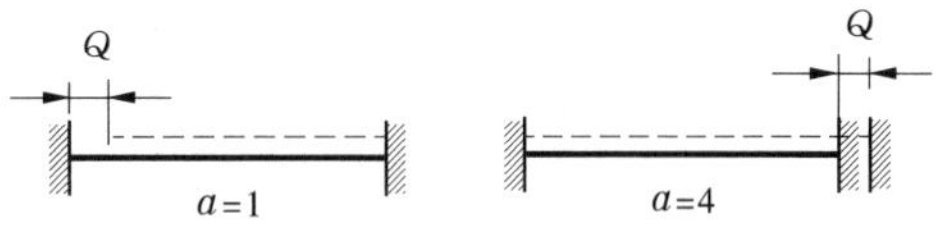
2	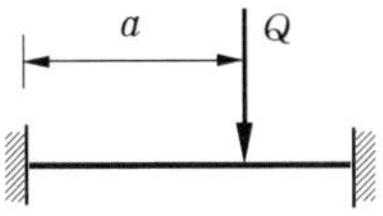	8	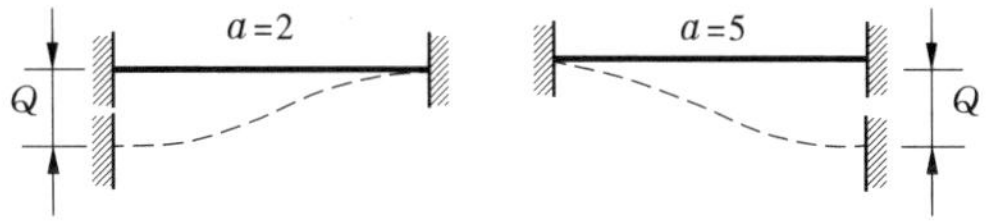
3	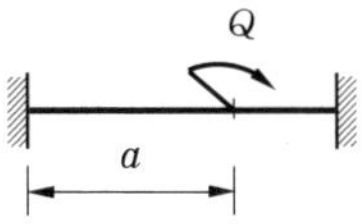	9	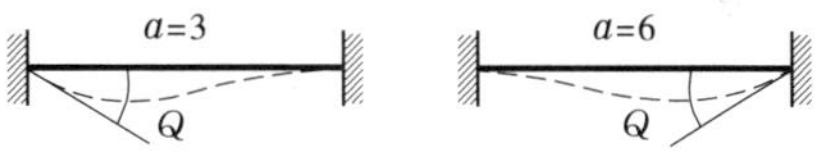
4	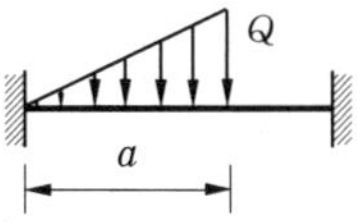	10	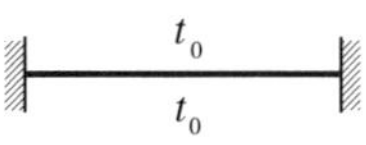 $a=\alpha,\quad Q=t_0EA$
5	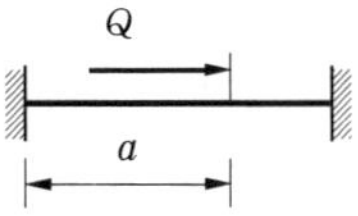	11	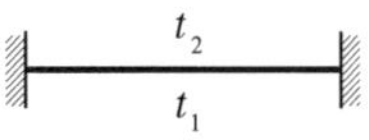 $a=\alpha,\quad Q=\dfrac{t_1-t_2}{h}$
6	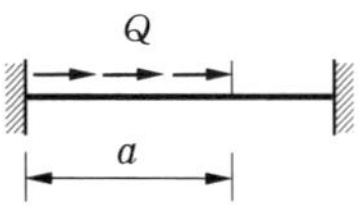		

注：Q 为已知的荷载或位移，E 为杆材料的弹性模量，A 为杆件的横截面面积，h 为杆件横截面高度，t_0 为杆件的轴线温度，α 为材料的线膨胀系数。

对于一个结构，由各单元的非结点荷载信息构成一个非结点荷载信息数组，输入此信息时，按结构中单元编号的先后顺序依次进行。这个数组的形式可表示为

$$P_F(K,1),P_F(K,2),P_F(K,3),P_F(K,4)\text{，其中 } K=1,2,\cdots,N_5$$

每个结构都有 N_5 个非结点荷载信息数组。例如，图 10-38 中结构的非结点荷载信息有 7 组，它们分别为

1 单元 1，1，8，0.5　2 单元 2，2，4，10　3 单元 3，1，8，0.5　4 单元 3，2，6，8

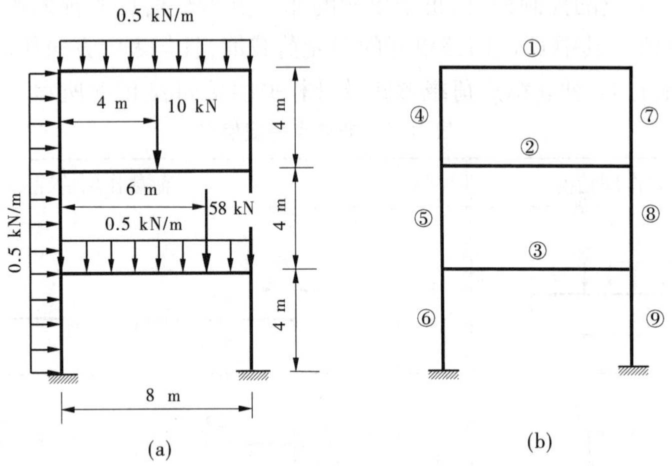

图 10-38

5 单元 4,1,4,-0.5　6 单元 5,1,4,-0.5　7 单元 6,1,4,-0.5

在《结构计算》的数据文件中,该结构的非结点荷载信息数组为:1,1,8,0.5,2,2,4,10,3,1,8,0.5,3,2,6,8,4,1,4,-0.5,5,1,4,-0.5,6,1,4,-0.5。

3)单元的 E、I、A 值的确定

对于静不定结构,其材料性质、截面形状及尺寸都对结构的内力和位移有极大影响。在《结构计算》中材料的弹性模量用 E 表示,截面对中性轴的惯性矩用 I 表示,截面面积用 A 表示。对每个单元的 E、I、A 输入时,均按 E,I,A 的次序进行,不得变动此次序。

各单元 E、I、A 的确定方法如下:

(1)平面一般等截面直杆单元,按计算简图的实际情况确定(如例 10-12)。

(2)凡不考虑轴向变形的杆件,其 $A=0$,凡无弯曲变形的杆件,其 $I=0$。

例如,对于不考虑轴向变形的梁单元(包括连续梁单元)和忽略轴向变形的刚架单元,其 E、I 按实际情况确定,但 $A=0$。不考虑弯曲变形的二力杆单元,其 E、A 应按实际情况确定,而 $I=0$。

10.5.3　原始数据的输入和计算结果的利用

10.5.3.1　《结构计算》原始数据的输入规则

《结构计算》数据文件是由读者根据结构的各种信息按一定规则,在英文状态下写入的数字串,各数字间均用逗号分隔,最末一个数据后面不带任何标点符号。在给数据文件写入数据时,必须严格按以下规定的格式和顺序进行,不允许出现任何差错。向数据窗口中输入数据时,每行的数据以不超出可视范围为宜。

向数据窗口中输入原始数据的输入顺序和每组数据的输入规则如下。

(1)输入结点个数、特殊结点个数、单元个数、结点荷载个数、非结点荷载个数。输入格式为:

结点个数,特殊结点个数,单元个数,结点荷载个数,非结点荷载个数

(2)按特殊结点号码从小到大的顺序,依次连续输入特殊结点约束信息。注意有约

束时约束信息为 1，无约束时其约束信息为 0。每个特殊结点的约束信息输入格式为：

结点号，水平约束信息码，竖向约束信息码，转动约束信息码，（共 N_2 组）

（3）按单元编号从小到大的顺序，依次连续输入每个单元的杆端号，注意竖杆上为左下为右，斜杆视为横杆。每个单元的杆端号输入格式为：

左端结点号，右端结点号，…，（共有 N_3 组杆端号）

（4）建立坐标系，按结点号从小到大的顺序，依次连续输入每个结点的结点坐标。结点坐标的输入格式为：

x 坐标，y 坐标，（共有 N_1 组结点坐标）

（5）按单元编号从小到大的顺序，依次连续输入每个单元的 E、I、A 值。注意无轴向变形（或忽略轴向变形）时 $A=0$，无弯曲变形（或不计弯曲变形）时 $I=0$。每个单元的 E、I、A 值输入顺序为：

E，I，A，（共有 N_3 组 E、I、A 值）

（6）按结点荷载作用处结点号从小到大的顺序，依次连续输入每个结点荷载的结点荷载信息。每个结点荷载作用处沿荷载作用方向都有一个结点位移号，它是整个结构各结点位移号中的一个。各结点荷载的结点荷载信息输入格式为：

结点位移号，结点荷载值，（共有 N_4 组结点荷载信息）

（7）按荷载作用单元的编号从小到大的顺序，依次连续输入各单元的非结点荷载信息。各种非结点荷载信息参照表 10-5。每个单元的非结点荷载信息输入格式为：

单元号，荷载类型号，荷载长度或距离，荷载值，（共有 N_5 组非结点荷载信息）

以上 7 个方面的数据在数据窗口内的总个数为：

$$n = 5 + 2N_1 + 4N_2 + 5N_3 + 2N_4 + 4N_5$$

10.5.3.2　计算结果的阅读与输出

数据文件中的所有数据输入完毕后，应进行认真仔细的检查，当确认无误时，即可点击文件菜单栏的相应计算选项，显示并阅读相应的计算结果。如点击“结点位移”后，即自动弹出“结点位移”的计算结果框，可阅读、复制或输出该结果。若点击“杆端内力”，则自动弹出“杆端内力”的计算结果框，可阅读、复制或输出该结果。但须注意：

（1）欲阅读某结点的位移，则须先找到它的位移号。

（2）欲查阅某杆件的杆端内力，须先找到它的单元号。

（3）当点击某选项后，弹出错误提示时，说明数据输入有误，须进行检查并更正之。

10.5.3.3　运用计算结果作结构的内力图

《结构计算》的计算结果中包括了结构中具有结点位移号的全部结点位移和所有杆端的杆端内力。读者可以根据自己的需要阅读、复制或输出此计算结果。

根据计算结果作出结构的内力图是十分方便的，只是该计算结果中只给出各杆的杆端内力值，对于具有非结点荷载作用的杆件，其杆中其他截面的内力值须用叠加法求得。关于计算结果中杆端内力的正负号规定与教材中位移法的杆端内力正负号规定相同。

10.5.4　《结构计算》步骤与算例

运用《结构计算》计算静不定结构，具有方便、快捷、计算结果精确等显著特点。但要运用自如，读者除了要有扎实的力学基础知识和结构内力与位移计算的基本能力，还必须熟练掌握本章中确定各种控制变量及相关信息的方法与要领。计算时，必须遵守相关规则。

10.5.4.1 《结构计算》一般步骤

（1）对结构进行结点和单元编号，建立平面直角坐标系。确定《结构计算》各控制变量的个数，即结点个数、特殊结点个数、单元个数、结点荷载个数、非结点荷载个数。

（2）分别写出各特殊结点的特殊结点信息，各结点的坐标，各单元的 E、I、A 值和具有非结点荷载单元的非结点荷载信息，各结点荷载及其相应的结点位移号。对于简单结构或对计算已十分熟练时，这一步可以省略。

（3）启动软件，在数据窗口中按原始数据输入规则输入数据进行相关计算。

10.5.4.2 《结构计算》算例

【例 10-9】 计算图 10-39(a)所示连续梁的内力，并作出其内力图。

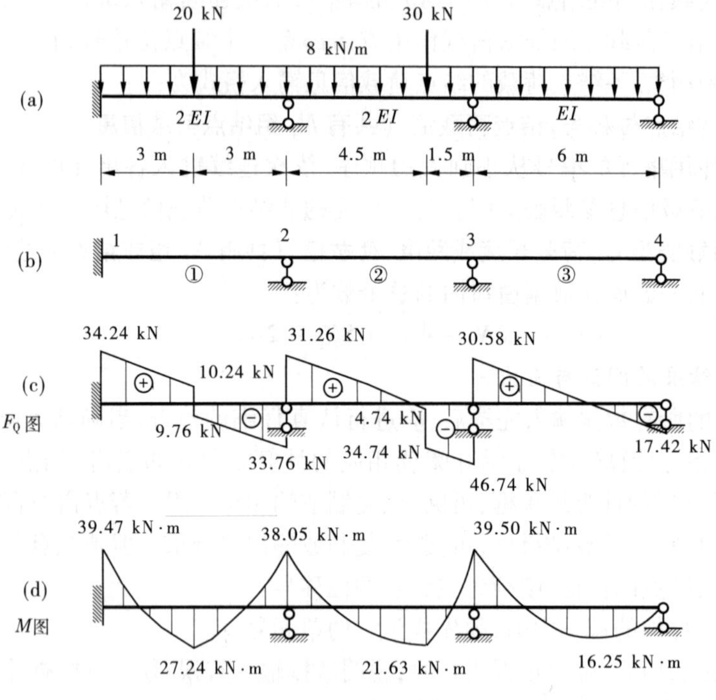

图 10-39

解：(1)进行结点和单元编号，如图 10-39(b)所示。由图 10-39(a)可见，该结构的控制变量的个数分别为 $N_1=4$，$N_2=4$，$N_3=3$，$N_4=0$，$N_5=5$。

(2)分别写出各种信息。

特殊结点信息：$\dfrac{1,1,1,1,}{1}$ $\dfrac{2,1,1,0,}{2}$ $\dfrac{3,1,1,0,}{3}$ $\dfrac{4,1,1,0}{4}$

各单元的杆端号：$\dfrac{1,2,}{①}$ $\dfrac{2,3,}{②}$ $\dfrac{3,4}{③}$

各结点坐标：$\underset{1}{\underline{0,0,}}$　$\underset{2}{\underline{6,0,}}$　$\underset{3}{\underline{12,0,}}$　$\underset{4}{\underline{18,0}}$

各单元的 E、I、A 值：$\underset{①}{\underline{1,2,0,}}$　$\underset{②}{\underline{1,2,0,}}$　$\underset{③}{\underline{1,1,0}}$

（因截面形状和尺寸未知，弹性模量的大小未知，故设 $E=1$，I 分别为 2,2,1）。

各非结点荷载信息：$\underset{①}{\underline{1,1,6,8,}}$　$\underset{①}{\underline{1,2,3,20,}}$　$\underset{②}{\underline{2,1,6,8,}}$　$\underset{②}{\underline{2,2,4.5,30,}}$　$\underset{③}{\underline{3,1,6,8}}$

(3)启动软件，在数据输入窗口内依照数据输入顺序输入原始数据（输入数据下的横线和注释是为读者特加的，在实际的数据输入窗口中不要画横线，也不要加注释）：

$$\underset{N_1\sim N_5}{\underline{4,4,3,0,5,}}\quad \underset{\text{特殊结点约束信息}}{\underline{1,1,1,1,2,1,1,0,3,1,1,0,4,1,1,0,}}\quad \underset{\text{单元杆端号}}{\underline{1,2,2,3,3,4,}}$$

$$\underset{\text{结点坐标}}{\underline{0,0,6,0,12,0,18,0,}}\quad \underset{\text{单元 }E、I、A\text{ 值}}{\underline{1,2,0,1,2,0,1,1,0,}}$$

$$\underset{\text{各单元的非结点荷载信息}}{\underline{1,1,6,8,1,2,3,20,2,1,6,8,2,2,4.5,30,3,1,6,8}}$$

(4)进行结构计算。在菜单栏中点击“结点位移”，在弹出的结点位移数据窗口可读到各结点的位移值，再点出已输入数据的数据输入窗口，点击菜单栏中的“杆端内力”，在弹出的杆端内力数据窗口可读到各单元的内力值。该梁的计算结果如下：

JIE　DIAN　WEI　YI

（结点位移）

I	D(I)	说明
1	−7.101562E−1	（结点 1 的角位移）
2	−7.003125E+0	（结点 2 的角位移）
3	−3.249844E+1	（结点 3 的角位移）
MAX	−3.249844E+1	（结点 4 的角位移）

GAN　DUAN　NEI　LI（杆端内力）

K	F_{NI}(kN)	F_{QI}(kN)	M_I(kN·m)	F_{NJ}(kN)	F_{QJ}(kN)	M_J(kN·m)
1	0.000E+0	3.424E+1	−3.947E+1	0.000E+0	−3.376E+1	3.805E+1
2	0.000E+0	3.126E+1	−3.805E+1	0.000E+0	−4.674E+1	3.950E+1
3	0.000E+0	3.058E+1	−3.950E+1	0.000E+0	−1.742E+1	0.000E+0
MAX	0.000E+0	3.424E+1	−3.950E+1	0.000E+0	−4.674E+1	3.950E+1

根据以上计算结果作出梁的内力图如图 10-39(c)、(d)所示。

【例 10-10】　求图 10-40(a)所示静不定桁架的内力和结点 D 的水平位移。各杆

EA = 常数。

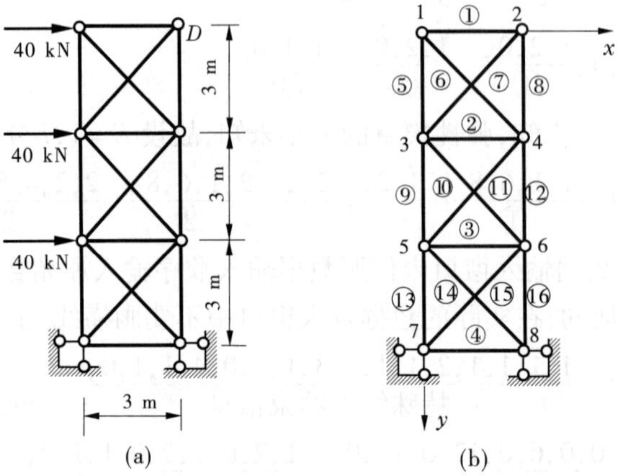

图 10-40

解:(1)进行结点和单元编号,如图 10-40(b)所示。由图可见,该结构的控制变量的个数分别为 $N_1=8$,$N_2=8$,$N_3=16$,$N_4=3$,$N_5=0$。

(2)分别写出各种信息。

特殊结点信息:1,0,0,1,2,0,0,1,3,0,0,1,4,0,0,1,5,0,0,1,6,0,0,1,7,1,1,1,8,1,1,1

单元的杆端号:1,2,3,4,5,6,7,8,1,3,1,4,2,3,2,4,3,5,3,6,4,5,4,6,5,7,5,8,6,7,6,8

各结点坐标:0,0,3,0,0,3,3,3,0,6,3,6,0,9,3,9

各单元的 E、I、A 值:1,0,1,1,0,1,1,0,1,1,0,1,1,0,1,1,0,1,1,0,1,1,0,1,1,0,1,1,0,1,1,0,1,1,0,1,1,0,1,1,0,1,1,0,1,1,0,1

(因截面形状和尺寸未知,弹性模量的大小未知,故设 $E=1$,A 为 1。)

各结点荷载信息:

结点位移号:1(1,2,0),2(3,4,0),3(5,6,0),4(7,8,0),5(9,10,0),6(11,12,0),7(0,0,0),8(0,0,0)

结点荷载信息:1,40,5,40,9,40

(3)启动软件,在数据输入窗口内依照数据输入顺序输入原始数据:

8,8,16,3,0,1,0,0,1,2,0,0,1,3,0,0,1,4,0,0,1,5,0,0,1,6,0,0,1,7,1,1,1,8,1,1,1,

1,2,3,4,5,6,7,8,1,3,1,4,2,3,2,4,3,5,3,6,4,5,4,6,5,7,5,8,6,7,6,8,0,0,3,0,0,3,3,3,0,6,3,6,0,9,3,9,1,0,

1,1,0,1,1,0,1,1,0,1,1,0,1,1,0,1,1,0,1,1,0,1,1,0,1,1,0,1,1,0,1,1,0,1,1,0,1,1,0,1,1,0,1,1,0,1,

1,40,5,40,9,40

(4)进行结构计算,其计算结果如下:

结点 D 的水平线位移为 4 522. 573/EA(向右移动),各杆的轴力如表 10-6 所示。

表 10-6

单元号	1	2	3	4	5	6	7	8
轴力 (kN)	-16.23	-12.67	-14.55	0.00	23.77	-33.62	22.95	-16.23
单元号	9	10	11	12	13	14	15	16
轴力 (kN)	83.55	-61.60	51.54	-76.45	181.9	-87.54	82.17	-178.1

由表 10-6 知，桁架中承受最大拉力的是 13 号杆件，最大拉力值为 181.9 kN；承受最大压力的是 16 号杆件，最大压力值为 178.1 kN。

【例 10-11】 计算图 10-41(a)所示刚架的内力，并作出它的弯矩图。各横杆的抗弯刚度均为 EI，各竖杆均为 $2EI$。

解：(1)进行结点和单元编号并建立坐标系，如图 10-41(b)所示。

(2)写出控制变量和各种信息。

控制变量:8,2,9,1,6

特殊结点信息:7,1,1,1,8,1,1,1

各单元杆端号:1,2,3,4,5,6,1,3,3,5,5,7,2,4,4,6,6,8

各结点坐标:0,0,8,0,0,4,8,4,0,8,8,8,0,12,8,12

各单元 E、I、A 值:1,1,1,1,1,1,1,1,1,1,2,1,1,2,1,1,2,1,1,2,1,1,2,1,1,2,1

结点荷载信息:1,15

非结点荷载信息:1,1,8,0.5,2,2,4,10,3,1,8,1,4,1,4,-0.5,5,1,4,-0.5,6,1,4,-0.5

(3)启动软件，在数据输入窗口写入原始数据：

8,2,9,1,6,7,1,1,1,8,1,1,1,1,2,3,4,5,6,1,3,3,5,5,7,2,4,4,6,6,8,0,0,8,0,0,4,8,4,0,8,8,8,0,12,8,12,

1,1,1,1,1,1,1,1,1,1,2,1,1,2,1,1,2,1,1,2,1,1,2,1,1,2,1,1,15,

1,1,8,0.5,2,2,4,10,3,1,8,1,4,1,4,-0.5,5,1,4,-0.5,6,1,4,-0.5

(4)计算，并输出杆端内力。

GAN　DUAN　NEI　LI

K	F_{NI}(kN)	F_{QI}(kN)	M_I(kN·m)	F_{NJ}(kN)	F_{QJ}(kN)	M_J(kN·m)
1	-8.565E+0	-2.484E+0	1.677E+1	-8.565E+0	-6.484E+0	1.910E+1
2	-2.619E+0	-1.176E+0	1.636E+1	-2.619E+0	-1.118E+1	3.305E+1
3	1.042E-2	-1.539E+0	1.721E+1	1.042E-2	-9.539E+0	2.710E+1
4	2.484E+0	6.435E+0	-1.677E+1	2.484E+0	8.435E+0	-1.296E+1

5	3. 660E +0	5. 816E +0	−3. 396E +0	3. 660E +0	7. 816E +0	−2. 387E +1
6	5. 199E +0	7. 826E +0	6. 657E +0	5. 199E +0	9. 826E +0	−4. 196E +1
7	−6. 484E +0	8. 565E +0	−1. 910E +1	−6. 484E +0	8. 565E +0	−1. 516E +1
8	−1. 766E +1	1. 118E +1	−1. 788E +1	−1. 766E +1	1. 118E +1	−2. 685E +1
9	−2. 720E +1	1. 117E +1	−2. 491E −1	−2. 720E +1	1. 117E +1	−4. 445E +1
MAX	−2. 720E +1	1. 118E +1	−1. 910E +1	−2. 720E +1	1. 118E +1	−4. 445E +1

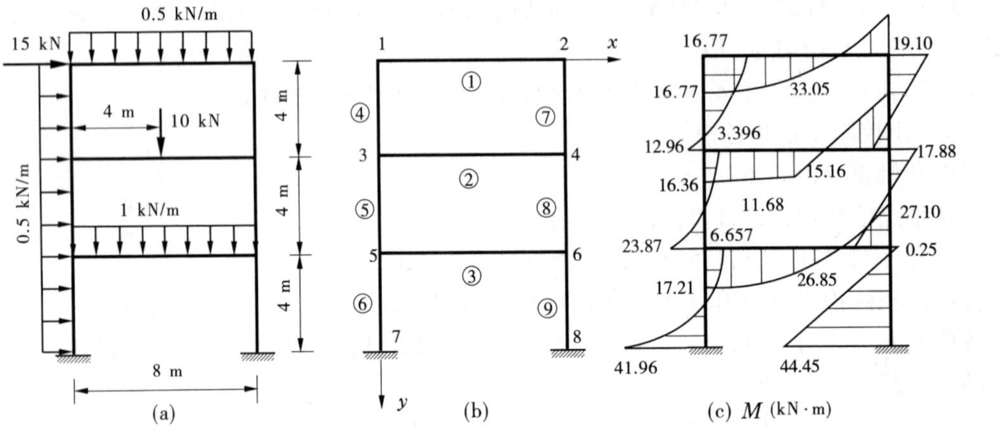

图 10-41

由此计算结果作出的弯矩图如图 10-41(c)所示,图中弯矩的单位为 kN · m。

【例 10-12】 计算图 10-42(a)所示结构的最大内力和最大的结点位移,并指出其所在位置。图中各横杆的横截面尺寸均为$b \times h = 300$ mm × 400 mm,各竖杆的横截面尺寸均为$b \times h = 400$ mm × 400 mm,各杆材料的弹性模量均为 $E = 80$ GPa。使用后,其第二跨右墙基铅直下沉了 0. 02 m。

解:(1)给结构进行结点和单元编号,并建立坐标系,如图 10-42(b)所示。

(2)启动软件,在数据输入窗口中写入原始数据:

11,5,10,2,4,4,2,2,1,7,6,6,1,9,1,1,1,10,1,1,1,11,1,1,1,1,2,2,3,5,6,6,8,1,5,4,7,3,8,5,9,6,10,8,11,0,0,6,0,12,0,6,0,0,3. 2,6,3. 2,6,3. 2,12,3. 2,0,8,6,8,12,8,80e6,16e −4,12e −2,80e6,16e −4,12e −2,80e6,

16e −4,12e −2,80e6,16e −4,12e −2,80e6,213e −5,16e −2,80e6,0,16e −2,80e6,213e −5,16e −2,

80e6,213e −5,16e −2,80e6,213e −5,16e −2,80e6,213e −5,16e −2,

7, −10,8,20,1,1,6,2,5,1,3. 2, −5,8,1,4. 8, −5,10,7,4,0. 02

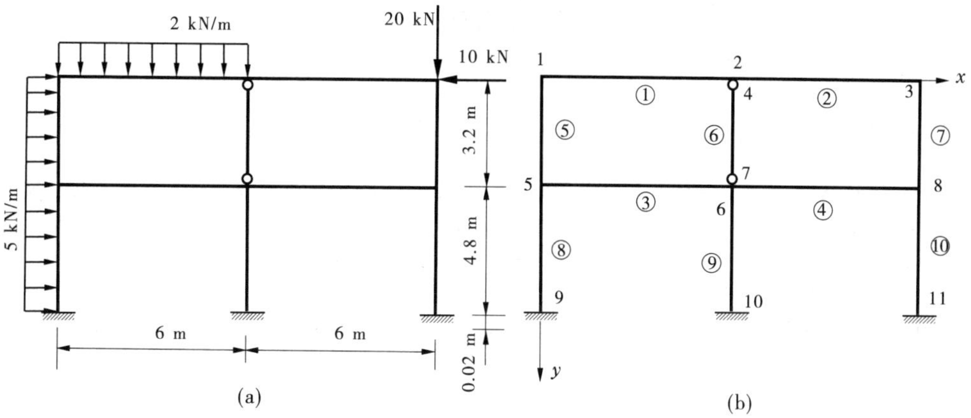

图 10-42

(3)计算各杆内力(如下)。

GAN　DUAN　NEI　LI

K	F_{NI}(kN)	F_{QI}(kN)	M_I(kN · m)	F_{NJ}(kN)	F_{QJ}(kN)	M_J(kN · m)
1	8.071E +1	−4.900E +1	1.433E +2	8.071E +1	−6.100E +1	1.867E +2
2	8.071E +1	5.885E +1	−1.867E +2	8.071E +1	5.885E +1	−1.664E +2
3	−8.438E +1	−5.395E +1	1.520E +2	−8.438E +1	−5.395E +1	1.718E +2
4	−8.160E +1	7.124E +1	−2.190E +2	−8.160E +1	7.124E +1	−2.084E +2
5	4.900E +1	8.071E +1	−1.433E +2	4.900E +1	9.671E +1	−1.406E +2
6	−1.199E +2	0.000E +0	0.000E +0	−1.199E +2	0.000E +0	0.000E +0
7	3.885E +1	−9.071E +1	1.664E +2	3.885E +1	−9.071E +1	1.239E +2
8	1.030E +2	1.233E +1	−1.136E +1	1.030E +2	3.633E +1	−1.054E +2
9	−2.450E +2	2.782E +0	4.722E +1	−2.450E +2	2.782E +0	−6.057E +1
10	1.101E +2	−9.114E +0	8.453E +1	1.101E +2	−9.114E +0	−4.078E +1
MAX	−2.450E +2	−9.071E +1	−2.190E +2	−2.450E +2	9.671E +1	−2.084E +2

(4)由以上计算结果可知,9 号单元有最大轴力 $F_N = -245$ kN(压力);最大剪力出现在 5 号单元的右端截面上,其值为 $F_Q = 96.71$ kN;最大弯矩出现在 4 号单元的右端截面上,其值 $M = 219$ kN · m(下纤维受拉)。另外由位移计算结果知,结构中的最大线位移为 19.95 mm(向下),出现在 8 号结点。

学习指导

1. 静不定结构的主要特性

静不定结构是具有多余约束的几何不变体系，正是由于存在多余约束，大大地增加了对其进行分析和计算的难度。我们知道，平衡力系作用下的任何结构都必定处于平衡状态，当结构上所受到的荷载是静力荷载时，则结构的平衡也应当满足静力平衡条件。那么，为什么受静力荷载作用而处于平衡状态的静不定结构，不能直接用静力平衡条件来计算其约束力和内力呢？对于这个问题，我们可以从静定结构和静不定结构的定义中找到答案。

所谓静定结构，就是结构的所有约束力和内力都可以由静力平衡条件直接解出的结构，即结构中的未知量个数总是等于可以建立起来的独立平衡方程式的个数。

所谓静不定结构，就是因存在于结构中的多余约束给结构施加了多余的约束力，所以结构的约束力和内力的个数多于能够建立起来的独立平衡方程式的个数。因此，由静力平衡条件不可能直接求解出静不定结构全部约束力或内力。

虽然静不定结构在内力计算方面较静定结构要复杂和困难得多，且静不定的次数越高，计算的难度就越大，但随着现代计算技术的发展及工程计算软件的开发和广泛应用，静不定结构计算难的问题已经得到了很好的解决。关于静不定结构计算软件应用问题，本章已进行了专题讨论。

通过本章对静不定结构的分析和研究，可知静不定结构有以下三个主要特性：

(1) 作用于静不定结构上的力系仍然是平衡力系，然而就整个结构而言，力系中的未知力并不能由平衡条件求解，但不排除其中的某个或某几个未知力可以用静力平衡条件求出来。

(2) 由于多余约束的存在，大大降低了结构中内力（特别是弯矩）的峰值，从而大大地提高了结构的强度、刚度和稳定性。这就是为什么静不定结构会得到广泛应用的根本原因。

(3) 由于多余约束的存在，当温度发生改变或支座产生移动时，会使静不定结构产生内力，并且其内力的大小与结构的抗弯成正比。

2. 力法、位移法、力矩分配法的比较

力法、位移法、力矩分配法的比较见表 10-7。

表10-7 力法、位移法、力矩分配法的比较

四基	方法		
	力　法	位移法	力矩分配法
解题思路	由基本结构在多余未知力方向的位移等于原结构在该多余约束处的相应位移的条件建立力法方程，求出多余未知力，即将静不定结构的计算转化为静定结构的计算问题	以结点位移为基本未知量而建立平衡方程，在求出结点位移后即可计算得到结构的各杆端弯矩	通过一锁、二松、三分传、四叠加而得到结构的各杆端弯矩
基本结构	由多余未知力取代多余约束后得到的，受荷载和多余未知力共同作用的静定结构	对结点施加运动约束后得到的，不产生任何结点位移的单跨静定梁的组合体	同位移法
基本未知量	多余未知力——多余约束的约束力	结点位移（刚性结点的角位移和独立的结点线位移）	基本要素：固端弯矩和杆端的转动刚度
基本方程	力法方程是一个位移方程：基本结构沿多余未知力方向的位移等于原结构在多余约束处沿约束力方向的位移	位移法方程是平衡方程：无侧移结构的刚性结点的力矩平衡方程；有侧移结构的刚性结点的力矩平衡方程和杆件中力的投影平衡方程	主要计算：结点不平衡力矩，力矩分配系数，力矩的分配与传递，杆端弯矩的计算
主要适用对象	多结点低静不定次的一般结构	结点少静不定次高的无侧移刚架	连续梁
解题主要步骤	1. 选取力法的基本结构，并写出相应的力法典型方程式； 2. 作基本结构的荷载弯矩图和单位弯矩图（或弯矩方程）； 3. 图乘计算（或积分计算）力法方程中的系数和自由项； 4. 解方程求出未知力； 5. 作原结构的内力图并校核	1. 确定结点位移未知量； 2. 列各杆端的转角位移方程； 3. 由结点或杆件受力平衡条件，建立位移法基本方程； 4. 解方程，求出结点位移； 5. 将所求位移代回转角位移方程求出各杆端弯矩，作出结构的弯矩图并进行校核	1. 查表10-1得出固端弯矩和杆端转动刚度； 2. 计算各杆端的力矩分配系数及力矩传递系数； 3. 计算结点不平衡力矩并进行分配与传递； 4. 计算各杆端弯矩并作出结构的弯矩图

注：位移法的基本方程有两种途径：一种是利用转角位移方程，另一种是位移法基本结构。由前一种途径建立位移法方程时不需要取基本结构。本教材介绍的是用第一种途径建立位移法方程，并且，用力矩分配法计算时，也不需要取基本结构。

3. 静不定结构计算中的主要问题

静不定结构的计算方法有很多种，实际计算时对于静不定次数较高的结构须利用结构计算软件计算，而对于静不定次数较低的结构多采用力法及力矩分配法等手算方法。这里仅就力法和力矩分配法计算静不定结构的问题作简要概括。

(1) 力法

力法的一切计算都是在基本结构上进行的，因而选取正确的力法基本结构，是解题的关键。对于一个静不定结构，当所解除的多余约束不同时，其力法基本结构的形式也不同，并且静不定次数越高时，可以选取的基本结构形式就越多。但是，一个静不定结构的基本未知量个数、典型力法方程式的形式，以及作出的最后内力图，应当是完全相同的。就是说，结构的支座约束力和内力，不会因所选基本结构形式的不同而不同。不管选取何种形式的基本结构，都必须确保它是一个静定结构。

力法的典型方程只与结构的静不定次数有关，而与基本结构的形式无关。荷载作用下 n 次静不定结构的力法典型方程为

$$\sum_{j=1}^{n} \delta_{ij} X_j + \Delta_{iF} = 0 \quad (i = 1,2,3,\cdots,n)$$

支座移动时，静不定结构的力法典型方程有以下两种形式：

解除有位移的多余约束时

$$\sum_{j=1}^{n} \delta_{ij} X_j = c_i \quad (i = 1,2,\cdots,n)$$

式中 c_i——原结构上与 X_i 方向相应的实际位移。

解除无位移的多余约束时

$$\sum_{j=1}^{n} \delta_{ij} X_j + \Delta_{ic} = 0 \quad (i = 1,2,\cdots,n)$$

以上各典型方程的左边是基本结构沿基本未知量方向的位移，右边是与原结构相应的位移。

力法典型方程中系数和自由项的计算，仍然采用单位荷载法。具体计算时，对于曲杆结构或变截面直杆结构，均须通过积分来计算；对于均质等截面直杆结构，一般采用图乘法计算。采用图乘法计算力法方程中系数和自由项时，先要分别作出基本结构的荷载弯矩图和单位力弯矩图。荷载弯矩图只有一个，而单位力弯矩图的个数等于结构的多余未知力个数，每个单位力弯矩图都是在多余未知力等于 1 且单独作用于基本结构时产生的。力法典型方程中系数和自由项的计算公式如下。

主系数

$$\delta_{ii} = \sum \int_s \frac{\overline{M}_i \, \overline{M}_i}{EI} ds$$

图乘时，ωy_C 是 $\overline{M}_i$ 图的面积与自身的形心纵坐标相乘，因而它恒为正值。

副系数

$$\delta_{ij} = \delta_{ji} = \sum \int_s \frac{\overline{M_i}\,\overline{M_j}}{EI} \mathrm{d}s$$

图乘时，ωy_C 是 $\overline{M_i}$ 图的面积乘以 $\overline{M_j}$ 图上与 $\overline{M_i}$ 图形心对应截面处的纵坐标，且 $\overline{M_i}$ 与 $\overline{M_j}$ 同侧时 ωy_C 取正号，异侧时 ωy_C 取负号。副系数可能为正，可能为负，也可能等于零。

自由项

$$\Delta_{iF} = \sum \int_s \frac{M_F\,\overline{M_i}}{EI} \mathrm{d}s$$

图乘时，ωy_C 是 M_F 图的面积乘以 $\overline{M_i}$ 图上与 M_F 图形心对应截面处的纵坐标，且 M_F 与 $\overline{M_i}$ 同侧时 ωy_C 取正号，异侧时 ωy_C 取负号。自由项可能为正，可能为负，也可能等于零。

由力法方程求出多余未知力后，可用计算静定结构内力的方法求原结构的内力。也可先由已知单位力弯矩图和荷载弯矩图，应用下式计算出弯矩并作弯矩图

$$M = \overline{M_1}X_1 + \overline{M_2}X_2 + \cdots + \overline{M_n}X_n + M_F = \sum \overline{M_i}X_i + M_F$$

再取中间的杆件为研究对象，按平衡条件求出杆端剪力并作出剪力图，最后根据剪力图的结点投影平衡条件计算各杆端轴力且作出轴力图。

力法的一切计算都在基本结构上进行，静不定结构的位移计算也不例外。若只考虑弯矩对位移的影响，则可将原静不定结构的最后弯矩图作为求位移的荷载弯矩图，以基本结构（可以是在力法计算时用过的，也可重新选一个便于计算位移的基本结构）在与所求位移相应的单位力作用下的弯矩图作为单位弯矩图进行图乘，从而将求静不定结构位移的问题转化为求静定的基本结构位移的问题，这里不再复述。

静不定结构的内力图必须同时满足平衡条件和位移条件。因静不定结构满足平衡条件的内力可以有无限多种，故对于静不定结构主要是采用位移条件校核。

对称结构受对称荷载作用时，只产生对称的内力和位移。受反对称荷载作用时也会产生对称的内力和位移。实际计算中多采用取对称的半边结构进行简化计算。

所谓半边结构（或半结构），就是取原结构的一半（对称轴左边或右边的部分）作为计算对象。选取半边结构的关键问题是要根据结构特征和荷载特征确定半边结构在对称轴处的替代约束。

（2）力矩分配法

力矩分配法具有概念简明清晰、易于掌握、适合于手算等优点，故广泛应用于工程计算。荷载作用时，实际结构中的每个刚性结点都会产生位移且满足力矩平衡条件，当给结点施加了阻止其转动的约束（刚臂）后，就限制了该结点的转动，从而导致汇集于该结点处各杆端弯矩之和不等于零，即结点不满足力矩平衡条件。我们将此不等于零的结点力矩称为结点不平衡力矩。消除这个结点不平衡力矩的方法，是将此结点不平衡力矩反号分配给与该结点联结的各个杆端，从而使结点实现力矩平衡。

在力矩分配法中，有一个对于初学者容易弄糊涂的问题，那就是对于多结点结构的杆件，究竟哪个杆端是近端，哪个杆端是远端？对于这个问题，只需记住：接受分配弯矩的杆端为近端，而接受传递弯矩的杆端为远端。在多结点结构的力矩分配计算中，位于刚性结

点间的杆件，其近端和远端是交替变更的。例如，处于 A、B 两结点间的杆件 AB，对 A 结点各杆端进行力矩分配时，杆件的 A 端为近端，B 端为远端；而对 B 结点各杆端进行力矩分配时，则杆件的 B 端为近端，A 端为远端。

杆端转动刚度 S_{KJ} 表示杆端抵抗转动的能力，它等于使杆 KJ 的近端 K 产生单位转角所需的力矩。这个力矩 S_{KJ} 称为杆端转动刚度或杆端劲度系数。杆端转动刚度 S_{KJ} 和杆的线刚度 i 与远端 J 的约束条件有关，而与近端 K 是何种支承无关。对等截面直杆而言，当远端为固定、铰支、定向支座端、自由端时，它们的转动刚度依次为 $4i$、$3i$、i、0。

设在刚架的结点 A 上作用一力矩（规定顺时针转的为正），将此力矩按刚度分配给汇交于 K 点的各杆的杆端时，任一杆 KJ 的 K 端分配到的弯矩 M_{KJ}^{μ}，称为分配弯矩。分配弯矩按下面式计算。

当结点上作用的是一个外力偶（其力偶矩为 m）时：

$$M_{KJ}^{\mu} = \mu_{KJ} m$$

当结点受不平衡力矩 $\sum M_{KJ}^{F}$ 作用时

$$M_{KJ}^{\mu} = \mu_{KJ}\left(-\sum M_{KJ}^{F}\right)$$

式中

$$\mu_{KJ} = \frac{S_{KJ}}{\sum S_{KJ}}$$

力矩分配系数 μ_{KJ} 等于 KJ 杆件 K 端的转动刚度 S_{KJ} 与汇交于 K 点处各杆转动刚度之和 $\sum S_{KJ}$ 的比值。使各杆近端 K 得到分配弯矩的同时，也使远端 J 产生一个弯矩。远端产生的弯矩为 M_{JK}^{C}，称为传递弯矩。传递弯矩用式 $M_{JK}^{C} = C_{KJ} M_{KJ}^{\mu}$ 计算。力矩传递系数 C_{KJ} 等于 KJ 杆件 J 端（远端）转动刚度 S_{JK} 与 K 端（近端）转动刚度 S_{KJ} 的比值。当杆件的 J 端为固定、铰支、滑动端时，传递系数分别为 0.5、0、－1。

对于单结点结构，其计算值是精确值。对于多结点结构，要经过多次循环运算后，才能使不平衡力矩趋于零，各结点逐步达到平衡，从而将杆端弯矩逐步修正到精确值。对于具有两个或两个以上刚性结点的结构，各结点之间的力矩分配与传递的循环运算次数，从理论上讲可以有无穷多次，但大多数情况下，实际上只要循环 3～4 次即可达到精度要求。要停止运算，必须先停止刚性结点之间的力矩传递。因为在刚性结点之间只要有力矩的传递，就必须对此传递过来的力矩进行分配（否则该结点的力矩就不平衡）。实际计算中，当分配弯矩小于或等于结构中固端弯矩中绝对值最大的固端弯矩值的 3% 时，即停止对此分配弯矩的传递。

对称结构的力矩分配法简化计算，也是取对称的半边结构。

习　题

10-1　确定图 10-43 所示各结构的静不定次数。

10-2　用力法作图 10-44 所示静不定梁的弯矩图和剪力图。

10-3　用力法计算图 10-45 所示各刚架，作 M 图。

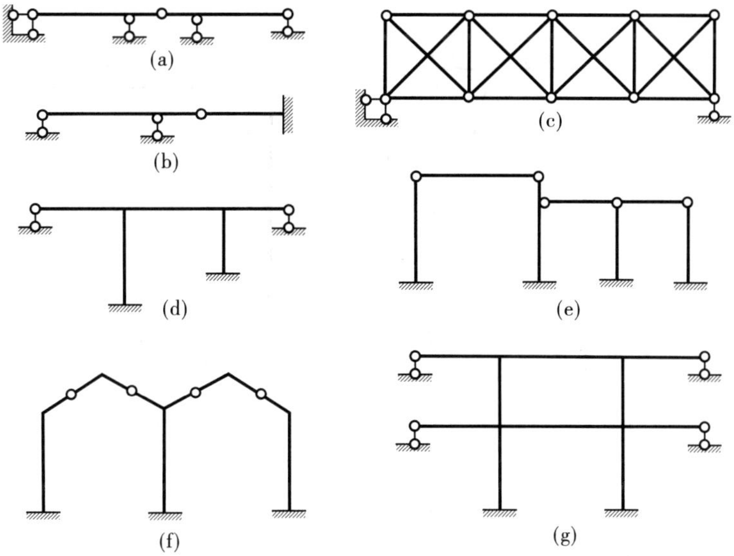

图 10-43

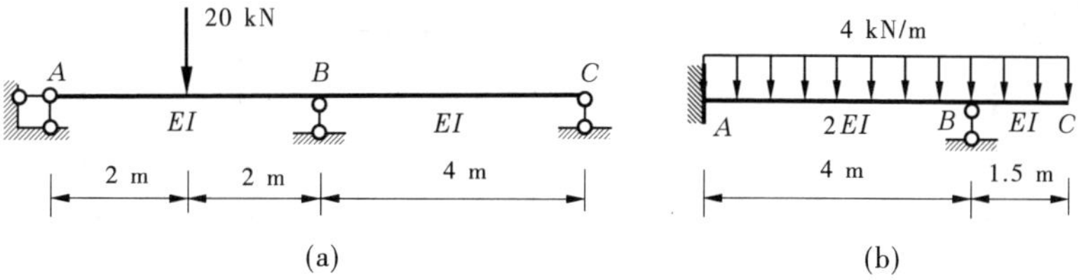

图 10-44

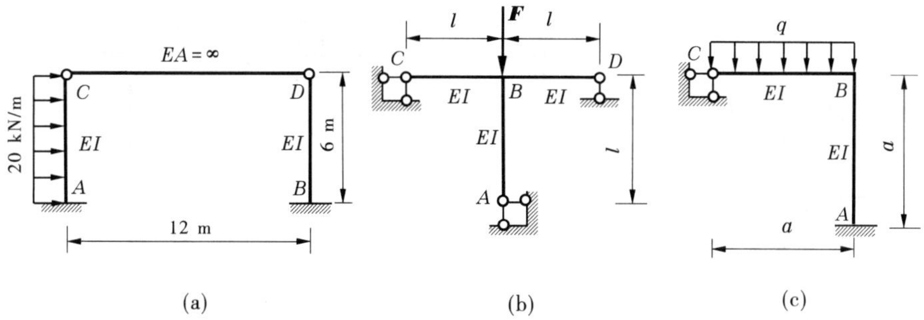

图 10-45

10-4　用力法计算图 10-46 所示各刚架，作 M 图。

10-5　用力法计算图 10-47 所示静不定组合结构，并画出梁 AB 的弯矩图。已知矩形截面梁 AB 的弹性模量 $E = 8 \times 10^4$ MPa，$b \times h = 40$ cm $\times 60$ cm；各链杆均为外径 $D = 100$

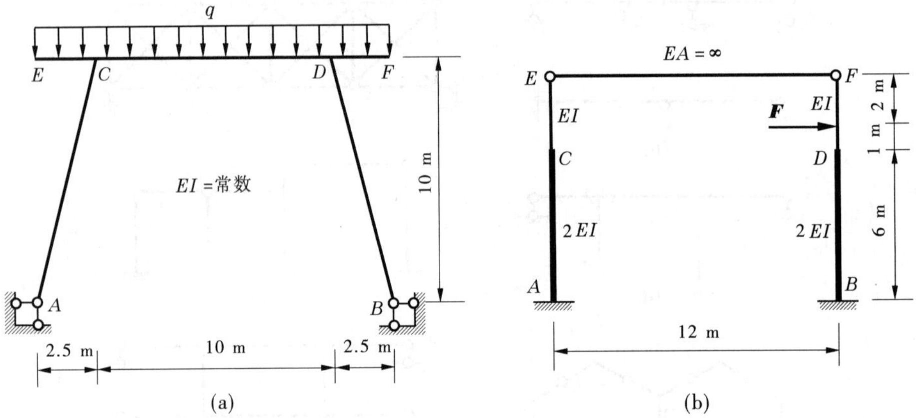

图 10-46

mm，内径 $d=80$ mm 的圆形截面钢管，其弹性模量 $E=200$ GPa。

10-6　用力法计算图 10-48 所示刚架，并作各竖杆的弯矩图。计算时不考虑水平杆件的轴向变形。

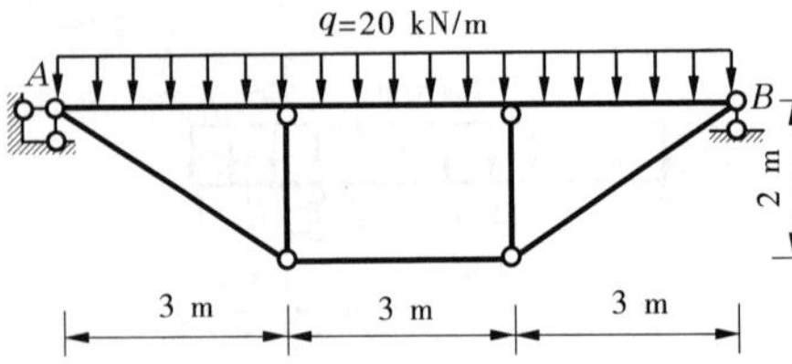

图 10-47

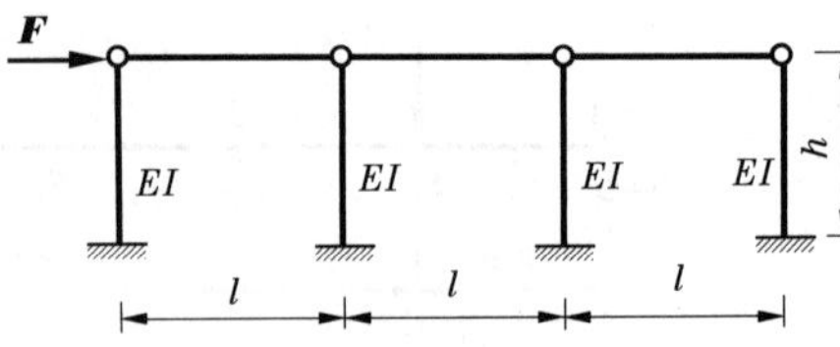

图 10-48

10-7　用力法计算图 10-49 所示对称刚架，并作它的弯矩图。各杆 $EI=$ 常数。

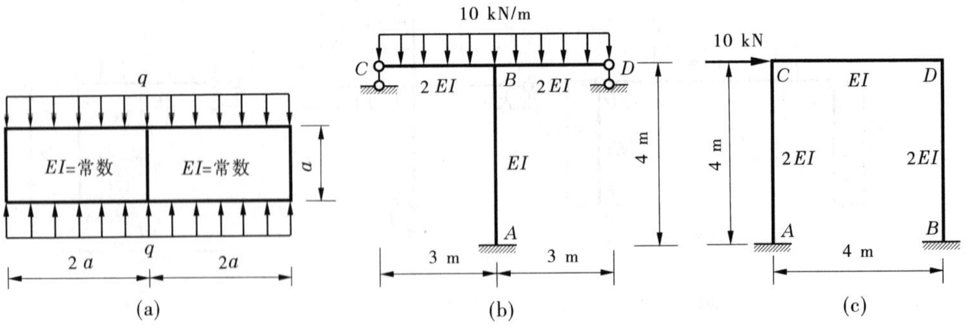

图 10-49

10-8　用位移法计算图 10-50 所示各刚架结构，并作出弯矩图。

10-9　用位移法计算图 10-51 所示结构，并作弯矩图。

10-10　根据对称性用位移法计算图 10-52 所示各刚架，并作出它们的弯矩图。各杆

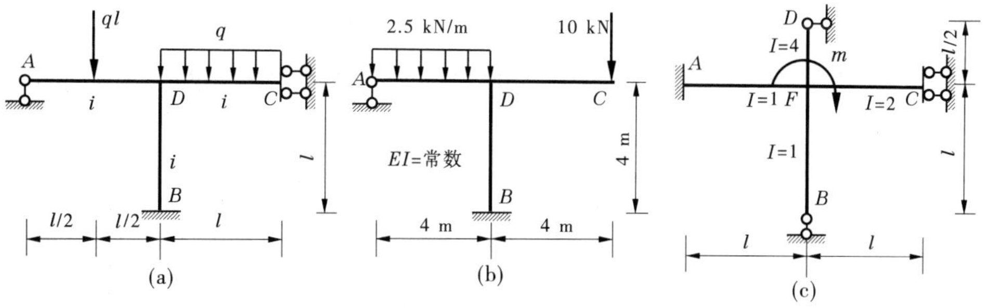

图 10-50

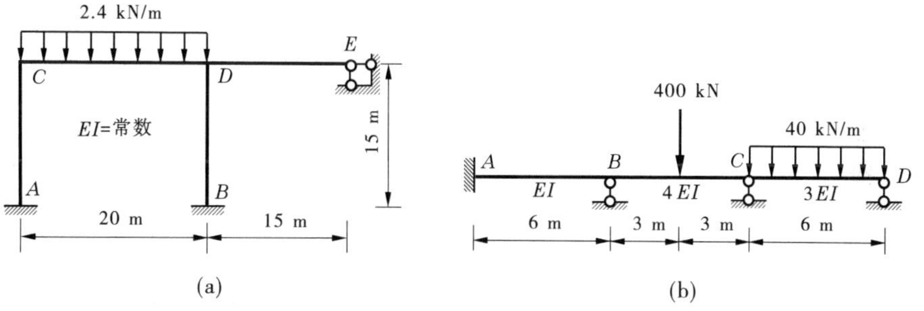

图 10-51

EI = 常数，且不计各杆的轴向变形。

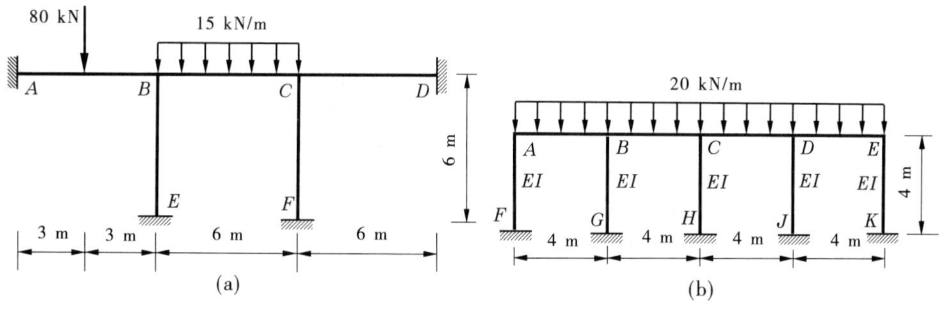

图 10-52

10-11　用力矩分配法计算图 10-53 所示连续梁，并作出它的弯矩图和剪力图。

10-12　用力矩分配法计算图 10-54 所示连续梁，作出它的弯矩图，并求出各支座约束力。

10-13　用力矩分配法计算图 10-55 所示连续梁，作出它的弯矩图，并求出各支座约束力。

10-14　给图 10-56 所示结构的结点和单元编号，并确定结构的结点个数、特殊结点个数、单元个数、结点荷载个数和非结点荷载个数。

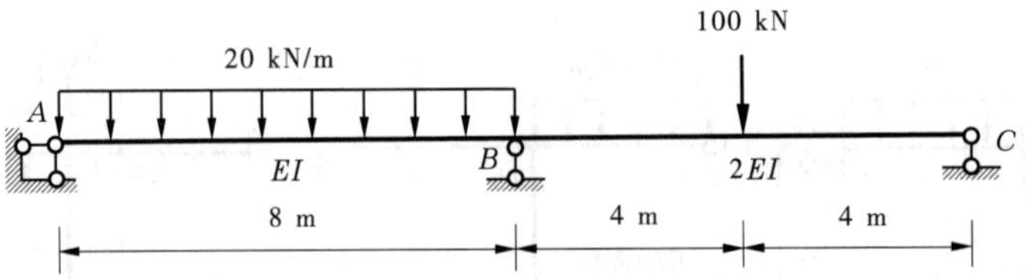

图 10-53

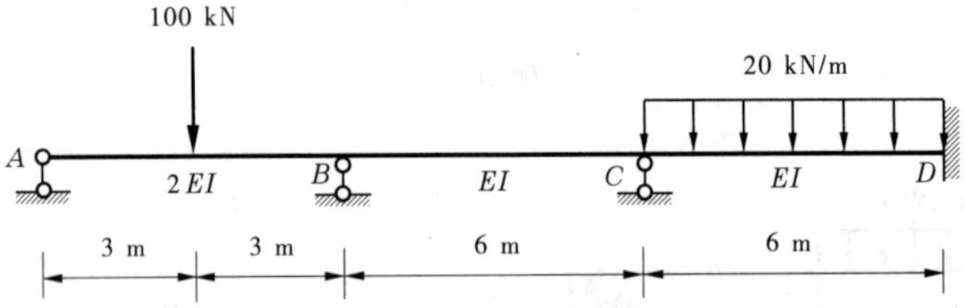

图 10-54

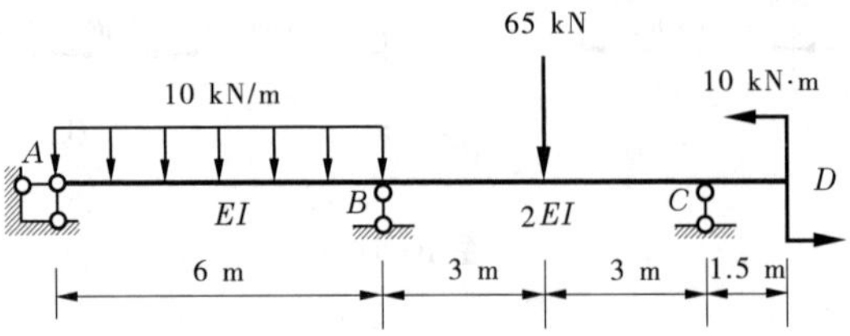

图 10-55

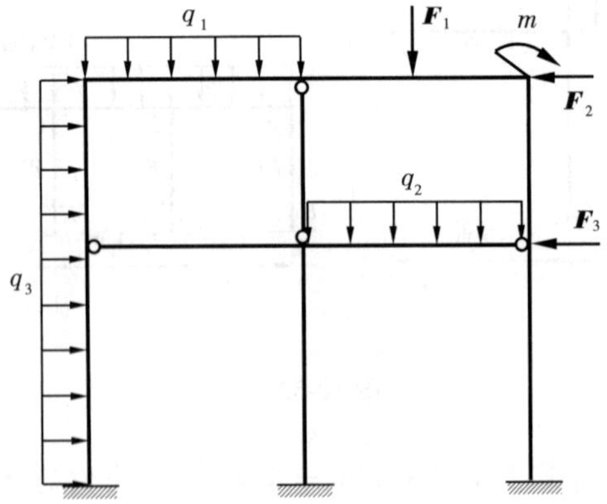

图 10-56

10-15　对于图 10-57 所示静不定刚架,先进行结点和单元编号,再写出各特殊结点约束信息和结点荷载作用处的结点位移号。

10-16　对于图 10-58 所示平面静不定桁架,先进行单元编号,再写出各特殊结点约

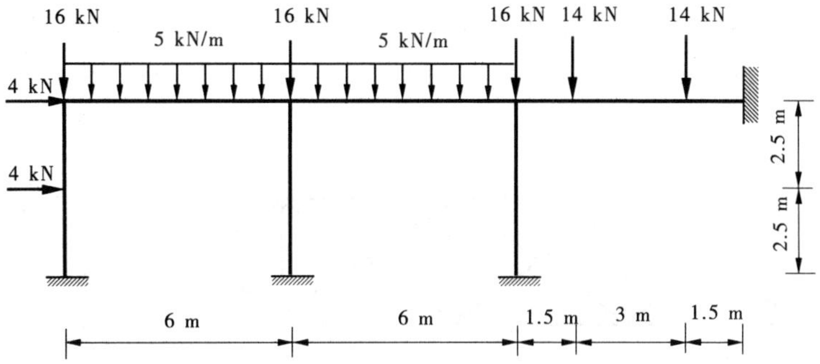

图 10-57

束信息和结点荷载作用处的结点位移号。

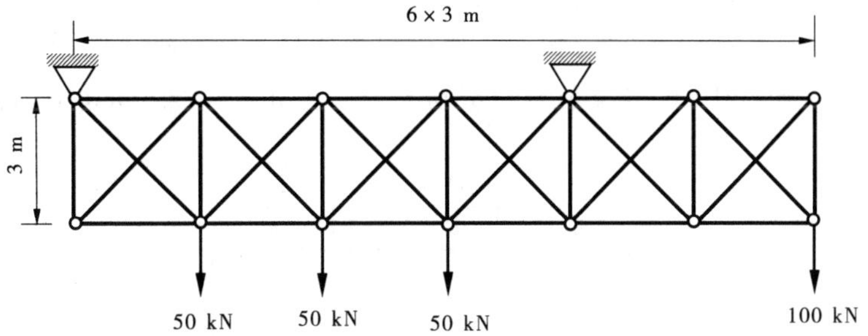

图 10-58

10-17　写出图 10-59 所示连续梁的《结构计算》原始数据。

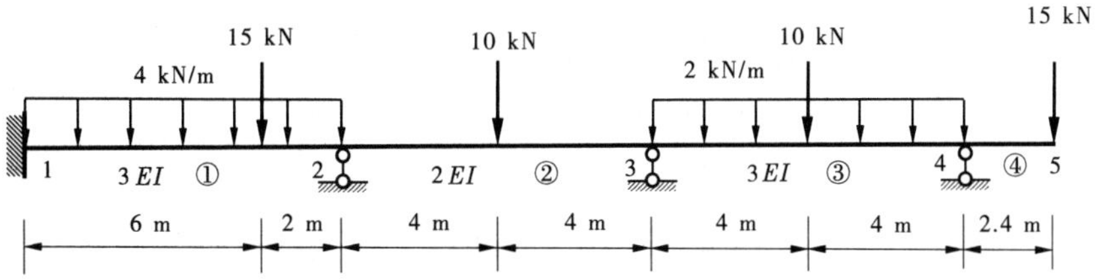

图 10-59

10-18　上机计算图 10-59 所示梁的杆端内力，绘出它的剪力图、弯矩图，并指出结点 5 的竖向线位移。

10-19　上机计算图 10-57 所示刚架的内力，并绘出它的 F_N 图、F_Q 图、M 图。已知各杆材料的弹性模量 $E = 80$ GPa，横杆和竖杆的截面尺寸 $b \times h$ 分别为 0.3 m×0.5 m、0.4 m×0.4 m。

10-20　上机计算图 10-58 所示桁架各杆的内力和结点位移，指出最大轴力及其所在单元。已知杆 EA = 常数。

10-21　上机计算图 10-60 所示组合结构各杆的内力。设梁 AB 布满铅直向下的均布荷载 q 的作用，均布荷载集度 $q=20$ kN/m，各杆材料的弹性模量均为 $E=180$ GPa，各轴力杆的截面面积均为 $A=69.3\ \text{cm}^2$，梁横截面的惯性矩 $I=7\ 115\ \text{cm}^4$，截面面积 $A=55.37\ \text{cm}^2$。

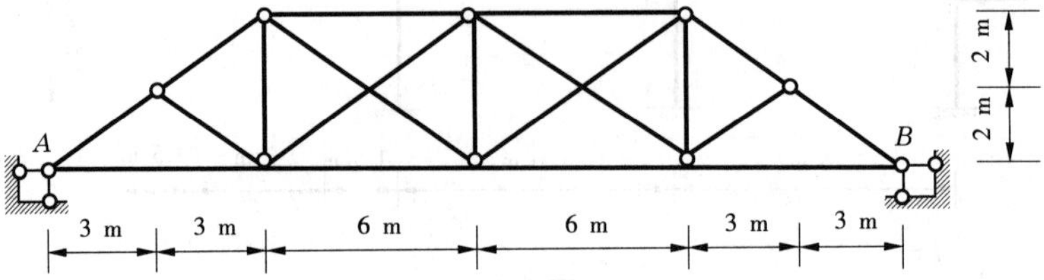

图 10-60

10-22　上机计算图 10-61 所示静不定结构，指出其最大内力及其所在单元，指出最大结点位移及其所在结点位置。已知各杆的弹性模量均为 $E=80$ GPa，各横杆横截面尺寸均为 $h\times b=60\ \text{cm}\times 40\ \text{cm}$，各立柱的横截面尺寸均为 $h\times b=50\ \text{cm}\times 50\ \text{cm}$。

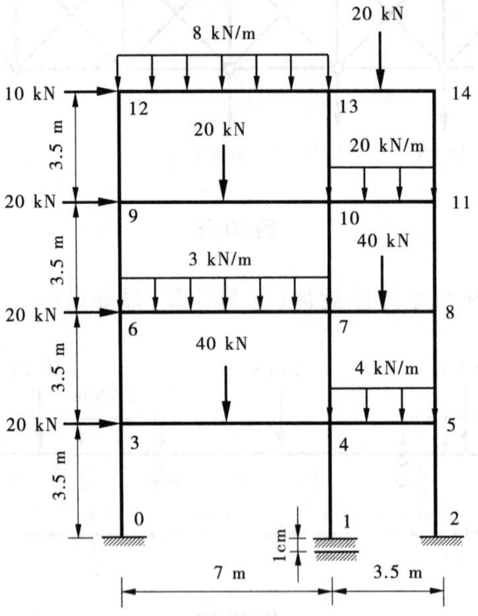

图 10-61

部分习题参考答案

10-1　图 10-43(a)，1；图 10-43(b)，1；图 10-43(c)，4；图 10-43(d)，5；图 10-43(e)，3；图 10-43(f)，2；图 10-43(g)，10。

10-2　图 10-44(a)、(b) 内力图分别如图 10-62、图 10-63 所示。

10-3　弯矩图如图 10-64 所示。

10-4　弯矩图如图 10-65 所示。

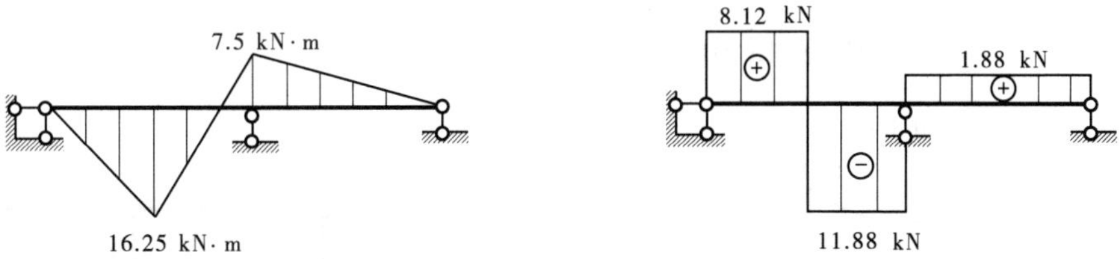

M 图　　　　F_Q 图

图 10-62

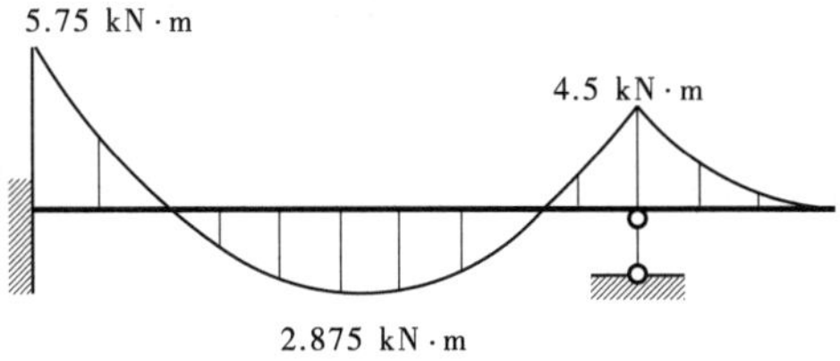

M 图

图 10-63

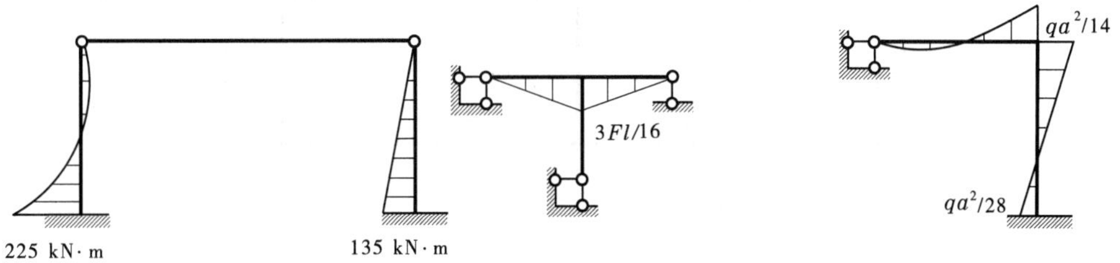

(a)　　　(b)　　　(c)

图 10-64

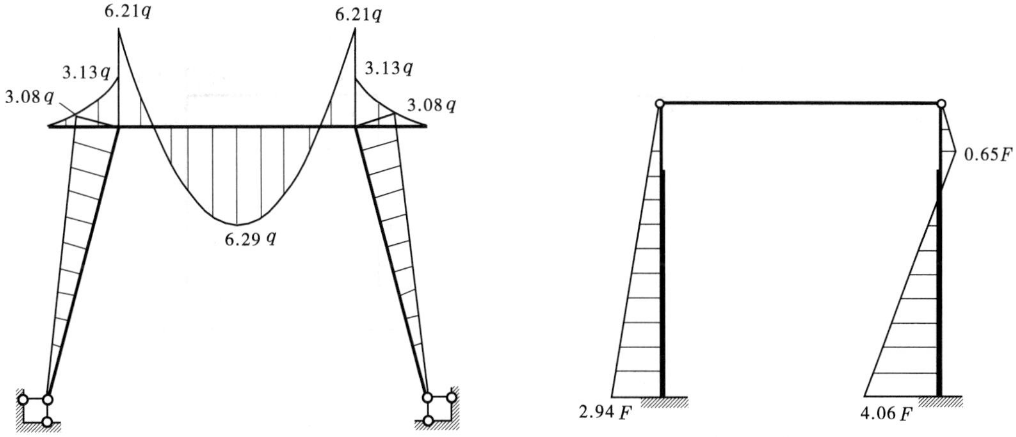

(a)　　　(b)

图 10-65

10-5　弯矩图及各杆轴力如图 10-66 所示。

10-6　弯矩图如图 10-67 所示。

10-7　弯矩图如图 10-68、图 10-69、图 10-70 所示。

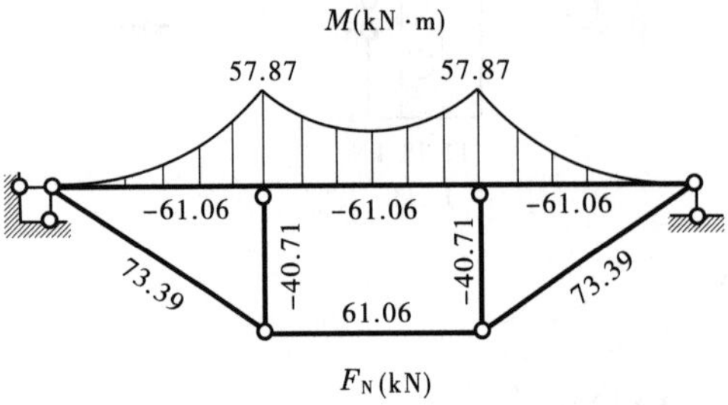

图 10-66 （考虑轴向变形影响）

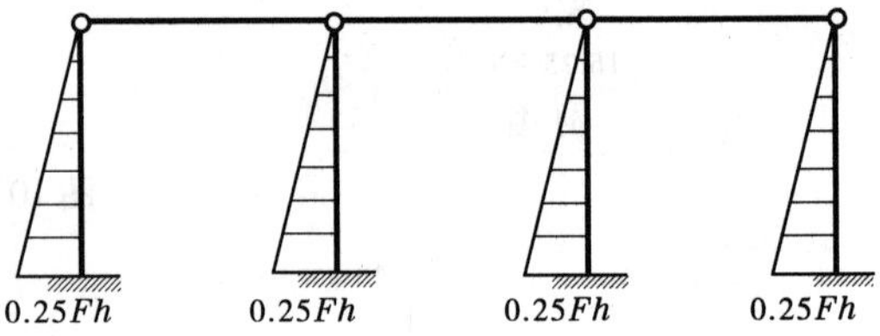

图 10-67

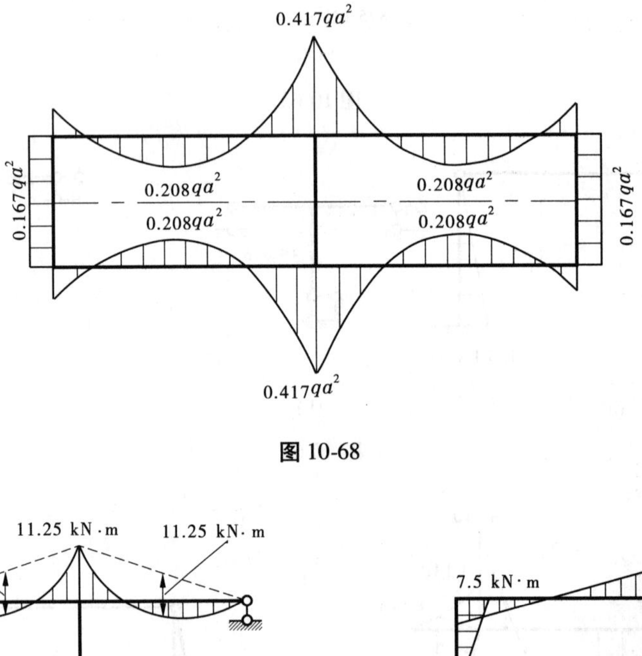

图 10-68

图 10-69

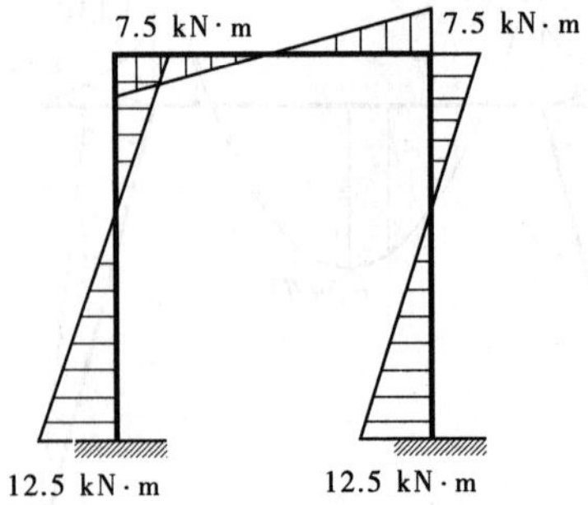

图 10-70

10-8　弯矩图如图 10-71 所示。

10-9　弯矩图如图 10-72 所示。

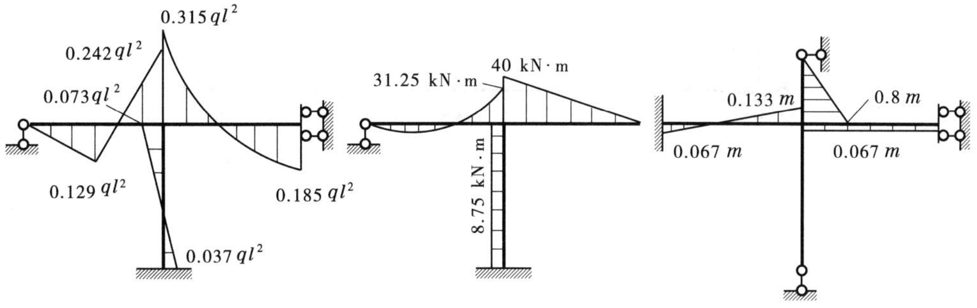

(a)　　(b)　　(c)

图 10-71

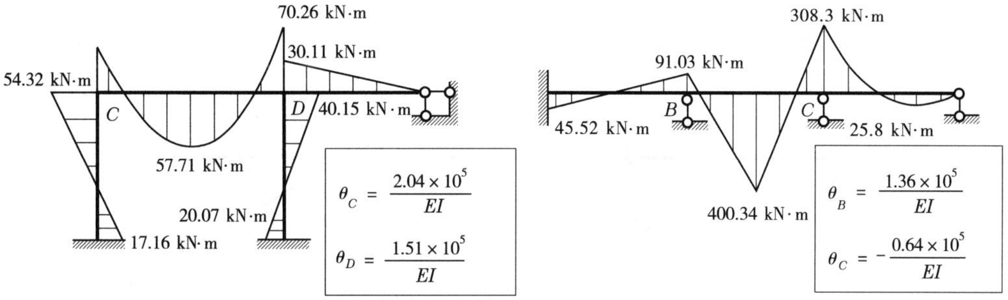

(a) M 图　　(b) M 图

图 10-72

10-10　图 10-52(a): $\begin{cases} \theta_B = -\dfrac{3\ 857}{EI} \\ \theta_C = -\dfrac{21\ 857}{EI} \end{cases}$;图 10-52(b)弯矩图如图 10-73 所示。

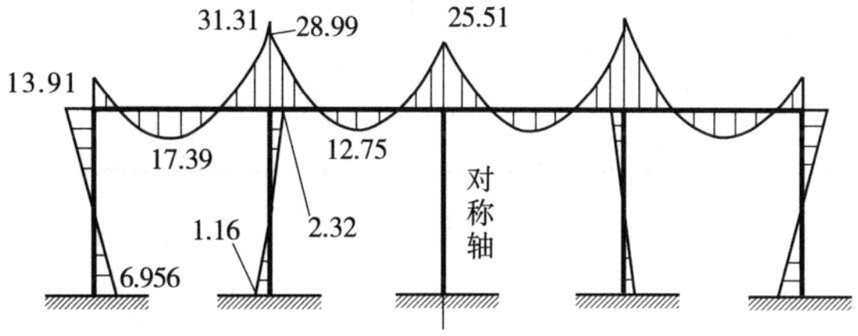

M (kN · m)

图 10-73

10-11　弯矩图如图 10-74 所示。

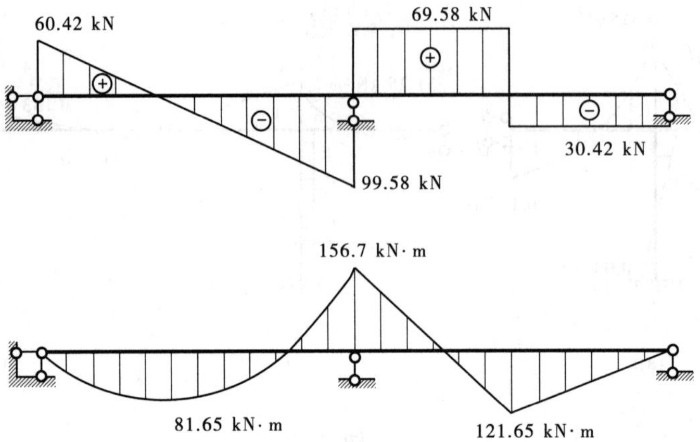

图 10-74

10-12　弯矩图如图 10-75 所示。

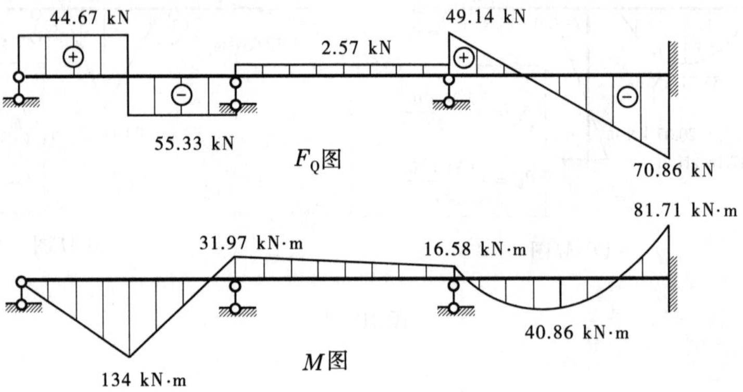

图 10-75

10-13　弯矩图如图 10-76 所示。

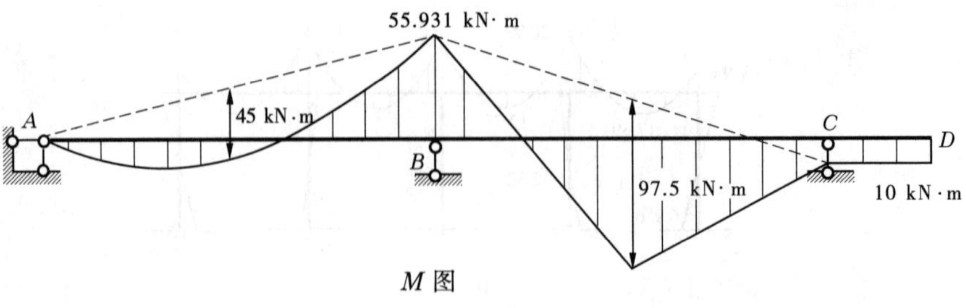

图 10-76

复习思考题

10-1　力法的基本结构与原结构有无区别？

10-2　对力法的基本结构有何要求？

10-3　在力法计算中可否利用静不定结构作为基本结构？

10-4　满足力法方程时，基本体系与原结构在所有截面的对应位移都相同吗？

10-5　静不定结构发生支座位移时，选择不同基本结构时，其力法方程有何不同？

10-6　温度改变或支座移动时，静不定结构的内力有何特征？

10-7　如何简化对称静不定结构的计算？

10-8　对称荷载在对称结构中引起的内力有何特征？

10-9　位移法可否求解静定结构？

10-10　位移法能够用于计算温度改变或支座移动的静不定结构吗？

10-11　位移法的两种计算方法的基本方程是否相同？它们的关系是什么？

10-12　具有刚性杆件的结构用位移法求解时应注意些什么？

10-13　力矩分配法和位移法有何异同？

10-14　力矩分配法的计算过程收敛于真实解吗？

10-15　怎样估算力矩分配法的计算误差？

10-16　在力矩分配法中结点力偶荷载和约束力矩的正负号怎样规定？

10-17　用位移法或力矩分配法只能计算结构的杆端弯矩，结构的杆端剪力如何计算？

10-18　在用位移法和力矩分配法计算静不定结构时，当结构中有内力静定杆件时，如何计算作用于静定杆件的荷载在静不定部分引起的内力呢？

10-19　无剪力分配法的应用条件是什么？

10-20　如何对静不定结构的计算结果进行校核？

10-21　《结构计算》软件适用于计算哪些类型结构的内力和位移？它是否可用于计算平面直杆系静定结构的内力和位移？

10-22　在对结构进行结点编号和单元编号时，如果结点号或单元号不连续，将会对计算带来什么影响？

10-23　为什么在对主、从结点编号时，主结点号必须小于其从结点号？

10-24　对于图 10-77 所示组合结构，试对其进行结点和单元编号，并写出各特殊结点的约束信息和各单元的 E、I、A。已知各杆件的弹性模量 E 相同，各受弯杆件的惯性矩 I 相同，各轴力杆的截面面积均为 A_1，且受弯杆件的截面面积 $A_2 = 5A_1$。

10-25　试对图 10-78 所示结构的结点进行结点位移编号，并指出各结点荷载所对应的结点位移号码。

10-26　在静不定结构的计算中，哪些类型的结构可以不考虑受弯杆件轴向变形的影响？什么类型的结构必须考虑受弯杆件轴向变形的影响？

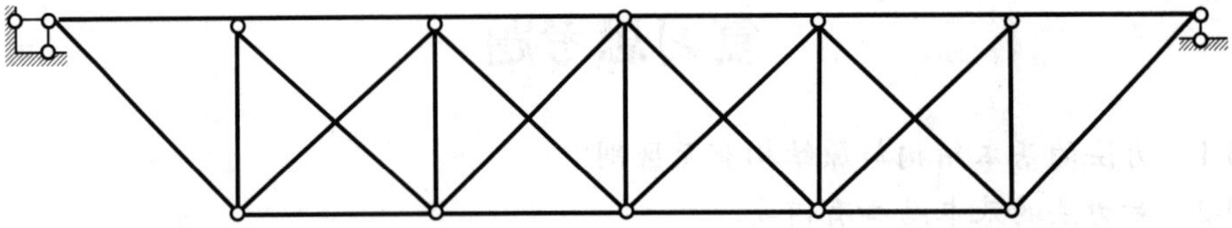

图 10-77

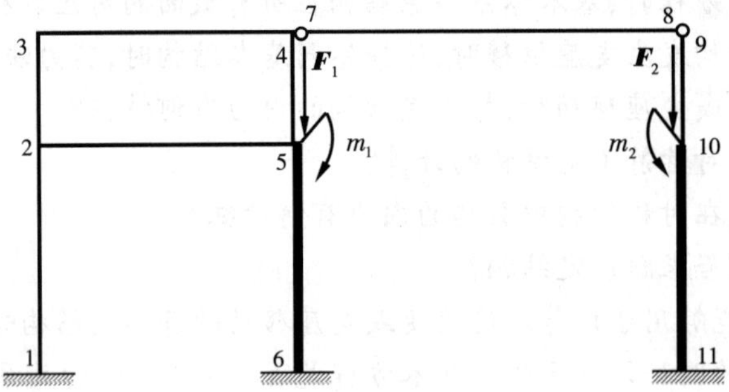

图 10-78

附 录 型钢规格表

附表 1 热轧等边角钢(GB 9787—1988)

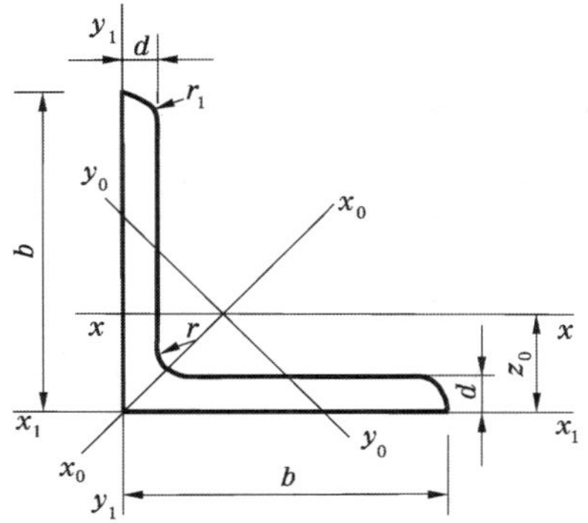

符号意义：

b——边宽度；

d——边厚度；

r——内圆弧半径；

r_1——边端内圆弧半径；

I——惯性矩；

i——惯性半径；

W——截面系数；

z_0——重心距离

角钢号数	尺寸(mm)			截面面积 (cm²)	理论质量 (kg/m)	外表面积 (m²/m)	参考数值										z_0 (cm)
							x—x			x_0—x_0			y_0—y_0			x_1—x_1	
	b	d	r				I_x (cm⁴)	i_x (cm)	W_x (cm³)	I_{x_0} (cm⁴)	i_{x_0} (cm)	W_{x_0} (cm³)	I_{y_0} (cm⁴)	i_{y_0} (cm)	W_{y_0} (cm³)	I_{x_1} (cm⁴)	
2	20	3	3.5	1.132	0.889	0.078	0.40	0.59	0.29	0.63	0.75	0.45	0.17	0.39	0.20	0.81	0.60
		4		1.459	1.145	0.077	0.50	0.58	0.36	0.78	0.73	0.55	0.22	0.38	0.24	1.09	0.64
2.5	25	3		1.432	1.124	0.098	0.82	0.76	0.46	1.29	0.95	0.73	0.34	0.49	0.33	1.57	0.73
		4		1.859	1.459	0.097	1.03	0.74	0.59	1.62	0.93	0.92	0.43	0.48	0.40	2.11	0.76

续附表 1

角钢号数	尺寸(mm)			截面面积	理论质量	外表面积	参考数值										
							x—x			x_0—x_0			y_0—y_0			x_1—x_1	z_0
	b	d	r	(cm^2)	(kg/m)	(m^2/m)	I_x (cm^4)	i_x (cm)	W_x (cm^3)	I_{x_0} (cm^4)	i_{x_0} (cm)	W_{x_0} (cm^3)	I_{y_0} (cm^4)	i_{y_0} (cm)	W_{y_0} (cm^3)	I_{x_1} (cm^4)	(cm)
3.0	30	3	4.5	1.749	1.373	0.117	1.46	0.91	0.68	2.31	1.15	1.09	0.61	0.59	0.51	2.71	0.85
		4		2.276	1.786	0.117	1.84	0.90	0.87	2.92	1.13	1.37	0.77	0.58	0.62	3.63	0.89
3.6	36	3	4.5	2.109	1.656	0.141	2.58	1.11	0.99	4.09	1.39	1.61	1.07	0.71	0.76	4.68	1.00
		4		2.756	2.163	0.141	3.29	1.09	1.28	5.22	1.38	2.05	1.37	0.70	0.93	6.25	1.04
		5		3.382	2.654	0.141	3.95	1.08	1.56	6.24	1.36	2.45	1.65	0.70	1.09	7.84	1.07
4.0	40	3	5	2.359	1.852	0.157	3.59	1.23	1.23	5.69	1.55	2.01	1.49	0.79	0.96	6.41	1.09
		4		3.086	2.422	0.157	4.60	1.22	1.60	7.29	1.54	2.58	1.91	0.79	1.19	8.56	1.13
		5		3.791	2.976	0.156	5.53	1.21	1.96	8.76	1.52	3.01	2.30	0.78	1.39	10.74	1.17
4.5	45	3	5	2.659	2.088	0.177	5.17	1.40	1.58	8.20	1.76	2.58	2.14	0.90	1.24	9.12	1.22
		4		3.486	2.736	0.177	6.65	1.38	2.05	10.56	1.74	3.32	2.75	0.89	1.54	12.18	1.26
		5		4.292	3.369	0.176	8.04	1.37	2.51	12.74	1.72	4.00	3.33	0.88	1.81	15.25	1.30
		6		5.076	3.985	0.176	9.33	1.36	2.95	14.76	1.70	4.64	3.89	0.88	2.06	18.36	1.33
5	50	3	5.5	2.971	2.332	0.197	7.18	1.55	1.96	11.37	1.96	3.22	2.98	1.00	1.57	12.50	1.34
		4		3.897	3.059	0.197	9.26	1.54	2.56	14.70	1.94	4.16	3.82	0.99	1.96	16.60	1.38
		5		4.803	3.770	0.196	11.21	1.53	3.13	17.79	1.92	5.03	4.64	0.98	2.31	20.90	1.42
		6		5.688	4.465	0.196	13.05	1.52	3.68	20.68	1.91	5.85	5.42	0.98	2.63	25.14	1.46
5.6	56	3	6	3.343	2.624	0.221	10.19	1.75	2.48	16.14	2.20	4.08	4.24	1.13	2.02	17.56	1.48
		4		4.390	3.446	0.220	13.18	1.73	3.24	20.92	2.18	5.28	5.46	1.11	2.52	23.43	1.53

续附表 1

角钢号数	尺寸(mm)			截面面积 (cm²)	理论质量 (kg/m)	外表面积 (m²/m)	参考数值										
							x—x			x_0—x_0			y_0—y_0			x_1—x_1	z_0 (cm)
	b	d	r				I_x (cm^4)	i_x (cm)	W_x (cm^3)	I_{x_0} (cm^4)	i_{x_0} (cm)	W_{x_0} (cm^3)	I_{y_0} (cm^4)	i_{y_0} (cm)	W_{y_0} (cm^3)	I_{x_1} (cm^4)	
5.6	56	5	6	5.415	4.251	0.220	16.02	1.72	3.97	25.42	2.17	6.42	6.61	1.10	2.98	29.33	1.57
		8	7	8.367	6.568	0.219	23.63	1.68	6.03	37.37	2.11	9.44	9.89	1.09	4.16	47.24	1.68
6.3	63	4	7	4.978	3.907	0.248	19.03	1.96	4.13	30.17	2.46	6.78	7.89	1.26	3.29	33.35	1.70
		5		6.143	4.822	0.248	23.17	1.94	5.08	36.77	2.45	8.25	9.57	1.25	3.90	41.73	1.74
		6		7.288	5.721	0.247	27.12	1.93	6.00	43.03	2.43	9.66	11.20	1.24	4.46	50.14	1.78
		8		9.515	7.469	0.247	34.46	1.90	7.75	54.56	2.40	12.25	14.33	1.23	5.47	67.11	1.85
		10		11.657	9.151	0.246	41.09	1.88	9.39	64.85	2.36	14.56	17.33	1.22	6.36	84.31	1.93
7	70	4	8	5.570	4.372	0.275	26.39	2.18	5.14	41.80	2.74	8.44	10.99	1.40	4.17	45.74	1.86
		5		6.875	5.397	0.275	32.21	2.16	6.32	51.08	2.73	10.32	13.34	1.39	4.95	57.21	1.91
		6		8.160	6.406	0.275	37.77	2.15	7.48	59.93	2.71	12.11	15.61	1.38	5.67	68.73	1.95
		7		9.424	7.398	0.275	43.09	2.14	8.59	68.35	2.69	13.81	17.82	1.38	6.34	80.29	1.99
		8		10.667	8.373	0.274	48.17	2.12	9.68	76.37	2.68	15.43	19.98	1.37	6.98	91.92	2.03
7.5	75	5	9	7.367	5.818	0.295	39.97	2.33	7.32	63.30	2.92	11.94	16.63	1.50	5.77	70.56	2.04
		6		8.797	6.905	0.294	46.95	2.31	8.64	74.38	2.90	14.02	19.51	1.49	6.67	84.55	2.07
		7		10.160	7.976	0.294	53.57	2.30	9.93	84.96	2.89	16.02	22.18	1.48	7.44	98.71	2.11
		8		11.503	9.030	0.294	59.96	2.28	11.20	95.07	2.88	17.93	24.86	1.47	8.19	112.97	2.15
		10		14.126	11.089	0.293	71.98	2.26	13.64	113.92	2.84	21.48	30.05	1.46	9.56	141.71	2.22

续附表 1

角钢号数	尺寸(mm)			截面面积 (cm²)	理论质量 (kg/m)	外表面积 (m²/m)	参考数值										z₀
							x—x			x_0—x_0			y_0—y_0			x_1—x_1	z_0 (cm)
	b	d	r				I_x (cm⁴)	i_x (cm)	W_x (cm³)	I_{x_0} (cm⁴)	i_{x_0} (cm)	W_{x_0} (cm³)	I_{y_0} (cm⁴)	i_{y_0} (cm)	W_{y_0} (cm³)	I_{x_1} (cm⁴)	
8	80	5	9	7.912	6.211	0.315	48.79	2.48	8.34	77.33	3.13	13.67	20.25	1.60	6.66	85.36	2.15
		6		9.397	7.376	0.314	57.35	2.47	9.87	90.98	3.11	16.08	23.72	1.59	7.65	102.50	2.19
		7		10.860	8.525	0.314	65.58	2.46	11.37	104.07	3.10	18.40	27.09	1.58	8.58	119.70	2.23
		8		12.303	9.658	0.314	73.49	2.44	12.83	116.60	3.08	20.61	30.39	1.57	9.46	136.97	2.27
		10		15.126	11.874	0.313	88.43	2.42	15.64	140.09	3.04	24.76	36.77	1.56	11.08	171.74	2.35
9	90	6	10	10.637	8.350	0.354	82.77	2.79	12.61	131.26	3.51	20.63	34.28	1.80	9.95	145.87	2.44
		7		12.301	9.656	0.354	94.83	2.78	14.54	150.47	3.50	23.64	39.18	1.78	11.19	170.30	2.48
		8		13.944	10.946	0.353	106.47	2.76	16.42	168.97	3.48	26.55	43.97	1.78	12.35	194.80	2.52
		10		17.167	13.476	0.353	128.58	2.74	20.07	203.90	3.45	32.04	53.26	1.76	14.52	244.07	2.59
		12		20.306	15.940	0.352	149.22	2.71	23.57	236.21	3.41	37.12	62.22	1.75	16.49	293.76	2.67
10	100	6	12	11.932	9.366	0.393	114.95	3.10	15.68	181.98	3.90	25.74	47.92	2.00	12.69	200.07	2.67
		7		13.796	10.830	0.393	131.86	3.09	18.10	208.97	3.89	29.55	54.74	1.99	14.26	233.54	2.71
		8		15.638	12.276	0.393	148.24	3.08	20.47	235.07	3.88	33.24	61.41	1.98	15.75	267.09	2.76
		10		19.261	15.120	0.392	179.51	3.05	25.06	284.68	3.84	40.26	74.35	1.96	18.54	334.48	2.84
		12		22.800	17.898	0.391	208.90	3.03	29.48	330.95	3.81	46.80	86.84	1.95	21.08	402.34	2.91
		14		26.256	20.611	0.391	236.53	3.00	33.73	374.06	3.77	52.90	99.00	1.94	23.44	470.75	2.99
		16		29.627	23.257	0.390	262.53	2.98	37.82	414.16	3.74	58.57	110.89	1.94	25.63	539.80	3.06

续附表 1

角钢号数	尺寸(mm)			截面面积 (cm^2)	理论质量 (kg/m)	外表面积 (m^2/m)	参考数值										z_0 (cm)
							$x—x$			$x_0—x_0$			$y_0—y_0$			$x_1—x_1$	
	b	d	r				I_x (cm^4)	i_x (cm)	W_x (cm^3)	I_{x_0} (cm^4)	i_{x_0} (cm)	W_{x_0} (cm^3)	I_{y_0} (cm^4)	i_{y_0} (cm)	W_{y_0} (cm^3)	I_{x_1} (cm^4)	
11	110	7	12	15.196	11.928	0.433	177.16	3.41	22.05	280.94	4.30	36.12	73.38	2.20	17.51	310.64	2.96
		8		17.238	13.532	0.433	199.46	3.40	24.95	316.49	4.28	40.69	82.42	2.19	19.39	355.20	3.01
		10		21.261	16.690	0.432	242.19	3.38	30.60	384.39	4.25	49.42	99.98	2.17	22.91	444.65	3.09
		12		25.200	19.782	0.431	282.55	3.35	36.05	448.17	4.22	57.62	116.93	2.15	26.15	534.60	3.16
		14		29.056	22.809	0.431	320.71	3.32	41.31	508.01	4.18	65.31	133.40	2.14	29.14	625.16	3.24
12.5	125	8	14	19.750	15.504	0.492	297.03	3.88	32.52	470.89	4.88	53.28	123.16	2.50	25.86	521.01	3.37
		10		24.373	19.133	0.491	361.67	3.85	39.97	573.89	4.85	64.93	149.46	2.48	30.62	651.93	3.45
		12		28.912	22.696	0.491	423.16	3.83	41.17	671.44	4.82	75.96	174.88	2.46	35.03	783.42	3.53
		14		33.367	26.193	0.490	481.65	3.80	54.16	763.73	4.78	86.41	199.57	2.45	39.13	915.61	3.61
14	140	10	14	27.373	21.488	0.551	514.65	4.34	50.58	817.27	5.46	82.56	212.04	2.78	39.20	915.11	3.82
		12		32.512	25.522	0.551	603.68	4.31	59.80	958.79	5.43	96.85	248.57	2.76	45.02	1 099.28	3.90
		14		37.567	29.490	0.550	688.81	4.28	68.75	1 093.56	5.40	110.47	284.06	2.75	50.45	1 284.22	3.98
		16		42.539	33.393	0.549	770.24	4.26	77.46	1 221.81	5.36	123.42	318.67	2.74	55.55	1 470.07	4.06
16	160	10	16	31.502	24.729	0.630	779.53	4.98	66.70	1 237.30	6.27	109.36	321.76	3.20	52.76	1 365.33	4.31
		12		37.441	29.391	0.630	916.58	4.95	78.98	1 455.68	6.24	128.67	377.49	3.18	60.74	1 639.57	4.39
		14		43.296	33.987	0.629	1 048.36	4.92	90.95	1 665.02	6.20	147.17	431.70	3.16	68.244	1 914.68	4.47
		16		49.067	38.518	0.629	1 175.08	4.89	102.63	1 865.57	6.17	164.89	484.59	3.14	75.31	2 190.82	4.55

续附表 1

角钢号数	尺寸(mm)			截面面积 (cm^2)	理论质量 (kg/m)	外表面积 (m^2/m)	参考数值										z_0 (cm)
							$x—x$			$x_0—x_0$			$y_0—y_0$			$x_1—x_1$	
	b	d	r				I_x (cm^4)	i_x (cm)	W_x (cm^3)	I_{x_0} (cm^4)	i_{x_0} (cm)	W_{x_0} (cm^3)	I_{y_0} (cm^4)	i_{y_0} (cm)	W_{y_0} (cm^3)	I_{x_1} (cm^4)	
18	180	12	16	42.241	33.159	0.710	1 321.35	5.59	100.82	2 100.10	7.05	165.00	542.61	3.58	78.41	2 332.80	4.89
		14		48.896	38.388	0.709	1 514.48	5.56	116.25	2 407.42	7.02	189.14	625.53	3.56	88.38	2 723.48	4.97
		16		55.467	43.542	0.709	1 700.99	5.54	131.13	2 703.37	6.98	212.40	698.60	3.55	97.83	3 115.29	5.05
		18		61.955	48.634	0.708	1 875.12	5.50	145.64	2 988.24	6.94	234.78	762.01	3.51	105.14	3 502.43	5.13
20	200	14	18	54.642	42.894	0.788	2 103.55	6.20	144.70	3 343.26	7.82	236.40	863.83	3.98	111.82	3 734.10	5.46
		16		62.013	48.680	0.788	2 366.15	6.18	163.65	3 760.89	7.79	265.93	971.41	3.96	123.96	4 270.39	5.54
		18		69.301	54.401	0.787	2 620.64	6.15	182.22	4 164.54	7.75	294.48	1 076.74	3.94	135.52	4 808.13	5.62
		20		76.505	60.056	0.787	2 867.30	6.12	200.42	4 554.55	7.72	322.06	1 180.04	3.93	146.55	5 347.51	5.69
		24		90.661	71.168	0.785	3 338.25	6.07	236.17	5 294.97	7.64	374.41	1 381.53	3.90	166.55	6 457.16	5.87

注：截面图中的 $r_1=\frac{1}{3}d$ 及表中 r 值的数据用于孔型设计，不作交货条件。

附表 2 热轧不等边角钢(GB 9788—1988)

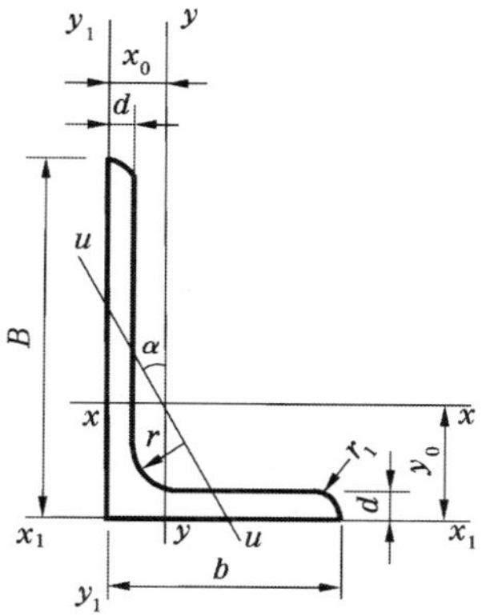

符号意义：

B——长边宽度；　　b——短边宽度；

d——边厚度；　　r——内圆弧半径；

r_1——边端内圆弧半径；　　I——惯性矩；

i——惯性半径；　　W——截面系数；

x_0——重心距离；　　y_0——重心距离

角钢号数	尺寸(mm)				截面面积	理论质量	外表面积	参考数值														
								x—x			y—y			x_1—x_1		y_1—y_1		u—u				
	B	b	d	r	(cm²)	(kg/m)	(m²/m)	I_x (cm⁴)	i_x (cm)	W_x (cm³)	I_y (cm⁴)	i_y (cm)	W_y (cm³)	I_{x_1} (cm⁴)	y_0 (cm)	I_{y_1} (cm⁴)	x_0 (cm)	I_u (cm⁴)	i_u (cm)	W_u (cm³)	tanα
2.5/1.6	25	16	3	3.5	1.162	0.912	0.080	0.70	0.78	0.43	0.22	0.44	0.19	1.56	0.86	0.43	0.42	0.14	0.34	0.16	0.392
			4		1.499	1.176	0.079	0.88	0.77	0.55	0.27	0.43	0.24	2.09	0.90	0.59	0.46	0.17	0.34	0.20	0.381
3.2/2	32	20	3		1.492	1.171	0.102	1.53	1.01	0.72	0.46	0.55	0.30	3.27	1.08	0.82	0.49	0.28	0.43	0.25	0.382
			4		1.939	1.522	0.101	1.93	1.00	0.93	0.57	0.54	0.39	4.37	1.12	1.12	0.53	0.35	0.42	0.32	0.374
4/2.5	40	25	3	4	1.890	1.484	0.127	3.08	1.28	1.15	0.93	0.70	0.49	6.39	1.32	1.59	0.59	0.56	0.54	0.40	0.386
			4		2.467	1.936	0.127	3.93	1.26	1.49	1.18	0.69	0.63	8.53	1.37	2.14	0.63	0.71	0.54	0.52	0.381
4.5/2.8	45	28	3	5	2.149	1.687	0.143	4.45	1.44	1.47	1.34	0.79	0.62	9.10	1.47	2.23	0.64	0.80	0.61	0.51	0.383
			4		2.806	2.203	0.143	5.69	1.42	1.91	1.70	0.78	0.80	12.13	1.51	3.00	0.68	1.02	0.60	0.66	0.380

续附表 2

角钢号数	尺寸(mm)				截面面积 (cm^2)	理论质量 (kg/m)	外表面积 (m^2/m)	参考数值														
								$x—x$			$y—y$			$x_1—x_1$		$y_1—y_1$		$u—u$				
	B	b	d	r				I_x (cm^4)	i_x (cm)	W_x (cm^3)	I_y (cm^4)	i_y (cm)	W_y (cm^3)	I_{x_1} (cm^4)	y_0 (cm)	I_{y_1} (cm^4)	x_0 (cm)	I_u (cm^4)	i_u (cm)	W_u (cm^3)	$\tan\alpha$	
5/3.2	50	32	3	5.5	2.431	1.908	0.161	6.24	1.60	1.84	2.02	0.91	0.82	12.49	1.60	3.31	0.73	1.20	0.70	0.68	0.404	
			4		3.177	2.494	0.160	8.02	1.59	2.39	2.58	0.90	1.06	16.65	1.65	4.45	0.77	1.53	0.69	0.87	0.402	
5.6/3.6	56	36	3	6	2.743	2.153	0.181	8.88	1.80	2.32	2.92	1.03	1.05	17.54	1.78	4.70	0.80	1.73	0.79	0.87	0.408	
			4		3.590	2.818	0.180	11.45	1.79	3.03	3.76	1.02	1.37	23.39	1.82	6.33	0.85	2.23	0.79	1.13	0.408	
			5		4.415	3.466	0.180	13.86	1.77	3.71	4.49	1.01	1.65	29.25	1.87	7.94	0.88	2.67	0.78	1.36	0.404	
6.3/4	63	40	4	7	4.058	3.185	0.202	16.49	2.02	3.87	5.23	1.14	1.70	33.30	2.04	8.63	0.92	3.12	0.88	1.40	0.398	
			5		4.993	3.920	0.202	20.02	2.00	4.74	6.31	1.12	2.71	41.63	2.08	10.86	0.95	3.76	0.87	1.71	0.396	
			6		5.908	4.638	0.201	23.36	1.98	5.59	7.29	1.11	2.73	49.98	2.12	13.12	0.99	4.34	0.86	1.99	0.393	
			7		6.802	5.339	0.201	26.53	1.96	6.40	8.24	1.10	2.78	58.07	2.15	15.47	1.03	4.97	0.86	2.29	0.389	
7/4.5	70	45	4	7.5	4.547	3.570	0.226	23.17	2.26	4.86	7.55	1.29	2.17	45.92	2.24	12.26	1.02	4.40	0.98	1.77	0.410	
			5		5.609	4.403	0.225	27.95	2.23	5.92	9.13	1.28	2.65	57.10	2.28	15.39	1.06	5.40	0.98	2.19	0.407	
			6		6.647	5.218	0.225	32.54	2.21	6.95	10.62	1.26	3.12	68.35	2.32	18.58	1.09	6.35	0.98	2.59	0.404	
			7		7.657	6.011	0.225	37.22	2.20	8.03	12.01	1.25	3.57	79.99	2.36	21.84	1.13	7.16	0.97	2.94	0.402	
(7.5/5)	75	50	5	8	6.125	4.808	0.245	34.86	2.39	6.83	12.61	1.44	3.30	70.00	2.40	21.04	1.17	7.41	1.10	2.74	0.435	
			6		7.260	5.699	0.245	41.12	2.38	8.12	14.70	1.42	3.88	84.30	2.44	25.37	1.21	8.54	1.08	3.19	0.435	
			8		9.467	7.431	0.244	52.39	2.35	10.52	18.53	1.40	4.99	112.50	2.52	34.23	1.29	10.87	1.07	4.10	0.429	
			10		11.590	9.098	0.244	62.71	2.33	12.79	21.96	1.38	6.04	140.80	2.60	43.43	1.36	13.10	1.06	4.99	0.423	

续附表 2

角钢号数	尺寸(mm)				截面面积	理论质量	外表面积	参考数值													
								x—x			y—y			x_1—x_1		y_1—y_1		u—u			
	B	b	d	r	(cm^2)	(kg/m)	(m^2/m)	I_x (cm^4)	i_x (cm)	W_x (cm^3)	I_y (cm^4)	i_y (cm)	W_y (cm^3)	I_{x_1} (cm^4)	y_0 (cm)	I_{y_1} (cm^4)	x_0 (cm)	I_u (cm^4)	i_u (cm)	W_u (cm^3)	tanα
8/5	80	50	5	8	6.375	5.005	0.255	41.96	2.56	7.78	12.82	1.42	3.32	85.21	2.60	21.06	1.14	7.66	1.10	2.74	0.388
			6		7.560	5.935	0.255	49.49	2.56	9.25	14.95	1.41	3.91	102.53	2.65	25.41	1.18	8.85	1.08	3.20	0.387
			7		8.724	6.848	0.255	56.16	2.54	10.58	16.96	1.39	4.48	119.33	2.69	29.82	1.21	10.18	1.08	3.70	0.384
			8		9.867	7.745	0.254	62.83	2.52	11.92	18.85	1.38	5.03	136.41	2.73	34.32	1.25	11.38	1.07	4.16	0.381
9/5.6	90	56	5	9	7.212	5.661	0.287	60.45	2.90	9.92	18.32	1.59	4.21	121.32	2.91	29.53	1.25	10.98	1.23	3.49	0.385
			6		8.557	6.717	0.286	71.03	2.88	11.74	21.42	1.58	4.96	145.59	2.95	35.58	1.29	12.90	1.23	4.18	0.384
			7		9.880	7.756	0.286	81.01	2.86	13.49	24.36	1.57	5.70	169.66	3.00	41.71	1.33	14.67	1.22	4.72	0.382
			8		11.183	8.779	0.286	91.03	2.85	15.27	27.15	1.56	6.41	194.17	3.04	47.93	1.36	16.34	1.21	5.29	0.380
10/6.3	100	63	6	10	9.617	7.550	0.320	99.06	3.21	14.64	30.94	1.79	6.35	199.71	3.24	50.50	1.43	18.42	1.38	5.25	0.394
			7		11.111	8.722	0.320	113.45	3.20	16.88	35.26	1.78	7.29	233.00	3.28	59.14	1.47	21.00	1.38	6.02	0.393
			8		12.584	9.878	0.319	127.37	3.18	19.08	39.39	1.77	8.21	266.32	3.32	67.88	1.50	23.50	1.37	6.78	0.391
			10		15.467	12.142	0.319	153.81	3.15	23.32	47.12	1.74	9.98	333.06	3.40	85.73	1.58	28.33	1.35	8.24	0.387
10/8	100	80	6	10	10.637	8.350	0.354	107.04	3.17	15.19	61.24	2.40	10.16	199.83	2.95	102.68	1.97	31.65	1.72	8.37	0.627
			7		12.301	9.656	0.354	122.73	3.16	17.52	70.08	2.39	11.71	233.20	3.00	119.98	2.01	36.17	1.72	9.60	0.626
			8		13.944	10.946	0.353	137.92	3.14	19.81	78.58	2.37	13.21	266.61	3.04	137.37	2.05	40.58	1.71	10.80	0.625
			10		17.167	13.476	0.353	166.87	3.12	24.24	94.65	2.35	16.12	333.63	3.12	172.48	2.13	49.10	1.69	13.12	0.622

续附表 2

角钢号数	尺寸(mm)				截面面积	理论质量	外表面积	参考数值													
								x—x			y—y			x_1—x_1		y_1—y_1		u—u			
	B	b	d	r	(cm²)	(kg/m)	(m²/m)	I_x (cm⁴)	i_x (cm)	W_x (cm³)	I_y (cm⁴)	i_y (cm)	W_y (cm³)	I_{x_1} (cm⁴)	y_0 (cm)	I_{y_1} (cm⁴)	x_0 (cm)	I_u (cm⁴)	i_u (cm)	W_u (cm³)	tanα
11/7	110	70	6	10	10.637	8.350	0.354	133.37	3.54	17.85	42.92	2.01	7.90	265.78	3.53	69.08	1.57	25.36	1.54	6.53	0.403
			7		12.301	9.656	0.354	153.00	3.53	20.60	49.01	2.00	9.09	310.07	3.57	80.82	1.61	28.95	1.53	7.50	0.402
			8		13.944	10.946	0.353	172.04	3.51	23.30	54.87	1.98	10.25	354.39	3.62	92.70	1.65	32.45	1.53	8.45	0.401
			10		17.167	13.476	0.353	208.39	3.48	28.54	65.88	1.96	12.48	443.13	3.70	116.83	1.72	39.20	1.51	10.29	0.397
12.5/8	125	80	7	11	14.096	11.066	0.403	227.98	4.02	26.86	74.42	2.30	12.01	454.99	4.01	120.32	1.80	43.81	1.76	9.92	0.408
			8		15.989	12.551	0.403	256.77	4.01	30.41	83.49	2.28	13.56	519.99	4.06	137.85	1.84	49.15	1.75	11.18	0.407
			10		19.712	15.474	0.402	312.04	3.98	37.33	100.67	2.26	16.56	650.09	4.14	173.40	1.92	59.45	1.74	13.64	0.404
			12		23.351	18.330	0.402	364.41	3.95	44.01	116.67	2.24	19.43	780.39	4.22	209.67	2.00	69.35	1.72	16.01	0.400
14/9	140	90	8	12	18.038	14.160	0.453	365.64	4.50	38.48	120.69	2.59	17.34	730.53	4.50	195.79	2.04	70.83	1.98	14.31	0.411
			10		22.261	17.475	0.452	445.50	4.47	47.31	146.03	2.56	21.22	913.20	4.58	245.92	2.12	85.82	1.96	17.48	0.409
			12		26.400	20.724	0.451	521.59	4.44	55.87	169.79	2.54	24.95	1 096.09	4.66	296.89	2.19	100.21	1.95	20.54	0.406
			14		30.456	23.908	0.451	594.10	4.42	64.18	192.10	2.51	28.54	1 279.26	4.74	348.82	2.27	114.13	1.94	23.52	0.403
16/10	160	100	10	13	25.315	19.872	0.512	668.69	5.14	62.13	205.03	2.85	26.56	1 362.89	5.24	336.59	2.28	121.74	2.19	21.92	0.390
			12		30.054	23.592	0.511	784.91	5.11	73.49	239.06	2.82	31.28	1 635.56	5.32	405.94	2.36	142.33	2.17	25.79	0.388
			14		34.709	27.247	0.510	896.30	5.08	84.56	271.20	0.80	35.83	1 908.50	5.40	476.42	2.43	162.23	2.16	29.56	0.385
			16		39.281	30.835	0.510	1 003.04	5.05	95.33	301.60	2.77	40.24	2 181.79	5.48	548.22	2.51	182.57	2.16	33.44	0.382

续附表 2

角钢号数	尺寸(mm)				截面面积 (cm^2)	理论质量 (kg/m)	外表面积 (m^2/m)	参考数值													
								$x—x$			$y—y$			$x_1—x_1$		$y_1—y_1$		$u—u$			
	B	b	d	r				I_x (cm^4)	i_x (cm)	W_x (cm^3)	I_y (cm^4)	i_y (cm)	W_y (cm^3)	I_{x_1} (cm^4)	y_0 (cm)	I_{y_1} (cm^4)	x_0 (cm)	I_u (cm^4)	i_u (cm)	W_u (cm^3)	$\tan\alpha$
18/11	180	110	10	14	28.373	22.273	0.571	956.25	5.80	78.96	278.11	3.13	32.49	1 940.40	5.89	447.22	2.44	166.50	2.42	26.88	0.376
			12		33.712	26.464	0.571	1 124.72	5.78	93.53	325.03	3.10	38.32	2 328.38	5.98	538.94	2.52	194.87	2.40	31.66	0.374
			14		38.967	30.589	0.570	1 286.91	5.75	107.76	369.55	3.08	43.97	2 716.60	6.06	631.95	2.59	222.30	2.39	36.32	0.372
			16		44.139	34.649	0.569	1 443.06	5.72	121.64	411.85	3.06	49.44	3 105.15	6.14	726.46	2.67	248.94	2.38	40.87	0.369
20/12.5	200	125	12		37.912	29.761	0.641	1 570.90	6.44	116.73	483.16	3.57	49.99	3 193.85	6.54	787.74	2.83	285.79	2.74	41.23	0.392
			14		43.867	34.436	0.640	1 800.97	6.41	134.65	550.83	3.54	57.44	3 726.17	6.62	922.47	2.91	326.58	2.73	47.34	0.390
			16		49.739	39.045	0.639	2 023.35	6.38	152.18	615.44	3.52	64.69	4 258.86	6.70	1 058.86	2.99	366.21	2.71	53.32	0.388
			18		55.526	43.588	0.639	2 238.30	6.35	169.33	677.19	3.49	71.74	4 792.00	6.78	1 197.13	3.06	404.83	2.70	59.10	0.385

注:1.括号内型号不推荐使用。

2.截面图中的 $r_1=\frac{1}{3}d$ 及表中 r 的数据用于孔型设计,不作交货条件。

附表 3　热轧工字钢(GB 706—1988)

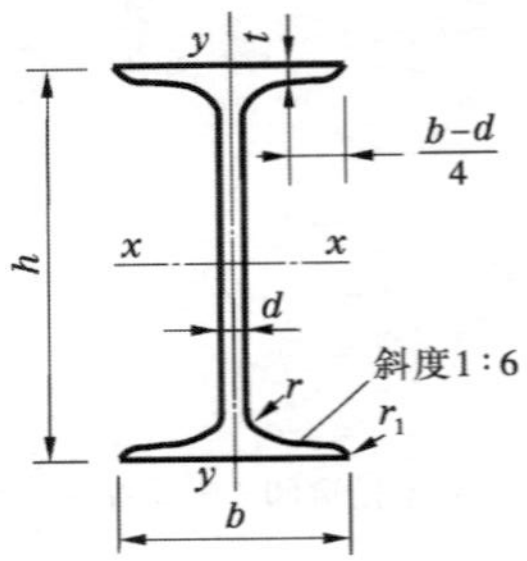

符号意义：

h——高度；

b——腿宽度；

d——腰厚度；

t——平均腿厚度；

r——内圆弧半径；

r_1——腿端圆弧半径；

I——惯性矩；

W——截面系数；

i——惯性半径；

S——半截面的静矩

型号	尺寸(mm)						截面面积	理论质量	参考数值						
									x—x				y—y		
	h	b	d	t	r	r_1	(cm^2)	(kg/m)	I_x (cm^4)	W_x (cm^3)	i_x (cm)	$I_x:S_x$ (cm)	I_y (cm^4)	W_y (cm^3)	i_y (cm)
10	100	68	4.5	7.6	6.5	3.3	14.3	11.2	245	49	4.14	8.59	33	9.72	1.52
12.6	126	74	5	8.4	7	3.5	18.1	14.2	488.43	77.529	5.195	10.85	46.906	12.677	1.609
14	140	80	5.5	9.1	7.5	3.8	21.5	16.9	712	102	5.76	12	64.4	16.1	1.73
16	160	88	6	9.9	8	4	26.1	20.5	1 130	141	6.58	13.8	93.1	21.2	1.89
18	180	94	6.5	10.7	8.5	4.3	30.6	24.1	1 660	185	7.36	15.4	122	26	2
20a	200	100	7	11.4	9	4.5	35.5	27.9	2 370	237	8.15	17.2	158	31.5	2.12
20b	200	102	9	11.4	9	4.5	39.5	31.1	2 500	250	7.96	16.9	169	33.1	2.06
22a	220	110	7.5	12.3	9.5	4.8	42	33	3 400	309	8.99	18.9	225	40.9	2.31
22b	220	112	9.5	12.3	9.5	4.8	46.4	36.4	3 570	325	8.78	18.7	239	42.7	2.27
25a	250	116	8	13	10	5	48.5	38.1	5 023.54	401.88	10.18	21.58	280.046	48.283	2.403
25b	250	118	10	13	10	5	53.5	42	5 283.96	422.72	9.938	21.27	309.297	52.423	2.404
28a	280	122	8.5	13.7	10.5	5.3	55.45	43.4	7 114.14	508.15	11.32	24.62	345.051	56.565	2.495
28b	280	124	10.5	13.7	10.5	5.3	61.05	47.9	7 480	534.29	11.08	24.24	379.496	61.209	2.493

续附表 3

型号	尺寸(mm)						截面面积	理论质量	参考数值						
									x—x				y—y		
	h	b	d	t	r	r_1	(cm^2)	(kg/m)	I_x (cm^4)	W_x (cm^3)	i_x (cm)	$I_x:S_x$ (cm)	I_y (cm^4)	W_y (cm^3)	i_y (cm)
32a	320	130	9.5	15	11.5	5.8	67.05	52.7	11 075.5	629.2	12.84	27.46	459.93	70.758	2.619
32b	320	132	11.5	15	11.5	5.8	73.45	57.7	11 621.4	726.33	12.58	27.09	501.53	75.989	2.614
32c	320	134	13.5	15	11.5	5.8	79.95	62.8	12 167.5	760.47	12.34	26.77	543.81	81.166	2.608
36a	360	136	10	15.8	12	6	76.3	59.9	15 760	875	14.4	30.7	552	81.2	2.69
36b	360	138	12	15.8	12	6	83.5	65.6	16 530	919	14.1	30.3	582	84.3	2.64
36c	360	140	14	15.8	12	6	90.7	71.2	17 310	962	13.8	29.9	612	87.4	2.6
40a	400	142	10.5	16.5	12.5	6.3	86.1	67.6	21 720	1 090	15.9	34.1	660	93.2	2.77
40b	400	144	12.5	16.5	12.5	6.3	94.1	73.8	22 780	1 140	15.6	33.6	692	96.2	2.71
40c	400	146	14.5	16.5	12.5	6.3	102	80.1	23 850	1 190	15.2	33.2	727	99.6	2.65
45a	450	150	11.5	18	13.5	6.8	102	80.4	32 240	1 430	17.7	38.6	855	114	2.89
45b	450	152	13.5	18	13.5	6.8	111	87.4	33 760	1 500	17.4	38	894	118	2.84
45c	450	154	15.5	18	13.5	6.8	120	94.5	35 280	1 570	17.1	37.6	938	122	2.79
50a	500	158	12	20	14	7	119	93.6	46 470	1 860	19.7	42.8	1 120	142	3.07
50b	500	160	14	20	14	7	129	101	48 560	1 940	19.4	42.4	1 170	146	3.01
50c	500	162	16	20	14	7	139	109	50 640	2 080	19	41.8	1 220	151	2.96
56a	560	166	12.5	21	14.5	7.3	135.25	106.2	65 585.6	2 342.31	22.02	47.73	1 370.16	165.08	3.182
56b	560	168	14.5	21	14.5	7.3	146.45	115	68 512.5	2 446.69	21.63	47.17	1 486.75	174.25	3.162
56c	560	170	16.5	21	14.5	7.3	157.85	123.9	71 439.4	2 551.41	21.27	46.66	1 558.39	183.34	3.158
63a	630	176	13	22	15	7.5	154.9	121.6	96 916.2	2 981.47	24.62	54.17	1 700.55	193.24	3.314
63b	630	178	15	22	15	7.5	167.5	131.5	98 083.6	3 163.38	24.2	53.51	1 812.07	203.6	3.289
63c	630	180	17	22	15	7.5	180.1	141	102 251.1	3 298.42	23.82	52.92	1 924.91	213.88	3.268

注：截面图和表中标注的圆弧半径 r、r_1 的数据用于孔型设计，不作交货条件。

附表 4　热轧槽钢(GB 707—1988)

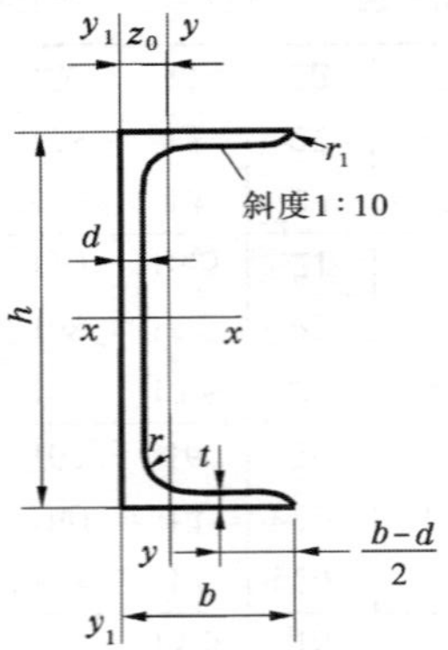

符号意义：

h——高度；

b——腿宽度；

d——腰厚度；

t——平均腿厚度；

r——内圆弧半径；

r_1——腿端圆弧半径；

I——惯性矩；

W——截面系数；

i——惯性半径；

z_0——y—y 轴与 y_1—y_1 轴间距

型号	尺寸(mm)						截面面积	理论质量	参考数值							
									x—x			y—y			y_1—y_1	z_0
	h	b	d	t	r	r_1	(cm^2)	(kg/m)	W_x(cm^3)	I_x(cm^4)	i_x(cm)	W_y(cm^3)	I_y(cm^4)	i_y(cm)	I_{y_1}(cm^4)	(cm)
5	50	37	4.5	7	7	3.5	6.93	5.44	10.4	26	1.94	3.55	8.3	1.1	20.9	1.35
6.3	63	40	4.8	7.5	7.5	3.75	8.444	6.63	16.123	50.786	2.453	4.50	11.872	1.185	28.38	1.36
8	80	43	5	8	8	4	10.24	8.04	25.3	101.3	3.15	5.79	16.6	1.27	37.4	1.43
10	100	48	5.3	8.5	8.5	4.25	12.74	10	39.7	198.3	3.95	7.8	25.6	1.41	54.9	1.52
12.6	126	53	5.5	9	9	4.5	15.69	12.37	62.137	391.466	4.953	10.242	37.99	1.567	77.09	1.59
14a	140	58	6	9.5	9.5	4.75	18.51	14.53	80.5	563.7	5.52	13.01	53.2	1.7	107.1	1.71
14b	140	60	8	9.5	9.5	4.75	21.31	16.73	87.1	609.4	5.35	14.12	61.1	1.69	120.6	1.67
16a	160	63	6.5	10	10	5	21.95	17.23	108.3	866.2	6.28	16.3	73.3	1.83	144.1	1.8
16	160	65	8.5	10	10	5	25.15	19.74	116.8	934.5	6.1	17.55	83.4	1.82	160.8	1.75

续附表 4

型号	尺寸(mm)						截面面积 (cm²)	理论质量 (kg/m)	参考数值							
									x—x			y—y			$y_1—y_1$	z_0 (cm)
	h	b	d	t	r	r_1			W_x(cm³)	I_x(cm⁴)	i_x(cm)	W_y(cm³)	I_y(cm⁴)	i_y(cm)	I_{y_1}(cm⁴)	
18a	180	68	7	10.5	10.5	5.25	25.69	20.17	141.4	1 272.7	7.04	20.03	98.6	1.96	189.7	1.88
18	180	70	9	10.5	10.5	5.25	29.29	22.99	152.2	1 369.9	6.84	21.52	111	1.95	210.1	1.84
20a	200	73	7	11	11	5.5	28.83	22.63	178	1 780.4	7.86	24.2	128	2.11	244	2.01
20	200	79	9	11	11	5.5	32.83	25.77	191.4	1 913.7	7.64	25.88	143.6	2.09	268.4	1.95
22a	220	77	7	11.5	11.5	5.75	31.84	24.99	217.6	2 393.9	8.67	28.17	157.8	2.23	298.2	2.1
22	220	79	9	11.5	11.5	5.75	36.24	28.45	233.8	2 571.4	8.42	30.05	176.4	2.21	326.3	2.03
25a	250	78	7	12	12	6	34.91	27.47	269.597	3 369.62	9.823	30.607	175.529	2.243	322.256	2.065
25b	250	80	9	12	12	6	39.91	31.39	282.402	3 530.04	9.405	32.657	196.421	2.218	353.187	1.982
25c	250	82	12	12	12	6	44.91	35.32	295.236	3 690.45	9.065	35.926	218.415	2.206	384.133	1.921
28a	280	82	7.5	12.5	12.5	6.25	40.02	31.42	340.328	4 764.59	10.91	35.718	217.989	2.333	387.566	2.097
28b	280	84	9.5	12.5	12.5	6.25	45.62	35.81	366.46	5 130.45	10.6	37.929	242.144	2.304	427.589	2.016
28c	280	86	11.5	12.5	12.5	6.25	51.22	40.21	392.594	5 496.32	10.35	40.301	267.602	2.286	426.597	1.951
32a	320	88	8	14	14	7	48.7	38.22	474.879	7 598.06	12.49	46.473	304.787	2.502	552.31	2.242
32b	320	90	10	14	14	7	55.1	43.25	509.012	8 144.2	12.15	49.157	336.332	2.471	592.933	2.158
32c	320	92	12	14	14	7	61.5	48.28	543.145	8 690.33	11.88	52.642	374.175	2.467	643.299	2.092
36a	360	96	9	16	16	8	60.89	47.8	659.7	11 874.2	13.97	63.54	455	2.73	818.4	2.44
36b	360	98	11	16	16	8	68.09	53.45	702.9	12 651.8	13.63	66.85	496.7	2.7	880.4	2.37
36c	360	100	13	16	16	8	75.29	59.12	746.1	13 429.4	13.36	70.02	536.4	2.67	947.9	2.34
40a	400	100	10.5	18	18	9	75.05	58.91	878.9	17 577.9	15.30	78.83	592	2.81	1 067.7	2.49
40b	400	102	12.5	18	18	9	83.05	65.19	932.2	18 644.5	14.98	82.52	640	2.78	1 135.6	2.44
40c	400	104	14.5	18	18	9	91.05	71.47	985.6	19 711.2	14.71	86.19	687.8	2.75	1 220.7	2.42

注：截面图和表中标注的圆弧半径 r、r_1 的数据用于孔型设计，不作交货条件。

参考文献

[1] 栗一凡. 建筑力学[M]. 北京:人民教育出版社,1980.
[2] 孙训芳. 材料力学[M]. 北京:高等教育出版社,2002.
[3] 沈养中,石静,等. 理论力学[M]. 北京:科学出版社,2002.
[4] 沈养中. 材料力学[M]. 北京:科学出版社,2002.
[5] 沈养中. 结构力学[M]. 北京:科学出版社,2002.
[6] 雷克昌. 材料力学[M]. 北京:中国水利水电出版社,1995.
[7] 雷克昌. 结构力学[M]. 北京:中国水利水电出版社,1995.
[8] 周绥平. 钢结构[M]. 武汉:武汉理工大学出版社,2002.
[9] 范钦珊,殷雅俊. 材料力学[M]. 北京:清华大学出版社,2004.
[10] 张美元. 工程力学[M]. 郑州:黄河水利出版社,2007.